U0226022

中亚国家大湖流域水土环境与风险评估

吴敬禄 占水娥 沈贝贝 金 苗 等 著

科学出版社

北 京

内 容 简 介

中亚国家地处欧亚内陆，生态环境最为脆弱和敏感，作为人类活动最为密集区的湖泊流域面临越来越大的生态环境压力。本书是关于中亚国家咸海、伊塞克湖、巴尔喀什湖三大湖泊流域水土有毒元素和持久性有机污染物时空变化与潜在生态风险评估方面的专著。本书共六章，第一章概述中亚国家三大湖泊流域的基本特征；第二章介绍基本的研究方法和评估技术；第三章至第五章分别阐述三大湖泊流域水土环境的变化与风险评估；第六章分析比较三大湖泊流域水土环境时空特征与区域差异，并评估生态环境风险。全书通过对三大湖泊流域水土环境研究，探讨中亚地区环境变化的原因及机理，评估其潜在生态环境风险。

本书可供干旱区湖泊、地理、环境、地质、气候、水文和区域规划等专业的科研、工程技术人员和大专院校师生及有关生产、管理工作者阅读和参考。

审图号：GS(2024)0447 号

图书在版编目(CIP)数据

中亚国家大湖流域水土环境与风险评估/吴敬禄等著. —北京：科学出版社，2024.7
ISBN 978-7-03-077168-1

Ⅰ. ①中… Ⅱ. ①吴… Ⅲ. ①湖泊–流域–水环境–研究–中亚 ②湖泊–流域–土壤环境–研究–中亚 Ⅳ. ①X143 ②X21

中国国家版本馆 CIP 数据核字(2023)第 235285 号

责任编辑：黄　梅/责任校对：郝璐璐
责任印制：张　伟/封面设计：许　瑞

科学出版社 出版
北京东黄城根北街 16 号
邮政编码：100717
http://www.sciencep.com

北京汇瑞嘉合文化发展有限公司印刷
科学出版社发行　各地新华书店经销
*
2024 年 7 月第 一 版　开本：787×1092　1/16
2024 年 7 月第一次印刷　印张：28 3/4
字数：676 000
定价：299.00 元
(如有印装质量问题，我社负责调换)

序

　　中亚国家地处亚洲内陆腹地，气候干旱少雨，水资源分布不均且主要源于山区，生态环境极其脆弱，对气候变化响应敏感。全区湖泊众多、分布广泛，高原山区、平原绿洲、荒漠草原以及沙漠等不同地貌景观带均有湖泊分布，湖泊是区域内重要的水资源载体和生态屏障。该区面积超过 5000 km^2 的三大典型湖泊分布在不同的地理单元，如平原荒漠区的咸海(约 7000 km^2)、山区林草区的伊塞克湖(约 6300 km^2)和荒漠绿洲区的巴尔喀什湖(约 17500 km^2)。自古以来，为得用水之便利，人类多依水而居，在干旱少雨的中亚地区更是如此。三大湖泊流域占中亚国家国土总面积的约 37%，是主要的城镇分布区，也是农业、工业、旅游业等社会经济活动的聚集区。

　　中亚国家及与其接壤的我国新疆地区是贯通亚欧大陆的重要枢纽，在"新丝绸之路经济带"构建过程中发挥重要作用。区内国际跨界河流交错，以天山和阿勒泰山为"水塔"的生态系统和自然地带相连相通，三大湖区各流域多为跨境水系，它们的生态系统虽然在空间上有明显的分异，但是功能上紧密耦合。各国的水文变化、生态环境、水资源问题也有可能成为国际性的生态与环境资源问题。近几十年来，随着气候增温和降水不确定性增强，全球范围内的极端气候和自然灾害频发，中亚干旱区的生态系统、水土资源及其生态环境的未来变化更具复杂性和不可预见性。因此，开展中亚国家大湖流域水土生态环境调查，了解区域水土环境现状及其变化，对保障干旱区生态安全、支持陆上丝绸之路经济带的可持续发展具有重要的意义。

　　中国科学院南京地理与湖泊研究所作为我国唯一以湖泊-流域系统为主要研究对象的综合性研究机构，面向学科前沿和国家需求，长期聚焦"湖泊-流域系统演变及对人类活动的响应与综合管理"等基础科学问题，参与了多项关于中亚地区湖泊流域生态环境方面的工作，在国内外合作单位的支持下取得了进展。《中亚国家大湖流域水土环境与风险评估》专著是吴敬禄研究员及其团队在国家自然科学基金、科技部以及中国科学院相关任务支持下，在该区域长期调查研究的基础上所完成的部分成果的总结。在汲取前人工作成果基础上，分别对阿姆河-咸海流域、巴尔喀什湖流域以及伊塞克湖流域的水土环境特征进行了分析，探讨了三大湖流域水土环境变化的差异和原因。资料和数据翔实，观点明确，具有重要的科学和应用价值，对干旱区湖泊流域生态环境保护、保障区域可持续发展具有科学意义。

　　值此《中亚国家大湖流域水土环境与风险评估》出版之际，乐为之作序，以示祝贺。

张甘霖

2024 年 1 月于南京

前　　言

　　中亚地区位于亚洲内陆干旱腹地，生态环境极其脆弱和敏感。中亚核心地区主要包括乌兹别克斯坦、吉尔吉斯斯坦、土库曼斯坦、塔吉克斯坦及哈萨克斯坦五个国家所属区域。中亚国家各类湖泊众多、分布广泛，是区域内重要的水资源。据统计，中亚国家水体面积大于 $10~km^2$ 的湖泊大约 200 个，大于 $100~km^2$ 的有 40 个，而面积超过 $5000~km^2$ 的湖泊有咸海、伊塞克湖和巴尔喀什湖三大湖泊，约占中亚国家湖泊面积的 48.5%。三大湖泊流域是主要的城镇分布区，也是农业、工业、旅游业等社会经济活动的聚集区。近几十年来，在全球气候增暖的大背景下，湖泊流域面临越来越大的生态环境压力，咸海生态灾害是干旱区湖泊流域生态环境危机的典型案例。咸海曾是世界第四大内陆湖泊，阿姆河和锡尔河是主要补给河流，也是中亚国家主要的水源地。然而，咸海面积从 1960 年到 2018 年骤缩约 90%，引发重大生态环境灾害，被称为"20 世纪最严重的流域生态危机"。

　　中亚国家和我国西北新疆地区相邻，在气候和生态资源环境等方面有很大的相似性与相关度，也是陆上丝绸之路经济带的核心区，因此，有必要开展这一地区生态环境及其对气候变化的响应研究。湖泊流域是自然综合体，也是人类活动最强烈的区域。本书是近年来研究团队对中亚国家三大湖泊流域水土环境方面的研究成果，较全面地展示咸海、伊塞克湖和巴尔喀什湖三大湖泊流域水土环境变化的过程，定量分析水化学类型、水质以及污染物来源，并进行水土环境的风险评估。同时，通过对三大湖泊沉积记录分析，揭示在自然和人类活动背景下中亚地区近现代环境演化的特征及规律，评估不同时期环境变化潜在的生态风险，可为正确解决中亚干旱区面临的生态环境问题、保障高质量新丝绸之路经济带发展提供基础数据。全书共六章。第一章从地貌、土壤、植被、气候、水文和社会经济等方面介绍三大湖泊流域自然和人文特征。第二章对水体和沉积物样品的采集、指标分析、污染物溯源模型和主要评价方法进行介绍。第三章、第四章和第五章分别阐述咸海、伊塞克湖和巴尔喀什湖流域水体和沉积物环境地球化学特征，主要包括水体水化学和氢氧同位素、水体和沉积物中金属元素和持久性有机污染物等指标的变化特征，借助 PMF 模型定量识别水土污染物的主要来源，恢复湖泊流域环境变化历史，分析生态风险水平。第六章对三大湖泊流域水土环境变化进行综合对比，揭示三大湖泊流域水土环境时空变化特征及区域差异，评估环境风险。本书各章主要编写人员如下：第一章，吴敬禄、汪敬忠；第二章，占水娥、金苗；第三章，占水娥、金苗、吴敬禄；第四章，金苗、沈贝贝、占水娥、郦倩玉、章宏亮、汪敬忠、吴敬禄；第五章，沈贝贝、金苗、吴敬禄、占水娥、汪敬忠、章宏亮；第六章，吴敬禄、占水娥、沈贝贝、金苗、吴华武、汪敬忠、郦倩玉、曾海鳌、雷义珍。全书由吴敬禄负责统稿并审定。

　　本书是国家自然科学基金-新疆联合重点基金项目"中哈跨境流域伊犁河-巴尔喀什湖近现代气候水文变化及机理"（U2003202）和中国科学院战略性先导科技专项课题"中

亚大湖区水-生态系统相互作用与协同管理"(XDA200603000101)以及科技部国际科技合作项目课题"中亚湖泊变化特征及其对全球变化的响应"(2010DFA9272022)等项目课题成果的一部分,感谢国家自然科学基金、新疆维吾尔自治区、科技部以及中国科学院对本项工作的支持!在相关研究过程中,得到了中国科学院中亚生态与环境研究中心以及吉尔吉斯斯坦科学院、哈萨克斯坦科学院等中亚国家科研院所的大力帮助,感谢陈曦、吉力力·阿布都外力、马龙、李耀明、刘文江、Abdulla Saparov、Kadyrbek Sakiev、Abdyzhapar uulu Salamat、Galymzhan Saparov、Gulunra Issanova 等领导和同事的热心帮助和大力支持。

由于本书调查区域较为广泛,涉及学科内容多,且国内尚无同类著作可供借鉴,书中不足之处在所难免,敬请广大读者批评指正!

目　　录

第一章 中亚国家大湖流域基本特征

中亚核心地区主要包括乌兹别克斯坦、吉尔吉斯斯坦、土库曼斯坦、塔吉克斯坦及哈萨克斯坦五个国家所属范围[图 1.1(a)]。中亚五国地理上位于 35°34′~55°26′ N，东与我国新疆维吾尔自治区相邻，南与伊朗、阿富汗接壤，北与俄罗斯相接，西边濒临里海，面积约 400 万 km²(陈曦等，2015)。地貌上，中亚五国东部以西天山南脉为界，南部以科毕达山脉和阿姆河的中游及其上源喷赤河为界，北部为西西伯利亚南缘的额尔齐斯河，西为里海东岸。总体上，地势东南高、西北平缓，以伊犁河、锡尔河到里海一线为界，南部自东到西是高原山区、绿洲、荒漠，北部为丘陵、荒漠草原。自里海到西天山山脉之间荒漠、半荒漠和草原广布，沙漠面积超过 100 万 km²，占区域总面积 1/4 多(陈曦等，2015)。

由于地处亚洲内陆干旱腹地，中亚国家总体降水稀少，极其干燥，日光充足，蒸发强烈，温度变幅大，一般年降水量在 300 mm 以下。咸海附近荒漠区年降水量仅为 75~100 mm，而阿姆河三角洲水面的年蒸发量可达约 1800 mm，为典型的大陆性气候特征，受西风环流控制，降水以冬、春季为主(Aizen et al., 2001)。中亚五国的淡水总量约 10000 亿 m³ 以上，但可利用水资源约为 2064 亿 m³，并且空间分布极不均匀(邓铭江等，2010)。降水区主要分布在天山和帕米尔山脉等山区，大部分河流也发源于天山产流区和帕米尔产流区，夏季山区冰雪融水是河流重要的补给来源，除发源于阿勒泰山的额尔齐斯河外，流经中亚国家的河流最终均汇入内陆湖泊或消失于沙漠。中亚国家各类湖泊众多，较大的湖泊有咸海、伊塞克湖、巴尔喀什湖、阿拉湖、斋桑湖、田吉兹湖等，湖群有哈萨克斯坦北部的谢列特湖群、恰内湖群、库伦达湖群等。里海位于亚洲与欧洲的交界地带，被阿塞拜疆、伊朗、哈萨克斯坦、俄罗斯和土库曼斯坦 5 个国家包围，根据《里海法律地位公约》规定，里海既不是海也不是湖，而是具有特殊法律地位的水体。因此，本书中所涉及的中亚国家大湖研究不包括里海。根据 2010 年 10 月 500 m 分辨率的 MODIS 影像统计，中亚五国水体的总面积(不包括里海)约 65900 km²，占中亚五个国家国土面积的 1.6%，其中水体面积大于 10 km² 湖泊超过 200 个，大于 100 km² 的湖泊有 40 个。据 2009~2011 年平均统计，面积超过 5000 km² 的湖泊有巴尔喀什湖(面积 17512 km²，水位 342.5 m)、咸海(面积 8140 km²，水位 30 m)和伊塞克湖(面积 6284 km²，水位 1606.5 m)三大湖泊[图 1.1(b)]，约占中亚国家湖泊面积的 48.5%。三大湖泊流域是主要的人口居住区，也是农业、工业、旅游业等社会经济活动的汇集区。

中亚五国曾是苏联重要的矿产资源基地，在能源矿产方面，石油、天然气资源十分丰富，储量仅次于俄罗斯(陈正和蒋峥，2012)。仅哈萨克斯坦石油资源总量就高达 138.4 亿~165.8 亿 t，占世界的 3.4%~4.1%。以现在的开采及加工水平，哈萨克斯坦的石油、天然气和煤炭资源分别可维持开采 116 年、252 年和 512 年，而世界上的石油、天然气和煤炭资源分别只可维持开采 40 年、60 年和 200 年。土库曼斯坦天然气储量排名中

亚

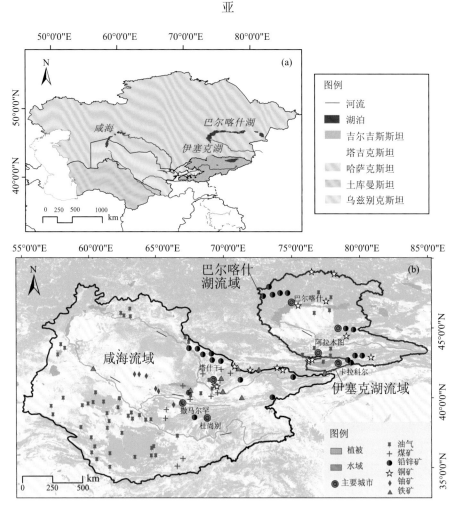

图 1.1　咸海、伊塞克湖和巴尔喀什湖三大湖泊流域地理位置(a)与植被、主要城市和矿产资源分布(b)
植被数据引自 https://www.webmap.cn/mapDataAction.do?method=globalLandCover；金属矿产分布修改自施俊法等(2006)；
煤矿和油气地理分布引自中亚资源数据库(http://www.cawater-info.net/infographic/index_e.htm)

第一，世界第 12 位，地质储量约有 29 万亿 m³，已探明储量约 5 万亿 m³(刘洁，2016)。其他矿产资源方面，哈萨克斯坦铜、铅、锌矿储量分别居世界第 5 位、第 2 位和第 2 位；乌兹别克斯坦的金、铀储量居世界第 4 位和第 8 位；塔吉克斯坦拥有世界第二大银矿，铅锌矿储量居中亚地区第 2 位(孙莉等，2008)。对于中亚地区三大湖泊流域而言，咸海流域矿产资源种类多样，该流域西南地区蕴藏丰富的石油和天然气，中部分布有成群的铀矿，中东部地区有成群的煤矿资源，北部地区分布着铅锌矿、铁矿和铜矿；巴尔喀什湖流域铅锌矿和铜矿相对丰富，但分布较为分散，此外还零星分布石油和天然气资源；伊塞克湖作为山地湖泊，该流域主要分布有色金属资源，其东部分布铅锌矿，而西部地区主要分布铜矿(施俊法等，2006)[图 1.1(b)]。

第一节　咸海流域自然和人文特征

一、地貌特征

　　咸海流域位于欧亚大陆中心，气候干旱，东部和南部属天山山系和吉萨尔-阿赖山系的西缘，内有费尔干纳盆地和泽拉夫尚盆地，拥有自然资源丰富的肥沃谷地；西北部包含用于畜牧业和农业的沙漠和草原（Babow and Meisen, 2012）。流域内地势东高西低，平原低地约占全部面积的 80%，但大部分面积被西北部的克孜勒库姆沙漠覆盖（图 1.2）。

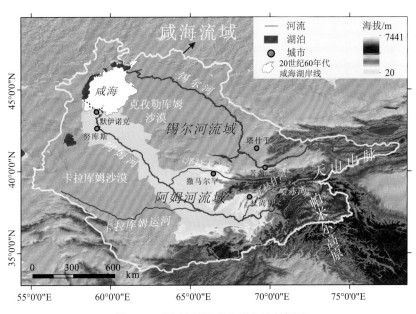

图 1.2　咸海流域地理位置和地貌概况

　　咸海流域主要由阿姆河和锡尔河两个子流域构成，两条河流都发源于东部，起源于帕米尔/兴都库什（阿姆河）和天山（锡尔河）山脉之上的冰川，河流向西和向西北方向流向咸海时，它们穿过高山、山麓、草原和沙漠环境（Micklin, 2014）。阿姆河流域面积约为 465500 km^2，包括东南部山区和西北部低地平原地区，约占整个咸海流域面积的 61%，主要覆盖塔吉克斯坦、乌兹别克斯坦和土库曼斯坦三个国家（Micklin, 2016）。锡尔河流域面积约为 219000 km^2，主要覆盖塔吉克斯坦、哈萨克斯坦、乌兹别克斯坦和吉尔吉斯斯坦四个国家，纳伦河和卡拉达里亚河向西流经吉尔吉斯斯坦，并在人口稠密的费尔干纳谷地汇成锡尔河主河道（Zonn et al., 2009；刘爽等，2021）。位于中亚广阔沙漠之中的咸海地处于斯蒂尔特高原（Ustyurt Plateau）东部边缘的图兰低地，是由中-新生代形成的巨大侵蚀-构造凹陷地带（Reinhardt et al., 2008）。咸海夹在卡拉库姆沙漠和克孜勒库姆沙漠之间，20 世纪 60 年代咸海湖岸线见图 1.2，面积约为 67500 km^2，之后逐渐萎缩，约在 2000 年水域面积已失去约 80%，并暴露了 360 万 hm^2 的湖床（Whish-Wilson, 2002）。2018 年湖泊总面积仅 8321 km^2，水域面积缩小近 90%（Yang et al., 2020）。

二、土壤特征

咸海流域土壤类型多样,母岩通常富含石膏或盐类物质(图 1.3)。典型的土壤有棕壤、黄棕壤及灰钙土。灌溉用地主要分布在河流中下游地区,其中,阿姆河三角洲是流域内重要的灌溉区。沙漠区以沙土为主,而黄土-黏土和碎石石膏主要分布在河岸和湖岸区附近,重度盐碱化土壤主要分布在咸海湖岸线附近以及原湖底。

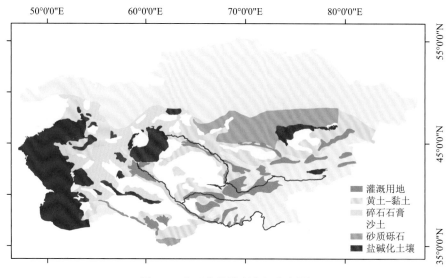

图 1.3　中亚土壤类型空间分布图

数据来源:中亚资源数据库 http://www.cawater-info.net/infographic/index_e.htm

三、植被特征

植被分布特征被认为是评估气候环境和不同生态系统之间相互作用的最重要指标之一。植被对环境变化高度敏感,特别是在干旱地区。位于欧亚大陆腹地的中亚地区,是世界上最干燥的区域之一,拥有广阔但脆弱的山地-沙漠生态系统,其特点是植被覆盖率低(Chen et al., 2021)。

咸海流域的土地覆盖类型包括森林、灌木、耕地、草地、裸地、湿地、水体(包括湖泊和河流)、人造地表和永久冰雪(图 1.4)。过去近半个世纪的土地利用/覆盖分类数据显示,该地区的土地利用经历了相当大的的变化,最明显的是草原退化、森林减少、耕地扩大和灌木侵占,灌木分布在草块之间形成马赛克景观(Berdimbetov et al., 2021)。目前,咸海流域面积最大的土地类型是裸地,其次是草地和农田,分别占流域总面积的45.3%、33.5%和17.3%(Chen et al., 2021)。咸海流域森林覆盖率为12%,草本植物多样性较高,除蛔蒿(*Artemisia cina*)、格雷格郁金香(*Tulipa greigii*)和兰花鸢尾(*Iris orchioides*)外,还包括几个特有的物种,如 *Atraphaxis muschketovii*、*Tulipa* spp.、*Eremurus* spp.、*Ligularia macrophylla* 和 *Niedzwedzkia semiretschenskia*。落叶林分布在海拔 1200~1700 m 处,主要植物有欧洲山杨(*Populus tremula*)和 *Celtis caucasica* 以及一些经济植物，如 *Dictamnus turkestanicus*、*Betula tianshanica* 和 *Hippophae rhamnoides*(Egamberdieva and Öztürk., 2018)。

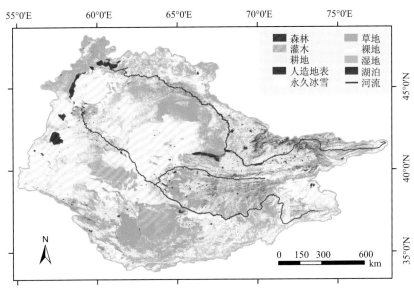

图1.4　咸海流域土地覆盖类型

数据来源：https://www.webmap.cn/mapDataAction.do?method=globalLandCover

四、气候特征

阿姆河流域为寒漠气候及温带荒漠气候，即冬季寒冷、夏季炎热，降水大部分发生在春季和冬季，整个流域年降水量呈现明显的区域差异(Micklin, 2016)。其中，乌兹别克斯坦 1 月平均气温为-6~-3℃，7 月平均气温为 26~32℃，自 1950 年以来，年平均气温为 10~14℃。乌兹别克斯坦境内的年降水量低地沙漠区不足 100 mm，山谷地区为 80~200 mm，山麓地区为 300~400 mm(刘文等, 2013)，年平均降水量为 137~374mm。而塔吉克斯坦 1 月平均气温为-2~2℃，7 月平均气温为 23~30℃(曾海鳌和吴敬禄, 2013)，南部和西南部年降水量高达 600~800 mm，帕米尔高原和天山山脉年降水量为 800~1600 mm，年平均气温和年降水量分别为 2.5~5℃和 267~784 mm。此外，阿姆河流域的潜在蒸发量随着海拔升高而明显下降，位于乌兹别克斯坦境内的低地沙漠区，潜在年蒸发量为 1000~2250 mm，表现出严重干旱状况；帕米尔高原和天山山脉的潜在年蒸发量变化范围为 500~1000 mm，水分明显过剩但大部分储存在冰雪和冰川中(Micklin, 2014)。此外，在春末和夏季，降水显著减少，咸海盆地的沙漠低地升温，导致局部到区域平流，产生大量强烈的气旋，Tejen 气象站 1936~1995 年监测数据表明，20 世纪 40~50 年代研究区沙尘暴天数显著增多，年沙尘暴天数最多达 88 天，在 1945~1955 年期间每年平均约 56 天(Huang et al., 2011)。

五、水文特征

咸海流域拥有大量水资源，其南部和东南部的山脉捕获了丰富的降水并大部分储存在冰川和积雪中。据估计，咸海流域的年平均径流量约为 115.961 km³/a（表 1.1）。咸海水量主要由阿姆河和锡尔河两条河流供给，主要补给来自冰川融水、融雪和山区降水。其中，阿姆河是咸海流域最重要的河流之一，也是中亚水量最多的河流，总径流量约 79.34 km³/a，占咸海流量的 2/3。阿姆河也是乌兹别克斯坦最重要的水资源之一，境内阿姆河径流量为 6.79 km³/a，占乌兹别克斯坦水资源的一半以上。该河总长 2550 km，流域面积达 465500 km²，它发源于帕米尔高原东南部和兴都库什山脉海拔 4900 m 的山地冰川，约 49% 位于帕米尔高原最高的山地部分，跨越卡拉库姆沙漠，途经乌兹别克斯坦境内主要为中下游河段，并最终从乌兹别克斯坦西北部汇入南咸海，同时，在河流下游形成面积广阔的阿姆河三角洲（Crosa et al., 2006）。由于蒸发作用、河流穿过沙漠过程中河床渗漏以及截流灌溉等原因，进入咸海径流量不足上游径流量的一半，尤其是近二十年来，干旱时期的阿姆河流入咸海的水量几乎为零（Zhan et al., 2022）。锡尔河流域面积为 219000 km²，河流长度为 3078 km，但总径流量远低于阿姆河，约 36.621 km³/a，最终流入咸海的水量约 15 km³/a（Micklin, 2016）。

表 1.1　咸海流域地表水资源概况（Qi and Kulmatov, 2007）

国家	年均径流量			
	锡尔河/(km³/a)	阿姆河/(km³/a)	总计/(km³/a)	占比/%
哈萨克斯坦	2.516	—	2.516	2.2
吉尔吉斯坦	27.54	1.65	29.19	25.2
塔吉克斯坦	1.005	58.7	59.705	51.5
土库曼斯坦	—	1.40	1.40	1.2
乌兹别克斯坦	5.56	6.79	12.35	10.6
阿富汗和伊朗	—	10.8	10.8	9.3
总计	36.621	79.34	115.961	100

近半个世纪以来，咸海水位发生了巨大的变化，在 1960 年之前，湖泊水位保持在海拔 53 m 的高度，面积约为 67500 km²，平均水深约为 16 m，最深达 69 m。湖泊宽 292 km，长 424 km，岸线长 4430 km，平均水容量约 1079 km³（Micklin, 2016）。然而，由于流域灌溉农业的发展，以及河流上游的过度用水和截流，流入咸海的水量急剧减少。1987 年，因湖泊水位下降导致咸海分为南、北两片水域。2003 年哈萨克斯坦为保护北咸海修建大坝，阻断了南北咸海的流通（White, 2016）。据水文资料，2018 年南咸海水位约 25 m，盐度超过 100 g/L，湖泊总面积仅为 8321 km²，水域面积与 20 世纪 60 年代相比，缩小近 90%（Yang et al., 2020）。咸海面积的急剧萎缩，导致区域气候恶化、土壤荒漠化和生物多样性丧失等生态环境问题，被科学家认为是 20 世纪最严重的流域生态危机之一（Schiermeier, 2001；吴敬禄等, 2009；Micklin, 2010）。其中，阿姆河三角洲为整个咸海流

域生态环境最恶劣的地区，被称为"World Disaster Zone"（Papa et al.，2004）。

六、社会经济特征

19 世纪中期，当俄罗斯帝国将目光投向中亚的咸海盆地，将其作为棉花生产的中心地带时，此处来自阿姆河和锡尔河的潜在水源丰富。到 1914 年，俄罗斯帝国已经成为世界最主要的棉花生产国之一，这在很大程度上得益于咸海盆地内灌溉基础设施和棉花播种面积的扩大，以及引进了一种产量更高的棉花品种（Whitman，1956）。在 1960 年以前灌溉面积和用水量变化相对稳定，年均值分别为 3.3 万 km² 和 33.8 km³；而在 1960 年以后灌溉面积和用水量显著上升，其中 1913~2010 年咸海流域农作物灌溉面积由 3.2 万 km² 增长至 8.2 万 km²，增加约 1.6 倍。1960 年后咸海的衰退与苏联在盆地内灌溉和原棉生产的急剧增加相对应，1960~1988 年，棉花种植面积从 190 万 hm² 增加到 310 万 hm²，棉花产量从略低于 430 万 t 增加到 870 万 t（Pomfret，2002）。约在 1991 年，苏联解体严重影响了咸海流域国家的经济、政治和社会领域，如 1990~1994 年，流域内每个州的棉花播种面积都有所下降（Spoor，1998），棉花产量也有所下降（USDA，2012），导致咸海流域工农业生产总值开始下降。2000 年以后咸海流域棉花产量和出口总体呈上升趋势，农业生产总值又开始增加，而农业灌溉面积和用水量趋于稳定，约是 1960 年时期的 2 倍。目前，棉花相关部门仍然是咸海盆地至关重要的经济部门，提供就业、进出口收入（Aldaya et al.，2010）。2012 年 3 月的数据统计表明，乌兹别克斯坦（全球棉花产量排名第 7，棉花出口排名第 5）、土库曼斯坦（产量排名第 9，出口排名第 7）和塔吉克斯坦（产量排名第 17，出口排名第 11）仍然为世界棉花主要生产国（USDA，2012）。

咸海流域人口数量从 1960 年以来快速增多，从 1424.4 万增加到 2016 年的 5233.1 万，年均增加率 23.5‰，且以农村人口为主（刘爽等，2021），主要人口增加城市包括塔什干、杜尚别、撒马尔罕、努库斯等（图 1.2）。自 1960 年以来，乌兹别克斯坦人口增加速度为中亚国家最快，从开始的约 850 万到 2021 年约 3500 万，约占整个咸海流域国家人口的 70%。自 1960 年以来，咸海流域各国的 GDP 呈现增长、下降、再增长的趋势，其中 1960~1988 年，GDP 增长约 328.5%；1989~1996 年 GDP 下降近 35%；1997 年至今开始恢复增长，年均增长率约 7.5%（刘爽等，2021）。咸海流域各国经济发展差距较大，2000 年以来，土库曼斯坦年均增长速度最快，达 12%，塔吉克斯坦、哈萨克斯坦、乌兹别克斯坦及吉尔吉斯斯坦的年均增长率依次为 7.7%、7.6%、7.3% 及 4.4%；国内生产总值方面，乌兹别克斯坦最高，吉尔吉斯斯坦最低（刘爽等，2021）。

七、湖泊特征

咸海位于图兰低地的底部，靠近苏斯特-乌尔特高原的东部边缘，是一个封闭的盆地（内陆湖）。咸海是在图兰板块的构造活动以及风蚀和河流冲刷共同作用下形成的，其在地质上很年轻，出现在第四纪末期，与最后一个冰盛期一致，大约距今 2 万年（Krivonogov，2014；Burr et al.，2019）。咸海（Aral Sea）的名字是"Aral"一词，在中亚的突厥语族中是"island"的意思，这样命名可能是因为它是中亚沙漠中的一座"island of water"（Micklin, 2010）。在 1960 年, 咸海湖面高度为 53 m, 面积约为 67500 km², 是当时世界第四大湖泊, 最大深度为 69 m, 平均深度为 16 m, 容积为 1079 km³, 岸线长度超过 4430 km; 平均透明度约 8.2 m, 属于半咸水, 平均盐度约为 10 g/L, 当时湖面有约 1100 个岛屿, 其总面积大约 2235 km²（Micklin, 2014）。咸海最高水温在 7 月和 8 月, 沿岸线的表层可分别达到 29℃和 24~26℃。随着水团加热的进行, 在咸海西部盆地深处形成了一个显著的温跃层和温度不连续面, 西盆地的表面温度平均在 24℃, 而在 30 m 以下的温度则为 2~6℃; 而咸海东盆地较浅, 在有水时湖水整体的温度相差不大（Zonn et al., 2009）。

1960 年后, 由于气候和人类活动的影响, 咸海水位显著下降, 在 1987 年被分为北部的"小咸海"（或称"北咸海"）和南部的"大咸海"（或称"南咸海"）(Micklin, 2014）。据中亚资源数据库数据, 1987 年小咸海面积 2810 km², 体积 22.39 km³, 平均深度 40.90 m。它由一个较深的中央盆地和几个较浅的湖湾组成, 重要的港口和渔业中心（阿拉尔斯克）位于 Saryshaganak 湾的北端。大咸海的表面积和体积要大得多（37130 km²和 343.17 km³）, 它被一条南北延伸的水下山脊分割成两个盆地, 这条山脊从水面上伸出来, 形成一系列小岛, 其中最大的一个被命名为沃兹罗日德尼耶岛（Vozrozhdeniya）。这个岛因为拥有苏联最重要的、超级秘密的生物武器试验场而出名（Kostianoy and Kosarev, 2010）。2003 年哈萨克斯坦为保护北咸海而修建大坝, 阻断了南北咸海的流通。2007 年, 南咸海进一步分裂为东咸海和西咸海, 其中东部盆地面积为 47461 km², 西部盆地面积为 13920 km², 但前者较浅（最大深度为 28.4 m, 平均深度为 14.7 m）, 后者较深（最大深度为 69 m, 平均深度为 22.2 m）(Micklin, 2014）。

咸海几乎所有的原始鱼类都是淡水物种, 其中 60%为鲤类（Ermakhanov et al., 2012）。咸海水位的下降、三角洲的盐渍化和干旱, 显著改变了鱼类的生存条件, 特别是对它们的繁殖产生影响, 并直接影响了商业鱼类的种群。湖水盐度升高首次对鱼类产生负面影响是在 20 世纪 60 年代中期, 当时盐度达到 12~14 g/L; 20 世纪 60 年代末, 水体盐度超过了 14 g/L, 半溯河洄游性鱼类的产卵条件明显恶化; 在 20 世纪 70 年代后半期, 许多鱼类种群都没有自然增长; 到了 1981 年, 咸海的盐度超过了 18 g/L, 渔业基本完全丧失（Ermakhanov et al., 2012）。

最初, 咸海中主要有约 180 种的营自生生活的无脊椎动物, 以淡水、微咸水和盐水水生生物为主。但随着其他类生物的引进和水体盐度不断升高, 1971~1976 年, 无脊椎动物种群经历了第一次危机, 其中淡水和微咸水类物种逐渐消失, 而盐水和广盐性以及陆相盐水类物种幸存下来。在浮游动物中, 以桡足类 *Arctodiaptomus salus* 数量最多, 代表了陆相盐水水体的动物群（Toman et al., 2015）。咸海的原生底栖动物以淡水型里海物种为主, 包括软体动物、寡毛动物、甲壳动物和摇蚊科的幼虫。双壳类动物数量众多, 软体动物占底栖动物生物量的 63%, 摇蚊幼虫占 33%（Zonn et al., 2009）。分离后的南咸海盐度增加, 转化为高盐水体, 20 世纪 90 年代中期, 盐度超过 47~52 g/L 时, 又出现了一个危机时期, 所有大型咸海生物群的组成发生了迅速的变化。到 2004 年, 当盐度达到 100~105 g/L 时, 大多数无脊椎动物消失了, 仅剩下轮虫, 包括 *Hexarthra fennica*、*Brachionus plicatilis*, 介形虫 *Cyprideis torosa*, 涡虫 *Mecynostomum agile*, 以及有孔虫、线虫和猛水蚤的部分物种，但这个时候在南咸海出现了一些嗜盐无脊椎动物（Plotnikov et al., 2014）。

水生和滨水植物区系单一，种类贫乏，只有两个物种和两个植物群落占主导地位——沿湖浅水中的芦苇和水深约 11 m 处的淤泥质砂上生长的双叉无隔藻（*Vaucheria dichotoma*）（Aladin and Potts, 1992）。泥沼中部水深 11~22 m 处有轮藻，浅水层有狐尾藻和矮大叶藻（*Zostera nana*）。20 世纪初，深水轮藻广泛存在，但到了 50 年代就基本消失了，取而代之的是黄绿色藻类。再到 20 世纪 60 年代，咸海植物区系中已知 24 种高等植物、仅 6 种轮藻和大约 40 种其他大型藻类（Plotnikov et al., 2014）。在 20 世纪 70 年代，由于咸海退化和盐渍化，植被组成逐渐减少，少数耐盐物种成为优势种。20 世纪 80 年代，由于盐度进一步上升，芦苇床基本消失。到 20 世纪 80 年代末，只有 *Ruppia* spp.等属能忍受 50 g/L 的盐度（Plotnikov et al., 2014）。在 20 世纪 90 年代的小咸海，大型藻类主要有 *Chaetomorpha linum*、*Cladophora glomerata* 和 *Cladophora fracta*，大型植物群落主要由开花植物 *Phragmites australis*、*Ruppia cirrhosa*、*Ruppia maritima*、*Zostera noltii* 和轮藻 *Lamprothamnium papulosum*、*Chara aculeolata* 组成。近年来小咸海的盐度继续逐渐降低，来自其他大陆微咸水体的水生和沼生植物正在该水体广泛分布（Plotnikov et al., 2014）。

第二节　伊塞克湖流域自然和人文特征

一、地貌特征

伊塞克湖流域面积约 22080 km²，纬向延伸 252 km，经向延伸 146 km。湖泊面积约 6284 km²，山麓平原约 3092 km²，是河流分散地带，其余流域部分（面积约 12704 km²）为山区，是河流径流的形成区（Abuduwaili et al., 2019）。流域地形起伏差异明显，使得流域地貌类型较为复杂，主要有高山冰川积雪带、山地草原带、基岩裸露带、冰水洪积扇带、湖滨带等，从而衍生出多种生态区，如沙漠-半沙漠区、干旱-湿润草原区、洪泛区、针叶林以及亚高山和高山草原区。

山地湖泊伊塞克湖属构造断陷湖泊，湖盆海拔约 2000 m，湖泊四周几乎被群山所包围，海拔最高的是位于其南部的泰尔斯凯-阿拉套（Terskei-Alatau，最高海拔 5212 m）和北部的昆格-阿拉套（Kungei-Alatau，最高海拔 4771 m），平均海拔分别为 4300 m 和 4200 m（图 1.5）；而较低和较孤立的山峰围绕在伊塞克湖的东部与西部，如 Alabel、Chaarzhoon、Karakuu 和 Kyzylompol，山壁的最低部分有狭窄的峡谷，楚河（Chu River）和秋普河（Tyup River）流经这些峡谷。泰尔斯凯-阿拉套和昆格-阿拉套是中亚天山山脉的一部分，该山脉约在 4 亿~2 亿年前由古生代和中生代时期印度板块与亚欧板块相互碰撞而形成，沿着板块边界隆起了一系列高低起伏的山脉和山谷，然后经历了一个较长的相对静止时期。约在 30~20 Ma 前，渐新世和中新世时期进一步的构造活动中断了这一稳定时期（De Batist et al., 2002）。大约在渐新世末期（25 Ma 前），伊塞克湖开始形成雏形，当时河流流入山脉之间形成的向斜洼地，泥沙也在同时开始逐渐累积，目前，泥沙厚度达到了 3500 m

的深度(Podrezov et al., 2020)。在新近纪时期，山间洼地由于东-东北走向的断裂而遭受强烈沉降，周围地势上升了约 1700~2000 m；到第四纪时期，周边群山继续上升了约 1000~1500 m，而其边界断层使得盆地面积变窄，湖盆中央塌陷了约 200 m，形成如今中央凹陷的伊塞克湖湖床结构(Gebhardt et al., 2017)。目前伊塞克湖的表面低于 "Kutemaldinsky 阈值"(大小为 1620 m)14 m，将湖泊西部与邻近的楚河隔开。1620 m、1640 m 和 1660 m 的古湖岸线表明，伊塞克湖经历了明显的湖面上升，而且过去的出口阈值要更高(Rosenwinkel et al., 2017)。较高的湖岸线及淹没的河流三角洲和河道表明，湖泊水位上下波动，很可能是对气候、构造和水文条件变化的响应。

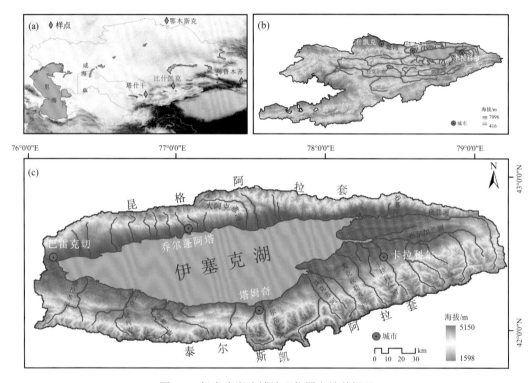

图 1.5 伊塞克湖流域地理位置和地貌概况

二、土壤与植被特征

伊塞克湖流域的沙漠地区主要分布在湖泊的西部和西北部，土壤以沙土为主，农业耕地主要分布在湖岸的东部和东北部。由于受到恶劣生存条件的限制，流域东部以草原和荒漠为主。草原是该区域最主要的陆地生境，覆盖了大面积的泛滥平原、山麓丘陵和山前平地地带，针叶林只有很小的一部分，占流域面积的3%(图 1.6)。流域东部有干草原、湿草原和草本草原，以及广阔的亚高山草甸，其中许多地区的植物区系组成受到人类活动的影响，特别是在低地的耕作区以及高地的放牧区(Vollmer et al., 2002)。

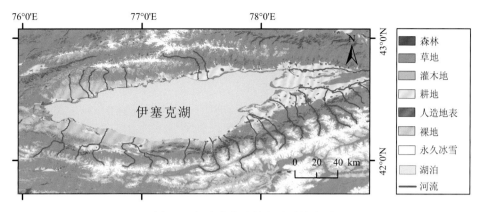

图1.6　伊塞克湖流域土地覆盖类型

数据来源：https://www.webmap.cn/mapDataAction.do?method=globalLandCover

　　在干旱的西北岸线，低降水量(每年 130~150 mm)和高蒸发量(每年大于 1000 mm)导致土壤中碳酸盐和其他盐类的积累，这些土壤不经常被渗水过滤，因此，嗜盐植物，如小果白刺(*Nitraria sibiricah*)和盐角草(*Salicornia europaea*)占主导地位(Podrezov et al., 2020)。伊塞克湖西部石漠地上植被贫瘠，以红砂(*Reaumuria songarica*)、合头草(*Sympegma regelii*)、里海盐爪爪(*Kalidium caspicum*)、蒿属(*Artemisia*)、镰芒针茅(*Stipa caucasica*)和芨芨草(*Achnatherum splendens*)等为代表。沙棘(*Hippophae rhamnoides*)、东方铁线莲(*Clematis orientalis*)、腺齿蔷薇(*Rosa albertii*)、河柏(*Myricaria alopecuroides*)和芦苇(*Phragmites communis*)生长在半干旱湖北岸的沙质和卵石沙滩上。远离湖岸线的是沟叶羊茅(*Festuca rupicola*)、龙蒿(*Artemisia dracunculus*)、芳香新塔花(*Ziziphora clinopodioides*)、细叶薹草(*Carex stenophylloides*)和粉苞菊属(*Chondrilla*)，生长在全新世的沙质和卵石湖阶地上。披碱草属(*Elymus*)、甘草属(*Glycyrhiza*)、野决明属(*Thermopsis*)和雀麦草属植物(*Bromus*)生长在全新世阶地较高部分的沙质基质上。在湖滨平原的草原地区，草甸以珠芽蓼(*Bistorta vivipara*)、黄芪(*Astragalus membranaceus*)、早熟禾属(*Poa*)、龙蒿(*Artemisia dracunculus*)、菊苣属(*Cichorium*)等为主。森林-草甸-草原带的植被以云杉林为主，约占 1/3，人工云杉林主要生长在该带的下部。南部山坡上的灌木是土耳其杜松(*Juniperus turcomanica*)，北部山坡上的是柳属(*Salix*)和锦鸡儿属(*Caragana*)。亚高山带的草甸植物群落以老鹳草属(*Geranium*)和羽衣草属(*Alchemilla*)为主。紫蓟花、矮蒿草、沟叶羊茅、火绒草(*Leontopodium alpinum*)、野决明属(*Thermopsis*)和紫菀属(*Aster*)生长在夏季。高山苔原的嗜冷植物主要包括龙胆属(*Gentiana*)、棘豆属(*Oxytropis*)和毛茛属(*Ranunculus*)，生长在冰川带的冰碛上。高山杂草的代表是金莲花属(*Trollius*)、堇菜属(*Viola*)和布谷蝇子草(*Silene flos-cuculi*)(Podrezov et al., 2020)。

三、气候特征

　　伊塞克湖地区气候主要特征是在相对较小的区域内存在不同的气候类型(Podrezov et al., 2020)。伊塞克湖流域地处中纬度干旱半干旱气候区，但湖水对周边气候环境具有一定的调节作用,并且周围的山脉在一定程度上抵挡了来自于北部西伯利亚的冷空气与来自南部和东部的中亚沙漠热空气,使得伊塞克湖沿岸带类似偏湿润性的海洋气候,属温带海洋性气候(Klerkx and Jmanackunov, 2002)。大的季节性温差在湖泊附近减弱,年均气温 6℃,7 月平均气温可达 17℃,1 月平均气温为-7℃。而周边山区附近的气温则普遍低约 10℃,7 月的平均温度为 10℃,1 月的平均温度为 -18.6℃。降水主要发生在夏季,西部较干旱,降水少,东部湿润,降水多,呈现明显的由东向西逐渐递减的趋势,如伊塞克湖西端巴雷克切(Balykchy)附近的年均降水量为 115 mm,乔尔蓬阿塔(Cholpon-Ata)附近的年均降水量为 200~250 mm,东部卡拉科尔的年均降水量为 415 mm,而昆格-阿拉套山区的年均降水量可达 600 mm。伊塞克湖湖面年均降水量约 290 mm,蒸发量约 820 mm。高海拔山区的降水形式则以降雪为主,北部和东部高山的雪线在大约 3600 m,南部和西部高山的雪线大约 4000~4300 m。受中纬西风带影响,伊塞克湖湖区常年盛行西风或偏西风,占总风向的 60%,通过 Boum 峡谷进入到伊塞克湖区域,但湖区的风向冬季有时可变为东风(Abuduwaili et al., 2019)。

四、水文特征

伊塞克湖环湖有 118 条河流水溪,流域面积达 22080 km², 其中有 80 条大河可直接入湖,年径流量为 37.2 亿 km³。伊塞克湖的大部分河流由冰雪供给,径流量在 7 月最高,来自雪和冰川的融水约占流域年径流总量的 30%,夏季融水的贡献可高达 61%(Gebhardt et al., 2017)。盆地西部河网发育不全,而中部和东部地区,河流密度较大,支流较多(图 1.5)。泰尔斯凯-阿拉套朝北的山坡分布着伊塞克湖流域约 80%的冰川,承担盆地中的大部分冰川融水(Podrezov et al., 2020)。湖东岸的热尔加兰河(Dzhergalan 或 Djyrgalan)和秋普河(Tyup)是最大的两条入湖河流,自东向西流入伊塞克湖(图 1.5)。据 2009 年统计,这两条河承载了湖泊超过一半的地表径流量,夏季径流量总和可达 67.4 m³/s,冬季则低至 9.4 m³/s,年均径流量分别为 22.5m³/s 和 10.6 m³/s(表 1.2)。

表 1.2　伊塞克湖流域主要河流的水文特征(数据引自 ADB, 2009)

河流名称	流域面积/km²	海拔/m	河流长度/km	年均径流量/(m³/s)
热尔加兰河	2060	2840	250	22.5
秋普河	1130	1960	120	10.6
卡拉科尔河	325	3670	—	6.6
珠克苏河	516	3260	55	6.3
大克孜勒苏河	263	3340	46	5.3

五、社会经济特征

伊塞克湖流域由于气候较为温和,整个湖盆的农业密集发展。19 世纪末至 20 世纪中期,俄罗斯移民到伊塞克湖盆地,开始引水垦荒,导致湖面开始急剧下降(王国亚等,

2006)。20 世纪 30 年代，吉尔吉斯斯坦加入苏联后，由原始放牧和小农/私农的农业生产模式改为集体国营农庄，生产水平迅速提高。1940 年初到 1970 年末，农业灌溉耗水面积约 1540 km²，比 1930 年增加了近 3 倍(Abuduwaili et al., 2019)。此时，伊塞克湖流域人口也在快速增加，年均生活用水量在 1970 年末达 2040 万 m³，农业活动频繁使得湖泊水位迅速下降了近 10 m。1980 年总灌溉耗水量为 21.22 亿 m³，之后在波动中逐渐下降，到了 2010 年灌溉耗水量减少到 5.68 亿 m³(Salamat et al., 2015)。农业耗水量虽然在大幅减少，但流域采矿、旅游等工业和城市化活动的发展让流域内公共总耗水量并没有大幅下降。同时，该阶段入湖径流量的增加又导致沿岸采矿残渣、无机肥料以及生活废水(包括有机污染物、重金属等)等大量入湖。从 19 世纪末开始，流域人类活动对湖泊环境的改变不断加强(Zhang et al., 2021)。Tsigelnaya(1995)指出水污染与日益增长的用水需求密切相关，但又威胁到湖泊的可持续利用、渔业、农业、生物多样性、旅游业和生物圈保护区等，表明伊塞克湖盆地环境面临着越来越大的压力。

1913 年，伊塞克湖盆地人口不超过 25 万人，到 2014 年，该盆地约有 45.85 万人居住，大部分集中在流域的东部地区，人口也相对密集，平均人口密度为 130 人/km²(吉尔吉斯斯坦的平均人口密度约为 30 人/km²; Abuduwaili et al., 2019)。该盆地最重要的三个城市居住着约 1/3 的人口，包括卡拉科尔(Karakol, 7.41 万人口)、巴雷克切(Balykchy, 4.6 万人口)和乔尔蓬阿塔(Cholpon-Ata, 1.24 万人口)(ADB, 2009)。其中伊塞克湖区域最大的城市卡拉科尔位于湖岸的东部，是伊塞克湖重要的工业集中地和旅游目的地(图 1.5)；巴雷克切是湖岸最西端一个重要的城市，过去它主要是湖上渔船的停靠港，现在它是伊塞克湖流域整合航运、公路和铁路为一体的交通枢纽中心。2018 年，一条直接连接吉尔吉斯斯坦、乌兹别克斯坦和哈萨克斯坦的新铁路在巴雷克切正式投入使用(Caravanistan, 2023)。目前每年约有 40 万游客到该地旅游，其中备受度假者青睐的是湖北岸的乔尔蓬阿塔及其附近的旅游胜地。

六、湖泊特征

伊塞克湖(42°10′~42°45′N, 76°08′~78°20′E)素有"上帝遗落的明珠"之美称，位于吉尔吉斯斯坦最东部的伊塞克湖州境内。伊塞克湖是一个封闭的内陆湖泊，湖岸线周长约 669 km，最大水深 668 m，平均水深 278 m，湖泊面积达 6284 km²，蓄水量约 1378 km³，是吉尔斯坦地区湖泊面积最大、水量最多的湖泊，也是世界第二大高山湖泊(平均海拔 1606.5 m)和世界第七深湖泊(Klerkx and Imanackunov, 2002)。根据伊塞克湖特定的地貌特征可将其分为五个区域：①西端巴雷克切附近湖湾较浅，水深 0.5~30 m，湖岸线呈弱的锯齿状，长期受到风的影响，该区水土混合，导致水体高悬浮颗粒含量和高浊度；②北部湖岸线有相对较小的湖湾，深度不超过 50 m；③南部湖岸线包括大片的湖湾，这些湖湾代表了过去湖面低洼期形成的被洪水淹没的河谷，这些湖湾约 50 m 深，在形态上与湖盆分离；④湖东部的半咸水河口状湖湾形成了深凹的湖岸线和狭窄的回水区，Tyup 湾的深度为 35 m，Dzhergalan 湾的深度为 45 m，水通道宽度分别为 0.7~1.2 km 和约 2 km，长度分别为 52 km 和 43 km (Savvaitova and Petr, 1992)；⑤湖中部水深 50~668 m，占湖盆面积的95%。

Matveev（1935）测定了伊塞克湖平均盐度为5.823 g/kg（$n = 34$），20世纪60年代初期增加到5.968 g/kg（Kadyrov and Karmanchuk, 1964）。吉尔吉斯斯坦气象机构在20世纪80年代中期的测量结果显示，湖泊水体平均盐度为6.01 g/kg。2000年湖中心水柱的平均盐度为6.06 g/kg（Vollmer et al., 2002）。伊塞克湖的盐度稳步上升反映了自20世纪30年代以来入湖径流量减少和该地区持续的气候变暖，导致封闭盆地湖泊水体的蒸发效应增强（Salamat et al., 2015）。约2001年以后，由于冰川融水补给增多，伊塞克湖水位开始上升（Wang et al., 2021），盐度显著下降，2016年测得伊塞克湖表层水体pH约为8.2，溶解氧约为9.1 mg/L，盐度约为5.3 g/L，属Na-Cl和Mg-SO$_4$型水（Ma et al., 2018）。此外，由于河流流入湖泊携带大量悬浮沉积物，河口水体矿化程度明显降低，从河口到湖心水体矿化度逐渐增加（Abuduwaili et al., 2019）。伊塞克湖水体的大部分溶解盐通过地下水进入该湖（每年约95.9万t溶解盐，占总入湖量的72%），其余部分来自径流（每年约29.6万t，约占总入湖量的22%）和降水（每年7.5万t，约占总入湖量的6%）（Romanovsky et al., 2002a）。第四纪时期，伊塞克湖的封闭态和通过楚河流出的开放态交替发生；该湖目前是封闭湖，无出水口，但本应较高的湖水盐度却较低，海水盐度比此时的湖水盐度高5.5倍。地貌和考古等数据也表明，晚更新世后期，伊塞克湖与楚河失去了直接联系，但在湖泊高水位时与楚河连通，而这种联系约在150年前结束，因而，该湖目前的封闭状态存在时间较短（De Batist et al., 2002; Baetov, 2005; Rosenwinkel et al., 2017）。耶稣会传教士的地图也侧面反映了19世纪20年代之前该湖未必是封闭状态（Narama et al., 2010）。

伊塞克湖的表层湖水年均温度约为11℃。湖的西部和东部的表层湖水年均温度略低，约为10.3℃；北岸的表层湖水年均温度略高，约为11.4℃。伊塞克湖的水流系统主要受热条件和盆地内吹来的风控制（Stavissky, 1997）。在冬季，表层水冷却通常伴随着湖中顺时针方向的反气旋流。西风（Ulan）和东风（Santash）进入盆地后，西风向南转，东风向北转，导致水的逆时针运动。因此，在湖滨地区形成了气旋水流，在其中部形成了反气旋环流，中间有一个水辐合区（Romanovsky and Shabunin, 2002）。浮标基站在水深10 m、15 m和25 m处的流速测量结果显示，水深越深，流速越低。平均流速为20~38 cm/s，在10 m深处的最大流速为65 cm/s，在水深100 m、150 m和300 m的不稳定条件下，测量到的流速分别为32 cm/s、13 cm/s和10 cm/s。

伊塞克湖的水位每年波动约20 cm，这是由于春夏季的降水和径流量（包括冰融水）较高，秋冬季的降水和径流量较低（Podrezov et al., 2020）。记录表明，历史时期伊塞克湖水位发生显著的变化。伊塞克湖水位在18世纪上升到比现在高12~13 m的高度，19世纪的水位下降速度较快，1867~1877年湖面平均下降速率为21 cm/a，1878~1898年下降速率降至14 cm/a，1896年，在Kutemaldy站地区湖泊岸线后退约600 m（Romanovsky, 2002a）。根据Berg的计算，伊塞克湖水位在20世纪初上升，但1910~1928年下降了1.3 m（Berg, 1930）。监测数据显示，1927~2000年湖泊水位下降了近304 cm，平均每年下降4.2 cm，最高水位（1609.52 m）出现在1929年，最低水位（1606.17 m）出现在1998年。自21世纪以来，由于冰川融水和降雨增多，径流加强，湖泊水位开始逐渐升高（Wang et al.,

2021)，2003 年达到 1606.80 m(Romanovsky, 2002a)。湖泊水位总体下降主要是由区域气候变暖、湖泊蒸发量增加以及灌溉农业从支流取水增加造成(Salamat et al., 2015)。在 1929 年、1935~1936 年、1941~1942 年、1956~1960 年、1970~1971 年、1981~1982 年、1987~1989 年、1993~1994 年、1999~2003 年期间，湖泊水位回升，可能与气候转为暖湿有关。其中 1956~1960 年和 1999~2003 年是湖面上升时间最长的两个时期，降水和融水的增加分别导致湖面上升了 32 cm 和 55 cm。而在 1943~1955 年期间，由于伊塞克湖盆地降水减少和气温升高，湖面水位下降达 110 cm(Podrezov et al., 2020)。未来的全球变暖和更强的蒸发作用，湖泊上游冰川资源减少而导致的融水径流量减少，以及继续从支流取水用于灌溉农业，是伊塞克湖生态系统稳定的主要威胁(Giralt et al., 2004)。

根据 Pavlova(1964)的研究，伊塞克湖底栖动物主要包括贝类、摇蚊类、双翅类、水甲虫类、水虫类(水虫纲和水虫纲)、片足类、介形虫类、水蛭类、寡毛纲、原生动物等，另外还会出现涡虫和线虫。底栖动物在春季最为丰富，在水深超过 70 m 时，底栖动物多样性和生物量较低，主要包括两种特有的寡毛动物(*Enchytraeus przewalskii* 和 *Enchytraeus issykulensis*)和端足类动物 *Issykogammarus hamatus* (Romanovsky, 2002b)。伊塞克湖鱼类包括 12 个或 13 个本地物种和 10 多个引进类群，优势种是本地的鲤鱼(Cyprinidae；Alamanov and Mikkola, 2011)。

伊塞克湖浮游植物密度最高，峰值在水深 15~50 m 处，此外一年中大部分时间，在 100~150 m 的深度范围内，藻类的密度也较高，与许多藻类密度季节性变化显著的其他水体相比，伊塞克湖的季节性变化很小(Podrezov et al., 2020)。伊塞克湖的大多数浮游植物是小型或微型的蓝绿藻和绿藻，它们是湖泊生产力的主要来源(Romanovsky, 2002b)。这些藻类的细胞直径通常为 2~3 μm，尽管湖中浮游植物密度相对较高，但生物量相对较低。对于伊塞克湖大型水生生物，轮藻(charophyte)生长在湖滨带 6~40 m 深，有时甚至可达 50 m 深，它们占地面积和生物量最大，是该湖水生植被的主要类型(Savvaitova and Petr, 1992; Podrezov et al., 2020)；挺水植物群主要包括芦苇(*Phragmites australis*)、宽叶香蒲(*Typha latifolia*)、水葱(*Scirpus tabernaemontani*)等；常见的沉水植物有篦齿眼子菜(*Potamogeton pectinatus*)、钝叶眼子菜(*Potamogeton obtusifolius*)、穿叶眼子菜(*Potamogeton perfoliatus*)、大茨藻(*Najas marina*)、金鱼藻(*Ceratophyllum demersum*)、狸藻(*Utricularia vulgaris*)、浮毛茛(*Ranunculus natans*)等。

第三节　巴尔喀什湖流域自然和人文特征

一、地貌特征

巴尔喀什湖流域面积约 41.3 万 km²，其中 5.95 万 km² 处于中国新疆伊犁哈萨克自治州辖区的伊犁河源头，气候上属干旱-半干旱地区(龙爱华等，2011)。大约在 1500 万~1000 万年前，巴尔喀什-阿拉尔(Balkhash-Alakol)洼地的构造就已经形成了一个湖泊地貌，由从准噶尔阿拉套山和北部前巴尔喀什山流下的小溪流补给。该盆地当时最大的水体是伊犁湖,它延伸到现在的中国边界以西,占据了现今卡普恰盖水库的河床,并以伊犁河的形式继续向西延伸,直到与楚河汇合并到达咸海(Aladin, 2014)。在扎里里斯基-阿拉套构造隆起的作用下,进水量逐渐增加,地壳变形使卡拉伊高原(海拔700 m)抬升,共同导致伊犁古湖向北偏移,移至巴尔喀什-阿拉科尔洼地的西南部(当时海拔200~250 m,比今天低200 m),并在这里形成了第一个伊犁三角洲(阿克达拉三角洲)。海拔230~330 m的中更新世沉积表明,在伊犁河改道之后,首先在巴卡纳斯周围的洼地中形成了一个湖泊(巴卡纳斯湖)或多个湖泊体系,随后被伊犁河沉积物和伊犁三角洲的形成填满并向东北移动。逐渐地,在300~100 ka BP,一个名为古巴尔喀什的巨大湖泊被"沉积坝"堵住了,并占领了整个凹陷的东北部,统一了现在的巴尔喀什、萨塞克科尔、阿拉科尔和艾比盆地。这个巨型湖泊在最后一个冰期(约110 ka BP)刚开始的时候,随着阿拉套(Alatau)强烈的造山运动,将阿拉套山脉抬升到海拔780 m的高度,古巴尔喀什被划分为两个不同的水体:东部的阿拉科尔湖(海拔347 m)和西部的现代巴尔喀什湖(海拔342 m;Aubekerov, et al., 2009)。巴尔喀什凹陷的现代轮廓是在新近纪-第四纪阶段确立的,现代巴尔喀什湖直到约公元前300年才形成,其湖岸线构造是由西部和北部20~30 m高的、受构造干扰的岩石地形和南部平坦的砂质冲积物和风化物决定的(Sala et al., 2020)。整个湖泊位于古生代洼地的最高处和断层的北坡,南部巨大的冲积沉积物的最低端有利于来自河流和浅层含水层的水输入,由此产生的地下水动态,伴随着富含离子的湖水渗出,与其他过程,如沿湖盐类沉积随风吹散,有助于保持内陆湖相对低的盐度(Mischke, 2020)。

巴尔喀什湖位于广阔的巴尔喀什-阿拉科尔洼地,海拔340 m,被一条3~4 km宽的峡湾(Uzynaral)分为两部分,西部和东部的水矿化度和含盐量差异较大。西部水体盐度较低(0.74 g/L),较浑浊(透明度低至1 m),呈浅灰色;东部水体盐度高(5.21 g/L),透明度高(透明度可达5.5 m),呈蓝至青蓝色。湖岸线呈锯齿状,有许多湖湾,最大的岛屿包括Basaral、Tasaral和Algazy(Sala et al., 2020)。巴尔喀什洼地是一个逐渐向北平缓倾斜的平原,最低海拔340 m,是巴尔喀什湖的长期平均高度。该流域北部为丘陵,西部地势较低,是别特帕克达拉草原,西南部延伸至楚伊犁山,东南部靠近准噶尔阿拉套山(Dzungarian Alatau)。湖泊北面有狭长的干旱草原地带,湖北沿岸区、阿拉湖盆及湖泊南岸至天山和准噶尔阿拉套山为荒漠地带,湖泊流域的主要部分位于其南部和东南部的山区,伊犁河从西湖区注入,其他主要河流包括卡拉塔尔河、阿克苏河、列普西河及阿亚古兹河,都注入东湖区(图1.7)。在晚更新世和全新世期间,径流量较大的河流均经三角洲流入巴尔喀什湖,这些河流为湖泊提供了主要的淡水水源,同时,伊犁河三角洲也为该区孕育了丰富的生物多样性(Sala et al., 2020)。伊犁三角洲的发展阶段及其从南到北移动的过程与气候波动有关,气候波动导致冰川扩张或收缩,以及源自山区的河流入湖径流的变化。干旱时期,由于三角洲对河流分流下降,降低了对河道的侵蚀,形成梯田,进而稳定三角洲的形态(Mischke, 2020)。

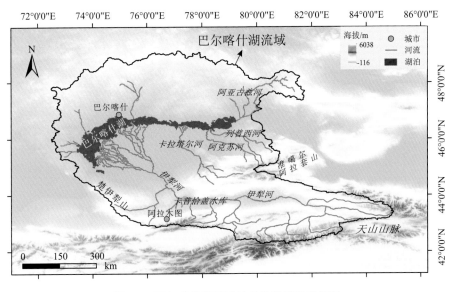

图 1.7 巴尔喀什湖流域地理位置和地貌概况

二、土壤与植被特征

流域内每条河的中下游，尤其是巴尔喀什湖的南岸和东岸河流，广泛分布着固定和半固定的沙漠和盐碱地。林地土壤以山地深棕色森林土壤为主，北部和西北部平原是由多石和沙土的沙漠组成，巴尔喀什南部湖岸由干涸河道的铲形三角洲组成，主要由绿灰色细粉质砂组成，厚度可达 10 m (Aubekerov et al., 2010)。此外，南部地区还零星分布着灌溉用地，土壤类型主要为黄土-黏土(图 1.3)。

巴尔喀什湖流域土地覆盖类型包括水域、湿地、耕地、森林、灌木、草地、裸地、人造地表和永久冰雪等(图 1.8)。巴尔喀什湖流域植被格局主要受坡向和海拔的影响，但也受冷空气等因素的影响。植被带由高海拔到低海拔依次为半干旱草地带、落叶阔叶林带、针叶林带、灌木带。天山云杉(*Picea schrenkiana*)是天山森林的优势物种之一，它通常分布在海拔 1800~3000 m、冬季积雪厚、夏季潮湿的地区(Chen et al., 2017)。巴尔喀什湖湖岸草甸和河床周边生长芦苇和多种乔灌木，以及中生草本植物包括禾本科和各种杂科植物(*Cychoriaceae*、*Brassicaceae*、*Lamiaceae* 等)(Aubekerov et al., 2010)。在中部沙漠，气候干旱现象显著增加，在这里，多年生猪毛菜(*Salsola collina*)盛行，占总植被的 62%，并广泛分布嗜沙灌木(*Calligonum*, *Ephedra*, *Ammodendron*, *Ceratoides papposa*, *Salsola arbuscula*)、蒿属(*Artemisia santolina*, *Artemisia kelleri*, *Artemisia songarica* 和 *Artemisia terrae-albae*)和藜科。禾草科植物(*Agropyron fragile*, *Stipa caspia*, *Stipa hohenackeriana*)仅以群落形式存在于沙坑中。山前沙漠主要分布矮灌木和沙漠灌木，还包括草本植物如谷物(*Stipa sareptana*, *Stipa richteriana*)，似短生植物(包括球状蒲公英、大翅苔草和郁金香类型)，类短生植物(*Catabrosella humilis*, *Poa bulbosa*)。在山前沙漠中，麦草群落发挥着最积极的作用(Aubekerov et al., 2010)。天山北部灌丛是草原带的特征，主要以蔷薇科为代表，基本优势种是玫瑰（*Rosa plathyacantha, Rosa pimpinelifolia*）、绣线菊（*Spiraea lasiocarpa*）和栒子属（*Cotoneaster melanocarpus, Cotoneaster multiflorus, Cotoneaster polyanthemus*）。

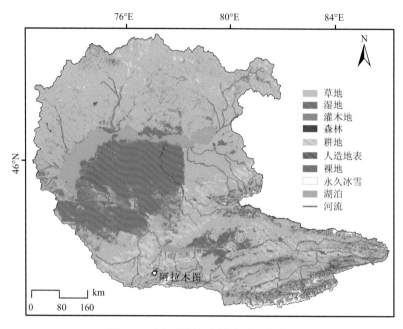

图 1.8　巴尔喀什湖流域土地覆盖类型

数据来源：https://www.webmap.cn/mapDataAction.do?method=globalLandCover

三、气候特征

　　巴尔喀什湖流域属于干旱的大陆性气候，地势东南高而西北低，即从上游的天山山脉（最高海拔为 6320 m）到下游的冲积平原以及最低点的巴尔喀什湖，垂直景观十分鲜明，故而，该区的温度和降水很大程度上取决于海拔等地形条件。巴尔喀什湖流域1901~2015 年的年际降水变化趋势的空间分布极不均匀。整体上，东南部地区降水呈现显著的增加趋势，最大增加速度超过 6 mm/10a；而流域西北地区呈现不显著的减少趋势，最大减少速度超过 4 mm/10a。1901~2015 年，流域的年平均降水量为 164.4（1944年）~392.4 mm（1958 年），最大年均降水量与最小年均降水量相差 228 mm，有着明显的降水干湿年份变化（段伟利等，2021）。例如，据阿拉木图气象站（43.2°N，76.9°E，海拔为 847 m）1936~2005 年的数据，该区年均降水量变化范围为 327.2~942.9 mm，平均值为 633.5 mm，年均温度变化范围为 7.3~11.0 ℃，平均值为 9.2 ℃；而距湖区最近的巴尔喀什站数据显示，多年年均降水量为 124.5 mm ，年均温度变化范围为 3.6~8.0 ℃，年均温度为 5.7 ℃（Guo and Xia, 2014）。流域大陆性指数为 39.5，昼夜温差指数为 11.1，干旱指数为 4.7，空气的相对湿度为 55%~60%，年均无霜期约 98 天（Guo and Xia, 2014）。每年 5~8 月地表入湖径流量较大，并在 7 月达到峰值，巴尔喀什湖水面在 11 月底至次年

4 月初期间冻结。该区盛行东风和东北风，在东部引起的波浪可达 3.0~3.5 m，在西部不超过 2.5 m，水流沿着湖的纵轴逆时针流动（Kawabata et al., 1999; Propastin, 2012）。

四、水文特征

巴尔喀什湖水量平衡包括收入项和支出项，收入项包括地表入湖径流量、湖面降水量和湖周侧渗入水量，支出项包括地下水渗出水量和湖面蒸发量。据巴尔喀什湖水量平衡方程计算可知，每年 18 km³ 的入湖水量中地表径流量为 15.1 km³，湖面降水量为 2.1 km³，湖周侧渗入水量为 0.8 km³，分别占总入湖水量的 83.9%、11.7% 和 4.4%；而水量支出中的地下水渗出水量和蒸发量分别为 0.8 km³ 和 17.2 km³，分别占总支出水量的 95.6% 和 4.4%；如果不从巴尔喀什湖流域支流取水灌溉农业，年入湖水量将增加约 3.0 km³（Kezer and Matsuyama, 2006）。在不断变化的气候条件下，该湖泊水位变化频繁，但是河流带进湖中的沉积物每年不超过 0.005 km³。根据冰川学分析，过去的几十年，每年的融水流量约为 0.8 km³，即约占每年入湖水量的 4.4%。在 15.1 km³ 的河流入湖水量中，约 78% 来自伊犁河，约 21% 来自卡拉塔尔河、阿克苏河、列普西河和阿亚古兹河（Dostay et al., 2012）。因此，伊犁河对湖泊水位和水化学起着至关重要的作用（Shen et al., 2021）。伊犁河为中国与哈萨克斯坦的跨境河流，河流全长 1236.5 km，流域面积 15.12 万 km²，其中哈萨克斯坦内 9.30 万 km²，中国境内 5.82 万 km²（邓铭江等，2011）。然而，1970 年，伊犁河下游建成卡普恰盖水库，并开始大量蓄水，同时，流域内农业等大规模地利用水资源，再加上干旱的气候条件，导致巴尔喀什湖水位在 1970~1987 年间持续降低，湖水位下降达 1.51 m，入湖水量减少达 297.7 亿 m³，进而引发了一系列的生态环境问题（邓铭江等，2011）。

1955~2000 年，巴尔喀什湖流域冰川加速融化，超过了全球平均融冰量的 4 倍。因此，融水盈余补偿了变暖趋势导致的湖水蒸发损失的增加。巴尔喀什湖流域的冰川水量在 1955~2000 年间从 122 km³ 减少到 90 km³，即减少了近 26%（平均每年减少 0.8 km³；Severskiy et al., 2016）。1960~2007 年冰川的面积从 2000 km² 减少到 1500 km²，减少了 25%（每年减少 0.6 km²），在逐渐变暖的趋势下持续的冰川萎缩，使每年的河流流入量有 5%~10% 的明显增加，但是可能在之后的 50 年内冰川逐步退化消失（Severskiy et al., 2016）。

巴尔喀什湖的水深较浅，平均深度为 5.7 m，对入湖水量的变化很敏感。1980~2000 年，其水位变化范围为 340.5~344.4 m（Propastin, 2012）。湖泊水位、面积和水量关系见表 1.3，湖泊面积和水量之间的比率较高，如当水位 342.5 m 时，湖泊面积和水量分别为 19225 km² 和 1130 亿 m³，说明湖泊有较大的蒸发量（每年约 17.2 km³）。如果没有水的流入，该湖可能将在不到 7 年的时间里消失（Myrzakhmetov et al., 2022）。近年来，每年平均输入 18 km³ 的水量保证了湖面水位海拔约 342 m，但未来冰川融水减少和蒸发量增加将可能进一步导致湖面水位下降（Propastin, 2012）。

表 1.3 巴尔喀什湖泊水位、面积和水量变化之间的关系(数据引自 Myrzakhmetov et al., 2022)

湖泊水位/m	湖泊面积/km^2	湖泊水量/ 10^9 m^3
342.5	19225	113.0
341.3	17391	93.3
341.0	16450	86.9
340.0	15075	80.7
339.3	13085	78.1
337.2	9863	52.0
335.2	6265	32.2
333.2	2630	19.7
329.2	1591	9.2
325.2	598	2.8

五、社会经济特征

哈萨克斯坦境内伊犁河水资源较大范围开发约从 20 世纪 20 年代末开始。1915 年前,流域灌溉面积仅 2900 km^2,在此之后,尤其是 1927 年后,当地政府对伊犁–巴尔喀什流域特别关注,在发展畜牧业的同时,大力垦荒灌溉、开发电力、发展水运和渔业,建立了阿克达拉灌区(1967 年)、卡普恰盖水电站(1970 年)、大阿拉木图灌渠(1985 年)等水利工程,使得流域成为重要的工农业生产基地,从而对水质、水资源产生较大影响(付颖昕和杨恕,2009)。伊犁河经过卡普恰盖水电站后,年径流量以及年内分配发生变化,对伊犁河下游,特别是巴尔喀什湖的生态环境造成较大影响(邓铭江等,2011)。

农业灌溉用水在这一区域国民经济各领域用水量中所占比例最大。1955~2007 年,流域灌溉面积呈现"增加—减少—增加"的变化过程。从 1955 年的 3520 km^2 逐渐增加到 1991 年的 6330 km^2,约占耕地面积的 1/3,此时农业灌溉用水量达 62.9 亿 m^3,占近总用水量的 86.1%(付颖昕和杨恕,2009)。苏联解体之后,灌溉面积和农业用水量开始下降,但 2000~2007 年又开始逐渐上升,不过耕地和灌溉规模还未超过规模最高的 20 世纪 90 年代(朱磊等,2010)。在人类工农业活动影响下,入湖水量减少、湖面缩小,由农业区回归的高矿化度水直接流入河流和湖泊,使湖水矿化度升高;流域内城市(主要包括巴尔喀什、阿拉木图和塔尔迪库尔干)生活污水和工业废水废气,尤其是湖岸工矿企业的排放对湖泊环境污染最为严重(图 1.7)。有数据表明,1987 年巴尔喀什矿山冶金联合企业向湖内排水达 5500 万 m^3,其中铜、铅和钼分别为 0.35 t、0.483 t 和 0.56 t。由于西湖区,特别是西湖区北岸的巴尔喀什矿山冶金联合企业和伊犁河三角洲入口人类活动更为集中,对湖泊的污染程度也明显高于东湖区,水质的破坏给当地居民带来较大的安全隐患(加帕尔,1996; Propastin, 2013)。

六、湖泊特征

巴尔喀什湖是一个巨大的内陆湖泊，是欧亚大陆的第三大湖泊，也是世界上第二大盐湖。湖泊平均水位 342.5 m，长 588~614 km，宽 9~74 km，面积约 17500 km²，分布在北纬 44°57′~49°19′和东经 73°24′~79°14′之间，是萨里耶西克-阿特劳沙漠中的一片绿洲，也是巴尔喀什-阿拉科尔洼地的最低部分（Feng et al., 2013）。巴尔喀什湖的湖水盐度为 0.2~5.0 g/L（Kezer and Matsuyama, 2006）。巴尔喀什湖呈半月细长形，萨雷耶西克半岛（Saryesik Peninsular）和乌泽纳拉尔湖峡（Uzunaral Strait）将其分为东西两个部分。由于大量伊犁河水的注入（约占总入湖地表径流量的 78%），较大、较浅的西半部分湖水总体为淡水，盐度约 0.5~1.5 g/L；较小、较深的东半部分湖水由于几乎不流动，呈咸水，盐度达到 5.21 g/L。根据苏联时期和近 15 年来国际项目对该湖泊地质历史的调查，中更新世时，在巴尔喀什地区的伊犁河上形成了一个大湖，环绕在现在的卡普恰盖水库的区域。随后，一系列的构造变形改变了这个巨大的湖盆。大约距今 300 万年以前，伊犁河改道向北，在巴尔喀什-阿拉科尔洼地形成了一个巨大的湖泊——古巴尔喀什湖。在 110 ka BP 左右，该湖泊被划分为两个盆地，形成了东部的阿拉科尔湖和西部的现代巴尔喀什湖（Aubekerov et al., 2009）。

受自然蒸发和冰川融水影响，在晚更新世和全新世，巴尔喀什湖形成了三个不同的湖面阶段：冰期湖水位在海拔 349~355 m，全新世早期和中期的湖水位在海拔 341~348 m，全新世晚期在海拔 335~348 m；约 5.0 ka BP、1.2 ka BP 和 0.8 ka BP 的极端退缩期，湖泊被分成多个盆地（Deom et al., 2019）。目前的湖水平衡是在全球气候变化背景下卡普恰盖水库的调节以及冰川融水增加综合作用的结果。除了 1908~1912 年（平均水位 343.7 m）和 1960~1972 年（平均水位 343 m）的两个高水位时期外，巴尔喀什湖和大多数中亚湖泊一样，在 20 世纪表现出逐步收缩的趋势，而 2000 年以后（平均水位 342.5 m）由于冰川融水增加，湖面逐渐上升（Severskiy et al., 2016）。1960~1986 年期间，湖泊水位下降的原因有：长期的干旱气候和日益频繁的人为干扰。资料显示，在此期间，流域内灌溉面积从 30 万 hm² 增加到 55 万 hm²，人为取水量从 3.5 km³ 增加到 5.5 km³，1970~1986 年间卡普恰盖水库蓄水，各方因素导致河流入湖总量每年减少 3.8 km³（约减少 23%的入湖水量）。更有研究指出，在卡普恰盖水库蓄水期间，巴尔喀什湖的水位从 1970 年的 343 m 下降到 1986 年的 340.6 m。水位下降的同时，水面也收缩了 25%，湖岸线后退了 2~8 km，水量减少近 40%（Kezer and Matsuyama, 2006）。巴尔喀什湖的水位在 1986~2008 年间恢复到 341.5 m 的高度，在此之前，卡普恰盖水库的有效容量减少到 6.64 km³（占最初预计容量的 23.7%；Shaporenko, 1995）。

巴尔喀什湖沉积物来源包括由河流、湖浪和风带来的外来物质，以及由湖泊内部化学过程和生物活动产生的内源物质。在总输入的沉积物中，陆源碎屑物质以砂为主（约 4 万~6 万 t/a，0.005 km³），占年输入总量的 92%~93%，主要由石英、长石、火山岩碎片、石灰石和页岩等矿物颗粒组成，大小介于黏土和砾石之间。湖泊沉积物的矿物组成在很大程度上取决于沉积物颗粒的运输机制和强度，三角洲的河湖交界附近的沉积物大多数为含碳质的粉砂，占湖中部沉积物的 50% 以上。南湖岸附近的沙丘为以硅质为主的风成沙。不同颜色和成分的黏土(主要是绿色的绿泥石和水云母)大量堆积在西部盆地和北部湖岸(Mischke, 2020)。底部沉积物的矿物主要来自伊犁河携带的碳酸盐岩矿物，方解石、文石以及白云石最为丰富，在河口三角洲(伊犁河、阿克苏河、列普西河)周围的底部沉积物中占 50%，在盆地偏远的中部地区占 10%~20%。相比之下，在由列普西河和阿亚古兹河支流供给的最东部盆地，沉积物的矿物成分异常，镁和锰氧化物的浓度增加了 10 倍，铁的含量减少，导致那里的自生地球化学沉积物具有明显的区域差异(Sevastyanov, 1991)。

巴尔喀什湖由于湖水较浅，加上风和水流的作用，几乎是等温和均匀化学性质，没有明显垂直分层。年平均表面水温为 1.1℃，12 月平均表面水温为 -3.3℃，7 月平均表面水温为 23.0℃。悬浮在水中的固体颗粒是黏土和淤泥，被流动的水携带，直到它们在流速不足以保持它们的悬浮时沉淀下来，它们与溶解的化学颗粒一起，决定了西部盆地的中等浑浊度(能见度为 0~5 m)，而东部的浑浊度在风、湖流和盐度的作用下不断增加，能见度仅为 1 m 或更低。巴尔喀什湖的溶解氧范围为 6~10 mg/L，最丰富的离子是碳酸盐和钙，约占溶解离子的 68%，镁、硫酸盐、钠、氯约占 27%，此外钾也相对丰富，约占 2%，由西向东湖水离子浓度逐渐增加，盐度为 0.2~5.0 g/L，pH 为 8.65~9.15(Mischke, 2020)。

巴尔喀什湖的水生植物群包括生活在水中(浮游植物)或沉积物上或沉积物中(底栖植物)的微型植物和生长在水中或水附近的大型植物。浮游植物和底栖植物有约 350 种和变种，其中底栖藻类约 200 种，以硅藻为主，还包括绿藻、蓝绿藻、鞭毛藻等，大多数藻类是淡水类型(低盐生物)或适应广泛的盐度(泛盐)(Abrosov, 1973)。春季和秋季以硅藻为主，增温期以绿藻为主，夏季以蓝藻为主。淡水和全盐形式的藻类在湖的西部占主导地位，例如轮藻，而淡水形式在湖的东部消失，取而代之的是嗜盐生物，它们随盐度增加向西扩散。巴尔喀什湖大型水生植物多样性相对较低，主要原因是相对较高和可变的盐度、水的相对浊度高、沿湖波浪的强烈影响，以及与其他盆地的地理隔离(Chiba, 2016)。低盐度的水中水生植物包括雪白睡莲(*Nymphaea candida*)、欧洲慈姑(*Sagittaria sagittifolia*)、浮萍(*Lemna minor*)；能抵抗高盐度的高等植物是芦苇(*Phragmites australis*)、篦齿眼子菜(*Stuckenia pectinata*)，湖岸边分布有耐盐的胡杨(*Populus euphratica*)(Imentai et al., 2015)。

巴尔喀什湖的自然动物群由于其地理隔离，在质量和数量上都很差。原始浮游动物包括纤毛虫(*Codonella cratera*)、轮虫(*syncheta* spp., *Filinia longiseta*, *Polyarthra platypiera*)、桡足类(*Arctodiaptomus salinus*, *Thermocyclops crassus*)、枝角类(*Daphnia galeata*, *Diaphanosoma lacustris*；Krupa et al., 2013)。轮虫占主导地位，桡足类 *Arctodiaptomus salinus* 在巴尔喀什湖东部地区更为丰富(Krupa et al., 2013)。底栖动物主要以陆生昆虫的幼虫为代表，特别是摇蚊类、蜉蝣、石蝇和寡毛虫，此外腹足类、双壳类和软壳类(虾类和片脚类)也是本地底栖动物中相对丰富的成员(Abrosov, 1973)。在 20世纪期间，巴尔喀什湖引进了来自苏联其他湖泊的鱼类物种，导致优势种发生了重大变化，外来类群取代了本土类群。总的来说，鱼类物种多样性下降(Mitrofanov and Petr,

1999)。现代鱼类有 25 种，包括银色裂腹鱼(*Schizothorax argentatus*)、伊犁裂腹鱼(*Schizothorax pseudaksaiensis*)、巴尔喀什鲈鱼(*Perca schrenkii*)、斑点石泥鳅(*Triplophysa strauchi*)、平原厚唇泥鳅(*Barbatula labiate*)和巴尔喀什鲦鱼(*Lagowskiella poljakowi*)，其他鱼类基本都是新引进或者入侵的(Imentai et al., 2015)。在 1972 年 98%的商业捕捞由外来物种组成，而本土物种仅占 2%(Petr, 1992)。由于过度捕捞，梭鲈、斜齿鳊、鲷鱼和鲶鱼的数量都有明显下降(Mitrofanov and Petr, 1999)。

参 考 文 献

陈曦, 罗格平, 吴世新, 等. 2015. 中亚干旱区土地利用与土地覆被变化. 北京: 科学出版社.

陈正, 蒋峥. 2012. 中亚五国优势矿产资源分布及开发现状. 中国国土资源经济, 25(5): 34~39, 55~56.

邓铭江, 龙爱华, 章毅, 等. 2010. 中亚五国水资源及其开发利用评价. 地球科学进展, 25(12): 1347~1356.

邓铭江, 王志杰, 王姣妍. 2011. 巴尔喀什湖生态水位演变分析及调控对策. 水利学报, 42(4): 403~413.

段伟利, 邹珊, 陈亚宁, 等. 2021. 1879~2015 年巴尔喀什湖水位变化及其主要影响因素分析. 地球科学进展, 36(9): 950~961.

付颖昕, 杨恕. 2009. 苏联时期哈萨克斯坦伊犁–巴尔喀什湖流域开发述评. 兰州大学学报(社会科学版), 37(4): 16~24.

加帕尔. 1996. 亚洲中部湖泊水生态学概论. 乌鲁木齐: 新疆科技卫生出版社.

刘洁. 2016. 中亚五国矿产开发风险评价. 中国锰业, 34(3): 147~149.

刘爽, 白洁, 罗格平, 等. 2021. 咸海流域社会经济用水分析与预测. 地理学报, 76(5): 1257~1273.

刘文, 吴敬禄, 马龙. 2013. 乌兹别克斯坦表层土壤元素含量与空间结构特征初步分析. 农业环境科学学报, 32(2): 282~289.

龙爱华, 邓铭江, 谢蕾, 等. 2011. 巴尔喀什湖水量平衡研究. 冰川冻土, 33(6): 1341~1352.

施俊法, 李友枝, 金庆花, 等. 2006. 世界矿情·亚洲卷. 北京: 地质出版社.

孙莉, 周可法, 张楠楠, 等. 2008. 中亚五国矿产资源分布与现状分析. 新疆地质, 26(1): 71~77.

王国亚, 沈永平, 秦大河. 2006. 1860~2005 年伊塞克湖水位波动与区域气候水文变化的关系. 冰川冻土, 28(6): 854~860.

吴敬禄, 马龙, 吉力力·阿不都外力. 2009. 中亚干旱区咸海的湖面变化及其环境效应. 干旱区地理, 32(3): 418~422.

曾海鳌, 吴敬禄. 2013. 塔吉克斯坦水体同位素和水化学特征及成因. 水科学进展, 24(2): 272~279.

朱磊, 罗格平, 陈曦, 等. 2010. 伊犁河中下游近 40 年土地利用与覆被变化. 地理科学进展, 29(3): 292~300.

Abrosov V N. 1973. Lake Balkhash [Ozero Balkhash]. Leningrad: Nauka.

Abuduwaili J, Issanova G, Saparov G. 2019. Hydrology and Limnology of Central Asia. Singapore: Spring Singapore, 297~357.

ADB. 2009. Issyk-Kul sustainable development project, Kyrgyz plan.

Aizen E M, Aizen V B, Melack J M, et al. 2001. Precipitation and atmospheric circulation patterns at mid-latitudes of Asia. International Journal of Climatology, 21(5): 535~556.

Aladin N. 2014. The dam of life or dam lifelong. The Aral Sea and the construction of the dam in Berg Strait.

Part one (1988~1992). ElAlfoli Boletin Semestral de IPAISAL IPAISAL's Biyearly J, 15: 3~17.

Aladin N V, Plotnikov I S. 1993. Large saline lakes of former USSR: a summary review. Hydrobiologia, 267(1): 1~12.

Aladin N V, Potts W T W. 1992. Changes in the Aral Sea ecosystems during the period 1960~1990. Hydrobiologia, 237(2): 67~79.

Alamanov A, Mikkola H. 2011. Is biodiversity friendly fisheries management possible on Issyk-Kul Lake in the Kyrgyz Republic? Ambio, 40: 479~495.

Aldaya M M, Muñoz G, Hoekstra A Y. 2010. Water footprint of cotton, wheat and rice production in Central Asia. Value of water research report series No. 41. UNESCO-IHE Institute for Water Education: Delft.

Aubekerov B, Koshkin V, Sala R, et al. 2009. Prehistorical and historical stages of development of lake Balkhash//Watanabe M, Kubota J. Reconceptualizing Cultural and Environmental Change in Central Asia. RIHN: Kyoto.

Aubekerov B Z, Nigmatova S A, Sala R, et al. 2010. Complex analysis of the development of Lake Balkhash during the last 2000 years. Available online: https://www.chikyu.ac.jp/ilipro/page/18-publication/ workshop-book/workshop-book _individual%20files/2-2_Aubekerov. pdf

Babow S, Meisen P. 2012. The Water-Energy Nexus in the Amu Darya River Basin: The Need for Sustainable Solutions to a Regional Problem. Global Energy Network Institute. Available online: http: //amudaryabasin.net/sites/amudaryabasin.net/files/resources/The%20water%20energy%20nexis%20 in%20 the%20Amu%20Darya%20River%20Basin. Pdf

Baetov R. 2005. Lake Issyk-Kul. Managing Lakes and Their Basins for Sustainable Future, 193~204.

Berdimbetov T, Ma Z G, Shelton S, et al. 2021. Identifying land degradation and its driving factors in the Aral Sea Basin from 1982 to 2015. Frontiers in Earth Science, 9: 834.

Berg L S. 1930. Hydrologieal studies in Lake Issyk Kul in 1928. Bull. Mining Institute, 28: 14~37.

Burr G S, Kuzmin Y V, Krivonogov S K, et al. 2019. A history of the modern Aral Sea (Central Asia) since the Late Pleistocene. Quat. Sci. Rev., 206: 141~149.

Caravanistan. 2023. Train in Uzbekistan. Available online: https://caravanistan.com/transport/.

Chen C L, Chen X, Qian J, et al. 2021. Spatiotemporal changes, trade-offs, and synergistic relationships in ecosystem services provided by the Aral Sea Basin. PeerJ, 9: e12623.

Chen F, Yuan Y J, Yu S L. 2017. Tree-ring indicators of rainfall and streamflow for the Ili-Balkhash Basin, Central Asia since CE 1560. Palaeogeography, Palaeoclimatology, Palaeoecology, 482: 48~56.

Chiba T, Endo K, Sugai T, et al. 2016. Reconstruction of Lake Balkhash levels and precipitation/evaporation changes during the last 2000 years from fossil diatom assemblages. Quat. Int., 397: 330~341.

Crosa G, Froebrich J, Nikolayenko V, et al. 2006. Spatial and seasonal variations in the water quality of the Amu Darya River (Central Asia). Water Research, 40(1): 2237~2245.

De Batist M, Imbo Y, Vermeesch P, et al. 2002. Bathymetry and sedimentary environments of Lake Issyk-Kul, Kyrgyz Republic (Central Asia): a large, high-altitude, tectonic lake// Klerkx J, Imanackunov B. Lake Issyk-Kul: Its Natural Environment. NATO Science Series: 13. Dordrecht: Springer.

Deom J M, Sala R, Laudisoit A. 2019. The Ili River Delta: Holocene Hydrogeological Evolution and Human colonization// Yang L E, Bork H-R, Fang X, Mischke S. Socio-Environmental Dynamics Along the Historical Silk Road. Cham Springer, 69~97.

Dostay Z, Alimkulov S, Tursunova A, et al. 2012. Modern hydrological status of the estuary of Ili River. Appl. Water Sci., 2(3): 227~233.

Egamberdieva D, Öztürk M. 2018. Vegetation of Central Asia and Environs. Switzerland: Springer Nature.

Ermakhanov Z, Plotnikov I, Aladin N, et al. 2012. Changes in the Aral Sea ichthyofauna and fishery during the period of ecological crisis. Lakes Reservoirs Res Manag, 17: 3~9.

EurasiaNet. 2018. Uzbekistan Opens New Railway Routes to Kyrgyzstan, Russia. Available online: https://eurasianet.org/uzbekistan-opens-new-railway-routesto-kyr-gyzstan-russia.

Feng Z D, Wu H N, Zhang C J, et al. 2013. Bioclimatic change of the past 2500 years within the Balkhash Basin, eastern Kazakhstan, Central Asia. Quat. Int., 311: 63~70.

Gebhardt A C, Naudts L, De Mol L, et al. 2017. High-amplitude lake-level changes in tectonically active Lake Issyk-Kul (Kyrgyzstan) revealed by high-resolution seismic reflection data. Clim. Past, 13(1): 73~92.

Giralt S, Julià R, Klerkx J, et al. 2004. 1000-year environmental history of lake Issyk-Kul// Nihoul J C J, Zavialov P O, Micklin P P. Dying and Dead Seas Climatic Versus Anthropic Causes. Dordrecht: Springer, 36: 253~285.

Guo L D, Xia Z Q. 2014. Temperature and precipitation long-term trends and variations in the Ili-Balkhash Basin. Theor. Appl. Climatol., 115: 219~229.

Huang X T, Oberhänsli H, von Suchodoletz H, et al. 2011. Dust deposition in the Aral Sea: implications for changes in atmospheric circulation in Central Asia during the past 2000 years. Quat. Sci. Rev., 30(25/26): 3661~3674.

Imentai A, Thevs N, Schmidt S, et al. 2015. Vegetation, fauna, and biodiversity of the Ile Delta and southern Lake Balkhash — A review. Journal of Great Lakes Research, 41(3): 688~696.

Kadyrov V K, Karmanchuk A R. 1964. About content of some elements in Lake Issyk-Kul water. Microelement in water of Lake Issyk-Kul. Frunze, 2: 101~106.

Kawabata Y, Tsukatani T, Katayama Y. 1999. A demineralization mechanism for Lake Balkhash. International Journal of Salt Lake Research, 8(2): 99~112.

Kezer K, Matsuyama H. 2006. Decrease of river runoff in the Lake Balkhash basin in Central Asia. Hydrological Processes, 20(6): 1407~1423.

Klerkx J, Imanackunov B. 2002. Lake Issyk-Kul: Its Natural Environment. Netherlands: Springer.

Kostianoy A G, Kosarev A N. 2010. The Aral Sea Environment. The Handbook of Environmental Chemistry. Berlin: Springer.

Krivonogov S. 2014. Changes of the Aral Sea Level//Micklin P, Aladin N, Plotnikov I. The Aral Sea: the Devastation and Partial Rehabilitation of a Great Lake. Heidelberg: Springer: 77~111.

Krupa E G, Tsoy V N, Lopareva T Y, et al. 2013. Long-term dynamics of hydrobionts in Lake Balkhash and its connection with the environmental factors (Mnogoletnya dinamika gidrobiontov ozera Balhash iee svyazs faktorami sredi). Bulletin of ASTU: Fish Industry Series: 2: 85~95.

Ma L, Abuduwaili J, Li Y M, et al. 2018. Controlling factors and pollution assessment of potentially toxic elements in topsoils of the Issyk-Kul Lake Region, Central Asia. Soil and Sediment Contamination, 27(2): 147~160.

Matukova T G. 1958. Stonewort of Lake Issyk-Kul. Transactions of Biology and Soil Department of the Kyrgyz State University: Frunze, 43~49.

Matveev V P, 1935. Hydrochemical studies of Lake Issyk-Kul in 1932. Lake Issyk-Kul. Materials on hydrology, ichthyology and fishery. AS USSR: Russia: 111（2）: 7~56.

Micklin P. 2007. The Aral Sea disaster, Annual Review of Earth and Planetary Sciences. Annual Reviews of Earth and Planetary Sciences, 35: 47~72.

Micklin P. 2010. The past, present, and future Aral Sea. Lakes & Reservoirs: Research and Management, 15（3）: 193~213.

Micklin P. 2014. Introduction to the Aral Sea and Its Region//Micklin P, Aladin N, Plotnikov I. The Aral Sea: the Devastation and Partial Rehabilitation of a Great Lake. Heidelberg: Springer.

Micklin P. 2016. The future Aral Sea: hope and despair. Environmental Earth Sciences, 75（9）: 844.

Mischke S. 2020. Large Asian Lakes in a Changing World: Natural State and Human Iimpact//Sala R, Deom J M, Aladin N V, et al. Geological History and Present Conditions of Lake Balkhash. Switzerland: Springer, 143.

Mitrofanov V P, Petr T. 1999. Fish and fisheries in the Altai, Northern Tien Shan and Lake Balkhash （Kazakhstan）. Fish and fisheries at higher altitudes: Asia. Rome: FAO Fisheries Technical Paper: 385: 149~167.

Myrzakhmetov A, Dostay Z, Alimkulov S, et al. 2022. Level regime of Balkhash Lake as the indicator of the state of the environmental ecosystems of the region. Paddy and Water Environment, 20（3）: 315~323.

Narama C, Kubota J, Shatravin V I, et al. 2010. The Lake-Level Changes in Central Asia During the Llast 1000 Years Based on Historical Map//Watanabe M, Kubota J. Reconceptualizing Cultural and Environmental Change in Central Asia: An Historical Perspective on the Future. Ili Project, Research Institute for Humanity and Nature: Kyoto, 11~27.

Papa E, Castiglioni S, Gramatica P, et al. 2004. Screening the leaching tendency of pesticides applied in the Amu Darya Basin （Uzbekistan）. Water Research, 38（16）: 3485~3494.

Pavlova M V. 1964. Zoobenthos of Lake Issyk-Kul Gulfs and Its Consumption by Fishes. Ilim: Frunze: 84.

Petr T. 1992. Lake Balkhash, Kazakhstan. Int. J. Salt Lake Res. 1: 21~46.

Plotnikov I, Aladin V, Ermakhanov Z, et al. 2014. The New Aquatic Biology of the Aral Sea//Micklin P, Aladin N, Plotnikov I . The Aral Sea: the Devastation and Partial Rehabilitation of a Great Lake. Heidelberg: Springer, 137~169.

Podrezov A O, Mäkelä A J, Mischke S, 2020. Lake Issyk-Kul: Its History and Present State//Mischke S. Large Asian Lakes in a Changing World. Cham: Springer.

Pomfret R. 2002. State-directed diffusion of technology: The mechanization of cotton harvesting in Soviet Central Asia. The Journal of Economic History, 62: 170~188.

Propastin P. 2012. Patterns of Lake Balkhash water level changes and their climatic correlates during 1992–2010 period. Lakes and Reservoirs: Research and Management, 17（3）: 161~169.

Propastin P. 2013. Assessment of Climate and Human Induced Disaster Risk over Shared Water Resources in the Balkhash Lake Drainage Basin//Climate Change and Disaster Risk Management. Berlin, Heidelberg: Spring, 41~54.

Qi J G, Kulmatov R. 2007. An Overview of Environmental Issues in Central Asia. Environmental Problems of Central Asia and their Economic, Social and Security Impacts. Tashkent: Uzbekistan: 3.

Reinhardt C, Wünnemann B, Krivonogov S K. 2008. Geomorphological evidence for the Late Holocene evolution and the Holocene Lake level maximum of the Aral Sea. Geomorphology, 93(3/4): 302~315.

Romanovsky V V. 2002a. Water Level Variations and Water Balance of Lake Issyk-Kul//Klerkx J, Imanackunov B. Lake Issyk-Kul: Its Natural Environment. NATO Science Series (Series IV: Earth and Environmental Sciences). Dordrecht: Springer, 45~57.

Romanovsky V V. 2002b. Hydrobiology of Lake Issyk-Kul//Klerkx J, Imanackunov B. Lake Issyk-Kul: its natural environment. NATO Science Series (Series IV: Earth and Environmental Sciences). Dordrecht: Springer, 27~45.

Romanovsky V V, Shabunin G. 2002. Currents and Vertical Water Exchange in Lake Issyk~Kul//Klerkx J, Imanackunov B. Lake Issyk-Kul: Its Natural Environment. NATO Science Series (Series IV: Earth and Environmental Sciences). Dordrecht: Springer, 13: 77~87.

Rosenwinkel S, Landgraf A, Schwanghart W, et al. 2017. Late Pleistocene outburst floods from Issyk Kul, Kyrgyzstan? Earth Surf. Proc. Land., 42(10): 1535~1548.

Sala R, Deom J M, Aladin N V, et al. 2020. Geological history and present conditions of Lake Balkhash//Mischke S. Large Asian Lakes in a Changing World. Cham: Springer, 143~175.

Salamat A U, Abuduwaili J, Shaidyldaeva N. 2015. Impact of climate change on water level fluctuation of Issyk-Kul Lake. Arabian Journal of Geosciences, 8(8): 5361~5371.

Savvaitova K, Petr T. 1992. Lake Issyk-Kul, Kirgizia. Int. J. Salt Lake Res., 1: 21~46.

Schiermeier Q. 2001. Ecologists plot to turn the tide for shrinking lake. Nature, 412: 756~756.

Sevastyanov D V. 1991. Istoriya ozer Sevan, Issyk-Kul, Balkhash, Zaysan and Aral. Leningrad: Nauka.

Severskiy I, Vilesov E, Armstrong R, et al. 2016. Changes in glaciation of the Balkhash-Alakol basin, Central Asia, over recent decades. Ann. Glaciol., 57(71): 382~394.

Shaporenko S I. 1995. Balkhash Lake//Mandych A F. Enclosed Seas and Large Lakes of Eastern Europe and Middle Asia. Amsterdam: SPB Academic Publisher, 155~197.

Shen B B, Wu J L, Zhan S E, et al. 2021. Spatial variations and controls on the hydrochemistry of surface waters across the Ili-Balkhash Basin, arid Central Asia. Journal of Hydrology, 600: 126565.

Spoor M. 1998. The Aral Sea Basin crisis: Transition and environment in former Soviet Central Asia. Development and Change, 29: 409~435.

Stavissky Y S. 1977. Water temperature dynamics of Lake Issyk-Kul. Papers of the Central Asian Scientific Research Institute of Hydrometeorology, 50: 75~80.

Toman M J, Plotnikov I, Aladin N, et al. 2015. Biodiversity, the present ecological state of the Aral Sea and its impact on future development. Ac. Biol. Slovinica, 58: 45~59.

Tsigelnaya I D. 1995. Issyk-Kul Lake. Enclosed Seas and Large Lakes of Eastern Europe and Middle Asia. Amsterdam: SPB Academic Publishing, 229.

USDA (United States Department of Agriculture). 2012. Foreign agricultural service, office of global analysis. Cotton: World Markets and Trade Archives. Available online: http: //www. fas. usda. gov/cotton_arc. asp.

Vollmer M K, Weiss R F, Williams R T, et al. 2002. Physical and chemical properties of the waters of saline lakes and their importance for deep-water renewal: Lake Issyk-Kul, Kyrgyzstan. Geochim ca et Cosmochimica Acta, 66(24): 4235~4246.

Wang J Z, Wu J L, Zhan S E, et al. 2021. Records of hydrological change and environmental disasters in sediments from deep Lake Issyk-Kul. Hydrol. Process., 35（4）: e14136.

Whish-Wilson P. 2002. The Aral Sea environmental health crisis. J. Rural and Remote Environ. Health, 1（2）: 29~34.

White K. 2016. Kazakhstan's Northern Aral Sea Today: Partial Ecosystem Restoration and Economic Recovery//Friedman E, Neuzil M . Environmental Crises in Central Asia（from steppes to seas, from deserts to glaciers）. New York: Routledge.

Whitman J. 1956. Turkestan cotton in imperial Russia. American Slavic and East European Review, 15（2）: 191~205.

Yang X W, Wang N L, Chen A A, et al. 2020. Changes in area and water volume of the Aral Sea in the arid Central Asia over the period of 1960—2018 and their causes. CATENA, 191: 104566.

Zhan S E, Wu J L, Wang J Z, et al. 2022. Comparisons of pollution level and environmental changes from the elemental geochemical records of three lake sediments at different elevations, Central Asia. Journal of Asian Earth Sciences, 237: 105348.

Zhang H L, Wu J L, Li Q Y, et al. 2021. A ~300-year record of environmental changes in Lake Issyk-Kul, Central Asia, inferred from lipid biomarkers in sediments. Limnologica, 90: 125909.

Zonn I S, Glantz M, Kostianoy A G, et al. 2009. The Aral Sea Encyclopedia. Berlin: Springer.

第二章 水土环境主要参数及研究方法

本章主要介绍地表水、表层土壤和岩芯沉积物样品的前处理方法、主要环境指标及其实验测试方法和质量控制等,包括地表水中的持久性有机污染物(多环芳烃和有机氯农药)、金属元素、主要离子和氢氧同位素等指标;表层土壤和沉积物中元素、持久性有机污染物和生物标志化合物等指标;岩芯沉积物中 ^{210}Pb 和 ^{137}Cs 年代测定、粒度、总有机碳、总氮、金属元素和持久性有机污染物等指标。另外,本章也对书中应用的污染物的溯源模型及污染评价方法和标准进行了介绍。

第一节 地表水环境指标分析及方法

一、地表水样品前处理

地表水样品采集当天用 0.45 μm 混合纤维素滤膜过滤去除杂质后,分装至不同的样品瓶中。用于金属元素和主要离子分析的水样装入干净的聚乙烯塑料样品瓶中,其中,用于阳离子分析的水样中加适量纯 HNO_3(1∶1)酸化至 pH < 2;用于氢氧同位素指标分析的样品装入 2 mL 玻璃样品瓶中。所有水样密封放入 4℃的冰箱低温冷藏,等待指标的测定。另取 1 L 水样在 24 h 以内进行持久性有机污染物(POPs),包括多环芳烃(PAHs)和有机氯农药(OCPs)测定的前处理分析,利用固相萃取真空装置(美国)对水样中的 PAHs 和 OCPs 进行富集,富集柱(C_{18}柱:Supelco, 500 mg/6 mL)在富集前需用甲醇和超纯水对小柱浸泡淋洗进行活化,富集的 POPs 用 20 mL 的二氯甲烷与正己烷(V∶V = 7∶3)混合液洗脱至鸡形瓶,洗脱液经旋转蒸发仪(BUCHI R-300,瑞士)浓缩至近干后转移至棕色色谱瓶中,先用正己烷定容至 1 mL,用于 OCPs 测定,PAHs 测定用甲醇定容。

二、地表水样品指标分析

自然水体中元素、主要离子和有机污染物等化学组成和含量变化反映了地质岩性、气候以及人类活动等重要因素,据此可进行区域水质评价,并揭示生态环境特征(Markich and Brown, 1998; Shen et al., 2021)。此外,不同来源的水体具有不同的同位素组成特征,水在循环过程中的蒸发和扩散作用会引起同位素分馏,因此可以通过水体的氢氧同位素组成变化来示踪水体的补给来源、流域水文循环以及地表水和地下水之间的相互转化关系等(吴敬禄等, 2006; Kalvans et al., 2020)。水体中的同位素和水化学组成包含水体来源、水体间相互作用以及质量状况等方面的重要信息,是水科学研究中的重要指标。

（一）pH 和总矿化度测定

水体 pH、温度和总矿化度（TDS）等参数通过多参数水质分析仪（YSI，EXO2，USA）在采样现场进行测定。

（二）PAHs 和 OCPs 测定

1. PAHs 测定

采用高效液相色谱仪，搭配二极管阵列检测器和荧光检测器（high performance liquid chromatography-diode array detector-fluorescene detector，HPLC-FLD-DAD，Agilent 1200，美国）定量检测 PAHs 含量（图 2.1）。荧光检测器除对 Acy 没有响应外，对其余 15 种 PAHs 响应灵敏，因此利用二极管阵列检测器测定 Acy 浓度。同时，串联二极管阵列检测器测定的 16 种 PAHs 可以与荧光检测器依次对应，避免分析测试中的假阳性。色谱柱为 Waters PAHs C_{18} 柱（4.6 μm× 250 mm × 5 μm，Waters，美国）。DAD 检测器的检测波长为 238 nm，而 FLD 检测器的激发波长（λ_{Ex}）和发射波长（λ_{Em}）根据时间梯度变化（Ex/Em：0 min，280 nm/330 nm；9.3 min，260 nm/380 nm；12.1 min，280 nm/450 nm；13.1 min，270 nm/390 nm；20.0 min，290 nm/410 nm；31.0 min，310 nm/500 nm）。梯度洗脱程序：20 min 内乙腈由初始 60% 上升至 100%，维持 10 min。洗脱流动相：超纯水和色谱纯乙腈。流速：1 mL/min。柱温：保持在 25℃。PAHs 测定时仪器的荧光检测器激发波长和发射波长见表 2.1。

高效液相色谱仪

气相色谱仪

图 2.1　PAHs（a）和 OCPs（b）浓度测定仪器

表 2.1 高效液相色谱测定 PAHs 荧光检测器激发波长和发射波长

时间/min	激发波长 λ_{Ex}/nm	发射波长 λ_{Em}/nm
0.0	280	330
9.3	260	380
12.1	280	450
13.1	270	390
20.0	290	410
31.0	310	500

2. OCPs 测定

采用气相色谱仪(Agilent 7890,美国),搭配 ^{63}Ni 微电子捕获检测器(gas chromatography-microelectron capture detector, GC-μECD)定量检测 OCPs 含量(图 2.1)。色谱柱为 HP-5MS 毛细管色谱柱(30 m × 0.25 mm × 0.25 μm, J&W),载气为高纯 He,流速为 1 mL/min。采用恒流模式,尾吹气为高纯 N_2;另外采用不分流的方式进样,进样体积为 1 μL。色谱柱升温程序为:初始温度为 60 ℃,以 10 ℃/min 速度升至 170℃维持 2 min,以 5 ℃/min 速度升至 280 ℃,维持 3 min,以 15 ℃/min 升至 320 ℃。进样口温度为 260℃,尾吹气为高纯 N_2,60 mL/min。OCPs 每种物质峰的定性检测采用 Agilent 气相色谱-质谱联用仪(gas chromatography-mass spectrum, GC-MS, Agilent 7890-5975C, HP-5MS, 30 m × 0.25 mm × 0.25 μm, J&W)进行,采用全扫描(m/z, 45~500)和选择离子扫描对 OCPs 的检出顺序进行定性确认。

3. 质量控制和保证

样品的 PAHs 和 OCPs 峰识别是在相同仪器条件下,根据标样的保留时间来确定的。PAHs 和 OCPs 定量是采用多点校正外-内标法进行,设定 7 个外标组分浓度梯度,建立各化合物浓度与峰面积的标准曲线,相关系数 r 为 0.996~0.999。每分析 10 个样品均插入某一特定浓度的标准品重新校正化合物的保留时间和峰面积。此外,每次样品分析过程中均同步进行方法空白实验和基质加标实验,以判定整个实验操作过程中是否有基质的干扰。方法回收率实验是用经马弗炉焙烧处理过的硅藻土代替环境样品,加入定量的 PAHs 或 OCPs 标准化合物,按照上述同样的预处理方法进行样品处理,仪器分析测定每种化合物的方法回收率。方法检测限(MDL)以基质样品中能够产生 3 倍信噪比(S/N)的样品量确定。实验表明,HPLC-FLD-DAD 测定 16 种优控 PAHs 的方法回收率为 67.8%~121%,方法检测限为 0.035~1.204 ng/g;GC-μECD 测定 OCPs 的方法回收率为 61.2%~116.7%,方法检测限为 0.01~0.176 ng/g,满足美国环境保护署(USEPA)环境样品质量分析要求。在整个仪器分析的过程中,为了保证实验分析数据的准确性和可靠性,每次样品分析的过程中均同步设置方法空白实验和基质加标实验判定 POPs 实验操作过程中是否有基质的干扰,结果表明在整个研究过程中未检测到干扰。PAHs 和 OCPs 测试的保留时间、回收率、相对标准偏差和检测限见表 2.2 和表 2.3。

表 2.2　**PAHs** 的保留时间、回收率、相对标准偏差和检测限

PAHs 单体	保留时间/min	回收率/%	相对标准偏差/%	检测限/(ng/g dw)
Nap	6.22	67.80	0.59	0.760
Acy	6.84	88.28	1.4	1.204
Ace	8.03	74.75	2.3	0.196
Flu	8.48	67.94	2.2	0.081
Phe	9.52	121.00	1.7	0.126
Ant	10.96	68.29	0.53	0.035
Flt	12.08	101.81	1.9	0.272
Pyr	13.17	89.77	1.6	0.181
BaA	17.19	82.88	1.3	0.123
Chr	18.61	80.17	0.5	0.068
BbF	21.36	78.79	1.9	0.498
BkF	23.35	81.54	0.55	0.078
BaP	24.64	78.37	0.65	0.062
DahA	27.70	76.27	0.61	0.151
BghiP	28.44	80.24	1.4	0.311
InP	30.95	83.08	2.3	1.042

表 2.3　**OCPs** 的保留时间、回收率、相对标准偏差和检测限

OCPs 单体	保留时间/min	回收率/%	相对标准偏差/%	检测限/(ng/g dw)
α-HCH	16.901	85.6	2.4	0.016
β-HCH	17.825	90.5	2.6	0.027
γ-HCH	18.140	93.7	3.9	0.019
δ-HCH	19.202	94.2	2.1	0.017
Heptachlor（HEPT）	20.872	87.2	2.9	0.029
Aldrin	22.218	61.2	5.0	0.017
Heptachlor epoxide（HEPX）	23.668	87.2	2.0	0.016
γ-Chlor	24.570	76.4	4.7	0.016
α-Chlor	25.098	90.4	4.0	0.010
α-endosulfan（α-Endo）	25.098	90.4	4.0	0.010
p,p'-DDE	26.079	73.4	3.8	0.022
Dieldrin	26.285	86.3	2.8	0.023
Endrin	27.273	116.7	2.4	0.076
β-endosulfan（β-Endo）	27.834	86.2	2.2	0.024
p,p'-DDD	28.146	81.4	3.1	0.025
Endrin aldehyde	28.598	84.7	2.8	0.024
Endosulfan sulfate	29.948	95.5	3.1	0.018
p,p'-DDT	30.291	81.5	3.2	0.176
Endrin ketone	32.536	99.8	2.8	0.020
Methoxychlor	33.433	115.7	1.9	0.039

(三) 元素测定

采用电感耦合等离子体发射光谱仪 (ICP-OES, Prodigy, Teledyne Leeman Labs, Hudson NH, USA) 确定 Al、Fe、Mn、V、Ti、Ag 的浓度。采用电感耦合等离子体质谱仪 (ICP-MS, 7700x, Agilent Technologies, Palo Alto, USA) 测定潜在有毒元素 As、Cr、Ni、Cu、Pb、Co、Cd、Hg 浓度，各元素含量测定仪器见图 2.2。

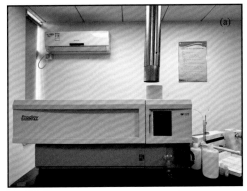 

电感耦合等离子体发射光谱仪　　　　　　　电感耦合等离子体质谱仪

图 2.2　水体元素浓度测定仪器

质量控制和保证：为确保分析数据的可靠性，对每批样品的测试分析均进行 20% 的重复性检验，每批样品测试的相对误差小于 5%，表明样品分析步骤符合分析实验的质量要求，每种元素的检测限见表 2.4。

表 2.4　14 种元素的检测限

元素	检测限/(μg/L)	元素	检测限/(μg/L)
Al	2	Ni	0.03
Fe	2	Cu	0.01
Mn	0.02	Pb	0.01
As	0.05	Ag	0.005
Cr	0.05	Co	0.005
V	0.05	Cd	0.005
Ti	0.05	Hg	0.02

(四) 主要离子和营养盐测定

1. 主要离子

采用电感耦合等离子体发射光谱仪 (ICP-OES, Prodigy, USA) 测定水样中的阳离子 (Ca^{2+}、Na^+、Mg^{2+} 和 K^+) 浓度。采用离子色谱仪 (Dionex, ICS2000, USA) 测定水样中的阴离子 (SO_4^{2-} 和 Cl^-) 浓度。采用双指示剂滴定法测定水样中的 CO_3^{2-} 和 HCO_3^- 浓度，即分

别以酚酞和甲基橙为指示剂，用酸标准溶液滴定水样，根据两次滴定消耗酸标准溶液的体积，分别计算碳酸根和碳酸氢根的含量。

2. 营养盐

采用连续流动分析仪(SKALAR San ++，荷兰)测定水样中的硝氮(NO_3-N)、氨氮(NH_4-N)、亚硝氮(NO_2-N)和磷酸盐(PO_4-P)浓度。相关测定仪器见图2.3。

电感耦合等离子体发射光谱仪　　　　　　　　　　　离子色谱仪

连续流动分析仪

图 2.3　主要离子和营养盐浓度测定仪器

质量控制和保证：为确保分析数据的可靠性，在测试上述指标时，对每批样品测试分析均进行 20% 的重复性检验，每批样品测试的相对误差小于 5%，并同时进行空白检测，均低于检测限，表明样品分析步骤符合分析实验的质量要求，各指标的检测限见表 2.5。

表 2.5　主要离子和营养盐的检测限

主要离子	检测限/(mg/L)	营养盐	检测限/(mg/L)
Ca^{2+}	0.01	NO_3-N	0.01
Na^+	0.03	NH_4-N	0.01
Mg^{2+}	0.003	NO_2-N	0.001
K^+	0.1	PO_4-P	0.001
SO_4^{2-}	0.05		
Cl^-	0.18		

(五)氢氧同位素测定

所有水体样品的氢氧稳定同位素($\delta^{18}O$ 和 δ^2H)测试均在中国科学院南京地理与湖泊研究所湖泊与环境国家重点实验室完成,利用美国洛斯加托斯(Los Gatos)研究公司研发的液态水同位素分析仪(DLT-100,型号:908-0008)进行测试分析。液态水同位素分析仪采用近红外激光或中红外激光技术测量水汽中 $H_2^{16}O$、$^1H^2H^{18}O$、$H_2^{18}O$ 的分子浓度,记录降水中 $^2H/H$、$^{18}O/^{16}O$ 的比率。所有样品的测试结果采用相对于维也纳标准平均海洋水 V-SMOW 的千分差表示:

$$\delta^{18}O\left(\delta^2H\right)=\left(R_{sample}\,/\,R_{\text{V-SMOW}}-1\right)\times1000‰ \tag{2-1}$$

式中,R_{sample} 和 $R_{\text{V-SMOW}}$ 分别表示样品和 V-SMOW 中氢氧同位素比率 $R\left(^{18}O/^{16}O、^2H/H\right)$。

质量控制和保证:为确保测量数据的准确性,对每个样品重复测量 6 次,取其平均值,测试精度 $\delta^{18}O\leqslant0.3‰$,$\delta^2H\leqslant1‰$。

第二节　表层土壤和沉积物环境指标分析及方法

一、表层土壤和沉积物样品前处理

沉积物样品经真空冷冻干燥器(Biosafer-10A,中国)在 −50℃下干燥 72 h 后,用玛瑙臼和杵进行研磨(除粒度测试样品外),用于 POPs、生物标志化合物含量、^{210}Pb 和 ^{137}Cs 年代测定分析的沉积物样品过 100 目筛子,获取粒径小于 100 目的均质沉积物样品,POPs 和正构烷烃含量测定的样品储存于棕色玻璃瓶中备用,年代测定的样品放入 5 mL 特定塑料管中备用;用于元素、总有机碳和总氮含量分析的沉积物样品过 200 目筛子,获取粒径小于 200 目的均质沉积物样品,装入棕色牛皮纸样品袋中,封口备用。

二、表层土壤和沉积物样品指标分析

(一)粒度测定

沉积物的粒度特征是判别沉积环境的一个重要物理标志,可以为沉积物搬运介质的性质、能量和搬运方式的确定提供重要的环境分析依据。湖水水动力条件是控制沉积物粒度分布的主要因素,细粒和粗粒沉积物分别代表了不同的水动力条件。研究表明当区域降水量增大时,入湖水流搬运能力较强,导致更多的粗颗粒进入湖中,反之,区域降水量减少则导致入湖碎屑以细粒为主。粒度频率分布曲线能够灵敏地反映水动力条件,是判断沉积作用形式和沉积环境的重要图解形式(孙东怀等, 2001; Wang et al., 2021a)。此外,粒径-标准偏差曲线可反映不同样品的粒度含量在各粒径范围内的差异性,标准偏差值高值反映了不同样品的粒度含量在某一粒径范围内差异较大,其对应的粒级即表示沉积环境敏感的粒度众数,据此可提取样品中粒度变化的环境敏感组分,它们的个数及其对应的粒径分布范围。

粒度测定的具体操作步骤如下:取 0.2 g 左右样品于 50 mL 烧杯中,加入 10 mL 浓

度为 10%的过氧化氢，静置反应 24 h，倒去上清液后，再加入 10 mL 浓度为 10%的盐酸，反应 24 h，无明显气泡冒出后，用去离子水反复清洗 3 遍，加入 10 mL 5%的六偏磷酸钠溶液超声波振荡 15 min，然后将待测样品进行上机测试。

沉积物的粒度采用 Mastersize 3000 型激光粒度仪进行分析，仪器测量范围为 0.01~3500 μm，每个样品测量 4 次，取平均值，分析误差 < 2%。

(二)总有机碳和总氮含量测定

湖泊沉积物中的 TOC 和 TN 含量可反映湖泊初级生产力的大小，两者的比值 TOC/TN(C/N)可识别沉积物中有机质的来源。一般而言，浮游生物的 C/N 值较低，范围在 4~7 (Pereira et al., 1996)，而陆地高等植物组织富含碳，其 C/N 值为 20~500 (Hedges et al., 1997)。此外，有研究表明，对于植被生长主要受降雨制约的干旱区，当降雨增大植被生长较好时，随着流域地表径流的增强，较多的陆源有机质会被携带入湖泊，进而使得沉积物中 TOC 含量上升。因此，当湖泊沉积物中 TOC 含量较高时，也可间接地指示区域气候湿润的特征 (Wu et al., 2009)。

总有机碳含量分析采用重铬酸钾氧化-容量法。称取一定经冷冻干燥、研磨均匀的样品于试管中，加入重铬酸钾溶液和浓硫酸各 5 mL，在浓硫酸条件下，加入过量的重铬酸钾氧化样品中的有机碳，170~180℃油浴 5 min，取出后冷却至室温，用水冲洗冷凝管内壁及其底端外壁，使洗涤液流入原三角瓶，瓶内溶液的总体积应控制在 60~80 mL 为宜，加 3~5 滴邻菲罗啉指示剂，用硫酸亚铁标准溶液滴定剩余的重铬酸钾。溶液的变色过程是先由橙黄变为蓝绿，再变为棕红，即达终点。并根据公式计算 TOC 的百分含量：

$$TOC(\%) = 0.8 \times 5 \times (V_0 - V_1) / V_0 \times 0.003 \times 1.1 / G \times 100 \qquad (2\text{-}2)$$

式中，V_0 为空白试验时，滴定 5 mL 0.8 mol/L 标准重铬酸钾溶液时硫酸亚铁的毫升数；V_1 为待测液被氧化后，滴定过剩的 0.8 mol/L 标准重铬酸钾时硫酸亚铁水温毫升数；0.003 为碳的毫克当量数 (mEq) [(12/4)/1000]；G 为待测液相当的样品重；1.1 为校正常数(按 90%的回收率计)。

沉积物中 TN 含量采用元素分析仪(EA3000, EuroVector, Italy)测定。称取 0.5000 g 左右的已磨碎的沉积物样品于 15 mL 干净的塑料管中，用 10 mL 左右的 5% HCl 浸泡 24 h 至无气泡冒出，然后用去离子水洗至中性(pH=7)，转入真空冷冻干燥器(Biosafer-10A,中国)在 −50℃下干燥 24 h 后，用玛瑙臼和杵进行研磨均匀后装入牛皮纸样品袋中，等待上机。

质量控制和保证：TOC 测定时，每批样品设置 3 个空白标定(称取等重量的石英)，并随机选取 20%的样品进行重测，测试的相对标准偏差 < 10%。硫酸亚铁溶液易受空气氧化，保证现配现用。TN 含量测定时，每个样品测定 3 次，分析误差 < 5%。

(三)PAHs 和 OCPs 含量测定

一般来说，工业煤炭的燃烧或者交通源的汽车尾气排放导致高温热解的汽油柴油往往会带来高分子量(high molecular weight, HMW)PAHs；而原油泄漏或者家庭用煤、木材等生物质的不完全燃烧则会产生大量的低分子量(low molecular weight, LMW)PAHs。有研究提出,HMW PAHs 的含量可以较为准确地提供城市化和工业化水平的信息,因为它常常与该区域的能源消费结构和产业结构有关,即受人类社会交通尾气的排放和工业活动的直接影响。Viguri 等(2002)对 Santander Bay 表层沉积物中 PAHs 的研究指出,靠近工业活动频繁和化石燃料燃烧较多的区域,其沉积物中 HMW PAHs 的含量偏高。而印度 Kumaum Himalayan Lakes 附近相对城市化不发达的区域,沉积物中 HMW PAHs 的含量就偏低,LMW PAHs 的比重则相对较大(Devi et al., 2016)。Li 等(2016)对长江中下游湖泊群表层沉积物 PAHs 的研究也指出,在人口密度越大、GDP 总量越高的东部沿岸流域,其 HMW PAHs 的含量也越高,而在不太发达的内陆流域,因农作物秸秆或煤炭燃烧等较为频繁,LMW PAHs 的含量偏高。由此可见,LMW PAHs 可能与流域的农业活动有关,而 HMW PAHs 更多地指代流域城市化和工业化水平(Shen et al., 2017; Li et al., 2020)。对于高山地区而言,由于其特殊的地理环境位置,山地湖泊流域内的 PAHs 所提供的环境信息不仅仅是指代本地环境,因为其还有通过长距离大气传输而来的外来 PAHs 经高山冷捕集效应富集在此(Silva et al., 2012)。

OCPs 是人工合成的有机物,主要用于防治植物病虫害的农业活动中。据统计数据,1993 年发达国家(如欧美地区)的农药(尤其是 OCPs)使用量远高于发展中国家。就中国而言,农药使用量较高的地区主要集中在粮食高产区,东南部地区,如浙江、上海、福建和广东的农药使用量占全国使用量的 36.7%,而西北部地区,包括青海、宁夏、甘肃、新疆、黑龙江和内蒙古的农药使用量只占了 3.4%,呈现东高西低的分布格局(Wang et al., 2005; Wei et al., 2007)。与此相对应的湖泊沉积物中 OCPs 含量也呈现东部平原地区 > 云贵高原 > 东北地区 > 青藏高原 > 蒙新高原的地区性差异(Li et al., 2017)。因此,沉积物中 OCPs 的变化可以反映区域农业活动(Shen et al., 2017)。

表层土壤和沉积物样品的 PAHs 和 OCPs 含量测定使用的仪器及相关参数与水体样品一致,分别采用 HPLC-FLD-DAD 和 GC-μECD 进行测定,仪器相关参数与水样中 POPs 浓度分析仪器参数一致,见第二章第一节。具体实验操作步骤如下:

① 称取 5 g 左右的已磨碎的沉积物样品和 8 g 已烧过(450℃)的石英砂置于反应釜中并搅拌均匀,再加入适量 PAHs 和 OCPs 标准混合品,盖上反应釜常温(25℃)静置 12 h,然后用加速溶剂萃取仪(accelerated solvent extraction system, ASE, Dionex 350,美国)高温高压提取 PAHs。具体提取条件如下:以色谱纯二氯甲烷为萃取溶剂,萃取温度为 100℃,萃取压力为 1500 psi。每个样品静态提取 2 次,每次 6 min,每次萃取体积为 60% 的反应釜容积。

② 将萃取液转移至鸡心瓶中,用旋转蒸发仪(Buchi R-200,瑞士)于 37℃将萃取液旋蒸至 1 mL,然后用 5 mL 正己烷置换,再次旋蒸至 1 mL。

③ 在 1 mL 萃取浓缩液中加入 1 mL 的 0.1 mol/L 四丁基硫酸氢铵-亚硫酸钠(TBA)溶液和 2 mL 色谱纯异丙醇,涡旋 1 min 直至底部出现白色晶体(如若没有出现晶体,则每次补加 100 mg Na_2SO_3,涡旋直至出现晶体),然后加入 4 mL 超纯水并涡旋 1 min,静置 5 min 后转移上部正己烷有机层至 labco 小瓶中,用 Multivap 氮吹仪(LabTech Multivap-V10,美国)将提取液柔和氮吹浓缩至 2 mL,待下一步净化处理。

④ 用硅胶-氧化铝层析柱($V:V$=2∶1)对上述浓缩液进行净化处理，依次用 15 mL 正己烷和 70 mL 的正己烷/二氯甲烷混合液($V:V$=7∶3)洗脱层析柱，去除大分子的色素和脂质等。

⑤ 收集正己烷/二氯甲烷混合洗脱液，旋蒸至 1 mL 并用乙腈作为替代溶剂进行溶剂置换，再次浓缩至 1 mL，装入 1.5 mL 棕色色谱瓶中上机测定。

质量控制和保证：样品的 PAHs 峰识别是在相同仪器条件下，根据标样的保留时间来确定的。PAHs 的定量是采用外-内标法，设定 7 个外标组分浓度梯度，建立各化合物浓度与峰面积的标准曲线，相关系数 r 为 0.996~0.999。每分析 10 个样品均插入某一特定浓度的标准品重新校正化合物的保留时间和峰面积。此外，每次样品分析过程中均同步进行方法空白实验和基质加标实验以判定整个实验操作过程中是否有基质的干扰。方法回收率实验是用经马弗炉焙烧处理过的硅藻土代替环境样品，加入定量的 PAHs 或 OCPs 标准化合物，按照上述同样的预处理方法进行样品处理，仪器分析测定每种化合物的方法回收率。方法检测限(MDL)以基质样品中能够产生 3 倍信噪比(signal to noise ratio，S/N)的样品量确定。如表 2.6 所示，16 种 PAHs 单体的 MDL 和回收率范围分别为 0.035~1.204 ng/g dw 和 67.8%~121%，OCPs 单体的 MDL 和回收率范围分别为 0.010~0.176 ng/g dw 和 55.71%~122.88%。另外，如果 PAH 和 OCP 单体的浓度低于 MDL，则在计算过程中用 1/2 MDL 替代。

表 2.6 优控 PAHs 和 OCPs 的回收率和方法检测限

PAHs 单体	回收率/%	方法检测限/(ng/g dw)	OCPs 单体	回收率/%	方法检测限/(ng/g dw)
萘(Nap)	67.80	0.760	p,p'-滴滴伊(p,p'-DDE)	91.00	0.022
苊烯(Acy)	88.28	1.204	p,p'-滴滴滴(p,p'-DDD)	92.21	0.025
苊(Ace)	74.75	0.196	p,p'-滴滴涕(p,p'-DDT)	120.64	0.176
芴(Flu)	67.94	0.081	α-六六六(α-HCH)	81.01	0.016
菲(Phe)	121.00	0.126	β-六六六(β-HCH)	89.19	0.027
蒽(Ant)	68.29	0.035	γ-六六六(γ-HCH)	85.13	0.019
荧蒽(Flt)	101.81	0.272	δ-六六六(δ-HCH)	79.63	0.017
芘(Pyr)	89.77	0.181	七氯(Heptachlor, HEPT)	105.49	0.029
苯并(a)蒽(BaA)	82.88	0.123	反式氯丹(γ-Chlor)	59.96	0.016
䓛(Chr)	80.17	0.068	甲氧滴滴涕(Methoxychlor)	115.75	0.010
苯并(b)荧蒽(BbF)	78.79	0.498	α-硫丹(α-Endo)	87.90	0.039
苯并(k)荧蒽(BkF)	81.54	0.078	β-硫丹(β-Endo)	66.72	0.016
苯并(a)芘(BaP)	78.37	0.062	硫丹硫酸盐(Endosulfan sulfate)	64.02	0.024
二苯(a, h)并蒽(DahA)	76.27	0.151	异狄氏剂(Endrin)	122.88	0.018
苯并(g, h, i)芘(BghiP)	80.24	0.311	狄氏剂(Dieldrin)	85.35	0.076
茚并(1, 2, 3-c, d)芘(InP)	83.08	1.042	异狄氏剂醛(Endrin aldehyde)	55.71	0.023
			顺式氯丹(α-Chlor)	65.37	0.024
			七氯环氧化物(Heptachlor epoxide, HEPX)	83.52	0.028

（四）正构烷烃含量测定

生物标志化合物是沉积物中有机质的重要组成部分，因此，可利用其碳链的组成、丰度和分布特征，追踪有机质的来源以及各种来源的相对贡献（Grimalt and Albaiges, 1987；Meyers, 1997）。其中，正构烷烃的组成和分布特征也可作为烃类污染源的识别标志，根据正构烷烃的碳数分布、主峰碳以及相关指数可以区别环境样品中的烃类化合物的自然来源和石油来源。一般来说，水体中的浮游生物和细菌所含的类脂物主要是脂肪，陆生高等植物主要是蜡质；藻类表现出正构烷烃在 $n\text{-}C_{15}$ 或 $n\text{-}C_{17}$ 处有最大值而长链碳数丰度低的特点；高等植物体中一般以奇数长链正构烷烃为主，峰值为 C_{27}、C_{29}、C_{31} 或 C_{33}（Eglinton and Hamilton, 1967；Meyers, 1997）。当碳优势指数（CPI）接近或小于 1，正构烷烃被认为主要来自石油及人为活动，如汽车尾气排放和化石燃料的不完全燃烧；当 CPI＞3 时，表示具有较高的陆源高等植物输入优势，CPI 值越高，表明高等植物、细菌等现代生物有机质占的比重越大（Duan et al., 2019；Zhang et al., 2021）。此外，自然正构烷烃指数（NAR）可以用于评估人为源和生物源的相对贡献，高 NAR 值（接近 1）被认为与生物有关的输入，而低 NAR 值（接近 0）可能来自于石油烃（Mille et al., 2007）。

采用 Agilent 7890A 型气相色谱与 Agilent 5975 型质谱联用仪（gas chromatography-mass spectrometry, GC-MS）（图 2.4）测定表层土壤中的正构烷烃含量，离子源为电子轰击源（70 eV），色谱柱为 DB-5MS（30 m × 0.25 mm × 0.25 μm）。相关参数为，载气：高纯 He；流速：1 mL/min；尾吹气和组成气：高纯 N_2（60 mL/min）；进样方式：无分流进样（1 μL）；进样口温度：250℃。正构烷烃含量测试仪器升温程序为：初始温度 80℃（2 min）→以 3℃/min 升至 300℃→保持 20 min。脂肪醇和甾醇含量测试仪器升温程序为：初始温度 80℃（保留 2 min）→以 6℃/min 升至 220℃→以 3℃/min 升至 250℃→以 2℃/min 升至 310℃→保持 20 min。根据相对保留时间、特征碎片离子等对化合物进行定性、定量分析。具体实验操作步骤如下：

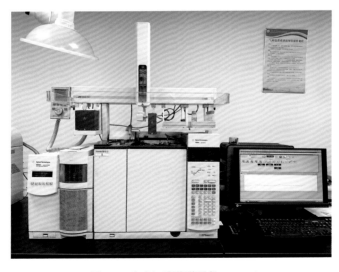

图 2.4　气相-质谱联用仪 GC-MS

① 称取 5 g 左右(依据沉积物中 TOC 含量)的已磨碎的沉积物样品于 50 mL 聚四氟乙烯离心管中，加一定体积浓度的内标物(氘代正二十四烷，*n*-tetracosane-d50)。

② 加入约 25 mL 的二氯甲烷/甲醇($V:V=2:1$)混合溶剂，涡旋仪使其充分混匀后超声 1 h，放 4℃冰箱静置 24 h，离心(3500 转，25 min)，将上清液转移至 100 mL 鸡形瓶中，反复萃取 3 次。

③ 鸡形瓶中的萃取液用旋转蒸发仪旋蒸至近干后，转移至干净的玻璃瓶中，用温和的氮气吹干至恒重，得到沉积物中有机质的游离态部分。

④ 将上述萃取物溶解于正己烷中，通过硅胶层析柱进行组分分离，用正己烷进行洗脱，洗脱溶液旋转蒸发至近干后转移至 2 mL 干净玻璃瓶中，氮气吹干至恒重，4℃保存。样品上机测试前，用正己烷溶解定容至 0.5 mL。

质量控制和保证：为了避免污染和其他干扰，对每个实验过程都采取了严格的质量控制和保证。每批处理样品中随机选择 3 个样品进行重复分析，相对标准偏差均 < 10%。

低碳正构烷烃碳优势指数(CPIL)、高碳正构烷烃碳优势指数(CPIH)和 NAR 值计算公式如下：

$$CPIL = \frac{C_{15} + C_{17} + C_{19}}{C_{16} + C_{18} + C_{20}} \tag{2-3}$$

$$CPIH = 0.5\left(\frac{(C_{27} + C_{29} + C_{31} + C_{33})}{(C_{26} + C_{28} + C_{30} + C_{32})} + \frac{(C_{27} + C_{29} + C_{31} + C_{33})}{(C_{28} + C_{30} + C_{32} + C_{34})} \right) \tag{2-4}$$

$$NAR = \frac{\sum(C_{19} - C_{32}) - 2\sum(C_{20} - C_{32})\text{even}}{\sum(C_{19} - C_{32})} \tag{2-5}$$

式中，C_n 中的 n 表示碳链长度；even 表示偶数碳。

（五）元素含量测定

湖泊沉积物中的金属元素原始来源于流域内母岩的风化，流域内的人类活动使某些金属元素得以富集（Wang et al., 2021a; Zhan et al., 2022）。沉积物沉积过程中金属元素一般都以某种矿物、化合物的形态或某种有机体、有机化合物的形态沉积下来，沉积物中元素具有一定的组合特征，利用聚类分析等统计方法可反映出这些元素的特征，具有流域自然条件变化及人为污染排放的环境指示意义（Magesh et al., 2021; Wang et al., 2021b）。因此沉积岩芯中金属元素的序列变化可以指示历史时期流域自然环境与人类活动的相互作用。

采用 ICP-AES（Prodigy, Teledyne Leeman Labs, Hudson NH, USA）测定表层土壤和沉积物中的 Ca、Mg、Na、Al、Ti、Fe、Sr、V 和 Zn 的含量，采用 ICP-MS（Agilent Technologies 7700，USA）测量表层土壤和沉积物中 Pb、Ni、Cr、Cu、Cd、Co 和 As 的含量，各元素的检测限见表 2.7。

表 2.7　16 种元素的检测限

元素	检测限/(mg/kg)	元素	检测限/(mg/kg)
Ca	5	Zn	2
Mg	2	Pb	0.02
Na	20	Ni	0.05
Al	20	Cr	0.1
Ti	1	Cu	0.02
Fe	5	Cd	0.01
Sr	0.2	Co	0.01
V	2	As	0.1

称取 0.1200 g 左右的已磨碎的沉积物样品于硝化罐中,依次加入 0.5 mL 盐酸(HCl)、4.0 mL 硝酸(HNO_3)和 3.0 mL 氢氟酸(HF),然后在德国 Berghof MWS-3 微波硝化系统中,温度条件为(180±5)℃进行硝化反应 10~15 min 后,将微波硝化系统关闭。自然冷却后,转移至 50 mL 聚四氟乙烯烧杯中,加 0.5 mL 高氯酸($HClO_4$)后在温度为 180~200℃条件下蒸干且白烟冒尽,再加入 1:3($V:V$)HNO_3 溶液 5 mL,0.1 mL 过氧化氢(H_2O_2)和少量纯水,加热溶解残渣。完全冷却后将溶液转入 25 mL 聚乙烯比色管中定容至 25 mL,摇匀后上机测定。

质量控制和保证:为保证分析结果数据的可靠性,使用了标准参考溶液 GBW07311,试剂空白与样品分析同时进行,以确保分析质量。所有测试的空白值均低于检测限。测量样品和标准溶液的回收率为 91.6%~105.3%。另外,每批样品保证 20%的重测率,相对标准偏差都在 10%以内。

(六)沉积岩芯 ^{210}Pb 和 ^{137}Cs 测定

^{210}Pb、^{137}Cs 比活度测定由美国 EG&G Ortec 公司生产的由高纯锗井型探测器(Ortec HPGe GWL-120-15)与 Ortec 919 型谱控制器和计算机构成的 16K 多道分析器所组成的 γ 谱分析系统完成。^{210}Pb 比活度通过分析 465 keV 处的 γ 射线能谱得到,^{210}Pb 的母体同位素 ^{226}Ra 比活度在 352 keV 处测得,^{137}Cs 比活度在 662 keV 处测得。

环境中存在的放射性核素是研究现代地球化学侵蚀和沉积过程的理想示踪剂。$^{210}Pb_{ex}$ 是自然过程散落(包括大气、江河等)的放射性核素,而 ^{137}Cs 是一种人工放射性核素,它们被广泛用于近百年来湖泊沉积计年。天然放射性铅同位素 ^{210}Pb(半衰期 22.3 a)是 ^{238}U 系列中 ^{226}Ra(半衰期 1622 a)衰变的中间产物 ^{222}Rn(半衰期 3.8 d)的 α 衰变子体。大气中 ^{210}Pb 主要附着于亚微粒级的飘尘而迁移,^{210}Pb 的浓度具有短时间尺度变化的特征,但年际变化不显著。自然过程的 ^{210}Pb 进入湖泊并蓄积在沉积物中,这部分 ^{210}Pb 由于不与其母体 ^{226}Ra 共存和平衡,统称为过剩 ^{210}Pb($^{210}Pb_{ex}$)。通过沉积物柱状岩芯不同层位样品的 $^{210}Pb_{ex}$ 比活度分析,便可计算沉积速率或者某一层位的沉积年龄(万国江,1997)。由于咸海流域受河流和风沙作用较大,沉积速率可能随时间变化,因此本书应用恒定补给速率(CRS)模式进行计年 (Appleby and Oldfield, 1978)。计算公式如下:

$$t_h = \lambda^{-1} \ln\left(\frac{A_0}{A_h}\right) \tag{2-6}$$

式中，t_h 为沉积物年代；λ 为衰变常数，值为 0.0311/a；A_0 为沉积物柱芯中 $^{210}\text{Pb}_{ex}$ 的总累计输入量；A_h 为一定深度 h 以下各层沉积物中 $^{210}\text{Pb}_{ex}$ 的累计总量。

人工放射性核素 ^{137}Cs（半衰期 22.3 a），由核素散射事件后沉降到地表。约 1954 年第一次核武器试验使得 ^{137}Cs 开始在地表蓄积，到 1963 年随着全球核试验达到高峰，沉积物 ^{137}Cs 含量也达到峰值，出现蓄积峰，之后 ^{137}Cs 含量开始下降，然而 1986 年切尔诺贝利事件后，沉积物中 ^{137}Cs 再次出现峰值，因此可通过沉积岩芯中 ^{137}Cs 的初始值和峰值作为时标进行定年。本书中整个沉积物岩芯的 ^{137}Cs 时间标记进一步验证了 ^{210}Pb 年代学。

第三节　污染物来源解析模型和污染评价方法

一、污染物来源解析模型

污染物的溯源一直是研究人员关注的重点，精准溯源有利于从流域源头对污染物进行管控，为管理部门制定管控政策提供可靠的数据支撑和理论依据。本书选用美国环境保护署（USEPA）发布的 PMF 5.0 对表层沉积物和沉积岩芯中 PAHs 和金属元素的来源进行分析，基于实测 PAHs 或金属元素含量对其逆向溯源。与其他溯源模型（如 PCA-MLR）相比，PMF 模型的优点是利用了非负性约束，并通过用户提供的不确定性来衡量每个单个值，在解析因子分布和贡献方面具有更好的性能。多元模型将输入数据矩阵分解为源贡献（g）和因子配置（f），求解以下化学质量平衡方程：

$$x_{ij} = \sum_{k=1}^{p} g_{ik} f_{kj} + e_{ij} \tag{2-7}$$

式中，x_{ij} 为第 i 样品的单体污染物 j 的含量；g_{ik} 指 k 来源对第 i 个样本的比例贡献；f_{kj} 为 k 来源中单体污染物 j 的值；e_{ij} 为第 i 个样品中单体污染物 j 的残差。对于给定数量的因子，PMF 模型通过最小化目标函数 Q 来调整 g_{ik} 和 f_{kj} 以得到最合适的解。

$$Q = \sum_{i=1}^{n} \sum_{j=1}^{m} \left[\frac{x_{ij} - \sum_{k=1}^{p} g_{ik} f_{kj}}{u_{ij}} \right]^2 \tag{2-8}$$

式中，n 为样品数量；m 为污染物的单体数；u_{ij} 为第 i 个样品的单体污染物 j 的不确定性。PMF 模型的不确定性（uncertainty，UNC）按照以下公式计算：

$$\text{当 } C \leqslant \text{MDL}, \quad u_{ij} = 5/6 \times \text{MDL} \tag{2-9}$$

$$\text{否则，} \quad u_{ij} = \sqrt{(\text{ERF} \times C)^2 + \text{MDL}^2} \tag{2-10}$$

式中，C 为污染物的含量；MDL 为方法检测限；ERF 为测定单体污染物的不确定度百分比。

二、污染和生态风险评价方法

(一)地表水污染和生态风险评价

1. 综合水质标识指数

综合水质标识指数(WQI)反映了多个水质变量的综合影响，是用于评价水质综合状况的有效手段 (Khanday et al., 2021)。它的计算公式如下：

$$\text{WQI} = \sum \left[W_i \times \left(\frac{C_i}{S_i} \right) \right] \times 100 \tag{2-11}$$

式中，W_i 代表变量 i 的权重，根据主成分分析结果中每个主成分的特征值和每个变量在各主成分中的因子载荷计算而得 (Wang et al., 2017)；C_i 是水样中元素或离子的测量浓度；S_i 是世界卫生组织(WHO)规定的每种元素或离子的标准浓度 (WHO, 2011)。据此，将水质状况分为5个等级：非常好($0 \leqslant \text{WQI} < 50$)、良好($50 \leqslant \text{WQI} < 100$)、中等($100 \leqslant \text{WQI} < 200$)、差($200 \leqslant \text{WQI} < 300$)、非常差($\text{WQI} \geqslant 300$)。

2. 健康风险指数

人类健康风险评价是依据美国环境保护署(USEPA)建立的风险评估模型计算而来，评估模型的建立包括数据收集和分析、暴露评估、毒性评估和风险定性4个步骤。其中，主要的暴露途径包括直接摄取、吸入和皮肤接触 (USEPA, 2004)。由于直接摄取和皮肤接触是水体中重金属暴露的两种主要途径，在本书中，将对研究区水体中主要金属元素从这两个途径进行风险评价 (Mahato et al., 2016; Islam et al., 2020)。直接摄取($\text{ADD}_{\text{ingestion}}$)和皮肤接触($\text{ADD}_{\text{dermal}}$)的暴露剂量计算如下 (USEPA, 2004)：

$$\text{ADD}_{\text{ingestion}} = \frac{C_w \times \text{IR} \times \text{EF} \times \text{ED}}{\text{BW} \times \text{AT}} \tag{2-12}$$

$$\text{ADD}_{\text{dermal}} = \frac{C_w \times \text{SA} \times K_p \times \text{EF} \times \text{ET} \times \text{ED}10^{-3}}{\text{BW} \times \text{AT}} \tag{2-13}$$

式中，C_w 为水样中的元素浓度(μg/L)；IR 为每日饮水量(L/d)；EF 为暴露频率(d/a)；ED 为持续饮水时间(a)；BW 为人体体重(kg)；AT 为平均暴露时间(d)；SA 为暴露皮肤的表面积(cm^2)；K_p 为有害物质的皮肤渗透系数(cm/h)；ET 为暴露时间(h/d)，这些参数的具体数值见表 2.8。

表 2.8　水体健康风险评价相关参数

参数	含义	数值	单位
IR[1]	每日饮水量	成人：2.0；儿童：0.64	L/d
EF[1]	暴露频率	350	d/a
SA[1]	暴露皮肤的表面积	成人：18000；儿童：6600	cm²
ET[1]	暴露时间	成人：0.58；儿童：1.0	h/d

续表

参数	含义	数值	单位
ED[2]	持续饮水时间	成人：70；儿童：6	a
BW[3]	人体体重	成人：65；儿童：20	kg
AT[2]	平均暴露时间	成人：25550；儿童：2190	d
ABS$_\text{g}$[1,4]	胃肠道吸收系数	Cu: 57%, Zn: 20%, Mn: 6.0%, Cd: 5.0%, Cr: 3.8%, Co: 20%, Ni: 4.0%, Pb: 11.7%, Hg: 7.0%, As: 95%	无量纲
K_p[1,4]	有害物质的皮肤渗透系数	Cu、Mn、Cd、Hg、As: 0.001；Zn: 0.0006；Cr: 0.003；Co: 0.0004；Ni: 0.0002；Pb: 0.0001	cm/h
RfD$_\text{ingestion}$[4,5,6]	摄取的参考剂量	Cu: 40, Zn: 300, Mn: 24, Cd: 0.5, Cr: 3, Co: 0.3, Ni: 20, Pb: 3.5, Hg: 0.3, As: 0.3	µg/(kg·d)
RfD$_\text{dermal}$	皮肤渗透的参考剂量	Cu: 22.8, Zn: 60, Mn: 1.44, Cd: 0.075, Cr: 0.114, Co: 0.06, Ni: 0.8, Pb: 0.42, Hg: 0.021, As: 0.285	µg/(kg·d)

数据来源：1. Wang et al., 2017; 2. USEPA, 2004; 3. Schecter and Li, 1997; 4. Zhang et al., 2017; 5. Xiao et al., 2019; 6. Haribala et al., 2016。

非致癌健康风险通过风险指数（hazard index，HI）来评估，HI$_\text{ingestion}$ 为直接摄取的非致癌风险指数，HI$_\text{dermal}$ 为皮肤接触的非致癌风险指数，当 HI 值 > 1 时，认为存在非致癌健康风险。两种途径引起的非致癌风险之和为总非致癌风险指数（THI），当 THI≥1，认为存在非致癌健康风险，当 0.8 < THI < 1，可认为存在潜在非致癌风险，THI < 0.8，存在的非致癌风险较小（USEPA, 2004；郭亚科等，2023）。其计算公式为

$$HI = ADD / RfD \tag{2-14}$$

$$THI = \sum (HI_\text{ingestion} + HI_\text{dermal}) \tag{2-15}$$

式中，RfD 是参考剂量[µg/(kg·d)]，RfD$_\text{dermal}$ = RfD$_\text{ingestion}$×ABS$_\text{g}$，ABS$_\text{g}$ 是胃肠道吸收系数（无量纲）（具体数值见表 2.8）。

3. 生态风险熵值

本书采用 Kalf 风险熵值法结合曹治国等（2010）和李恭臣等（2006）的研究，以忽略浓度（negligible concentrations，NCs）和最大允许浓度（maximum permissible concentrations，MPCs）作为 16 种 PAHs 单体的参考浓度，通过计算风险熵值对水体多环芳烃的生态风险进行评价，风险熵值（risk quotient，RQ）计算公式为

$$RQ = C_\text{PAHs} / C_\text{QV} \tag{2-16}$$

$$RQ_\text{(NCs)} = C_\text{PAHs} / C_\text{QV(NCs)} \tag{2-17}$$

$$RQ_\text{(MPCs)} = C_\text{PAHs} / C_\text{QV(MPCs)} \tag{2-18}$$

式中，RQ 为风险熵值；C_PAHs 为水体中各单体 PAHs 的质量浓度；C_QV 为各单体 PAHs 所对应的风险标准值，其中 $C_\text{QV(NCs)}$ 和 $C_\text{QV(MPCs)}$ 分别为最低风险标准值和最高风险标准值；RQ$_\text{(NCs)}$ 和 RQ$_\text{(MPCs)}$ 则分别表示最低风险和最高风险浓度风险熵值。对于单体 PAHs，当 RQ$_\text{(NCs)}$ < 1 时，一般认为风险较低可以忽略；当 RQ$_\text{(NCs)}$ > 1 且 RQ$_\text{(MPCs)}$ < 1 时，处于

中等风险,应采取措施防止进一步污染;而当 RQ$_{(MPCs)}$ > 1 时,可能已经造成了污染,需引起重视并积极干预控制,其中 PAHs 单体及∑PAHs 风险分级情况见表 2.9。

表 2.9 单体 PAHs 与∑PAHs 风险等级分级

风险等级	PAHs 单体		风险等级	∑PAHs	
	RQ$_{(NCs)}$	RQ$_{(MPCs)}$		∑RQ$_{(NCs)}$	∑RQ$_{(MPCs)}$
低风险	<1	<1	低风险	≥1,<800	0
中等风险	≥1	<1	中等风险 1	≥800	
			中等风险 2	<800	≥1
高风险	≥1	≥1	高风险	≥800	≥1

(二)沉积物中污染和生态风险评价

1. 富集因子

富集因子(EF)被广泛用于评估沉积物中元素的富集程度(Sutherland, 2000; Wang et al., 2021b)。金属 Al 作为地壳中化学性质稳定的保守元素,常被选为参考元素(Magesh et al., 2021)。EF 计算公式如下:

$$\text{EF} = \left(C_n / C_{Al}\right)_{sample} / \left(C_n / C_{Al}\right)_{background} \tag{2-19}$$

式中,$\left(C_n/C_{Al}\right)_{sample}$ 代表样品中元素含量与 Al 含量之比;$\left(C_n/C_{Al}\right)_{background}$ 代表相应元素背景值与 Al 背景值之比,相应的分类标准见表 2.10。

表 2.10 污染/生态风险指数分类

风险指数	污染/风险水平	分类
EF[1]	零-轻微富集	EF < 2
	中度富集	2≤EF < 5
	显著富集	5≤EF < 20
	强烈富集	20≤EF < 40
	极强富集	EF≥40
E_r^{i}[2]	低风险	$E_r^i < 40$;PERI < 100
	中风险	40≤ $E_r^i < 80$
	需考虑	80≤ $E_r^i < 160$
	高风险	160≤ $E_r^i < 320$
	非常高风险	E_r^i≥320
PERI[2]	低风险	PERI < 100
	中风险	100≤PERI < 200
	需考虑	200≤PERI <400
	高风险	PERI≥400

风险指数	污染/风险水平	分类
	低风险	PI≤1；PLI≤1
	中风险	1 < PI≤3；1 < PLI≤2
PI / PLI[3]	需考虑	3 < PI≤6
	高风险	PI≥ 6；2 < PLI≤5
	非常高风险	PLI > 5

数据来源：1. Sutherland, 2000; 2. Magesh et al., 2021; 3. Jiang et al., 2021。

2. 污染风险指数

单因素污染指数(PI)和污染负荷指数(PLI)是评估沉积物中重金属(HM)污染的有力工具。其中，PI 反映了单个重金属元素的污染水平。PLI 是由所有重金属元素的 PI 计算的综合污染指数。PI 和 PLI 的定义如下(Tomlinson et al., 1980)：

$$PI_i = \frac{C_i}{C_{GB}} \tag{2-20}$$

$$PLI = \sqrt[n]{PI_1 \times PI_2 \times PI_3 \times \cdots \times PI_n} \tag{2-21}$$

式中，C_i 代表测量的重金属元素浓度；C_{GB} 代表重金属元素的地球化学基线值(GBV)。据此，重金属元素污染可分为不同的分类，如表 2.10 所示。

3. 潜在生态风险

潜在生态风险指数(PERI)是由 Hakanson(1980)首次提出的。该指数被广泛用于评估沉积物中金属元素的潜在生态风险。E_r^i 反映了单个金属元素的生态风险系数，PERI 是由所有元素的 E_r^i 计算出的综合生态风险系数，它们的计算公式如下：

$$E_r^i = T_r^i \times C_s^i / C_n^i \tag{2-22}$$

$$PERI = \sum_{n=1}^{n} E_r^i \tag{2-23}$$

式中，T_r^i 代表元素的毒性反应因子(Zn = 1，Cd = 30，Co = Pb = Cu = As = 5，Cr = Ni = 2)(Hakanson, 1980)；C_s^i 代表测量的元素含量；C_n^i 代表元素的参考值，相应的分类标准见表 2.10。

4. POPs 生态风险评价

根据 USEPA(1997,1998)确定的 POPs 单个化合物潜在生态风险效应阈值，提出危害系数(hazard quotient，HQ)公式用来评价单个化合物的生态风险等级(Khairy et al., 2012)，公式具体如下：

$$TEC\ HQ = \frac{maximum\ concentration\ of\ the\ pollutant\,(ng/g\ dw)}{TEL\,(ng/g\ dw)} \tag{2-24}$$

$$PEC\ HQ = \frac{maximum\ concentration\ of\ the\ pollutant\,(ng/g\ dw)}{PEL\,(ng/g\ dw)} \tag{2-25}$$

式中，TEL 代表潜在生态风险阈值；PEL 代表有害生态风险基准值。

当 TEC HQ > 1 时才考虑化合物对生态环境的有害影响，而当 PEC HQ > 1 则代表该化合物的有害影响可能时常发生，并对其环境暴露生物体产生毒害效应。根据 TEC HQ 和 PEC HQ 值确定化合物潜在生态风险等级：无生态风险 (TEC HQ < 1，PEC HQ < 1)；低生态风险 (1 < TEC HQ <10，PEC HQ < 1)；中生态风险 (10 < TEC HQ <100，1 < PEC HQ < 10) 和高生态风险水平 (TEC HQ > 100，PEC HQ > 10)。

参 考 文 献

曹治国, 刘静玲, 栾芸, 等. 2010. 滦河流域多环芳烃的污染特征、风险评价与来源辨析. 环境科学学报, 30(2): 246~253.

郭亚科, 高燕燕, 钱会, 等. 2023. 楮河流域水体重金属时空分布特征及健康风险评价. 环境工程, 41(1): 112~119.

李恭臣, 夏星辉, 王然, 等. 2006. 黄河中下游水体中多环芳烃的分布及来源. 环境科学, 27(9): 1738~1743.

孙东怀, 安芷生, 苏瑞侠, 等. 2001. 古环境中沉积物粒度组分分离的数学方法及其应用. 自然科学进展, 11(3): 47~54.

万国江. 1997. 现代沉积的 ^{210}Pb 计年. 第四纪研究, 03: 230~239.

吴敬禄, 林琳, 曾海鳌, 等. 2006. 长江中下游湖泊水体氧同位素组成. 海洋地质与第四纪地质, 26(3): 53~56.

Appleby P G, Oldfield F. 1978. The calculation of lead-210 dates assuming a constant rate of supply of unsupported ^{210}Pb to the sediment. CATENA, 5(1): 1~8.

Devi N L, Yadav I C, Qi S H, et al. 2016. Environmental carcinogenic polycyclic aromatic hydrocarbons in soil from Himalayas, India: Implications for spatial distribution, sources apportionment and risk assessment. Chemosphere, 144(2): 493~502.

Duan L Q, Song J M, Yuan H M, et al. 2019. Occurrence and origins of biomarker aliphatic hydrocarbons and their indications in surface sediments of the East China Sea. Ecotoxicology and Environmental Safety, 167: 259~268.

Eglinton G, Hamilton R J. 1967. Leaf Epicuticular Waxes: The waxy outer surfaces of most plants display a wide diversity of fine structure and chemical constituents. Science, 156: 1322~1335.

Grimalt J, Albaiges J. 1987. Sources and occurrence of C_{12}-C_{22} *n*-alkane distributions with even carbon-number preference in sedimentary environments. Geochim. Cosmochim. Acta, 51(6): 1379~1384.

Hakanson L. 1980. An ecological risk index for aquatic pollution control. A sedimentological approach. Water Research, 14(8): 975~1001.

Hedges J I, Keil R G, Benner R. 1997. What happens to terrestrial organic matter in the ocean? Organic Geochemistry, 27(5/6): 195~212.

Islam A R M T, Islam H M T, Mia M U, et al. 2020. Co-distribution, possible origins, status and potential health risk of trace elements in surface water sources from six major river basins, Bangladesh. Chemosphere, 249: 126180.

Jiang H H, Cai L M, Hu G C, et al. 2021. An integrated exploration on health risk assessment quantification of potentially hazardous elements in soils from the perspective of sources. Ecotoxicology and Environmental Safety, 208: 111489.

Kalvāns A, Dēlina A, Babre A, et al. 2020. An insight into water stable isotope signatures in temperate catchment. Journal of Hydrology, 582: 124442.

Khairy M A, Kolb M, Mostafa A R, et al. 2012. Risk posed by chlorinated organic compounds in Abu Qir Bay, East Alexandria, Egypt. Environmental Science & Pollution Research, 19(3): 794~811.

Khanday S A, Bhat S U, Islam S T, et al. 2021. Identifying lithogenic and anthropogenic factors responsible for spatio-seasonal patterns and quality evaluation of snow melt waters of the River Jhelum Basin in Kashmir Himalaya. CATENA, 196: 104853.

Li Q Y, Wu J L, Zhou J C, et al. 2020. Occurrence of polycyclic aromatic hydrocarbon (PAH) in soils around two typical lakes in the western Tian Shan Mountains (Kyrgyzstan, Central Asia): Local burden or global distillation? Ecological Indicators, 108: 105749.

Li Q Y, Zhao Z H, Gong X H, et al. 2017. Polycyclic aromatic hydrocarbons (PAHs) and organochlorine pesticides (OCPs) in tissues of two aquatic birds species from Poyang Lake, China. Fresenius Environmental Bulletin, 26: 3906~3918.

Li S Y, Tao Y Q, Yao S C, et al. 2016. Distribution, sources, and risks of polycyclic aromatic hydrocarbons in the surface sediments from 28 lakes in the middle and lower reaches of the Yangtze River region, China. Environmental Science and Pollution Research, 23(5): 4812~4825.

Magesh N S, Tiwari A, Botsa S M, et al. 2021. Hazardous heavy metals in the pristine lacustrine systems of Antarctica: Insights from PMF model and ERA techniques. Journal of Hazardous Materials, 412: 125263.

Mahato M K, Singh P K, Tiwari A K, et al. 2016. Risk Assessment Due to Intake of Metals in Groundwater of East Bokaro Coalfield, Jharkhand, India. Exposure and Health, 8: 265~275.

Markich S J, Brown P L. 1998. Relative importance of natural and anthropogenic influences on the fresh surface water chemistry of the Hawkesbury-Nepean River, south-eastern Australia. Science of the Total Environment, 217(3): 201~230.

Meyers P A. 1997. Organic geochemical proxies of paleoceanographic, paleolimnologic, and paleoclimatic processes. Organic Geochemistry, 27(5/6): 213~250.

Mille G, Asia L, Guiliano M, et al. 2007. Hydrocarbons in coastal sediments from the Mediterranean Sea (Gulf of Fos area, France). Marine Pollution Bulletin, 54(5): 566~575.

Pereira W E, Hostettler F D, Rapp J B. 1996. Distributions and fate of chlorinated pesticides, biomarkers and polycyclic aromatic hydrocarbons in sediments along a contamination gradient from a point-source in San Francisco Bay, California. Marine Environmental Research, 41(3): 299~314.

Schecter A, Li L J. 1997. Dioxins, dibenzofurans, dioxin-like PCBs, and DDE in US fast food, 1995. Chemosphere, 34: 1449~1457.

Shen B B, Wu J L, Zhan S E, et al. 2021. Spatial variations and controls on the hydrochemistry of surface waters across the Ili-Balkhash Basin, arid Central Asia. Journal of Hydrology, 600: 126565.

Shen B B, Wu J L, Zhao Z H. 2017. Organochlorine pesticides and polycyclic aromatic hydrocarbons in water and sediment of the Bosten Lake, Northwest China. Journal of Arid Land, 9(2): 287~298.

Silva T R, Lopes S R P, Spörl G, et al. 2013. Evaluation of anthropogenic inputs of hydrocarbons in sediment cores from a tropical Brazilian estuarine system. Microchemical Journal, 109: 178~188.

Sutherland R A. 2000. Bed sediment-associated trace metals in an urban stream, Oahu, Hawaii. Environmental Geology, 39(6): 611~627.

Tomlinson D L, Wilson J G, Harris C R et al. 1980. Problems in the assessment of heavy-metal levels in estuaries and the formation of a pollution index. Helgoländer Meeresuntersuchungen, 33(1-4): 566~575.

USEPA. 1997. Ecological Risk Assessment Guidance for Superfund: Process for Designing and Conducting Ecological Risk Assessment. Interim Final. USEPA Environmental Response Team. Edison: New Jersey.

USEPA. 1998. Guidelines for Ecological Risk Assessment. Risk assessment forum. U. S. Environmental Protection Agency: Washington DC.

USEPA. 2004. Risk Assessment Guidance for Superfund Volume 1. Human Health Evaluation Manual (Part E, Supplemental Guidance for Dermal Risk Assessment). U. S. Environmental Protection Agency: Washington DC.

Viguri J, Verde J, Irabien A. 2002. Environmental assessment of polycyclic aromatic hydrocarbons (PAHs) in surface sediments of the Santander Bay, Northern Spain. Chemosphere, 48(2): 157~165.

Wang J, Liu G J, Liu H Q, et al. 2017. Multivariate statistical evaluation of dissolved trace elements and a water quality assessment in the middle reaches of Huaihe River, Anhui, China. Science of the Total Environment, 583: 421~431.

Wang J Z, Wu J L, Zhan S E, et al. 2021a. Records of hydrological change and environmental disasters in sediments from deep Lake Issyk-Kul. Hydrological Processes, 35(4): e14136.

Wang J Z, Wu J L, Zhan S E, et al. 2021b. Spatial enrichment assessment, source identification and health risks of potentially toxic elements in surface sediments, Central Asian countries. Journal of Soils and Sediments, 21(12): 3906~3916.

Wang T Y, Lu Y L, Zhang H, et al. 2005. Contamination of persistent organic pollutants (POPs) and relevant management in China. Environment International, 31(6): 813~821.

Wei D B, Kameya T, Urano K. 2007. Environmental management of pesticidal POPs in China: past, present and future. Environment international, 33(7): 894~902.

WHO. 2011. Guidelines for Drinking Water Quality, 4th ed. World Health Organization.

Wu J L, Yu Z C, Zeng H A, et al. 2009. Possible solar forcing of 400-year wet-dry climate cycles in northwestern China. Climatic Change, 96(4): 473~482.

Xiao J, Wang L Q, Deng L, et al. 2019. Characteristics, sources, water quality and health risk assessment of trace elements in river water and well water in the Chinese Loess Plateau. Science of the Total Environment, 650: 2004~2012.

Zhan S E, Wu J L, Wang J Z, et al. 2022. Comparisons of pollution level and environmental changes from the elemental geochemical records of three lake sediments at different elevations, Central Asia. Journal of Asian Earth Sciences, 237: 105348.

Zhang H L, Wu J L, Li Q Y, et al. 2021. A similar to 300-year record of environmental changes in Lake Issyk-Kul, Central Asia, inferred from lipid biomarkers in sediments. Limnologica, 90:125909.

Zhang Y N, Chu C L, Li T, et al. 2017. A water quality management strategy for regionally protected water through health risk assessment and spatial distribution of heavy metal pollution in 3 marine reserves. Science of the Total Environment, 599:721~731.

第三章 阿姆河-咸海流域水土环境与风险评估

咸海流域位于欧亚大陆中心，在1960年之前为世界第四大湖泊，之后由于流域灌溉面积扩大、经济发展以及人口增长等，流域用水快速增加，从而入湖水量显著减少，造成水位骤降、水面积急剧萎缩、水体盐类以及污染物富集，最终导致湖泊水土污染、流域气候恶化、土壤荒漠化以及生物多样性丧失等生态环境问题。本章首先通过阿姆河-咸海流域水体和表层沉积物环境指标分析，阐述地表水水环境的时空变化特征，解析表层沉积物金属元素、正构烷烃及POPs的含量和空间分布特征。然后，结合水土环境指标的综合分析，借助PMF模型定量识别水土污染物的主要来源；运用综合水质标识指数和健康风险指数评价水体质量和风险水平，依据富集系数和潜在生态风险指数评价表层沉积物生态环境风险。最后，在此基础上，通过岩芯沉积物粒度、元素及POPs等多环境指标分析，恢复近百年来咸海环境变化序列、诊断环境事件，评估污染历史，揭示自然和人类活动背景下咸海近百年环境变化的规律及其原因。

第一节 咸海水环境特征

一、盐度的时空分布

本节将盐度作为主要指标进行分析，一是因为盐度是水体环境研究的重要指标之一，二是鉴于监测数据和以往研究中盐度的分辨率较高。从盐度的变化过程分析表明，1940~1960年间咸海水体盐度变化不大，约为10 g/L（Blinov, 1961; Aladin et al., 2019）。1960~1986年，咸海水体的盐度由10 g/L逐渐增加为25 g/L。1989年咸海分离后，南咸海水体盐度显著增加，在2009年秋季，南咸海西部和东部盆地水体盐度分别超过100 g/L和200 g/L（Aladin et al., 2019）；然而，1989年后北咸海水体盐度不增反减，2013年水体盐度均值为5.3 g/L，虽然盐度最高值达到9.9 g/L，但仍低于1960年咸海水体的盐度水平（10 g/L）（Plotnikov et al., 2016）。由以上可知，自1960年以来咸海水体盐度总体呈现升高的趋势。图3.1是不同时期盐度的变化幅度情况，以1960年咸海水体盐度为基准，1960年到南北咸海分离前，水体盐度增加幅度约为300%；南北咸海分离后，南咸海水体盐度陡增，与1960年相比，2005年水体盐度增长幅度超过750%（Stunzhas, 2016）；南咸海东西盆地分离后，水体盐度继续增加，增长幅度较1960年超过800%；近年来，咸海水体盐度增大趋势有所减缓，2014年盐度增加趋势为700%~800%（Micklin, 2016; Micklin et al., 2018）。南咸海分离为东西盆地后，两个湖区水体盐度均增加，其中东盆地水体盐度增加趋势明显，2009年较1960增加了1500%，2014年东盆地甚至出现了干涸现象；西盆地水体盐度在2009年较1960年增加了1000%，在2014年增加了1500%。值得注意的是，自1989年来，北咸海水体盐度逐渐减小，2005年达到1960年咸海水体的盐度水平,2014 年约为 1960 年咸海水体盐度的 60%~80%(Micklin, 2016; Micklin et al., 2018)。

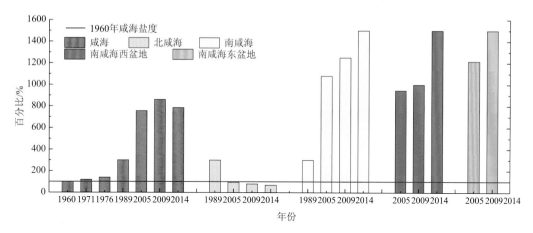

图 3.1 不同时期咸海水体盐度变化幅度

数据引自 Micklin(2016)和 Micklin 等(2018)

20 世纪 50 年代,咸海水体 7 月盐度为 8~12 g/L,阿姆河(Amu Darya)入湖口的 Adzhibay Bay 湖水盐度最低,偏东的 Bozkol Bay 较高,其他区域湖水盐度介于二者之间;5 月和 10 月的盐度分布与 7 月大致相似,湖水盐度自阿姆河入湖口向东部逐渐升高[图 3.2(a)]。2002~2008 年,南咸海盐度值为 93.186~181.14 g/L,北咸海盐度值为 2~12 g/L。其中南咸海西盆地中部湖水盐度最低,除 Tshchebas Bay 外的东盆地湖水盐度最高;北咸海锡尔河(Syr Darya)入湖口盐度较低,向西逐渐升高[图 3.2(b)]。2013 年,南咸海盐度值为 90.102~251.219 g/L,北咸海盐度值为 2.074~11.165 g/L。其中南咸海西盆地(West Basin)偏下湖区和 Tshchebas Bay 盐度较低,西盆地 Chernyshev Bay 和东盆地(East Basin)盐度较高;北咸海 Syr Darya 入湖口盐度较低,偏西湖区盐度较高[图 3.2(c)]。2019 年 9 月,南咸海西盆地、东盆地和 Tshchebas Bay 盐度值为 161.614~241.829 g/L,其中东盆地和西盆地阿姆河入湖口处的湖水盐度相对较高,其他区域湖水盐度相对较低[图 3.2(d)]。

1997~2007 年北咸海水体盐度空间分布如图 3.3 所示(Krupa and Grishaeva, 2019)。1997 年,北咸海盐度集中于 2~25 g/L,偏东的 Syr Darya 入湖口到 Bugun Settlement 及 Bolshoi Sarychaganack Bay 盐度为 2~12 g/L,偏中北的 Shevtchenko Bay 和 Butkaov Bay 等大部分区域盐度为 22~25 g/L,中偏东小范围为 12~17 g/L[图 3.3(a)]。2001 年,北咸海盐度集中于 2~26 g/L,偏东的 Bugun Settlement 和 Bolshoi Sarychaganack Bay 盐度为 2~10 g/L,偏西北的 Shevtchenko Bay 和 Butkaov Bay 等大部分区域盐度为 18~26 g/L,偏南的 Syr Darya 入湖口和东部部分区域盐度约为 14 g/L[图 3.3(b)]。2006 年,北咸海盐度集中于 4.25~11 g/L,偏东的 Syr Darya 入湖口到 Bugun Settlement 和 Bolshoi Sarychaganack Bay 盐度为 4.25~6.25 g/L,中部盐度为 6.25~7.25 g/L,偏西北的 Shevtchenko Bay 和 Butkaov Bay 地区盐度为 8.25~11 g/L[图 3.3(c)]。2007 年,北咸海盐度集中于 2~

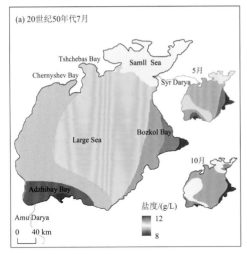
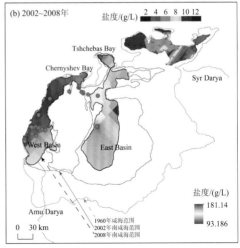
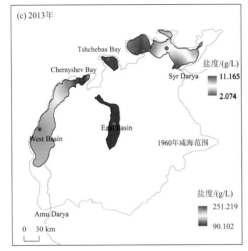
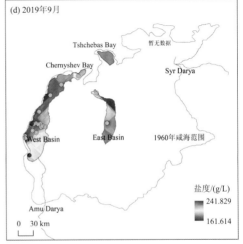

图 3.2　咸海不同时期水体盐度空间分布

咸海 20 世纪 50 年代水体盐度分布根据 Zavialov（2010）改绘而成；南咸海 2002~2008 年数据引自 Zavialov 和 Ni（2009），北咸海根据 Krupa 等（2019）改绘；咸海 2013 年数据引自 Makkaveev 等（2018）、Makkaveev 和 Stunzhas（2017）；2019 年 9 月数据为本书数据；蓝点为该时期湖水采样点，黄点是 2019 年 9 月基于以往研究内插湖水数据的样点

10 g/L，偏东的 Syr Darya 入湖口到 Bugun Settlement 和 Bolshoi Sarychaganack Bay 盐度为 2~4 g/L，中部盐度为 4~8 g/L，偏西北的 Shevtchenko Bay 和 Butkaov Bay 区域盐度为 8~10 g/L［图 3.3（d）］。

图 3.4 为 2012~2014 年南咸海不同区域水体盐度随深度的变化。在南咸海西盆地中部，盐度由表层随深度的变化为：2012 年由 105.04 g/L 增加到 105.64 g/L、128.74 g/L 和 144.33 g/L，2013 年由 114.39 g/L 变化到 113.59 g/L、113.83 g/L、114.76 g/L、115.67 g/L、118.47 g/L 和 126.83 g/L，2014 年由 115.36 g/L 增加到 121.45 g/L，这表明南咸海西盆地中部水体盐度随深度增加逐渐增加，但盐度随深度升高幅度随时间减小。在南咸海西盆地东北部的 Chernyshev Bay，2014 年盐度随深度增加由 130.1 g/L 增大为 133.85 g/L，这表明南咸海西盆地北部盐度随深度的变化较小。在 Tshchebas Bay，2014 年盐度随深度增加，由 91.92 g/L 增大为 92.04 g/L，这表明该处独立水体的盐度随深度变化不大。

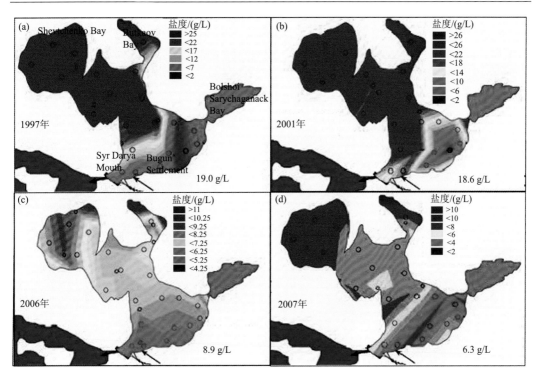

图 3.3　北咸海盐度空间分布

此图据 Krupa 和 Grishaeva(2019)改绘而成

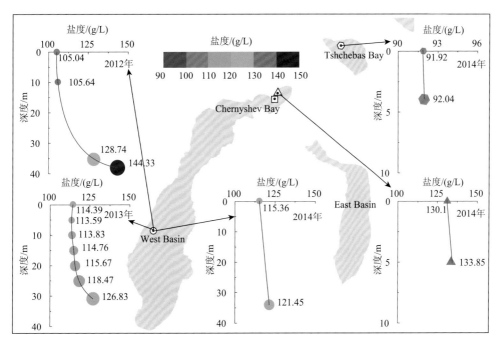

图 3.4　南咸海水体盐度随深度变化

数据引自 Makkaveev 等(2018)、Makkaveev 和 Stunzhas(2017)

　　1993 年，北咸海水体盐度为 11.5~36 g/L，Syr Darya 入湖口及其邻近水体（包括 Bugun Settlement 和 Sarychaganack Bay）的盐度为 10~25 g/L，西北方向 Shevtchenko 和 Butakov 海湾区域的水体盐度范围为 29.5~36 g/L，中部的 Tastubek Cape 地区水体盐度值为 17~25 g/L [图 3.5(a)，Aladin et al., 1998]。2015 年北咸海水体盐度变化范围为 9.16~11.10 g/L。综合 1993~2015 年数据[图 3.3 和图 3.5(a)]发现，1993~2007 年北咸海水体盐度有所下降，之后较为稳定；1993~2007 年，北咸海盐度空间分布趋势相似，即东南方向水体盐度较低，西北方向水体盐度较高。北咸海不同区域水体盐度随深度变化趋势如图 3.5(b)~(d)所示，在 Bugun Settlement 区域，从表层到底部，水体盐度由 11.5 g/L 依次增加到 15.5 g/L 和 22 g/L；在 Tastubek Cape 地区，1.3~3 m 深度内水体盐度较稳定，为 17 g/L，随深度增加（5~6 m 处），水体盐度升高至 25 g/L 并保持不变；而西部表层水体的盐度为 9.26 g/L，底部水体盐度为 9.16 g/L，盐度变化不大。

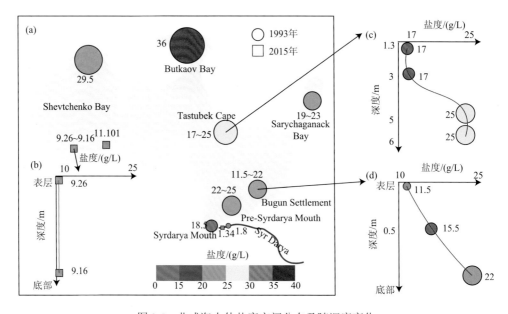

图 3.5　北咸海水体盐度空间分布及随深度变化

数据引自 Aladin 等（1998）、Makkaveev 等（2018）、Makkaveev 和 Stunzhas（2017）

二、溶解性盐类和常见离子

　　2012 年和 2013 年咸海水体溶解氧浓度分别为 0~3.38 mL/L 和 0~3.51 mL/L，含氧量分别为 0~115.8%和 0~92.8%，pH 分别为 8.05~8.16 和 8.01~8.15，总碱度分别为 11.11~11.45 mEq/L 和 11.16~12.78 mEq/L，PO_4-P 分别为 0.24~8.96 μg/L 和 0.79~14.59 μg/L，SiO_2-Si 分别为 39.42~46.39 μg/L 和 17.27~120.27 μg/L，NO_2-N 分别为 0~0.24 μg/L 和 0.23~0.98 μg/L，NO_3-N 分别为 1.27~11.34 μg/L 和 0~2.70 μg/L（Makkaveev et al., 2018）。

在南咸海西盆地由西向东的(A1~A6)剖面中，2013 年水体溶解氧及含氧量逐渐增加，这与 2012 年有所不同，2012 年溶解氧及含氧量变化不大[图 3.6(a)和(b)]（Makkaveev et al., 2018）。湖水 pH、总碱度、PO$_4$-P、SiO$_2$-Si、NO$_2$-N 和 NO$_3$-N 在 2012 年和 2013 年由西向东的变化趋势大致相同(图 3.6)；从西湖岸到东湖岸，湖水的 pH 呈现下降趋势[图 3.6(c)]，总碱度值在南咸海中部达到最大值[图 3.6(d)]，磷酸盐浓度都有所增加，其中 2013 年磷酸盐在南咸海西盆地东部浅地处增加趋势明显[图 3.6(e)]，溶解硅的浓度虽然变化趋势不同，但都在剖面中部达到最大值[图 3.6(f)]，硝酸盐和亚硝酸盐浓度总体上呈下降趋势[图 3.6(h)和(g)]。

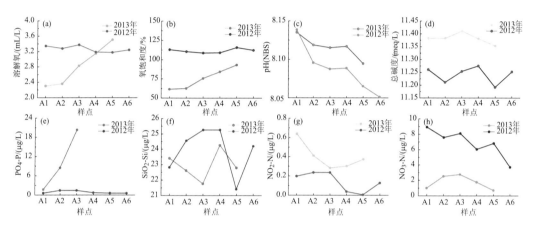

图 3.6　南咸海西盆地湖水理化性质和可溶性盐的离岸(A1→A6)变化

数据引自 Makkaveev 等(2018)

由图 3.7 可知，1947 年咸海湖水的 Na$^+$+K$^+$、Ca^{2+}和 Mg^{2+}占阳离子总量的比例分别约为 60%、23%和 17%，2002 年咸海湖水的 Na$^+$+K$^+$、Ca^{2+}和 Mg^{2+}占比分别约为 64%、4%和 32%，2002~2008 年咸海湖水的 Na$^+$+K$^+$、Ca^{2+}和 Mg^{2+}占比分别约为 68%、4%和 28%，2019 年咸海湖水的 Na$^+$+K$^+$、Ca^{2+}和 Mg^{2+}占比分别约为 60%、3%和 37%左右(图 3.7)。由此可见咸海湖水阳离子主要以钠离子为主，表现为钠型。1947 年咸海湖水的 Cl$^-$、CO$_3^{2-}$+HCO$_3^-$和 SO$_4^{2-}$占阴离子总量的比例分别为 56%、3%和 41%，2002 年咸海湖水的 Cl$^-$、CO$_3^{2-}$+HCO$_3^-$和 SO$_4^{2-}$占比分别为 55%、5%和 40%，2002~2008 年咸海湖水的 Cl$^-$、CO$_3^{2-}$+HCO$_3^-$和 SO$_4^{2-}$占比分别为 64%、2%和 34%，2019 年咸海湖水的 Cl$^-$、CO$_3^{2-}$+HCO$_3^-$和 SO$_4^{2-}$占比分别为 76%、4%和 20%(图 3.7)。由此可见咸海湖水阴离子主要以氯离子为主，表现为氯化物类型，故咸海湖水水化学类型为 Na-Cl(图 3.7)。

由图 3.8 可以看出，1947 年、2002 年、2002~2008 年和 2019 年咸海湖水水化学过程验证了咸海湖水主要经历了蒸发结晶过程，其中 2019 年湖水蒸发结晶过程比以往时期更为显著。

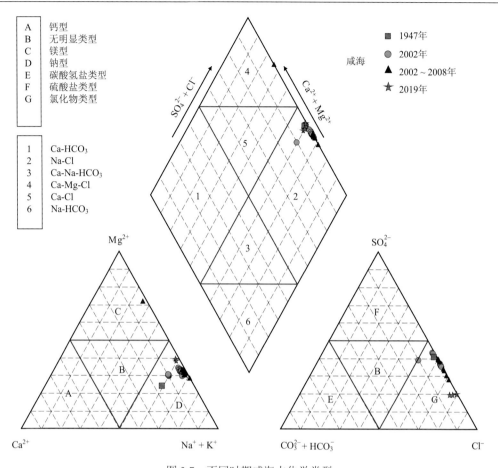

图 3.7 不同时期咸海水化学类型

咸海 1947 年、2002 年、2002~2008 年和 2019 年数据分别引自 Blinov（1947）、Friedrich 和 Oberhänsli（2004）、Zavialov 和 Ni（2009）、本书研究成果

三、水体氢氧稳定同位素变化特征

2004~2006 年咸海氢氧稳定同位素组成（δ^2H 和 δ^{18}O）如图 3.9 所示，湖水 δ^2H 和 δ^{18}O 值分别为$-19.4‰$~$10.6‰$和$-0.5‰$~$4.6‰$，氘盈余（d）值为$-31.9‰$~$-11.9‰$。所有湖水 δ^2H 和 δ^{18}O 关系为：δ^2H $= 5.8\,\delta^{18}$O $- 15.8$，截距和斜率均小于全球大气降水线（global meteoric water line, GMWL：δ^2H $= 8\,\delta^{18}$O $+ 10$），其中 2004 年西盆地（Aktumsuk 和 Chernyshev）湖水较为集中，大部分位于湖水线的右上方，2005 年 10 月和 2006 年 3 月 Aktumsuk 区域湖水 δ^2H 和 δ^{18}O 分布大致相同，位于湖水线两侧。此外，在 2005 年 10 月，南咸海东盆地（East Basin）湖水同位素值变化范围较小，位于湖水线两侧（图 3.9）（Oberhänsli et al., 2009）。

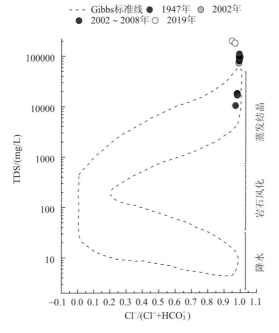

图 3.8　不同时期咸海水化学的控制因素

咸海 1947 年、2002 年、2002~2008 年数据分别引自 Blinov(1947)、Friedrich 和 Oberhänsli(2004)、Zavialov 和 Ni(2009);
2019 年为本书研究成果

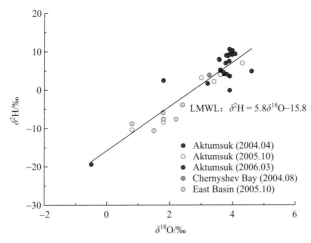

图 3.9　咸海水体氢氧稳定同位素分布及关系

数据引自 Oberhänsli 等(2009)

图 3.10 为 2004~2006 年咸海湖水 $\delta^{18}O$ 空间分布随深度的变化情况。南咸海西盆地 Aktumsuk 不同深度(0~40 m) $\delta^{18}O$ 值由浅及深分布:2004 年依次为 3.57‰、3.79‰和 3.97‰;2005 年依次为 1.8‰、4.3‰、3.6‰、3‰和 0.8‰;2006 年分别为 1.8‰、4.6‰、3.6‰、−0.5‰、3.2‰、3.9‰、3.7‰、3.8‰和 3.6‰。南咸海东盆地(E03 和 E06)表层湖 水 $\delta^{18}O$ 值为 0.8‰,3 m 深度湖水 $\delta^{18}O$ 值为 1.8‰ (Oberhänsli et al., 2009)。

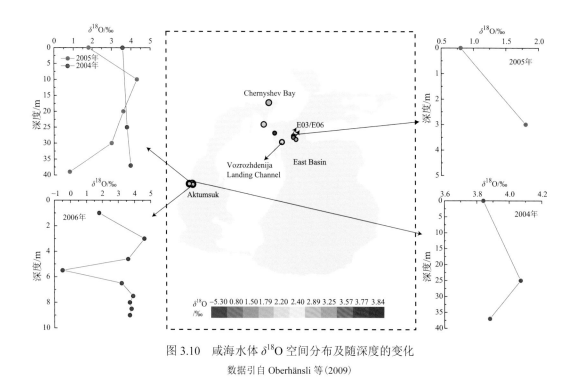

图 3.10　咸海水体 $\delta^{18}O$ 空间分布及随深度的变化

数据引自 Oberhänsli 等(2009)

图 3.11 为 1940~2018 年咸海的水位和盐度随时间变化。就水位而言,1960 年前咸海的水位变化较稳定,1960 年后逐渐下降。1940~1960 年间咸海的水位维持在 53 m 上下,1960~2018 年咸海的水位由 53.50 m 下降到 24.92 m(图 3.11)。其中 1960~2004 年下降较快,年均变化率为 0.56 m/a,2004~2018 年下降速度减缓,年均变化率为 0.38 m/a(Wang et al., 2020b)。此外,1987 年咸海南北分离为南咸海和北咸海,此后南咸海的水位继续下降,2007 年南咸海完全分割为东西两盆地,西盆地水位下降速度略高于东盆地(图 3.11)。北咸海自南北咸海分离后(1987~2018 年)水位稳定,维持在 40 m 附近 (Aladin et al., 2019)。

CAwater 数据集显示,1960~2018 年,咸海面积从 6.89×10^4 km^2 急剧减少至 6.99×10^3 km^2,平均变化率为-1.07×10^3 km^2/a,意味着咸海面积缩小了约 89.85%(图 3.12)。根据 MODIS 卫星遥感数据, 咸海湖面面积 2000~2018 年间缩小了 1.693×10^4 km^2,平均变化率为 -9.41×10^3 km^2/a,其中最小面积(6.96×10^3 km^2)出现在 2014 年(图 3.13) (Yang et al., 2020),因此,2000~2018 年可分为两个时期(2000~2014 年和 2014~2018 年),咸海的面积在前一时期显著减小,速度为-1.31×10^3 km^2/a,后一时期略有增加,速度为 340 km^2/a。

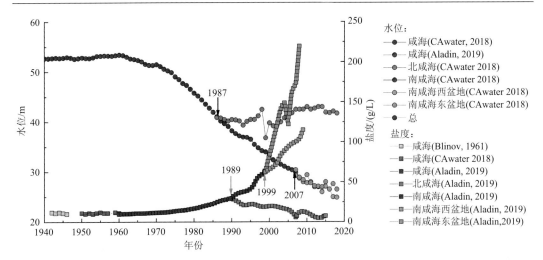

图 3.11 咸海水位和盐度随时间变化

数据引自 Aladin 等（2019）、CAwater 2018（www.cawater-info.net/index_e.htm）和 Blinov 等（1961）

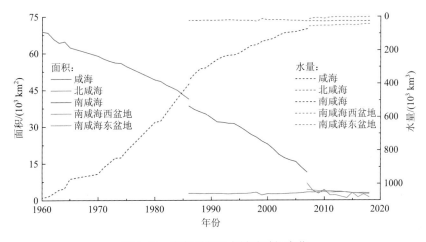

图 3.12 咸海面积和水量随时间变化

数据源自 CAwater 2018（www.cawater-info.net/index_e.htm）

1987 年，咸海分离形成南咸海和北咸海。分离后南北咸海的面积变化呈现出相反的趋势（图 3.12 和图 3.13）。其中南咸海的面积占整个咸海面积的大部分，致使其变化（图 3.12 和图 3.13）与 1986~2018 年期间整个咸海的变化基本相同，即 1986~2014 年期间，南咸海的面积继续急剧下降，之后趋于平稳。自 2000 年以来，由于其供水量的不断减少，南咸海进一步分离，最终于 2007 年完全分离为东西两盆地。2007~2014 年间这两个水体的面积表现为逐渐减少的趋势；南咸海西盆地继续小面积减少，而南咸海东盆地面积剧烈减少，甚至 2014 年完全干涸（图 3.13）（Yang et al., 2020）。2014 年之后，南咸海东部水域面积有所恢复；2015 年水域面积明显扩大，2016 年水域面积又大幅度减小，2017年和 2018 年水域面积较为稳定。

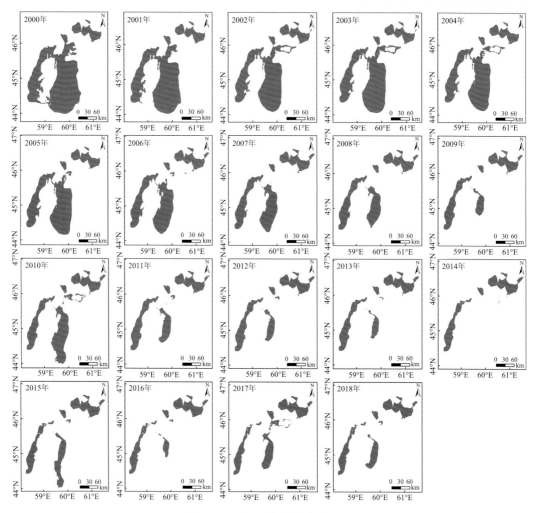

图 3.13　不同时期咸海水域面积

图引自 Yang 等(2020)

第二节　阿姆河-咸海流域水环境特征

一、阿姆河-咸海中下游地区水环境

2019 年 8 月，对阿姆河-咸海中下游乌兹别克斯坦境内不同区域，包括阿姆河流域下游(阿姆河三角洲)和阿姆河流域中游(泽拉夫尚河地区)表层水体样品进行水化学成分、潜在有毒元素、同位素及有机污染物(POPs)(包括多环芳烃和有机氯农药)分析，水体采样点具体位置见图 3.14。

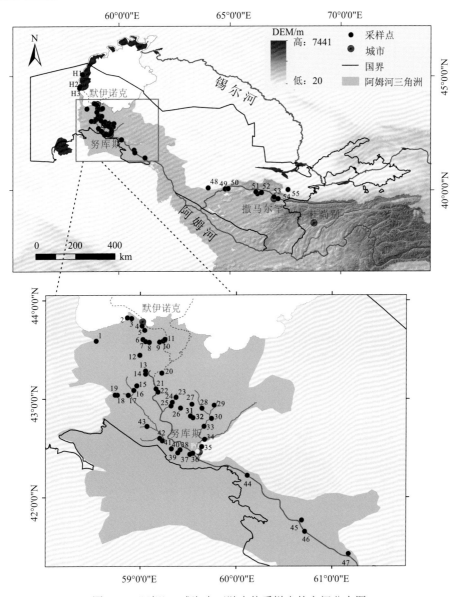

图 3.14 阿姆河-咸海中下游水体采样点的空间分布图

(一)地表水体水化学特征

阿姆河-咸海中下游地区不同类型水体的 pH 和总矿化度(TDS)分析结果见表 3.1。大部分水体偏碱性,pH 为 6.64~8.55。各采样点间 TDS 差异大,变异系数(CV)达 476.05%,含量变化范围为 94~119827 mg/L,平均值为 3378 mg/L,最低值水样采集于泽拉夫尚河地区,而最高值水样采集于阿姆河三角洲,所有水样的 TDS 均高于该地区雨水 TDS,尤其是下游水体。其中,泽拉夫尚河地区水体 pH 变化范围为 7.96~8.35,平均值为 8.12;TDS 变化范围为 94~865 mg/L,平均值为 322 mg/L,个别采样点超过世界河流

表 3.1 阿姆河-咸海中下游水体水化学组分和营养盐浓度

参数	阿姆河-咸海中下游 ($n=55$)				泽拉夫尚河地区 ($n=8$)				阿姆河三角洲 ($n=47$)				咸海湖水	雨水	WHO标准
	最小值	最大值	平均值	CV/%	最小值	最大值	平均值	CV/%	最小值	最大值	平均值	CV/%			
pH	6.64	8.55	7.92	5.52	7.96	8.35	8.12	1.90	6.64	8.55	7.90	5.87	7.78	6.91	6.5~8.5[a]
TDS	94	119827	3378	476.05	94	865	322	131.55	242	119827	3800	450.72	129567	59.00	1000[a]
Ca^{2+}	34.91	664	139.70	89.91	34.91	104.37	55.86	103.81	51.50	664	152	86.89	846	3.56	200[a]
K^+	2.04	1440	34.77	555.67	2.04	4.34	2.98	132.81	2.88	1440	39.36	525.71	2281	0.46	—
Mg^{2+}	4.92	14303	329.96	582.38	4.92	31.90	14.74	189.52	10.59	14303	374	548.79	12013	0.27	150[a]
Na^+	2.26	56949	1260	607.49	2.26	92.10	28.01	186.92	32.93	56949	1442	566.43	33549	0.60	200[a]
Cl^-	1.02	71314	1932	499.82	1.02	77.32	22.99	194.76	1.77	71314	1714	464.55	56765	1.95	250[a]
SO_4^{2-}	37.18	54268	1333	546.70	37.18	325.97	115.12	139.20	77.62	54268	1508	517.12	22676	6.86	250[a]
HCO_3^-	67.05	872	176.98	67.07	135.60	228.83	182.19	16.15	67.05	872	175	72.86	305.41	169.5	250[a]
NO_3-N	0.016	59.426	1.371	582.19	0.016	2.433	0.843	85.88	0.021	59.426	1.461	591.44	0.016	0.587	11.0[a]
NH_4-N	0.090	1.296	0.176	89.99	0.125	0.190	0.154	14.11	0.090	1.296	0.180	95.19	1.477	0.755	—
NO_2-N	0.003	0.040	0.010	56.10	0.006	0.012	0.009	22.89	0.003	0.040	0.010	59.70	0.030	0.008	0.9[a]
PO_4-P	0.000	0.066	0.007	157.93	0.003	0.018	0.006	79.19	0.000	0.066	0.007	166.69	0.056	0.012	—

注：TDS、各离子浓度和营养盐浓度单位为 mg/L。

a：数据来源于 WHO (2011)。

（Gaillardet et al., 1999），pH 和 TDS 与锡尔河上游河水相近（Ma et al., 2019）。阿姆河三角洲水体 pH 为 6.64~8.55，平均值为 7.90，与泽拉夫尚河地区水体相比，该值偏低。TDS 变化范围为 242~119827 mg/L，平均值为 3800 mg/L。比较不同地区水体 TDS 发现，阿姆河三角洲水体 TDS 总体较高，泽拉夫尚河地区水体除少数几个样点外，TDS 均低，反映出各采样点水体间水化学类型的差异性。与 1960 年（平均值 540 mg/L）、1989 年（平均值 1000 mg/L）以及 2001 年（810~1620 mg/L）的阿姆河河水相比，阿姆河三角洲水体的 TDS 有明显升高（Crosa et al., 2006a）。另外，阿姆河三角洲也远高于 WHO 标准浓度和世界河流的 TDS 平均值（Gaillardet et al., 1999; WHO, 2011）。咸海湖泊水体 TDS 的平均值为 129567 mg/L，与 20 世纪 60 年代咸海相比，TDS 升高了近 10 倍，并且远高于伊塞克湖（Karmanchuk, 2000）和巴尔喀什湖（沈贝贝等，2019; Shen et al., 2021）水体的 TDS，这可能与河流汇入湖泊的水量减少以及强烈的蒸发作用有关。

地表水体中 NO_3-N、NH_4-N、NO_2-N 和 PO_4-P 浓度的变化范围分别为 0.016~59.426 mg/L、0.090~1.296 mg/L、0.003~0.040 mg/L 和 0.000~0.066 mg/L，平均值分别为 1.371 mg/L、0.176 mg/L、0.010 mg/L 和 0.007 mg/L，其中 NO_3-N 和 NO_2-N 浓度均高于雨水中的相应浓度，且个别样品的 NO_3-N 浓度超过 WHO 标准（表 3.1）。其中，泽拉夫尚河地区的 NO_3-N、NH_4-N、NO_2-N 和 PO_4-P 浓度变化范围分别为 0.016~2.433 mg/L、0.125~0.190 mg/L、0.006~0.012 mg/L 和 0.003~0.018 mg/L，平均值分别为 0.843 mg/L、0.154 mg/L、0.009 mg/L 和 0.006 mg/L（表 3.1）。阿姆河三角洲的 NO_3-N、NH_4-N、NO_2-N 和 PO_4-P 浓度变化范围分别为 0.021~59.426 mg/L、0.090~1.296 mg/L、0.003~0.040 mg/L 和 0.000~0.066 mg/L，平均值分别为 1.461 mg/L、0.180 mg/L、0.010 mg/L 和 0.007 mg/L（表 3.1）。三角洲水体中的 NO_3-N、NH_4-N 和 PO_4-P 的平均浓度高于泽拉夫尚河地区水体。与 2001 年该地区阿姆河河水相比，NO_3-N、NH_4-N 和 PO_4-P 含量都明显地升高（Crosa et al., 2006a）。与流域水体相比，咸海湖水含有相对高浓度的 NH_4-N、NO_2-N 和 PO_4-P。

泽拉夫尚河地区水体中阳离子丰度的顺序为 Ca^{2+} > Na^+ > Mg^{2+} > K^+，对应的平均值分别为 55.86 mg/L、28.01 mg/L、14.74 mg/L 和 2.98 mg/L，Ca^{2+} 为主要的阳离子，占总阳离子含量的 55.0%，占总离子浓度的 13.2%；阴离子丰度顺序为 HCO_3^- > SO_4^{2-} > Cl^-，其对应的平均值分别为 182.19 mg/L、115.12 mg/L 和 22.99 mg/L，HCO_3^- 为主要的阴离子，占阴离子总量的 56.9%，占总离子浓度的 43.2%（表 3.1），阴、阳离子的丰度顺序与雨水的大体一致。阿姆河三角洲水体阳离子丰度顺序为 Na^+ > Mg^{2+} > Ca^{2+} > K^+，其对应的平均值分别为 1442 mg/L、374 mg/L、152 mg/L 和 39.36 mg/L；阴离子丰度顺序为 Cl^- > SO_4^{2-} > HCO_3^-，其对应的平均值分别为 1714 mg/L、1508 mg/L 和 175 mg/L（表 3.1）。与泽拉夫尚河水体相比，阿姆河三角洲所有离子均有相对较高的浓度，阴、阳离子浓度的丰度顺序也有很大差异。然而，与咸海湖水相比，阿姆河三角洲水体的优势阴、阳离子与咸海湖水一致，Cl^- 和 SO_4^{2-} 是主要的阴离子，Na^+ 和 Mg^{2+} 是主要的阳离子（表 3.1）。

为了解整个研究区水体的水化学类型，依据水体中主要阴、阳离子的毫克当量百分比分别在 Chadha 图（Chadha, 1999）和 Piper 图（Piper, 1944）中的位置对其进行水化学分类。由图 3.15 可知，可将研究区水体的水化学类型分为三类：第 I 类水化学类型为 Ca-HCO_3 型，属重碳酸盐型水体，占所有水样的 9%，主要包含 5 个样点，样号为 51~55，全部来自于泽拉夫尚河地区的山麓地区，水化学性质接近雨水；第Ⅱ类水化学类型主要为 Ca-Mg-SO$_4$ 型，以 Ca^{2+} 和 SO$_4^{2-}$ 为主，属硫酸化物型水体，占所有水样的 49.1%，包含 27 个样点，样号为 14、16、17、20~25、28~31、33~35、37、38、40、42~47、49、50，这些样点主要分布在阿姆河三角洲灌溉区，部分水体样品采集于泽拉夫尚河下游的绿洲灌溉区；第Ⅲ类水化学类型主要为 Ca-Mg-Cl 和 Na-Cl 型，属氯化物型水体，水化学性质接近咸海湖水，包含 23 个样点，样号为 1~13、15、18、19、26、27、32、36、39、41、48，主要分布在阿姆河末端及城镇附近的排放区。

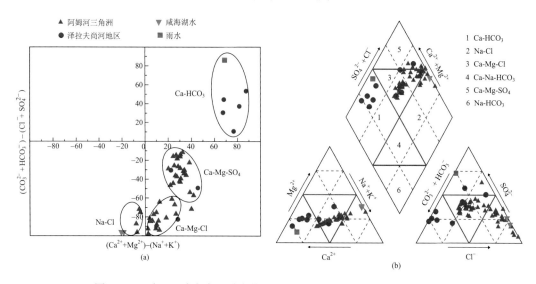

图 3.15　阿姆河-咸海中下游水体的水化学 Chadha 图(a) 和 Piper 图(b)

　　Gibbs (1970) 根据世界河流、湖泊及主要海洋水体的 TDS 与 Na$^+$/(Na$^+$+Ca^{2+}) 及 Cl$^-$/(Cl$^-$+HCO$_3^-$) 关系图，确定水体水化学成分来源的自然控制因素主要有三类，即大气降水作用、岩石风化作用、蒸发结晶作用，该模型广泛应用于水化学分析研究中。根据 Gibbs 模型可以看出 (图 3.16)，第Ⅰ类型水体水化学组成落在 Gibbs 模型的中部偏下，靠近雨水落在 Gibbs 模型中的位置，TDS 低，Na$^+$/(Na$^+$+Ca^{2+}) 范围为 0.06~0.4，Cl$^-$/(Cl$^-$+HCO$_3^-$) 的范围为 0.01~0.2，分布在大气降水控制带与岩石风化控制带过渡区，远离蒸发结晶作用主导区域，反映第Ⅰ类型水体水化学组成受岩石风化和大气降水的共同控制，几乎不受蒸发结晶作用影响。第Ⅱ类型水体水化学组成落在 Gibbs 模型的中部，TDS 处于中等水平，而且 Na$^+$/(Na$^+$+Ca^{2+}) 范围为 0.4~0.5，Cl$^-$/(Cl$^-$+HCO$_3^-$) 的范围为 0.26~0.5，都分布在虚线中部，反映了第Ⅱ类型水体水化学组成主要受岩石风化控制，并受到一定的蒸发结晶作用的影响。第Ⅲ类型水体水化学组成落在 Gibbs 模型的右上端，靠近湖水落在 Gibbs 模型中的位置，TDS 远高于另外两类水体，且有高的 Na$^+$/(Na$^+$+Ca^{2+}) 和 Cl$^-$/(Cl$^-$+HCO$_3^-$) 值，范围分别为 0.58~0.99 和 0.7~0.99，反映出第Ⅲ类水体水化学组成主要受水体蒸发结晶作用控制，大气降水的输入与岩石风化作用十分微弱，化学性质与源区水差异明显。总的来说，控制泽拉夫尚河地区地表水化学成分的主要自然机制是岩石风化作用，而在阿姆河三角洲地表水的化学成分主要由岩石风化和蒸发结晶主导，这与研究区的干旱气候有关。

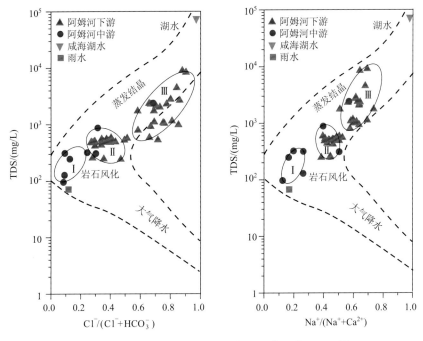

图 3.16 阿姆河-咸海中下游水体主要离子的 Gibbs 图

(二)地表水体同位素特征

阿姆河-咸海中下游水体 δ^2H 和 $\delta^{18}O$ 空间分布见图 3.17，δ^2H 和 $\delta^{18}O$ 空间分布特征基本一致。整个研究区水体 δ^2H 和 $\delta^{18}O$ 值的变化范围分别为-90.85‰~-28.74‰和-12.81‰~-0.68‰，均值分别为-78.59‰和-10.88‰。其中，泽拉夫尚河地区水体 δ^2H 和 $\delta^{18}O$ 变化范围分别为-90.85‰~-75.51‰和-12.74‰~-10.21‰，均值分别为-81.31‰和-11.86‰；阿姆河三角洲水体 δ^2H 和 $\delta^{18}O$ 变化范围分别为-90.85‰~-28.74‰和-12.81‰~-0.68‰，均值分别为-78.11‰和-10.71‰。泽拉夫尚河地区水体样点间的差异很小，δ^2H 和 $\delta^{18}O$ 变异系数分别为 5.4%和 6.8%，但从山麓地区开始往下，它们呈现出增大的趋势。三角洲地区水体样点间的差异大，δ^2H 和 $\delta^{18}O$ 变异系数分别为 18.0%和 25.7%，尤其在咸海湖岸线附近，水体 δ^2H 和 $\delta^{18}O$ 有明显富集的现象，这可能与水体受到强烈蒸发结晶作用影响有关(Wu et al., 2019; 沈贝贝等, 2019)。阿姆河三角洲是乌兹别克斯坦重要的农业灌溉区和生活居民区，约90%的地表水用于灌溉，大量种植棉花、小麦和水稻，过度用水导致径流量减小，在干旱的气候条件下，水体蒸发结晶作用增强，水体离子浓度升高。另外，该地区的农田回水和城市生活污水的排放也导致水体离子浓度升高 (Crosa et al., 2006b)，从而引起重同位素留存比例增大，氢氧同位素值升高。有研究表明，阿姆河源头水体中的 δ^2H 和 $\delta^{18}O$ 的范围分别为-127.2‰~-66.1‰和-17.1‰~

−9.3‰，平均值分别为−89.7‰和−12.8‰，明显偏负，表明主要来源于冰川补给（Wu et al.，2020）。由此也可以得出，阿姆河水体中的 δ^2H 和 $\delta^{18}O$ 自源头向下游呈现出逐渐富集的变化特征，这与伊犁河流域的研究结果相似（Shen et al.，2021；沈贝贝等，2019）。与阿姆河三角洲花剌子模州的湖泊 Tuyrek 和 Khodjababa 流域的地表水相比，本书中 δ^2H 和 $\delta^{18}O$ 均偏负，这可能是由于近年来，咸海周围人口的大量迁移，人类活动有所减弱，生活污水排放量减少（Scott et al.，2011）。

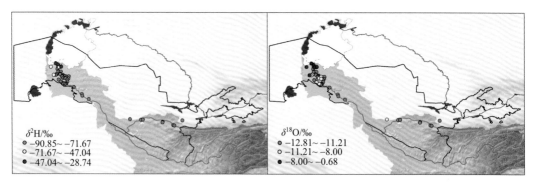

图 3.17　阿姆河-咸海中下游水体 δ^2H 和 $\delta^{18}O$ 的空间分布

　　阿姆河-咸海中下游水体 δ^2H 和 $\delta^{18}O$ 关系见图 3.18。泽拉夫尚河地区水体 δ^2H 和 $\delta^{18}O$ 位于全球大气降水线（GMWL）附近（图 3.18），说明蒸发结晶作用对该地区水体的影响较小。阿姆河三角洲部分河水的 δ^2H 和 $\delta^{18}O$ 分布位置与泽拉夫尚河水体相近，也落在降水线上，说明受到较小的蒸发结晶作用影响。但阿姆河三角洲大部分水体中 δ^2H 和 $\delta^{18}O$ 值偏离了全球降水线，落在靠近阿姆河-咸海上游的塔吉克斯坦地区蒸发线（EL）的位置，尤其是位于咸海湖岸线的水体，同位素值最为偏正（图 3.18），表明这些水体受到较强的蒸发结晶作用。对阿姆河-咸海中下游水体中的 δ^2H 和 $\delta^{18}O$ 进行线性回归分析，得出相应的线性关系（图 3.18），泽拉夫尚河地区水体 δ^2H 和 $\delta^{18}O$ 的关系为：$\delta^2H = 5.1\ \delta^{18}O − 23.7$（$r^2 = 0.56$，$p < 0.001$）；三角洲水体 δ^2H 和 $\delta^{18}O$ 关系为：$\delta^2H = 4.1\delta^{18}O − 32.6$（$r^2 = 0.99$，$p < 0.001$）。两个线性方程均不同程度地偏离 GMWL，斜率值均小于降水线，其中，阿姆河三角洲水体 δ^2H 和 $\delta^{18}O$ 关系方程的斜率小于 EL 斜率，而泽拉夫尚河则与 ET 斜率相当，表明阿姆河-咸海中下游不同区域水体受到蒸发结晶作用的影响程度不同，但该地区水体的蒸发强度低于上游塔吉克斯坦地区。

（三）地表水体潜在有毒元素特征

　　图 3.19 显示了阿姆河-咸海中下游地区地表水体潜在有毒元素的浓度情况，总的来说，该区地表水中的潜在有毒元素浓度具有明显的空间的异质性。Cu、Zn、Mn、Cd、Cr、Co、Ni、Pb、Hg 和 As 的平均浓度分别为 1.73 μg/L、22.79 μg/L、48.15 μg/L、0.05 μg/L、1.05 μg/L、0.35 μg/L、0.91 μg/L、0.26 μg/L、0.03 μg/L 和 4.98 μg/L。根据其浓度平均值，潜在有毒元素被分为三类，即高丰度（> 20 μg/L）、中度丰度（1~20 μg/L）和低丰度（< 1 μg/L），分别包含 Mn 和 Zn；As、Cr 和 Cu；Cd、Co、Ni、Pb 和 Hg。除 Zn

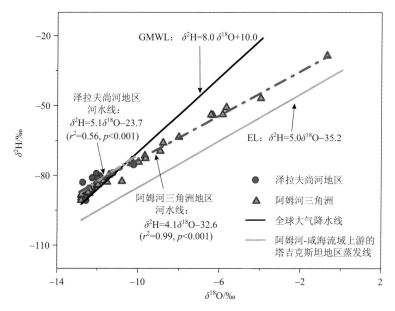

图 3.18 阿姆河-咸海中下游水体 δ^2H 和 $\delta^{18}O$ 的关系

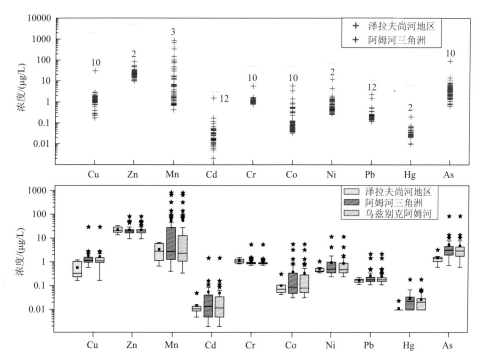

图 3.19 阿姆河-咸海中下游地区地表水体中潜在有毒元素浓度

蓝色虚线表示 WHO 的标准浓度（WHO, 2011）；元素的最高浓度相应的样点被标记

和 Cr 外，下游地区水体中潜在有毒元素的平均浓度均高于泽拉夫尚河地区，且存在较多的异常高值点；表明可能受到人类活动影响(图 3.19)。在这些样品中，样点 10 的 Cu、Cr、Co 和 As 的浓度最高；样点 2 的 Zn、Ni 和 Hg 的浓度最高；样点 3 的 Mn 浓度最高；

样点 12 的 Cd 和 Pb 浓度最高。下游地区部分样品中 Mn 和 As 的浓度超过了 WHO 的标准浓度（WHO, 2011），表明研究区受到潜在有毒元素一定程度的污染。

为探究研究区地表水环境的影响因素，选择了潜在有毒元素、水化学、营养盐和同位素具有代表性的指标进行相关性和层次聚类等多元统计分析。所有指标在分析前均进行 Z-scores 标准化处理。分析结果表明，所有指标参数被分为三组，第一组包含 TDS、Cl^-、K^+、Mg^{2+}、Na^+、SO_4^{2-}、Cu、As、Cr、Co、HCO_3^-、Pb 和 Cd，其中，TDS、Cl^-、K^+、Mg^{2+}、Na^+、SO_4^{2-}、Cu、As、Cr、Co、HCO_3^- 之间表现出显著正相关关系（$r > 0.80$，$p < 0.001$）（图 3.20），表明它们的来源相似。Pb 和 Cd 之间也表现出正相关关系（$r = 0.87$，$p < 0.001$），另外 Pb 与第一组大部分元素也表现出正相关关系，但是 Cd 与第一组元素无明显相关性，表明 Cd 与第一组元素的来源或影响因素不同，而 Pb 至少存在两个来源。第二组包含 Ca、Mn、NO_3^-、Ni、Hg、Zn、δ^2H 和 $\delta^{18}O$，Ca^{2+} 和 Mn 与 NO_3^-、Ni、Hg 和 Zn 表现出中度至显著正相关关系（$r > 0.55$，$p < 0.001$），另外 Ca^{2+} 和 Mn 还与 δ^2H 和 $\delta^{18}O$ 表现出正相关关系，而其他元素则与 δ^2H 和 $\delta^{18}O$ 无明显相关性。前面有提到，研究区地表水中 δ^2H 和 $\delta^{18}O$ 受到蒸发结晶作用的影响，表明 Ca^{2+} 和 Mn 比其他元素更容易受到蒸发结晶作用的影响。pH 与其他参数均没有表现出明显关系，说明控制 pH 的环境因素与其他参数有所不同。

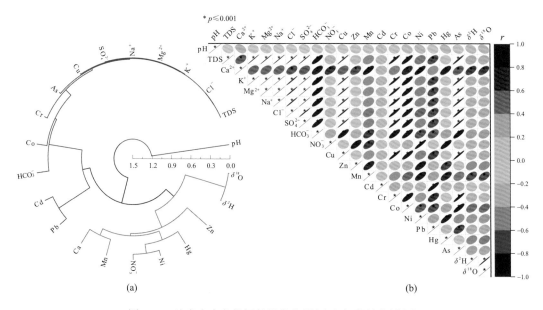

图 3.20　地表水中各指标的聚类分析 (a) 和相关性分析 (b)

为了进一步探讨阿姆河-咸海中下游地表水的自然和人为影响因素并确定潜在有毒元素来源，分别运用 SPSS 和 Canoco 软件对地表水中主要化学参数进行了主成分分析（PCA）。数据通过了 Kaiser-Meyer-Olkin（KMO）（0.823）和 Bartlett 球形度检验值（$p = 0.000$）检验，表明数据集适合进行 PCA。如图 3.21 (b) 所示，第 I 类型和第 II 类型水体均分布在 PCA 双标图的第二象限和第三象限，远离各潜在有毒元素和水化学组分，代表自然来源的主要输入，人类活动的影响较小，而第Ⅲ类型水体主要出现在第一象限和第四象限，部分样点靠近各潜在有毒元素和水化学组分，表明可能受人为影响较大。

通过 SPSS 软件进行 PCA 分析，共提取三个主成分，共解释了分析数据集中 85.01%的方差[图 3.21(a)]。其中，PC1 解释了 55.57%的方差，TDS、Na$^+$、Mg^{2+}、K$^+$、SO$_4^{2-}$、Cl$^-$、HCO$_3^-$、Cu、Cr、As 和 Co 在该主成分中具有高的正载荷。研究表明，地表水中的主要化学离子主要由各种类型的母岩产生。另外，农业中使用的肥料和杀虫剂，以及家庭和城市废水的排放也会引起水体中离子浓度的升高(Khanday et al., 2021; 沈贝贝等, 2019)。而水体中高浓度的 Cu、Cr、As 和 Co 主要来自于生活污水、农用化学品和工业废水等人为来源 (Habib et al., 2020; Islam et al., 2020)。在空间上，分布于 PC1 的采样点位于城市排污口、河口附近以及咸海湖岸地区，包括样点 36、15、4、5、7、48、18、19 和 10，均来自第Ⅲ类型水体[图 3.21(b)]。其中，位于纺织厂排污口附近的 10 号样品，其 Cu、Cr、As 和 Co 浓度为研究区内最高；位于农田区的 48 号样品 As 和 Co 的浓度为泽拉夫尚河地区最高(图 3.19)。因此，TDS、Na$^+$、Mg^{2+}、K$^+$、SO$_4^{2-}$、Cl$^-$、HCO$_3^-$、Cu、Cr、As 和 Co 的组合反映了自然过程和人类活动的综合影响。PC2 解释了 21.03%的方差，NO$_3^-$、Zn、Ni 和 Hg 在该主成分中有强正载荷，Ca^{2+}(0.66)和 Mn(0.70)为中度正载荷。它主要包括样点 1~3、8、11、26~27、32、39 和 41，这些样点位于灌溉农业区的排水口或咸海湖岸地区[图 3.21(b)]。研究表明，水体中高浓度的 NO$_3^-$、Zn、Ni、Hg 和 Mn 可能与该地区的农业活动有关 (Chanpiwat and Sthiannopkao, 2014)。阿姆河三角洲是重要的农业区，种植棉花等农作物，为了提高作物产量，大量使用氮肥和杀虫剂 (Glantz et al., 1993; Glantz, 1999)。此外，氮肥中的 NO$_3^-$很容易随水流失，导致该地区的地表水和地下水污染 (Egamberdiyeva et al., 2001; Tornqvist et al., 2011)。因此，PC2 与区域内农业活动有关。PC3 解释了 8.41%的方差，Pb 和 Cd 在其中表现出高载荷，仅包括样点 12，位于纺织厂附近，可能代表了点污染源(图 3.21)。研究表明，Pb 和 Cd 主要来自纺织厂、含铅汽油和化工工业 (Islam et al., 2015)。因此，PC3 代表了工业来源。

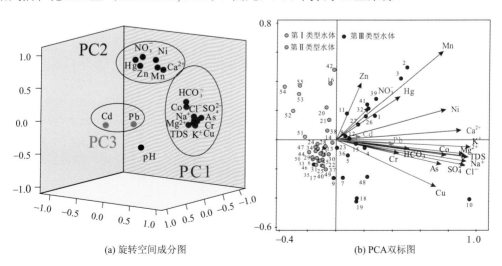

(a) 旋转空间成分图

(b) PCA双标图

图 3.21 地表水体化学成分主成分分析

（四）地表水体 POPs 的环境特征

1. 水体 PAHs

对阿姆河三角洲 50 个地表水体样品中 PAHs 含量进行了测定，分析其污染的空间分布特征（金苗等, 2022）。由表 3.2 可知，16 种 PAHs 在阿姆河三角洲大多数水体样品中均有检出，水体中∑PAHs 浓度范围为 12.6~779 ng/L，平均值和中位值分别为 101 ng/L 和 40.8 ng/L，单体浓度范围 ND~333 ng/L，检出浓度最高的单体为 Acy。从 PAHs 各单体组分检测结果分析可以看出，有 5 种单体物质检出率为 100%，分别是 Flu、Ant、Flt、Pyr 和 Chr，单体 BbF 的检出率为 98%，但检出总量最高，水样中总浓度为 786 ng/L，平均值为 15.7ng/L，中位值为 2.79 ng/L。另外，DahA、BghiP、InP 单体物质的检出率较低，分别为 76%、73% 和 61%，这主要由于低分子量多环芳烃具有较高的蒸气压和水溶性，更易存在于水体中，而高分子量多环芳烃具有较低的水溶性和较强的疏水性，致使水体中检出率较低。由表 3.2 看出，5~6 环 PAHs 总浓度与 2~4 环 PAHs 总浓度相近，但各单体物质变异系数较高，5~6 环 PAHs 浓度范围区间较大，表明研究区水体 PAHs 浓度空间差异大。

表 3.2　阿姆河三角洲水体中 PAHs 检出情况统计

PAHs	环数	范围/（ng/L）	总浓度/（ng/L）	平均值/（ng/L）	中位值/（ng/L）	CV/%	检出率/%
Nap	2	ND~20.0	194	3.88	2.19	124	96
Acy	3	ND~333	594	11.9	4.29	392	96
Ace	3	0.55~4.41	71.9	1.44	1.28	61	98
Flu	3	0.15~8.52	140	2.80	2.40	63	100
Phe	3	ND~17.6	151	3.02	2.66	79	98
Ant	3	0.21~3.38	35.0	0.70	0.55	79	100
Flt	4	0.90~77.4	238	4.75	1.91	235	100
Pyr	4	0.94~48.1	229	4.59	1.83	175	100
BaA	4	0.49~64.03	324	6.48	1.13	195	98
Chr	4	0.23~68.5	344	6.87	1.02	199	100
BbF	5	ND~194	786	15.7	2.79	216	98
BkF	5	ND~70.9	327	6.54	1.25	204	96
BaP	5	0.64~73.3	347	6.94	1.38	220	98
DahA	5	ND~17.7	115	2.40	1.25	142	76
BghiP	6	ND~132	572	12.2	3.32	198	73
InP	6	ND~154	571	11.6	3.39	216	61
2~3 环	—	2.49~349	1186	23.7	12.8	—	—
4 环	—	2.56~145	1135	22.7	6.37	—	—
5~6 环	—	0.64~636	2718	54.4	11.5	—	—
∑PAHs	—	12.6~779	5039	101	40.8	—	—

注：“ND”表示未检出；“—”表示无对应值。

阿姆河三角洲地表水水体中 PAHs 的总浓度和 16 种单体浓度在空间上呈现出较明显的区别(图 3.22)，∑PAHs 浓度较高的样点主要集中在阿姆河三角洲中下段。阿姆河三角洲上段∑PAHs 浓度较低，平均浓度为 47.4 ng/L，中值浓度为 33.4 ng/L，符合大部分区域下游河口浓度高于中上游区域的特点。三角洲中下段地区∑PAHs 浓度范围为 12.6~779 ng/L，浓度较高的样点主要集中在城市周边、农业灌溉区及阿姆河下游靠近咸海区域，最高浓度位于 31 号样点城市钦博伊附近及 10 号咸海滩涂，浓度分别为 779 ng/L 和 573 ng/L；三角洲中下段区域∑PAHs 浓度较低的样点主要位于阿姆河支流及三角洲边缘非城镇区域。阿姆河三角洲上段样点∑PAHs 浓度有明显的由上游至下游递增的趋势，表明阿姆河水体是 PAHs 传输的重要载体。阿姆河三角洲上段水体中∑PAHs 浓度峰值出现在 46 号样点，浓度为 76.5 ng/L。

水中 PAHs 污染程度通常可以按 PAHs 总浓度分为 4 个水平：轻微污染(10~50 ng/L)、轻度污染(50~250 ng/L)、中度污染(250~1000 ng/L)和重度污染水平(>1000 ng/L)。阿姆河三角洲地表水中 50 个样点中达到轻度污染的共有 18 个，另有 5 个水体样点处于中度 PAHs 污染水平。

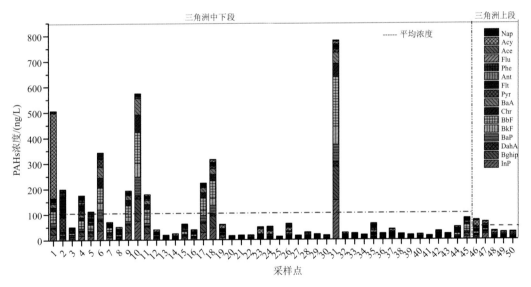

图 3.22　阿姆河三角洲地表水水体中∑PAHs 及单体浓度

根据苯环个数将 PAHs 进行组成分类，阿姆河三角洲中下段和上段两个区域水体中 PAHs 的组成特征如图 3.23 所示，三角洲上段水体中 PAHs 的组成以 2~4 环 PAHs 占比略高，尤其是 3 环单体(Acy、Ace、Flu、Phe、Ant)，其占比为 42.25%，检出率最高的单体化合物为 Phe 和 Flu。Phe 的产生通常与焦油生产有关，而 Flu 的产生则与生物质燃烧相关，表明该区域可能存在焦油燃烧和生物质燃烧污染；三角洲中下段水体 PAHs 组成以 5 环和 6 环的高分子量化合物为主，其中 5 环单体(BbF、BkF、BaP、DahA)占比最高，占 32.05%，而 4 环单体(Flt、Pyr、BaA、Chr)和 3 环单体所贡献比例分别为 23.08% 和 18.39%，表明该区域水体中 PAHs 多来源于化石燃料和木材等生物质在高温下的不完全燃烧。通常 4 环以下 PAHs 的浓度较低，而 5 环和 6 环 PAHs 占优的水体，其污染源主要是化石燃料的高温燃烧污染。在三角洲区域中有 12 个样点的水体高环 PAHs 浓度高于低环 PAHs，并且ΣPAHs 的污染程度也处于较高水平，这些样点主要位于城镇、集中农业灌溉区、废弃码头及近咸海水面区域，可能受到交通、工业及煤炭燃烧的污染。

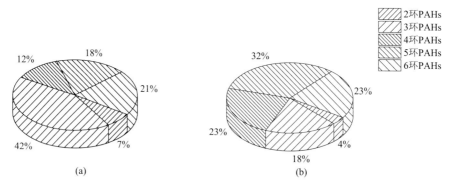

图 3.23　阿姆河三角洲上段(a)和三角洲中下段(b)PAHs 组成

阿姆河三角洲中下段和上段两区域水体 PAHs 各成分间没有明显相关性($p > 0.05$)，表明三角洲中下段水体 PAHs 的污染除上段河水汇入外，还存在其他污染源的输入。三角洲中下段地区也因为常年径流量减少，总蒸发量大，大部分地区没有形成有效循环，工业用水需求不断加大及农业灌溉用水回流等原因可能影响整体区域水环境中 PAHs 浓度。

目前常用的源解析方法是同分异构体比值法，一般认为，当 Flt/(Flt+Pyr) 小于 0.4 时，PAHs 主要来源于石油及石油物质泄漏；当 Flt/(Flt+Pyr) 大于 0.5 时，PAHs 主要来源于煤燃烧和包括草木在内的生物质燃烧；当 Flt/(Flt+Pyr) 为 0.4~0.5 时，表明 PAHs 主要来源于高温燃烧，包括汽油、柴油和原油的燃烧以及机动车尾气排放，同时 Ant/(Ant+Phe) 小于 0.1 和大于 0.1 也分别代表 PAHs 的石油源和燃烧源。阿姆河三角洲不同区域地表水中同分异构体 Ant/(Ant+Phe) 和 Flt/(Flt+Pyr) 的值见图 3.24，在阿姆河三角洲上段水体 PAHs 的 Ant/(Ant+Phe) 和 Flt/(Flt+Pyr) 的值分别为 0.1~0.3 和 0.4~0.6，主要集中在燃烧区域，可见该地区水体中 PAHs 主要来源于燃烧，且主要为煤炭和草木等生物质燃烧；而三角洲中下段水体中 PAHs 的 Flt/(Flt+Pyr) 的值中有部分样点小于 0.4，说明该区域存在着石油源污染，结合 Ant/(Phe+Ant) 的值可以判别阿姆河三角洲中下段部分地区存在着 PAHs 的石油与燃烧混合源污染，约占地表水体点位的 15%左右，其他大部分地区的 PAHs 仍来源于燃烧，约 40%的地表水体样品中 PAHs 来源与交通污染有关。

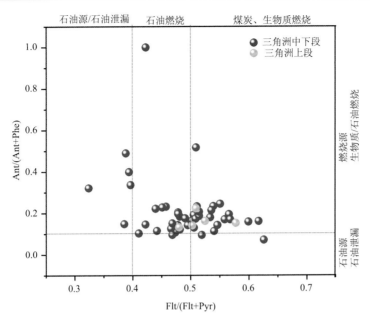

图 3.24　阿姆河三角洲不同区域地表水中 PAHs 来源同分异构体比值

阿姆河三角洲中下段地表水中各 PAHs 的 PMF 运行结果见图 3.25，模型运行结果采用 4 因子，迭代数为 17 时定量解析 PAHs 来源，其 Q_{Robust} 值 136 与 Q_{True} 值 140 最为接近。主因子 1 中 Nap 具有最高的因子载荷，其通常作为化工石油类物质泄漏指示物。另外，具有较高因子载荷的 Flu 和 Ace 也同属低环 PAHs，一般认为其来自石油泄漏及石油化工产品污染（万宏滨等, 2020）；BbF 和 InP 等高环 PAHs 则为汽柴油高温燃烧产物（王成龙等, 2016）。三角洲地区人口众多，努库斯、默伊诺克、钦博伊等大中型城市每天产生大量生活污水和工业废水，同时沿咸海地带发展渔业，渔业船舶航行及沿岸排放废水可以引入大量石油类物质，因此化工石油类污染源为三角洲地区 PAHs 主要来源。主因子 2 中主要载荷 Acy 是木柴燃烧的指示物，Ant 的产生与燃煤有关；该地区农业生产较为发达，其所属的卡拉卡尔帕克斯坦共和国的耕地面积是乌兹别克斯坦耕地面积第 2 大

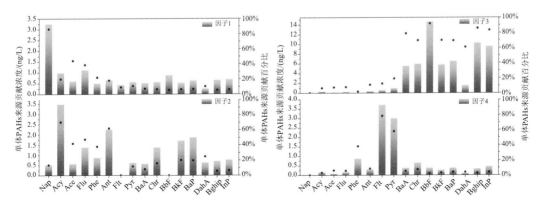

图 3.25　阿姆河三角洲中下段地表水中各 PAHs 的 PMF 源成分谱

行政区(陈曦等,2019),木材秸秆等生物质也是其主要燃料来源。主因子 3 中具有较高载荷的 BaA 和 Chr 来自天然气燃烧,根据《BP 世界能源统计年鉴(2019)》数据:2019 年乌兹别克斯坦天然气产量为 566 亿 m^3,占世界总产量的 1.5%,消费量为 426 亿 m^3,是该区域的主要初级能源。高环 PAHs 与柴油汽油燃烧相关,通常为交通运输过程中机动车柴油汽油的燃烧、泄漏及尾气排放(Zhang et al., 2012)。主因子 4 中具有较高载荷因子的 Flt、Pyr 和 Phe 则主要来源于焦炭燃煤燃烧。

阿姆河三角洲上段地表水中各 PAHs 的 PMF 运行结果如图 3.26,模型运行结果采用 2 因子,Q_{Robust} 值与 Q_{True} 值均为 21.6。主因子 1 中具有较高载荷的 Acy 为木柴等生物质燃烧源指示物,主因子 2 中高环 PAHs 单体 InP、Bghip、BbF 具有较高载荷,这些单体均来自于柴油高温燃烧的交通污染。阿姆河三角洲上段位于乌兹别克斯坦花剌子模州,主要依靠农业经济,植棉业是该区域农业的基础,同时畜牧业也在区域内占有举足轻重的经济地位,该行政区农村人口远高于城市人口,煤炭、秸秆等为该区域居民的主要燃料来源,同时行政区内有通向首都塔什干的主要路线,交通运输活动繁忙,可以解释下游河段区域 PAHs 主要来源。

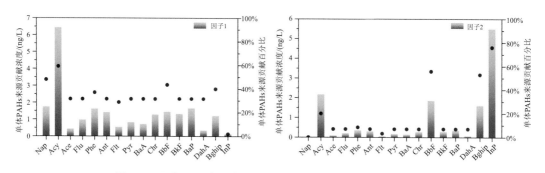

图 3.26 阿姆河三角洲上段地表水中各 PAHs 的 PMF 源成分谱

水体环境中 PAHs 可以在一定程度上反映近期环境行为,近年来乌兹别克斯坦工业发展迅速,其工业地位在中亚地区举足轻重,天然气、有色金属等产业都较为发达;同时作为农业大国,农业产值占国内生产总值的 25%~30%,种植业尤其是棉花种植,仍是该国的经济支柱之一。综合研究区域水体中 PAHs 分布特征,结合相对丰度法、同分异构体比值法和正定矩阵分解法 3 种源解析方法得出,三角洲中下段地区工业生产过程中煤和石油天然气能源的燃烧、石油化学品泄漏及汽车尾气的排放等均导致了区域水体环境中 PAHs 浓度升高,阿姆河三角洲整个地区水体中 PAHs 来源均有木材等生物质低温燃烧的贡献,但农业活动产生的生物质燃烧以及作为主要生活能源的木柴燃烧产生的 PAHs 占三角洲上段地区水体中 PAHs 的比重更大。

2. 水体 OCPs 污染

阿姆河三角洲地表水体中共检出 20 种有机氯农药中的 16 种(表 3.3),总浓度范围在 0.76~26.38 ng/L,平均值为(7.86±5.54)ng/L,中位值为 6.54 ng/L,其中 α-HCH、β-HCH、γ-HCH、δ-HCH 和 p,p'-DDT 检出率为 100%,而 α-Endo、HEPT、Endrin ketone、Methoxychlor

未在水体中检出。水体中 OCPs 以 HCHs 和 DDTs 为主，其占比分别为 35.1%和 33.6%，检出浓度最高的单体分别为 α-HCH、Endrin aldehyde 和 p,p'-DDT，含量分别为 0.12~10.7 ng/L、ND~4.01 ng/L、0.39~10.35 ng/L，分别占$\sum$OCPs 的 20.4%、158%、23.2%。HCHs（α-HCH、β-HCH、γ-HCH、δ-HCH）浓度范围为 0.31~14.7 ng/L，均值为（2.75±2.94）ng/L，DDTs（p,p'-DDE、p,p'-DDD、p,p'-DDT）浓度范围为 0.39~11.8 ng/L，平均值（2.64±2.22）ng/L，Endos（α-Endo、β-Endo、Endosulfan sulfate）的浓度范围为 ND~1.98 ng/L，均值（0.11±0.34）ng/L，Chlors（γ-Chlor、α-Chlor）浓度范围为 ND~4.59 ng/L，均值（0.69±0.83）ng/L。

表 3.3　阿姆河三角洲地表水水体中 OCPs 检出情况统计

OCPs	范围/(ng/L)	均值/(ng/L)	CV/%	检出率/%
α-HCH	0.12~10.7	1.63	126	100
β-HCH	0.02~4.59	0.64	116	100
γ-HCH	0.08~0.98	0.28	68	100
δ-HCH	0.06~1.02	0.26	71	100
Aldrin	ND~0.75	0.06	262	18
HEPX	ND~0.56	0.03	413	12
γ-Chlor	ND~0.59	0.06	165	46
α-Chlor	ND~3.45	0.58	122	98
p,p'-DDE	ND~3.99	0.27	205	94
Dieldrin	ND~13.6	0.29	676	8.7
Endrin	ND~1.25	0.05	399	12
β-Endo	ND~0.14	0.01	364	12
p,p'-DDD	ND~0.33	0.07	98	70
Endrin aldehyde	ND~4.01	1.24	63	98
Endosulfan sulfate	ND~1.97	0.10	340	32
p,p'-DDT	0.39~10.35	1.82	86	100

注：ND 表示未检出；CV 表示变异系数。

三角洲中下段$\sum$OCPs 范围为 0.76~26.38 ng/L，均值为（7.33±5.14）ng/L，中位值为 6.15 ng/L；三角洲上段$\sum$OCPs 范围为 6.21~22.75 ng/L，均值为（12.68±7.34）ng/L，中位值为 9.08 ng/L。三角洲中下段 OCPs 浓度变化范围较大，变异系数相对较大（中下段 CV=70%，上段 CV=57%）。与 PAHs 在两区域水体中分布有所不同，三角洲上段水体中 OCPs 的均值与中位值均高于三角洲中下段地区，浓度较高的几个点位出现在三角洲上段及中下段城市努库斯周边水体，地处农业区域。

三角洲中下段水体中 OCPs 以 HCHs 和 DDTs 为主，其占比分别为 38.1%和 35.7%；上段水体中以 HCHs 为主，另外 Endrin aldehyde 在该区域检出浓度也较高，两类物质分别占比为 23.8%和 13%。由图 3.27 可知，两区域水体中 DDTs 的平均浓度接近，但在上段区域其他几类 OCPs 平均浓度均较高，尤其是硫丹（中下段：0.047ng/L，上段：0.63ng/L）、氯丹(中下段：0.55ng/L，上段：1.69ng/L)两大类主要用于防治棉花、果树、大豆、蔬菜、高粱等各种作物害虫的广谱杀虫剂。

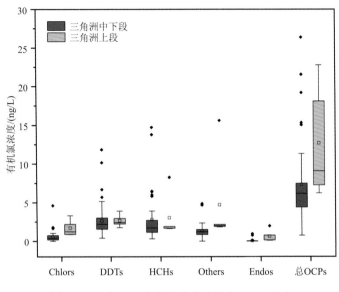

图 3.27　阿姆河三角洲地表水水体中 OCPs 浓度

一般环境中 HCHs 的来源主要有两种：一种是工业级 HCHs，包括 4 种同分异构体，其占比分别为 α-HCH(60%~70%)、β-HCH(5%~12%)、γ-HCH(10%~12%) 及 δ-HCH(6%~10%)；另一种为林丹，主要由 γ-HCH 组成(>99%)。α-HCH/γ-HCH 可用于识别 HCHs 的来源，α-HCH/γ-HCH 为 4~7，表示 HCHs 可能来自于工业级 HCHs；若 α-HCH/γ-HCH > 7，则 HCHs 可能来源于环境中经过长距离迁移或长时间的降解残留；如果 HCHs 来自农业用林丹，则 α-HCH/γ-HCH 接近或小于 4。由图 3.28 可以看出，咸海流域水体的 HCHs 为混合来源，其中来自林丹污染的水体约占总样点的 36%，且主要集中在阿姆河三角洲中下段区域，可能与该区的农业活动有关，其他水体中的 HCHs 主要来自工业级 HCHs 污染，同时根据这部分水体中 β-HCH 在总 HCHs 中的比例均大于其在工业 HCHs 的比例，可知水体中 HCHs 的污染主要为工业级 HCHs 的历史残留，即工业级 HCHs 施用后经过较长时间降解，没有新污染源的输入(图 3.28)。

环境中 p,p'-DDT、p,p'-DDD 和 p,p'-DDE 可发生转化，p,p'-DDT 在好氧条件下可氧化生成 p,p'-DDE，在厌氧条件下可还原为 p,p'-DDD。因此，根据 p,p'-DDT 与 p,p'-DDD + p,p'-DDE 的比例可以判断 DDTs 在环境中的代谢转化程度，进而追溯农药源的组成。由图 3.29 可知，整个研究区域的 p,p'-DDT 占比仍然较高，可能由于降解时间较短或者新的污染输入，同时在大部分水体中 p,p'-DDE 含量高于 p,p'-DDD，说明 p,p'-DDT 以好氧的方式进行降解，也可能与本次采样的深度有关。

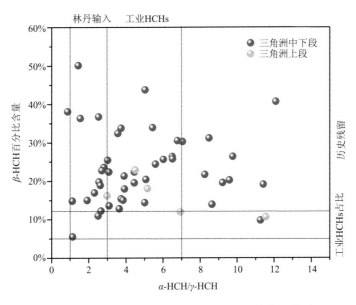

图 3.28　阿姆河三角洲地表水体中 HCHs 单体比值图

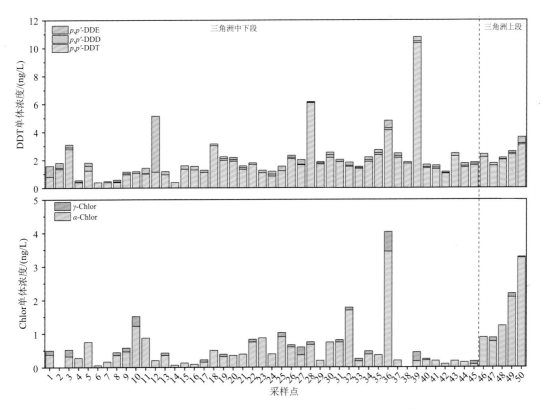

图 3.29　阿姆河三角洲地表水体中 DDTs 和 Chlors 组成图

氯丹是 1945 年开始使用的一种广谱性有机氯杀虫剂，曾被广泛用于蔬菜、稻谷、玉米、水果、棉花属植物上，工业氯丹则是由 140 多种化合物组成的混合物，一般工业氯丹含有 13%的 γ-Chlor、11%的 α-Chlor 和 5%的七氯，因此氯丹中 γ-Chlor/α-Chlor 的值接近 1.56，γ-Chlor 在环境中降解速度比 α-Chlor 快，因此环境中 γ-Chlor/α-Chlor 的值小于 1.56 意味着历史残留。但由于咸海流域内 α-Chlor 的检出率及检出均值[检出率为 98%，均值为 (0.58±0.71) ng/L]均高于 γ-Chlor[检出率为 46%，检出均值为 (0.06±0.10) ng/L]，γ-Chlor/α-Chlor 的值远低于 1.56（图 3.29），表明咸海流域水体中的氯丹均为历史残留。在阿姆河三角洲上段区域只有一个样点中检出高浓度的 Endrin aldehyde (13.64 ng/L)，狄氏剂是主要用于棉花和谷物等农作物的农药，但考虑整个研究区域中狄氏剂检出率较低（检出率 8.7%），推断为点源污染。

20 世纪 50 年代，苏联时代在中亚引进棉花单一栽培，开始了长达 40 年的农业化学品密集使用历史，包括乌兹别克斯坦境内毗邻咸海的卡拉卡尔帕克斯坦共和国等地区。在 20 世纪 70 年代和 80 年代，杀虫剂和除草剂的平均施用量为 21 kg/hm^2，而同期整个苏联的施用量仅为 5 kg/hm^2（Bakhritdinov, 1991）。最初，DDTs 和 HCHs 是同时使用的，在 20 世纪 70 年代，DDTs 被禁止后，HCHs 的使用量增加。

咸海曾不断地接收来自流域内的盐分物质及农田排水汇入的杀虫剂、除草剂等，这些污染物常常富集于沉积物中。如今逐年扩大的干涸河床成为当地灰尘和盐气溶胶的重要来源，其中的污染物也通过大气传输在周边地区沉积。如氯丹类化合物具有很强的亲脂憎水性，倾向于在土壤和沉积物中富集，而咸海流域内低含量的氯丹则可能来源于含有污染物的粉尘大气沉降。

（五）地表水质量及风险评价

1. 综合水质标识指数

鉴于地表水是当地居民的主要饮用水来源，采用综合水质标识指数（WQI）来评估阿姆河-咸海中下游地表水的可饮用性。评价结果见图 3.30，研究区水样 WQI 变化范围为 7.87~6706.7，平均值为 35.91，其中样点 10 的 WQI 异常高 (6706.7)，因此在计算平均值时被排除。在 55 个水样中，有两个水样水质非常差，两个水质差，两个属于中等水质范围（图 3.30），这些水样均来自咸海湖岸地区和污水排放口。其他水样水质在良好或非常好范围内，WQI < 100，表明适合饮用。总体而言，研究区地表水水质状况良好，只有 12.6% 的样本不适合饮用（WQI≥100），这些地区特别需要控制水体盐度和金属元素浓度。

2. 健康风险指数

我们根据美国环境保护署（USEPA）建立的风险评估模型将研究区水体中 10 种潜在有毒元素对成人和儿童两组人群分别进行了非致癌健康风险评估，结果见表 3.4。在阿姆河三角洲地区，除 As 和 Mn 外，其他所有元素的经直接摄取产生的非致癌风险指数（HI$_{ingestion}$）都小于 1，表明这些元素通过直接摄取途径未对人体健康产生危害。然而，部分水样中 As 和 Mn 的 HI$_{ingestion}$ 值>1，最大值分别为 8.6/8.9（成人/儿童）和 1.0/1.1（成

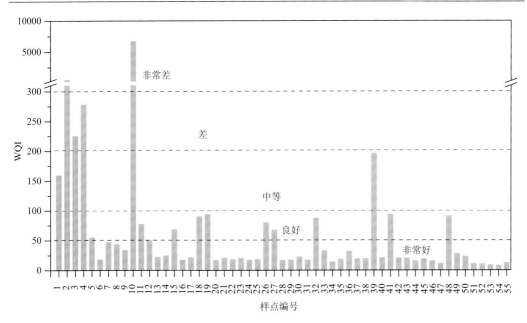

图 3.30 研究区地表水体综合水质标识指数评价

人/儿童），表明 As 和 Mn 对周围居民健康存在危害风险。所有元素的经皮肤接触产生的非致癌风险指数（$HI_{dermal} < 1$），表明通过皮肤接触对人体健康造成危害的可能性小。元素总非致癌风险指数 THI 平均值依次为 As > Mn > Co > Cr > Pb > Cd > Hg > Zn > Ni > Cu，表明对研究区人群而言，As 存在最大风险，其次为 Mn。在泽拉夫尚河地区，所有元素对两个年龄段人群的 $HI_{ingestion}$、HI_{dermal} 和 THI 值均低于 1，表明存在的健康风险较低。在我们研究中，儿童的 THI 值大于成人，表明儿童健康更容易受潜在有毒元素暴露的危害，与前人研究结果一致（Habib et al., 2020; Njuguna et al., 2020）。

图 3.31 显示了阿姆河三角洲地区 WQI 和 THI（成人）值的空间变化。由图可以看出，最高的 WQI 值出现在咸海湖岸地区，表明该地区的水质最差。As、Mn、Co、Hg、Cu、Cr、Zn、Ni、Pb 和 Cd 的 THI 值与 WQI 结果一致，最高的 THI 值也出现在咸海湖岸地区，其次在努库斯市周围的排污口附近，表明这些地区的地表水存在相对高的健康风险隐患。前人研究发现，该地区来自农业灌溉和工业排放的废水中含有大量的盐分、杀虫剂和有毒元素（Papa et al., 2004; Crosa et al., 2006b），它们通过水流被带到下游，造成河口区的污染。此外，咸海湖面的大量萎缩，咸海湖岸线后移，导致地下水水位下降阻碍了地表水和地下水的交换，进而加剧了该地区水体的蒸发，导致位于平坦地区的阿姆河三角洲的水质进一步恶化（Shibuo et al., 2006; Vitola et al., 2012）。水体 δ^2H 和 $\delta^{18}O$ 空间分布也可以看出，咸海湖岸地区 δ^2H 和 $\delta^{18}O$ 值明显偏正，表明受蒸发作用影响强烈（图 3.17）。因此，地理位置、气候和水文条件的综合影响导致咸海湖岸地区成为整个研究区内地表水污染最严重、风险最大的地区。此外，工业和生活废水的排放也对研究区水质产生了负面影响。

表 3.4 阿姆河-咸海中下游地表水水体中潜在有毒元素的健康风险指数

地区	元素	人群		Cu	Zn	Mn	Cd	Cr	Co	Ni	Pb	Hg	As
阿姆河三角洲	$HI_{ingestion}$	成人	最小值	1.8×10^{-4}	9.4×10^{-4}	5.1×10^{-4}	0	7.1×10^{-3}	3.1×10^{-3}	2.6×10^{-4}	2.4×10^{-3}	0	2.7×10^{-2}
			最大值	2.2×10^{-2}	8.1×10^{-3}	1.0	8.9×10^{-2}	5.4×10^{-2}	5.6×10^{-1}	1.7×10^{-2}	4.7×10^{-2}	1.9×10^{-2}	8.6
			平均值	1.4×10^{-3}	2.2×10^{-3}	7.3×10^{-2}	3.2×10^{-3}	1.0×10^{-2}	3.9×10^{-2}	1.4×10^{-3}	6.0×10^{-3}	2.5×10^{-3}	5.2×10^{-1}
		儿童	最小值	1.8×10^{-4}	9.8×10^{-4}	5.3×10^{-4}	0	7.4×10^{-3}	3.3×10^{-3}	2.7×10^{-4}	2.5×10^{-3}	0.0×10^{0}	2.8×10^{-2}
			最大值	2.3×10^{-2}	8.5×10^{-3}	1.1	9.2×10^{-2}	5.7×10^{-2}	5.8×10^{-1}	1.8×10^{-2}	4.9×10^{-2}	2.0×10^{-2}	8.9
			平均值	1.4×10^{-3}	2.3×10^{-3}	7.6×10^{-2}	3.4×10^{-3}	1.1×10^{-2}	4.0×10^{-2}	1.5×10^{-3}	6.3×10^{-3}	2.6×10^{-3}	5.4×10^{-1}
	HI_{dermal}	成人	最小值	1.6×10^{-6}	1.5×10^{-5}	4.4×10^{-5}	0	2.9×10^{-3}	3.3×10^{-5}	6.8×10^{-6}	4.3×10^{-6}	0	1.5×10^{-4}
			最大值	2.0×10^{-4}	1.3×10^{-4}	9.0×10^{-2}	9.3×10^{-3}	2.2×10^{-2}	5.9×10^{-3}	4.5×10^{-4}	8.2×10^{-5}	1.4×10^{-3}	4.7×10^{-2}
			平均值	1.3×10^{-5}	3.5×10^{-5}	6.4×10^{-3}	3.3×10^{-4}	4.2×10^{-3}	4.0×10^{-4}	3.7×10^{-5}	1.0×10^{-5}	1.9×10^{-4}	2.9×10^{-3}
		儿童	最小值	3.3×10^{-6}	3.0×10^{-5}	9.1×10^{-5}	0	6.0×10^{-3}	6.8×10^{-5}	1.4×10^{-5}	8.7×10^{-6}	0	3.0×10^{-4}
			最大值	4.1×10^{-4}	2.6×10^{-4}	1.8×10^{-1}	1.9×10^{-2}	4.6×10^{-2}	1.2×10^{-2}	9.3×10^{-4}	1.7×10^{-4}	2.9×10^{-3}	9.7×10^{-2}
			平均值	2.6×10^{-5}	7.2×10^{-5}	1.3×10^{-2}	6.8×10^{-4}	8.7×10^{-3}	8.3×10^{-4}	7.7×10^{-5}	2.1×10^{-5}	3.8×10^{-4}	5.9×10^{-3}
	THI	成人	最小值	1.8×10^{-4}	9.6×10^{-4}	5.6×10^{-4}	0	1.0×10^{-2}	3.2×10^{-3}	2.7×10^{-4}	2.4×10^{-3}	0	2.7×10^{-2}
			最大值	2.2×10^{-2}	8.3×10^{-3}	1.1	9.8×10^{-2}	7.7×10^{-2}	5.7×10^{-1}	1.8×10^{-2}	4.7×10^{-2}	2.0×10^{-2}	8.6
			平均值	1.4×10^{-3}	2.3×10^{-3}	8.0×10^{-2}	3.5×10^{-3}	1.5×10^{-2}	3.9×10^{-2}	1.5×10^{-3}	6.0×10^{-3}	2.7×10^{-3}	5.3×10^{-1}
		儿童	最小值	1.9×10^{-4}	1.0×10^{-3}	6.2×10^{-4}	0	1.3×10^{-2}	3.3×10^{-3}	2.9×10^{-4}	2.6×10^{-3}	0	2.8×10^{-2}
			最大值	2.3×10^{-2}	8.7×10^{-3}	1.3	1.1×10^{-1}	1.0×10^{-1}	6.0×10^{-1}	1.9×10^{-2}	4.9×10^{-2}	2.2×10^{-2}	9.0
			平均值	1.5×10^{-3}	2.4×10^{-3}	8.9×10^{-2}	4.0×10^{-3}	1.9×10^{-2}	4.1×10^{-2}	1.6×10^{-3}	6.3×10^{-3}	3.0×10^{-3}	5.5×10^{-1}

续表

地区	元素		人群		Cu	Zn	Mn	Cd	Cr	Co	Ni	Pb	Hg	As
泽拉夫尚河地区	$HI_{ingestion}$		成人	最小值	1.2×10^{-4}	8.0×10^{-4}	8.5×10^{-4}	3.0×10^{-4}	8.5×10^{-3}	4.3×10^{-3}	5.4×10^{-4}	2.5×10^{-3}	0	6.1×10^{-2}
				最大值	9.2×10^{-4}	3.4×10^{-3}	8.2×10^{-3}	3.0×10^{-3}	1.6×10^{-2}	3.1×10^{-2}	1.6×10^{-3}	4.9×10^{-3}	2.4×10^{-3}	3.3×10^{-1}
				平均值	4.1×10^{-4}	2.1×10^{-3}	4.0×10^{-3}	8.7×10^{-4}	1.1×10^{-2}	9.9×10^{-3}	7.7×10^{-4}	3.6×10^{-3}	2.6×10^{-4}	1.6×10^{-1}
			儿童	最小值	1.3×10^{-4}	8.4×10^{-4}	8.9×10^{-4}	3.1×10^{-4}	8.8×10^{-3}	4.5×10^{-3}	5.6×10^{-4}	2.6×10^{-3}	0	6.4×10^{-2}
				最大值	9.6×10^{-4}	3.5×10^{-3}	8.6×10^{-3}	3.1×10^{-3}	1.6×10^{-2}	3.3×10^{-2}	1.7×10^{-3}	5.1×10^{-3}	2.5×10^{-3}	3.4×10^{-1}
				平均值	4.3×10^{-4}	2.2×10^{-3}	4.1×10^{-3}	9.0×10^{-4}	1.2×10^{-2}	1.0×10^{-2}	8.0×10^{-4}	3.8×10^{-3}	2.7×10^{-4}	1.7×10^{-1}
	HI_{dermal}		成人	最小值	1.1×10^{-6}	1.3×10^{-5}	7.4×10^{-5}	3.1×10^{-5}	3.5×10^{-3}	4.5×10^{-5}	1.4×10^{-5}	4.4×10^{-6}	0	3.4×10^{-4}
				最大值	8.4×10^{-6}	5.3×10^{-5}	7.2×10^{-4}	3.1×10^{-4}	6.5×10^{-3}	3.3×10^{-4}	4.2×10^{-5}	8.6×10^{-6}	1.8×10^{-4}	1.8×10^{-3}
				平均值	3.8×10^{-6}	3.3×10^{-5}	3.4×10^{-4}	9.0×10^{-5}	4.7×10^{-3}	1.0×10^{-4}	2.0×10^{-5}	6.3×10^{-6}	2.0×10^{-5}	8.8×10^{-4}
			儿童	最小值	2.3×10^{-6}	2.6×10^{-5}	1.5×10^{-4}	6.3×10^{-5}	7.2×10^{-3}	9.3×10^{-5}	2.9×10^{-5}	9.0×10^{-6}	0	6.9×10^{-4}
				最大值	1.7×10^{-5}	1.1×10^{-4}	1.5×10^{-3}	6.3×10^{-4}	1.3×10^{-2}	6.7×10^{-4}	8.6×10^{-5}	1.8×10^{-5}	3.6×10^{-4}	3.7×10^{-3}
				平均值	7.8×10^{-6}	6.9×10^{-5}	7.1×10^{-4}	1.9×10^{-4}	9.7×10^{-3}	2.1×10^{-4}	4.1×10^{-5}	1.3×10^{-5}	4.0×10^{-5}	1.8×10^{-3}
	THI		成人	最小值	1.3×10^{-4}	8.2×10^{-4}	9.3×10^{-4}	3.3×10^{-4}	1.2×10^{-2}	4.4×10^{-3}	5.5×10^{-4}	2.5×10^{-3}	0	6.2×10^{-2}
				最大值	9.3×10^{-4}	3.5×10^{-3}	8.9×10^{-3}	3.3×10^{-3}	2.2×10^{-2}	3.2×10^{-2}	1.6×10^{-3}	4.9×10^{-3}	2.5×10^{-3}	3.3×10^{-1}
				平均值	4.2×10^{-4}	2.2×10^{-3}	4.3×10^{-3}	9.6×10^{-4}	1.6×10^{-2}	1.0×10^{-2}	7.9×10^{-4}	3.6×10^{-3}	2.8×10^{-4}	1.6×10^{-1}
			儿童	最小值	1.3×10^{-4}	8.6×10^{-4}	1.0×10^{-3}	3.7×10^{-4}	1.6×10^{-2}	4.6×10^{-3}	5.9×10^{-4}	2.6×10^{-3}	0	6.5×10^{-2}
				最大值	9.8×10^{-4}	3.6×10^{-3}	1.0×10^{-2}	3.7×10^{-3}	3.0×10^{-2}	3.3×10^{-2}	1.7×10^{-3}	5.1×10^{-3}	2.8×10^{-3}	3.4×10^{-1}
				平均值	4.4×10^{-4}	2.3×10^{-3}	4.8×10^{-3}	1.1×10^{-3}	2.2×10^{-2}	1.1×10^{-2}	8.4×10^{-4}	3.8×10^{-3}	3.1×10^{-4}	1.7×10^{-1}

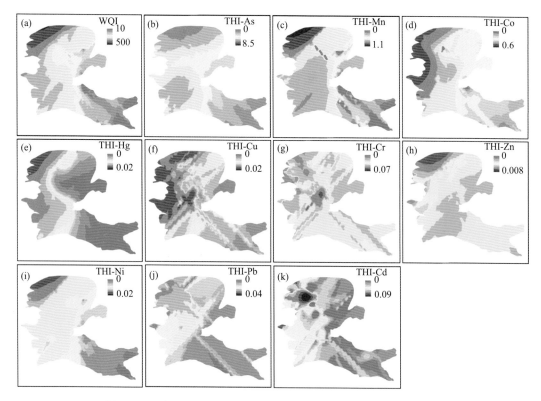

图3.31 阿姆河三角洲地表水 WQI(a) 和 THI[(b)~(k)]值空间变化

3. 生态风险评价

美国环境保护署水质标准(USEPA,2015)规定了地表水中 13 种 PAHs 浓度限值,用于评估水体中 PAHs 污染程度。本书中水体样品 BaP 的浓度均超过 USEPA 标准,同时分别有 86%、75%、69%、45% 和 18% 的水样中单体 BbF、DahA、InP、BaA 和 BkF 浓度超过标准限值;另外 11 个样点的 PAHs 总浓度超过欧盟规定的允许水生生物暴露安全限值的最大浓度,占总采样点的 21%,表明目前该区域水体中 PAHs 可能通过生物富集作用对人类健康产生影响。

根据可忽略浓度和最大允许浓度计算的生态风险熵值($RQ_{(NCs)}$ 和 $RQ_{(MPCs)}$)可知,阿姆河流域表层水体中 PAHs 的主要处于 3 个生态风险等级(图 3.32):BbF 的 $RQ_{(NCs)}$ 和 $RQ_{(MPCs)}$ 值均大于 1,提示该类 PAHs 单体存在的风险较高;BaA 的 $RQ_{(MPCs)}$ 值小于 1 而 $RQ_{(NCs)}$ 大于 1,提示已经具有一定的生态风险,应引起重视。剩余 PAHs 的 $RQ_{(NCs)}$ 和 $RQ_{(MPCs)}$ 值均小于 1,为低风险等级;另外,根据研究区域内 ΣPAHs 生态风险熵值,采样点中有 12 个和 8 个点位分别处于中等风险和高风险等级,高风险等级主要集中在阿姆河三角洲地区,由于阿姆河最终汇聚蓄积咸海区域,可能会加重咸海地区污染水平,因此需制定合理的防控计划。

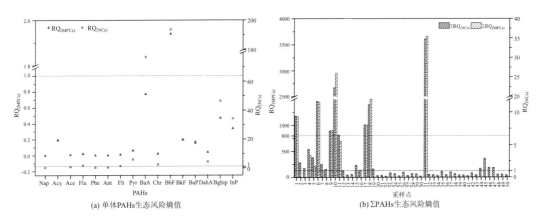

(a) 单体PAHs生态风险熵值　　　　　　(b) ΣPAHs生态风险熵值

图 3.32　采样点风险熵值

参照中国地表水环境质量标准、美国环境保护署颁布的国家水质标准、加拿大环境质量准则和欧盟水质标准(表 3.5),可以看出,除了 γ-HCH 低于我国标准、Aldrin 低于美国标准、Endos 低于美国标准、部分水样 DDTs 低于美国和我国标准,咸海流域水体 OCPs 不同程度地高于以上标准阈值,反映了咸海流域水体 OCPs 可能存在一定的生态风险。

表 3.5　不同国家或组织水质标准　　　　　　　　(单位: μg/L)

国家或地区	γ-HCH	DDTs	HEPT	HEPX	Aldrin	Dieldrin	Endrin	Endos
美国	0.95	1.1	0.52	0.52	3.0	0.24	0.086	0.22
加拿大	0.01	—	—	—	—	—	—	0.06
欧盟	0.1	0.1	0.03	—	0.1	0.1	—	—
中国	2.0	1.0	—	0.2	—	—	—	—

二、阿姆河-咸海上游地区水环境

2011 年 9~10 月,对阿姆河-咸海上游塔吉克斯坦境内河流和湖泊水体(包含锡尔河上游河水 5 个样品)进行样品采集,涵盖了主要河流,包括 Panj(喷赤河)、Vakhsh(瓦赫什河)、Gunt(贡特河)、Bartang(巴塘河)、Syr Darya(锡尔河)和 Zeravshan(泽拉夫尚河)等[图 3.33(b)],共采集了 40 个样品,并对水体样品进行水化学成分和同位素分析,水体采样点具体位置见图 3.33。

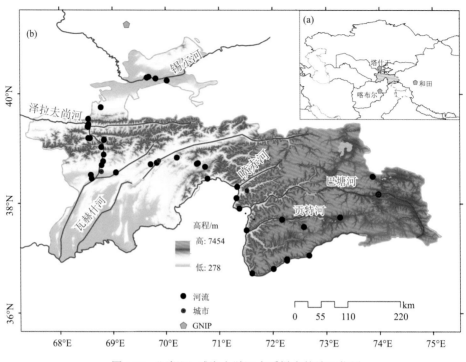

图 3.33　阿姆河-咸海上游河水采样点的地理位置

五边形和圆形分别代表降水和河水采样点

(一)河流水化学特征

河水的 pH 显示水体呈碱性,范围为 7.4~9.0,平均值为 8.2(表 3.6)。其中最高值出现在巴塘河,最低值出现在喷赤河。水体矿化度可以通过 EC 和 TDS 反映出来,它们显示出较大的波动和标准偏差,平均值分别为(475.8±462.9)μS/cm 和(332.4±319.7)mg/L。Ca^{2+}[(54.6±42.0)mg/L]是整个阿姆河-咸海上游地区河水中最主要的阳离子,其次是Na^+[(21.7±38.6)mg/L]、Mg^{2+}[(17.1±19.3)mg/L]和K^+[(2.2±1.7)mg/L](表 3.6)。而HCO_3^-[(147.2±63.4)mg/L]和SO_4^{2-}[(110.1±187.6)mg/L]是河水中主要的阴离子,其次是Cl^-[(15.3±29.9)mg/L](表 3.6)。此外,Si 的平均浓度为(4.0±2.5)mg/L,低于全球平均值(7.63 mg/L)。总体来说,阿姆河-咸海上游地区各条河流的平均 pH 和 Si 浓度没有明显的差异,所有的河流水体都呈碱性(pH > 8)。然而,EC、TDS 和其他离子的平均浓度最高的是锡尔河(Syr Darya),该河的 EC、TDS 和离子组成与其他河流有明显的不同(表 3.6)。瓦赫什河、贡特河和锡尔河河水中阳离子浓度顺序依次为Ca^{2+} > Na^+ > Mg^{2+} > K^+,而喷赤河、巴塘河和泽拉夫尚河河水中,阳离子顺序为Ca^{2+} > Mg^{2+} > Na^+ > K^+。就阴离子而言,除锡尔河外,HCO_3^-在河水中显示出最高的浓度,阴离子顺序为HCO_3^- > SO_4^{2-} > Cl^-,而锡尔河阴离子顺序为SO_4^{2-} > HCO_3^- > Cl^-(表 3.6)。HCO_3^-的最大浓度在瓦赫什河河水中观察到,而 EC、TDS 和主要离子(Ca^{2+}、Mg^{2+}、SO_4^{2-}、Na^+、K^+和Cl^-)的最大浓度在锡尔河河水中观察到。

表 3.6 阿姆河-咸海上游地区河流水化学成分概况统计

河流		pH	EC /(μS/cm)	TDS /(mg/L)	Ca²⁺ /(mg/L)	K⁺ /(mg/L)	Mg²⁺ /(mg/L)	Na⁺ /(mg/L)	Cl⁻ /(mg/L)	SO₄²⁻ /(mg/L)	HCO₃⁻ /(mg/L)	Si /(mg/L)	$\delta^{18}O$ /‰	δ^2H /‰	d/‰
塔吉克斯坦	最小值	7.4	85.0	59.6	10.2	0.3	0.8	2.0	0.4	1.8	34.7	1.7	-17.1	-127.2	2.9
	最大值	9.0	2030	1408.3	201.7	7.5	84.8	177.0	107.3	756.7	306.3	14.7	-9.3	-66.1	21.6
(n = 39)	平均值	8.2	475.8	332.4	54.6	2.2	17.1	21.7	15.3	110.1	147.2	4.0	-12.8	-90.2	13.1
	标准偏差	0.4	462.9	319.7	42.0	1.7	19.3	38.6	29.9	187.6	63.4	2.5	2.2	20.5	5.2
瓦赫什河	最小值	7.6	85.0	59.6	12.9	0.3	0.9	2.1	0.5	1.8	34.7	1.7	-14.2	-97.2	12.9
	最大值	8.4	647.0	448.5	75.2	4.3	22.1	53.7	75.6	99.4	306.3	7.7	-10.7	-66.1	21.6
(n = 15)	平均值	8.1	325.9	228.7	44.2	1.3	9.8	11.9	10.3	35.8	152.8	3.2	-11.7	-76.0	17.7
	标准偏差	0.3	151.2	104.9	17.7	1.0	5.4	16.4	20.7	34.7	76.5	1.7	1.0	8.6	2.5
喷赤河	最小值	7.4	242.0	170.1	27.1	1.8	5.0	2.0	0.4	28.0	80.7	2.0	-16.2	-118.8	6.1
	最大值	8.9	397.0	279.5	58.0	3.9	15.8	12.9	11.7	123.4	139.0	4.4	-13.7	-103.3	15.9
(n = 10)	平均值	8.1	315.2	221.8	40.7	2.4	10.0	6.0	3.1	64.7	108.7	2.8	-15.0	-109.9	10.4
	标准偏差	0.5	45.4	32.1	9.5	0.6	2.9	3.3	3.3	29.6	16.4	0.7	0.7	5.4	3.2
贾特河	最小值	7.6	161.0	112.7	10.2	1.4	0.8	6.8	2.0	14.9	74.7	2.2	-17.1	-127.2	2.9
	最大值	8.8	354.0	249.2	40.4	1.5	10.5	29.1	3.2	26.0	182.6	14.7	-15.5	-121.3	9.3
(n = 3)	平均值	8.3	233.3	163.9	24.3	1.5	4.8	16.6	2.7	19.7	112.5	6.8	-16.3	-124.1	6.7
	标准偏差	0.7	105.2	74.3	15.2	0.0	5.1	11.4	0.6	5.7	60.8	6.9	0.8	3.0	3.4
巴塘河	最小值	8.6	461.0	323.9	51.3	2.7	22.0	8.7	10.1	92.0	144.8	3.2	-15.9	-123.4	3.6
	最大值	9.0	687.0	476.7	71.0	2.8	27.7	11.6	11.2	172.6	162.0	3.6	-15.5	-114.9	8.9
(n = 2)	平均值	8.8	574.0	400.3	61.1	2.8	24.8	10.2	10.6	132.3	153.4	3.4	-15.7	-119.2	6.3
	标准偏差	0.3	159.8	108.0	13.9	0.1	4.0	2.1	0.8	57.0	12.1	0.3	0.3	6.0	3.8

续表

河流		pH	EC /(μS/cm)	TDS /(mg/L)	Ca²⁺ /(mg/L)	K⁺ /(mg/L)	Mg²⁺ /(mg/L)	Na⁺ /(mg/L)	Cl⁻ /(mg/L)	SO₄²⁻ /(mg/L)	HCO₃⁻ /(mg/L)	Si /(mg/L)	δ¹⁸O /‰	δ²H /‰	d/‰
锡尔河 (n = 5)	最小值	7.8	488.0	343.4	52.0	1.2	31.5	10.5	2.4	92.0	206.9	5.0	−11.0	−79.3	3.9
	最大值	8.4	2030.0	1408.3	201.7	7.5	84.8	177.0	107.3	756.7	273.8	9.7	−10.4	−69.3	14.5
	平均值	8.1	1505.6	1043.7	142.6	5.2	61.8	102.7	75.1	528.3	228.2	6.7	−10.7	−75.3	10.2
	标准偏差	0.2	611.1	420.8	59.9	2.5	19.5	60.0	41.8	266.3	26.8	1.8	0.2	3.8	4.2
泽拉夫尚河 (n = 4)	最小值	8.0	179.0	126.8	21.0	1.1	5.4	3.9	1.1	14.6	84.5	2.3	−11.8	−80.9	6.1
	最大值	8.5	402.0	282.8	55.7	1.6	20.2	9.7	2.9	53.8	224.7	5.9	−9.3	−66.3	17.8
	平均值	8.3	285.3	201.0	37.6	1.4	11.9	6.5	1.6	36.7	144.6	4.6	−10.6	−71.4	13.0
	标准偏差	0.2	91.2	63.8	14.2	0.2	6.3	2.4	0.8	19.7	60.2	1.6	1.0	6.5	5.0

　　根据水体中主要阴、阳离子的毫克当量百分比绘制成 Piper 三角图(Piper, 1944)，以评估河水的水化学特征和类型。在阳离子图中，大多数河流样品位于左下角，具有较高的 Ca^{2+} 浓度(> 50%)，表明 Ca^{2+} 在河水中的主导地位，而巴塘河样品中没有占优势的阳离子类型。在阴离子图中，大多数水样分布在左下角，其特点是 HCO_3^- 浓度高于 Cl^- 和 SO_4^{2-}。Piper 图中的中央菱形区域结果表明，碱土元素(Ca^{2+} 和 Mg^{2+})浓度高于碱性元素(Na^+ 和 K^+)，弱酸离子(HCO_3^-)高于强酸离子(Cl^- 和 SO_4^{2-})，分别占 97% 和 72.5%(图 3.34)。大多数河水水化学类型可以分为三种，以碳酸盐型为主(图 3.34)。约 71.7%的水样分布在 Ca-HCO_3 型，15.4%的水样分布在 Ca-Cl 型区，10.3%分布在 Ca-Mg-Cl 型，以及 2.6%的 Ca-Na-HCO_3 型。此外，每条河流都有一个样本属于 Ca-Cl 型，来自喷赤河、瓦赫什河和巴塘河的 4 个样品属于 Ca-Mg-Cl 型，而仅一个来自瓦赫什河的样本属于 Ca-Na-HCO_3 型(图 3.34)。

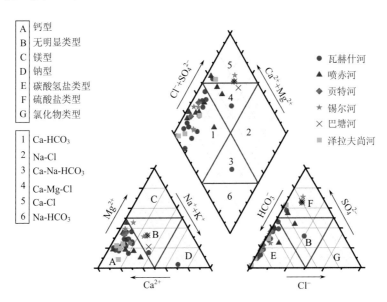

图 3.34　阿姆河-咸海上游地区河水水化学的 Piper 图

(二)地表水体稳定同位素空间分布

　　在阿姆河-咸海上游地区各地河水中，$\delta^{18}O$ 和 δ^2H 值差异很大。$\delta^{18}O$ 值范围为-17.1‰~-9.3‰，平均值为-12.8‰，而 δ^2H 值范围为-127.2‰~-66.1‰，平均值为-90.2‰(表 3.6)。河水中 $\delta^{18}O$ 值在塔吉克斯坦各河流间表现出明显的空间变化，其特点是阿姆河-咸海上游地区东部地区的 $\delta^{18}O$ 值比西部地区低[图 3.35(a)]。另外，瓦赫什河、锡尔河和泽拉夫山河的 $\delta^{18}O$ 和 δ^2H 值与其他河流相比有明显的差异。不同河流间，氢氧同位素均值最小的河水样出现在贡特河($\delta^{18}O = -16.3‰$，$\delta^2H = -124.1‰$)，而在泽拉夫尚河河水中观察到的 $\delta^{18}O$ 和 δ^2H 均值最偏正($\delta^{18}O = -10.6‰, \delta^2H = -71.4‰$)。河水的 d 值($d = \delta^2H - 8\delta^{18}O$)的变化范围为 2.9‰~21.6‰，平均值为 13.1‰(表 3.6)。在整个阿姆河-咸海上游地区，河水中的 d 值由西向东呈下降趋势[图 3.35(b)]。最高的 d 平均值出现在瓦赫什河

（17.7‰），与阿姆河-咸海上游地区其他河流相比有显著差异（$p < 0.001$，表 3.6）。

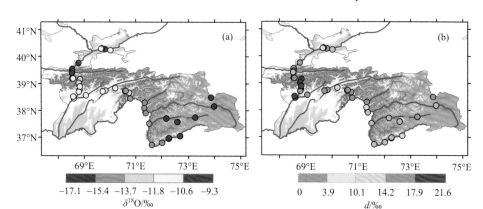

图 3.35　阿姆河-咸海上游地区河水中 $\delta^{18}O$(a) 和 d 值(b)的空间变化

（三）地表水环境的影响因素

河水的主要离子组成的自然控制机制可以利用 Gibbs 图中推断出来。Gibbs 图显示，大多数河水的 $Na^+/(Na^++Ca^{2+})$ 和 $Cl^-/(Cl^-+HCO_3^-)$ 值较低，TDS 的浓度适中，表明阿姆河-咸海上游地区各地河水水化学主要受岩石风化作用控制（图 3.36），与 Piper 图中显示的靠近 Ca^{2+} 和 HCO_3^- 端元的分布一致（图 3.34）。相比之下，锡尔河的三个样品的 $Na^+/(Na^++Ca^{2+})$ 和 $Cl^-/(Cl^-+HCO_3^-)$ 值相对较高，TDS 值较高，表明蒸发结晶作用是河流水化学的主要控制因素（图 3.36），与气候和水源有关（Chen et al., 2002）。

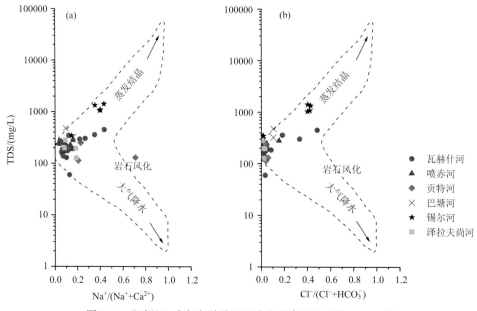

图 3.36　阿姆河-咸海上游地区河水主要离子组成的 Gibbs 图

Na 归一化摩尔比的混合图也通常被用于确定主要离子的来源，包括化学风化作用、硅酸岩风化作用和蒸发溶解作用(Pant et al., 2018；Qu et al., 2017)。阿姆河–咸海上游地区来自巴塘河、泽拉夫尚河和喷赤河的样品靠近碳酸岩端元(图 3.37)，表明受碳酸岩风化的主导作用。来自贡特河、瓦赫什河和锡尔河的部分样品则分布在碳酸岩和硅酸岩之间(图 3.37)，表明这些样品可能受卤化物和石膏/硫酸钙矿石环境影响。另外，河水中 Si 的平均浓度(4.0 mg/L)低于全球平均水平(7.63 mg/L)，表明水体的硅酸岩风化程度相对较低。

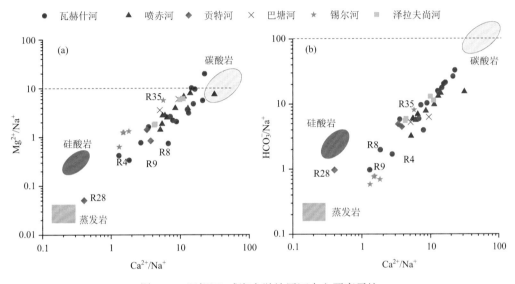

图 3.37　阿姆河–咸海上游地区河水主要离子比

河水和降水中 $\delta^{18}O$-δ^2H 相关性的线性回归结果分别为 $\delta^2H = 9.1\,\delta^{18}O + 27$ ($r = 0.975$，$n = 39$，$p < 0.001$) 和 $\delta^2H = 8.1\,\delta^{18}O + 13.9$ ($r = 0.985$，$n = 139$，$p < 0.001$)，分别被定义为河水线(RWL)和当地大气降水线(LMWL)[图 3.38(a)]。RWL 的斜率和截距明显高于 LMWL[图 3.38(a)]。阿姆河–咸海上游地区东部河水中 $\delta^{18}O$-δ^2H 的线性相关为 $\delta^2H = 7.9\,\delta^{18}O + 14.6$($r = 0.945$，$n = 28$，$p < 0.001$)，西部为 $\delta^2H = 7.7\,\delta^{18}O + 3.8$($r = 0.941$，$n = 11$，$p < 0.001$)。河水中相对较低的 $\delta^{18}O$ 和 δ^2H 值主要分布在高海拔地区，海拔与河水中 $\delta^{18}O$ 和 δ^2H 之间呈现出显著的负相关关系，其垂直递减率为 0.17 ‰/100m[$r = -0.775$，$p < 0.001$；图 3.38(b)]。

综上所述，阿姆河–咸海上游地区河水中同位素的空间变化与地理环境(如海拔和地形)和水补给(如降水和融水)有关(Timsic and Patterson, 2014; Wu et al., 2019)。$\delta^{18}O$ 值偏负的河水主要来自于阿姆河–咸海上游地区东部，分布在 $\delta^{18}O$-δ^2H 关系图的左下角[图 3.38(a)]。阿姆河–咸海上游东部地区海拔高且有大量的冰川，表明河水主要由雪/冰川融水供给(Breu et al., 2003)。同位素值与水化学成分之间的关系很弱，表明主要受水源影响 (Chen et al., 2012)。海拔是影响阿姆河–咸海上游地区河水 $\delta^{18}O$ 和 d 值空间变化的另一个重要因素,它们与垂直递减率呈显著的反比关系[图 3.38(b)]。Meier 等(2013)

也发现，贡特河的 $\delta^{18}O$ 受海拔的影响很大 $[\delta^{18}O/100\ \mathrm{m} = (-0.44 \pm 0.04)‰]$。阿姆河-咸海上游地区西部河水的 $\delta^{18}O\text{-}\delta^2H$ 相关性的斜率(7.9)略高于东部河水，这可能由于阿姆河-咸海上游地区东部气候干燥，来自融水和降水的河水受到蒸发作用的较大影响(Zhao et al., 2017)，从而导致阿姆河-咸海上游地区东部的河水中同位素富集，阿姆河-咸海上游地区东部的低 d 值也支持这一结论。

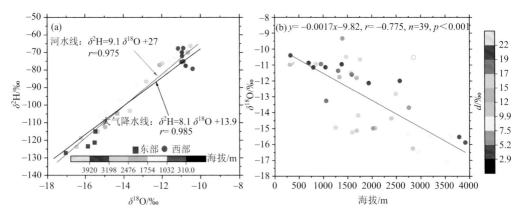

图 3.38　阿姆河-咸海上游地区河水中 $\delta^{18}O\text{-}\delta^2H$ 的相关性图以及 $\delta^{18}O$ 与海拔的线性回归关系

当地大气降水线(LMWL)是由邻近塔吉克斯坦的 GNIP 检测到的雨水氢氧同位素的月平均加权值计算而来

(四)地表水质量评价

灌溉用水的适宜性取决于水体中溶解的钠盐浓度(SAR)和钠吸收率(Na%)(Egbi et al., 2018；Wilcox，1948)。阿姆河-咸海上游地区河水的 Na% 的平均值为 $(14.8 \pm 12.5)\%$(表 3.7)，表明所有河流水体适宜灌溉。在空间上，贡特河和锡尔河的 Na% 平均值相对较高，可能与上游地区的人类活动(例如采矿)有关(范堡程等，2017)。Na% 值处于优良至可疑范围，其中 77.5%水样的水质被归为优，17.5%的水样为良好，5%的水样为可疑(表 3.7)。同样，阿姆河-咸海上游地区河水的 SAR 平均值为 (2.9 ± 3.9)，大

表 3.7　阿姆河-咸海上游地区不同河流水体灌溉适宜性

参数	阈值	分类	瓦赫什河	喷赤河	贡特河	巴塘河	锡尔河	泽拉夫尚河	样品数	百分比/%
	<20	优	12	10	2	2	1	4	31	77.5
	20~40	良	3	—	—	—	4	—	7	17.5
Na%	40~60	允许	—	—	—	—	—	—	—	—
	60~80	可疑	—	1	1	—	—	—	2	5
	>80	不宜	—	—	—	—	—	—	—	—
	<10	优	16	10	2	2	1	4	35	87.5
	10~18	良	—	—	1	—	4	—	5	12.5
SAR	18~26	相当	—	—	—	—	—	—	—	—
	>26	差	—	—	—	—	—	—	—	—

部分河水水质(85%)状况为优,这与 Na%的结果一致。贡特河和锡尔河的水样显示出较高的 SAR 值,分别为5.7和9.6,表明水质可能是影响未来农田生产力的一个原因(Nazeer,2014)。总体而言,阿姆河-咸海上游地区河水属于饮用水和灌溉用水的安全类别,但贡特河和锡尔河的一些样本除外,这些地区的河水在饮用和灌溉农田之前需要采取一定的措施。

第三节　阿姆河-咸海流域表层沉积物环境与风险评估

2011 年 10 月和 2019 年 8 月,采集地表水样的同时,也对阿姆河-咸海地区表层沉积物(0~5 cm)进行样品采集,采样地点选择了研究区具有代表性的不同土地类型,包括河湖表层沉积物、灌木丛、草地、城市、裸地和耕地,采样点具体位置见图 3.39。采集的样品主要进行了金属元素、POPs 及正构烷烃等地球化学指标分析。

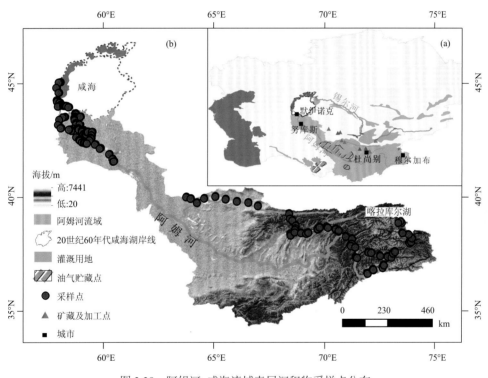

图 3.39　阿姆河-咸海流域表层沉积物采样点分布

一、表层沉积物金属元素分布特征

(一)表层沉积物金属元素含量分布

阿姆河-咸海地区表层沉积物中 13 种元素含量的统计见表 3.8。从表中可以看出,各种元素的平均含量范围很广,不同采样点之间差异很大,其中,Ca、Mg、Na、Cd、Zn、

Pb、Cu、Ni 和 Cr 的 CV 值超过 36%，为强变异。Ca[(68.00±32.84)mg/g]、Mg[(16.52±6.20)mg/g]、Na[(18.18±17.24)mg/g]、Cd[(0.36±0.30)mg/kg]、Zn[(68.73±29.12)mg/kg]和 Co[(10.40±3.30)mg/kg]的平均值超过了其相应的世界土壤背景值(BMVs)(CNEMC, 1990)；Al[(54.46±11.93)mg/g]、Ti[(2.89±0.88)mg/g]、Fe[(27.26±8.34) mg/g]、Pb[(18.61±8.71)mg/kg]、Cu[(23.78±15.76)mg/kg]、Ni[(28.37±19.19)mg/kg]和 Cr[(59.67±34.11)mg/kg]的平均值都在相应的背景值范围内，所有元素的最大值均超过相应背景值(CNEMC, 1990)。值得注意的是，研究区所有样品中的 Zn 含量均明显高于背景值。除 Co 外，所有重金属的平均含量(Cd、Zn、Pb、Cu、Ni 和 Cr)都超过了它们的中位值，表明在研究区存在重金属含量异常高的样品。

表 3.8　阿姆河-咸海地区表层沉积物中元素含量的统计

元素	最小值/(mg/g)	最大值/(mg/g)	平均值/(mg/g)	中位值/(mg/g)	SD/(mg/g)	CV/%
Ca	10.16	172.2	68.00	69.44	32.84	48.29
Mg	1.87	46.29	16.52	16.47	6.20	37.50
Na	5.24	175.3	18.18	14.39	17.24	94.86
Al	19.04	80.67	54.46	56.07	11.93	21.90
Ti	0.37	8.65	2.89	2.96	0.88	30.43
Fe	3.56	61.45	27.26	27.77	8.34	30.62
Cd	0.04	1.81	0.36	0.27	0.30	82.55
Zn	20.87	210.4	68.73	65.03	29.12	42.36
Pb	3.28	52.84	18.61	15.50	8.71	46.83
Cu	1.81	142.8	23.78	22.53	15.76	66.27
Ni	1.46	228.2	28.37	27.30	19.19	67.64
Cr	2.88	384.1	59.67	58.14	34.11	57.17
Co	2.40	22.56	10.40	10.62	3.30	31.77

利用空间分布图可以很好地确定表层沉积物中金属元素含量较高的位置，因此通常被用于探索金属元素污染来源以及提供人类活动影响的证据 (Adimalla et al., 2020)。元素归一化处理能够更好地了解沉积物中金属元素的地球化学特征和人为输入影响，消除沉积物粒度和矿物组成对金属水平的影响 (Zeng et al., 2014; Zhou et al., 2021)。Al 是细颗粒沉积物的主要化学成分之一的惰性元素，其迁移能力很小，且沉积物中 Al 的含量随粒度的减小而线性增加，因此被广泛用于沉积物中金属元素归一化的参考元素 (Zeng et al., 2014)。各金属元素通过 Al 归一化后的数据空间分布见图 3.40。由图看出，Ca、Mg 和 Na 的高归一化值主要出现在咸海湖岸附近，包括咸海和喀拉库尔湖[图 3.40(a)~(c)]，这些金属元素的化学性质比较活泼，容易发生絮凝并在河湖口处富集 (Prabakaran et al., 2019)。而 Fe、Ti 和 Co 相对均匀地分布在研究区，在下游平原地区以及山区的河岸和湖岸地区相对富集[图 3.40(d)~(f)]。Cu、Ni 和 Cr 的分布相似，除城市地区外，在农业灌溉区也相对富集，但在穆尔加布城市周围记录的数值较低。Cu、Ni 和 Cr 的高归一化值主要出现在农田附近[图 3.40(g)~(i)]。而 Cd、Zn 和 Pb 的高归一化

值主要出现在杜尚别市的工业排污口和道路附近[图 3.40(j)~(l)]。此外,穆尔加布和努库斯等城市也出现高的 Zn 和 Pb 归一化值[图 3.40(k)~(l)],这些地方受到交通废气排放等人类活动的显著影响(Zhan et al., 2020)。

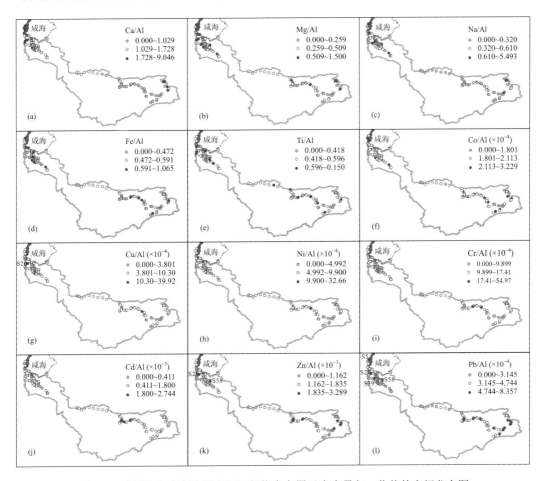

图 3.40　阿姆河-咸海地区表层沉积物中金属元素含量归一化值的空间分布图

(二)重金属元素的来源识别

　　为了解这些金属的来源是否一致,对阿姆河-咸海地区表层沉积物中的 13 种金属进行了相关性分析和聚类分析。如图 3.41 所示,这些金属被分为两组,且两组元素之间存在负相关或弱相关关系,表明其来源不同。第 1 组代表容易迁移的元素,包含 Ca、Mg 和 Na,其特点是具有活跃的化学行为,可以在风化的初始阶段从硅酸岩晶格中释放出来,然后随水流带走(Yang et al., 2021a)。在降水量稀少且受强烈蒸发作用影响的阿姆河下游地区和湖岸地区的沉积物中观察到 Ca、Mg 和 Na 的高富集。因此,第 1 组可能与沉积物中化学元素的迁移和絮凝以及干旱气候造成的强烈蒸发有关。第 2 组包含在地壳中非常稳定的元素(Al、Fe 和 Ti)和七种重金属(Co、Cr、Ni、Cu、Pb、Zn 和 Cd)。Al、Fe、

Co 和 Ti 相互之间有很强的相关性，其中 Fe-Co 的相关性最高($r = 0.94$，$p < 0.001$)，表明这些金属元素可能有相似的来源。此外，Cr 与 Ni 也有高度的相关性($r = 0.93$，$p < 0.001$)，表明它们可能有相同的来源。Zn 和 Pb 之间也有很强的正相关关系($r = 0.75$，$p < 0.001$)。Cu 与 Cr 和 Ni 以及 Cd 与 Pb 和 Zn 分别显示出中等程度的正相关关系，表明 Cu 与 Cr 和 Ni 的来源相似，Cd 与 Pb 和 Zn 的来源相似。在空间上，Cr、Ni、Cu、Pb、Zn 和 Cd 主要在城市和农业地区富集，可能受到人类活动的严重影响，而 Al、Ti、Co 和 Fe 在研究区均匀分布，可能为自然来源(Adimalla et al., 2020；Yang et al., 2021a)。

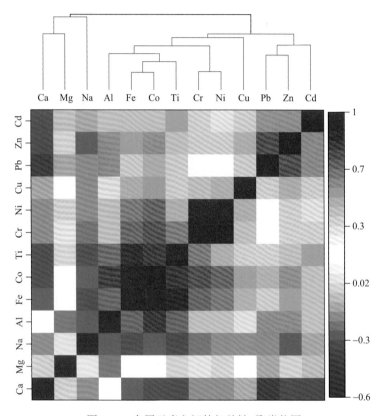

图 3.41 金属元素之间的相关性-聚类热图

为了进一步评估沉积物中金属元素的人为和自然来源，本书采用 PMF 模型对第 2 组中化学行为相对稳定的 10 种金属元素的来源和贡献进行了定量分析。将因子数分别设为 3、4、5，模型运行 20 次，寻找最小的、稳定的 Q 值。当因子数为 4 时，Q_{Robust} 和 Q_{True} 之间的差异最小，大部分残差在-3~3 之间，金属元素的观测值和预测值之间的拟合系数 r 为 0.85~0.99，表明结果是可靠的(Chai, 2021; Wang et al., 2021b)。通过 PMF 模型产生了 4 个因子，如图 3.42 所示。

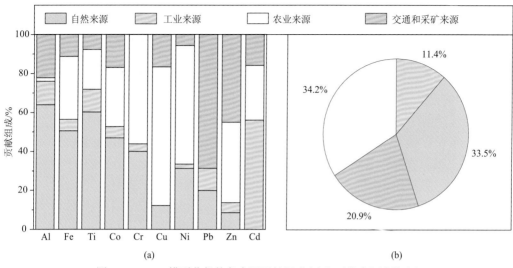

图 3.42　PMF 模型获得的各来源贡献组成(a)和平均来源占比(b)

在阿姆河-咸海地区表层沉积物中，因子 1(F1)占总来源贡献的 33.5%，其中 Al(64.0%)、Fe(50.5%)、Ti(60.3%)和 Co(46.9%)的相对贡献较大(图 3.42)。在大多数环境中，Al、Ti、Fe 和 Co 都相当稳定，很少发生迁移，这些金属元素主要与母岩或风化过程中二次富集有关(Taylor, 1964; Zhan et al., 2020; Yang et al., 2021a)。此外，在我们的研究中，Al、Ti、Fe 和 Co 也表现出较低的 CV 值和较均匀的空间分布，表明它们受人类活动干扰较小。因此，F1 被认为是与母岩相关的自然来源。因子 2(F2)占总来源贡献的 11.4%，Cd(56.1%)的载荷超过 50%。Cd 的变异系数最高(85.15%)，表明人为来源是 Cd 污染的主要贡献。前人的研究表明，Cd 可能主要来自电镀工业、化石燃料燃烧和石油加工等工业活动 (Gunawardena et al., 2014; Zhan et al., 2020)。在空间上，Cd 的高富集主要在杜尚别市的工业污水排放口、道路和河床沉积物发现。因此，F2 可以被确定为工业来源。因子 3(F3)占总贡献的 34.2%，主要是 Cu(71.2%)、Cr(56.2%)、Ni(60.9%)和 Zn(41.3%)。研究发现，农业区的 Cu 及其化合物与农业活动有关，通常被添加到农业杀虫剂中，并经常在牲畜粪便中发现(Luo et al., 2009)。另外，高含量的 Cr、Ni 和 Zn 主要来自于人为来源，如农业化肥和农药的使用(Chen et al., 2019)。在本书中，部分农田样品表现出 Cu 的高富集(图 3.40)。因此，F3 可以被认为是农业来源。因子 4(F4)占总贡献的 20.9%，Pb(68.7%)和 Zn(44.9%)是主要的负荷元素。有研究表明，汽车尾气在 Pb 富集方面发挥了主要作用(Chai et al., 2021)。而 Zn 在润滑油中充当抗氧化剂和洗涤剂，随着车辆部件的磨损，它被释放到环境中(Wang et al., 2020a)。它们的空间分布也证实，高浓度的 Pb 和 Zn 主要在城市和路边地区观察到(图 3.40)。此外，阿姆河流域拥有丰富的金属矿产资源，塔吉克斯坦的铅锌矿储量在中亚地区处于领先地位(Kodirov et al., 2018)。因此，F4 可以被认为是交通和采矿来源。

(三)重金属元素的区域地球化学基线建立

表层沉积物中元素的地球化学基线值(GBV)可以反映地表环境的变化，它们在管理环境污染方面发挥着关键作用(Magesh et al., 2021)。研究表明,阿姆河-咸海地区的人类活动可能使地表环境受到重金属和其他有毒物质的污染(Kodirov et al., 2018;Zhan et al., 2020)。因此,建立阿姆河-咸海地区表层沉积物中重金属的区域 GBV,对于区分研究区环境的地球化学影响和人为影响是至关重要的。累积频率曲线方法和归一化方法是确定沉积物中各种元素的区域 GBV 最常用的方法(Lepeltier, 1969;Jiang et al., 2021)。在累积频率曲线法中,通过绘制累积频率分布(CDF)曲线来确定每种重金属的 GBV,其中累积频率显示在 X 轴上,金属浓度或浓度的转换值显示在 Y 轴上(Lepeltier, 1969)。在绘制 CDF 曲线之前,先进行 Kolmogorov-Smirnov(K-S)检验以确认元素分布的正态性(Karim et al., 2015)。在 $p < 0.05$ 和 $R^2 > 0.9$ 的线性回归模型下确定 CDF 拐点,并排除异常值,直到剩余的数值符合这一标准(Wei and Wen, 2012)。拐点将图表分成前部(低浓度)和后部(高浓度)(图 3.43);前部被认为是地质来源,而后部被认为是人为来源或其他生物来源(Jiang et al., 2021)。最终,GBV 是通过对拐点前部的数据进行平均得到的。对于归一化方法,选择惰性元素 Al 作为归一化元素,以排除粒度的影响(Zeng et al., 2014)。首先在每种重金属和 Al 之间建立一个线性回归方程:

$$C_{HM} = aC_{Al} + b \qquad\qquad (3\text{-}1)$$

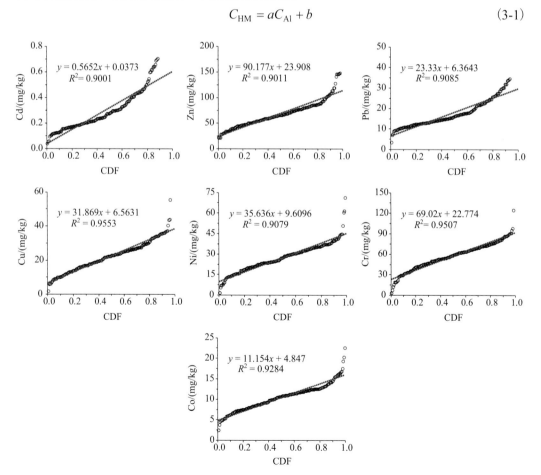

图 3.43　阿姆河-咸海地区地表沉积物中重金属的累积频率分布(CDF)曲线

式中，C_{HM} 和 C_{Al} 分别代表重金属(HM)和 Al 的含量；a 和 b 是回归常数。在公式(3-2)中，自然沉积物样品由落在 95%置信区间内的点来确定，而落在置信区间外的点则被认为反映了人为输入(Zhou et al., 2021)。因此，通过落在 95%置信区间内的数据点来计算 GBV，使用以下公式：

$$GBV_{HM} = c\overline{C}_{Al} + d \tag{3-2}$$

式中，$\overline{C}_{Al}$ 是样本中 Al 的平均含量；c 和 d 是 HM 和 Al 之间重新确定的回归常数。

本书同时采用 CDF 方法和归一化方法计算研究区域内表层沉积物中重金属元素的 GBV，并将两种方法计算的各重金属的 GBV 平均值作为最终确定的 GBV。图 3.43~图 3.45 分别绘制了 CDF 曲线以及 Al 和各重金属含量之间的关系。

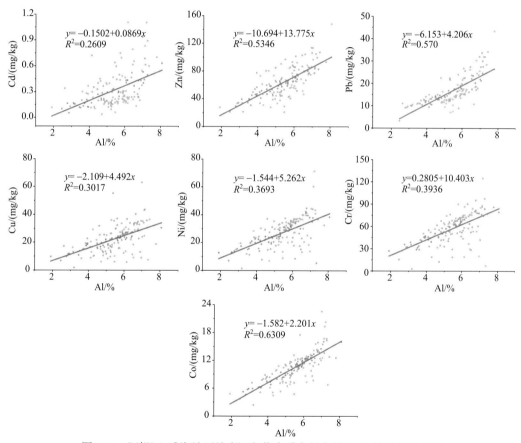

图 3.44　阿姆河-咸海地区地表沉积物中重金属含量和 Al 关系的散点图

样本数据点不包括图 3.40 所示的离群值(可能受人为活动影响的样本数据点)

总的来说，用 CDF 方法计算的重金属 GBV 结果与用归一化方法计算的结果相似(表 3.9)。阿姆河-咸海地区表层沉积物中 Cd、Zn、Pb、Cu、Ni、Cr 和 Co 的平均 GBV 分别为 0.27 mg/kg、58.9 mg/kg、14.6 mg/kg、20.3 mg/kg、25.8 mg/kg、53.4 mg/kg 和 9.80 mg/kg(表 3.9)。此外，确定的 Cd、Zn、Pb、Cu、Ni、Cr 和 Co 的 GBV 也与从里海、伊塞克湖和赛里木湖底层沉积物岩芯中获得的区域背景值相近，其标准偏差分别为 0.04 mg/kg、15.60 mg/kg、5.04 mg/kg、2.65 mg/kg、1.99 mg/kg、7.41 mg/kg 和 1.32 mg/kg。

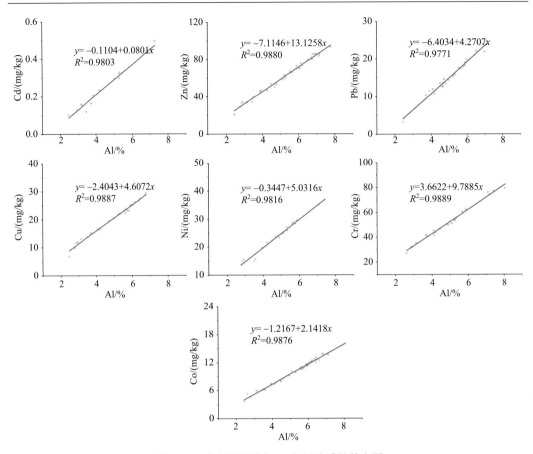

图 3.45　重金属含量和 Al 之间关系的散点图

图 3.44 中 95% 置信带以外的异常值被删除，剩余的数据点被用于确定 GBV

表 3.9　阿姆河-咸海地区确定的地球化学基线值和其他背景值　　　　（单位：mg/kg）

元素	M1[1]	M2[2]	Mave[3]	CS[4]	LS[5]	LIK[6]
Cd	0.22	0.32	0.27	—	0.19	0.29
Zn	59.63	58.17	58.9	41.6	65.9	79.3
Pb	13.73	15.48	14.6	11.8	15.2	23.7
Cu	19.20	21.39	20.3	14.3	19.5	17.5
Ni	23.83	27.85	25.8	27.4	—	22.6
Cr	50.02	56.68	53.4	53.0	37.9	44.7
Co	9.61	10.04	9.80	11.5	—	13.0

1. CDF 方法确定的 GBV；2. 归一化方法确定的 GBV；3. 两种方法确定的平均 GBV；4. 里海（De Mora et al., 2004）；5. 赛里木湖（Zeng et al., 2014）；6. 伊塞克湖（Wang et al., 2021a）。

（四）表层沉积物重金属污染和风险评价

基于已经确定的区域 GBV，对阿姆河-咸海地区表层沉积物中重金属的污染状况和生态风险进行评估。采用包括 PI、PLI、E_r^i 和 PERI 在内的污染指数来评价阿姆河-咸海地区表层沉积物中重金属的污染程度。评价阈值由相应的分类标准确定，见表2.10。结果显示，阿姆河-咸海地区表层沉积物中7种重金属的PI平均值为0~2，表明整个研究区总体上处于中等风险水平[图3.46(a)]。然而，对于部分样本点，选定的重金属的PI值超过了3，显示出相当甚至是高度污染的水平。在空间上，沉积物中的Cd、Zn和Pb污染主要发生在城市工厂附近或道路沿线，来自工业排放、汽车尾气和采矿活动(Kodirov et al., 2018；Wang et al., 2020a；Chai et al., 2021)。对于Cu、Ni和Cr，高度污染的沉积物在农业区，主要来自农业化肥和农药的大量使用(Luo et al., 2009；Chen et al., 2019)。阿姆河-咸海地区表层沉积物中重金属的平均E_r^i值低于40，表明研究区总体上处于低生态风险水平，但3.9%的样本E_r^i-Cd值高于80甚至160，为相当或高生态风险水平[图3.46(b)]。

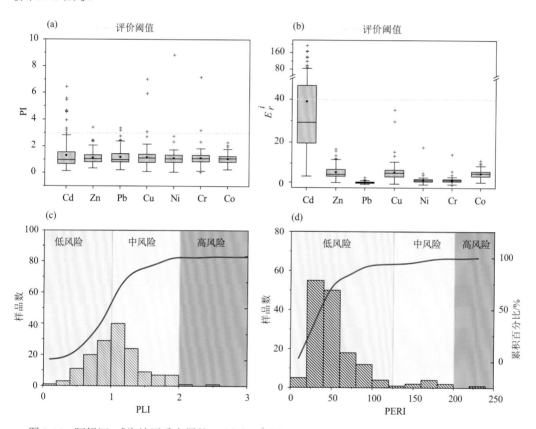

图3.46 阿姆河-咸海地区重金属的PI(a)和E_r^i(b)，以及PLI(c)和PERI(d)之和的累积百分比

同样，PLI值也表明阿姆河-咸海地区表层沉积物处于中污染风险水平，61.7%的样品有不同程度的污染 PLI > 1[图3.46(c)]。在这些样品中，2.6%(4个样品)的PLI值为2~5，被归为高污染风险水平，59.1%被归为中污染风险水平(1<PLI≤2)。总的来说，阿姆河流域中13个样品的PERI值为100~200，表明是中污染风险水平；1个样品记录的PERI值>200，显示为高污染风险水平；其余140个样品表现为低污染风险水平(PERI < 100)[图3.46(d)]。

根据各种指数，总体上，阿姆河-咸海地区表层沉积物被发现处于重金属的中度污染风险水平，并保持在低生态风险水平。相对严重的污染和高风险主要出现在城市和农业灌溉区附近，包括杜尚别市以及阿姆河下游的农田。这种情况的发生与这些地区的人类活动密集的特点是一致的，如采矿活动、工业排放、运输排放以及农业化肥和农药的使用(Skipperud et al., 2013；Zhan et al., 2020；Ramazanova et al., 2021)。因此，为了保护生态环境和经济发展，城市地区的工业废物和车辆排放应受到优先管理，农业地区的化肥和农药的使用应合理化。

二、表层沉积物正构烷烃及其污染源示踪

(一)阿姆河-咸海中下游沉积物正构烷烃特征与污染源示踪

阿姆河-咸海中下游表层沉积物中正构烷烃含量和组成见表 3.10。正构烷烃的碳数分布范围为 $n\text{-}C_{14}\sim n\text{-}C_{35}$，总含量(total n-alkane, T-ALKs)变化为 0.72~75.78 μg/g dw，平均含量为 5.54 μg/g dw。短链正构烷烃($n\text{-}C_{14}\sim n\text{-}C_{20}$)、中链正构烷烃($n\text{-}C_{21}\sim n\text{-}C_{25}$)、长链正构烷烃($n\text{-}C_{26}\sim n\text{-}C_{33}$)和超长链正构烷烃($> n\text{-}C_{33}$)的含量分别为 0.07~1.31μg/g dw、0.14~5.45 μg/g dw、0.18~70.63 μg/g dw 和 0.00~0.33 μg/g dw。除了咸海湖岸区的部分表层沉积物样品中短链正构烷烃含量相对较高外，大多数表层沉积物中的正构烷烃都以长链组分为主。长链正构烷烃的最高含量主要出现在城市污水和农业废水排放口附近，中链正构烷烃的最高含量也主要出现在这些地区，而短链正构烷烃的高含量则出现在湖岸地区。另外，在大约60%的样品中观察到超长链正构烷烃组分。此外，表层沉积物中未解决的复杂混合物(UCM)含量的变化范围为 0.00~403.7 μg/g dw，约83%的样品在脂肪族组分色谱图中出现了连续的包络物。阿姆河三角洲和泽拉夫尚河地区表层沉积物 T-ALKs 的变化范围分别为 0.72~75.78 μg/g dw 和 0.99~3.05 μg/g dw，平均含量分别为 6.19 μg/g dw 和 2.27 μg/g dw，三角洲地区正构烷烃含量明显高于泽拉夫尚河地区，中、长链组分和 UCM 也表现出三角洲相对高的趋势，短链组分的最高值也出现在三角洲地区。另有研究得出，阿姆河上游山区表层沉积物中 T-ALKs 的平均值约为 2.2 μg/g dw (Zhan et al., 2020)，由此可以看出，阿姆河流域表层沉积物中正构烷烃含量从上游到下游呈现出逐渐增加的趋势，除了受到自然输入影响外，还可能与人类活动的输入有关(Wang et al., 2018)。

表 3.10　阿姆河-咸海中下游表层沉积物中正构烷烃含量和组成　　(单位：μg/g dw)

变量	阿姆河-咸海中下游			阿姆河三角洲			泽拉夫尚河地区		
	最大值	最小值	平均值	最大值	最小值	平均值	最大值	最小值	平均值
$n\text{-}C_{14}$	0.026	0.000	0.001	0.026	0.000	0.001	0.018	0.000	0.005
$n\text{-}C_{15}$	0.142	0.000	0.012	0.142	0.000	0.011	0.034	0.000	0.015
$n\text{-}C_{16}$	0.308	0.000	0.108	0.308	0.000	0.104	0.261	0.035	0.122
$n\text{-}C_{17}$	0.296	0.000	0.050	0.296	0.000	0.052	0.069	0.025	0.042
$n\text{-}C_{18}$	0.536	0.014	0.158	0.536	0.014	0.158	0.286	0.047	0.157

续表

变量	阿姆河-咸海中下游			阿姆河三角洲			泽拉夫尚河地区		
	最大值	最小值	平均值	最大值	最小值	平均值	最大值	最小值	平均值
$n\text{-}C_{19}$	0.165	0.012	0.042	0.165	0.012	0.041	0.055	0.030	0.042
$n\text{-}C_{20}$	0.317	0.028	0.130	0.317	0.028	0.129	0.221	0.059	0.134
$n\text{-}C_{21}$	0.312	0.017	0.055	0.312	0.017	0.056	0.060	0.040	0.048
$n\text{-}C_{22}$	0.335	0.036	0.110	0.335	0.036	0.111	0.152	0.076	0.103
$n\text{-}C_{23}$	0.714	0.022	0.091	0.714	0.022	0.099	0.071	0.032	0.046
$n\text{-}C_{24}$	0.496	0.018	0.080	0.496	0.018	0.085	0.089	0.033	0.054
$n\text{-}C_{25}$	3.648	0.020	0.258	3.648	0.020	0.294	0.143	0.025	0.070
$n\text{-}C_{26}$	1.127	0.015	0.098	1.127	0.015	0.105	0.132	0.024	0.054
$n\text{-}C_{27}$	15.574	0.044	0.893	15.574	0.044	1.026	0.362	0.059	0.223
$n\text{-}C_{28}$	1.825	0.000	0.145	1.825	0.000	0.159	0.147	0.033	0.069
$n\text{-}C_{29}$	22.790	0.062	1.527	22.790	0.062	1.746	0.616	0.101	0.426
$n\text{-}C_{30}$	1.850	0.000	0.125	1.850	0.000	0.138	0.132	0.026	0.056
$n\text{-}C_{31}$	25.407	0.023	1.422	25.407	0.023	1.619	0.731	0.091	0.419
$n\text{-}C_{32}$	0.624	0.000	0.061	0.624	0.000	0.065	0.099	0.012	0.041
$n\text{-}C_{33}$	1.432	0.000	0.155	1.432	0.000	0.164	0.191	0.020	0.115
$n\text{-}C_{34}$	0.171	0.000	0.015	0.171	0.000	0.014	0.067	0.000	0.018
$n\text{-}C_{35}$	0.160	0.000	0.015	0.160	0.000	0.016	0.030	0.000	0.010
短链	1.31	0.07	0.50	1.31	0.07	0.50	0.92	0.21	0.52
中链	5.45	0.14	0.59	5.45	0.13	0.65	0.42	0.24	0.32
长链	70.63	0.18	4.42	70.63	0.18	5.02	1.94	0.37	1.40
超长链	0.33	0.00	0.03	0.33	0.00	0.03	0.10	0.00	0.03
T-ALKs	75.78	0.72	5.54	75.78	0.72	6.19	3.05	0.99	2.27
UCM	403.7	0.00	21.59	403.67	0.00	23.12	17.34	10.77	13.78

　　阿姆河-咸海中下游表层沉积物中正构烷烃表现出 4 种不同的分布模式(图 3.47)。第一种和第二种分布模式均为是单峰型分布特征,以长链正构烷烃为主,奇碳优势明显,主峰碳分别为 $n\text{-}C_{31}$[图 3.47(a)]和 $n\text{-}C_{29}$[图 3.47(b)],表明长链组分可能主要来自高等植物蜡的输入(Meyers, 2003; Peaple et al., 2021)。另外,沉积物中的中、长链正构烷烃也可能来自于沉积岩和人为来源的输入(Perrone et al., 2014; Li et al., 2020b)。第一种分布模式的样品主要出现在植被良好的灌丛或耕地上,而第二种分布模式则广泛分布于研究区。第三种分布模式呈现双峰型分布特征, $n\text{-}C_{14} \sim n\text{-}C_{22}$ 表现出明显的偶碳优势,而长链组分表现出奇碳优势,前主峰碳是 $n\text{-}C_{18}$,后主峰碳为 $n\text{-}C_{29}$[图 3.47(c)、(d)],该分布模式的样品主要出现在咸海的湖岸地区。一些非光合作用的细菌、藻类、真菌和酵母菌可以产生偶数碳数的正构烷烃,主要由缺氧环境中的脂肪酸还原反应或藻类残留物的分解产生(Simoneit, 1977; Grimalt and Albaiges, 1987)。另外,表层沉积物中偶数碳的短链正构烷烃也可能来自于石油碳氢化合物和古代碳氢化合物的输入(Lichtfouse et al., 1997; Rosell-Mele et al., 2018)。第四种分布模式是短、中、长链组分没有明显的奇偶优势且

UCM 含量较高[图 3.47(e)、(f)]，这种分布模式出现在少数样品中，这些样品大多分布在湖岸附近的排放口。受石油污染的沉积物，其正构烷烃组分通常没有明显奇偶优势，且色谱图显示出 UCM（Meyers, 2003; Li et al., 2020a）。

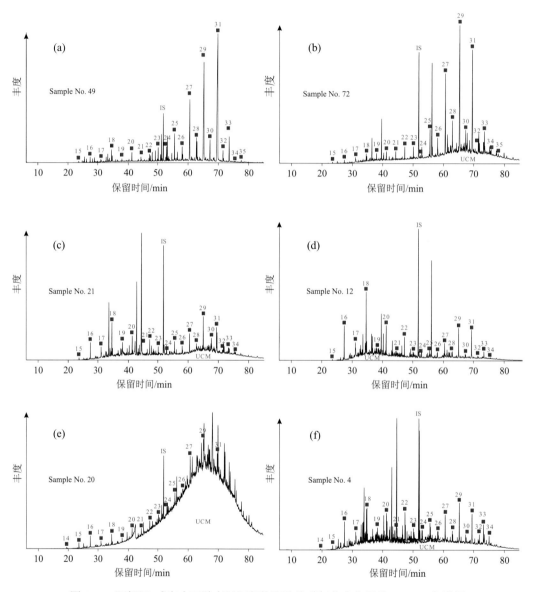

图 3.47　阿姆河-咸海中下游表层沉积物脂肪族碳氢化合物组分 GC/MS 色谱图

数字代表正构烷烃的碳链数；UCM 为未解决的复杂混合物，IS 代表内标

为了更好地区分沉积物中正构烷烃的直接生物来源和石油相关来源，选择了 NAR 和 CPI 指标来进行分析。高 CPI 值(> 3)通常表示主要来自于高等植物，而低 CPI 值(低于或接近 1)被认为来自石油污染或微生物的加工(Duan et al., 2019; Li et al., 2020a)。当 NAR 值接近 1 时被认为是以直接生物输入为主，而接近 0 时被认为可能与石油相关的碳

氢化合物输入有关（Akhbarizadeh et al., 2016; Wang et al., 2018）。另外，UCM 也可以提供有关环境样品是否受到石油相关碳氢化合物影响的良好证据（Ahmed et al., 1998; Meyers, 2003），当 UCM/T-ALKs 比值高时通常表明有石油污染，而比值低则表明样品中有机质降解程度较低或新有机质输入（Tolosa et al., 2004; Duan et al., 2019）。

图 3.48 和表 3.11 分别展示了阿姆河三角洲和泽拉夫尚地区的 UCM/T-ALKs、NAR、CPIL 和 CPIH 指标的分布特征。其中，阿姆河三角洲地区 UCM/T-ALKs 比值变化范围

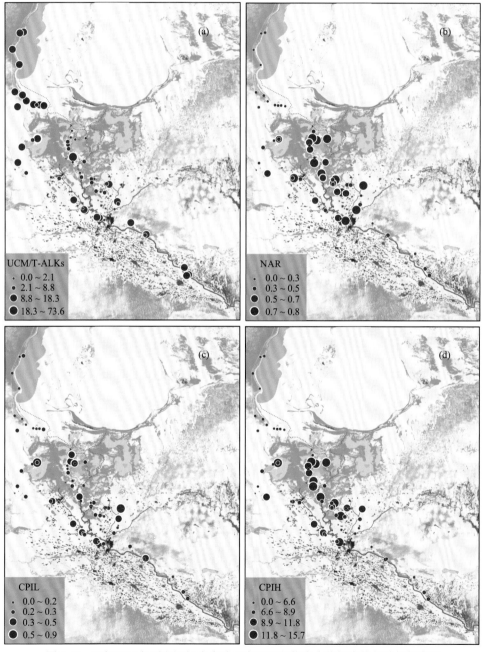

图 3.48　阿姆河三角洲和泽拉夫尚地区表层沉积物中生物标志物相关指标变化

为 0~73.6，高值主要出现在咸海湖岸地区以及努库斯市和农业灌溉区的污水排放口 [图 3.48(a)]，可能受到石油烃的影响(Tolosa et al., 2004; Duan et al., 2019)。NAR 值接近 0 的样品也大部分来自咸海湖岸地区[图 3.48(b)]，表明来自石油相关碳氢化合物的输入(Wang et al., 2018)。CPIL 和 CPIH 的变化范围分别为 0.13~0.88 和 1.91~15.7，所有样品的短链正构烷烃显示出明显的偶数碳偏好，CPIL 小于 1[图 3.48(c)]，而几乎所有样品的 CPIH 都大于 3，平均值为 8.28[图 3.48(d)]。值得注意的是，低的 CPIL 和 CPIH 值主要在咸海湖岸地区观察到，与低 NAR 和高 UCM/T-ALKs 值的分布一致(图 3.48)。综合各指标，表明该地区很可能受到了石油碳氢化合物输入的影响(Ahmed et al., 1998; Rosell-Mele et al., 2018)。泽拉夫尚河地区 UCM/T-ALKs、NAR、CPIL 和 CPIH 值的变化范围分别为 4.10~16.32、0.09~0.60、0.18~0.48 和 2.90~9.39，平均值分别为 6.87、0.40、0.27 和 6.35，样品间的差异较小。所有样品中均检测到 UCM，且 NAR 和 CPIL 也偏低，该地区位于查尔朱油气开发区附近，可能是在油气地质背景下，碳氢化合物通过持续的向上渗出而进入表层环境中造成的(聂明龙等, 2013; Nie et al., 2020)。

表 3.11 泽拉夫尚河地区表层沉积物中生物标志物相关指标变化

样品编号	UCM/T-ALKs	NAR	CPIL	CPIH
79	16.32	0.09	0.32	3.11
80	5.62	0.37	0.19	6.82
81	5.45	0.49	0.25	7.11
82	4.10	0.36	0.48	2.90
83	7.24	0.40	0.26	7.14
84	6.16	0.52	0.29	5.71
85	4.71	0.47	0.21	8.57
86	7.78	0.27	0.18	6.37
87	4.47	0.60	0.22	9.39

为了便于探讨研究区表层沉积物中正构烷烃输入的影响因素，了解样品间的关系，并将具有相似来源的样品聚集在一起,本书对阿姆河三角洲地区样品进行层次聚类分析。基于不同碳链数的正构烷烃含量，运用平均连接法(组间)的层次聚类，得到三个具有统计学意义类别[图 3.49(a)]。聚类 1 包含 32 个样点，样品号为 4、6~8、10~12、14~16、18、20~23、25、35、37、40、44、47、48、51、54、56、63、66、68、69、76、78。聚类 2 包含 22 个样点，样品号为 14、17、24、27~30、34、36、42、43、50、52、55、57、60~62、64、65、72、73。聚类 3 包含 7 个样点，样品号为 32、38、45、49、53、58、70。从空间上看，聚类 1 中的大多数样点位于咸海湖岸附近以及村庄、发电站、考古遗址和纺织厂附近；聚类 2 的样点分布在整个三角洲地区；聚类 3 的样点主要分布在城市和农业污染排水口附近[图 3.49(b)]。

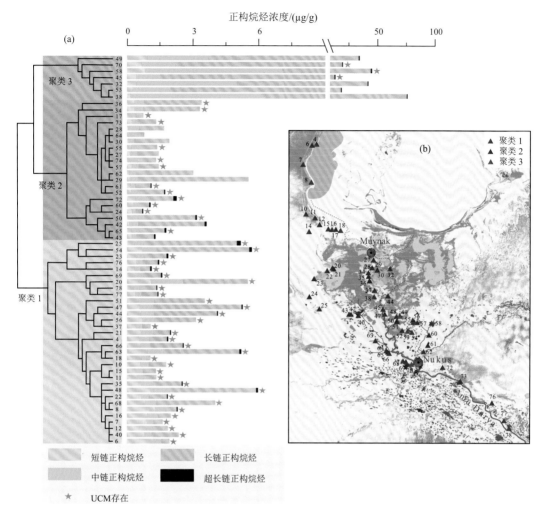

图 3.49　层次聚类树状图及样品正构烷烃含量组成(a)和三类样品空间分布(b)

图(a)中五角星标记代表样品检测出 UCM

三类样品中正构烷烃丰度、组成和分布模式表现出很大差异(图 3.48 和图 3.49)。聚类 1 正构烷烃的平均 T-ALKs(2.68 μg/g dw)相对较低,但短链正构烷烃的含量和相对丰度为三类最高(图 3.50),正构烷烃主要呈第三种[图 3.47(d)]和第四种这两种分布模式[图 3.47(e)、(f)],这两种分布模式都显示出短链正构烷烃高的相对丰度。并且,在聚类 1 所有样品中都观察到石油相关化合物,即 UCM 的存在[图 3.49(a)]。阿姆河流域是世界上著名的大型油盆之一,有 300 多个油气田,在咸海湖岸附近也分布着多个油气田(Ulmishek, 2004)。有研究表明,阿姆河流域原油中的正构烷烃主要来自以中、短链组分为主的上侏罗统海相源岩(Nie et al., 2020)。另外也有研究表明,高盐度和碳酸盐环境有利于沉积物中微生物作用产生偶数短链正构烷烃,尤其是湖岸和河口地区(Tissot et al., 1977)。因此,聚类 1 中的正构烷烃除了直接的生物输入外,还可能受到石油碳氢化合物和高盐环境的影响,表现出短链正构烷烃的高丰度(图 3.50),以及低 CPIL、CPIH、NAR

值和高 UCM/T-ALKs（图 3.48）。聚类 2 样品的短、中、长链以及总正构烷烃的平均含量最低［图 3.50（d）］，正构烷烃呈第二种分布模式，即以 n-C_{29} 为主峰碳的单峰分布［图 3.50（b）］，且以奇数长链正构烷烃为主，表明该类样品中的正构烷烃主要为自然生物输入。聚类 3 正构烷烃呈第一种分布模式，即以 n-C_{31} 为主峰碳的单峰分布［图 3.47（a）］，其平均中、长链和总正构烷烃含量远高于其他两类［图 3.50（d）］。中、长链组分含量分别是聚类 2 的 10 倍和 21 倍。在空间上，聚类 3 主要来自城市和农业污水排放口附近［图 3.49（b）］。已经研究发现，某些城市排放物、工农业废水以及汽车尾气颗粒中含有丰富的中、长链正构烷烃（Ou et al., 2004; Karanasiou et al., 2007; Perrone et al., 2014），因此聚类 3 也可能受到人为来源的影响。

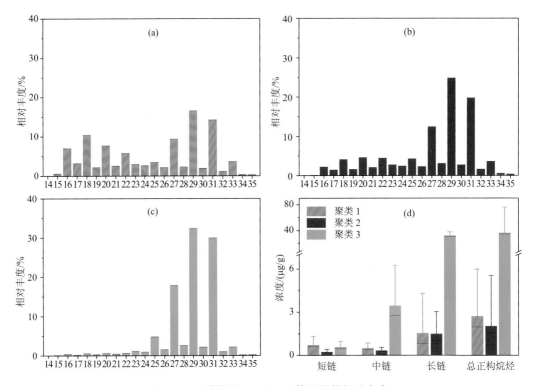

图 3.50　三类样品 C_{14}~C_{35} 正构烷烃的相对丰度
(a) 聚类 1；(b) 聚类 2；(c) 聚类 3；(d) 不同正构烷烃组分含量

　　三类沉积物样品对应的金属富集因子（EF）见图 3.51。聚类 1 样品 EF-V 和 EF-Ni 的平均值在三类样品中最高，而聚类 3 样品 EF-Cd、EF-Zn 和 EF-Cu 的平均值最高，聚类 2 样品重金属 EF 值最低［图 3.51（f）］。来自聚类 1 中的样品 6、8、10、11、20、23、47 和聚类 3 中的样品 32、38、58、70 中金属元素 Cd 为显著污染［图 3.51（a）］。在前面金属元素来源分析中得出，沉积物中 Cd 可能主要来源于化石原料燃烧，包括汽车尾气排放。前人研究也发现，原油中也含有丰富的 Ni 和 V 以及其他金属元素，未完全燃烧的化石原料可导致沉积物中 Ni 和 Cd 污染（Guzman and Jarvis, 1996; Zhan et al., 2020; Wu et al., 2022）。在空间上，聚类 1 中受到 Cd 显著污染的样品与石油和天然气矿产资源分布一致,可能受到了石油残留物输入的影响,正构烷烃表现为高丰度的短链组分和 UCM,以及低 CPIL 和 CPIH 值。聚类 3 中样品基本为中度生态风险水平(PERI > 100),与区域内的人类活动有关,可能受到人为来源输入的较强影响,表现为高丰度的中、长链和总正构烷烃含量。金属元素评价和正烷烃相关指标的结合能很好地指示流域人类活动对沉积物环境的不同影响。

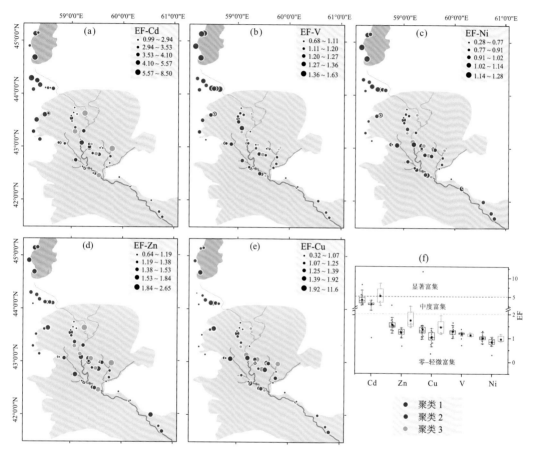

图 3.51　三类样品金属元素的 EF 值空间分布图和箱线图
(a)Cd；(b)V；(c)Ni；(d)Zn；(e)Cu；(f)箱线图

(二)阿姆河-咸海上游沉积物正构烷烃特征与污染源示踪

阿姆河-咸海上游表层沉积物样品采样点分布见图 3.52,阿姆河-咸海上游表层沉积物中正构烷烃含量的范围为 0.2~35.7 μg/g dw,平均值为 2.2 μg/g dw。通过沉积物中不同碳链长度正构烷烃浓度将样品中进行聚类,分成三类(图 3.53)。聚类 I：1 个样品,样品编号为 23,来自 Murghab(穆尔加布)市；聚类 II：8 个样品,样品编号为 1、5、12、14、18、22、29 和 30 号,来自加油站、石油化工厂和其他工业厂房附近的城市区域；聚类 III：28 个样品,分布于整个研究区域。

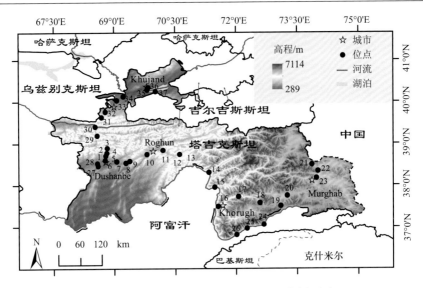

图 3.52　阿姆河-咸海上游表层沉积物采样点分布

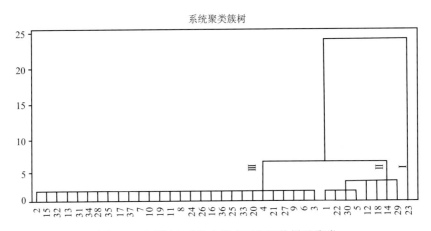

图 3.53　阿姆河-咸海上游表层沉积物样品聚类

　　阿姆河-咸海上游表层沉积物中正构烷烃碳链的分布模式有三种(图 3.54)。其中,第一种分布模式呈双峰分布[图 3.54(a)],主峰碳为 $n\text{-}C_{18}$ 和 $n\text{-}C_{31}$,只包含来自穆尔加布的城市表层沉积物,即来自聚类Ⅰ。第二种分布模式以 $n\text{-}C_{31}$ 为主峰碳的单峰分布,中短链组分没有奇偶优势[图 3.54(b)],样品主要来自加油站、石油化工厂、热电厂和其他工业厂房附近的城市区域,即主要来自聚类Ⅱ。第三种分布模式以 $n\text{-}C_{31}$ 和 $n\text{-}C_{33}$ 为主峰碳的单峰分布[图 3.54(c)],包含来自几种不同类型地区的样本,包括山区、耕地和荒地,采样点分布在研究区域内,来自聚类Ⅲ。第一种和第二种分布模式的采样点位于矿物资源(煤、石油和天然气)加工的地区(陈超等,2012)。正构烷烃组成、分布及生物标志物指数表明,聚类Ⅰ和聚类Ⅱ可能受到原油或未完全燃烧的化石燃料的污染,聚类Ⅲ中正构烷烃主要来自高等植物蜡。

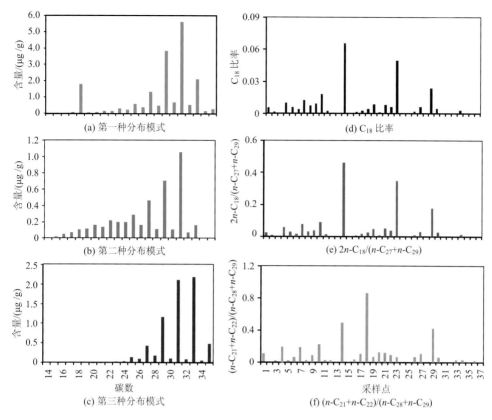

图 3.54 正构烷烃的丰度和分布模式以及正构烷烃指数

生物标志物指数，包括 C_{18} 比率（C_{18}/T-ALKs）、$2n$-C_{18}/（n-C_{27}+n-C_{29}）和（n-C_{21}+n-C_{22}）/（n-C_{28}+n-C_{29}），已被用于确定石油源（包括柴油、汽油及其不完全燃烧产物）和生物源对环境介质中正烷烃的相对贡献（Colombo et al., 1989；张枝焕等，2005）。研究发现，n-C_{18} 是石油烃的代表，中等分子量的正构烷烃（如 n-C_{21} 和 n-C_{22}）在石油烃中比较常见，但 n-C_{27}、n-C_{29} 和 n-C_{31} 主要来自高等植物蜡（Antoni et al., 2018；Colombo et al., 1989；张枝焕等，2005）。因此，高 n-C_{18} 和中等分子量的正构烷烃含量表明来自石油的正构烷烃贡献很大（Antoni et al., 2018；Lichtfouse et al., 1997）。样品 14、23 和 29 的 C_{18} 比率和 $2n$-C_{18}/（n-C_{27}+n-C_{29}）值相对较高［图 3.54（d）、（e）］，样品 14、18 和 29 的（n-C_{21}+n-C_{22}）/（n-C_{28}+n-C_{29}）值相对较高［图 3.54（f）］，表明石油来源在这些样品中贡献了相对大比例的正构烷烃。

根据重金属污染样品的空间分布发现，受 Cd 污染的样品来自聚类 I 和聚类 II（图 3.55），这些样品可能被石油或其他化石燃料的不完全燃烧产物所污染（图 3.53 和图 3.54）。之前已经有研究发现，原油中富含 Cd，燃烧产物将 Cd 转移到土壤中（Olivares-Rieumont et al., 2005；熊春晖等，2016）。因此，这一结果表明，Cd 的来源与正构烷烃碳数分布和生物标志物指数包括 C_{18} 比率、$2n$-C_{18}/（n-C_{27}+n-C_{29}）和（n-C_{21}+n-C_{22}）/（n-C_{28}+n-C_{29}）密切相关，这些指数都表明其污染物来源为原油污染。

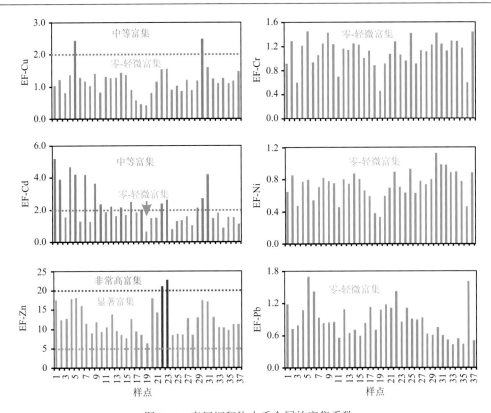

图 3.55　表层沉积物中重金属的富集系数

总的来说，来自加油站和工业厂房附近城市地区的样品(聚类 I 和聚类 II，包括样点 1、5、12、14、18、22、23、29 和 30)的正构烷烃的丰度、奇偶碳链长度模式和分布受到原油或化石燃料不完全燃烧的影响。根据生物标志物指数，包括 C_{18} 比率、$2n\text{-}C_{18}/(n\text{-}C_{27}+n\text{-}C_{29})$ 和 $(n\text{-}C_{21}+n\text{-}C_{22})/(n\text{-}C_{28}+n\text{-}C_{29})$，石油来源对样品 14、18、23 和 29 的贡献相对较高，而其他样品主要来自高等植物蜡。有趣的是，被 Cd 污染的样品主要来自聚类 I 和聚类 II 的样品，这些样品可能被石油或其他化石燃料的不完全燃烧产物所污染。Cd 污染的来源似乎与正构烷烃的丰度、分布模式和生物标志物指数密切相关，因此，通过结合 Cd 污染评价与正构烷烃相关指数可能指示原油污染。

三、表层沉积物中 POPs 污染特征

(一)表层沉积物 PAHs 含量、来源及风险评估

1. 表层沉积物中 PAHs 含量分布

对咸海流域表层沉积物 107 个样品中 POPs 含量进行了分析，采样点及其编号见图 3.56。由表 3.12 可以看出，16 种优控 PAHs 在咸海流域(ASB) 107 个表层沉积物样品中均有检出(检出率 65.4%~100%)，其中有 2 个显著的异常点(U20 和 U21)，位于咸海周边的渔船和道路附近，PAHs 数值分别为 15015.31 ng/g dw 和 15235.15 ng/g dw，前期

研究表明，这两个样点的重金属含量也很高，且正构烷烃表现出原油污染特征。其他105个样点的PAHs数值范围13.10~393.69 ng/g dw，平均值86.19 ng/g dw，变异系数(CV)为72.11%(表3.12)。2个显著异常点PAHs数值约是其他样点均值的180倍，因此在后面的分析中将这2个异常点做单独讨论。在空间上，不统计2个异常点，阿姆河-咸海中下游地区(UASB)的PAHs总含量范围13.10~393.69 ng/g dw(平均90.88 ng/g dw)，仍然显著高于阿姆河-咸海上游地区(TASB)的 PAHs 总含量(17.2~257.9 ng/g dw，平均66.3 ng/g dw)(表3.12)。

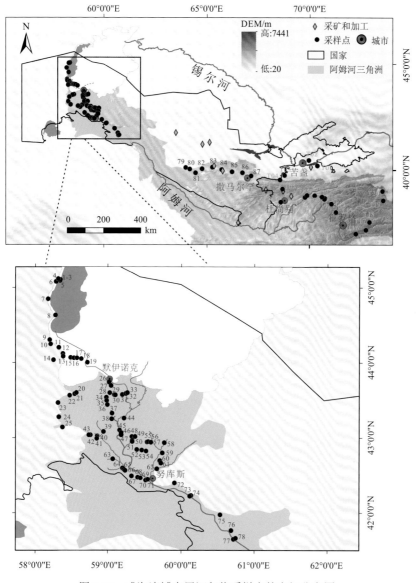

图3.56　咸海流域表层沉积物采样点的空间分布图

阿姆河-咸海中下游(UASB)样品统一编号为U01~U87，阿姆河-咸海上游(TASB)样品编号为T01~T20

表 3.12　咸海流域表层沉积物 PAHs 化合物含量

化合物	ASB 范围/(ng/g dw)	ASB 均值/(ng/g dw)	ASB SD/(ng/g dw)	ASB CV/%	U20/(ng/g dw)	U21/(ng/g dw)	检出率/%	UASB 范围/(ng/g dw)	UASB 均值/(ng/g dw)	UASB SD/(ng/g dw)	UASB CV/%	TASB 范围/(ng/g dw)	TASB 均值/(ng/g dw)	TASB SD/(ng/g dw)	TASB CV/%
Nap	0.11~90.36	16.18	12.01	74.23	95.87	65.00	100	2.74~90.36	18.79	11.56	61.49	0.11~25.85	5.1	6.2	123
Acy	ND~20.94	1.50	2.50	167.12	17.84	171.25	92.5	ND~20.94	1.13	2.38	209.96	1.24~10.9	3.1	2.5	81
Ace	ND~8.40	0.89	1.03	115.11	41.87	48.97	96.3	0.04~8.40	0.91	0.98	107.88	ND~4.92	0.8	1.2	150
Flu	0.32~50.62	7.04	6.55	93.01	155.63	186.13	100	0.32~50.62	7.51	7.06	94.08	1.00~11.91	5.1	3.0	59
Phe	1.32~113.84	23.18	14.81	63.89	3127	5103	100	1.32~113.84	23.46	15.50	66.06	9.00~44.29	22.0	11.7	53
Ant	0.29~11.93	1.53	1.56	102.03	663	1311	100	0.29~11.93	1.46	1.60	109.51	0.50~6.60	1.8	1.4	76
Flt	0.26~53.09	7.17	8.37	116.65	11279	15281	100	0.72~53.09	8.76	8.56	97.70	0.26~1.24	0.4	0.3	60
Pyr	0.25~45.36	7.43	8.65	116.47	8731	9732	100	1.11~45.36	8.05	8.58	106.49	0.25~31.24	4.8	8.7	182
BaA	ND~16.91	2.07	2.83	136.88	5634	5606	81.3	0.21~16.91	2.54	2.96	116.25	ND~1.24	0.1	0.3	447
Chr	0.11~24.90	2.54	3.57	140.25	6807	5053	100	0.16~24.90	3.03	3.80	125.34	0.11~1.42	0.5	0.3	64
BbF	0.35~110.53	6.08	13.20	217.00	8038	5001	100	0.35~32.10	3.93	5.18	131.90	0.47~110.5	15.2	26.9	177
BkF	0.07~31.14	2.03	4.21	207.57	3349	3040	100	0.23~14.95	1.43	2.16	151.19	0.07~31.14	4.6	8.3	180
BaP	0.02~40.80	2.52	5.03	200.05	5926	5346	100	0.26~40.80	2.80	5.47	195.13	0.02~7.54	1.3	2.1	165
DahA	0.05~30.03	1.13	3.14	278.47	694	580	100	0.43~30.03	1.05	3.22	306.42	0.05~9.81	1.5	2.9	196
BghiP	ND~30.69	3.32	4.87	146.65	5225	4174	98.1	ND~30.69	4.07	5.14	126.16	0.06~0.46	0.1	0.1	79
InP	ND~16.29	1.57	2.67	170.44	278	242	65.4	ND~16.29	1.94	2.85	147.11	ND	—	—	—
LMW PAHs	5.84~278.19	50.32	33.44	66.46	4101	6886	100	5.84~278.19	53.26	35.44	66.53	12.7~70.67	37.82	19.16	51
HMW PAHs	1.90~261.63	35.87	41.49	115.68	55960	54055	100	7.26~261.63	37.62	40.01	106.37	1.9~191.6	28.43	47.67	168
PAHs	13.10~393.69	86.19	62.15	72.11	15015.31	15235.15	100	13.10~393.69	90.88	62.46	68.72	17.2~257.9	66.3	58.2	88

注：表格中 U20 和 U21 为 2 个位于咸海周边的显著异常点，2 个点单独讨论，其他数值未统计 2 个异常点；ND 代表未检测出或低于检测限。

就不同环数的 PAHs 化合物而言，低分子量多环芳烃化合物(LMW PAHs)的含量不论在 UASB 还是 TASB，总体上皆高于高分子量多环芳烃化合物(HMW PAHs)(表 3.12)。LMW PAHs 中 2 环 PAHs 在 UASB 和 TASB 的含量分别为 2.74~90.36 ng/g dw[平均(18.79±11.56)ng/g dw]和 0.11~25.85 ng/g dw[平均(5.1±6.2)ng/g dw]；3 环 PAHs 在 UASB 和 TASB 的含量分别为 2.13~72.63 ng/g dw[平均(34.47±25.31)ng/g dw]和 12.25~64.06 ng/g dw[平均(32.76±16.96)ng/g dw](图 3.57)。在 HMW PAHs 中 4 环 PAHs 的含量的相对较高，在 UASB 和 TASB 的含量分别为 3.78~139.46 ng/g dw[平均(22.39±21.76) ng/g dw]和 0.95~32.59ng/g dw[平均(5.72±8.92) ng/g dw]；5 环和 6 环 PAHs 的含量则相对较低，在 UASB 只有 1.28~75.19 ng/g dw[平均(9.21±12.28)ng/g dw]和 0.00~46.98 ng/g dw[平均(6.01±7.52)ng/g dw]，在 TASB 只有 0.68~158.56[平均(22.57±39.51)ng/g dw]和 0.06~0.46 ng/g dw[平均(0.13±0.11) ng/g dw](图 3.57)。咸海流域 PAHs 的组分不同区域的差异较为明显，其中，UASB 地区 2 环、4 环和 6 环 PAHs 含量显著高于 TASB，而 3 环和 5 环 PAHs 含量前者低于后者。UASB 区域以 2 环、3 环以及 4 环 PAHs 占主导。UASB 区域 2 环、3 环和 4 环 PAHs 分别占 20.95%~22.95%(平均 20.68%)、16.29%~47.71%(平均 37.93%)和 28.89%~35.42%(平均 24.64%)；而 TASB 区域大多数样点以 3 环 PAHs 为主，部分样点则以 5 环 PAHs 占主导，3 环和 5 环 PAHs 分别占 15.47%~94.20%(平均 62.02%)和 1.45%~73.68%(平均 22.21%)(图 3.57)。因此，阿姆河湖流域的 PAHs 在不同区域来源有所差别。

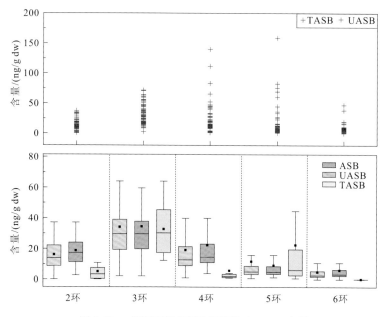

图 3.57　咸海河流域表层沉积物中 PAHs 含量

2. 表层沉积物中 PAHs 来源解析

PAHs 的来源主要有自然源和人为源。自然源包括森林火灾、火山喷发、生物合成等过程；而人为源主要包括生物质的不完全燃烧、化石燃料的燃烧或石油泄漏等。根据污染源不同，PAHs 的生成条件和机理也不尽相同，各组分间的比例也有一定的差别。根据咸海流域表层沉积物中 PAHs 组成的三角百分比图，研究区 PAHs 以 2+3 环为主，占总 PAHs 的 16%~95%；4 环占总 PAHs 的 2%~49%；而 5+6 环只占总 PAHs 的 2%~74%（图 3.58）。UASB 和 TASB 在三角百分比图中分布区别明显，前者以 2~3 环为主，部分样品中 4 环含量较高；后者除低环（2+3 环）为主外，部分沉积物中高环（5+6 环）含量也较高。

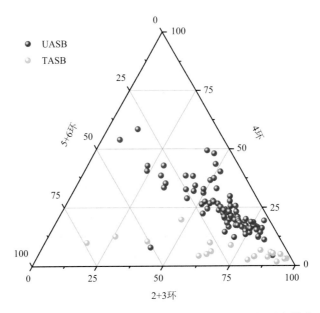

图 3.58　咸海流域表层沉积物中 PAHs 组成的三角百分比图（单位：%）

　　目前，在 PAHs 污染源的分析中，已有大量化合物的比值参数被使用，常见的有 Ant/(Ant+Phe)、Flt/(Flt+Pyr)、InP/(InP+BghiP) 和 BaP/BghiP 等。Ant/(Ant+Phe) 的值常被用来区分燃烧源与未被热解的石油源，当 Ant/(Ant+Phe) < 0.1 则表明 PAHs 主要来源于未被热解的石油源如原油泄漏或者成岩过程，而当 Ant/(Ant+Phe) > 0.1 时则意味着 PAHs 的来源以燃烧源为主（Bucheli et al., 2004）。Flt/(Flt+Pyr) 的值亦常被用于区分未被热解的石油源、燃烧的石油源和不完全燃烧的煤与木材，当 Flt/(Flt+Pyr) < 0.4 时表明 PAHs 主要来源于未被热解的石油源，当 Flt/(Flt+Pyr) 为 0.4~0.5 则意味着来自于工业煤炭的燃烧或者高温热解的汽油柴油等，而当 Flt/(Flt+Pyr) > 0.5 时则主要来自于家庭用煤与木材的不完全燃烧（Bortey-Sam et al., 2014）。InP/(InP+BghiP) 的值判断与 Flt/(Flt+Pyr) 类似，只是比值分水岭在 <0.2（未被热解的石油源），0.2~0.5（工业煤炭的燃烧或者高温热解的汽油柴油）与 >0.5（不完全燃烧的煤与木材）之间。BaP/BghiP 的值则可以用来判别 PAHs 的交通源（> 0.6）和非交通源（< 0.6）（Yunker et al., 2002）。

　　利用 PAHs 同分异构体比值如 Ant/(Ant+Phe)、Flt/(Flt+Pyr)、InP/(InP+BghiP) 和 BaP/BghiP 可以大致对咸海流域两个地区的 PAHs 来源进行初步分析。从图 3.59 可以看出，TASB 的 Ant/(Ant+Phe) 值基本都<0.1，BaP/BghiP 值大部分>0.6，伴随着 Flt/(Flt+Pyr)
全部<0.4 和 InP/(InP+BghiP) 值全部<0.2，说明该地区 PAHs 主要来自于未热解石油源和
交通源释放，受非交通源的一定影响。而 UASB 的 PAHs 同分异构体比值基本在每个区
域均有分布，表明该区域的来源较为复杂，包括未被热解的石油源、石油燃烧以及煤炭
木材燃烧的混合源，少部分点位还与交通源有关。

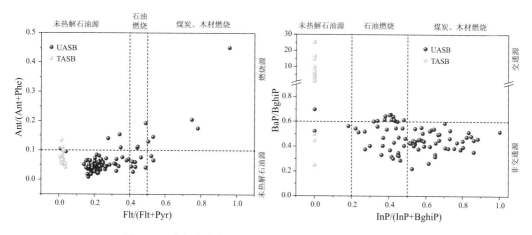

图 3.59　咸海流域表层沉积物中 PAHs 的同分异构体比值

同分异构体比值只能初步定性地分析出研究区 PAHs 的主要来源，为了进一步明确
表层沉积物中 PAHs 来源的驱动因子，并且相对定量出每个驱动因子对 PAHs 来源的贡
献量，则需要采用正定矩阵因子分解受体模型(PMF 模型)分别对 UASB 和 TASB 表层沉
积物中 PAHs 的来源进行深入分析。

将 UASB 的 87 个表层沉积物样品的 16 种单体 PAHs 和 TASB 的 20 个表层沉积物样
品的 14 种单体 PAHs 的数据集分别引入 PMF 5.0 模型，塔吉克斯坦地区 BaA 仅在个别
样点检测出，InP 在各样点均未检测出，未引入 PMF 模型。引入的单体 PAHs 的信噪比
均大于 3，因此都定义为 Strong，直接代入模型进行计算。控制因子数在 3~7 之间，对
输入模型的 PAHs 含量和不确定数据进行 20 次因子迭代运算，在 robust 模式下运行，结
果取 Q_E 收敛拟合的最小值。当因子数为 4 时，UASB 和 TASB PAHs 的 Q_{Robust} 和 Q_{True}
之间的差异均最小，一般来说，Q 值越接近理论值，说明拟合结果越准确(Hopke, 2003)。
此外，在分析随机数和旋转相关的误差时，使用 BS 误差估计、DISP 和 BS-DISP。结果
显示因子数为 4 的解是稳定的，不存在旋转互换，这表明 PMF 模型是可靠的(Norris et al.,
2014)。通过 PFM 模型分别得出 UASB 和 TASB 两个地区表层沉积物中 PAHs 的 4 个来
源因子。

UASB 表层沉积物中 PAHs 含量的 PMF 模型共提取 4 个来源因子(图 3.60)。其中，
因子 1 在 Ant(49.6%)、Flt(48.4%)、Pyr(49.2%) 和 BaA(53.1%) 上有较重载荷，它们是
煤燃烧释放的典型产物(Kannan et al., 2005)。因此，因子 1 被认为是煤炭燃烧释放产生
的 PAHs，占贡献率的 28.5%。因子 2 在 LMW PAHs 如 Nap(82.8%)、Ace(73.7%)、
Flu(81.2) 和 Phe(67.3%) 上有高的载荷，它们主要由未热解的石油源和原煤产生，含有高

含量 LMW PAHs 的样点主要位于靠近咸海的阿姆河三角洲下部(近湖三角洲),距离油气储藏点较近,故而因子 2 指代的是未热解的石油源。因子 3 主要在 HMW PAHs 如 Chr(49.2%)、BbF(49.5%)、BkF(57.8%)、BaP(56.9%)、BghiP(61.3%)、InP(86.7%)有较重载荷。一般来说,工业煤炭的燃烧或者交通源的汽车尾气排放导致高温热解的汽油和柴油往往会带来高分子量 PAHs (Viguri et al., 2002)。其中, BghiP 和 BaP 是汽油尾气污染的示踪剂,而 BkF 和 BbF 是柴油机排放的废气示踪剂(Ravindra et al., 2006),这些化合物大部分是交通源汽油和柴油燃烧释放的典型物质。因此,因子 3 指代的是汽油和柴油燃烧释放的 PAHs,它占 PAHs 来源总贡献率的 32.9%。Acy(86.1%)在因子 4 中表现出高载荷,它是木材等生物质不完全燃烧的示踪剂,且高含量 Acy 的样本主要采集于灌丛表层土壤,因此,因子 4 被认为是生物质燃烧释放的 PAHs,占总贡献率的 9.8%。总的来说,非交通源(包括生物质燃烧、煤炭燃烧和未热解的石油源)是 UASB 地区 PAHs 来源的主要贡献者,占总贡献的 67.1%。

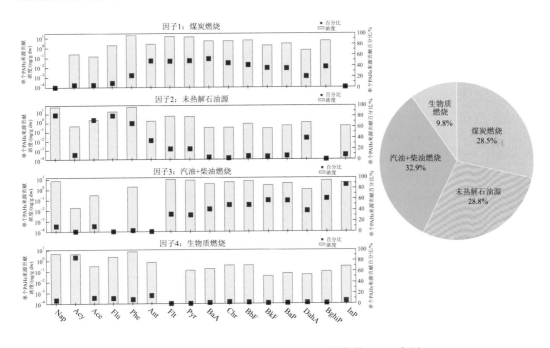

图 3.60　PMF 模型解析 UASB 表层沉积物的 PAHs 来源

与 UASB 区域相同,TASB 表层沉积物中 PAHs 含量的 PMF 模型也提取了 4 个来源因子(图 3.61)。因子 1 在 LMW PAHs 如 Ace(76.8%)有重度载荷,在 Acy、Flu、Phe 和 Ant 上有较高载荷,前人研究表明,Ace 是煤炭燃烧的主要产物,而 Acy、Flu、Phe 和 Ant 也部分来源于煤炭燃烧的释放,因此,因子 1 被认为是煤炭燃烧的释放的 PAHs,占总贡献率的 19.4%。因子 2 主要在 HMW PAHs 包括 Pyr(78.6%)、BbF(83.0%)、BkF(83.5%)、BaP(78.3%)、DahA(82.7%)和 BghiP(41.2%),这些化合物大部分是交通源释放的典型物质,如前所述,BaP、DahA 和 BghiP 是汽车尾气和汽油燃烧的示踪剂。因此,因子 2 指代的是汽油燃烧释放的 PAHs,占总贡献率的 36.8%。因子 3 在 Nap(75.2%)

有重度载荷，该化合物是原油源的 PAHs 的标志物，因此，该因子表示 PAHs 的未热解石油源。因子 4 则主要在高分子量 PAHs 有较重载荷，主要包括 Flt、Chr 和 BghiP，可能指向柴油燃烧释放带来的 PAHs，占总贡献率的 29.4%。总的来说，交通源石油燃烧（包括汽油和柴油燃烧）以及煤炭燃烧是 TASB 区域 PAHs 来源的主要贡献者，两者分别占总贡献率的 66.2% 和 19.5%（图 3.61）。

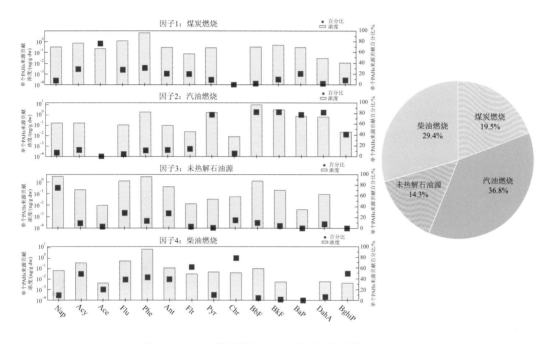

图 3.61　PMF 模型解析 TASB 表层沉积物的 PAHs 来源

　　PAHs 含量高的样点除了位于塔吉克斯坦西部人口较多的城市杜尚别和苦盏外，个别样点也位于东部和东南部地区。高海拔的东部和东南部地区人口稀疏，而较高的 PAHs 可能是周边污染源排放的 PAHs 随大气迁移、沉降造成的，这意味着表层沉积物中多环芳烃的负荷主要反映了当地来源和周边中亚国家外来源的综合影响。通常情况下，混合物中挥发性较强的成分主要在高海拔地区的样点中含量相对高，而挥发性低成分的比例在高海拔样点中下降（Daly and Wania, 2005）。课题组前期对该区有机氯农药研究发现，有机氯农药的含量分布表现出对海拔的依赖性（Zhao et al., 2013）。然而，本书中 PAHs 和海拔之间的相关分析显示两者没有显著的相关性（$p > 0.05$），进一步证明了塔吉克斯坦表层沉积物中 PAHs 受本地源和大气沉积的混合来源影响（Zhao et al., 2017）。

3. 表层沉积物中 PAHs 生态风险评估

　　目前公认的致癌 PAHs 主要包括 Chr、BbF、BkF、BaP、DahA 和 BghiP，占咸海流域表层沉积物中总 PAHs 的 4.5%~68.1%（平均值 20.45%）。在 UASB，样点 U20 和 U21 的致癌风险远高于其他样点，样点 U19、U26、U39、U58、U67 和 U74 也有较高的风险，而样点 U32 的致癌风险最低。在 TASB，样点 T20 的致癌风险最高，其次为样点 T04 和

T12，样点 T05 的致癌风险最低。致癌 PAHs 同系物的比例与总 PAHs 含量之间存在显著相关性（$r=0.981$，$p<0.01$），表明咸海流域表层沉积物中 PAHs 存在潜在风险。Maliszewska-Kordybach 和 Smreczak（1996）根据美国环境保护署（USEPA）的 16 种优控污染物将土壤中 PAHs 的污染水平分为 4 类，即未污染（200 ng/g dw）、轻度污染（200~600 ng/g dw）、污染（600~1000 ng/g dw）和严重污染（> 1000 ng/g dw）。根据该分类，UASB 表层沉积物中样点 U39、U58、U67 的 PAHs 含量处于 200~600 ng/g dw，受到轻度污染；样点 U20、U21、U39、U58 和 U67 的 PAHs 含量大于 1000 ng/g dw，处于严重污染等级水平。根据保护居住区环境健康的加拿大土壤指南（CCME，2010），UASB 表层沉积物中除 U67 中 Phe 的含量超过农药土壤推荐安全值(100 ng/g dw)，其他样点中的 PAHs 单体含量均低于 CCME 关于农业土壤的建议指南。而特殊样点 U20 和 U21 的 Ant 和 DahA 超过了农业土壤推荐安全值，Phe、Flt、Pyr、BaA、Chr、BbF、BkF、BaP 和 BghiP 含量不仅超过了农业土壤推荐安全值，还超过了住宅/公园、商业和工业土壤的推荐安全值（600 ng/g dw）。塔吉克斯坦 20 个表层沉积物中 16 种优控污染物的检测含量均远低于 CCME 对农业土壤的推荐安全值，因此也低于其他类型土壤的推荐安全值。

根据 USEPA（1997,1998）确定的有机污染物生态风险效应区间值，分为潜在生态风险效应阈值(threshold effect levels for potential ecological effects, TEL)和有害生态风险基准值(probable effect levels for adverse ecological effect, PEL)。当污染物含量低于 TEL，则发生生态风险的可能性低，对暴露生物负效应几乎可以忽略；当污染物含量介于 TEL 与 PEL 之间，对暴露生物偶尔会产生负影响；而当污染物含量高于 PEL，则生态风险发生概率高，对生物体经常产生负效应，产生的风险较大。运用 TEL/PEL 法对咸海流域表层沉积物中的 PAHs 含量进行生态风险评估，其中有 11 种 PAHs 化合物被 USEPA 记载有其生态风险效应区间值，分别为 Nap、Acy、Flu、Phe、Ant、Flt、Pyr、BaA、Chr、BaP 和 DahA。如图 3.62 所示，咸海流域大多数表层沉积物单个 PAHs 化合物中 Nap、Acy、Flu、Phe、Ant、DahA、Flt、Pyr、BaA、Chr 和 BaP 含量低于其对应的 TEL，表明这些化合物发生生态风险的概率较低，其中，沉积物中 Phe 含量高于其对应的 TEL 的样点相对较多，表明研究区该化合物发生生态风险的概率相对较高。除 Acy、Flu 和 Nap 外，表层沉积物中其他化合物均有样点高于 PEL，主要发生在样点 U20 和 U21，表明这两个样点发生生态风险概率高，对生物体经常产生负效应，产生的风险较大。

如表 3.13 所示，咸海流域表层沉积物中 Acy、Flu 和 Nap 的 TEC HQ 范围分别为 0.00~7.29、0.02~2.39 和 0.00~2.61，PEC HQ 范围为 0.00~0.33、0.01~0.35 和 0.00~0.23，所有样点处于低生态风险水平；Phe、Ant、Flt、Chr、BaP 和 DahA 的 TEC HQ 范围分别为 0.03~30.45、0.01~6.99、0.00~34.42、0.00~29.80、0.00~46.44 和 0.01~27.90，PEC HQ 范围分别为 0.01~2.48、0.00~1.34、0.00~1.62、0.00~1.97、0.00~1.89 和 0.00~1.29，部分样点处于中风险水平；Pyr 和 BaA 的 TEC HQ 范围分别为 0.00~45.91 和 0.00~44.43，PEC HQ 范围分别为 0.00~2.78 和 0.00~3.66，部分样点处于高风险水平，达到中高风险水平的样点全部来自 UASB，包括样点 U20 和 U21，表明 UASB 表层沉积物中 PAHs 的生态风险水平较高。

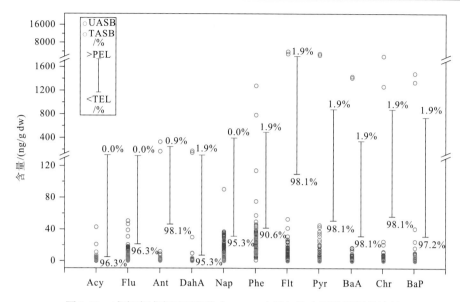

图 3.62 咸海流域表层沉积物中 PAHs 含量与生态风险区间值比较

表 3.13 PAHs 在咸海流域的生态风险评估

化合物	TEC HQ	PEC HQ	<TEL	>PEL
Nap	0.00~2.61	0.00~0.23	95.3%	0.0%
Acy	0.00~7.29	0.00~0.33	96.3%	0.0%
Flu	0.02~2.39	0.01~0.35	96.3%	0.0%
Phe	0.03~30.45	0.01~2.48	90.6%	1.9%
Ant	0.01~6.99	0.00~1.34	98.1%	0.9%
Flt	0.00~34.42	0.00~1.62	98.1%	1.9%
Pyr	0.00~45.91	0.00~2.78	98.1%	1.9%
BaA	0.00~44.43	0.00~3.66	98.1%	1.9%
Chr	0.00~29.80	0.00~1.97	98.1%	1.9%
BaP	0.00~46.44	0.00~1.89	97.2%	1.9%
DahA	0.01~27.90	0.00~1.29	95.3%	1.9%

另外，本书参照荷兰土壤质量标准中规定的 10 种 PAHs（Nap、Phe、Ant、Flt、BaA、Chr、BkF、BaP、InP、BghiP）治理和评价指标，采用 BaP 的毒性当量浓度（TEQ_{BaP}）对 UASB 表层沉积物中 PAHs 进一步进行了生态风险评价，其计算公式为：$TEQ_{BaP} = \sum$ 组分 i 的浓度×组分 i 的毒性当量因子。低环 PAHs 通常具有急性毒性，而高环 PAHs（包括 BaA、Chr、BkF、BbF、BaP、InP、DahA）则具有致癌性，所以对研究区域表层土壤中 PAHs 的风险分析具有重要意义。将研究区内样品的浓度及毒性因子代入上式，计算出 UASB 表层沉积物中各样点的总体风险水平（表 3.14）。

表 3.14　UASB 表层沉积物中 PAHs 毒性当量

PAHs	荷兰土壤质量/ （μg/kg）	毒性当量因子 TEF	毒性当量范围/ （μg/kg）	毒性当量均值 /（μg/kg）	超标率/ %
Nap	15	0.001	0.11~0.36	0.08	98
Acy	—	0.001	0~0.83	0.004	—
Ace	—	0.001	0~0.03	0.004	—
Flu	—	0.001	0.001~0.2	0.03	—
Phe	50	0.001	0.005~0.45	0.10	86
Ant	50	0.01	0.01~0.47	0.06	0
Flt	25	0.001	0.003~0.21	0.03	43
Pyr	—	0.001	0.04~0.18	0.03	—
BaA	20	0.1	0.08~6.76	1.02	8.6
Chr	20	0.01	0~0.99	0.12	16
BbF	—	0.1	0.14~12.8	1.59	—
BkF	25	0.1	0.09~5.98	0.59	5.3
BaP	25	1	1.05~163	11.1	8.6
DahA	—	1	1.71~120	4.18	—
BghiP	20	0.01	0~1.23	0.16	20
InP	25	0.1	0~6.52	0.83	6.4
∑7PAHs	—	—	3.44~166	19.3	—
∑16PAHs	—	—	3.71~168	20.0	—

荷兰土壤标准中涉及的 10 种 PAHs 的总 TEQ_{BaP} 为 $0.27 \sim 1.08 \times 10^3$ μg/kg，平均值 103 μg/kg，根据荷兰土壤管理条例的规定，10 种 PAHs 的 TEQ_{BaP} 的目标值为 33.0 μg/kg。经计算，UASB 表层沉积物中荷兰标准土壤要求的 10 种 PAHs 的 TEQ_{BaP} 值为 $1.82 \sim 165.53$ μg/kg，均值为 14.12 μg/kg，共有 8 个点位值超标，占总样品点位的 8.6%，超标主要由于强致癌物质 BaP 的贡献。UASB 表层沉积物中 Nap 的超标率最高为 98%，其次是 Phe 和 Flt，超标率分别为 86% 和 43%，同时具有致癌性的高环 PAHs 中 BaA、Chr、BkF、BaP 和 InP 超标率分别为 8.6%、16%、5.3%、8.6% 和 6.4%，10 种物质中只有 Ant 没有超标。7 种致癌物质的 TEQ_{BaP} 为 $3.44 \sim 166$ μg/kg，均值为 19.3 μg/kg，占∑16PAHs TEQ_{BaP} 的 95% 以上，表明 7 种致癌物质是∑16PAHs TEQ_{BaP} 的主要贡献者，反映了该地区土壤受到一定程度的 PAHs 污染，应予以重视。

（二）表层沉积物 OCPs 含量、来源及风险评估

1. 表层沉积物中 OCPs 含量分布

咸海流域 107 个表层沉积物样品中共检测出 20 种 OCPs 化合物，各单体化合物的检出率范围为 15.9%~100%（表 3.15），主要包括五类 OCPs 化合物：DDTs（包括 p,p'-DDE、p,p'-DDD 和 p,p'-DDT）、HCHs（包括 α-HCH、β-HCH、γ-HCH 和 δ-HCH）、Chlors（包括 Heptachlor 简写 HEPT、Heptachlor epoxide 简写 HEPX、γ-Chlor、α-Chlor

表 3.15 咸海流域表层沉积物 OCPs 化合物含量

化合物	ASB							UASB				TASB			
	范围/(ng/g dw)	均值/(ng/g dw)	SD/(ng/g dw)	CV/%	U20/(ng/g dw)	U21/(ng/g dw)	检出率/%	范围/(ng/g dw)	均值/(ng/g dw)	SD/(ng/g dw)	CV/%	范围/(ng/g dw)	均值/(ng/g dw)	SD/(ng/g dw)	CV/%
p,p'-DDE	ND~79.95	3.37	11.72	348	1.58	ND	98.1	ND~79.95	3.92	12.97	331	0.06~3.83	1.01	1.18	117
p,p'-DDD	ND~7.76	0.67	1.46	219	3.37	2.30	72.9	ND~7.76	0.78	1.59	203	ND~1.99	0.18	0.50	273
p,p'-DDT	ND~25.23	1.15	2.78	242	5.90	2.91	86.0	ND~25.23	1.41	3.03	215	ND~0.12	0.02	0.04	185
α-HCH	ND~21.99	1.22	2.77	227	0.80	0.96	96.3	ND~21.99	1.14	2.65	233	0.15~14.03	1.56	3.26	209
β-HCH	ND~102.94	13.12	18.86	144	11.46	48.36	96.3	ND~102.00	14.12	17.88	127	0.30~102.9	8.84	22.59	255
γ-HCH	ND~62.05	10.35	13.37	129	ND	ND	92.5	ND~62.05	12.69	13.86	109	0.07~0.99	0.44	0.26	59
δ-HCH	ND~14.44	1.74	3.05	176	ND	ND	51.4	ND~6.82	0.51	1.00	196	2.70~14.44	6.93	3.38	49
HEPT	ND~107.21	3.55	14.99	423	ND	ND	25.2	ND~45.57	0.89	5.21	586	0.34~107.2	14.8	30.71	207
HEPX	ND~21.72	1.72	3.68	214	1.84	34.69	76.6	ND~1.98	0.25	0.28	113	2.56~21.72	8.00	4.77	60
α-Chlor	ND~1.72	0.11	0.27	236	ND	ND	73.8	ND~0.53	0.04	0.10	243	0.09~2.70	1.16	0.68	58
γ-Chlor	ND~2.70	0.35	0.51	145	0.18	ND	33.6	ND~0.72	0.16	0.16	100	ND~1.72	0.42	0.47	112
Methoxychlor	0.02~11.89	3.31	2.42	73	47.16	54.71	99.1	0.15~11.89	3.69	2.31	63	ND~7.46	1.69	2.23	132
α-Endo	ND~1.58	0.17	0.30	180	ND	ND	42.1	ND~1.12	0.14	0.27	191	ND~1.58	0.28	0.40	143
β-Endo	ND~18.12	0.34	2.01	594	ND	ND	15.9	ND	0.00	0.00	0	ND~18.12	1.78	4.41	248
Endosulfan sulfate	0.02~22.88	1.20	2.96	246	0.59	0.27	100	0.02~2.34	0.49	0.34	69	0.29~22.88	4.25	5.94	140
Endrin	ND~13.29	0.28	1.33	475	ND	ND	43.0	ND~1.23	0.14	0.26	182	ND~13.29	0.87	2.98	342
Dieldrin	ND~1.40	0.06	0.20	346	ND	ND	27.1	ND~0.90	0.03	0.13	401	ND~1.40	0.17	0.36	216

续表

化合物	ASB							UASB				TASB			
	范围/(ng/g dw)	均值/(ng/g dw)	SD/(ng/g dw)	CV/%	U20/(ng/g dw)	U21/(ng/g dw)	检出率/%	范围/(ng/g dw)	均值/(ng/g dw)	SD/(ng/g dw)	CV/%	范围/(ng/g dw)	均值/(ng/g dw)	SD/(ng/g dw)	CV/%
Endrin aldehyde	ND~8.27	0.31	0.94	301	ND	1.17	53.3	ND~0.97	0.07	0.14	210	0.03~8.27	1.35	1.82	135
Endrin ketone	ND~16.17	1.23	2.89	235	ND	ND	35.5	ND~10.64	0.66	1.82	274	ND~16.17	3.62	4.86	134
Aldrin	ND~104.35	9.59	22.33	233	ND	ND	44.9	ND~0.67	0.06	0.11	187	19.55~104	50.1	24.40	49
DDTs	0.06~85.31	5.43	12.98	239	11.13	6.43	100	0.16~85.31	6.42	14.24	222	0.06~4.48	1.21	1.31	127
HCHs	2.57~118.13	26.43	23.68	90	12.25	49.32	100	2.57~118.13	28.46	23.60	83	4.67~109.6	17.78	22.58	108
Chlors	0.38~112.99	9.05	15.73	174	49.18	89.41	100	0.38~47.66	5.03	5.52	110	6.72~113.0	26.11	29.01	111
Endos	0.09~41.05	1.71	4.92	288	0.59	0.27	100	0.09~2.34	0.62	0.44	70	0.70~41.05	6.31	10.20	162
Aldrins	ND~112.41	11.47	23.97	209	ND	1.17	81.3	ND~12.29	0.96	2.04	213	33.19~112	56.1	23.09	41
OCPs	5.07~141.67	48.40	29.93	62	62.02	140.17	100	5.07~137.66	45.70	27.02	59	19.75~141.67	59.89	38.81	43

注：U20 和 U21 单独讨论，其他数值未统计两个异常点；ND 代表未检测出或低于检测限。

和 Methoxychlor)、Endos(包括 α-Endo、β-Endo、Endosulfan sulfate)以及狄式剂和艾式剂(Aldrins，包括 Endrin、Dieldrin、Endrin aldehyde、Endrin ketone 和 Aldrin)。其中，HCHs 是最主要的检出化合物，含量范围为 2.57~118.13 ng/g dw，占总含量的 3.79%~94.81%(平均 45.43%)；其次为 DDTs(含量范围 0.06~85.31 ng/g dw)和 Chlors(含量范围 0.38~112.99 ng/g dw)，分别占总含量的 0.05%~67.12%(平均 9.09%)和 0.43%~58.59%(平均 13.50%)；Aldrins 占总含量的 0~77.09%，而 Endos 的检出含量较低，仅占总含量的 0.23%~ 32.47%(表 3.15)。

研究区表层沉积物样品中有 2 个显著的异常点，与 PAHs 一致，位于咸海周边的渔船和道路附近，OCPs 数值分别为 62.02 ng/g dw 和 140.17 ng/g dw，尤其是 Methoxychlor 含量较高，数值分别为 47.16 ng/g dw 和 54.71 ng/g dw；其他 105 个样点的 OCPs 数值范围为 5.07~141.67 ng/g dw，平均值 48.40 ng/g dw，变异系数(CV)为 62%，表明各点位间含量差异较为显著(表 3.15)。

就 OCPs 总含量来说，OCPs 总含量在 UASB[5.07~137.66 ng/g dw，平均(45.70±27.02)ng/g dw]；TASB[19.75~ 141.67 ng/g dw，平均(59.89±38.81) ng/g dw](表 3.15)。就不同化合物来说，UASB 表层沉积物中 DDTs 和 HCHs 含量总体上高于 TASB，而其他几类 OCPs 含量在这两个地区呈现相反的趋势，尤其是 Aldrins，TASB 的 Aldrins 含量显著高于 UASB(图 3.63)。UASB 表层沉积物中 DDTs 和 HCHs 的含量范围分别为 0.16~85.31 ng/g dw 和 2.57~118.13 ng/g dw，平均值分别为 6.42 ng/g dw 和 28.46 ng/g dw，TASB 表层沉积物中 DDTs 和 HCHs 的含量范围分别为 0.06~4.48 ng/g dw 和 4.67~109.6 ng/g dw，平均值分别为 1.21 ng/g dw 和 17.78 ng/g dw，UASB 表层沉积物中 DDTs 和 HCHs 平均

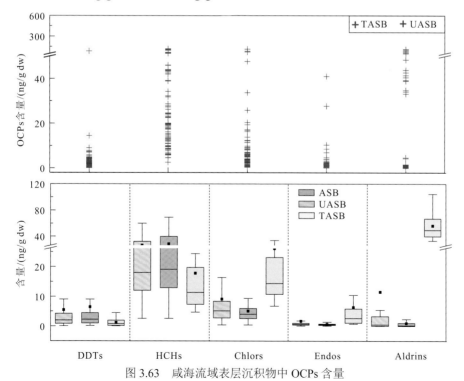

图 3.63　咸海流域表层沉积物中 OCPs 含量

值分别是 TASB 的 5.3 倍和 1.6 倍。TASB 的 Aldrins 含量为 33.19~112 ng/g dw，占 OCP 总含量的 24.59%~77.09%，而 UASB 的 Aldrins 含量为 ND~12.29 ng/g dw，平均值分别为 56.1 ng/g dw 和 0.96 ng/g dw，前者平均值约是后者的 58 倍。另外，TASB 的 Endos 含量（平均值为 6.31 ng/g dw）约是 UASB 的 Endos（平均值为 0.62 ng/g dw）含量的 10 倍；TASB 的 Chlors 含量也高于 UASB，Chlors 含量平均值分别为 26.11 ng/g dw 和 5.03 ng/g dw（表 3.15）。

2. 表层沉积物中 OCPs 来源解析

利用主成分分析对 UASB 表层沉积物 87 个空间点位上 OCPs 的关联性和来源途径进行了初步分析。首先，PCA［KMO 值为 0.555，大于 0.5，p 值（sig. ≈ 0.000）小于 0.05，适合作分析］共提取出了 4 个主成分因子，占累计方差贡献率的 94.3%（表 3.16）。PCA 结果表明，因子 1（PC 1）解释了 65.0% 的变化量，大部分点位均具有较重载荷（> 0.7），分布咸海周边、村庄以及农田等，OCPs 含量变化范围较大，且 OCPs 各类别含量变化差异不明显，表明 PC1 受混合源影响。因子 2（PC 2）解释了 17.1% 的变化量，在点位 U10~U11、U30~U32、U34 和 U66 上有较重载荷。这些点位主要来自湖边、草地以及灌丛，OCPs 含量居中，但 γ-HCH 相对较高，说明主要来自有机氯农药 HCHs 类。此外，点位 U12~U13、U15~U18、U27、U33、U36 和 U40 具有中度载荷（0.5~0.7）。因子 3（PC 3）解释了 7.2% 的变化量，在 U60、U83~U87 上有较重载荷。这些点位多位于咸海上游的农田地，OCPs 平均含量较高，达 329.5 ng/g dw，其中 p, p'-DDE、p, p'-DDD 以及 Endrin ketone 含量最高，表明主要来源于有机氯农药 DDTs 和 Endrins 类。因子 4（PC 4）解释了 5.0% 的变化量，在点位 U20 上有较重载荷，点位 U21 上有中度载荷，分别位于咸海周边的渔船和道路附近，OCPs 含量最高，其中 HEPX 和 Methoxychlor 含量最为显著，表明主要来源于有机氯农药 Chlors 类。

表 3.16　UASB 表层沉积物 OCPs 主成分分析结果

点位	组分				点位	组分			
	PC1	PC2	PC3	PC4		PC1	PC2	PC3	PC4
U01	0.54	−0.50	−0.14	0.43	U15	0.84	0.53	−0.02	−0.07
U02	0.88	−0.45	−0.07	−0.13	U16	0.80	0.60	−0.02	0.01
U03	0.70	−0.60	−0.13	0.30	U17	0.82	0.53	0.00	−0.07
U04	0.76	−0.59	−0.09	−0.18	U18	0.81	0.58	−0.02	−0.02
U05	0.65	−0.58	−0.20	0.28	U19	0.90	0.43	−0.02	−0.12
U06	0.78	−0.35	−0.20	0.43	U20	0.38	−0.38	−0.12	0.79
U07	0.70	−0.60	−0.10	0.25	U21	0.58	−0.52	−0.14	0.55
U08	0.93	0.32	−0.06	0.13	U22	0.85	−0.24	−0.18	0.19
U09	0.97	−0.19	−0.09	−0.03	U23	0.98	−0.09	−0.08	0.01
U10	0.71	0.70	0.00	−0.01	U24	0.94	−0.20	−0.13	0.121
U11	0.67	0.74	−0.01	−0.01	U25	0.96	−0.01	−0.02	0.245
U12	0.77	0.63	−0.02	−0.04	U26	0.87	0.47	−0.01	−0.11
U13	0.73	0.68	−0.02	0.02	U27	0.78	0.61	−0.01	−0.09
U14	0.71	−0.59	−0.17	0.2	U28	0.92	0.36	−0.02	−0.17

续表

点位	组分				点位	组分			
	PC1	PC2	PC3	PC4		PC1	PC2	PC3	PC4
U29	0.88	0.47	−0.02	−0.08	U59	0.98	−0.10	−0.03	0.028
U30	0.61	0.79	−0.02	0.05	U60	0.08	−0.08	0.97	0.053
U31	0.55	0.83	−0.01	0.09	U61	0.79	−0.25	0.44	−0.25
U32	0.54	0.84	0.00	0.06	U62	0.78	−0.08	−0.19	0.48
U33	0.73	0.68	−0.01	−0.05	U63	0.99	0.10	0.00	0.05
U34	0.69	0.73	−0.01	0.017	U64	0.97	0.02	−0.01	−0.24
U35	0.93	−0.15	−0.01	−0.34	U65	0.96	0.16	−0.01	0.07
U36	0.72	0.68	−0.02	0.10	U66	0.66	0.74	−0.03	0.10
U37	0.88	−0.29	−0.01	−0.37	U67	0.96	0.20	0.01	−0.09
U38	0.95	−0.18	−0.03	−0.24	U68	0.93	0.06	0.10	0.29
U39	0.82	−0.48	0.01	−0.32	U69	0.91	0.16	−0.02	−0.08
U40	0.53	0.68	0.13	0.45	U70	0.93	−0.08	0.07	−0.34
U41	0.98	−0.02	0.07	0.141	U71	0.55	−0.03	−0.23	0.212
U42	0.82	0.01	−0.15	0.168	U72	0.96	−0.24	−0.02	−0.16
U43	0.88	0.36	−0.05	0.227	U73	0.98	0.08	−0.03	−0.12
U44	0.79	−0.46	−0.01	−0.4	U74	0.90	−0.34	0.02	−0.25
U45	0.93	−0.23	0.00	−0.26	U75	0.93	−0.27	−0.03	−0.01
U46	0.95	−0.23	−0.05	−0.17	U76	0.98	−0.10	−0.07	0.107
U47	0.83	−0.44	−0.02	−0.34	U77	0.97	−0.16	0.11	−0.09
U48	0.93	0.29	−0.10	0.005	U78	0.59	0.03	0.77	0.177
U49	0.79	−0.45	0.01	−0.40	U79	0.94	−0.11	0.00	0.02
U50	0.88	−0.42	−0.07	0.036	U80	0.81	0.01	−0.06	0.032
U51	0.50	0.11	−0.02	−0.04	U81	0.87	−0.28	−0.02	0.258
U52	0.89	−0.39	0.00	−0.2	U82	0.98	−0.08	0.08	0.053
U53	0.92	−0.37	0.01	−0.07	U83	0.22	−0.10	0.95	0.194
U54	0.87	−0.41	0.03	0.08	U84	0.07	−0.08	0.97	0.121
U55	0.99	−0.06	−0.07	0.03	U85	0.42	−0.22	0.84	0.119
U56	0.86	−0.27	−0.06	0.33	U86	0.14	−0.06	0.98	0.083
U57	0.93	−0.34	0.00	−0.08	U87	0.57	−0.16	0.76	0.072
U58	0.81	−0.50	0.04	−0.29					

同样,利用主成分分析对 TASB 表层沉积物 20 个空间点位上 OCPs 的来源途径进行了初步分析。PCA[KMO 值为 0.618,大于 0.5,p 值(sig. ≈ 0.000)小于 0.05,适合作分析]共提取出了 2 个主成分因子,占累计方差贡献率的 90.1%(表 3.17)。PCA 结果表明,因子 1(PC 1)解释了 78.2%的变化量,大部分点位均具有较重载荷(> 0.7),OCPs 含量变化范围较大,OCPs 各类别含量变化差异不明显,表明 PC1 受混合源影响。因子 2(PC 2)解释了 11.9%的变化量,在 T08 和 T07 上有较重载荷,在 T18 具有中度载荷。这些点位

主要来自杜尚别和霍罗格等城市附近，OCPs 含量较高，其中 Endrin、Dieldrin 以及 Endrin aldehyde 贡献较高，说明该组分主要来源于有机氯农药 Aldrins 类（图 3.64）。

表 3.17　TASB 表层沉积物 OCPs 主成分分析结果

点位	组分		点位	组分	
	PC1	PC2		PC1	PC2
T01	0.977	−0.08	T11	0.973	−0.041
T02	0.98	−0.07	T12	0.907	−0.085
T03	0.885	−0.202	T13	0.633	−0.114
T04	0.99	−0.083	T14	0.961	−0.164
T05	0.81	−0.27	T15	0.979	−0.076
T06	0.986	−0.085	T16	0.79	−0.235
T07	0.566	0.812	T17	0.982	−0.065
T08	0.268	0.951	T18	0.729	0.676
T09	0.943	0.316	T19	0.984	−0.076
T10	0.987	−0.074	T20	0.964	0.023

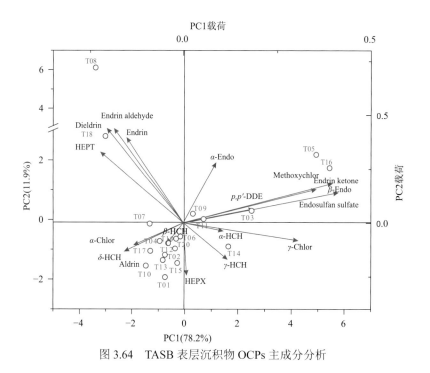

图 3.64　TASB 表层沉积物 OCPs 主成分分析

　　沉积物环境中 HCHs 异构体、DDTs 同系物和其他单个化合物的成分差异可能表明 OCPs 的不同污染源。

　　工业级 DDTs 中主要的成分是 p,p'-DDT，占总配方的 80% 左右。工业级 DDTs 在被使用之后，暴露于环境中的 p,p'-DDT 在好氧条件下可缓慢降解为 p,p'-DDE，而在厌氧条件下则会降解为 p,p'-DDD（Pandit et al., 2002; Wang et al., 2012）。因此，母体化合物和其代谢产物(p,p'-DDT/DDTs)的相对丰度以及 p,p'-DDE/p,p'-DDD 的值可分别用于辨别工业级 DDTs 在环境中的使用情况以及它的降解条件。当 p,p'-DDT/ DDTs > 0.5 则表示工业级 DDTs 存在新的输入，而当 p,p'-DDT/DDTs < 0.5 则表示是历史使用的残留，并且当 p,p'-DDD/p,p'-DDE < 1 时则代表 DDTs 的降解环境为好氧条件，反之为厌氧条件。

咸海流域表层沉积物中 p,p'-DDE 是 DDTs 中含量最高的化合物，其平均贡献率为 51.38%，而 p,p'-DDD 和 p,p'-DDT 的平均贡献率分别为 13.54%和 35.08%。在 UASB 地区，p,p'-DDE 和 p,p'-DDT 的相对含量均较高，平均贡献率分别为 42.69%和 42.46%，而 p,p'-DDD 含量相对最低，平均贡献率为 14.85%。TASB 地区，p,p'-DDE 明显高于另外两种化合物，其平均贡献率为 82.3%。由图 3.65 可知，咸海流域表层沉积物中观察到的 (p,p'-DDD+p,p'-DDE)/DDTs 范围在 0.00~1.00，其中，UASB 地区该比值的范围在 0.00~0.99，而 TASB 该比值的范围在 0.48~1.00。空间上来说，TASB 地区表层沉积物几乎所有样点中(p,p'-DDD+ p,p'-DDE)/DDTs 的值均高于 0.5，乌兹别克斯坦阿姆河三角洲上部和泽拉夫尚河地区大部分样点(p,p'-DDD+p,p'-DDE)/DDTs 的值也高于 0.5，表明这些区域周围的 p,p'-DDT 长期风化，没有新的输入。而阿姆河三角洲中部农业区以及近咸海地区（p,p'-DDD+p,p'-DDE)/DDTs 的值均低于 0.5，表明这些地区有新鲜的外源 p,p'-DDT 输入(图 3.65)。另外，在 UASB 地区，p,p'-DDD/p,p'-DDE 值的范围为 0.00~6.61，大部分样点 p,p'-DDD/p,p'-DDE 的值小于 1，比值高于 1 的样点位于咸海湖岸以及阿姆河三角洲灌丛。在 TASB 地区，p,p'-DDD/p,p'-DDE 值的范围为 0.00~3.84，除样点 T01 和 T02 的比值高于 1，其他样点的比值均接近或等于 0，并且仅在 35%的样品中检测到 p,p'-DDD，而在所有样品中均检测出 p,p'-DDE，表明 p,p'-DDE 是 TASB 地区表层土壤中的 p,p'-DDT 的主要代谢产物，这与表层土壤中的正常高氧化还原电位的条件相一致(图 3.65)。

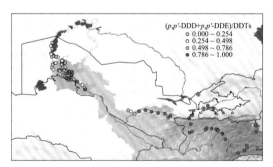

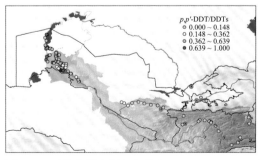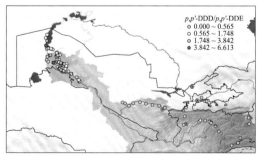

图 3.65　咸海流域表层沉积物(p,p'-DDD+p,p'-DDE)/DDTs、p,p'-DDT/DDTs 和 p,p'-DDD/p,p'-DDE 的值

　　咸海流域 p,p'-DDT/DDTs 范围为 0.00~1.00，其中，UASB 地区的 p,p'-DDT/ DDTs 范围为 0.00~1.00，TASB 地区 p,p'-DDT/DDTs 值的范围为 0.00~0.11。空间上，整个 TASB 地区、泽拉夫尚河地区以及阿姆河三角洲上部 p,p'- DDT/DDTs 值均小于 0.5，表明这些地区的 DDTs 降解相对缓慢，且较少有新的 p,p'-DDT 输入；而阿姆河三角洲农业区以及近湖地区 p,p'-DDT/DDTs 值大于 0.5，说明这些地区 DDTs 降解速度较快，且有新的 p,p'-DDT 输入（图 3.65）。p,p'-DDT/DDTs 与 (p,p'-DDD+ p,p'-DDE)/DDTs 结果均表明咸海流域 DDTs 降解速度和输入存在很大的空间异质性，阿姆河三角洲农业区以及咸海湖岸地区降解速度较快且有新的输入，而其他地区尤其是 TASB 地区，降解速度相对缓慢，DDTs 长期风化且较少有新的输入。

　　环境中的 HCHs 主要来源于工业级 HCHs 和林丹两大类。自 20 世纪 70 年代以来，大多数国家都禁止使用林丹，但一些发展中国家仍在使用林丹。工业级 HCHs 主要组成为 α-HCH，它占 HCHs 总含量的 60%~70%，β-HCH、γ-HCH 和 δ-HCH 分别占 5%~12%、10%~12% 和 6%~10%。林丹则几乎为纯的 γ-HCH，它占林丹总含量的约 99%。因此，根据 α-HCH/γ-HCH 的值可以用来粗略地判断工业级 HCHs 和林丹的使用情况。研究表明，当土壤或沉积物中 α-HCH/γ-HCH 值的范围为 4~7 时，表明 HCHs 主要来自于周围环境中工业级 HCHs 的输入，而当 α-HCH/γ-HCH 值接近于 0 时，则说明有新的林丹输入，若比值高于 7，说明样品 HCHs 输入可能是因为长距离的大气运输或工业 HCHs 反复循环和降解的结果，随着 HCHs 在环境中的降解，α-HCH/γ-HCH 的值会增大，因此 α-HCH/γ-HCH 值越大，表明土壤中 HCHs 降解率越高 (Syed et al., 2014)。另外，HCHs 的四种同分异构体在环境中的降解速率也存在差异，β-HCH 分子结构中氯原子的空间排列被认为更耐土壤中的微生物降解，与其他 HCHs 异构体相比，β-HCH 更容易被土壤有机物吸收，更难从土壤中蒸发 (Kalbitz et al., 1997)，并且土壤中 α-HCH 和 γ-HCH 可以逐渐转化为 β-HCH，这也会最终导致土壤中 β-HCH 的积累高于其他异构体，HCHs 四种同分异构体的降解速率依次为 γ-HCH > α-HCH > δ-HCH > β-HCH，因此，当 β-HCH 占总 HCHs 比率越高，表明环境中 HCHs 的使用时间越久 (Walker et al., 1999)。

　　在本书中，咸海流域表层沉积物中 α-HCH、β-HCH、γ-HCH 和 δ-HCH 分别占总 HCHs 的 0.0~80.6%（平均值 4.95%±9.7%）、0.0~100.0%（平均值 49.2%±26.0%）、0.0~98.7%（平均值 32.8%±27.1%）和 0.0~84.8%（平均值 13.0%±24.2%），β-HCH 的高贡献表明咸海流域表层沉积物中 HCHs 主要来源于历史使用。其中，UASB 地区表层沉积物中 α-HCH、β-HCH、γ-HCH 和 δ-HCH 分别占总 HCHs 的 0.0~80.6%（平均值 4.0%±8.6%）、0.0~100.0%（平均值 53.7%±24.5%）、0.0~98.7%（平均值 39.5%±25.7%）和 0.0~31.9%（平均值 2.8%±5.6%），β-HCH 的贡献比例占总 HCHs 最高，其次为 γ-HCH，而 α-HCH 贡献比例最低，表明 UASB 地区的 HCHs 大部分为历史使用的残留，新鲜的来源主要为林丹的输入。TASB 地区 α-HCH、β-HCH、γ-HCH 和 δ-HCH 分别占总 HCHs 的 0.9%~57.6%（平均值 8.9%±13.2%）、4.8%~93.9%（平均值 29.8%±23.9%）、0.23%~9.9%（平均值 3.7%±2.1%）和 5.0%~84.8%（平均值 57.6%±23.5%），β-HCH 的较高贡献表明 TASB 地区鲜少有新的 HCHs 输入。UASB 地区样点 U01、U03~U05、U07、U14 和 U20~U21 的 γ-HCH 含量未检测出（γ-HCH 含量以仪器检测限值进行比值计算，红色和橙色样点），其

他样点的 α-HCH/γ-HCH 值接近 0（图 3.66），表明 UASB 地区表层沉积物中观察到的 HCHs 主要来源于新的林丹输入。TASB 地区的 α-HCH/γ-HCH 范围为 0.48~15.17（平均 2.89±3.64），位于苦盏和杜尚别附近的 T01、T03 和 T05 样点外，所有样点中 α-HCH/γ-HCH 值远低于 4，接近 0，这表明 TASB 地区表层沉积物中观察到的 HCHs 主要来源于林丹的历史使用。总体上表明，整个咸海流域主要是受到林丹的污染。与 UASB 地区相比，TASB 地区观察到更高的 α-HCH/γ-HCH 值，UASB 地区表层沉积物中 γ-HCH 含量占总 HCHs 的比例明显高于 TASB 地区，表明 UASB 地区新鲜输入的林丹量较多，而 TASB 地区林丹的新鲜输入较少，HCHs 基本为历史使用的残留。另外，有研究表明，与 γ-HCH 相比，α-HCH 更容易在高海拔和高纬度的地区富集（Chernyak et al., 1995; Pereira et al., 2006），更高比例的 α-HCH 积累也增加了 α-HCH/γ-HCH 的值，这与咸海流域的研究结果一致。

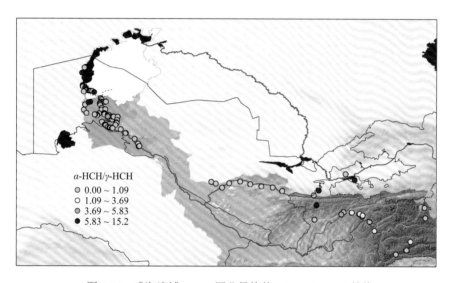

图 3.66　咸海流域 HCHs 同分异构体 α-HCH/γ-HCH 的值

HEPT 是一种氯代环二烯杀虫剂，俗称七氯，它不仅是合成工业级 Chlors 的重要成分之一，也可以单独作为土壤杀虫剂使用。土壤中的 HEPT 半衰期比较短，为 0.4~0.8 年，它容易被微生物氧化、水解和还原，生成 HEPX（Baek et al., 2011）。HEPX 具有与 HEPT 类似的毒性，但在环境中更持久且不易降解（Nasir et al., 2014），因此，常用 HEPT/HEPX 的值来判断母体化合物 HEPT 在环境中的使用年限和降解情况。当 HEPT/HEPX > 1 时则表示有新输入的 HEPT，而当两者比值 < 1 时，则表明 HEPT 有足够的时间降解，主要来源于历史使用的残留。咸海流域表层沉积物中 HEPT 和 HEPX 含量在不同区域之间存在显著的空间异质性。其中，UASB 地区样点 U17、U23、U25、U32、U41~U43，HEPT/HEPX 均大于 1，表明 HEPT 存在降解缓慢或者持续输入，这些样点主要位于阿姆河三角洲农业灌溉区，其余所有样点均未检测出 HEPT。HEPX 在大部分样点中均检测出，除上述样点外，HEPT/HEPX 值均为 0，表明 UASB 地区的 HEPT 主要为历史使用的残留（表 3.18）。TASB 地区所有样点均检测出 HEPT 和 HEPX，HEPT/HEPX 值的范

围为 0.03~29.13，样点 T07~T09、T11 和 T18 的 HEPT / HEPX > 1，表明这些样点有新输入的 HEPT，这些样点主要位于杜尚别和霍罗格等城市附近，其他样点该比值均小于 1，表明 TASB 地区 HEPT 也主要为历史使用的残留。综上所述，咸海流域 HEPT 主要为历史使用的残留，新的 HEPT 输入主要位于 TASB 地区城市和 UASB 地区灌溉农业区附近，HEPT 的输入与区域的工业生产和农业活动分布一致。

表 3.18　咸海流域表层沉积物中氯丹类化合物含量　　　　（单位：ng/g dw）

位点	HEPT	HEPX	α-Chlor	γ-Chlor	位点	HEPT	HEPX	α-Chlor	γ-Chlor
U01	ND	ND	ND	ND	U32	45.57	0.29	ND	ND
U02	ND	ND	0.35	0.17	U33	ND	0.29	0.16	ND
U03	ND	ND	0.59	0.13	U34	ND	ND	ND	ND
U04	ND	ND	ND	0.18	U35	ND	ND	ND	ND
U05	ND	ND	ND	0.05	U36	ND	ND	ND	ND
U06	ND	ND	ND	0.11	U37	ND	0.47	0.17	ND
U07	ND	ND	ND	0.24	U38	ND	0.91	0.21	ND
U08	ND	ND	0.44	0.23	U39	ND	0.29	ND	ND
U09	ND	0.20	0.37	0.27	U40	ND	ND	0.25	ND
U10	ND	ND	ND	ND	U41	5.48	0.47	0.18	ND
U11	ND	ND	ND	ND	U42	2.57	0.29	0.07	ND
U12	ND	ND	ND	ND	U43	1.96	0.29	0.11	ND
U13	ND	0.14	0.72	0.53	U44	ND	ND	0.27	ND
U14	ND	0.22	ND	ND	U45	ND	0.29	ND	ND
U15	ND	0.26	0.30	0.16	U46	ND	0.17	0.35	0.14
U16	ND	0.23	ND	ND	U47	ND	0.79	ND	ND
U17	14.48	0.35	ND	ND	U48	ND	ND	0.65	0.40
U18	ND	ND	ND	ND	U49	ND	0.40	0.24	ND
U19	ND	0.48	ND	ND	U50	ND	0.17	0.15	ND
U20	ND	1.84	0.18	ND	U51	ND	0.24	0.28	ND
U21	ND	34.69	ND	ND	U52	ND	0.20	ND	ND
U22	ND	0.28	0.06	ND	U53	ND	0.29	0.15	ND
U23	4.28	0.28	0.10	ND	U54	ND	0.21	0.32	ND
U24	ND	ND	0.11	ND	U55	ND	0.34	0.34	ND
U25	1.20	0.26	0.12	ND	U56	ND	0.22	ND	ND
U26	ND	0.42	ND	ND	U57	ND	0.46	0.11	ND
U27	ND	ND	0.14	ND	U58	ND	1.98	ND	ND
U28	ND	0.11	0.09	ND	U59	ND	0.24	0.11	ND
U29	ND	ND	0.19	ND	U60	ND	0.26	0.14	ND
U30	ND	0.31	0.29	0.09	U61	ND	0.13	0.10	ND
U31	ND	ND	0.48	ND	U62	ND	0.17	0.33	0.09

续表

位点	HEPT	HEPX	α-Chlor	γ-Chlor	位点	HEPT	HEPX	α-Chlor	γ-Chlor
U63	ND	0.24	ND	ND	U86	ND	0.28	0.15	ND
U64	ND	0.16	ND	ND	U87	ND	0.29	0.13	ND
U65	ND	0.21	0.24	ND	T01	0.53	4.83	1.34	0.55
U66	ND	0.63	ND	ND	T02	1.07	10.12	0.92	0.12
U67	ND	0.77	0.57	0.35	T03	0.49	4.72	0.98	0.36
U68	ND	0.28	0.19	ND	T04	0.88	4.56	0.83	1.41
U69	ND	0.26	0.12	ND	T05	0.82	7.37	2.63	0.08
U70	ND	0.67	ND	ND	T06	0.79	5.44	1.79	0.09
U71	ND	0.23	0.12	ND	T07	74.62	6.10	1.63	1.72
U72	ND	0.17	0.14	ND	T08	68.72	2.56	0.09	0.18
U73	ND	0.23	0.19	0.08	T09	21.80	8.76	1.63	0.15
U74	ND	0.42	0.29	ND	T10	1.53	13.38	0.70	1.10
U75	ND	0.20	0.20	0.22	T11	4.31	2.97	0.79	0.55
U76	ND	0.56	0.29	ND	T12	1.07	4.30	1.02	0.23
U77	ND	ND	0.23	ND	T13	0.34	11.02	0.70	0.10
U78	ND	ND	0.14	ND	T14	0.55	13.17	2.70	0.20
U79	ND	0.19	0.16	ND	T15	2.56	21.72	0.91	0.00
U80	ND	0.23	0.21	ND	T16	1.69	5.43	1.66	0.09
U81	ND	0.27	0.13	ND	T17	1.17	6.99	1.10	0.45
U82	ND	0.27	0.13	ND	T18	107.21	3.68	0.33	0.30
U83	ND	0.40	0.34	ND	T19	1.26	8.96	0.75	0.53
U84	ND	0.38	0.24	ND	T20	5.37	13.93	0.73	0.18
U85	ND	0.65	0.25	ND					

注：ND 代表未检测出或低于检测限。

　　工业级 Chlors 通常用作杀虫剂、除草剂和杀白蚁剂，目前仍在一些发展中国家使用。它是 140 多种不同成分的混合物，其中，γ-Chlor（13%）、α-Chlor（11%）和 HEPT（5%）是最丰富的成分（Zhang et al., 2012），故而 γ-Chlor/α-Chlor 的值在工业级 Chlors 中为 1.2 左右（Chakraborty et al., 2010）。工业级 Chlors 在被使用后，其组成物质 γ-Chlor 比 α-Chlor 在环境中更易被降解，因此常用 γ-Chlor/α-Chlor 的值示踪工业级 Chlors 的使用情况。在 UASB 地区，γ-Chlor 在绝大多数样点中未检测出，大部分样点仅检测出 α-Chlor，大部分样点的 γ-Chlor/α-Chlor 值小于 1.2，表明该区域的 Chlors 主要是历史使用的残留（表 3.18）。而未检测出 α-Chlor 但检测出 γ-Chlor 的样点主要位于咸海湖岸以及近湖三角洲，这些地区的 Chlors 主要来自于新的输入，可能与附近的农业活动有关。TASB 地区 γ-Chlor/α-Chlor 值范围为 0.00~2.0，除样点 T04、T08 和 T10 外，其余样点 γ-Chlor/α-Chlor 的值均低于 1.2（表 3.18），这意味着该区域内的工业级 Chlors 主要是历史使用的残留。高 γ-Chlor/α-Chlor 值的样点主要位于杜尚别市附近，可能与该地区的工业生产有关。

　　硫丹（Endos）是一种环二烯类农药，广泛用于控制农业和园艺作物中的昆虫和螨虫。

传统上，硫丹被描述为两种非对映异构体（α-Endo 和 β-Endo）的混合物，它们对光降解具有相当的抗性，但硫丹硫酸盐（Endosulfan sulfate）和硫丹二醇的代谢产物对光分解很敏感。工业级 Endos 中的 α-Endo 和 β-Endo 分别占 70% 和 30%，因此它们在工业产品中的 α-Endo/β-Endo 约为 2.3（Chakraborty et al., 2010; Zhao et al., 2016）。由于 α-Endo 在土壤中的半衰期只有约 60 天，而 β-Endo 在土壤中的半衰期可达 900 天，α-Endo 的降解速度比 β-Endo 快，所以 α-Endo 在环境中更易被降解（WHO, 1984），当 α-Endo/β-Endo 的值小于 2.3 意味着新硫丹的输入较少，环境中的 Endos 主要为历史使用的残留，反之则代表环境中有新的硫丹输入(Iwata et al., 1995; Qu et al., 2015)。由表 3.19 可以看出，在本书中，咸海流域表层沉积物中 Endosulfan sulfate 是硫丹类中含量最高的成分，占硫丹类总量的 82.3%，其次为 α-Endo（14.5%），而 β-Endo 仅占硫丹类总量的 3.2%。在 UASB 地区，Endosulfan sulfate 占硫丹类总量的 84.6%，且在大部分样点中占比为 100%，β-Endo 在所有样点中均未检测出，而 α-Endo 仅在部分样点中检测出，这些样点主要位于咸海湖岸附近(如样点 U01~U10)、阿姆河三角洲农业灌溉区(如样点 U29~U30)以及城市附近(如样点 U60~U62，U66)，表明这些地区有新的硫丹输入，而其他地区硫丹类主要为历史残留。在 TASB 地区，大多数采样点检测到的 Endosulfan sulfate 贡献较高，占硫丹类总量的 72.0%，其次是 β-Endo，占硫丹类总量的 17.1%，而 α-Endo 占比最少，仅占硫丹类总量的 10.9%，大多数样点 α-Endo/β-Endo 的值小于 2.3，这表明 TASB 地区缺乏硫丹的新输入，α-Endo/β-Endo 值较高的样点主要位于 TASB 地区各城市包括苦盏、杜尚别和霍罗格附近。

表 3.19　咸海流域表层沉积物中硫丹类化合物含量占比　　　　（单位：%）

点位	α-Endo	β-Endo	Endosulfan sulfate	点位	α-Endo	β-Endo	Endosulfan sulfate
U01	22.0	0.0	78.0	U16	49.2	0.0	50.8
U02	41.1	0.0	58.9	U17	0.0	0.0	100.0
U03	32.6	0.0	67.4	U18	0.0	0.0	100.0
U04	33.0	0.0	67.0	U19	0.0	0.0	100.0
U05	49.1	0.0	50.9	U20	0.0	0.0	100.0
U06	35.7	0.0	64.3	U21	0.0	0.0	100.0
U07	40.0	0.0	60.0	U22	0.0	0.0	100.0
U08	59.1	0.0	40.9	U23	0.0	0.0	100.0
U09	68.9	0.0	31.1	U24	0.0	0.0	100.0
U10	37.9	0.0	62.1	U25	0.0	0.0	100.0
U11	0.0	0.0	100.0	U26	0.0	0.0	100.0
U12	0.0	0.0	100.0	U27	0.0	0.0	100.0
U13	69.5	0.0	30.5	U28	0.0	0.0	100.0
U14	15.4	0.0	84.6	U29	18.5	0.0	81.5
U15	62.6	0.0	37.4	U30	48.8	0.0	51.2

续表

点位	α-Endo	β-Endo	Endosulfan sulfate	点位	α-Endo	β-Endo	Endosulfan sulfate
U31	0.0	0.0	100.0	U70	0.0	0.0	100.0
U32	0.0	0.0	100.0	U71	0.0	0.0	100.0
U33	0.0	0.0	100.0	U72	0.0	0.0	100.0
U34	0.0	0.0	100.0	U73	0.0	0.0	100.0
U35	0.0	0.0	100.0	U74	0.0	0.0	100.0
U36	0.0	0.0	100.0	U75	0.0	0.0	100.0
U37	0.0	0.0	100.0	U76	46.8	0.0	53.2
U38	0.0	0.0	100.0	U77	33.6	0.0	66.4
U39	0.0	0.0	100.0	U78	0.0	0.0	100.0
U40	0.0	0.0	100.0	U79	0.0	0.0	100.0
U41	0.0	0.0	100.0	U80	48.9	0.0	51.1
U42	0.0	0.0	100.0	U81	0.0	0.0	100.0
U43	0.0	0.0	100.0	U82	0.0	0.0	100.0
U44	0.0	0.0	100.0	U83	0.0	0.0	100.0
U45	0.0	0.0	100.0	U84	0.0	0.0	100.0
U46	72.8	0.0	27.2	U85	0.0	0.0	100.0
U47	0.0	0.0	100.0	U86	0.0	0.0	100.0
U48	54.1	0.0	45.9	U87	0.0	0.0	100.0
U49	61.2	0.0	38.8	T01	3.0	7.0	90.0
U50	0.0	0.0	100.0	T02	0.0	35.4	64.6
U51	0.0	0.0	100.0	T03	2.9	0.2	96.9
U52	0.0	0.0	100.0	T04	2.1	6.8	91.1
U53	38.0	0.0	62.0	T05	5.7	34.7	59.6
U54	0.0	0.0	100.0	T06	1.5	0.0	98.5
U55	38.4	0.0	61.6	T07	16.9	9.6	73.4
U56	0.0	0.0	100.0	T08	58.8	0.0	41.2
U57	0.0	0.0	100.0	T09	6.4	20.0	73.6
U58	0.0	0.0	100.0	T10	9.4	6.7	83.9
U59	0.0	0.0	100.0	T11	0.9	42.4	56.7
U60	58.7	0.0	41.3	T12	0.0	22.9	77.1
U61	60.1	0.0	39.9	T13	0.0	35.5	64.5
U62	44.8	0.0	55.2	T14	1.4	1.4	97.2
U63	0.0	0.0	100.0	T15	1.9	58.9	39.2
U64	0.0	0.0	100.0	T16	0.1	44.1	55.7
U65	0.0	0.0	100.0	T17	24.1	0.0	75.9
U66	96.1	0.0	3.9	T18	70.9	2.5	26.6
U67	0.0	0.0	100.0	T19	1.5	7.2	91.3
U68	0.0	0.0	100.0	T20	10.4	7.2	82.4
U69	0.0	0.0	100.0				

3. 表层沉积物中 OCPs 生态风险评估

运用 TEL/PEL 法对咸海流域表层沉积物中的 OCPs 含量进行生态风险评估，DDTs、p,p'-DDD、p,p'-DDE、γ-HCH、HEPX、Chlors（γ-Chlor 和 α-Chlor 含量之和）、Dieldrin 和 Endrin 被 USEPA 记载有其生态风险效应区间值。如图 3.67 所示，咸海流域表层沉积物中 Chlors、Dieldrin 和 Endrin 含量分别有 100%、100% 和 98.1% 的样点低于其对应的潜在生态风险阈值（TEL），且均没有样点高于其对应的有害生态风险基准值（PEL），表明这些化合物发生生态风险的概率较低。DDTs、p,p'-DDE 和 HEPX 含量分别有 86.9%、75.7% 和 72.9% 的样点低于其对应的 TEL，且分别有 1.9%、7.5% 和 18.7% 的样点高于其对应的 PEL，表明 DDTs、p,p'-DDE 和 HEPX 在咸海流域表层沉积物中发生风险的概率较高。而生态风险发生概率最高，可能产生的风险最大的化合物为 γ-HCH，仅有 25.2% 的样点低于其 TEL，高于其 PEL 的样点为 73.8%，前面内容讲过，γ-HCH 主要来自于林丹的污染，因此，当地居民应该减少林丹的使用，环境管理部门对林丹的使用量需出台相应的措施。空间上来看，DDTs、p,p'-DDE 和 γ-HCH 高于其对应 PEL 的样点全部位于乌兹别克斯坦，而 HEPX 高于 PEL 的样点则主要来自于塔吉克斯坦，表明两个地区 OCPs 的污染存在空间异质性。

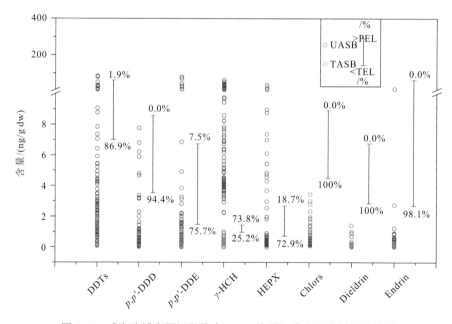

图 3.67 咸海流域表层沉积物中 OCPs 含量与生态风险区间值比较

如表 3.20 所示，Chlors、Dieldrin 和 Endrin 的 TEC HQ 的范围分别为 0.00~0.75、0.00~0.49 和 0.00~4.92，PEC HQ 范围分别为 0.00~0.38、0.00~0.21 和 0.00~0.21，部分样点处于低风险水平；DDTs 和 p,p'-DDD 的 TEC HQ 的范围分别为 0.01~12.17 和 0.00~2.19，PEC HQ 范围分别为 0.00~1.64 和 0.00~0.91，部分样点处于中风险水平；p,p'-DDE、γ-HCH 和 HEPX 的 TEC HQ 范围分别为 0.00~56.30、0.00~66.01 和 0.00~57.82，PEC HQ 范围分

别为 0.00~11.84、0.00~44.97 和 0.00~12.66，部分样点处于高风险水平，达到中高风险水平的样点全部来自 UASB 地区，尤其是 γ-HCH，UASB 地区 90%以上的样点均达到高风险水平，表明 UASB 地区表层沉积物中 OCPs 的生态风险水平较高。

表 3.20　OCPs 在咸海流域的生态风险评估

化合物	TEC HQ	PEC HQ	<TEL	>PEL
DDTs	0.01~12.17	0.00~1.64	86.9%	1.9%
p,p'-DDD	0.00~2.19	0.00~0.91	94.4%	0.0%
p,p'-DDE	0.00~56.30	0.00~11.84	75.7%	7.5%
γ-HCH	0.00~66.01	0.00~44.97	25.2%	73.8%
HEPX	0.00~57.82	0.00~12.66	72.9%	18.7%
Chlors	0.00~0.75	0.00~0.38	100%	0.0%
Dieldrin	0.00~0.49	0.00~0.21	100%	0.0%
Endrin	0.00~4.92	0.00~0.21	98.1%	0.0%

第四节　近百年来咸海记录的环境变化及风险评估

一、沉积岩芯年代序列

在前期研究区考查和表层样品采集基础上，2019 年还完成了咸海沉积岩芯的钻取工作，利用重力采样器在南咸海 15 m 深度位置(58.286°N，44.85°E，海拔 53 m)采集了一根长度为 31 cm 的沉积岩芯。咸海沉积岩芯的 $^{210}Pb_{ex}$ 和 ^{137}Cs 强度随深度的垂直分布变化见图 3.68。$^{210}Pb_{ex}$ 强度从表层 243 Bq/kg 开始下降，到深度 31 cm 处强度为 18.1 Bq/kg。

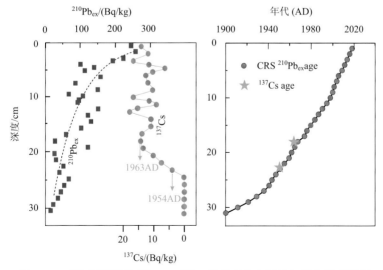

图 3.68　咸海沉积岩芯 $^{210}Pb_{ex}$、^{137}Cs 的垂直分布以及年代和深度模型

根据 $^{210}Pb_{ex}$ 与深度的函数关系，计算得到约 35 cm 处 $^{210}Pb_{ex}$ 数值接近 0，即为衰变的终点。沉积岩芯年代标定使用 CRS 恒定补给模式计算（Appleby and Oldfield, 1978）。^{137}Cs 强度在深度 22 cm 处开始出现数值，大小为 3.66，说明此处年代为 1954 年；在深度 18 cm 处出现第一个峰值，可确定年代为 1963 年。^{137}Cs 时间标记进一步验证了 ^{210}Pb 的年代结果（Zhu et al., 2020）。咸海整个沉积岩芯深度与年代的对应关系见图 3.68，咸海沉积岩芯 9 cm 处约为 2000 年，26 cm 处约为 1935 年，整个岩芯平均沉积速率为 0.32 cm/a，平均沉积通量为 0.080 g/(cm^2·a)。

二、环境变化序列与阶段特征

（一）粒度变化序列与环境

咸海整个岩芯粒度组成以粉砂（4~63 μm）和黏土（< 4 μm）为主，含量分别占 53.38% 和 38.34%，其中粉砂又以粒径为 4~16 μm 的细粉砂为主，约占 33.13%，砂（> 63 μm）含量约占 8.28%（图 3.69）。约 1900 年以来，黏土和细粉砂变化趋势基本一致，而与粗粉砂变化趋势相反。约深度 26~23 cm（对应约 1935~1955 年），粒径波动明显，显著增大，尤其是砂组分含量占 33.52%，中值粒径（Md）平均值达 44.25 μm（图 3.69）。

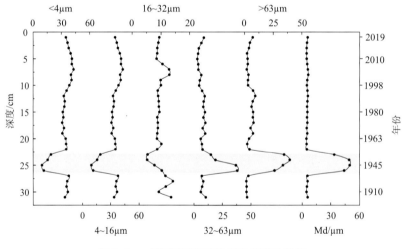

图 3.69　咸海沉积岩芯粒度垂直变化特征

以咸海沉积物粒度频率分布的粒径含量为变量，利用 SPSS 22.0 进行主成分分析，获得 2 个因子 F1 和 F2，两者可解释总体粒度频率变化特征的 96.2%，其中 F1 和 F2 分别占 83.6% 和 12.6%。表 3.21 中的参数为主成分载荷，代表咸海岩芯不同深度的粒径频率分布与两个因子间的相关系数，正（负）数代表正（负）相关，相关系数的绝对值越大，就越能指示该因子对沉积物粒度的影响作用。在沉积岩芯深度 26~23 cm 处（约 1935~1955 年），粒径频率分布与 F2 的相关系数平均值为 91.5%，而其他深度的频率分布与 F1 的相关系数平均为 97.6%，表明约 1935~1955 年咸海沉积岩芯受到不同的外营力作用。

表 3.21　主成分分析因子载荷矩阵

深度/cm	因子		深度/cm	因子		深度/cm	因子	
	F1	F2		F1	F2		F1	F2
1	0.981	0.185	12	0.954	0.296	23	−0.125	0.909
2	0.996	0.029	13	0.984	0.177	24	−0.261	0.92
3	0.988	0.084	14	0.989	0.122	25	−0.254	0.934
4	0.987	0.111	15	0.962	0.253	26	−0.184	0.896
5	0.979	0.123	16	0.977	0.164	27	0.99	−0.04
6	0.977	0.133	17	0.95	0.283	28	0.959	−0.086
7	0.939	0.179	18	0.986	0.071	29	0.986	−0.087
8	0.951	0.067	19	0.952	0.267	30	0.991	−0.082
9	0.986	0.074	20	0.988	0.026	31	0.948	0.013
10	0.991	0.107	21	0.991	0.053			
11	0.985	0.128	22	0.993	0.06			

　　为进一步分析主成分分析中两个因子的环境意义，绘制了沉积岩芯的粒度频率分布曲线，沉积岩芯的粒度频率分布曲线变化特征是判断历史时期沉积作用的重要方法之一，咸海不同深度层位主要表现出双峰和三峰的特征，并以双峰曲线类型为主(XH1-10)，众数分别为 0.77 μm 和 5.21 μm[图 3.70(a)]。通过与区域河流沉积物对比分析发现，岩芯双峰的分布曲线特征与阿姆河和锡尔河基本一致，说明主要受河流作用的影响[图 3.70(a)]。在深度 26~23 cm 呈现出三峰(XH1-23)，除表现出前面类似的双峰特征外，还呈现粒径更大的第三个峰，众数数值为 66.9 μm，表明除受河流作用外，还受到其他外营力的作用。通过与咸海流域荒漠和农田沉积物频率分布曲线对比发现峰值和分布曲线具有较好的一致性[图 3.70(a)]。强明瑞等(2006)和 Qiang 等(2007)指出干旱区柴达木盆地苏干湖沉积物粒度组成中粗颗粒(> 63 μm组分)是由风力搬运入湖，可以指示较强的风成活动。此外，在澳大利亚卡彭塔利亚湾 (de deckker et al., 1991)和新南威尔士州(Cattle et al., 2009)、阿拉善高原(Yao et al., 2011)以及塔克拉玛干南缘(Wan et al., 2013)等地区，沉积物中粒径 >60 μm 均表明较强的风成活动。马龙等(2012)和 Wang 等(2015)

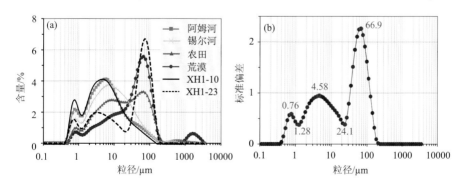

图 3.70　咸海沉积岩芯与区域典型表层沉积物的粒度频率分布曲线(a)和粒径-标准偏差分布曲线(b)

分别通过新疆柴窝堡湖和内蒙古陈普海子沉积物中粒度组分和主成分分析，认为分别以 57 μm 和 42.75 μm 为众数的粒径主要来源于地表的风沙侵蚀。最重要的是，有研究表明，约 1900~1975 年，中亚上空西伯利亚高压系统强度增加导致区域风的强度和频率增强(Sorrel et al., 2007)。因此，1935~1955 年咸海沉积岩芯粒径显著增大主要是由较强的风成活动导致的。

粒径-标准偏差分布曲线中较高峰值分别出现在 0.76 μm、4.58 μm 和 66.9 μm，界线分别在 1.28 μm 和 24.1 μm[图 3.70(b)]。据此，可将粒度组分划为三个组分，组分 C1(< 1.28 μm)、组分 C2(1.28~24.1 μm)和组分 C3(> 24.1 μm)，其含量分别占 15.7%、63.3%和 21.0%。三个组分的含量和平均粒径的垂直变化如图 3.71，同样在约 1935~1955 年，三个组分发生显著变化，组分 C1 和 C2 含量显著减小，组分 C3 增大，C3 平均粒径基本与中值粒径(Md)变化一致，说明该阶段组分 C3 是敏感组分。依据沉积物粒度频率曲线和众数特征可知[图 3.70(a)]，沉积物粗颗粒主要受风沙活动的影响。马龙等(2012)和 Wang 等(2015)分别指出柴窝堡湖和陈普海子粒径在 20~209 μm 和 14.1~224.35 μm 的敏感组分可代表区域风成活动，与研究结果相近。通过对咸海流域 Tejen 气象站 1935~1995 年数据监测，约 20 世纪 40~50 年代研究区沙尘暴天数显著增多，年沙尘暴天数最大达 88 天，在 1945~1955 年期间每年平均约 56 天(图 3.71)，分析结果与监测数据一致。此外，苏联成立后不久，就制定了通过扩大灌溉来增加中亚棉花产量的计划(通常被称为"白色黄金")(Whish-Wilson, 2002)。在加大咸海流域农业生产、大面积荒地开垦的同时，咸海流域沙地进一步活化，风沙活动进一步导致粒径 > 24.1 μm 的沉积物进入咸海，并参与沉降，分析结果与历史纪录较为一致。

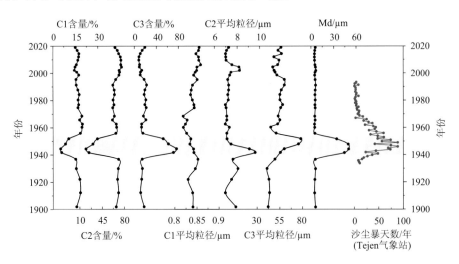

图 3.71　咸海沉积岩芯三个组分含量和平均粒径的垂直变化

(二)元素含量变化序列及阶段特征

箱线图通常用于说明参数的浓度变化特征，可显示参数的第 25 和第 75 百分位数、平均值、中位数及离散值。咸海沉积岩芯样品元素含量的箱线图见图 3.72。整个岩芯 Al、

Ca、Fe、K、Na 和 Sr、Ti、Mn、V、Zn、Cr、Co、Ni、Cu、As、Cd、Pb、Rb 元素含量的变化范围分别为 28.64~56.21 mg/g、113.93~145.5 mg/g、16.74~33.51 mg/g、11.18~32.28 mg/g、13.99~32.28 mg/g 和 750.95~2218.5 mg/kg、1393.22~2753.34 mg/kg、396.72~608.25 mg/kg、57.17~166.46 mg/kg、41.74~85.47 mg/kg、37.28~85.82 mg/kg、6.89~14.56 mg/kg、20.89~47.27 mg/kg、15.95~37.61 mg/kg、7.22~18.7 mg/kg、0.4~1 mg/kg、9.11~15.4 mg/kg、46.1~82.0 mg/kg，其平均值分别为 42.52 mg/g、125.96 mg/g、24.7 mg/g、14.7 mg/g、20.78 mg/g 和 1191.93 mg/kg、2155.45 mg/kg、527.58 mg/kg、116.82 mg/kg、64.71 mg/kg、62.71 mg/kg、10.78 mg/kg、34.79 mg/kg、26.99 mg/kg、12.47 mg/kg、0.66 mg/kg、12.75 mg/kg、64.24 mg/kg。

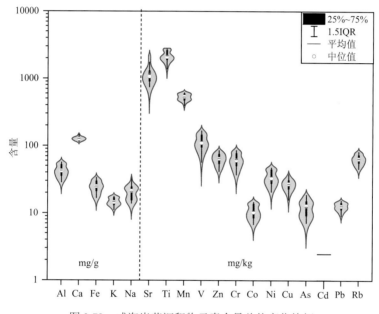

图 3.72　咸海岩芯沉积物元素含量总体变化特征

咸海沉积岩芯元素深度-年份的垂直变化特征见图 3.73。通过 Tillia 软件的 CONISS 聚类分析 (constrained incremental sum of squares clustering analysis) 方法，将历史时期咸海的沉积环境主要划分为三个时段：①约 1900~1935 年，岩芯深度为 31~26 cm；②约 1935~2000 年，岩芯深度为 26~9 cm；③约 2000~2019 年，岩芯深度 9~0 cm。

约 1900~1935 年，元素 Al、Fe、K 和 Rb、V、Ti、Cr、Zn、Co、Ni、Cu、As、Cd、Pb 的含量较高，平均值分别为 52.61 mg/g、30.88 mg/g、16.38 mg/g 和 72.92 mg/kg、155.56 mg/kg、2561.57 mg/kg、79.86 mg/kg、79.96 mg/kg、13.36 mg/kg、43.8 mg/kg、30.73 mg/kg、14.54 mg/kg、0.79 mg/kg、14.48 mg/kg，表明此时段已存在较强的人类活动。约 1935~2000 年元素发生显著的波动，大部分元素呈现先降低后升高再降低的趋势。其间约 1940~1955 年受风沙活动的影响元素含量整体降低，之后由于苏联加大农业生产，咸海流域的耕地面积显著扩大，此外 20 世纪 50 年代阿姆河流域水利工程全面展开，如 1956 年开始修建卡拉库姆运河，1962 年修建阿姆-布哈拉运河等 (Micklin, 2007, 2016)，流域的这些工农业活动导致元素含量又开始上升；1991 年苏联解体后，工农业生产活动降低，使得元素含量下降。约 2000~2019 年，大部分元素含量进一步降低，而元素 Sr、Na 和 Ca 呈现相反的趋势，含量显著升高，平均含量分别为 1.64 mg/g、25.97 mg/g 和 131.53 mg/g。研究表明水中 Sr、Na 的盐类溶解度较高，浓度达到一定程度后才析出，因此在气候干旱地区，沉积物中元素 Sr、Na 数值升高时，可指示湖水盐度增加，蒸发作用增强（Zhang et al., 2016；丁之勇等，2018）。近 20 年来阿姆河补给较少甚至断流后，蒸发作用导致咸海水位和面积进一步下降，Na、Sr 等元素富集，金属元素含量降低。

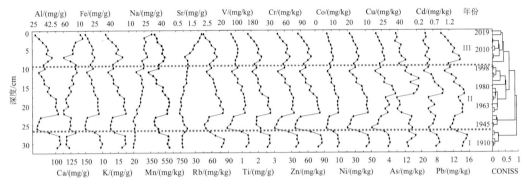

图 3.73　咸海沉积岩芯元素含量的垂直变化

通过对天山地区多个湖泊沉积岩芯中元素浓度的对比分析（表 3.22），平原湖泊咸海沉积岩芯中 As、Cd、Cr 和 Ni 的含量高于其他山地湖泊，平均浓度分别达 12.47 mg/kg、0.66 mg/kg、62.33 mg/kg、34.79 mg/kg，这主要是由咸海流域大规模的工农业活动导致（Cretaux et al., 2013；Hamidov et al., 2016）。

表 3.22　咸海沉积物中 As 和金属元素的浓度与天山地区其他湖泊的比较分析

湖泊	年份	平均浓度/(mg/kg)							数据来源
		As	Cd	Cr	Cu	Ni	Pb	Zn	
咸海	1900~2019	12.47	0.66	62.33	27.17	34.79	12.75	64.71	本书
伊塞克湖	1674~2013	12.43	0.37	53.03	20.93	25.39	23.41	89.96	Zhan et al., 2022
松克尔湖	1622~2013	9.80	0.15	40.44	16.89	20.80	14.85	43.32	Zhan et al., 2022
巴尔喀什湖	1800~2017	—	0.20	49.18	36.89	25.42	22.81	67.81	Huang et al., 2020
艾比湖	1860~2011	—	—	46.99	26.54	27.99	20.53	80.34	Ma et al., 2016
博斯腾湖	1868~2016	6.73	0.18	28.35	15.92	16.26	11.62	41.39	Liu et al., 2019
赛里木湖	1800~2010	9.4	0.25	39.0	21.4	—	19.7	65.2	Zeng et al., 2014

污染物的浓度可以反映湖泊的污染程度，但污染物的通量可以反映污染物的实际积累情况，其计算方法为：沉积通量 $[\mu g/(cm^2 \cdot a)]$ = 元素浓度 $(\mu g/g)$ × 沉积速率 $[g/(cm^2 \cdot a)]$（Zhu et al., 2020）。As、Cd、Cr、Cu、Ni、Pb 和 Zn 沉积通量的垂直变化特征与浓度变化基本一致（图 3.74），其沉积通量的变化范围分别为 0.61~1.65 $\mu g/(cm^2 \cdot a)$、0.04~0.08 $\mu g/(cm^2 \cdot a)$、2.73~6.04 $\mu g/(cm^2 \cdot a)$、1.17~3.01 $\mu g/(cm^2 \cdot a)$、1.53~3.41 $\mu g/(cm^2 \cdot a)$、0.83~1.24 $\mu g/(cm^2 \cdot a)$、

$3.06 \sim 6.25$ μg/(cm²·a)，均值为 1.0 μg/(cm²·a)、0.05 μg/(cm²·a)、5.0 μg/(cm²·a)、2.18 μg/(cm²·a)、2.78 μg/(cm²·a)、1.03 μg/(cm²·a)、5.21 μg/(cm²·a)。

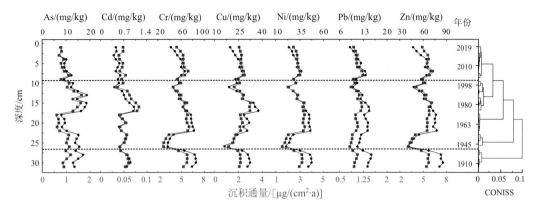

图 3.74　咸海沉积岩芯 As 和金属元素含量及沉积通量的垂直变化

利用 CONISS 聚类分析同样将湖泊环境分为三个时间段(图 3.74)。约 1900~1935 年金属元素 Cr、Ni、Pb 和 Zn 沉积通量的数值相对较高，指示它们实际累积量较大，平均值分别为 5.45 μg/(cm²·a)、2.99 μg/(cm²·a)、0.99 μg/(cm²·a)及 5.46 μg/(cm²·a)。1935~2000 年金属元素 Cr、Cu、Ni、Pb 和 Zn 的沉积通量呈现先下降后上升再下降的趋势，而 As 的变化趋势与上述金属元素变化不同。约 1940~1955 年受风沙活动的影响，Cr、Cu、Ni、Pb 和 Zn 的沉积通量显著降低，而 As 显著增加。20 世纪 60~90 年代，高强度的工农业活动使得金属元素的沉积通量显著上升，数值达到峰值；约 1991 年随着苏联解体，工农业生产活动降低后，As 和金属元素的沉积通量又开始下降。约 2000~2019 年，As、Cd、Cr、Cu、Ni、Pb 和 Zn 的沉积通量进一步下降，平均含量分别为 0.85 μg/(cm²·a)、0.05 μg/(cm²·a)、5.18 μg/(cm²·a)、2.24 μg/(cm²·a)、2.77 μg/(cm²·a)、1.06 μg/(cm²·a)及 5.51 μg/(cm²·a)，说明 As 和金属元素实际累积量较少。

(三)咸海沉积物中元素的主要来源

为分析咸海沉积中元素的主要来源，将元素浓度数据进行标准化处理后，进行相关性、双层次聚类、主成分分析等多元统计分析。根据咸海沉积物中元素的垂直变化特征，选择元素 Al、Fe、Ti、Sr、Na、Zn、Cr、Ni、Cu、As、Cd 和 Pb 进行相关性矩阵分析(图 3.75)，结果表明，元素 Al、Fe、Ti、Zn、Cr、Ni 和 Pb 呈显著正相关($p < 0.001$)，它们的相关系数 r 值大于 0.83，代表它们的沉积环境或者来源相似。元素 Sr 和 Na 在 $p < 0.001$ 水平上呈正相关，相关系数 r 数值为 0.66。此外，金属元素 Cd 和 Cu 之间表现出正相关性($p < 0.001$，$r = 0.73$)，Cd 与 As 之间也呈现正相关性($p < 0.001$，$r = 0.73$)，但 As 与 Cu 之间无明显相关性(图 3.75)，表明 As 和 Cu 两者的沉积环境或者来源不同，而 Cd 至少存在两个来源。

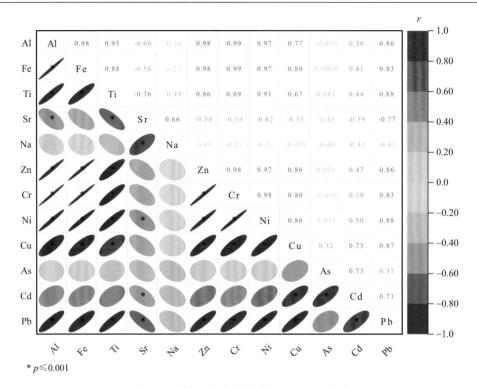

* $p \leqslant 0.001$

图 3.75　咸海沉积物元素之间的相关性矩阵

　　咸海岩芯层位和沉积物中元素 Al、Fe、Ti、As、Cd、Cr、Cu、Ni、Pb 及 Zn 的双层次聚类分析（DHCA）结果如图 3.76 所示。对咸海沉积岩芯样品进行水平树状聚类，主要可分为三类。第 1 类包括层位 15~22 和 28~31，主要是金属元素浓度、富集系数、地质累积指数及营养盐（TOC、TN）含量较高的样点；第 3 类包括层位 12、23~26，样品粒径较粗，元素（除 As 外）、营养盐、同位素及生物标志化合物含量均较低，主要受风沙活动的影响；其他样点聚为第 2 类，表现为金属元素、营养盐浓度相对较低，而元素 Sr、Na、Ca 及碳氧同位素数值相对较高。DHCA 将上述元素分成三个簇（图 3.76），聚类的结果与上述相关性分析结果基本一致（图 3.75）。聚类Ⅰ包括 Cd 和 Cu，聚类Ⅱ包括 Al、Ti、Fe、Cr、Ni、Pb 和 Zn，而聚类Ⅲ仅包括 As。Al、Fe、Ti 为丰富的惰性天然元素，化学性质稳定，主要来源于天然成岩源，在地壳物质中浓度基本不变（Taylor, 1964; Bing et al., 2019）；而人类活动包括工业和农业生产活动是潜在有毒元素的重要来源（Fu et al., 2014; Chen et al., 2019）。

　　研究表明，苏联在集约化农业的背景下，化肥和农药被密集和过度使用（Micklin, 2010; Barron et al., 2017）。例如，在苏联解体前，塔吉克斯坦使用了大量化肥（每年 15~20 万 t），远远超过世界平均水平（牛海生等, 2013）。到目前为止，农业仍然是中亚咸海流域至关重要的部门，是经济的支柱，在塔吉克斯坦、吉尔吉斯斯坦、乌兹别克斯坦和哈萨克斯坦的国内生产总值中分别占 23.3%、20.8%、18.5% 和 5.2%，化肥和农药在这些国家也被过度使用（Hamidov et al., 2016）。在原料获取和生产过程中，一些潜在有毒元素（如 Cu、Cd 和 As）会被带入化肥和农药中，过度使用会将这些金属释放到环境中，特别是在农业区的沉积物中(Niu et al., 2020; Li et al., 2021)。此外，有研究证明 As 和 Cd 也来源于化工、冶金、玻璃、皮革等工业活动、化石原料燃烧以及矿山开采等(Li et al., 2013; Chen et al., 2019)。流域表层沉积物中 Cu 和 As 的人为来源主要为农业活动，而 Cd 主要为工业和交通混合来源(图 3.76)。相关性分析表明，Cd 与 As 和 Cu 显著相关(图 3.75)，表明它们存在共同来源，聚类 I 和III可能主要来自流域的人类活动。

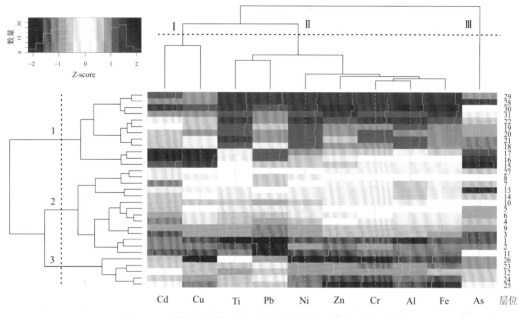

图 3.76　咸海沉积物元素及岩芯层位的双层次聚类分析

(四)潜在有毒元素富集水平和污染评价

对整个咸海沉积岩芯样品中潜在有毒元素进行富集和污染评价(图 3.77)。EF-Pb 数值的变化范围 1.41~1.93，均值 1.72，指示零或者轻微富集。As、Cd、Cr、Cu、Ni 和 Zn 的富集系数(EF)范围分别为 1.24~3.62、3.82~8.59、1.66~3.21、1.86~3.83、1.95~3.71 和 1.70~2.92，均值分别为 2.22、5.76、2.57、2.95、3.01 和 2.45。基于 EF 评分标准(Sutherland, 2000)，As、Cr、Cu、Ni 和 Zn 达到中度富集水平，而 Cd 达到中度到显著富集水平。研究表明咸海是一个典型的人为生态破坏的案例(Spoor, 1998; Micklin, 2007; Liu et al., 2020)，苏联成立以来，为了维持大规模的农业种植(尤其是棉花)，建立了一系列不可持续的灌溉设施，许多农业化学品(化肥、除草剂、农药等)被引入湖中，导致咸海流域的生态退化，并显著增加了咸海沉积物中有毒有害物质包括金属元素的含量(Rzymski et al., 2019)。

百年来咸海沉积岩芯 As 和金属元素富集系数(EF)和地质累积指数(I_{geo})的变化特征见图 3.78。约 1900~1935 年，咸海沉积物中 As、Cr、Cu 和 Ni 的平均富集系数均大于 2，EF-Cd 和 I_{geo}-Cd 均值分别为 5.41 和 2.39，评价结果为显著富集和重度污染，表明受到了人类活动的影响。

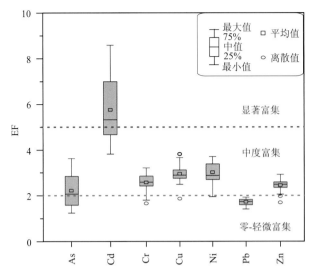

图 3.77　咸海沉积岩芯中 As 和金属元素富集系数的箱线图

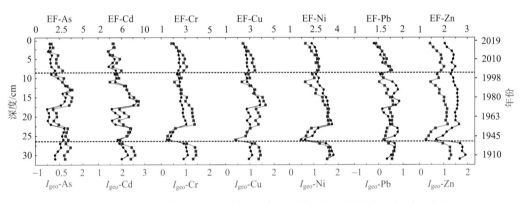

图 3.78　咸海沉积岩芯 As 和金属元素富集系数和地质累积指数的垂直变化

　　早在 20 世纪之前，咸海平原就有农业种植记录，特别是咸海盆地的棉花种植，1914 年，俄罗斯帝国已经成为世界上最主要的棉花生产国之一（Whish-Wilson, 2002; Micklin, 2007）。1935~2000 年，研究区工农业活动显著增加，沉积物中 As 和金属元素的富集系数和地质累积指数呈现先下降后增加的趋势（图 3.78）。20 世纪 20 年代后，苏联成立，在咸海盆地开始集中农业生产，建立了一系列水利工程和扩张性灌溉工程（Spoor, 1998）。其中约 1945~1955 年受风沙活动影响，沉积物主要以沙粒为主（图 3.69），这也解释了该时期大部分金属浓度低的原因。20 世纪 60 年代以后，阿姆河流域建设了多个水利工程，大规模种植棉花，过度使用农用化学品导致咸海沉积物中潜在有毒元素的显著富集（Yang et al., 2020; Su et al., 2021）。由于人为影响和气候干旱，1960~1987 年，咸海的水位高度和面积分别下降了近 13 m 和约 40%（Micklin, 2007）。1991 年苏联解体后，咸海沉积物中的元素的 EF 和 I_{geo} 值开始下降。2000 年以后，咸海中潜在有毒元素的 EF 和 I_{geo} 仍然呈下降趋势（图 3.78）。近年来，阿姆河基本不再流入咸海，外源污染物很少被携带入咸海（Conrad et al., 2016）。此外，由于温度升高和蒸发的加强，咸海的水位和面积明显下降，区域生态环境遭到破坏，生存环境恶化（Leng et al., 2021; Yang et al., 2021b）。

三、沉积物 POPs 污染历史及风险评估

（一）PAHs 含量变化及污染风险评估

咸海沉积岩芯中16种优控 PAHs 皆有检出，总 PAHs 的含量范围为 117.97~243.52 ng/g dw，平均含量为（159.53±28.25）ng/g dw（表 3.23）。2 环 PAHs（Nap）的含量变化范围为 26.22~57.17 ng/g dw，平均（36.72±7.27）ng/g dw。3 环 PAHs 以 Flu 和 Phe 为主，含量变化范围分别为 15.58~51.93 ng/g dw 和 34.92~75.31 ng/g dw，平均含量分别为（25.71±8.07）ng/g dw 和（51.28±9.42）ng/g dw；4 环 PAHs 以 Flt 和 Pyr 为主，其含量变化范围分别为 6.84~19.86 ng/g dw 和 4.99~21.86 ng/g dw，平均含量分别为（9.92±2.88）ng/g dw 和（8.35±3.75）ng/g dw；5 环 PAHs 以 BbF 和 BaP 为主，含量范围分别为 1.26~8.63 ng/g dw 和 0.74~11.07 ng/g dw，平均含量分别为（3.20±1.38）ng/g dw 和（2.59±2.05）ng/g dw；6 环 PAHs 中 BghiP 的含量范围为 1.15~6.73 ng/g dw，平均含量为（2.41±1.14）ng/g dw，InP 的含量范围为 ND~6.56 ng/g dw，平均含量为（2.29±1.62）ng/g dw。总的来说，2 环、3 环、

表 3.23　咸海岩芯沉积物 PAHs 化合物含量统计学分析

化合物	最小值/(ng/g dw)	最大值/(ng/g dw)	平均值/(ng/g dw)	SD/(ng/g dw)	CV/%
Nap	26.22	57.17	36.72	7.27	19.80
Acy	ND	9.86	1.46	1.78	121.57
Ace	1.36	5.39	3.16	0.84	26.49
Flu	15.58	51.93	25.71	8.07	31.37
Phe	34.92	75.31	51.28	9.42	18.37
Ant	0.71	12.80	3.81	3.15	82.66
Flt	6.84	19.86	9.92	2.88	29.00
Pyr	4.99	21.86	8.35	3.75	44.86
BaA	0.87	12.05	2.93	2.44	83.28
Chr	1.30	15.99	3.78	3.03	80.20
BbF	1.26	8.63	3.20	1.38	43.23
BkF	0.43	2.71	1.16	0.56	48.20
BaP	0.74	11.07	2.59	2.05	79.04
DahA	0.46	1.51	0.75	0.26	34.87
BghiP	1.15	6.73	2.41	1.14	47.27
InP	ND	6.56	2.29	1.62	70.74
PAHs	117.97	243.52	159.53	28.25	17.71
LMW PAHs	82.34	201.40	122.14	23.64	19.36
HMW PAHs	20.97	105.31	37.38	15.84	42.37

注：ND 代表未检测出或低于检测限。

4 环、5 环和 6 环 PAHs 占总 PAHs 含量的比值依次为 14.73%~29.30%（23.20%±3.55%）、40.63%~63.61%（53.49%±6.49%）、10.44%~29.57%（15.49%±4.90%）、2.13%~10.14%（4.84%±2.13%）和 0.70%~6.13%（2.98%±1.19%），由此可以看出，咸海沉积岩芯中的 PAHs 以 2~4 环化合物为主。

从咸海沉积岩芯中 PAHs 含量的垂直变化可以看出（图 3.79），在深度 31~26 cm，总 PAHs 含量变化范围为 149.10~179.03 ng/g dw，平均含量为（158.25±12.52）ng/g dw。HMW PAHs 的垂直量变化相对稳定，其数值范围为 26.75~38.14 ng/g dw，平均值为 33.01 ng/g dw，占总 PAHs 的 17.55%~24.44%（平均 20.93%），以 4 环的 Flt（平均含量 9.77 ng/g dw）和 Pyr（平均含量 7.51 ng/g dw）为主，而 6 环的 InP 除层位 31cm 外，其他层位均未检测出；LMW PAHs 的含量变化范围为 113.23~146.55 ng/g dw，平均值为 125.25 ng/g dw，占总 PAHs 的 75.56%~82.45%（平均 79.07%），其中以 2 环的 Nap（平均含量 37.09 ng/g dw）、3 环的 Phe（平均含量 56.70 ng/g dw）和 Flu（平均含量 24.66 ng/g dw）为主。26~9 cm，总 PAHs、LMW PAHs 和 HMW PAHs 皆呈现在波动中逐渐上升的趋势。总 PAHs 含量相对较高，含量变化范围为 128.41~243.52 ng/g dw，平均含量为（163.14±29.55）ng/g dw，总 PAHs 含量高点出现在层位 12 cm。LMW PAHs 平均含量处于整个岩芯变化的最高值，含量变化范围为 104.35~201.40 ng/g dw，平均含量为 131.75 ng/g dw，占据总 PAHs 的主导地位（69.30%~84.81%，平均 80.88%±3.46%）。而 HMW PAHs 的含量在此阶段含量显著降低，处于整个岩芯变化的最低值，含量变化范围为 20.97~56.67 ng/g dw，平均含量为 31.39 ng/g dw，5 环 BbF、BkF、BaP、DahA 以及 6 环 Bghip 含量显著下降，但 6 环 InP 含量上升（平均值为 2.37 ng/g dw）。9 cm~表层，总 PAHs 和 LMW PAHs 的含量呈现下降后又缓慢上升的趋势，而几乎所有的 HMW PAHs 的含量均呈现显著的上升趋势，表层总 PAHs 含量达到峰值（数值为 235.90 ng/g dw），该阶段 HMW PAHs 的含量也处于整个岩芯变化序列的最高值（变化范围为 117.97~235.90 ng/g dw，平均值为 153.41 ng/g dw），占据总 PAHs 的 23.75%~44.64%，平均 32.54%±6.59%。

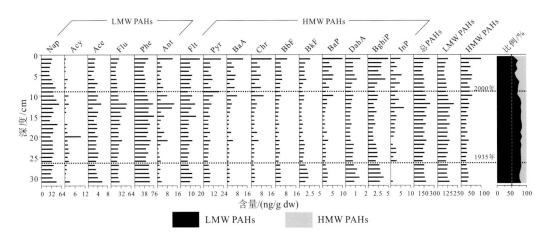

图 3.79　咸海沉积岩芯 PAHs 含量的垂直变化特征

通过对咸海流域表层沉积物中 PAHs 组分和同分异构体比值的分析，可以揭示不同的 PAHs 来源，而 PAHs 的来源差异又与能源消费结构和社会生产方式息息相关。因此，我们对咸海沉积岩芯中 PAHs 的同分异构体比值以及 PMF 模型计算下的各主因子贡献量变化进行 CONISS 聚类分析，通过分析 PAHs 来源在沉积岩芯中的垂直变化特征，进一步揭示咸海流域历史时期人类活动方式的变化以及对湖泊环境施加的影响。图 3.80 展示了咸海沉积岩芯中 PAHs 来源的三个主要变化阶段，大致如下：

① 约 1900~1935 年，LMW PAHs/HMW PAHs 的值为 3.09~4.70 [平均 (3.86±0.73)]，表现出较高的值，Ant/(Phe+Ant) < 0.1，Flt/(Flt+Pyr) > 0.5，Bap/BghiP 接近或大于 0.6，且大部分层位 InP/(InP+BghiP) = 0，此阶段 PAHs 的主要来源是煤炭和木材等的低温燃烧以及未热解的石油源。结合 PMF 模型分析结果也可以看出，该阶段 PAHs 来源的主因子是生物质燃烧和未热解的石油源，占 PAHs 贡献量的约 88.6%，而煤炭燃烧和石油燃烧只占到 7.3% 和 4.1%（图 3.80）。原油/原煤以及煤炭燃烧的代表产物 Nap 和 Phe 的占比最大，木材燃烧的代表产物 Flu 也占有较高比重（图 3.80），由此看出，约 1900~1935 年期间，咸海沉积物中的 LMW PAHs 来源主要是内源人为活动如煤炭燃烧以及取暖和饮食燃烧的木材/薪柴。尽管 HMW PAHs 含量较低，该阶段的总 PAHs 表现出相对稳定且较高的含量，表明此阶段已经有较强的人类活动。据记载，在 20 世纪之前，中亚国家已经开始了农业种植，到 1914 年，俄罗斯帝国已经成为世界主要的棉花生产国之一（Glantz, 1999; Micklin, 2007），特别是位于平原地区的咸海流域，包括阿姆河三角洲，是中亚重

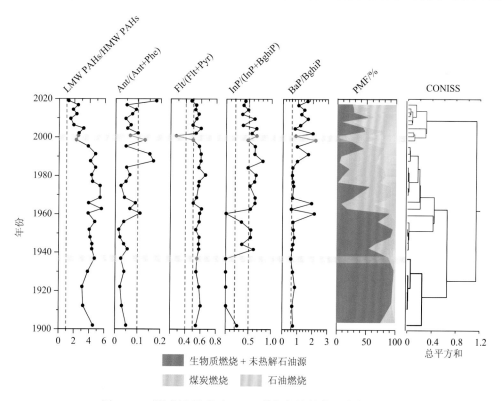

图 3.80　咸海沉积岩芯中 PAHs 特征根比值的历史变化特征

要的农业生产地，木材秸秆等生物质的不完全燃烧是 PAHs 的主要来源。另外，该阶段咸海岩芯的 LMW PAHs 含量也处于相对高值，占总 PAHs 的 75.56%~82.45%（图 3.79）。由于咸海流域油气储藏点较多，是中亚地区最重要的石油开采地，LMW PAHs 的另一重要来源可能是原油，LMW PAHs 在整个岩芯中占总 PAHs 的比值均较高（图 3.80）。总的来说，约 1900~1935 年期间，咸海流域表现出较强的人类活动，人类活动产生的 PAHs 主要来源于生物质燃烧。

② 约 1935~2000 年，LMW PAHs/HMW PAHs 的值为 2.26~5.58［平均（5.58± 4.36）］，总体呈波动性下降趋势；Ant/(Phe+Ant) 变化较大，为 0.02~0.17，在 1960 年左右趋近于 0.1，在约 1990~2000 年该值大于 0.1；Flt/(Flt+Pyr) 为 0.50~0.66；InP/(InP+BghiP) 为 0.00~0.81，除了在约 1955~1960 年比值小于 0.50 外，其他时间段该值均大于 0.50；Bap/BghiP 基本大于 0.6，尤其在 1960~1965 年和 1990~2000 年（图 3.80），表明此阶段咸海 PAHs 的主要来源是生物质燃烧、煤炭燃烧和石油燃烧的混合产物。PMF 分析结果也表明，该阶段生物质燃烧和未热解的石油源产生的 PAHs 约占总贡献量的 39.08%，与前阶段相比明显减少，其贡献比例也呈现逐渐下降趋势；而煤炭燃烧的贡献量约占总贡献量的 43.67%，与前阶段相比显著增加，且呈现逐渐上升趋势，约 1960 年后开始超过生物质燃烧和未热解的石油源产生的 PAHs，该阶段石油燃烧释放产生的 PAHs 贡献量也呈现逐渐上升趋势，约占 17.25%，在约 1960 年以后，石油燃烧产生的 PAHs 贡献率明显增加（图 3.80）。该时期总 PAHs 含量的平均值最高，6 环 InP 含量显著增加（平均值为 9.50 ng/g dw），在约 1980 年以后明显增加，并在约 1991 年达到整个岩芯的最大值，煤炭燃烧的代表产物如 BaA 和 Chr 含量也增加，说明此时人类活动产生 PAHs 的贡献量在逐渐加大，尤其是 1960~1990 年，该时期 Flt/(Flt+Pyr) 均大于 0.5，Bap/BghiP 大于 0.6，说明 PAHs 的来源以煤炭和木材的燃烧为主，农业生产活动方式显著。该时期对应第二次世界大战结束后，苏维埃社会主义共和国联盟逐渐恢复经济生产，农业生产水平迅速提高，20 世纪 50~80 年代，乌兹别克斯坦是苏联亚洲部分最繁荣的加盟国之一，尤其是 60 年代初，苏联政府在此启动自然大改造“白金计划”建造运河，把阿姆河和锡尔河的水引入到乌兹别克斯坦和土库曼斯坦用于棉花种植，这段时间总 PAHs 呈现波动增长，并于 1990 年左右达到最高含量。金属元素结果也表明，该阶段的人类活动明显增加，与 PAHs 指标指示的环境变化相一致。

③ 约 2000~2019 年，LMW PAHs/HMW PAHs 的值为 1.24~3.21［平均（2.18± 0.61）］，比值明显低于另外阶段，为三个阶段最低值，且呈现逐渐下降的趋势；Ant/(Phe+Ant) 为 0.04~0.18，除表层外，其他样点均低于 0.1；与前阶段相比，Flt/(Flt+Pyr) 和 InP/(InP+ BghiP) 的值有所下降，Flt/(Flt+Pyr) 的值为 0.27~0.60，InP/(InP+BghiP) 的值为 0.36~0.67，在 1955~1960 年和 2010 年以来两个时间段比值小于 0.50，其他时间段该值基本大于 0.50；Bap/BghiP 的值为 0.80~2.00（图 3.80），表明此阶段咸海 PAHs 的主要来源仍然是生物质燃烧、煤炭燃烧和石油燃烧的混合产物，但是石油燃烧产生的 PAHs 比例在增加。PMF 分析结果表明，该阶段石油燃烧释放的 PAHs 已经成为主导，占 PAHs 总贡献量的 49.33%，而生物质燃烧和未热解的石油源以及煤炭燃烧产生的 PAHs 明显减少，分别占总贡献量

的 25.41%和 25.26%，反映出此阶段咸海流域 PAHs 主要来源于区域汽油和柴油的石油燃烧。该时期总 PAHs 含量的平均值为三个时间段最低，呈现先下降后缓慢上升趋势。1991年苏联解体后大量工业企业停产或破产，工业生产总量在苏联经济体系瓦解期间暂时下降。苏联解体后独联体各国经济的发展均可分成两个过程：1991~2000 年从经济衰退走向复苏，但乌兹别克斯坦经济衰退的幅度小于其他国家，因此 PAHs 总含量也相应缓慢逐年降低；进入 21 世纪以来，根据 2016 年联合国工业发展组织报告，乌兹别克斯坦被列入中低收入国家，而周边哈萨克斯坦、土库曼斯坦等独联体国家则属于中高收入国家。在这一阶段，乌兹别克斯坦的发展进程缓慢向前，PAHs 总含量总体仍然呈下降趋势。2010 年开始，不断进行的结构改革和市场转向，使得乌兹别克斯坦工业生产总量开始增长，2010 年工业产品总量达到 1990 年的 3 倍，PAHs 总含量也逐步上升。

从 PAHs 不同环数在沉积记录中比例变化趋势也可发现相应时间规律(图 3.81)，在经济相对落后及以农业种植为主要经济来源的第一阶段，工业发展缓慢，能源使用结构以煤炭和生物质为主，特别是用于家庭烹饪和基本供暖的生物质燃烧是主要污染源，2~3环 PAHs 增加趋势也直接影响 PAHs 总含量变化趋势；随着工业、经济持续发展，能源结构也逐步以化石燃料为主，同时 4~6 环高环数 PAHs 与机动车数量等相关联，因此 4~6环 PAHs 的贡献率逐渐增加，可能与煤炭、焦炭燃烧等化石燃料的高温燃烧和汽车尾气排放的增加有关，尤其是进入第二阶段，苏联解体后乌兹别克斯坦进行结构调整，农业占国内生产总值比例降低，使用生物质能源燃烧产生的 PAHs 逐步下降，高环 PAHs一直呈现稳步增加趋势，尤其是在 2019 年前后已经达到纪录中高值，同时 HMW PAHs

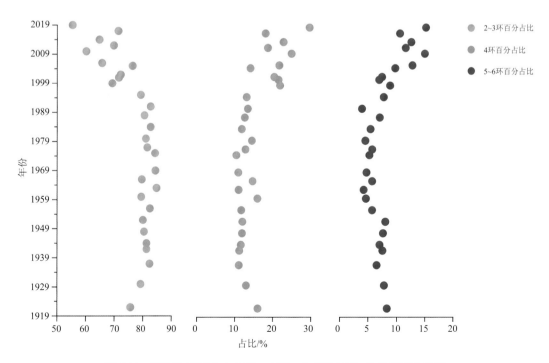

图 3.81　沉积物岩芯中 2~3 环、4 环、5~6 环 PAHs 的比例变化趋势

在总 PAHs 中所占比例也达到最高值。高峰值出现在采样年份，这与发达国家显著不同，许多发达国家通常在 20 世纪 80 年代之前就完成了工业化，后又实施了清洁生产计划，因此沉积记录中总 PAHs 峰值出现较早，而发展中国家处于一个波动发展的阶段，与发达国家多环芳烃浓度沉积记录具有一定差距。

除此之外，通过 2000~2019 年 20 年间经济参数[人口总量(包括城镇人口和乡村人口)，煤炭、天然气、石油等能源消费，工业产值，农业耕种面积及总用电量]和理化参数(TOC)与岩芯中 LMW PAHs 和 HMW PAHs 的相关分析(图 3.82)表明，影响 HMW PAHs 浓度的主要因素包括人口总量、煤炭消费、总用电量及工业生产总值，其中除城镇人口外($p < 0.05$)，其他因素均与 HMW PAHs 显著相关($p < 0.001$)。随着人口总量增长，工业化和城市化的快速发展，交通运输和化石燃料消费持续增加，导致 HMW PAHs 排放增加，可见人口总量、工业生产总值、煤炭消费及用电量都是影响 HMW PAHs 浓度的主要因素，也是近年来影响 PAHs 浓度水平的主要原因。影响 LMW PAHs 浓度的主要因素包括城镇人口数量、天然气消费、总用电量及理化参数(TOC)。乡村人口数量增加并不会直接影响 LMW PAHs 浓度，两者不存在相关性，但城镇人口的增加，会使 LMW PAHs 浓度相应降低，同时 LMW PAHs 并不与农业耕种面积等参数相关联，可以认为随着城镇化进程，人类使用能源的方式在改变，生物质能源已不能完全满足人类生活需要，同时生物质不完全燃烧带来的 LMW PAHs 污染也相应降低；天然气也是影响 LMW PAHs 的主要因素，乌兹别克斯坦的天然气储备居世界前列，但近年来工业化转型，天然气、石油及化工产品的生产和消费已连续 20 年降低。

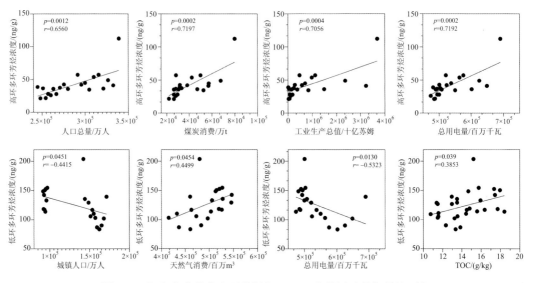

图 3.82　沉积物岩芯中多环芳烃与 TOC、人类活动的相关性研究

苏姆：乌兹别克斯坦货币，1 苏姆≈0.000576 元

分析沉积物芯中 TOC 对 HMW PAHs 和 LMW PAHs 浓度的影响表明，沉积岩芯中 TOC 呈现缓慢增加到高值后又缓慢降低的趋势，与 LMW PAHs 在沉积记录中趋势相似。有研究表明，TOC 与 3 环 PAHs 中的 Acy、Flu、Phe、Ant 显著相关，而单体 Phe 及 Flt

在咸海沉积记录中贡献较大，这可能是沉积记录的 TOC 与 LMW PAHs 具有相关性，而与 HMW PAHs 不存在相关性的原因。

咸海 1900 年以来沉积岩芯 PAHs 的潜在生态风险危害系数（TEC HQ 和 PEC HQ）的变化特征见图 3.83。整体来说，咸海岩芯沉积物中的 PAHs 呈现低→低-中→低生态风险水平的变化趋势。约 1900~1935 年，咸海沉积物中 Nap、Flu 和 Phe 的 TEC HQ 变化范围分别为 0.86~1.39、1.05~1.31 和 1.28~1.41，平均值均大于 1，处于低生态风险等级，其他化合物的 TEC HQ 和 PEC HQ 均小于 1，处于无生态风险等级，表明该时期咸海流域存在一定的生态风险。该时期咸海流域的农业种植已经开展，1914 年，俄罗斯帝国已经成为世界上最主要的棉花生产国之一（Whish-Wilson, 2002; Micklin, 2007）。约 1935~2000 年，沉积物中各 PAHs 单体的危险系数均呈现上升趋势，其中，Nap、Flu 和 Phe 的 TEC HQ 的平均值均大于 1，变化范围分别为 0.78~1.65、0.92~2.45 和 1.04~1.80，部分层位 Acy 的 TEC HQ 也大于 1，处于低-中生态风险等级水平，该时期咸海流域工农业活动显著增加，随着苏联成立，咸海流域开始了集中农业生产，同时建立了一系列水利工程和扩张性灌溉工程（Spoor, 1998）。20 世纪 60 年代以后，阿姆河流域建设了多个水利工程，该时期的 Acy、Flu、Phe、Ant、Flt、BaA 和 Chr 的 HQ 值均表现出明显的峰值，表明强的人类活动对咸海的生态环境产生了一定的负效应。2000 年以后，除 Nap、Flu 和 Phe 部分深度大于 1，其他化合物的 PEC HQ 均小于 1，处于低生态风险水平，咸海沉积物中 LMW PAHs 包括 Nap、Acy、Flu、Phe 和 Ant 的 HQ 值都有所下降，而 HMW PAHs 包括 Pyr、BaA、Chr 和 DahA 的 HQ 都呈现上升的趋势，表明该时期人类活动包括煤炭燃烧、汽油和柴油燃烧排放的 PAHs 对湖泊产生的风险较高。

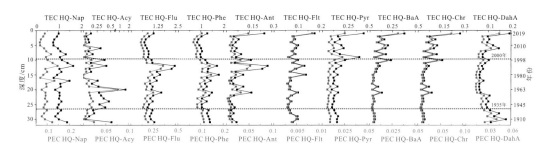

图 3.83　咸海沉积岩芯 PAHs 化合物的 TEC HQ 和 PEC HQ 的垂直变化

（二）OCPs 含量变化及污染评价

咸海沉积岩芯中共检出 19 种 OCPs 化合物，HEPT 未被检出，其总含量范围为 26.83~245.60 ng/g dw，平均含量为（69.69±50.68）ng/g dw（表 3.24）。DDTs、HCHs、Chlors、Endos 以及 Aldrins 的含量变化范围分别为：0.40~45.76 ng/g dw、21.29~159.63 ng/g dw、0.15~18.80 ng/g dw、0.07~20.83 ng/g dw 和 0.00~8.78 ng/g dw，平均含量分别为（5.74±9.14）ng/g dw、（52.90±37.18）ng/g dw、（5.86±4.52）ng/g dw、（3.23±4.20）ng/g dw 和（1.97±2.11）ng/g dw。HCHs 类化合物是最主要的检出化合物，占总 OCPs 的 61.97%~94.26%（平均 77.06%），其次为 DDTs 和 Chlors，分别占总 OCPs 的

1.41%~18.63%（平均 6.86%）和 0.37%~22.36%（平均 8.93%）。在 DDTs 类化合物中，*p,p'*-DDT
为主导化合物，其含量变化范围为 0.15~26.91 ng/g dw，平均含量为（3.28±5.42）ng/g dw；
在 HCHs 类化合物中，*γ*-HCH 为主导化合物，其含量变化范围为 6.21~148.55 ng/g dw，
平均含量为（37.45±37.60）ng/g dw；而 Chlors 类化合物中，Methoxychlor 含量相对较高，
变化范围为 0.15~11.11 ng/g dw，平均含量为（3.60±3.23）ng/g dw（表 3.24）。Endos 和
Aldrins 占总 OCPs 的比重最小，分别为 0.11%~8.48%（平均 4.00%）和 0.00%~8.38%（平均
3.14%），咸海流域 OCPs 的使用历史与现代环境中的残存相一致。

表 3.24　咸海岩芯沉积物 OCPs 化合物含量

化合物	最小值/(ng/g dw)	最大值/(ng/g dw)	平均值/(ng/g dw)	SD/(ng/g dw)	CV/%
p,p'-DDE	0.13	1.18	0.36	0.25	69.84
p,p'-DDD	ND	16.95	1.90	3.46	182.35
p,p'-DDT	0.15	26.91	3.28	5.42	165.34
o,p'-DDT	ND	0.89	0.20	0.26	128.44
α-HCH	ND	2.82	1.04	0.62	59.91
β-HCH	7.25	23.29	12.77	4.12	32.28
γ-HCH	6.21	148.55	37.45	37.60	100.41
δ-HCH	ND	38.37	1.63	7.67	469.19
HEPX	ND	1.78	0.43	0.55	126.52
α-Chlor	ND	8.88	1.16	1.75	151.85
γ-Chlor	ND	5.83	0.67	1.21	180.58
Methoxychlor	0.15	11.11	3.60	3.23	89.64
β-Endo	ND	20.56	2.85	4.21	147.75
Endosulfan sulfate	0.02	1.55	0.38	0.46	121.32
Aldrin	ND	1.26	0.56	0.33	59.49
Endrin	ND	1.18	0.28	0.37	132.11
Dieldrin	ND	0.56	0.05	0.15	296.72
Endrin aldehyde	ND	0.17	0.02	0.05	240.42
Endrin ketone	ND	6.70	1.06	1.81	170.78
OCPs	26.83	245.60	69.69	50.68	72.73

注：ND 代表未检测出或低于检测限。

从咸海沉积岩芯中 OCPs 含量的垂直变化可以看出（图 3.84），就 OCPs 各类化合物
组成来说，在整个岩芯剖面均以 HCHs 含量占主导。在深度 31~26 cm，总 OCPs 含量低
且相对稳定，变化范围为 32.48~71.01 ng/g dw，平均含量为（54.26±17.40）ng/g dw。DDTs、
HCHs 和 Endos 含量也处于最低水平，含量分别为 0.92~2.03 ng/g dw［平均（1.26±
0.52）ng/g dw］、24.96~59.74 ng/g dw［平均（41.13±16.03）ng/g dw］、0.25~2.73 ng/g dw［平
均（1.61±1.05）ng/g dw］，Methoxychlor 和 HEPX，含量分别为 2.95~9.14 ng/g dw［平均
（6.83±2.76）ng/g dw］和 0~1.68 ng/g dw［平均（0.83±0.69）ng/g dw］，*γ*-Chlor 未检测出，
而 *α*-Chlor 也处于低值。Aldrins 类化合物主要由 Aldrin 和 Endrin ketone 组成，含量分别

为 0~1.26 ng/g dw[平均(0.59±0.57) ng/g dw]和 0~2.39 ng/g dw[平均(1.52±1.10)ng/g dw]，而 Endrin 和 Endrin aldehyde 均未检测出。在深度 26~9 cm，总 OCPs 含量相对较高，含量变化范围为 26.83~168.28 ng/g dw，平均含量为(68.28±44.81) ng/g dw，在层位 21 cm 和 12 cm 出现两个明显的高峰。各类 OCPs 化合物含量均表现出明显的波动，平均含量呈现出波动中逐渐上升的趋势。DDTs、HCHs、Chlors、Endos 以及 Aldrins 的含量变化范围分别为 0.40~9.52 ng/g dw、13.14~146.67 ng/g dw、0.15~14.66 ng/g dw、0.07~4.76 ng/g dw 和 0.55~8.78 ng/g dw，平均含量分别为(2.94±2.99)ng/g dw、(55.96±38.19)ng/g dw、(4.67±4.24)ng/g dw、(1.99±1.72)ng/g dw 和(2.72±2.57) ng/g dw，HCHs 和 Aldrins 的平均含量处于整个岩芯变化的最高值。o,p'-DDT、γ-HCH、Endrin 和 Endrin ketone 在层位 21 cm 出现峰值，对应含量分别为 0.89 ng/g dw、90.67 ng/g dw、1.18 ng/g dw 和 6.70 ng/g dw，p,p'-DDD、p,p'-DDT、γ-HCH、HEPX 在层位 12 cm 出现明显峰值，对应含量分别为 3.00 ng/g dw、5.97 ng/g dw、132.90 ng/g dw 和 1.78 ng/g dw。9 cm~表层，总 OCPs 和各类化合物的含量呈现下降后又缓慢上升的趋势，表层的总 OCPs 含量为整个岩芯的最大值(数值为 245.60 ng/g dw)，该阶段 DDTs 和 Endos 的平均含量处于整个岩芯变化序列的最高值，变化范围分别为 3.54~45.76 ng/g dw 和 2.92~8.48 ng/g dw，平均值分别为 12.52 ng/g dw 和 6.04 ng/g dw，而 HCHs、Chlors 和 Aldrins 的平均含量均有所下降，尤其是 Aldrins，三类化合物的含量变化范围分别为 21.29~159.63 ng/g dw、2.56~18.80 ng/g dw 和 0~1.39 ng/g dw，平均值分别为 53.80 ng/g dw、6.74 ng/g dw 和 0.59 ng/g dw。

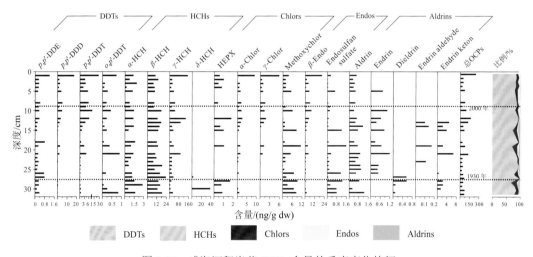

图 3.84 咸海沉积岩芯 OCPs 含量的垂直变化特征

对咸海 1900 年以来的沉积岩芯中 OCPs 的含量进行 CONISS 聚类分析，从图 3.85 可以看出，OCPs 化合物在沉积岩芯中的随时间的变化大致可分为以下三个阶段：

① 约 1900~1930 年，咸海岩芯沉积物中总 OCPs、DDTs、HCHs、Endos 均处于最低水平，尽管该时期咸海流域农业种植已经开始发展，但 OCPs 在二战期间才开始在美国、欧洲和苏联等地被广泛使用并正式投入商业生产，因此，该时期 OCPs 在咸海流域的使用还没有推广。

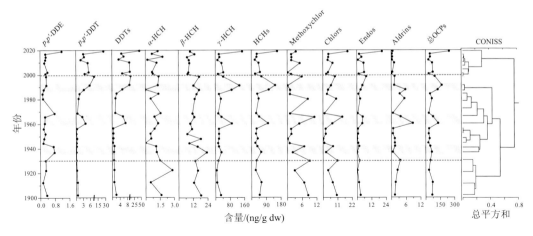

图 3.85　咸海沉积岩芯 OCPs 含量进行的 CONISS 聚类分析

②约 1930~2000 年，岩芯沉积物中总 OCPs 以及大部分单体均呈现先上升后下降再上升的波动性变化，其中，p,p'-DDE 和 β-HCH 在 1940 年左右出现明显的峰值，对应 OCPs 总含量也有所增加（图 3.85）。该时期，苏联改私农和游牧方式为国营农庄，集成化农业活动开始迅速发展（Borchardt et al., 2011），尤其在平原地区，农业集成化带来的经济发展对区域环境产生了明显影响。1940~1955 年期间，由于土地开垦和受风沙活动影响，大量沙土进入咸海，咸海沉积的岩性发生显著变化，以砂质组分为主，各类 OCPs 单体和总 OCPs 含量也降低。在 1960 年左右和 1990 年左右，大部分 OCPs 化合物包括 p,p'-DDT、DDTs、γ-HCH、HCHs、Methoxychlor、Chlors、Endos、Aldrins 以及总 OCPs 含量均出现明显峰值。据文献报道，苏联在 20 世纪 50 年代和 60 年代大量使用 DDTs，尽管苏联政府在 1969/1970 年正式禁止 DDTs，但 DDTs 的使用一直持续到 90 年代初，1946~1990 年，苏联的 DDTs 使用总量估计范围在 25 万~52 万 t；HCHs 的使用在 1965 年左右也达到高峰，1950~1990 年苏联农业 HCHs 总使用量估计为 171 万 t，工业用途的 HCHs 和林丹的使用量分别为 196 万 t 和 4 万 t（图 3.86）（Li et al., 2004, 2006）。1954 年，苏联在乌兹别克斯坦修建了卡拉库姆列宁运河，将流向咸海的阿姆河和锡尔河改道，用于土库曼斯坦东部和乌兹别克斯坦中部地区的农业灌溉，同时，为了保护棉田免受昆虫的毁灭性袭击而喷洒了大量杀虫剂。本来流向咸海的阿姆河水被转移成农业灌溉用水，而咸海不仅收纳了带着大量污染的灌溉水，同时出现严重萎缩干涸，成为牺牲品。即使 DDTs、HCHs 等农药已经禁用多年，阿姆河下游的卡拉卡尔帕克斯坦共和国的饮用水及食物均被发现受到 DDTs 和 γ-HCH 污染，检测浓度高于乌兹别克斯坦标准和国际推荐标准（Binnie and Partners, 1996）。咸海沉积岩芯中记录的 OCPs 序列变化与阿姆河下游流域中水体检出的 OCPs 主要组成基本一致，也进一步说明了咸海流域农药的使用情况。从 20 世纪 50 年代到 90 年代，乌兹别克斯坦处于农业生产发展阶段，农业活动激烈，同时在苏联集中棉花种植计划下，1988 年乌兹别克斯坦成为世界上最大的棉花出口国。

③2000~2019 年，除 DDTs 和 Endos 外，总 OCPs 和各类化合物的含量均呈现出先下

降后在接近表层时出现明显上升的趋势，而 DDTs 和 Endos 含量在整个阶段均表现出相对的高值，主要由 p,p'-DDT 和 β-Endo 贡献（图 3.85）。该时期，农业是咸海流域发展的经济支柱，尽管部分农药被禁用，但新型替代农药在不断更新使用，咸海流域表层沉积物中 OCPs 来源分析也表明，咸海流域的部分地区仍存在 DDTs 和 Endos 的新鲜使用情况。到 20 世纪 90 年代初期苏联解体后，乌兹别克斯坦等中亚国家经济依然主要依靠单纯的种植业，而种植用水来源于阿姆河和锡尔河，棉花的大量种植也让乌兹别克斯坦中部地区的沙漠化不断加剧，耕地盐碱化，咸海流域生态环境恶化，湖泊岩芯完整记录了人类农业活动对湖泊流域环境变化影响。

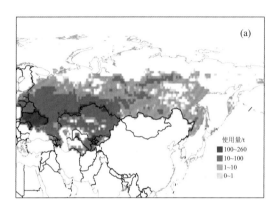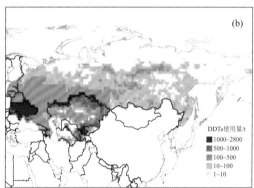

图 3.86　苏维埃社会主义各联盟共和国 1980 年 HCHs(a) 和 1946~1990 年的 DDTs 使用量(b)
(修改自 Li et al., 2004, 2006)

对咸海岩芯沉积物中三类主要 OCPs 化合物（γ-HCH、DDTs 和 Chlors）进行了潜在生态风险评价，1900 年以来咸海沉积岩芯 OCPs 的潜在生态风险危害系数(HQ)的变化特征见图 3.87。总体上来说，咸海沉积岩芯中 OCPs 处于无-低生态风险水平。咸海岩芯沉积物中的 DDTs 和 Chlors 呈现无→低生态风险水平的变化趋势，而 γ-HCH 呈现低-中→中-高生态风险水平的变化趋势。1900~1930 年，咸海沉积物中 Chlors、p,p'-DDD、p,p'-DDE、DDTs 和 γ-HCH 的 TEC HQ 变化范围分别为 0~0.21、0~0.10、0.10~0.25、0.11~0.17 和 6.60~30.63，平均值分别为 0.07、0.07、0.19、0.14 和 15.68，除 γ-HCH 外，其他化合物均处于无生态风险等级，γ-HCH 的 PEC HQ 值变化范围为 4.50~20.86，处于低-中生态风险等级，表明该时期 γ-HCH 在咸海流域表现出一定量的生态风险水平，对其暴露于环境中的生物体绝大多数情况会产生负效应，产生了有害生态影响。1930~2000 年，沉积物中各 OCPs 化合物 HQ 值显著增加，Chlors、p,p'-DDD、p,p'-DDE、DDTs 和 γ-HCH 的 TEC HQ 变化范围分别为 0~0.93、0~1.28、0.09~0.55、0.06~1.92 和 15.11~141.38，平均值分别为 0.29、0.30、0.24、0.51 和 44.07，DDTs 的 TEC HQ 值在 1990 年左右也超过 1，处于低生态风险等级，而 γ-HCH 的危害系数显著升高，PEC HQ 值变化范围为 10.29~96.30，达到中-高生态风险等级。在 1940 年左右，p,p'-DDE 和 γ-HCH 的 HQ 值出现了明显的峰值，表明 DDTs 和 γ-HCH 在当时农业生产活动中已经开始广泛大量使用，在 1960 年左右和 1990 年左右，除 DDTs 和 γ-HCH 的 HQ 出现明显峰值外，Chlors 的

HQ 值也显著增加，表明 Chlors 类化合物对生态环境的危害升高，OCPs 危险系数的显著增加。2000 年以后，咸海沉积物中 Chlors、p,p'-DDD、p,p'-DDE、DDTs 和 γ-HCH 的 HQ 有短暂下降后又开始升高，在接近表层时达到峰值，TEC HQ 变化范围分别为 022~3.27、0.31~4.79、0.16~0.83、0.50~6.45 和 13.12~158.03。苏联解体后，中亚地区国家工农业经济受到影响，同时，随着 DDTs 和 HCHs 的禁用，OCPs 对生态环境的危害有所缓和，但随着新型现代农药如三氯杀螨醇(Dicofol)的使用，OCPs 的生态危害又开始有所增加。

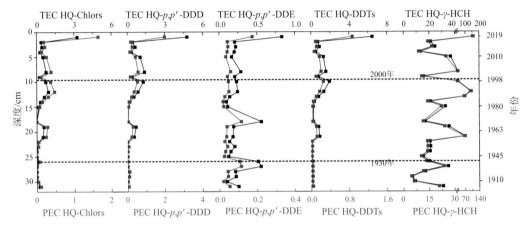

图 3.87　咸海沉积岩芯 OCPs 化合物的 TEC HQ 和 PEC HQ 的垂直变化

参 考 文 献

陈超, 陈正, 金玺, 等. 2012. 塔吉克斯坦共和国主要矿产资源及其矿业投资环境. 资源与产业, 14(3): 6~11.

陈曦, 马赫穆多夫·伊纳扎. 2019. 乌兹别克斯坦水资源及其利用. 北京: 中国环境出版集团.

丁之勇, 马龙, 吉力力·阿不都外力, 等. 2018. 新疆艾比湖湖泊沉积物元素地球化学记录及其生态环境意义. 中国沙漠, 38(1): 101~110.

范堡程, 孟广路, 刘明义, 等. 2017. 塔吉克斯坦成矿单元划分及其特征. 地质科技情报, 36(2): 168~175.

金苗, 吴敬禄, 占水娥. 2022. 乌兹别克斯坦阿姆河流域水体中多环芳烃的分布、来源及风险评估. 湖泊科学, 34(3): 855~867.

马龙, 吴敬禄, 吉力力·阿不都外力. 2012. 新疆柴窝堡湖沉积物中环境敏感粒度组分揭示的环境信息. 沉积学报, 30(5): 945~954.

聂明龙, 吴蕾, 孙林, 等. 2013. 阿姆河盆地查尔朱阶地及邻区盐相关断裂特征与油气地质意义. 石油与天然气地质, 34(6): 803~808.

牛海生, 克玉木·米吉提, 徐文修, 等. 2013. 塔吉克斯坦农业资源与农业发展分析. 世界农业, (4): 119~123.

强明瑞, 陈发虎, 周爱锋, 等. 2006. 苏干湖沉积物粒度组成记录尘暴事件的初步研究. 第四纪研究, 26(6): 915~922.

沈贝贝, 吴敬禄, 吉力力·阿不都外力, 等. 2019. 巴尔喀什湖流域水化学及同位素空间分布及环境特征.

环境科学, 41(1): 173~182.

万宏滨, 周娟, 罗端, 等. 2020. 长江中游湖泊表层沉积物多环芳烃的分布、来源特征及其生态风险评价. 湖泊科学, 32(6): 1632~1645.

王成龙, 邹欣庆, 赵一飞, 等. 2016. 基于 PMF 模型的长江流域水体中多环芳烃来源解析及生态风险评价. 环境科学, 37(10): 3789~3797.

熊春晖, 张瑞雷, 吴晓东, 等. 2016. 滆湖表层沉积物营养盐和重金属分布及污染评价. 环境科学, 37(3): 325~934.

张枝焕, 陶澍, 吴水平, 等. 2005. 天津地区表层土壤和河流沉积物中正构烷烃化合物的成因分析. 地球与环境, 33(1): 15~22.

中国环境监测总站. 1990. 中国土壤元素背景值. 北京: 中国环境科学出版社.

Adimalla N, Chen J, Qian H. 2020. Spatial characteristics of heavy metal contamination and potential human health risk assessment of urban soils: A case study from an urban region of South India. Ecotoxicology and Environmental Safety, 194: 110406.

Ahmed M T, Mostafa G A, Al Rasbi S A, et al. 1998. Capillary gas chromatography determination of aliphatic hydrocarbons in fish and water from Oman. Chemosphere, 36: 1391~1403.

Akhbarizadeh R, Moore F, Keshavarzi B, et al. 2016. Aliphatic and polycyclic aromatic hydrocarbons risk assessment in coastal water and sediments of Khark Island, SW Iran. Marine Pollution Bulletin, 108: 33~45.

Aladin N V, Chida T, Chuikov Y S, et al. 2018. The history and future of the biological resources of the Caspian and the Aral Seas. Journal of Oceanology and Limnology, 36(6): 2061~2084.

Aladin N V, Filippov A A, Plotnikov I S, et al. 1998. Changes in the structure and function of biological communities in the Aral Sea, with particular reference to the northern part (Small Aral Sea), 1985–1994: A review. International Journal of Salt Lake Research, 7(4): 301~343.

Aladin N V, Gontar V I, Zhakova L V, et al. 2019. The zoocenosis of the Aral Sea: six decades of fast-paced change. Environ. Sci. Pollut. Res. Int., 26(3): 2228~2237.

Appleby P G, Oldfield F. 1978. The calculation of lead-210 dates assuming a constant rate of supply of unsupported ^{210}Pb to the sediment. CATENA, 5: 1~8.

Baek S Y, Choi S D, Chang Y S. 2011. Three-year atmospheric monitoring of organochlorine pesticides and polychlorinated biphenyls in polar regions and the South Pacific. Environ. Sci. Technol., 45(10): 4475~4482.

Bakhritdinov S S. 1991. Hygienic Studies of Real Load on a Population in the Intensive Utilization of Agrochemicals. Tashkent, Uzbekistan: Academy of Sciences of Uzbekistan, 11~19.

Barron M G, Ashurova Z J, Kukaniev M A, et al. 2017. Residues of organochlorine pesticides in surface soil and raw foods from rural areas of the Republic of Tajikistan. Environmental Pollution, 224: 494~502.

Bing H J, Wu Y H, Zhou J, et al. 2019. Spatial variation of heavy metal contamination in the riparian sediments after two-year flow regulation in the Three Gorges Reservoir, China. Science of the Total Environment, 649: 1004~1016.

Binnie and Partners. 1996. Aral Sea Program 5, Project No. 1 Uzbekistan Water Supply Sanitation and Health Project, Final report: Water Quality and Treatment. Tashkent,Uzbekistan:State Committee on Forecasting and Statistic of the Cabinet of Ministers of the Republic of Uzbekistan.

Blinov L K. 1947. Kvoprosu o proiskhozhdenii solevogo sostava morskoy vody [On the Question of the Origin of Saline Components of Sea Water]. Meteorologiya i Gidrologiya, nos. 4: 7.

Blinov L K. 1961. The salt balance of the Aral Sea. International Geology Review, 3(1): 26~41.

Borchardt P, Schickhoff U, Scheitweiler S, et al. 2011. Mountain pastures and grasslands in the SW Tien Shan, Kyrgyzstan-Floristic patterns, environmental gradients, phytogeography, and grazing impact. Journal of Mountain Science, 8(3): 363~373.

Bortey-Sam N, Ikenaka Y, Nakayama S M M, et al. 2014. Occurrence, distribution, sources and toxic potential of polycyclic aromatic hydrocarbons (PAHs) in surface soils from the Kumasi Metropolis, Ghana. Science of the Total Environment, 496: 471~478.

Breu T, Hurni H, Stucki A W. 2003. The Tajik Pamirs: Challenges of Sustainable Development in an Isolated Mountain Region. Centre for Development and Environment (CDE), University of Berne: Berne: 80.

Bucheli T D, Blum F, Desaules A, et al. 2004. Polycyclic aromatic hydrocarbons, black carbon, and molecular markers in soils of Switzerland. Chemosphere, 56(11): 1061~1076.

Canadian Council of Ministers of the Environment (CCME). 2010. Polycyclic Aromatic Hydrocarbons. Canadian Soil Quality Guidelines for Protection of Environmental and Human Health Canadian Soil Quality Guidelines [online] http://ceqg-rcqe.ccme.ca/.

Cattle S R, McTainsh G H, Elias S. 2009. Aeolian dust deposition rates, particle-sizes and contributions to soils along a transect in semi-arid New South Wales, Australia. Sedimentology, 56: 765~783.

Chadha D K. 1999. A proposed new diagram for geochemical classification of natural waters and interpretation of chemical data. Hydrogeology Journal, 7(5): 431~439.

Chai L, Wang Y H, Wang X, et al. 2021. Pollution characteristics, spatial distributions, and source apportionment of heavy metals in cultivated soil in Lanzhou, China. Ecological Indicators, 125: 107507.

Chakraborty P, Zhang G, Li J, et al. 2010. Selected organochlorine pesticides in the atmosphere of major Indian cities: Levels, regional versus local variations, and sources. Environmental Science and Technology, 44(21): 8038~8043.

Chanpiwat P, Sthiannopkao S. 2014. Status of metal levels and their potential sources of contamination in Southeast Asian Rivers. Environmental Science and Pollution Research, 21: 220~233.

Chen J S, Sun X X, Gu W Z, et al. 2012. Isotopic and hydrochemical data to restrict the origin of the groundwater in the Badain Jaran Desert, Northern China. Geochem. Int., 50(5): 455~465.

Chen J S, Wang F Y, Xia X H, et al. 2002. Major element chemistry of the Changjiang (Yangtze River). Chem. Geol., 187: 231~255.

Chen R H, Chen H Y, Song L T, et al. 2019. Characterization and source apportionment of heavy metals in the sediments of Lake Tai (China) and its surrounding soils. Science of the Total Environment, 694: 133819.

Chernyak S M, McConnell L L, Riee C P. 1995. Fate of some chlorinated hydrocarbons in Arctic and far eastern ecosystems in the Russian Federation. Science of the Total Environment, 160~161: 75~85.

Colombo J. C, Pelletier E, Brochu, C, et al. 1989. Determination of hydrocarbon sources using n-alkane and poly aromatic hydrocarbon distribution indexes. Case study: Rio de La Plata Estuary, Argentina. Environ. Sci. Technol, 23: 888~894.

Conrad C, Schöenbrodt-Stitt S, Löew F, et al. 2016. Cropping intensity in the Aral Sea basin and its dependency from the runoff formation 2000-2012. Remote Sensing, 8: 630.

Cretaux J F, Letolle R, Bergé-Nguyen M. 2013. History of Aral Sea level variability and current scientific debates. Global and Planetary Change, 110: 99~113.

Crosa G, Froebrich J, Nikolayenko V, et al. 2006a. Spatial and seasonal variations in the water quality of the Amu Darya River (Central Asia). Water Research, 40: 2237~2245.

Crosa G, Stefani F, Bianchi C, et al. 2006b. Water security in Uzbekistan: Implication of return waters on the Amu Darya water quality. Environmental Science and Pollution Research, 13: 37~42.

Daly G L, Wania F. 2005. Organic contaminants in mountains. Environmental Science & Technology, 39(2): 385~398.

de Deckker P, Corrège T, Head J. 1991. Late Pleistocene record of cyclic eolian activity from tropical Australia suggesting the Younger Dryas is not an unusual climatic event. Geology, 19(6): 602~605.

de Mora S, Sheikholeslami M R, Wyse E et al. 2004. An assessment of metal contamination in coastal sediments of the Caspian Sea. Marine Pollution Bulletin, 48(1/2): 61~77.

Duan L Q, Song J M, Yuan H M, et al. 2019. Occurrence and origins of biomarker aliphatic hydrocarbons and their indications in surface sediments of the East China Sea. Ecotoxicology and Environmental Safety, 167: 259~268.

Egamberdiyeva D, Mamiev M, Poberejskaya S K. 2001. The influence of mineral fertilizer combined with a nitrification inhibitor on microbial populations and activities in calcareous Uzbekistanian soil under cotton cultivation. The Scientific World Journal, 1(2): 108~113.

Egbi C D, Anornu G, Appiah-Adjei E K, et al. 2018. Evaluation of water quality using hydrochemistry, stable isotopes, and water quality indices in the Lower Volta River Basin of Ghana. Environ. Dev. Sustain, 21(6): 3033~3063.

Friedrich J, Oberhänsli H. 2004. Hydrochemical properties of the Aral Sea water in summer 2002. Journal of Marine Systems, 47: 77~88.

Fu J, Zhao C P, Luo Y P, et al. 2014. Heavy metals in surface sediments of the Jialu River, China: Their relations to environmental factors. Journal of Hazardous Materials, 270: 102~109.

Gaillardet J, Dupré B, Louvat P, et al. 1999. Global silicate weathering and CO_2 consumption rates deduced from the chemistry of large rivers. Chemical Geology, 159: 3~30.

Gibbs. 1970. Mechanisms controlling world water chemistry. Science, 170: 1088~1090.

Glantz M. 1999. Creeping Environmental Problems and Sustainable Development in the Aral Sea Basin. Cambridge: Cambridge University Press.

Glantz M H, Rubinstein A Z, Zonn I. 1993. Tragedy in the Aral Sea Basin: Looking back to plan ahead? Glob. Environ. Change, 3(2): 174~198.

Grimalt J, Albaigés J. 1987. Sources and occurrence of C_{12}-C_{22} n-alkane distributions with even carbon-number preference in sedimentary environments. Geochim. Cosmochim. Acta, 51(6): 1379~1384.

Gunawardena J, Ziyath A R M, Egodawatta P, et al. 2014. Mathematical relationships for metal build-up on urban road surfaces based on traffic and land use characteristics. Chemosphere, 99: 267~271.

Guzman H M, Jarvis K E. 1996. Vanadium century record from Caribbean reef corals: A tracer of oil pollution in Panama. Ambio, 25: 523~526.

Habib M A, Islam A R M T, Bodrud-Doza M, et al. 2020. Simultaneous appraisals of pathway and probable health risk associated with trace metals contamination in groundwater from Barapukuria coal basin,

Bangladesh. Chemosphere, 242: 125183.

Hamidov A, Helming K, Balla D. 2016. Impact of agricultural land use in Central Asia: A review. Agronomy for Sustainable Development, 36(1): 6.

Hopke P K. 2003. Recent developments in receptor modeling. Journal of Chemometrics, 17(5): 255~265.

Huang K, Ma L, Abuduwaili J, et al. 2020. Human-induced enrichment of potentially toxic elements in a sediment core of Lake Balkhash, the largest lake in central Asia. Sustainability, 12: 4717.

Islam A R M T, Islam H M T, Mia M U, et al. 2020. Co-distribution, possible origins, status and potential health risk of trace elements in surface water sources from six major river basins, Bangladesh. Chemosphere, 249: 126180.

Islam M S, Ahmed M K, Raknuzzaman M, et al. 2015. Heavy metal pollution in surface water and sediment: A preliminary assessment of an urban river in a developing country. Ecological Indicators, 48: 282~291.

Iwata H, Tanabe S, Ueda K, et al. 1995. Persistent organochlorine residues in air, water, sediments, and soils from the Lake Baikal region, Russia. Environmental Science & Technology, 29(3): 792~801.

Jiang H H, Cai L M, Hu G C, et al. 2021. An integrated exploration on health risk assessment quantification of potentially hazardous elements in soils from the perspective of sources. Ecotoxicology and Environmental Safety, 208: 111489.

Kalbitz K, Popp P, Geyer W, et al. 1997. β-HCH mobilization in polluted wetland soils as influenced by dissolved organic matter. Science of the Total Environment, 204(1): 37~48.

Kannan K, Johnson-Restrepo B, Yohn S S, et al. 2005. Spatial and temporal distribution of polycyclic aromatic hydrocarbons in sediments from Michigan inland lakes. Environmental Science & Technology, 39(13): 4700~4706.

Karanasiou A A, Sitaras I E, Siskos P A, et al. 2007. Size distribution and sources of trace metals and n-alkanes in the Athens urban aerosol during summer. Atmospheric Environment, 41(11): 2368~2381.

Karim Z, Qureshi B A, Mumtaz M. 2015. Geochemical baseline determination and pollution assessment of heavy metals in urban soils of Karachi, Pakistan. Ecological Indicators, 48: 358~364.

Karmanchuk A S. 2000. Water chemistry and ecology of Lake Issyk-Kul. NATO Advanced Research Workshop on the Issyk-Kul Lake. Cholpon Ata: Kyrgyzstan: 13~26.

Khanday S A, Bhat S U, Islam S T, et al. 2021. Identifying lithogenic and anthropogenic factors responsible for spatio-seasonal patterns and quality evaluation of snow melt waters of the River Jhelum Basin in Kashmir Himalaya. CATENA, 196: 104853.

Kodirov O, Kersten M, Shukurov N, et al. 2018. Trace metal (loid) mobility in waste deposits and soils around Chadak mining area, Uzbekistan. Science of the Total Environment, 622: 1658~1667.

Krupa E, Grishaeva O. 2019. Impact of water salinity on long-term dynamics and spatial distribution of benthic invertebrates in the Small Aral Sea. Oceanological and Hydrobiological Studies, 48(4): 355~367.

Krupa E G, Grishaeva O V, Balymbetov K S. 2019. Structural variables of macrozoobenthos during stabilization and increase of the Small Aral Sea's level (1996-2008). J. Fish. Res., 3(1): 1~6.

Leng P F, Zhang Q Y, Li F D, et al. 2021. Agricultural impacts drive longitudinal variations of riverine water quality of the Aral Sea basin (Amu Darya and Syr Darya Rivers), Central Asia. Environ. Pollut., 284: 117405.

Lepeltier C. 1969. A simplified statistical treatment of geochemical data by graphical representation.

Economic Geology, 64 (5): 538~550.

Li F, Huang J H, Zeng G M, et al. 2013. Spatial risk assessment and sources identification of heavy metals in surface sediments from the Dongting Lake, Middle China. Journal of Geochemical Exploration, 132: 75~83.

Li Q Y, Wu J L, Zhou J C, et al. 2020b. Occurrence of polycyclic aromatic hydrocarbon（PAH）in soils around two typical lakes in the western Tian Shan Mountains（Kyrgyzstan, Central Asia）: Local burden or global distillation? Ecological Indicators, 108: 105749.

Li Y F, Zhulidov A V, Robarts R D, et al. 2004. Hexachlorocyclohexane use in the former Soviet Union. Archives of Environmental Contamination and Toxicology, 48 (1): 10~15.

Li Y F, Zhulidov A V, Robarts R D, et al. 2006. Dichlorodiphenyltrichloroethane usage in the former Soviet Union. Science of the Total Environment, 357 (1-3): 138~145.

Li Y Y, Zhou H D, Gao B, et al. 2021. Improved enrichment factor model for correcting and predicting the evaluation of heavy metals in sediments. Science of the Total Environment, 755: 142437.

Li Z W, Sun Y Z, Nie X D. 2020a. Biomarkers as a soil organic carbon tracer of sediment: Recent advances and challenges. Earth-Science Reviews, 208: 103277.

Lichtfouse É, Bardoux G, Mariotti A, et al. 1997. Molecular, ^{13}C, and ^{14}C evidence for the allochthonous and ancient origin of C_{16}-C_{18} n-alkanes in modern soils. Geochim. Cosmochim. Acta, 61: 1891~1898.

Liu W, Abuduwaili J, Ma L. 2019. Geochemistry of major and trace elements and their environmental significances in core sediments from Bosten Lake, arid northwestern China. Journal of Limnology, 78: 201~209.

Liu W, Ma L, Abuduwaili J. 2020. Historical change and ecological risk of potentially toxic elements in the lake sediments from North Aral Sea, Central Asia. Appl. Sci., 10: 5623.

Luo L, Ma Y B, Zhang S Z, et al. 2009. An inventory of trace element inputs to agricultural soils in China. Journal of Environmental Management, 90(8): 2524~2530.

Ma L, Abuduwaili J, Li Y M, et al. 2019. Hydrochemical characteristics and water quality assessment for the upper reaches of Syr Darya River in Aral Sea Basin, Central Asia. Water, 11: 1893.

Ma L, Wu J L, Abuduwaili J, et al. 2016. Geochemical responses to anthropogenic and natural influences in Ebinur Lake sediments of arid northwest China. PLoS One, 11: e0155819.

Magesh N S, Tiwari A, Botsa S M, et al. 2021. Hazardous heavy metals in the pristine lacustrine systems of Antarctica: Insights from PMF model and ERA techniques. Journal of Hazardous Materials, 412: 125263.

Makkaveev P N, Gordeev V V, Zav'yalov P O, et al. 2018. Hydrochemical characteristics of the Aral Sea in 2012–2013. Water Resources, 45(2): 188~198.

Makkaveev P N, Stunzhas P A. 2017. Salinity measurements in hyperhaline brines: A case study of the present Aral Sea. Oceanology, 57: 892~898.

Maliszewska-Kordybach B, Smreczak B. 1998. Polycyclic aromatic hydrocarbons（PAH）in agricultural soils in Eastern Poland. Toxicological & Environmental Chemistry, 66 (1~4): 53~58.

Meier C, Knoche M, Merz R. 2013. Stable isotopes in river waters in the Tajik Pamirs: regional and temporal characteristics Isotopes. Environ. Health Stud., 49(4): 542~554.

Meyers P A. 2003. Applications of organic geochemistry to paleolimnological reconstructions: A summary of examples from the Laurentian Great Lakes. Organic Geochemistry, 34(2): 261~289.

Micklin P. 2007. The Aral Sea disaster. Annual Review of Earth and Planetary Sciences: 47~72.

Micklin P. 2010. The past, present, and future Aral Sea. Lakes & Reservoirs: Research and Management, 15: 193~213.

Micklin P. 2016. The future Aral Sea: Hope and despair. Environmental Earth Sciences, 75: 844.

Micklin P, White K, Alimbetova Z, et al. 2018. Partial recovery of the North Aral Sea: A water management success story in Central Asia//IGU Thematic Meeting, Moscow: Russia.

Nasir J, Wang X P, Xu B Q, et al. 2014. Selected organochlorine pesticides and polychlorinated biphenyls in urban atmosphere of Pakistan: concentration, spatial variation and sources. Environ. Sci. Technol., 48（5）: 2610~2618.

Nazeer S, Hashmi M Z, Malik R N. 2014. Heavy metals distribution, risk assessment and water quality characterization by water quality index of the River Soan. Pakistan. Ecol. Indicators, 43: 262~270.

Nie M L, Wen Z X, Wang Z M, et al. 2020. Genesis and evaporative fractionation of subsalt condensate in the northeastern margin of the Amu Darya Basin. Journal of Petroleum Science and Engineering, 188: 106674.

Niu Y, Jiang X, Wang K, et al. 2020. Meta analysis of heavy metal pollution and sources in surface sediments of Lake Taihu, China. Science of the Total Environment, 700: 134509.

Njuguna S M, Onyango J A, Githaiga K B, et al. 2020. Application of multivariate statistical analysis and water quality index in health risk assessment by domestic use of river water. Case study of Tana River in Kenya. Process Safety and Environmental Protection, 133: 149~158.

Norris G, Duvall R, Brown S, et al. 2014. EPA Positive Matrix Factorization（PMF）5. 0 Fundamentals and User Guide.

Oberhänsli H, Weise S M, Stanichny S. 2009. Oxygen and hydrogen isotopic water characteristics of the Aral Sea, Central Asia. Journal of Marine Systems, 76（3）: 310~321.

Olivares-Rieumont S, de la Rosa D, Lima L, et al. 2005. Assessment of heavy metal levels in Almendares River sediments-Havana City, Cuba. Water Res., 39(16): 3945~3953.

Ou S M, Zheng J H, Zheng J S, et al. 2004. Petroleum hydrocarbons and polycyclic aromatic hydrocarbons in the surficial sediments of Xiamen Harbour and Yuan Dan Lake, China. Chemosphere, 56(2): 107~112.

Pandit G G, Sharma S, Srivastava P K, et al. 2002. Persistent organochlorine pesticide residues in milk and dairy products in India. Food Addit. Contam., 19（2）: 153~157.

Pant R R, Zhang F, Rehman F U, et al. 2018. Spatiotemporal variations of hydrogeochemistry and its controlling factors in the Gandaki River Basin. Central Himalaya Nepal. Sci. Total Environ., 622~623, 770~782.

Papa E, Castiglioni S, Gramatica P, et al. 2004. Screening the leaching tendency of pesticides applied in the Amu Darya Basin（Uzbekistan）. Water Research, 38(16): 3485~3494.

Peaple M D, Tierney J E, McGee D, et al. 2021. Identifying plant wax inputs in lake sediments using machine learning. Organic Geochemistry, 156: 104222.

Pereira R C, Camps-Arbestain M, Garrido B R, et al. 2006. Behaviour of α-, β-, γ-, and δ-hexachlorocyclohexane in the soil-plant system of a contaminated site. Environment Pollution, 144（1）: 210~217.

Perrone M G, Carbone C, Faedo D, et al. 2014. Exhaust emissions of polycyclic aromatic hydrocarbons, *n*-alkanes and phenols from vehicles coming within different European classes. Atmospheric Environment, 82: 391~400.

Piper A M. 1944. A graphic procedure in the geochemical interpretation of water-analyses. Eos, Transactions-American Geophysical Union, 25: 914~923.

Plotnikov I S, Aladin N V, Ermakhanov Z K, et al. 2014a. Biological Dynamics of the Aral Sea before Its Modern Ddecline (1900–1960)//Micklin P, Aladin N, Plotnikov I. The Aral Sea: The Devastation and Partial Rehabilitation of a Great Lake. Heidelberg: Springer, 15~40.

Plotnikov I S, Aladin N V, Ermakhanov Z K, et al. 2014b. The New Aquatic Biology of the Aral Sea//Micklin P, Aladin N, Plotnikov I. The Aral Sea: The Devastation and Partial Rehabilitation of a Great Lake. Heidelberg: Springer, 137~169.

Plotnikov I S, Ermakhanov Z K, Aladin N V, et al. 2016. Modern state of the Small (Northern) Aral Sea fauna. Lakes and Reservoirs: Research and Management, 21(4): 315~328.

Prabakaran K, Nagarajan R, Eswaramoorthi S, et al. 2019. Environmental significance and geochemical speciation of trace elements in Lower Baram River sediments. Chemosphere, 219: 933~953.

Qiang M R, Chen F H, Zhang J W, et al. 2007. Grain size in sediments from Lake Sugan: a possible linkage to dust storm events at the northern margin of the Qinghai-Tibetan Plateau. Environmental Geology, 51(7): 1229~1238.

Qu B, Zhang Y L, Kang S, et al. 2017. Water chemistry of the southern Tibetan Plateau: An assessment of the Yarlung Tsangpo river basin. Environ. Earth. Sci., 76: 74.

Qu C K, Qi S H, Yang D, et al. 2015. Risk assessment and influence factors of organochlorine pesticides (OCPs) in agricultural soils of the hill region: A case study from Ningde, southeast China. J. Geochem. Explor., 149: 43~51.

Ramazanova E, Lee S H, Lee W. 2021. Stochastic risk assessment of urban soils contaminated by heavy metals in Kazakhstan. Science of the Total Environment, 750: 141535.

Ravindra K, Bencs L, Wauters E. et al. 2006. Seasonal and site-specific variation in vapour and aerosol phase PAHs over Flanders (Belgium) and their relation with anthropogenic activities. Atmos. Environ., 40(4): 771~785.

Rosell-Melé A, Moraleda-Cibrián N, Cartró-Sabaté M, et al. 2018. Oil pollution in soils and sediments from the Northern Peruvian Amazon. Science of the Total Environment, 610: 1010~1019.

Rzymski P, Klimaszyk P, Niedzielski P, et al. 2019. Pollution with trace elements and rare-earth metals in the lower course of Syr Darya River and Small Aral Sea, Kazakhstan. Chemosphere, 234: 81~88.

Scott J, Rosen M R, Saito L, et al. 2011. The influence of irrigation water on the hydrology and lake water budgets of two small arid-climate lakes in Khorezm, Uzbekistan. Journal of Hydrology, 410: 114~125.

Shen B B, Wu J L, Zhan S E, et al. 2021. Spatial variations and controls on the hydrochemistry of surface waters across the Ili-Balkhash Basin, arid Central Asia. Journal of Hydrology, 600: 126565.

Shibuo Y, Jarsjö J, Destouni G. 2006. Bathymetry-topography effects on saltwater-fresh groundwater interactions around the shrinking Aral Sea. Water Resources Research, 42(11): W11410.

Simoneit B R T. 1977. Diterpenoid compounds and other lipids in deep-sea sediments and their geochemical significance. Geochim. Cosmochim. Acta, 41(4): 463~476.

Skipperud L, Strømman G, Yunusov M, et al. 2013. Environmental impact assessment of radionuclide and metal contamination at the former U sites Taboshar and Digmai, Tajikistan. Journal of Environmental Radioactivity, 123: 50~62.

Sorrel P, Oberhansli H, Boroffka N, et al. 2007. Control of wind strength and frequency in the Aral Sea basin during the late Holocene. Quaternary Research , 67: 371~382.

Spoor M. 1998. The Aral Sea Basin crisis: Transition and environment in former Soviet Central Asia. Development and Change, 29(3): 409~435.

Stunzhas P A. 2016. Calculation of electric conductivity of water of the Aral Sea and correction of the sound salinity of 2002–2009. Oceanology, 56: 782~788.

Su Y N, Li X, Feng M, et al. 2021. High agricultural water consumption led to the continued shrinkage of the Aral Sea during 1992-2015. Science of the Total Environment, 777: 145993.

Sutherland R A. 2000. Bed sediment-associated trace metals in an urban stream, Oahu, Hawaii. Environmental Geology, 39(6): 611~627.

Syed J H, Malik R N, Li J, et al. 2014. Status, distribution and ecological risk of organochlorines（OCs）in the surface sediments from the Ravi River, Pakistan. Science of the Total Environment, 472: 204~211.

Taylor S R. 1964. Abundance of chemical elements in the continental crust: a new table. Geochim. Cosmochim. Acta, 28(8): 1273~1285.

Timsic S, Patterson W P. 2014. Spatial variability in stable isotope values of surface waters of Eastern Canada and New England. J. Hydrol., 511: 594~604.

Tissot B P, Pelet R, Roucache J, et al. 1977. Alkanes as geochemical fossils indicators of geological environments//Advances in Organic Geochemistry 1975. Enadimsa, Madrid: 117~154.

Tolosa I, de Mora S, Sheikholeslami M R, et al. 2004. Aliphatic and aromatic hydrocarbons in coastal Caspian Sea sediments. Marine Pollution Bulletin, 48: 44~60.

Törnqvist R, Jarsjö J, Karimov B. 2011. Health risks from large-scale water pollution: Trends in Central Asia. Environment International, 37(2): 435~442.

Ulmishek G F. 2004. Petroleum Geology and Resources of the Amu-Darya Basin, Turkmenistan, Uzbekistan, Afghanistan, and Iran. Reston: US Geological Survey Bulletin.

USEPA. 1997. Ecological Risk Assessment Guidance for Superfund: Process for Designing and Conducting Ecological Risk Assessment. Interim Final. USEPA Environmental Response Team. Edison: New Jersey.

USEPA. 1998. Guidelines for Ecological Risk Assessment. Risk Assessment Forum. USEPA: Washington DC.

USEPA. 2010. Residential Tap Water Supporting Table.

USEPA. 2015. National Recommended Water Quality Criteria.

Viguri J, Verde J, Irabien A. 2002. Environmental assessment of polycyclic aromatic hydrocarbons（PAHs）in surface sediments of the Santander Bay, Northern Spain. Chemosphere, 48（2）: 157~165.

Vitola I, Vircavs V, Abramenko K, et al. 2012. Precipitation and air temperature impact on seasonal variations of groundwater levels. Environmental and Climate Technologies, 10(1): 25~33.

Walker K, Vallero D A, Lewis R G. 1999. Factors influencing the distribution of lindane and other hexachlorocyclohexanes in the environment. Environmental Science & Technology, 33（24）: 4373~4378.

Wan D J, Mu G J, Jin Z D, et al. 2013. The effects of oasis on aeolian deposition under different weather conditions: a case study at the southern margin of the Taklimakan Desert. Environmental Earth Sciences, 68: 103~114.

Wang F F, Guan Q Y, Tian J, et al. 2020a. Contamination characteristics, source apportionment, and health risk assessment of heavy metals in agricultural soil in the Hexi Corridor. CATENA, 191: 104573.

Wang J Z, Wu J L, Zeng H A. 2015. Sediment record of abrupt environmental changes in Lake Chenpu, upper reaches of Yellow River Basin, North China. Environmental Earth Sciences, 73: 6355~6363.

Wang J Z, Wu J L, Zhan S E, et al. 2021b. Spatial enrichment assessment, source identification and health risks of potentially toxic elements in surface sediments, Central Asian countries. J. Soils Sediments, 21(12): 3906~3916.

Wang S S, Liu G J, Yuan Z J, et al. 2018. *n*-Alkanes in sediments from the Yellow River Estuary, China: Occurrence, sources and historical sedimentary record. Ecotoxicology and Environmental Safety, 150: 199~206.

Wang W, Delgado-Moreno L, Conkle J L, et al. 2012. Characterization of sediment contamination patterns by hydrophobic pesticides to preserve ecosystem functions of drainage lakes. J. Soils Sediments, 12(9): 1407~1418.

Wang X X, Chen Y N, Li Z, et al. 2020b. The impact of climate change and human activities on the Aral Sea Basin over the past 50 years. Atmospheric Research, 245: 105125.

Wei C Y, Wen H L. 2012. Geochemical baselines of heavy metals in the sediments of two large freshwater lakes in China: implications for contamination character and history. Environmental Geochemistry and Health, 34(6): 737~748.

Whish-Wilson P. 2002. The Aral Sea environmental health crisis. Journal of Rural and Remote Environmental Health, 1: 29~34.

WHO. 1984. Endosulfan, Environmental Health Criteria 40. World Health Organization: Geneva.

WHO. 2011. Guidelines for Drinking Water Quality, fourth ed. World Health Organization.

Wilcox L V. 1948. The quality of water for irrigation use, United States Department of Agriculture, Economic Research Service.

Wu H W, Wu J L, Li J, et al. 2020. Spatial variations of hydrochemistry and stable isotopes in mountainous river water from the Central Asian headwaters of the Tajikistan Pamirs. CATENA, 193: 104639.

Wu H W, Wu J L, Song F, et al. 2019. Spatial distribution and controlling factors of surface water stable isotope values (δ^{18}O and δ^{2}H) across Kazakhstan, Central Asia. Science of the Total Environment, 678: 53~61.

Wu X Y, Jiang W, Yu K F, et al. 2022. Coral-inferred historical changes of nickel emissions related to industrial and transportation activities in the Beibu Gulf, northern South China Sea. Journal of Hazardous Materials, 424: 127422.

Yang Q, Yang Z F, Filippelli G M, et al. 2021a. Distribution and secondary enrichment of heavy metal elements in karstic soils with high geochemical background in Guangxi, China. Chemical Geology, 567: 120081.

Yang X W, Wang N L, Chen A A, et al. 2020. Changes in area and water volume of the Aral Sea in the arid Central Asia over the period of 1960–2018 and their causes. CATENA, 191: 104566.

Yang X W, Wang N L, Liang Q, et al. 2021b. Impacts of human activities on the variations in terrestrial water storage of the Aral Sea Basin. Remote Sens., 13: 2923.

Yao Z Y, Xiao J H, Li C X, et al. 2011. Regional characteristics of dust storms observed in the Alxa Plateau of

China from 1961 to 2005. Environmental Earth Sciences, 64(1): 255~267.

Yunker M B, MacDonald R W, Vingarzan R, et al. 2002. PAHs in the Fraser River basin: A critical appraisal of PAH ratios as indicators of PAH source and composition. Org. Geochem., 33(4): 489~515.

Zavialov, P O. 2010. Physical oceanography of the large Aral Sea//Kostionoy A G, Kosarev A N. The Aral Sea Environment. Berlin Heidelberg: Springer, 123~145.

Zavialov P O, Ni A A. 2009. Chemistry of the Large Aral Sea//Kostianoy A G, Kosarev A N. The Aral Sea Environment. Berlin Heidelberg: Springer, 219~233.

Zeng H A, Wu J L, Liu W. 2014. Two-century sedimentary record of heavy metal pollution from Lake Sayram: A deep mountain lake in central Tianshan, China. Quaternary International, 321: 125~131.

Zhan S E, Wu, J L, Wang J Z, et al. 2020. Distribution characteristics, sources identification and risk assessment of n-alkanes and heavy metals in surface sediments, Tajikistan, Central Asia. Science of the Total Environment, 709: 136278.

Zhan S E, Wu J L, Wang J Z, et al. 2022. Comparisons of pollution level and environmental changes from the elemental geochemical records of three lake sediments at different elevations, Central Asia. Journal of Asian Earth Sciences, 237: 105348.

Zhang J, Zheng Y, Song R. 2016. Research progress on reconstruction of Lake Palaeo-Salinity. Geographical Science Research, 5: 17644.

Zhang K, Liang B, Wang J Z, et al. 2012. Polycyclic aromatic hydrocarbons in upstream riverine runoff of the Pearl River Delta, China: An assessment of regional input sources. Environmental Pollution, 167: 78~84.

Zhao Z, Qin Z, Cao J, et al. 2017 Source and ecological risk characteristics of PAHs in sediments from Qinhuai River and Xuanwu Lake, Nanjing, China. Journal of Chemistry, 1~18.

Zhao Z, Zeng H, Wu J, et al. 2013. Organochlorine pesticide（OCP）residues in mountain soils from Tajikistan. Environmental Science Processes and Impacts, 15（3）: 608~616.

Zhao Z, Zeng H, Wu J, et al. 2017. Concentrations, sources and potential ecological risks of polycyclic aromatic hydrocarbons in soils from Tajikistan. International Journal of Environment and Pollution, 61（1）.

Zhao Z, Zhang L, Wu J. 2016. Polycyclic aromatic hydrocarbons（PAHs）and organochlorine pesticides（OCPs）in sediments from lakes along the middle-lower reaches of the Yangtze River and the Huaihe River of China. Limnology and Oceanography, 61（1）: 47~60.

Zhou Y, Yang X, Zhang D, et al. 2021. Sedimentological and geochemical characteristics of sediments and their potential correlations to the processes of desertification along the Keriya River in the Taklamakan Desert, Western China. Geomorphology, 375.

Zhu T T, Wang X P, Lin H, et al. 2020. Accumulation of pollutants in proglacial lake sediments: Impacts of glacial meltwater and anthropogenic activities. Environmental Science & Technology, 54(13): 7901~7910.

第四章　伊塞克湖流域水土环境与风险评估

伊塞克湖素有"上帝遗落的明珠"之美称，湖泊面积约 6284 km², 蓄水量约 1378 km³, 最大水深 668 m, 平均水深 278 m, 是世界第二大高山湖泊和世界第七深湖泊。19 世纪末至 20 世纪中期, 俄罗斯移民到伊塞克湖盆地, 开始进行一系列的工农业活动, 流域人类活动对湖泊环境的改变不断加强, 近年来流域人口逐渐增加且相对密集, 采矿、旅游等工业和城市化活动的发展导致伊塞克湖盆地面临着越来越大的压力。本章以湖泊流域的地表水、表层土壤和岩芯沉积物为研究载体, 并结合流域植被覆盖类型、土地利用情况以及社会经济等数据, 分析流域地表水指标包括水体的水化学、有毒元素、POPs 及氢氧同位素的含量和空间分布, 阐明伊塞克湖流域水环境的时空变化特征, 运用相关性、主成分分析及 PMF 模型等多元统计方法剖析水环境的影响因素和污染来源, 并对地表水水质、生态风险及人体健康进行评价; 分析流域表层沉积物金属元素、POPs 及正构烷烃的含量、空间变化、来源和污染情况, 从而揭示伊塞克湖流域的现代环境特征, 并进一步解释在不同的人为活动方式和强度以及气象条件等因素的影响下西天山山地湖泊流域在空间尺度上的环境差异; 通过对伊塞克湖沉积岩芯中粒度和地球化学指标进行分析, 结合流域和全球气候变化资料, 揭示约 350 年来中亚山地湖泊高分辨率的水文过程和环境变化历史及其驱动因素, 解析沉积岩芯潜在有毒元素和 POPs 的垂直变化特征, 评价生态风险等级, 探讨在人类活动背景下伊塞克湖环境变化的过程和原因。

第一节　伊塞克湖水环境特征

一、温度和盐度的垂直变化

图 4.1 显示了 2001 年、2016 年、2017 年及 2018 年伊塞克湖水体温度和盐度随深度的分布情况。对 2001 年 3 月 5 日的 08:10 和 19:45 两个时间段获得的水体温度和盐度进行分析[图 4.1(a)], 其中, 08:10 测得的温度变化范围为 4.33~4.95℃, 19:45 测得的温度范围为 4.33~5.00℃。总体上, 随着深度增加, 两个时间段湖水的温度逐渐减小。就不同时间段的温度垂直剖面而言, 相较于 08:10, 19:45 测定的表层水体温度较高, 底部(~650 m 处)水体温度相近, 相同深度的水体温度较高(除 500~600 m 的水深外)(Peeters et al., 2003)。对于水体盐度, 08:10 测得的盐度变化范围为 6.001~6.004 g/L, 19:45 测得的盐度变化范围为 6.001~6.005 g/L。随着湖泊水深度增加, 两个时间段获得的水体盐度先逐渐增大后波动变化, 然后急剧增大再逐渐减小, 最后在波动中趋于稳定。此外, 与 08:10 测得的水体盐度相比, 19:45 测得的盐度垂直结构和变化幅度较大(Peeters et al., 2003)。

2016 年 11 月, 随着深度增加, 湖泊水体温度从表层的 12℃急剧减小到 80 m 深度左右的 5.0℃, 然后缓慢减小到 300 m 深度左右的 4.5℃, 最后在深度约 570 m 处逐渐趋于稳定,约为4.4℃;湖泊水体盐度先从表层的 5.986 g/L 增大到 81 m 深度左右的 6.026 g/L,然后缓慢减小至底部(575 m 左右)的 6.015 g/L[图 4.1(b)](Zavialov et al., 2018, 2020)。2017 年 6 月,随着深度增加,湖泊水体的温度从表层 16.8℃左右快速减小到 60 m 深度左右的 5.0℃,然后一直缓慢减小到 570 m 深度左右的 4.4℃,最后到底部(570 m 左右)逐渐稳定为 4.4℃;湖泊水体盐度先从表层的 5.996 g/L 减小到 15.5 m 深度左右的 5.990 g/L,然后增大到 75 m 深左右的 6.016 g/L,再缓慢增加到 125 m 深度左右的 6.019 g/L,最后到底部(约 475 m)逐渐稳定为 6.016 g/L[图 4.1(b)](Zavialov et al., 2018, 2020)。

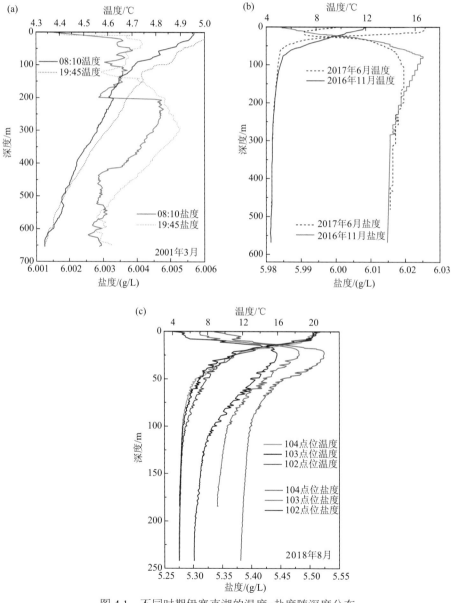

图 4.1　不同时期伊塞克湖的温度-盐度随深度分布

2001 年数据引自 Peeters 等(2003),2016 年和 2017 年数据引自 Zavialov 等(2018, 2020),
2018 年数据来源于课题组研究成果

2018 年 8 月，本课题组在伊塞克湖三个点位(104 点位数据采集深度为 245m、103 点位数据采集深度为 190 m 和 102 点位数据采集深度为 245 m)测定了不同深度的湖泊水体温度和盐度数据[图 4.1(c)]。随着深度增加，三个点位水体温度变化范围分别为从湖面的 20.8℃、20.3℃ 和 20.6℃ 下降到相应采集深度的 4.7℃。三个点位水体温度随水深的变化趋势大致相同：0~40 m 快速下降，40~100 m 缓慢下降，100 m 以下趋于稳定。随着深度增加，三个点位水体盐度变化范围分别为从 30 m 左右的 5.523 g/L、5.480 g/L 和 5.444 g/L，分别减小到最大采集深度的 5.382 g/L、5.342 g/L 和 5.302 g/L。三个点位湖水盐度在采集深度的变化趋势大致相同：0~30 m 快速增大，30~100 m 快速减小，100 m 以下缓慢减小。

二、盐度的时空分布

图 4.2 为伊塞克湖 2016~2018 年湖水盐度空间分布。2016 年 11 月，湖水盐度范围为 5.84~6.02 g/L，东部秋普(Tyup)附近湖水盐度较低，其他湖区湖水盐度由湖岸向湖中心逐渐升高，在湖中心偏东北处达到最高。2017 年 6 月，湖水盐度范围为 5.70~5.98 g/L，湖中心盐度最高，湖心至南北和西向湖岸，盐度呈环状降低，湖心至东向湖岸，盐度呈带状降低。2018 年 8 月，湖水盐度值范围为 4.85~5.45 g/L，东部秋普城镇附近湖水盐度较低，由秋普和巴雷克切(Balykchy)向乔尔蓬阿塔(Cholplon-Ata)盐度逐渐升高，盐度最高位置较 2017 年 6 月有所北移。

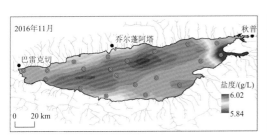
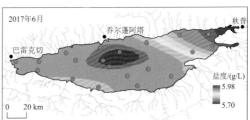
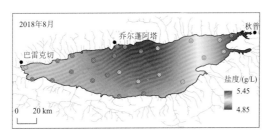

图 4.2 不同时期伊塞克湖湖水盐度空间分布

2016 年 11 月和 2017 年 6 月数据引自文献 Zavialov 等(2018)和 Zavialov 等(2020)；图中黑点为伊塞克湖主要城镇，蓝点为该时期的湖水采样点，黄点是 2018 年基于 2016 年和 2017 年内插数据的湖水采样点

三、溶解性盐类和常见离子

图 4.3 为 1961~1985 年和 2015~2017 年伊塞克湖水体溶解氧、碱度（alkalinity）、磷酸盐（PO₄-P）、溶解硅（DSi）、硝酸盐（NO₃-N）和亚硝酸盐（NO₂-N）含量随水深的变化特征。1961~1985 年，湖泊水体溶解氧变化范围为 79%~117%［图 4.3（a），Kadyrov，1986］，2015~2017 年，湖泊水体溶解氧为 69%~123%［图 4.3（a），Zavialov et al.，2018］。总体上，

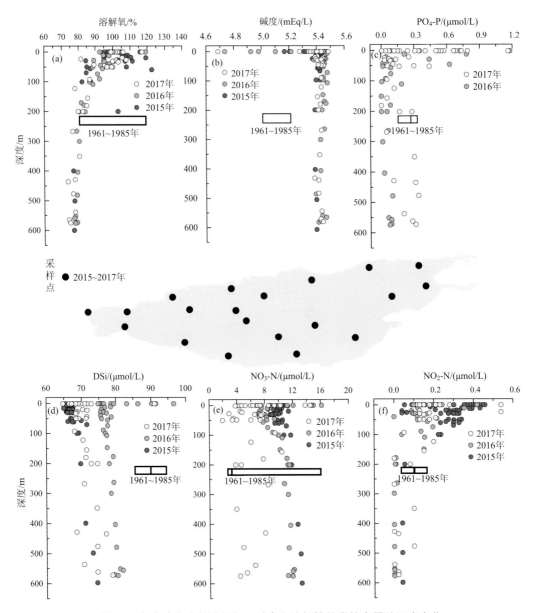

图 4.3 伊塞克湖水体溶解氧、碱度和溶解性盐类的含量随深度变化

数据引自 Kadyrov（1986）和 Zavialov 等（2018）；图中方框表示其下标时间段内相应参数的变化范围，框中的竖线表示平均值（无竖线代表该参数无平均值数据）

随着深度增加，湖泊水体溶解氧含量逐渐减少，在 600 m 深度附近溶解氧含量达到 75% 左右；从时间尺度上看，水体溶解氧含量随深度变化幅度的大小顺序为：2015 年 > 2016 年 > 2017 年。

1961~1985 年，湖泊水体碱度为 5.0~5.2 mEq/L［图 4.3（b）］。2015~2017 年，湖泊水体的碱度含量范围为 4.69~5.47 mEq/L，变化幅度较大；除表层水体外，湖泊水体碱度随深度变化不大，碱度约为 5.4 mEq/L；从时间尺度上看，2017 年水体碱度变化幅度大于 2015 年和 2016 年［图 4.3（b）］。1961~1985 年，湖泊水体磷酸盐浓度为 0.19~0.38 μmol/L ［图 4.3（c）］。2016 年和 2017 年，湖泊水体磷酸盐浓度为 0.0~1.16 μmol/L；随着深度增加，湖泊水体磷酸盐浓度总体上先减小后增加，其中在 100~400 m 深度，湖水磷酸盐浓度较低，约为 0 μmol/L；从时间尺度上看，2017 年水体磷酸盐浓度分布比 2016 年分散 ［图 4.3（c）］。1961~1985 年，湖泊水体溶解硅浓度为 86~95 μmol/L［图 4.3（d）］。2015~2017 年，湖泊表层水体溶解硅浓度为 64.8~96.1 μmol/L；随着深度增加，湖泊水体溶解硅浓度总体上呈增加趋势；从时间尺度上看，2015 年和 2017 年湖泊水体溶解硅浓度差异较小，2016 年湖泊水体溶解硅浓度相对高出 10 % 左右［图 4.3（d）］。1961~1985 年，湖泊水体硝酸盐浓度变化范围为 2.6~16 μmol/L［图 4.3（e）］。2015~2017 年，湖泊水体硝酸盐浓度为 1.2~16.1 μmol/L［图 4.3（e）］；湖泊表层水体硝酸盐浓度变化幅度均较大，随着深度增加，2017 年湖泊水体硝酸盐浓度离散变化，2015 年和 2016 年湖泊水体硝酸盐浓度总体上呈升高趋势。1961~1985 年，湖泊水体亚硝酸盐浓度为 0.05~0.15 μmol/L［图 4.3（f）］。2015~2017 年，湖泊水体亚硝酸盐浓度为 0~0.54 μmol/L［图 4.3（f）］；0~100 m 湖泊水体亚硝酸盐浓度变化大，随着深度增加，水体亚硝酸盐浓度总体上减小，底部（约 600 m）水体亚硝酸盐浓度约为 0 μmol/L（Kadyrov，1986；Zavialov et al.，2018）。

图 4.4 为 1998~2000 年和 2018 年伊塞克湖水体 Piper 图。在阳离子三角图中，湖泊水样分布在右下角，Na^++K^+ 含量较高，占阳离子总量的 60%~70%，其次是 Mg^{2+}，占阳离子总量的比例为 20%~30%，Ca^{2+} 含量偏低，在阳离子总量中所占比例不超过 10%，因此，两个时期伊塞克湖水体阳离子类型主要为钠型。在阴离子三角图中，1998~2000 年湖水样分布较为分散，在三角形右下角、中部和上部均有分布，Cl^- 和 SO_4^{2-} 含量较高，分别占阴离子总量的 40%~55% 和 40%~60%，而 CO_3^{2-}+HCO_3^- 含量较低，在阴离子总量中所占比例不超过 10%。因此，该时期伊塞克湖水体阴离子类型较为复杂，包括氯化物类型、无明显类型和硫酸盐类型；2018 年湖水样分布较为集中，主要分布在三角形中部，Cl^- 和 SO_4^{2-} 含量较高，分别占阴离子总量的 45%~50% 和 40%~50%，而 CO_3^{2-}+HCO_3^- 含量较低，在阴离子总量中所占比例不超过 10%。因此，2018 年伊塞克湖水体阴离子无明显类型。再结合水样点在菱形图中的分布可知，不同时期伊塞克湖水体的化学类型相似，为 Na-Cl 型。

图 4.5 为不同时期伊塞克湖水体的 Gibbs 图，由图可见，伊塞克湖湖水体的 TDS 较高，$Cl^-/(Cl^- + HCO_3^-)$ 变化范围为 0.84~0.95，水体采样点分布较为集中，均分布于右上部的蒸发结晶作用区，表明湖泊水体离子主要受控于蒸发结晶作用。从时间尺度来看，2018 年 8 月湖泊水体 TDS 和 $Cl^-/(Cl^- + HCO_3^-)$ 的均值较高，反映了湖泊水体受到蒸发结晶作用的影响较大（图 4.5）。

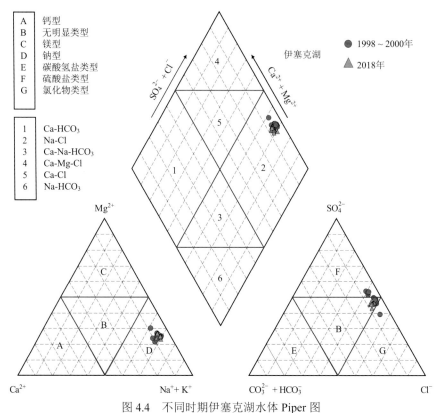

图 4.4　不同时期伊塞克湖水体 Piper 图

1998~2000 年数据引自 Klerx 和 Imanackunov(2002)；2018 年为本课题组数据

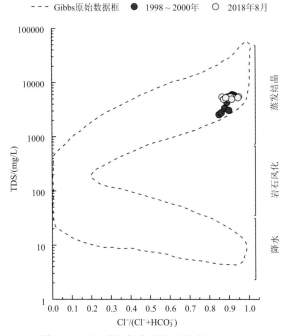

图 4.5　不同时期伊塞克湖水体的 Gibbs 图

1998~2000 年数据引自 Klerx 和 Imanackunov(2002)；2018 年为本课题组数据

四、水体稳定氢氧同位素组成

2016 年 7 月和 8 月，伊塞克湖水体 δ^2H 和 $\delta^{18}O$ 值分别为$-21.42‰\sim-7.55‰$和$-2.18‰\sim-0.40‰$，均值分别为$-15.40‰$和$-1.08‰$（Ma et al., 2018）。2018 年本课题组采集了伊塞克湖水样，经测定，水体 δ^2H 和 $\delta^{18}O$ 变化范围分别为$-37.20‰\sim-9.91‰$和$-6.06‰\sim-0.39‰$，均值分别为$-17.10‰$和$-1.89‰$。与降水和冰雪融水样相比，伊塞克湖水体氢氧同位素值偏正；除了湖泊南部水样，伊塞克湖水样主要分布在全球大气降水线下方，并倾向于塔吉克斯坦蒸发线（图4.6）。虽然高山地区湖泊水源由同位素贫化的冰雪融水和降水补给，但在气候干燥、日照强烈的条件下，长期的蒸发作用导致了湖泊水体同位素偏正。从时间尺度来看，2018 年伊塞克湖水体氢氧同位素值较 2016 年偏负，反映了湖泊水体受到的蒸发作用强度差异，可能受温度变化的影响。王国亚等（2006）对伊塞克湖流域的气象站数据分析也表明，该地区近百年来的气温变化总趋势是上升的。综合 2016 年和 2018 年的数据，湖泊水体δ^2H和$\delta^{18}O$关系为$\delta^2H = 4.59\,\delta^{18}O - 9.33$（$r = 0.93$），截距和斜率均明显小于全球大气降水线（GMWL：$\delta^2H = 8\,\delta^{18}O + 10$）（图4.6），可能与干旱地区降水的水汽来源于当地的局部蒸发以及未饱和大气中雨水降落时重同位素的蒸发富集作用有关（章新平和姚檀栋，1996；李小飞等，2012），应该是由该区距离海洋较远且海拔较高所致。

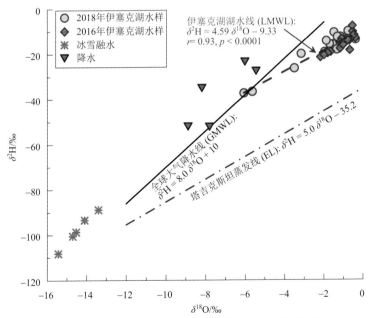

图 4.6 伊塞克湖湖水氢氧稳定同位素 δ^2H-$\delta^{18}O$ 关系

2016 年伊塞克湖水样和冰雪融水、降水数据引自 Ma 等（2018），塔吉克斯坦蒸发线数据引自 Meredith 等（2009）；2018 年数据来自课题组

图 4.7 为时间尺度伊塞克湖水位和水体盐度的变化趋势。几十年来，伊塞克湖泊水位总体上呈现下降趋势，由 1927 年的 1609.48 m 波动降低到 2012 年的 1606.99 m，下降

了 2.49 m。值得注意的是，湖泊水位在 1998 年停止下降，并开始回升，到 2012 年，水位上升了 0.82 m。1998 年湖泊水位最低，约为 1606.17 m，1929 年湖泊水位最高，约为 1609.52 m，最高和最低水位相差 3.35 m（Alifujiang et al., 2017; Batist et al., 2002）。1928 年、1960 年、1980 年、2000 年、2014 年和 2018 年，湖泊水体盐度分别约为 5.823 g/L、5.967 g/L、6.01 g/L、6.06 g/L、6.22 g/L 和 5.289 g/L，盐度最高值和最低值相差 0.931 g/L。由此可见，1928~2014 年，湖泊水体盐度逐渐升高，其中 2000 年以前，水体盐度的增大趋势较小，2000~2014 年的水体盐度增大趋势较为明显（Abuduwaili et al., 2019; Asankulov et al., 2019; Podrezov et al., 2020）；然而，2014~2018 年，水体盐度快速下降。

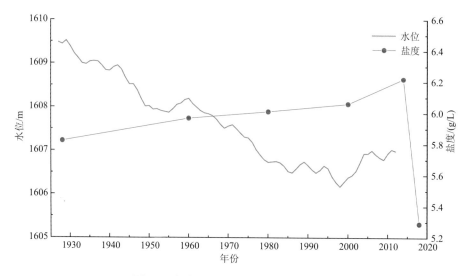

图 4.7　伊塞克湖水位和盐度随时间变化

水位数据引自 Alifujiang 等（2017）和 Batist 等（2002）；1928~2014 年盐度数据引自 Abuduwaili 等（2019）、Asankulov 等（2019）和 Podrezov 等（2020）；2018 年盐度数据引自本课题组

第二节　伊塞克湖流域水环境及风险评估

一、水体化学与水质评价

（一）水化学组成与来源

伊塞克湖流域河流水体的 pH 为 7.86~8.84，平均值 ± 标准偏差（SD）为（8.41± 0.26），湖泊水体的 pH 为 8.34~8.83，平均值 ± 标准偏差为（8.58±0.13），总体上呈弱碱性；26% 湖泊水样和 69% 河流样品的 pH 在世界卫生组织制定的饮用水标准范围内（表 4.1）。河流和湖泊水体 pH 的变异系数分别为 0.03 和 0.01，说明研究区不同水体 pH 相对稳定、变化较小。

表 4.1 研究区水体 pH、TDS、电导率与总硬度统计分析表

水体类型		pH	TDS/(mg/L)	电导率/(μS/cm)	总硬度/(mg/L)
湖泊($n=23$)	最小值	8.34	2474	3650	455.8
	最大值	8.83	5535	7888	1478
	平均值	8.58	4620	6676	1016
	标准差	0.13	984	1403	294.2
河流($n=26$)	最小值	7.86	82.0	118.9	39.0
	最大值	8.84	501.0	745.6	250.4
	平均值	8.41	226.9	332.6	103.8
	标准差	0.26	104.9	154.2	50.09
WHO 标准[1]		6.5~8.5	600	—	500
2009~2010 年伊塞克湖[2]		8.3	5880	8400	1398

1: 数据引自 WHO(2017); 2: 数据引自 Kulenbekov 和 Merkel(2012)。

该流域河流水体电导率(EC)的范围为 118.9~745.6 μS/cm,平均值±标准偏差为(332.6±154.2) μS/cm。河流水样 TDS 为 82.00~501.0 mg/L,平均值为 226.9 mg/L,属于淡水;TDS 值高于世界河流均值,但在 WHO 规定的饮用水标准内。EC 和 TDS 高值主要出现在流域西部 Tuura-suu 河、Ak-Terek 河等河流,以及东部流经城市和农田的 Karakol 河等。湖泊水体 EC 的变化范围为 3650~7888 μS/cm,平均值±标准差为(6676±1403) μS/cm,低于 2009~2010 年湖泊水体的 EC(Kulenbekov and Merkel, 2012)。湖泊水样 TDS 含量从湖区西部向东部呈下降趋势,其变化范围为 2474~5535 mg/L(平均值为 4620 mg/L),属于微咸水-咸水的范畴。从时间尺度上看,湖泊 TDS 从 20 世纪 30 年代的 5832 mg/L 逐渐升高到 20 世纪 80 年代的 6100 mg/L,之后水体 TDS 有所下降(5880 mg/L)(Matveev, 1935; Kulenbekov et al., 2012),可能与湖泊入湖径流量、区域降水量、温度变化及其引起的冰雪融水以及人类活动等因素有关。

硬度也称总硬度,用水体中除去非碱土金属以外的金属离子的总和来度量,一般用 Mg^{2+} 和 Ca^{2+} 来计算,用 $CaCO_3$ 表示。按 $CaCO_3$ 的浓度大小划分硬度类型:>300 mg/L 为高硬水;150~300 mg/L 为硬水;75~150 mg/L 为中硬水;0~75 mg/L 为软水(USEPA, 1986)。该流域湖泊水体总硬度范围为 455.8~1478 mg/L,均值为 1016 mg/L,属于高硬水;河流水体总硬度范围为 39.0~250.4 mg/L,均值为 103.8 mg/L,属于软水、中硬水到硬水的范畴。总硬度高值区主要位于湖区西部,流域西部的 Tuura-Suu 和 Ak-Terek 河、东部的 Tyup 河。

该流域河流水体阴离子浓度均值从高到低的顺序依次为:$CO_3^{2-} + HCO_3^- > Cl^- > SO_4^{2-}$,$CO_3^{2-} + HCO_3^-$ 是主要的阴离子;阳离子浓度从高到低的顺序为 $Ca^{2+} > Na^+ > Mg^{2+} > K^+$,$Ca^{2+}$ 为优势阳离子,其次是 Na^+(表 4.2)。除 $CO_3^{2-} + HCO_3^-$ 外,河流水体离子浓度均低于 WHO 制定的饮用水标准(WHO, 2011; WHO, 2004)。与全球河流水体离子均值相比,该流域河流水体中 Ca^{2+}、$CO_3^{2-} + HCO_3^-$、Cl^- 和 SO_4^{2-} 的浓度高,其他离子浓度相差不大;与同处干旱区的乌伦古河和塔里木河相比,研究区河流水体中离子浓度总体较低。不同地区河流水体离子浓度差异可能与气候、人类活动等因素的差异有关。对于同处于干旱区的河流，伊塞克湖流域海拔较高，降水量较大、蒸发量小，而乌伦古河和塔里木河受到蒸发影响较大，人为干扰较为强烈，因此水体离子化学组成具有差异。

表 4.2　研究区水体化学组成的统计性分析表　　　　（单位：mmol/L）

		Ca^{2+}	Mg^{2+}	Na^+	K^+	$CO_3^{2-} + HCO_3^-$	Cl^-	SO_4^{2-}
湖泊 ($n=23$)	最小值	1.40	3.16	15.87	0.45	3.30	15.46	7.65
	最大值	2.92	11.89	57.81	1.72	5.99	35.65	17.20
	平均值	2.27	7.92	41.67	1.15	4.52	30.07	14.40
	标准差	0.45	2.51	12.02	0.36	0.65	6.81	3.19
河流 ($n=26$)	最小值	0.30	0.05	0.11	0.02	1.04	0.02	0.05
	最大值	1.82	0.69	2.19	0.09	4.58	1.37	0.99
	平均值	0.81	0.23	0.48	0.04	2.41	0.42	0.34
	标准差	0.36	0.15	0.52	0.02	0.85	0.33	0.20
WHO 标准		1.87[a]	2.06[a]	8.70[b]	0.31[b]	1.97[b]	7.05[b]	2.60[b]
2009~2010 年伊塞克湖[c]		2.74	11.27	62.46	1.70	9.39	44.68	9.11
博斯腾湖[d]		0.75	0.52	0.64*	—	—	0.43	0.45
乌伦古湖[e]		0.43	2.26	12.3	0.43	11.72	4.67	0.04
全球河流水体离子均值[f]		0.4	0.2	0.3	0.05	1.0	0.2	0.1
塔里木河[d]		2.02	2.86	14.29*	—	—	13.32	5.39
乌伦古河[g]		1.59	0.51	2.03	0.07	2.57	0.90	1.30

数据来源：a. WHO, 2011; b. WHO, 2004; c. Kulenbekov and Merkel, 2012; d. 王建等, 2013; e. 韩知明等, 2018; f. Meybeck and Ragu, 2012; g. 高娟琴, 2021。

*: $Na^+ + K^+$。

伊塞克湖水体阴离子浓度从高到低顺序为 $Cl^- > SO_4^{2-} > CO_3^{2-} + HCO_3^-$，$Cl^-$ 为优势阴离子，其次是 SO_4^{2-}；阳离子浓度从高到低顺序为 $Na^+ > Mg^{2+} > Ca^{2+} > K^+$，以 Na^+ 为优势离子（表 4.2）。总体而言，湖泊水体离子浓度均高于 WHO 制定的饮用水安全标准（WHO, 2011; WHO, 2004）。与 2009~2010 年伊塞克湖水体离子的测定值（Kulenbekov and Merkel, 2012）相比，除 SO_4^{2-} 浓度升高外，其他离子浓度均不同程度地下降。除 $CO_3^{2-} + HCO_3^-$ 外，伊塞克湖水体离子浓度均不同程度地高于处于干旱区的博斯腾湖和乌伦古湖。

在表征四大阳离子的左侧三角形中（图 4.8），可以清晰地看到，河流水体中 Ca^{2+} 含量最高，平均占阳离子总量的 52%，绝大部分含量超过 50%；其次是 Na^+ 含量，其含量约占阳离子总量的 31%，表明 Ca 型水为主要水化学类型。在表征三大阴离子的右侧三角形中可以清晰地看到，河流水体中 $CO_3^{2-} + HCO_3^-$ 含量最高，平均占阴离子总量的 76%，大部分含量超过 50%；SO_4^{2-} 和 Cl^- 含量低，绝大部分样品的 SO_4^{2-} 和 Cl^- 含量占阴离子的百分含量均不超过 30%，表明 HCO_3 型水为主要河流水化学类型。顶部的菱形图显示河流水体阳离子中碱土金属元素（$Ca^{2+} + Mg^{2+}$）浓度高于碱金属元素（$Na^+ + K^+$），阴离子中的弱酸根离子(HCO_3^-)浓度高于强酸根离子($Cl^- + SO_4^{2-}$)，因此，河流水体化学类型为$Ca-HCO_3$型。

湖泊水体具有较高含量的Na^+，均值为41.67 mmol/L，占阳离子总量的79%，属于Na型水。阴离子中Cl^-含量最高，占阴离子总量的61%，其次是SO_4^{2-}，占阴离子总量的29%，属于Cl型水。因此，湖泊水体化学类型为$Na-Cl$型。对比2009~2010年伊塞克湖水体离子组成(Kulenbekov and Merkel, 2012)发现，阴离子中SO_4^{2-}所占的比例升高约1倍，而Cl^-和HCO_3^-的比例下降；阳离子组成变化较小，均以Na^+为优势离子。

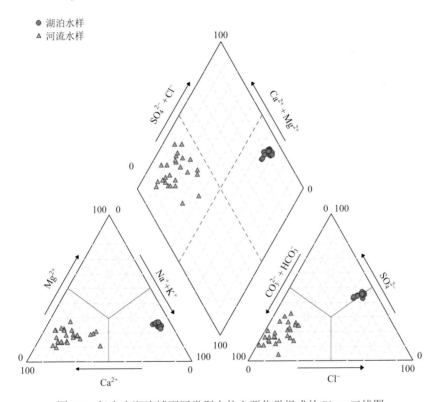

图4.8　伊塞克湖流域不同类型水体主要化学组成的Piper三线图

(二)水化学影响因素和水质评价

由该流域水体主要离子的Gibbs图可知(图4.9)，大多数河流水体的$Cl^-/(Cl^- + HCO_3^-)$的值为0.02~0.25，$Na^+/(Na^+ + Ca^{2+})$的值为0.13~0.61，TDS值为82~501 mg/L，阴离子主要处在岩石风化区，阳离子处于岩石风化与蒸发结晶作用之间，表明河流水体受到的岩石风化作用占主导地位；同时，由于该区域位于干旱区，蒸发结晶作用在河流水体离子的形成和组成中也起到了一定的作用。从空间分布来看，流域西部河流的TDS值和离子比值较高，样点分布倾向于蒸发结晶作用区，体现了该区域水体受到相对较强的蒸发浓缩影响。湖泊水体主要离子落在Gibbs模型上端的蒸发结晶作用区，具有较高的TDS值(2474~5535 mg/L)、$Cl^-/(Cl^- + HCO_3^-)$(0.77~0.94)和$Na^+/(Na^+ + Ca^{2+})$(~1)值，表明水体受蒸发结晶作用影响，Na^+和Cl^-等离子出现富集现象。对比湖泊不同区域的离子比值和 TDS 值可以看出，东部湖泊水样相对较低，指示了相对较弱的蒸发结晶作用。

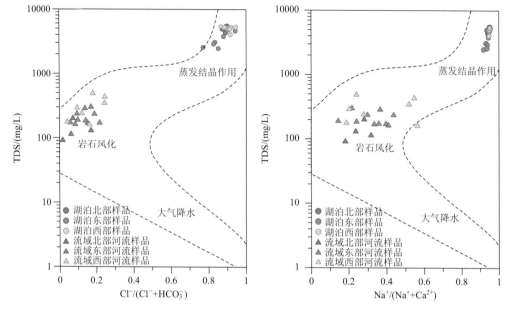

图 4.9　伊塞克湖流域不同类型水体主要离子的 Gibbs 图

水体中主要离子来源包括岩石风化溶解、大气沉降以及人类活动的输入。其中岩石风化溶解是影响离子组成的主要因素，在水-岩相互作用过程中，岩石中的易溶矿物组分首先溶解，释放的化学成分以离子的形式进入水中，与水中的其他成分发生各种物理化学反应，导致天然水体的化学成分发生改变。因此，汇水区母岩类型(如碳酸岩、蒸发岩、硅酸岩等)的不同影响了不同水体的化学组成类型。例如，Ca^{2+}和Mg^{2+}主要来源于水-岩相互作用中以方解石($CaCO_3$)、白云石[$CaMg(CO_3)_2$]等为主的碳酸岩矿物风化溶解，其次是含镁和钙的铝硅酸岩矿物、硫酸岩矿物(如石膏、硬石膏)的风化溶解；HCO_3^-主要来源于碳酸岩矿物；Cl^-、Na^+和K^+主要来源于水体对氯化物类蒸发岩或含钠、钾的铝硅酸岩矿物(长石、云母等)的溶滤作用；SO_4^{2-}主要来源于以石膏($CaSO_4·2H_2O$)、硬石膏($CaSO_4$)等为主的硫酸岩矿物的风化溶解，其次为硫化物的氧化、溶滤作用等。

水体中各主要离子的比值关系为揭示水体中主要离子来源和水文地球化学过程提供了有效的手段。根据 Ca^{2+}/Na^+和 HCO_3^-/Na^+的比值特征，将水体离子主要风化物来源分为碳酸岩、硅酸岩和蒸发岩 3 种(Gaillardet et al., 1999)。如图 4.10 所示，研究区河流水样点主要位于碳酸岩(如石灰石、白云石)和硅酸岩风化端元之间[图 4.10(a)、(d)]，表明这两种矿物的风化在溶解离子收支中起着重要作用。河流水体中 $(Ca^{2+}+Mg^{2+})/(Na^++K^+)$、$HCO_3^-/(Na^++K^+)$和 HCO_3^-/Ca^{2+}的比例相对较高[图 4.10(b)、(c)、(h)]，则 $(Na^++K^+)/TZ^+$的比率较低[$TZ^+=(Ca^{2+}+Mg^{2+}+Na^++K^+)$]，反映了相较于硅酸岩和蒸发岩风化，碳酸岩风化在水体化学中起着关键作用。相比之下，湖泊水样具有较低的

$(Ca^{2+}+Mg^{2+})/(Na^{+}+K^{+})$ 和 $HCO_3^-/(Na^{+}+K^{+})$ 值［图 4.10(b) 和 (c)］，并且靠近蒸发岩［图 4.10(a)］和硅酸岩端元［图 4.10(d)］，反映了湖泊水体的化学组成受蒸发岩以及硅酸岩溶解的影响。

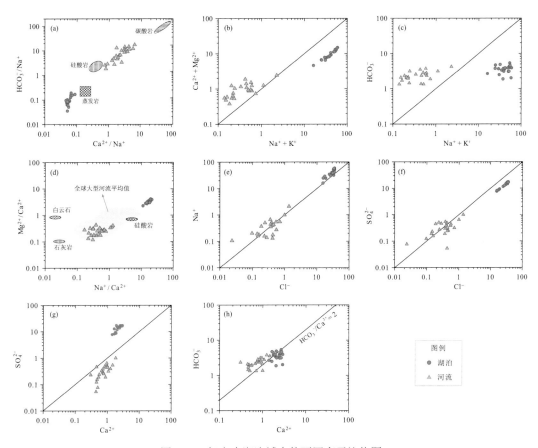

图 4.10　伊塞克湖流域水体不同离子比值图

(d)图中全球大型河流水体数据来自于 Han 和 Liu(2004)；碳酸岩硅酸岩和蒸发岩的三端元模型数据来自于 Gaillardet 等(1999)。数据单位为 mmol/L

当蒸发岩的溶滤作用对水化学组成起主要作用时，水体中 $Na^{+}+K^{+}$ 与 Cl^- 含量比值应为 1∶1。鉴于研究区 K^{+} 浓度低，将简化为 Na^{+} 与 Cl^- 关系来分析其来源。大部分河流水体 Na^{+}/Cl^- 摩尔比接近 1，部分采样点分布在 1∶1 等量线两侧［图 4.10(e)］，指示了蒸发岩和硅酸岩矿物的溶滤作用；但 $Na^{+}+K^{+}$ 和 Cl^- 浓度较低(表 4.2)，说明蒸发岩和硅酸岩矿物风化作用较弱。多数湖泊水样数据接近 1∶1 等量线，且处在该线上方［图 4.10(e)］，表明硅酸岩矿物风化作用较蒸发岩溶滤作用强。

当水体中 SO_4^{2-} 浓度高于 Cl^- 时，SO_4^{2-} 来自于石膏/硬石膏等蒸发岩风化；当水体中 $SO_4^{2-} \geqslant Ca^{2+}$ 时，SO_4^{2-} 主要来源于黄铁矿的氧化(Dalai et al., 2002)。河流水样接近 SO_4^{2-} — Cl^- 的 1∶1 等量线［图 4.10(f)］，偏离 SO_4^{2-} — Ca^{2+} 的 1∶1 等量线且处于该线的下方［图 4.10(g)］，表明碳酸盐岩风化对河流水体离子的作用强度高于蒸发岩溶解作用。湖泊

水样偏离 SO_4^{2-}—Ca^{2+} 的 1∶1 等量线且处于该线的上方[图 4.10(g)],证明 SO_4^{2-} 来自于黄铁矿氧化后产物的释放;处在 SO_4^{2-}—Cl^- 的 1∶1 等量线下方[图 4.10(f)],表明石膏/硬石膏的溶解作用较弱。

　　在一定条件下,水体中的离子可能会发生阳离子交替吸附作用,即颗粒吸附水中某些离子,而将其原来吸附的部分阳离子转化为水中的组分,最终影响水体离子组成。水体离子交替吸附作用通常用 $(Na^+-Cl^-)/(Ca^{2+}+Mg^{2+}-SO_4^{2-}-HCO_3^-)$ 比值关系来反映,当发生阳离子交换作用时,该比值约等于–1(Xiao et al., 2015)。从图 4.11 可以看出,只有河流水体中 (Na^+-Cl^-) 和 $(Ca^{2+}+Mg^{2+}-SO_4^{2-}-HCO_3^-)$ 存在负相关关系 $(r=-0.18)$,即 Na^+ 浓度随着 $(Ca^{2+}+Mg^{2+})$ 浓度升高而下降或 $(HCO_3^-+SO_4^{2-})$ 浓度升高而升高,表明研究区河流水体中 Na^+、Ca^{2+} 和 Mg^{2+} 存在离子交替吸附作用。氯碱指数可以反映阳离子交换作用的方向和强弱,即当水体中的 Ca^{2+} 和 Mg^{2+} 与颗粒表面吸附的 Na^+ 和 K^+ 进行阳离子交换作用时,CAI-1 $[(Cl-Na-K)/Cl]$ 和 CAI-2 $[(Cl-Na-K)/(SO_4^{2-}+HCO_3^-+NO_3^-+CO_3^{2-})]$ 均为负值,反之,如存在反离子交换作用,两者将为正值。结果显示,CAI-1(为–4.91~0.64,均值为–0.64)和 CAI-2(为–0.20~0.13,均值为–0.03)中 73%河流水样为负值,表明大部分河流水样的离子交换作用强于反向离子交换作用,进而导致 Na^+ 和 K^+ 浓度增加、Ca^{2+} 和 Mg^{2+} 浓度降低。

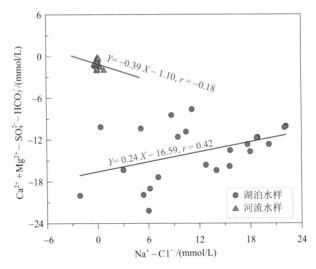

图 4.11　研究区水体中 (Na^+-Cl^-) 与 $(Ca^{2+}+Mg^{2+}-SO_4^{2-}-HCO_3^-)$ 的关系

　　此外,水体中矿物沉淀–溶解状况也会对水体化学特征产生影响,因此,利用PHREEEQC 对研究区水体中方解石、白云石、文石、硬石膏、石膏和石盐的饱和指数(SI)进行定量评价(图 4.12)。SI 值按以下顺序递减:白云石>方解石>文石>石膏>硬石膏>石盐;湖泊水样矿物的 SI 值普遍高于河流水样[图 4.12(a)],可能与湖泊水体受到较强的蒸发作用有关。所有湖泊水样和几乎所有河流水样的文石、方解石和白云石的 SI 值 >0,表明研究区表层水体中碳酸钙类矿物过饱和,可能发生次生沉淀析出,进而导致水体 Ca^{2+}

和 HCO_3^- 浓度下降。石膏、硬石膏和石盐的 SI 值均小于 0[图 4.12(a)]，表明它们处于不饱和状态，可能会继续溶解这些矿物，继而增加水体中 Na^+、Cl^- 和 SO_4^{2-} 等离子浓度。此外，Na^+ 和 Cl^-（$r = 0.684$，$p = 0.000$）、Ca^{2+} 和 SO_4^{2-}（$r = 0.932$，$p = 0.000$）之间的正相关关系，以及石盐和石膏的 SI 值分别与（$Na^+ + Cl^-$）、（$Ca^{2+} + SO_4^{2-}$）浓度成比例地增加[图 4.12(b) 和 (c)]，都证实了水体中这几类矿物溶解的趋势。

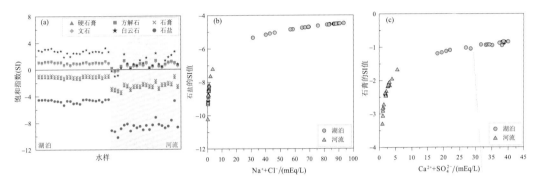

图 4.12 伊塞克湖流域水体中矿物的饱和指数(SI)及其与主要离子的关系

(a) 水体不同矿物的 SI 值；(b) 石盐 SI 值与（$Na^+ + Cl^-$）；(c) 石膏的 SI 值与（$Ca^{2+} + SO_4^{2-}$）

除了以上的水岩作用、地质岩性分布、气象水文等自然因素影响外，人类活动产生的废水、废气、废物等，通过直接排入或随大气沉降等途径进入表层水系统，进而影响水化学组分、水化学演化过程。通常情况下，含氮类物质（如 NO_3^-）是人类活动产生污染物中较为敏感的组分。因此，选择 pH、TDS 和 Ca^{2+}、Mg^{2+}、Na^+、K^+、Cl^-、SO_4^{2-}、$CO_3^{2-} + HCO_3^-$、NO_3^- 等因子分别对湖泊和河流水样进行主成分分析，经 KMO 度量（分别为 0.88 和 0.64）和 Bartlett 球形度（$p < 0.001$）检验，满足因子分析要求，以特征值大于 1.0 作为主因子，识别出影响水质演化的主成分因子。湖泊水样提取了 2 个主成分因子，累计方差贡献率为 87.36%[图 4.13(a)]。第一主成分因子(PC1)方差贡献率为 73.56%，与 TDS 和大部分离子相关性最大。通常情况下，湖泊水体经历强烈的蒸发结晶作用，其结果是 Na^+、K^+、Cl^- 等多种离子浓度升高；另外，PC1 上 $CO_3^{2-} + HCO_3^-$ 的中等正载荷与区域的岩性相关。综合以上，推测 PC1 指示了水体离子组成主要受蒸发结晶作用的影响，以及部分水岩作用影响。第二主成分因子(PC2)方差贡献率为 13.80%，与 $CO_3^{2-} + HCO_3^-$ 正相关性最大，与 NO_3^- 显著负相关；NO_3^- 是人为活动输入指标，推测 PC2 与人类活动有关。不同地区采样点在 PC1 和 PC2 上的分布情况如图 4.13 所示，湖泊西部水样主要位于右上角，其主要离子浓度受蒸发结晶作用以及矿物风化的影响。该区域降水少、温度较高，蒸发强烈，再加上沙漠与盐碱地大面积地表裸露，导致当地较强的风化侵蚀作用，大量盐离子释放进入水体；邻近 Balykchy 市的湖泊水样位于左下角，周边相邻的三个水样可能受其影响位于右下角，反映了人类活动的影响。位于左上角湖泊东部水样可能与其水文地质条件及地形地貌特征有关，即冰雪融水及降水补给的河流入湖径流量较大，离子

浓度被稀释，导致水体中各离子浓度较低，而位于左下角的湖泊东部水样分布在东部入湖径流量较大的秋普河、热尔加兰河、珠克苏河河流入湖口处，这些河流流经人口密集区的卡拉科尔市等城市，沿途污水排放和地表侵蚀随河流入湖，最终影响了湖泊水体离子组成特征；湖泊北部采样点主要位于图上部，其主要离子浓度受碳酸岩风化溶解和蒸发结晶作用影响，与大面积农田导致的地表风化侵蚀增强以及农业灌溉、设施修建等活动有关。

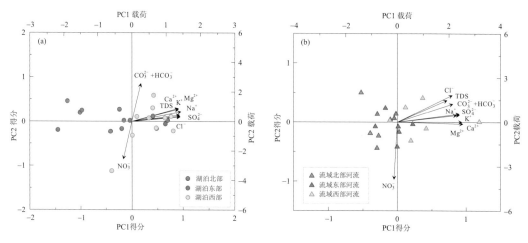

图 4.13　伊塞克湖流域水体主要离子的主成分分析

　　河流水样提取了 2 个主成分因子，揭示了 82.28% 的样点数据[图 4.13(b)]。PC1 方差贡献率为 69.96%，与 Ca^{2+}、Mg^{2+}、Na^+、K^+、Cl^-、SO_4^{2-}、$CO_3^{2-}+HCO_3^-$ 和 TDS 相关性最大，推测 PC1 指示矿物风化等自然因素。PC2 方差贡献率为 12.32%，与人为活动输入指标 NO_3^- 负相关，因此，PC2 与人类活动有关。不同地区采样点在 PC1 和 PC2 上的分布情况如图 4.13(b)所示，流域北部河流主要用于灌溉，因而该区大部分水体离子在指示人类活动的 PC2 负轴上贡献较大。东部河流流经人口密集区的卡拉科尔市，因此，卡拉科尔市和热尔加兰河的水体离子在 PC2 负轴上贡献较大，证实了人类活动对水体离子组成的影响；剩下的 36% 河流水样分布在左上角，其主要离子浓度受 PC1 和 PC2 以外的其他因素影响。相对而言，西部河流水体离子受 PC1 的影响较大，即矿物风化的自然因素影响，同时，邻近人类居住地的阿赛克-通河水样在 PC2 负轴上也有一定的贡献，反映了人类干扰。

　　根据质量平衡模型(具体计算公式见第五章第二节)计算了大气输入、人为输入和岩石风化源对河水离子的贡献量(图 4.14)。从整个流域来看，岩石风化溶解对离子的贡献量最高，变化范围分别为 45.8%~69.0%(平均值为 58%)，其中以碳酸岩风化为主(平均值为 42.8%)；大气输入对离子贡献量的平均值为 28.4%，人类活动释放离子的贡献量最低(平均值为 13.8%)。由于水文气候条件和人为干扰强度差异，不同地区不同来源对水体离子的贡献不同。相比较而言，北部地区的大气输入影响较大，达到 42.4%，与该地区较大的降雨量特征一致。西部地区的岩石风化作用较强，达到 69.0%，该地区分布着荒漠和半干旱草原的植被类型，地表裸露有利于风化溶解离子进入水环境。东部人为释放离子较多，该地区分布着几个较大的市镇，例如，卡拉科尔市是伊塞克湖州著名的工业聚集地和旅游目的地，再加上东部湖岸覆盖有大面积的泛滥平原，利于农作物耕作，因此，频繁的人类活动影响了水体离子组成；而西部地区也表现出较强的人类活动，可能是因为气候干燥、温度较高，加剧了人类干扰的影响强度。

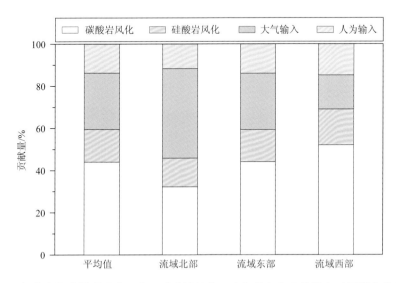

图 4.14　伊塞克湖流域碳酸岩风化、硅酸岩风化、大气输入和人为输入对河流水体中主要离子的相对贡献比例

该流域地层中常见的矿物有花岗岩、变质岩、褶皱沉积岩和冰川碎屑(Ricketts et al., 2001)，由此可初步判断，地表水化学组分受碳酸岩矿物和硅酸岩矿物溶滤作用较强。从不同离子比例、Gibbs 模型、PCA 以及定量模型分析可以看出，矿物风化对研究区域河流水体化学特征具有较大的控制作用(图 4.9、图 4.10、图 4.13 和图 4.14)。岩石风化受到河流径流量的直接影响，对河流的年均径流量与离子浓度进行相关性分析，结果表明，河流的年均径流量与大部分离子存在正相关关系，表明径流量在一定程度上影响了水化学特征，这种现象在其他地区也观察到(Gailladet et al., 1999)。其中河流径流量与 HCO_3^- 的相关性达到显著水平($r = 0.84$, $p = 0.02$)，可能与水-岩作用过程中碳酸岩矿物最易溶解有关。

伊塞克湖流域内河流的供给水源主要是山区降水和冰川融水，而降水量和冰川融水受气候变化的影响；有研究也已指出降水量和河流径流量存在正相关关系(Alifujiang et al., 2021)。因此，气候因素可通过影响河流径流量而间接影响水体离子组成和浓度。另外，伊塞克湖流域处于干旱区，水体经历较强的蒸发结晶作用，水体离子浓缩。整个流域内，降水量从西向东呈现升高趋势，温度呈现下降趋势，流域西部的河流和湖泊水体中较高的离子浓度，与当地温度较高、降雨量较低等因素有关，主要是温度升高引起蒸发的结果。

伊塞克湖流域是吉尔吉斯斯坦重要的农业区之一，也是旅游的热门地区；位于该地区东部的卡拉科尔市是人口密集居住区，也是城市化和工业化活动频繁的地区。因此，离子组成和浓度变化可能与人类活动有关。NO_3^-浓度的空间分布情况和 PCA 分析（图 4.13），也反映了人类活动对地表水化学性质的影响。整体而言，如 PCA 和质量平衡计算所示，流域东部的人类活动对水化学成分的影响相对较大（图 4.13 和图 4.14），但该区域丰富的降雨和较大的径流稀释了水体离子浓度；而在流域西部地区，少雨、较高温度引起了较大的蒸发量，再加上乔尔蓬阿塔市和巴雷克切市一定强度的人类活动，最终导致了水体较高的离子浓度。

伊塞克湖流域是吉尔吉斯斯坦的主要粮食生产基地之一，该流域地表水的水量和水质是保障粮食高产优质的重要因素。因此，需要对研究区地表水的水质进行评价。灌溉用水中钠和盐分浓度过高会对作物造成危害；水体中钠离子置换土壤中的钙离子和镁离子，导致土壤渗透性降低，土壤硬化（Shaki and Adeloye, 2006）。为了评估灌溉用水的水质状况，计算了水体的钠百分比（Na%）和钠吸附比（SAR）（图 4.15）。从图中可以看出，流域自东向西的河流水体 Na%升高，但河水水质较好[图 4.15(b)]。其中，来自北部的河流水样落在低盐度-低钠的 C1-S1 类[图 4.15(a)]，可以直接作为灌溉用水（Richards,1954）；而流域北部 Ak-Suu 河下游水样，以及东部和西部河流水样，含有中等盐度和低钠，属于 C2-S1 类[图 4.15(a)]，在盐度控制管理和选择耐盐性植物的情况下，这些水可以用于灌溉排水能力较强的土壤。湖泊水样均具有极高盐度危害和中至高度的钠危险，不适合灌溉（图 4.15）。因此，研究区北部雨水较多，该区河流水体的盐度和钠含量低，对土壤和农作物几乎没有危险，适合灌溉；流域东西部河水需要在灌溉前进行处理，而因蒸发引起钠浓缩的湖水不适宜灌溉。

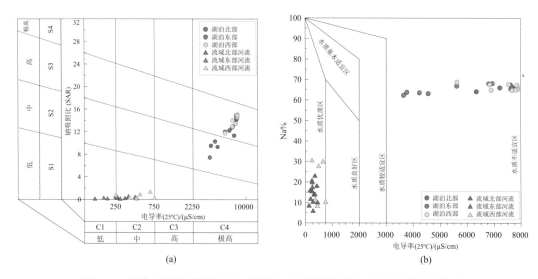

图 4.15　伊塞克湖流域灌溉水水质类别(a)及钠百分比和电导率的散点图(b)

修改自 Richards(1954)；修改自 Wilcox(1955)

二、水体有毒元素浓度及污染评价

(一)地表水中有毒元素浓度与来源

该流域河流水体中元素的浓度(平均值±标准偏差)为:Co[(0.06±0.03)μg/L]、Pb[(0.19±0.08)μg/L]、Ni[(0.81±0.48)μg/L]、Cd[(0.001±0.003)μg/L]、Cr[(0.91±0.25)μg/L]、Cu[(2.67±3.62)μg/L]、As[(0.83±0.51)μg/L]、Mn[(3.16±2.21)μg/L]、Fe[(37.73±46.34)μg/L]和Zn[(101.5±206.9)μg/L],不同元素平均浓度的高低顺序依次为Zn>Fe>Mn>Cu>Cr>As>Ni>Pb>Co。由此可见,河流水体中的Zn和Fe是含量最丰富的有毒元素,而As、Ni、Pb和Co的含量较低。湖泊水体各元素浓度为Co[(0.07±0.04)μg/L]、Cd[(0.07±0.03)μg/L]、Pb[(1.64±2.99)μg/L]、Ni[(0.91±0.20)μg/L]、Cr[(1.09±0.19)μg/L]、Cu[(2.95±2.63)μg/L]、As[(10.66±2.64)μg/L]、Mn[(2.61±3.47)μg/L]、Fe[(22.84±6.32)μg/L]和Zn[(33.15±61.09)μg/L]。因此,其平均浓度的高低顺序依次为Zn>Fe>As>Cu>Mn>Pb>Cr>Ni>Co=Cd,由此可见,湖泊水体中的Zn、Fe和As是含量最丰富的有毒元素,而Co、Cd和Ni的含量较低。除Mn、Fe和Zn外,湖泊水样中的有毒元素浓度高于河流中的浓度(表4.3)。

表 4.3 伊塞克湖流域地表水中有毒元素浓度与全球其他水生系统中的浓度对比 (单位:μg/L)

	Cr	Fe	Co	Ni	Cu	Zn	As	Pb	Cd	Mn
伊塞克湖流域河流 (n=21)[1]	0.91	37.73	0.06	0.81	2.67	101.5	0.83	0.19	0.001	3.16
天山河流,中国[2]	0.05		0.09	0.02	0.38	0.36	0.04	0.03		
锡尔河,哈萨克斯坦[3]	2.3			10.1	4.2		35.8	10.1		
伊塞克湖流域河流,吉尔吉斯斯坦[4]	36.0				4.2	9.6	1.3	1.5		
Ajay河,印度[5]		1770	20	30	60	200		50		
Tinto河,西班牙[6]	71	574	1380	559	42	48	521	372		
Manaus河,巴西[7]	38			20	40	55				
全球河流平均[8]	0.70	66.00	0.15	0.80	1.48	0.60	0.62	0.08		
伊塞克湖 (n=23)[1]	1.09	22.84	0.07	0.91	2.95	33.15	10.66	1.64	0.07	2.61
班公湖,中国[9]	1.5			0.1	0.5		2.6	1.6		
北咸海,哈萨克斯坦[10]	1.5			13.0	1.9		24.1	1.5		
科廷湖,马来西亚[11]		1742		1.1	1.5	4.3		1.6		
城市湖泊,喀麦隆[12]	17	1620	9	9	10	16		16		
CMC[a,13] 允许限值	16			470	13	120	340	65		
CCC[b,13] 允许限值	11	1000		52	9	120	150	2.5		
WHO[14] 允许限值	50	300	400	70	2000	500	10	10	3	100

a:标准最大浓度(CMC);b:标准连续浓度(CCC)。

数据来源:1. 本书;2. Zhang et al., 2015a; 3. Rzymski et al., 2019; 4.Liu et al., 2020; 5. Singh and Kumar, 2017; 6. Cánovas et al., 2010; 7. Ferreira et al., 2020; 8. Gaillardet et al., 2003; 9. Lin et al., 2021; 10. Rzymski et al., 2019; 11. Prasanna et al., 2012; 12. Kwon et al., 2012; 13. USEPA, 2018; 14. WHO, 2017。

将伊塞克湖流域水样中检测到的有毒元素浓度与世界其他流域进行了比较(表 4.3)，结果表明，与全球河流平均值相比，该流域水体中 Cr、Ni 和 As 平均浓度相似，Fe 和 Co 浓度均值较低，其他元素平均浓度均较高。总体上，河流中大多数元素的平均浓度均大于天山山脉河流的测定值(除 Co 外)，低于之前该流域测得的河流水体以及邻近的锡尔河水体，同时，该流域的元素浓度远低于印度 Ajay 河、西班牙 Tinto 河(除 Zn 外)和巴西 Manaus 河(除 Zn 外)。除 Zn 外，伊塞克湖水体有毒元素平均浓度低于喀麦隆首都的城市湖泊。但伊塞克湖水体的某些元素的浓度相对高于世界其他地区的湖泊，例如，中国西藏班公湖的 Ni、Cu 和 As 值较低，马来西亚科廷湖的 Cu 和 Zn 浓度较低，以及哈萨克斯坦北咸海的 Cu 浓度较低。总体而言，伊塞克湖流域河流中有毒元素的浓度较低。

水样中有毒元素浓度之间的关系提供了有关污染物来源和途径的信息。该流域地表水中，Cr 和 Co、Cu、As、Cd 之间存在显著的正相关(r 为 0.34~0.56)；Co 和 Fe(0.62~0.65)、Ni 显著正相关(r 为 0.32~0.38)；As 和 Cd、Pb 显著正相关(r 为 0.34~0.90)；Cd 和 Pb 显著正相关($r = 0.54$)(图 4.16)。此外，As、Cd 与 NO_3^- 呈显著负相关，相关系数分别为–0.52 和–0.60，表明来源或迁移途径相似。然而，Zn 和 Mn 与其他元素之间不存在显著相关性，可能具有不同的来源和/或迁移途径。

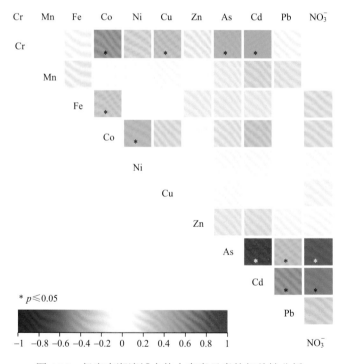

图 4.16　伊塞克湖流域水体中有毒元素的相关性分析

该流域有毒元素浓度的空间分布如图 4.17 所示，湖泊水体中 As 含量普遍较高，尤其是湖泊西部。Cd、Cr、Co 和 Ni 元素含量较小，但个别采样点仍表现出高值；邻近乔尔蓬阿塔市以及乔尔蓬阿塔市和巴雷克切市之间的 Tamchy 城镇的湖水样具有高浓度的

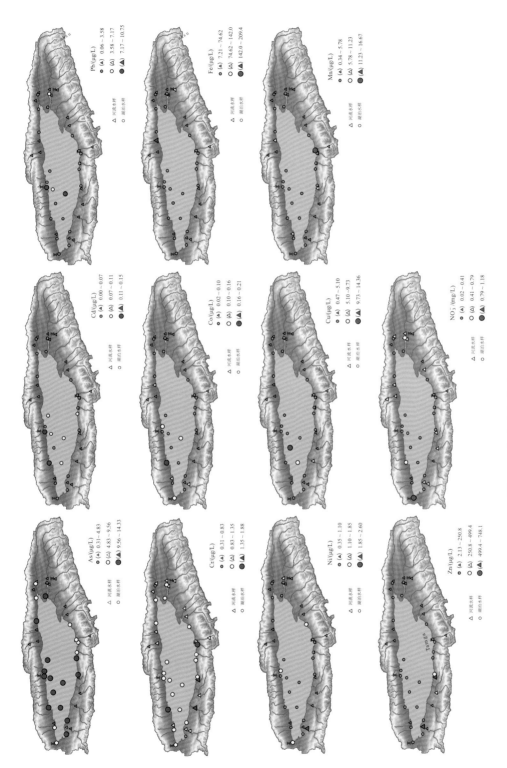

图 4.17 伊塞克湖流域水体中有毒元素和 NO₃⁻浓度的空间分布图

Cd；Cr 最高值出现在邻近 Tamchy 和 Tamga 河流入湖口处湖水以及 Ak-Terek 上游和 Tong 河水体；Tamchy 附近湖水的 Co 浓度最高；Tuura-Suu 河下游水体 Ni 污染最严重。Pb、Cu 和 Mn 含量处于中等水平，邻近乔尔蓬阿塔市和开阔湖泊水体 Pb 浓度最高；流域西段邻近巴雷克切的河流水体和开阔湖泊水体含有高浓度的 Cu；Barskaun 河流入湖口处的湖水样 Mn 含量最高。Zn 和 Fe 污染水平较高。西南部 Ak-Terek 下游和 Tong 河水体 Zn 浓度最高；Fe 含量最高值出现在北部邻近 Ak-Suu 的河流水体。

湖岸最西端的巴雷克切市是流域重要的集航运、公路和铁路为一体的交通枢纽中心，乔尔蓬阿塔是流域北部较大的度假胜地，伊塞克湖机场坐落于 Tamchy，北部河流常被用于灌溉农田。因此，研究区水体有毒元素含量的空间分布主要受人为污染的影响，特别是沿岸交通运输、农业生产及其引起的地表侵蚀。

为了进一步研究这些污染物潜在来源或影响因素，对水体中各有毒元素和 NO_3^- 进行主成分分析（PCA）。在分析之前，采用 KMO 检验值和 Bartlett 球形度检验来确定数据对主成分分析的适用性。结果显示，KMO 检验值为 0.64，大于 0.5，Bartlett 球形度检验结果为 0.000，小于 0.05，表明可以采用主成分分析方法。以特征值超过 1 为原则，对研究区水体中的 10 种元素和 NO_3^- 进行分析，共提取了四个主成分因子（表 4.4）。第一主成分因子（PC1）方差贡献率达 27.83%，第二个主成分因子（PC2）方差贡献率为 17.91%，第三个主成分因子（PC3）的方差贡献率为 11.27%，第四个主成分因子（PC4）的方差贡献率为 11.16%，四个因子累计贡献率为 68.17%。

表 4.4 伊塞克湖流域水体有毒元素的主成分分析结果

元素	主成分			
	PC1	PC2	PC3	PC4
Cr	0.59	0.57	0.30	−0.02
Fe	−0.13	0.51	−0.52	0.35
Co	0.41	0.79	−0.14	−0.06
Ni	0.25	0.47	0.07	−0.48
Cu	0.23	0.35	0.36	0.42
Zn	−0.21	0.05	0.72	−0.33
As	0.89	−0.19	0.04	0.10
Pb	0.55	−0.23	−0.28	−0.16
Cd	0.94	−0.16	−0.09	−0.02
Mn	−0.25	0.22	0.25	0.64
NO_3^-	−0.57	0.50	−0.23	−0.38
特征值	3.06	1.97	1.24	1.23
方差贡献率/%	27.83	17.91	11.27	11.16
累计方差贡献率/%	27.83	45.74	57.01	68.17

PC1 中，元素 As 和 Cd 的载荷较高，Pb 和 Cr 具有中等载荷。Pb 和 As、Cd 之间显著正相关（图 4.16），表明这些元素存在共同来源。这几个元素高值出现的采样点距离伊

塞克湖机场和 A363 高速公路较近，A363 高速公路联通了流域西部的多个旅游度假区，为旅游业提供了便利的交通条件，故 PC1 来源可能是交通运输等旅游活动。PC2 中 Co 具有高载荷，Cr、Fe 和 NO$_3^-$ 具有中等载荷，表明这些污染物具有同源性。NO$_3^-$ 最高值出现在邻近巴雷克切市的湖泊西部水体，对于河流而言，流经农田的 Ak-Suu、Tuura-Suu、Ak-Sai 和 Tong 河，以及 Djyrgalan 河水样中 NO$_3^-$ 较高（图 4.17），也验证了 NO$_3^-$ 是人类活动的敏感指标，来源包括农田化肥使用、城镇的生活污水等。Fe 和 Co 在自然土壤中含量丰富，而人类活动可能通过土壤侵蚀导致 Fe 和 Co 进入水体（Singh and Kumar，2017）。Fe 和 Co 的空间分布相似，最高值出现在北部流经农田的河流水样（图 4.17），因此，推测 PC2 反映了农业和生活污水地表侵蚀等污染源。

　　PC3 分布有高载荷的 Zn。Tuura-Suu 河下游、Ak-Sai 河、Tong 河的河水样及其入湖口处湖水样中检测到了较高浓度的 Zn，该地区水体可能受到了农业上的化肥和农药应用的影响，有研究也表明农业活动是水生系统锌污染的来源之一（Wuana and Okieimen，2011）。因此，PC3 指示了农业及其扰动引起的地表径流的影响。PC4 中包含高载荷的 Mn，主要是矿产开发以及自然母岩风化来源。本书中，Barskaun 河流入湖口处的湖水样 Mn 含量最高，可能与南岸的 Kumtor 金矿开采地污染有关。1998 年，在运送开采所需的氰化物时发生了泄漏，导致了伊塞克湖水体污染，由此可见，矿产开发会对湖泊水质造成影响。此外，北部流经农田和西南部两岸分布小范围荒漠地的河水样 Mn 含量较高，含锰矿物风化受到地表侵蚀影响可能会使河水中 Mn 的浓度升高。

　　图 4.18 是主成分分析中前两个因子的载荷和不同区域水样得分，显示出元素的影响具有较为明显的空间差异性。湖泊水样沿 PC1 分布，其置信椭圆的方向也与 PC1 相近，

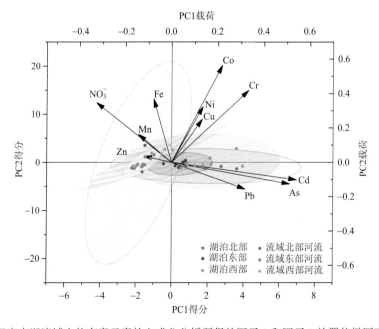

图 4.18　伊塞克湖流域水体有毒元素的主成分分析所得的因子 1 和因子 2 的置信椭圆可视化结果

置信椭圆的颜色对应了采样点颜色；箭头长短代表指标与相应主成分的相关性强弱

反映了湖泊水体有毒元素来源相似，主要受交通、矿产开采的影响较大；而湖泊西部和北部水样置信椭圆的长度大于东部，可能是因为干旱气候条件下，环境变化对人类活动的响应更敏感。河流水样主要分布在左侧，体现了 PC2 贡献率增强。北部河流水样的置信椭圆长度较大、方向偏向于 PC2，西部河流水样的置信椭圆较倾向于 PC1 轴，长度也较大，表明不同区域河流水体元素来源或迁移途径不同，即北部河流水体元素受到较强的农业及其地表侵蚀影响，西部河流水体较高的元素浓度与旅游业交通等关系较大；东部河流水污染的影响因素复杂，与该地区人口密集、人类活动多样化以及降雨量大等因素有关。

(二)水质评价与生态风险评价

与饮用水的监管标准相比，伊塞克湖流域水体有毒元素均低于世界卫生组织建议阈值(WHO, 2017)(表4.3)。为了更全面地了解饮用水水质，采用水质指数(WQI)来评估伊塞克湖流域地表水的可饮用性(图4.19)。河水样的 WQI 值为7.15~42.13，平均值为19.61；湖水样的 WQI 平均值为22.44，范围为14.01~47.90，这些水样的 WQI 值均 <100，表明研究区水质优良。空间分布上，流域西部水体 WQI 值较高，其次是北部水体，东部水体 WQI 值最低。如上所述，西部气候较干燥，加重了水环境对频繁的旅游、放牧等人类活动的响应。

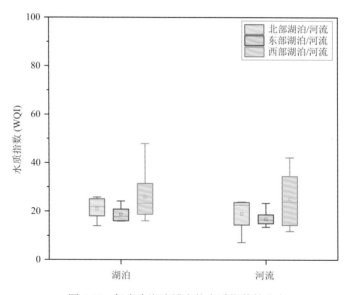

图 4.19　伊塞克湖流域水体水质指数的分布

将流域水体有毒元素浓度与美国环境保护署制定的淡水水生生物保护水质标准进行比较(USEPA, 2018)(表4.3)，结果表明，研究区水体有毒金属浓度在标准值内，反映了研究区水体有毒元素对水生环境中的生物产生的负面影响很小。

根据健康风险评价模型和评价参数，计算了伊塞克湖流域水体中有毒元素通过饮水和皮肤接触对儿童和成人产生的致癌和非致癌的健康风险值(图4.20)。总的来说，就非致癌风险而言,儿童的总非致癌风险(THI)值在 8.56×10^{-2} ~2.51 之间变化(平均值为 1.09),成人的 THI 数值在 5.97×10^{-2} ~1.73 之间变化(平均值为 7.50×10^{-1})[图 4.20(a)]。其中湖水中的 THI 值较高,儿童的 THI 值为 1.03~2.51,成人为 7.11×10^{-1} ~1.73,超过了 USEPA 推荐的安全标准。两个年龄组通过皮肤接触的风险指数(HI_{dermal})均在安全范围内(成人:4.45×10^{-3} ~ 1.42×10^{-2},儿童:5.11×10^{-3} ~ 1.63×10^{-2})[图 4.20(b)],表明通过皮肤接触途径对人体健康的影响可以忽略不计。成人通过饮用水的风险指数($HI_{ingestion}$)为 5.53×10^{-2} ~1.71,儿童为 8.05×10^{-2} ~2.49,其中湖水样品风险值较大(成人:7.03×10^{-1} ~ 1.71,儿童:1.02~2.49)。因此,如果饮用湖水,其中的污染物将构成严重的健康危害 [图 4.20(b)]。就单个元素的非致癌风险指数值(HI)而言,九种有毒元素显示出不同的值,其中 As 产生的 HI 值远高于其他元素,是 THI 的最大贡献者[图 4.20(c)]。河水中 As 对成人和儿童产生的 HI 值均在规定标准内,而大多数湖泊水样中成人和儿童的 HI-As 值高于 1。除 As 外,其余 8 种元素的 HI 值均小于 1,说明其他元素的危害性较小。

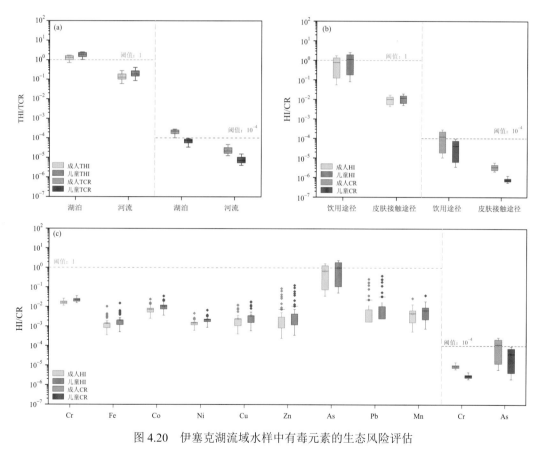

图 4.20 伊塞克湖流域水样中有毒元素的生态风险评估

(a)成人和儿童的总非致癌风险指数(THI)和总癌症风险值(TCR);(b)不同暴露途径的危险指数(HI)和癌症风险值(CR);
(c)单个元素的 HI 和 CR 值

对于致癌风险,当健康风险值低于 10^{-6},认为不会对人体产生明显的致癌风险,而高于 10^{-4} 则被认为可能存在致癌风险,As 和 Cr 是具有致癌风险的有毒元素,因此,计算了 As 和 Cr 的致癌风险值(CR)。成人的总 CR(TCR)值范围为 $1.24 \times 10^{-5} \sim 2.87 \times 10^{-4}$,儿童的 TCR 范围为 $4.03 \times 10^{-6} \sim 9.56 \times 10^{-5}$。除湖水样品对成人可能产生高风险外,湖水对儿童以及河水水样对两个年龄段人群的致癌风险都是可以接受的,不会对人体产生明显的致癌风险[图 4.20(a)]。两个年龄组通过皮肤接触的 CR(CR_{dermal})均在 USEPA 推荐的允许水平(10^{-6})内,即通过皮肤接触途径的致癌性风险可以忽略不计。成人饮用水的 CR($CR_{ingestion}$)为 $1.04 \times 10^{-5} \sim 2.82 \times 10^{-4}$(平均值为 1.20×10^{-4}),儿童的 $CR_{ingestion}$ 为 $3.48 \times 10^{-6} \sim 9.46 \times 10^{-5}$(平均值为 4.04×10^{-5})[图 4.20(b)];不同地区采样点,湖水样的 CR 值较高,超过了可接受的致癌风险水平(10^{-4})。以上结果说明,通过饮用受污染的湖水可能存在致癌风险。对比 As 和 Cr 产生的致癌风险,As 是总风险的主要贡献者 [图 4.20(c)]。对于所分析的所有站点,河水不会对人体产生明显的致癌风险,但湖水中存在一定的致癌风险。

三、水体 POPs 污染特征与生态风险评估

(一)水体 PAHs 和 OCPs 的浓度和源解析

湖泊水体中检测到 15 种 PAHs,最常见的污染物是 2 环、3 环和 4 环化合物,几乎在所有水样中都检测到,其次是 5 环(检测率为 17%~100%)和 6 环 PAHs(检测率为 0%~6%)[图 4.21(a)]。湖泊水体中的 PAHs 总浓度为 21.00~67.61 ng/L,平均值为 43.91 ng/L。在检测到的 PAHs 中,Nap、Acy 和 Phe 含量较高,变化范围分别为 3.02~24.70 ng/L(平均值为 10.23 ng/L)、ND~35.41 ng/L(平均值为 12.91 ng/L)和 4.92~18.84 ng/L(平均值为 9.08 ng/L),分别占 PAHs 总量的 23%、29% 和 21%。其他 PAHs 浓度范围为 ND~8.83 ng/L;其中,Ace、Flu、Flt 和 Pyr 的含量较高,平均含量分别为 2.09 ng/L、4.50 ng/L、1.58 ng/L 和 1.61 ng/L,占多环芳烃总量的 22%;其余 PAHs 的平均含量最低(<1.00 ng/L)。

与湖水中观察到的情况类似,河流水样中检测到的 PAHs 以 2 环、3 环和 4 环最为常见,而 5 环和 6 环检出率较低[图 4.21(b)]。河流水样中 PAHs 的总浓度为 13.84~81.57 ng/L,平均值为 40.27 ng/L。河流水体中 Nap、Acy 和 Phe 的含量较高,平均含量分别为 8.85 ng/L、14.03 ng/L 和 7.37 ng/L,分别占总 PAHs 的 22%、35% 和 18%;其他 PAHs 的含量为 ND~7.40 ng/L,Ace、Flu、Flt 和 Pyr 平均含量分别为 1.72 ng/L、3.68 ng/L、1.54 ng/L 和 1.56 ng/L,而 Ant、Chr、BaA、BbF、BkF、BaP、DahA、BghiP 和 InP 平均含量小于 1.00 ng/L [图 4.21(b)]。

与全球湖泊生态系统对比,伊塞克湖水体 PAHs 浓度高于欧洲偏远山区湖泊 (Vilanova et al., 2001)和喜马拉雅地区湖泊(Guzzella et al., 2016);但低于受当地污染物排放影响的偏远高山湖泊,例如,青藏高原和南极洲(Yao et al., 2016;Ren et al., 2017)。与全球不同地区的河流相比,该流域河流水体 PAHs 的浓度低于城市或邻近工业地区 (Malik et al., 2011;Ribeiro et al., 2012;Santana et al., 2015;Montuori et al., 2016;Sarria-Villa et al., 2016;Zhao et al., 2021)、大面积农田包围的农村地区(Shen et al., 2018),甚至高山河流(Mansilha et al., 2019);高于非城市地区(Moeckel et al., 2014;Siemers et al., 2015;Shen et al., 2021)。上述全球范围的比较表明,由于地理特征和人为影响程度的差

异，不同地区水体中的 PAHs 浓度有所不同。

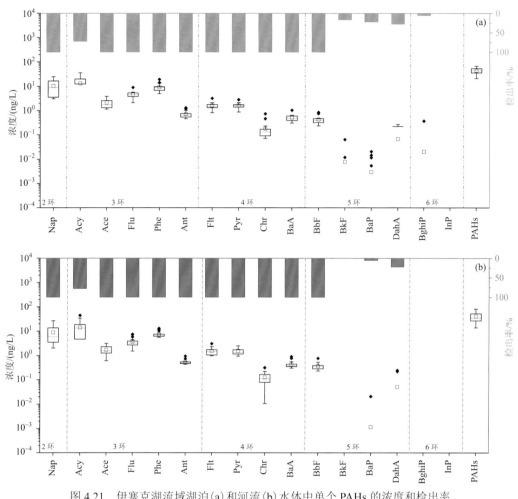

图 4.21　伊塞克湖流域湖泊(a)和河流(b)水体中单个 PAHs 的浓度和检出率

　　水体中 2 环、3 环 PAHs 占优势，与其较高的水溶性有关(Moeckel et al., 2014;
Sarria-Villa et al., 2016)；湖泊和河流水样中不同化合物的相似组成分布特征可能反映了
研究区域内污染物来源分布广泛一致，例如通过大气迁移和沉降，因为 PAHs 是半挥发
性有机化合物。

　　伊塞克湖水样中检测到 15 种 OCPs，其中以 β-HCH、p, p'-DDE、p, p'-DDD、γ-Chlor、
Dieldrin 和甲氧滴滴涕(Methoxychlor)的检出率最高，达到 100%；其次是 γ-HCH、δ-HCH、
β-Endo，检出率超过 50%[图 4.22(a)]。OCPs 总浓度变化范围为 8.99~36.54 ng/L，平均
值为 16.95 ng/L；其中甲氧滴滴涕(平均值为 4.44 ng/L)是主要的污染物，其次是 α-HCH、
β-HCH(平均值分别为 2.19 ng/L 和 2.67 ng/L)。不同种类污染物中 HCHs(α-HCH、β-HCH、
γ-HCH、δ-HCH)检出含量最高，浓度范围为 3.17~28.32 ng/L，占总 OCPs 的 46%；而曾
经常用的 DDTs 类污染物(p, p'-DDE、p, p'-DDD、p, p'-DDT)浓度范围为 1.23~3.37 ng/L，
仅占总 OCPs 的 9%。

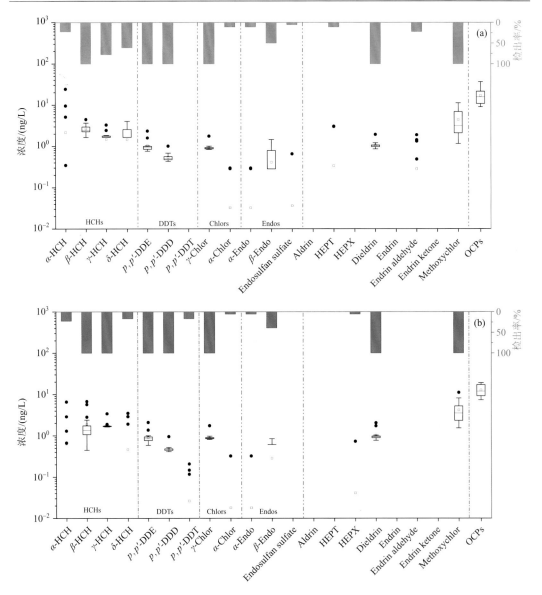

图 4.22　伊塞克湖流域湖泊(a)和河流(b)水体中单个 OCPs 的浓度和检出率

河流水体中检测到 14 种 OCPs，包括 α-HCH、β-HCH、γ-HCH、δ-HCH、p, p'-DDE、p, p'-DDD、p, p'-DDT、γ-Chlor、α-Chlor、α-Endo、β-Endo、HEPX、Dieldrin 和 Methoxychlor，其中 β-HCH、γ-HCH、p, p'-DDE、p, p'-DDD、γ-Chlor、Dieldrin 和 Methoxychlor 在所有水样中均有检测到［图 4.22(b)］。河流水体中 OCPs 总浓度变化范围为 7.38~19.02 ng/L，平均值为 12.66 ng/L；其中主要的污染物是 Methoxychlor(4.17 ng/L)，其次是 β-HCH (1.88 ng/L)、γ-HCH(1.79 ng/L)、Dieldrin(1.02 ng/L)。就不同种类污染物而言，总 HCHs (2.27~11.30 ng/L)浓度较高，占总 OCPs 的 38%；其次是 DDTs 类(1.07~3.04 ng/L)，占总 OCPs 的 11%。

与全球湖泊生态系统对比，该流域湖泊水体 OCPs 浓度高于欧洲偏远山区湖泊

（Vilanova et al., 2001）和喜马拉雅地区湖泊（Guzzella et al., 2016）；但远低于受当地污染源影响的高海拔地区湖泊，例如杞麓湖（Chen et al., 2022）。与全球不同地区的河流相比，本书中河流水体 OCPs 的浓度低于城市或工业地区（Malik et al., 2011；Ribeiro et al., 2012；Santana et al., 2015；Montuori et al., 2020；Sarria-Villa et al., 2016；Zhao et al., 2021）、大面积农田包围的农村地区（Shen et al., 2018），甚至高山河流（Mansilha et al., 2019）；但高于意大利 Volturno 河（Montuori et al., 2020）。

从空间分布看，由于污染物的半挥发特性，高海拔地区低温和高湿沉降率等气候条件可能会促使POPs的凝结和聚集，高海拔地区由此成为POPs的"汇"（Blais et al., 1998; Daly and Wania, 2005; Arellano et al., 2011）。因此，OCPs 和 PAHs 空间变化可能反映了当地人类活动和区域大气输送的差异。

总的来说，伊塞克湖流域的 OCPs 和 PAHs 浓度相对较低。从区域范围来看，伊塞克湖南部 Tossor 河入湖口处和临近 Ak-Terek 城镇的湖泊水体 OCPs 污染最严重[图 4.23（a）]，一

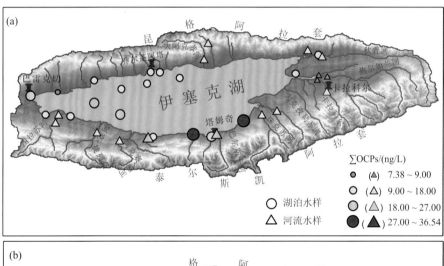

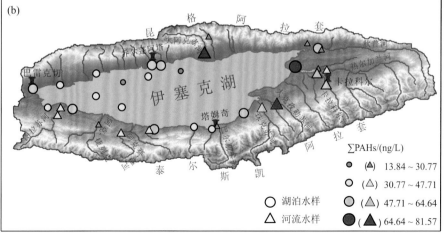

图 4.23　伊塞克湖流域地表水中总 OCPs（a）和总 PAHs 浓度（b）的空间分布图

方面可能与岸边分布的城镇人类生活、农田有关，另一方面，Kadji-Sai 铀矿场废物处理区位于 Tossor 和 Tamga 河 (Kulenbekov and Merkel, 2011)，其污染物可能对 Tossor 河水体 OCPs 造成了影响。此外，降雨和降雪对大气中污染物的清除效应不同，后者清除大气中污染物的效率高于前者 (Arellano et al., 2011)，故水体高浓度的污染物可能与该区域的降水形式以雪为主有关。

伊塞克湖东部热尔加兰河和卡拉科尔河入湖口处湖水样以及大克孜勒苏河和大阿克苏河沿岸采集的样品中发现了较高浓度的 PAHs [图 4.23 (b)]。流域北部大部分河水用于灌溉，包括大阿克苏河，因而，PAHs 浓度升高可能与大量的农业活动有关。卡拉科尔市位于湖泊东岸，是伊塞克湖州首府，也是主要旅游目的地之一和重要的工业区；大克孜勒苏河流经一个废弃铀矿场的废物处理区。因此，城市废水排放以及工业和旅游业相关活动是造成东部 PAHs 污染加剧的原因。

伊塞克湖流域湖泊水样 HCHs 中 β-HCH 含量最高(均值为 2.67)，检出率达 100%；其次是 α-HCH(均值为 2.19)，检出率分别为 22%；γ-HCH(均值为 1.48)和 δ-HCH(均值为 1.45)含量相对较低，检出率分别为 78% 和 61%[图 4.22 (a)]。与湖泊水体相似，河流水样 HCHs 中 β-HCH 含量最高(均值为 1.88 ng/L)，其次是 γ-HCH(均值为 1.79 ng/L)，β-HCH 和 γ-HCH 在所有样品中都能检测到，含量较低的是 α-HCH(均值为 0.64 ng/L)和 δ-HCH(均值为 0.46 ng/L)[图 4.22 (b)]。鉴于 β-HCH 是 HCHs 中最稳定的一种异构体，且其在环境中的比例随残留时间的增加而升高，研究区水体 β-HCH 含量以及比例高[图 4.24 (a)]，反映了过去 HCHs 类农药的使用，并且已经降解。大部分样品的 α-HCH/γ-HCH 值较低，反映了 HCHs 主要来源于林丹的使用。两个湖泊水样和一个河流水样的 α-HCH/γ-HCH 值高于 3，可能是工业源 HCHs；此外，α-HCH 蒸气压较高，容易挥发、随大气进行长距离迁移，并沉降在高海拔或气温低的地区，因此，大气远距离传输可能是 α-HCH/γ-HCH 值高的原因。另外，河流水体 γ-HCH(100%)的检出率高于湖泊水体(78%)(图 4.22)，可能反映了河流携带这些污染进入湖泊水环境。

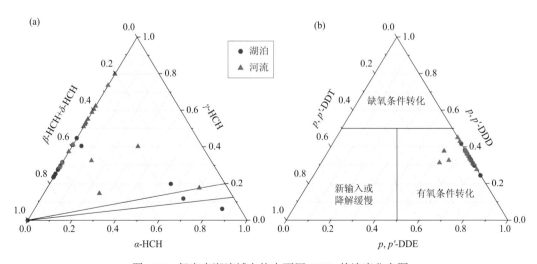

图 4.24　伊塞克湖流域水体中不同 OCPs 的浓度分布图

伊塞克湖流域湖泊水样中 p,p'-DDE 的含量变化范围为 0.76~2.36 ng/L（均值为 1.04 ng/L），p,p'-DDD 含量变化范围为 0.43~1.00 ng/L（均值为 0.55 ng/L）[图 4.22（a）]；河流水体中检测到的 p,p'-DDE 的含量变化范围为 0.59~2.09 ng/L（均值为 1.06 ng/L），p,p-DDD 含量变化范围为 0.41~0.95（均值为 0.55 ng/L），p,p'-DDT 为 ND~0.21 ng/L（均值为 0.02 ng/L[图 4.22（b）]；由此可以看出，DDTs 类化合物以降解产物 p,p'-DDE 和 p,p'-DDD 为主，其中 p,p'-DDE 组分占 DDTs 的 50% 以上，普遍高于 p,p'-DDD。由于好氧和厌氧环境条件下 p,p'-DDT 分别降解为 p,p'-DDE 和 p,p'-DDD，因此，伊塞克湖流域水体 p,p'-DDT 的降解环境为好氧条件，DDTs 类污染物来自于历史使用残留（图 4.24）。

α-Endo 在土壤中的半衰期只有约 60 天，而 β-Endo 在土壤中的半衰期可达 900 天，α-Endo 在环境中更易被降解（Stewart and Cairns, 1974; WHO, 1984）。所以，α-Endo/β-Endo 的值 < 2.3 意味着工业硫丹是历史使用的残留，反之则代表硫丹近期的使用。伊塞克湖流域湖泊和河流水体中 α-Endo 和氧化产物 Endosulfan sulfate 的含量低且检出率低，而 β-Endo 的浓度较高，氧化产物 Endosulfan sulfate 几乎没有检测到（图 4.22），该结果表明研究区内没有新的硫丹类农药的施用。鉴于环境中的 γ-Chlor 比 α-Chlor 更容易降解（Malik et al., 2009；Shen et al., 2017），湖泊和河流水体中较高的 γ-Chlor 浓度表明，氯丹可能存在新的输入。

不同环数 PAHs 化合物含量分析显示[图 4.25（a）]，湖泊水体中 2 环（Nap）和 3 环（Acy、Ace、Flu、Phe、Ant）的浓度较高，分别为 4.75~24.70 ng/L 和 9.70~47.55 ng/L，分别占总 PAHs 的 23% 和 67%；4 环（Flt、Pyr、BaA、Chr）的含量为 2.15~7.42 ng/L，占总 PAHs 的 9%；5 环（BbF、BkF、BaP、DahA）和 6 环（BghiP、InP）含量低，分别为 0.31~0.84 ng/L 和 ND~0.37 ng/L，占总 PAHs 的 1%。与湖泊组成相似，河流水体中 PAHs 以 2 环和 3 环为主，浓度分别为 2.04~26.60 ng/L 和 9.08~61.46 ng/L；4 环的含量处于中等水平，变化范围为 2.36~6.68 ng/L；5 环和 6 环含量最低，其中 5 环变化范围为 0.23~0.77 ng/L，而 6 环则未检测到。

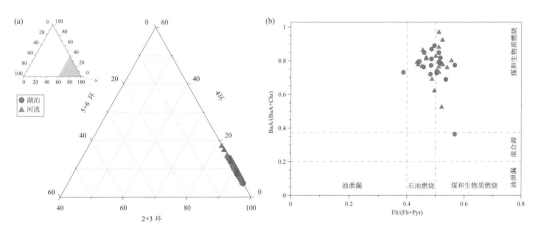

图 4.25　PAHs 组成（a）和同分异构体比值 BaA/（BaA + Chr）与 Flt/（Flt + Pyr）的散点图（b）

PAHs 不同化合物同分异构体比值是判断污染源的主要方法(Yunker et al., 2002; Tobiszewski and Namieśnik, 2012; Sarria-Villa et al., 2016),本书选择 Flt/(Flt+Pyr) 和 BaA/(BaA+Chr) 的值来确定生成这些化合物的来源[图 4.25(b)]。结果表明,伊塞克湖流域几乎所有水样的 BaA/(BaA+Chr) 值 > 0.35,指示了生物质和煤炭燃烧源;大部分水样的 Flt/(Flt+Phe) 值 > 0.4,表明化石燃料和生物质的燃烧源。同分异构体比值的空间差异性与研究区的特定污染条件相关,例如,燃烧过程是多环芳烃的主要来源,这与中亚地区生物质燃烧用以满足烹饪和取暖能源需求的事实相一致(International Energy Agency,2018),而生物质燃烧能够排放大量的 2 环、3 环 PAHs(Yunker et al., 2002; Guzzella et al., 2016; Tobiszewski and Namieśnik, 2012)。这些燃烧过程产生的污染也同样是喜马拉雅山和青藏高原等高山地区的担忧(Guzzella et al., 2016; Ren et al., 2017)。

(二)生态风险与人体健康风险评估

水生生物生态风险评估。为了更好地评估研究区域内水体中 OCPs 和 PAHs 对水生生物的生态毒性,对污染物与相应的标准得到的商值进行分析[图 4.26(a) 和(b)]。对于单个污染物,所有样本中 p,p'-DDT、HEPT、α-Endo、β-Endo、Flt、Chr、BkF、BaP 和 DahA 以及大多数样本中的 p,p'-DDE、p,p'-DDD、Nap 和 Ant 的 RQ(NCs) 和 RQ(CCCs) 均 < 1,表明污染物对水生生物的危害较小。而 Acy、Ace、Flu、Phe、Pyr、BaA、BbF 和 BghiP 的 RQ(NCs)>1、RQ(MPCs)<1,表明中等风险。对于总 OCPs 和总 PAHs,RQ(CCCs) 和 ∑RQ(NCs) 小于 800,RQ(CMCs) 和 ∑RQ(MPCs) 均小于 1,表明生态系统处于低风险状态。

人体健康风险评估。根据饮水和皮肤两种接触途径可能引起的非致癌(HI)和致癌(CR)风险,评估有机污染对人体健康的危害[图 4.26(c) 和(d)]。几乎两种途径的单个污染物的 HI 值都远低于美国环境保护署设定的阈值 1,这意味着通过饮水和皮肤途径接触的 OCPs 和 PAHs 不会对居民健康产生影响。同样的,成人通过饮水摄入和皮肤接触这些污染物的致癌风险 CR 值低于美国环境保护署规定的无致癌风险水平(10^{-12}~10^{-6})。对比以上两种接触途径,饮用水摄入污染物引起的健康风险是皮肤接触水中污染物风险的 10~100 倍,反映出皮肤对污染物的吸收几乎可以忽略不计,通过饮水可能会给人体健康带来更大的风险。

四、水体同位素及其环境示踪

(一)水体同位素组成与空间分布特征

地表径流是水循环过程中的一个重要环节,通过蒸发和补排途径与大气降水、地下水和冰雪融水不断发生转化,进而影响区域水循环过程。水体稳定氢氧同位素研究,有利于河川径流的环境监测,也对分析河流不同水体的来源具有重要意义。伊塞克湖水体 δ^2H 和 $\delta^{18}O$ 变化范围分别为-48.87‰~-9.91‰和-7.17‰~-0.21‰,均值分别为-20.70‰和-2.44‰;研究区河流水体 δ^2H 和 $\delta^{18}O$ 变化范围分别为-87.17‰~-60.32‰和-13.20‰~-9.94‰,均值分别为-71.15‰和-11.25‰(图 4.27)。湖泊水体 δ^2H 和 $\delta^{18}O$ 值较河流水体明显偏正,体现了湖泊水体受到较强的蒸发作用。根据全球降水同位素监测

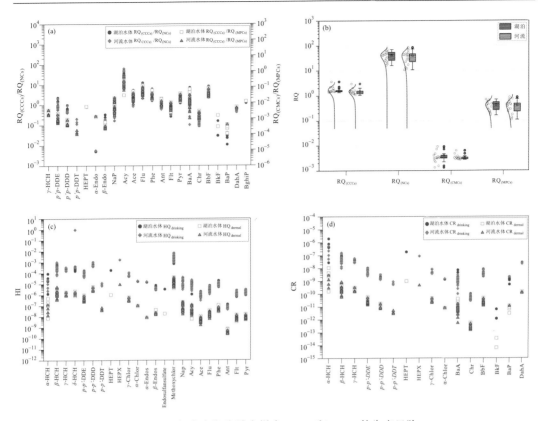

图 4.26　伊塞克湖流域水样中 OCPs 和 PAHs 的生态风险

单个污染物(a)以及总污染物(b)的 $RQ_{(CCCs)}/RQ_{(NCs)}$ 和 $RQ_{(CMCs)}/RQ_{(MPCs)}$，非致癌风险(c)和致癌风险(d)

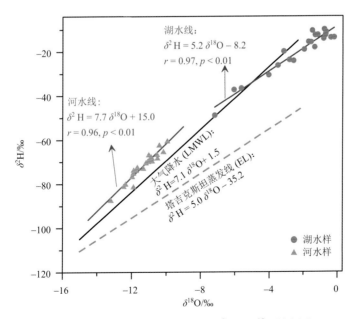

图 4.27　伊塞克湖流域不同水体 δ^2H 和 $\delta^{18}O$ 散点图

网(GNIP)中研究区周边的监测站数据，建立了地区大气降水线方程(LMWL)为 $\delta^2H =$ 7.1 $\delta^{18}O + 1.5$。由图 4.27 可知，河流和湖泊水体 δ^2H 和 $\delta^{18}O$ 的相关性均较高，对水体的 δ^2H 和 $\delta^{18}O$ 进行线性拟合，得到河水线(RWL)和湖水线(LWL)分别为 $\delta^2H = 7.7\ \delta^{18}O +$ 15.0 和 $\delta^2H = 5.2\ \delta^{18}O - 8.2$(图 4.27)。河水线的斜率(7.7)在全球降水线和当地降水线的斜率之间，表明河流水体同位素组成受降水影响较大；河水线的截距(15.0)高于全球(GMWL, 10)和当地降水线(1.5)的截距，说明研究区河流水体继承降水中氢氧同位素的变化特征外，同时也受到冰川雪融水补给的影响。湖水线的斜率和截距(5.2, −8.2)均低于全球降水线和地区大气降水线的斜率和截距，采样点的同位素值偏正，位于 LMWL 下方且偏向于塔吉克斯坦地区蒸发线(EL)，表明湖水在参与水汽循环的过程中受到了强烈蒸发作用影响。河流水体氢氧同位素分布在 LMWL 降水线附近，并沿降水线方向分布，湖泊水样氢氧同位素沿 LMWL 两侧分布，反映了降水是当地地表水的最初始的补给来源。湖水线较河水线的斜率和截距小，体现了湖水在水体循环中更新速度慢的特点。

河流和湖泊水体氢氧同位素组成存在空间差异(图 4.28)，指示了不同地区表层水的来源和经历的循环过程有一定的差异，与地理位置、气象条件等因素密切相关。空间变化上，流域西部的湖泊和河流水体的同位素值较高，主要是由于该地区降雨量少、温度较高、蒸发量大，水体同位素富集。北部和东部河流水样的同位素值相近，因为这两个地区气温较低、降水量较大，再加上河流补给水源为同位素贫化的降水和冰雪融水，河流年均径流量较大，导致了河流水体氢氧同位素值较低。湖泊东部水体同位素值低于北部，主要是因为北部河流多数被用于农业灌溉，常年入湖的只有大阿克苏河和阿克苏河；而湖泊东部入湖河流径流量较大，如秋普河和热尔加兰河等，大量同位素值较低的河水入湖导致了湖泊东部水体同位素值偏负。

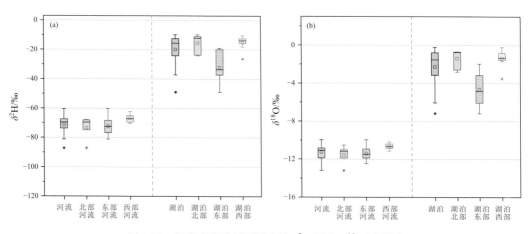

图 4.28 伊塞克湖流域不同水体 δ^2H(a)和 $\delta^{18}O$(b)组成

由以上可知，该流域河流主要受到大气降水和冰雪融水补给，其水量大小随气温高低和降水量多少而变化，同时，雨水和冰雪融水汇入河流后还会受到蒸发作用影响而发生改变。大气降水的氢氧同位素受到诸多因素的影响，主要可以分为两个方面：一是水汽输入到水汽凝结形成降水，主要指大陆效应；二是区域自然地理环境条件，主要包括温度、湿度及海拔等，即温度效应、降水量效应、高程效应(李亚举等，2011；曾海鳌等，2013；谢江婷等，2023)。为了解该流域河流水体同位素空间差异的影响因素，对该区河流水体 $\delta^{18}O$ 值与经度、纬度和海拔进行相关性分析(图 4.29)。结果表明，河流水体氧同位素值与采样点经度、纬度存在显著负相关关系，相关系数分别为–0.55 和–0.65，分别以 55.75/(°) 和 47.72/(°) 的速率随经度和纬度递减，体现出大陆效应。流域自西向东温度呈下降趋势、降水呈升高趋势，因此，河流水体同位素表现出一定的降水量效应和温度效应。河水 $\delta^{18}O$ 值与海拔不显著相关，可能是该区高海拔特征、气候差异较小，河流供给水源相似，导致了河水氢氧同位素区域高程效应较小。

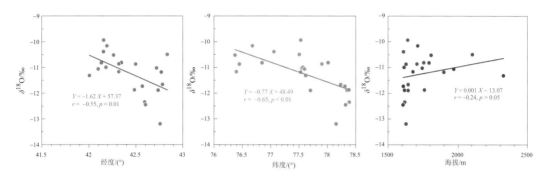

图 4.29　伊塞克湖流域河流水体氢氧同位素随经度、纬度和海拔的变化

(二)氢氧同位素对水化学来源的示踪解析

干旱环境下，蒸发是影响水化学性质的重要因素，水体受到较强的蒸发作用时，水体离子浓度升高，同时蒸发分馏使氢氧同位素富集(Gibson and Reid, 2010)，此时，水体氢氧同位素值与离子浓度具有相关性。因此，水体氢氧同位素与水体离子浓度相关性可以反映水体受到的补给源影响或蒸发作用相对强弱。反之，相关性较小时，则降水影响较大。从表 4.5 中可知，河流水体氢氧同位素与各离子的相关性不显著，而湖泊水体氢氧同位素与大部分离子极显著相关，表明湖泊水体受蒸发作用影响较大。

表 4.5　伊塞克湖流域水体氢氧同位素与水化学指标相关性分析

水体类型	同位素	Ca^{2+}	Mg^{2+}	Na^+	K^+	$CO_3^{2-}+HCO_3^-$	Cl^-	SO_4^{2-}	TDS
湖水	δ^2H	0.83**	0.84**	0.92**	0.84**	0.31	0.96**	0.97**	0.97**
	$\delta^{18}O$	0.82**	0.82**	0.91**	0.82**	0.32	0.97**	0.97**	0.98**
河水	δ^2H	0.10	0.31	–0.10	0.32	–0.05	–0.05	0.23	0.13
	$\delta^{18}O$	0.13	0.34	–0.10	0.34	0.01	–0.06	0.24	0.19

**表示在 0.01 水平上极显著相关。

水体中 $\delta^{18}O$ 值和 Cl^- 浓度的关系可以进一步证实以上的推论[图 4.30(a)]，经历强烈蒸发作用的湖水具有较高的 Cl^- 浓度、同位素值较大，位于图右上角；天山的降水和冰川雪融水 $\delta^{18}O$ 偏负、Cl^- 浓度低(Aizen et al., 2005；Zhao et al., 2008；Wang et al., 2016)，位于左下角。东部河流水样的 δ^{18}O 值和 Cl$^-$ 浓度低，靠近高山区的雨水和冰川融水样，体现了大气降水和冰雪融水来源；西部河流水样含有较高的 δ^{18}O 值和 Cl$^-$ 浓度，分布相对偏向于湖泊水样，反映了蒸发作用的影响。另外，河流水体 Cl$^-$ 浓度的空间差异也可能与岩石风化和人类活动有关，例如，阿克苏河常被用于农业灌溉，阿克苏河水体 Cl$^-$ 浓度呈现出从近水源的上游地区到近湖区的下游升高的趋势。

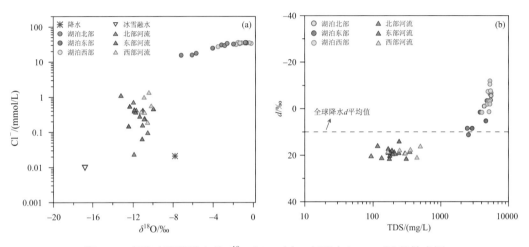

图 4.30　伊塞克湖流域水体 δ^{18}O 和 Cl$^-$(a)、氘盈余与 TDS(b)的散点图

干旱环境下，蒸发是影响水化学性质的重要因素，蒸发后水体同位素发生分馏，同位素富集，而岩石风化、矿物溶解等过程不会引起同位素组成变化，同位组成可以用来确定水化学影响因素。氘盈余(d)值与水体受到的蒸发作用有关，是研究大气降水过程及受影响因素的重要指标参数；d 值越小，受到蒸发作用越强(Meredith et al., 2009；Huang and Pang, 2012)。河流水体的 d 值变化范围为 14.00‰~21.45‰，均值为 18.71‰ [图 4.30(b)]，均高于全球平均水平(10‰)，体现了冰雪融水补给的特征，且蒸发水汽也对降水补给有一定的影响。相反，湖泊水体样品的 d 值为−11.88‰~11.28‰，均值为−1.79‰ [图 4.30(b)]，远小于全球平均水平，反映了强烈的蒸发过程。湖水 d 值西部和北部较低，东部较高、接近全球平均值。原因主要是西部湖区气温较高，空气湿度小，蒸发强烈；东部湖区入湖河水径流量大，气温较低，蒸发作用较弱。当水体蒸发时，d 值减小、盐度增加，这两个变量呈负相关(Huang and Pang, 2012)；当矿物溶解影响水体离子组成时，TDS 发生变化，但 d 值几乎不变。湖泊水体样品的 d 值随 TDS 浓度升高而较低，而河流水体 d 值比较集中、TDS 值从北向东再到西部增加，也验证了蒸发使得湖泊水体离子浓度升高的现象，而岩石风化导致河流水体 TDS 变化。

(三)水体氢氧同位素对 POPs 迁移途径示踪解析

温度和降水等气象条件会影响大气中 POPs 的行为，进而影响其向高山地区的迁移程度(Shahpoury et al., 2014)。然而，沿海拔梯度的多种环境因素共同发生变化致使很难区分不同驱动因素对环境中污染物分布的影响。水体稳定同位素(δ^2H 和 δ^{18}O)值能够指示不同水源,已用于评估气候驱动的变化在水文过程中的作用(Boral et al., 2019; Kumar et al., 2019)。因此,将研究区水域中的 OCPs 和 PAHs 浓度与稳定同位素组成进行比较,以进一步调查污染物区域差异的潜在驱动因素。

此处将 PAHs 细化分为低分子量(LMW:2+3 环)、中分子量(MMW:4 环)和高分子量(HMW:5+6 环)。如图所示,LMW PAHs 浓度高的河水同位素值偏负,临近积雪和冰川融水样[图 4.31(a)],暗示了湿沉降对这些气态污染物的直接清除作用。在降雪过程中,雪能够有效吸附大气中的颗粒物,并保存空气中相对不稳定的 PAHs 同系物(Arellano et al., 2011)。当温度升高时,其保存的污染物被释放出来,进入水体等环境介质中,导致每年大量 PAHs 进入山地生态系统(Arellano et al., 2011; Shahpoury et al., 2014; Birks et al., 2017)。例如,3 环 PAHs 中的 Phe 具有较高的可溶性,通过冰雪融水有效地转移到地表水中(Meyer et al., 2011)。该流域河流水体相对较高的 Phe 浓度可能与较高比例的降雪有关,较低的 δ^2H 和 $\delta^{18}O$ 值为雪堆中的 LMW PAHs 向河流转移提供了证据。

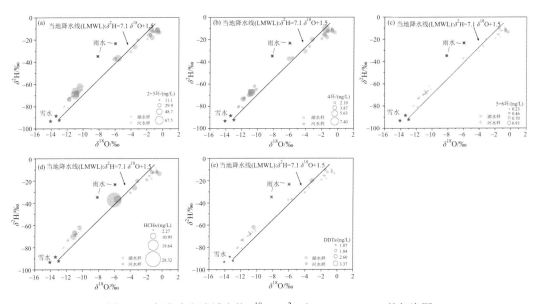

图 4.31 伊塞克湖流域水体 $\delta^{18}O$、δ^2H 与 PAHs、OCPs 的气泡图

(a) 2+3 环 PAHs;(b) 4 环 PAHs;(c) 5+6 环 PAHs;(d) HCHs;(e) DDTs;圆圈大小表示 PAHs 和 OCPs 浓度高低

经历强烈蒸发作用的湖泊水样具有较低的 LMW PAHs 浓度和较高的同位素值,其主要分布在 LMWL 之下[图 4.31(a)]。由于较高的蒸气压和溶解度,LMW PAHs 在空气和水之间的交换更频繁(Vilanova et al., 2001)。蒸发有利于 LMW PAHs 向大气的挥发(Tucca et al., 2020),结果是水体同位素富集和水相中 LMW PAHs 浓度降低。先前的研究也报告了贫营养湖泊中 LMW PAHs 从水体向大气净迁移的现象(Ren et al., 2017; Tucca et al., 2020)。全年无冰的伊塞克湖的蒸发率为 700~878 mm/a(Kulenbekov and Merkel, 2012),一定程度上为水体的 LMW PAHs 进入大气提供"有利"条件。然而,一些河水同位素值较高,但 LMW PAHs 含量较低,分布在湖水组[图 4.31(a)],可能是由于灌溉渠中的河水蒸发而出现水体同位素的富集。同时,强烈的人类活动导致伊塞克湖一些样品中 HMW

PAHs 和同位素值升高[图 4.31(c)]，显示出 HMW PAHs 蓄积在湖泊中。其他研究也指出挥发性较小的 PAHs 在湖泊中累积(Ren et al., 2017; Tucca et al., 2020)。MMW PAHs 显示出与 LMW PAHs 和 HMW PAHs 不同的模式。河水样本的 MMW PAHs 含量通常高于湖水样本，只有一个湖水显示出异常高的污染物含量[图 4.31(b)]。

与 LMW PAHs 相似，OCPs 中挥发性较强的 HCHs 在同位素值偏正的湖泊水体中浓度较低[图 4.31(d)]，HCHs 和 $\delta^{18}O$ 呈现出显著负相关关系($r = -0.76, p < 0.01$)，表明湖水受到蒸发影响，水体同位素升高，但 HCHs 进入大气而导致浓度下降；相反，河流水体 HCHs 含量较高的样品同位素值较高[图 4.31(d)]，其含量随水体同位素升高而升高，但相关性不显著($r = 0.28, p = 0.29$)，显示出冰川、积雪对 HCHs 污染物具有一定的蓄积作用。而 DDTs 挥发性较弱，但由于 DDTs 残留量较低、各采样点之间含量差异较小，水体中 DDTs 没有显示出与 HMW PAHs 相似的分布特征[图 4.31(c)和(e)]。

第三节　伊塞克湖流域表层沉积物环境与风险评估

一、表层沉积物环境特征与风险评估

在前期对伊塞克湖流域多次调研考察的基础上，课题组于 2018 年对流域的 38 个采样点进行表层沉积物采集。本书采集的样品包括表层土壤(topsoil)和河湖表层沉积物(fluvial and lake sediments)，统称为表层沉积物(surficial sediments)。如图 4.32 所示为各个采样点的具体位置和流域内土地利用类型(资料来源于 GlobeLand 30，http://www.globallandcover.com/)以及主要城镇的位置信息。

(一)表层沉积物元素含量分布

伊塞克湖流域表层沉积物样品中 19 种元素含量水平总体特征以及含量的描述性统计见图 4.33 和表 4.6。通过与相应元素的世界土壤背景值(BMVs)(中国环境监测总站，1990)比较，我们发现 Ca[(37.19±15.41)mg/g]、Mg[(16.04±3.04)mg/g]、Na[(15.43±3.29)mg/g]、K[(24.61±3.00)mg/g]、P[(1123.53±229.96)mg/kg]、Co[(13.82±2.81) mg/kg]、Zn[(97.10±27.43)mg/kg]以及 As[(13.53±7.66)mg/kg]元素含量的均值均超过 BMVs，尤其是 Zn 元素远远超过 BMVs 水平，约为其含量的 10.8 倍。Al[(69.77±6.44) mg/g]、V[(90.44±21.49)mg/kg]和 Cu[(30.10±14.17)mg/kg]元素含量的均值基本与 BMVs 水平相同，而 Sr[(215.58±45.92)mg/kg]、Fe[(38.55±7.01)mg/g]、Ti[(4.28±0.78) mg/g]、Cd[(0.24±0.08)mg/kg]、Pb[(30.34±10.31)mg/kg]、Ni[(28.05±9.42)mg/kg]、Cr[(64.78±20.98)mg/kg]和 Mn[(814.11±151.78)mg/kg]元素含量的均值低于相应的 BMVs 水平。与上部大陆地壳(UCC)中元素含量(Rudnick and Gao, 2014)相比，伊塞克湖流域表层沉积物中 Ca、Mg、K、Ti、Cd、Pb、Zn、Cu 以及 Mn 元素均值高于相应的 UCC 水平，其余元素含量则低于 UCC 水平。与中亚国家(CAC)表层沉积物中元素含量(Wang et al., 2021)相比，Mg、Na、K、P、Al、Fe、Ti、Co、Zn、Cu、V 以及 Mn 元素高于 CAC 水平，而 Ca、Sr、Cd、Pb、Ni 以及 Cr 元素均值低于

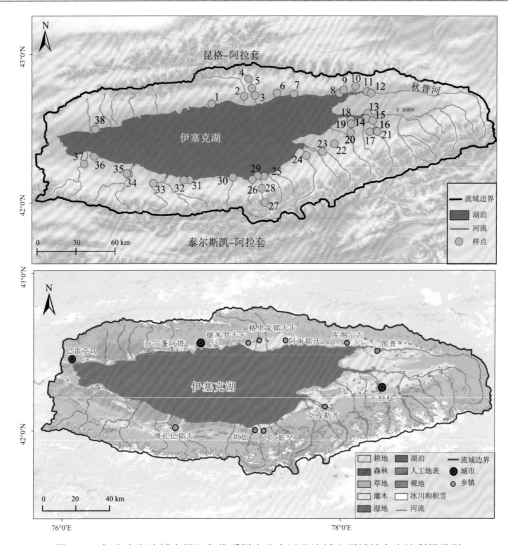

图 4.32 伊塞克湖流域表层沉积物采样点分布以及流域主要城镇和土地利用类型

CAC 水平，其中除 Cd、Pd 元素含量约为 CAC 水平的 1/2 外，其余元素仅略低于 CAC 水平。前人研究表明 Cd 和 Pd 元素主要与煤、石油等化石燃料燃烧有关，哈萨克斯坦西北部因具有丰富的煤和石油资源，化石燃料的开采和使用导致该地区表层沉积物中具有较高的 Pd 含量（Wang et al.，2021），而伊塞克流域表层沉积物中 Cd 和 Pd 元素平均含量仅为 CAC 水平的一半，表明伊塞克湖地区整体而言煤、石油等化石燃料的使用较少。

根据表 4.6 中数据，在伊塞克湖流域表层沉积物各元素中共有 3 种元素的 CV 值超过 36%，属于强变异，从大到小分别是 As（56.60%）、Cu（47.08%）和 Ca（41.44%），其中 Ca 属于易迁移元素，其较高的 CV 值可能指示了流域内不同物源区风化程度的差异，而 As 和 Cu 的高变异系数可能与流域内的人类活动如工业以及农业有关。另外，Cd、Pb、Ni 和 Cr 这 4 种元素的变异系数也相对较高（> 30%），表明这几种元素也可能受人类活动影响。

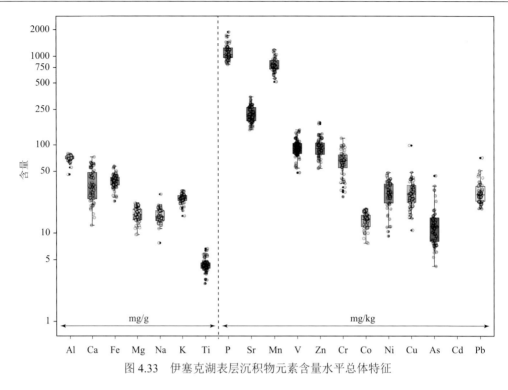

图 4.33 伊塞克湖表层沉积物元素含量水平总体特征

表 4.6 伊塞克湖流域表层沉积物样品中元素含量的统计学分析

元素	最大值	最小值	均值	标准差	CV/%	BMVs[a]	UCC[b]	CAC[c]
Ca	72.44	12.19	37.19	15.41	41.44	15	25.64*	48.99
Mg	21.98	9.65	16.04	3.04	18.94	5	14.96*	13.77
Na	27.51	7.71	15.43	3.29	21.30	5	24.22*	14.72
K	30.13	15.64	24.61	3.00	12.21	14	23.23*	18.47
Sr	346.07	148.11	215.58	45.92	21.30	250	320	292.71
P	1738.15	835.38	1123.53	229.96	20.47	800		886.61
Al	79.56	45.81	69.77	6.44	9.23	71	81.52*	55.19
Fe	56.86	22.99	38.55	7.01	18.18	40	39.38*	27.87
Ti	6.64	2.68	4.28	0.78	18.31	5	3.86*	3.25
Co	18.62	7.67	13.82	2.81	20.34	8	17.3	10.32
Cd	0.45	0.11	0.24	0.08	32.53	0.35	0.09	0.50
Pb	71.15	18.73	30.34	10.31	34.00	35	17	63.75
Zn	178.92	53.88	97.10	27.43	28.25	9	67	76.68
Cu	98.39	10.74	30.10	14.17	47.08	30	28	25.02
Ni	48.31	9.24	28.05	9.42	33.56	50	47	28.50
Cr	118.92	25.83	64.78	20.98	32.39	70	92	66.01
V	146.88	48.09	90.44	21.49	23.77	90	97	78.15
As	44.53	4.21	13.53	7.66	56.60	6	17.5	
Mn	1171.51	562.48	814.11	151.78	18.64	1000	774.45*	629.93

注：Ca、Mg、Na、K、Al、Fe、Ti 含量单位为 mg/g；其他元素含量单位为 mg/kg；*代表由氧化物重量百分比数据转换而来。

数据来源：a. 中国环境监测总站，1990；b. Rudnick and Gao，2014；c. Wang et al.，2021。

元素归一化处理能够消除粒度和矿物组成对元素含量的影响，更好地揭示样品中元素地球化学特征，判识人为输入影响(Zeng et al., 2014)。Al 是细颗粒沉积物主要化学成分之一的惰性元素，迁移能力小，因此被广泛用于沉积物中元素归一化的参考元素(Zhan et al., 2022)。为了进一步研究伊塞克湖流域表层沉积物中元素含量水平以及空间分布特征，对各元素进行归一化处理并以空间分布图的形式展示相关数据。各元素中通过 Al 归一化后的数据空间分布见图 4.34。由图可知，Ca 和 Mg 归一化后高值点分布相似且较为广泛，主要存在于流域的东部、南部和西部的一些样点，如样点 14、22、25、28、29、31、32、34、35 等；P 元素和 Ti 元素归一化后高值点主要出现在湖泊南部村镇坦加和巴尔斯罕附近；Sr 元素归一化后的高值主要出现在秋普河以及热尔加兰河的入湖口附近；

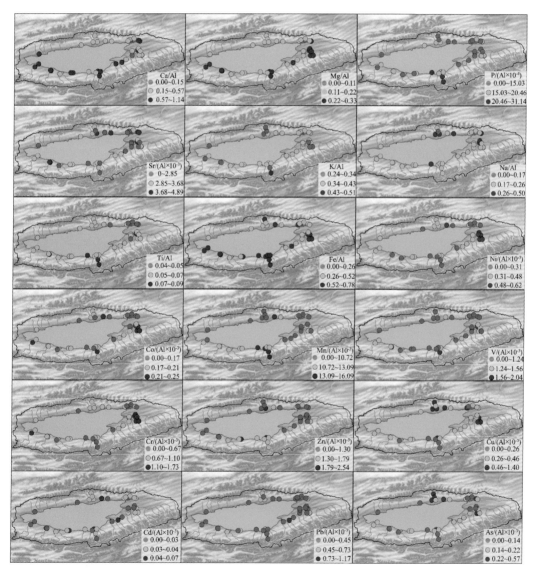

图 4.34 伊塞克湖流域表层沉积物元素归一化值空间分布图

Na 元素高值点主要出现在流域的东部和北部一些样点，如样点 2、3、7、12~14；Fe 元素归一化后的高值分布较为广泛；Ni、Co 和 Cr 元素的高值点主要集中在流域的东部，如样点 13~16 以及样点 21；Mn 和 Zn 元素归一化后高值点主要集中在流域南部村镇坦加和巴尔斯罕附近；Cu 和 As 元素则主要分布在流域的东部和北部一些样点；Cd 元素高值点分布较为分散，如样点 6、23、29 和 31；Pb 元素归一化后的最高值点出现在样点 23。

（二）表层沉积物污染和风险评价

利用富集因子(EF)评估伊塞克湖流域表层沉积物中 8 种潜在有毒元素(potential toxic elements，PTEs)的富集程度，结果如图 4.35 所示，各元素按富集程度均值从大到小依次是 Zn、As、Co、Cu、Cr、Pb、Cd 和 Ni。其中 Zn 元素平均 EF 值为 11.06，所有样品均达到显著富集程度，前人研究表明在整个中亚地区表层沉积物中 Zn 元素的本底浓度很高，达 76.68 mg/kg(Wang et al.，2021)，因此，区域较高的本底浓度可能是 Zn 元素富集程度整体较高的原因；As 元素平均 EF 值为 2.28，约有 42%的样点为轻微富集，50%的样点达到中度富集，另外，还有两个样点(样点 4 和 6)EF 值分别为 5.42 和 6.78，达到显著富集水平；Co 元素平均 EF 值为 1.75，其中约有 76%的样点为轻微富集，约 24%的样点达到中度富集；Cu 元素平均 EF 值为 1.02，其中个别样点处于中度富集水平，约有 58%的样点为零富集，剩下的样点为轻微富集；Cr 和 Pb 元素整体富集程度相似，平均 EF 值分别为 0.94 和 0.89，其中 Cr 元素约有 61%显示零富集，另外约 39%的样品达到轻微富集，Pb 元素约 76%的样点呈现零富集，约 24%为轻微富集；Cd 和 Ni 元素的整体富集程度在 8 种有毒元素中最低，EF 值分别为 0.70 和 0.57，其中 Cd 元素约有 84%的样点为零富集，约 16%的样点为轻微富集，而 Ni 元素所有样点均呈现零富集水平。总体上来说，伊塞克湖流域表层沉积物中除 Zn 元素达到显著富集以及 As、Co 和 Cu 元素部分样点为中度富集外，其余 4 种潜在有毒元素整体富集程度较小，仅达到零或轻微富集的程度。

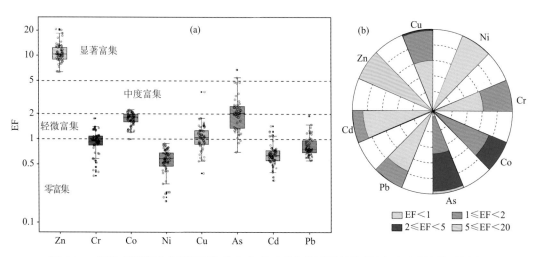

图 4.35　伊塞克湖流域表层沉积物潜在有毒元素富集因子箱线图(a)及百分比统计图(b)

从空间分布来看，Zn 元素富集程度较高的区域主要出现在伊塞克湖流域的南部和东部地区，如东部的样点 8~10、15、16、21 和 23，以及南部样点 25~33 的 EF 值均大于10，另外北部的样点 3、5 和 6 也呈现较高的富集程度[图 4.36(a)]。伊塞克湖流域东部人口相对密集，分布有伊塞克湖州比较重要的城镇，也是主要工业区和农业耕作区所在地(图 4.32)，其中样点 15、16 和 21 邻近伊塞克湖州著名的工业聚集地和旅游目的地卡拉科尔市；样点 8~10 则位于流域第二大河秋普河的入湖口，在位置上接近伊塞克湖东北岸两个大的村镇秋普和库图尔古；样点 23 虽然在位置上远离东部的主要城市，但其取样点邻近一个废弃的垃圾填埋坑，坑里充斥着废弃的矿渣尾料和生活垃圾；样点 25~30则靠近南岸的村镇坦加和巴尔斯罕，这里的生产方式以农业耕作为主；样点 31~33 则位于南部博孔巴耶夫附近，它是伊塞克湖南岸最大的村镇，也是南部山区旅游的重要基地；样点 3、5 和 6 则位于伊塞克湖北岸，伊塞克湖流域旅游业主要分布在湖泊的北岸，这里人口超过五千的村镇有阿南耶沃、格里戈耶夫卡和捷米罗夫卡，从阿南耶沃到乔尔蓬阿塔沿着湖岸建设有数量众多的度假酒店和旅游营地。As 元素整体富集程度仅次于 Zn 元素，50%的样点达到或超过中度富集水平且分布较为广泛，与 Zn 元素类似，As 元素富集程度较高的区域也主要出现流域的东部、南部以及北部的样点，其中最高 EF 值出现在北部的样点 4 和 6[图 4.36(b)]。表层沉积物中的 As 元素可能来源于农业活动(如含砷农药的使用)、工业活动(如合金的制造)以及含砷基岩的风化(Nriagu et al., 2007)。有研究发现天山地区由于基岩中含砷较高，地下水 As 含量达 40~750 μg/L(Smedley and Kinniburgh, 2002)，因此，与 Zn 元素类似，本书中 As 元素整体上富集水平相对较高也可能与较高自然本底浓度有关，但主要城镇附近样点的 As 元素可能受该区域的人类活动影响。Co 元素富集程度较高的区域主要出现在东部的样点 15、16 和 21，北部的样点 4 和 6，以及南部和西部零星的几个样点，如 28、35 和 37[图 4.36(c)]。Cu 元素富集程度总体较低，EF 值相对高的区域主要出现在流域的东部和北部，基本与上述几种有毒元素高富集程度的样点重合，但仅达到轻微富集，富集程度最高的样点为卡拉科尔市附近的样点 21[图 4.36(d)]。Cr、Pb 和 Cd 三种元素整体富集程度低，大部分样点均处于零富集水平，少数样点富集程度相对较高，但也仅仅达到轻微富集水平，这些样点也主要分布在流域的东部和北部，南部和西部也存在零星的几个样点[图 4.36(e)~(g)]。Ni 元素在 8 种有毒元素中富集程度最低，所有样点均为零富集水平 [图 4.36(h)]。综上所述，伊塞克湖流域表层沉积物潜在有毒元素富集程度较高区域主要为东部工业区和重要的城镇附近，如卡拉科尔市、南部乡镇坦加、巴尔斯罕、博孔巴耶夫以及北部的阿南耶沃，而西部的样点各有毒元素的富集程度较低。

另外，本书对伊塞克湖流域表层沉积物中 Cd、Pb、As、Cr、Ni、Cu、Zn 和 Co 这8 种潜在有毒元素的生态风险进行了评估。各元素单项潜在生态风险和综合生态风险评估结果如图 4.37 所示。整体上来看，8 种潜在有毒元素单项生态风险水平(按平均值)由高到低依次是 Cd(20.30)、As(11.28)、Zn(10.79)、Co(8.64)、Cu(5.02)、Pb(4.33)、Ni(2.81)以及 Cr(1.85)，皆小于 40，表明各有毒元素单项生态风险处于轻微风险水平[图 4.37(a)]。综合生态风险评估的 RI 值范围为 40.12~113.61，平均值为 65.01，除样点 4、6 和 21 达到中风险水平外，其余样点都处于轻微生态风险水平[图 4.37(b)]。样点 4 和 6 位于伊塞克湖北岸，而样点 21 则在卡拉科尔市附近，通过前文可知三个样点的有毒元素富集程度也较高。总的来说，伊塞克湖流域整体上处于轻微风险水平，但卡拉科尔市和伊塞克湖北岸的一些村镇附近存在中生态风险的样点。有毒元素潜在生态风险评价的结果与前文的富集因子法评价结果基本一致。

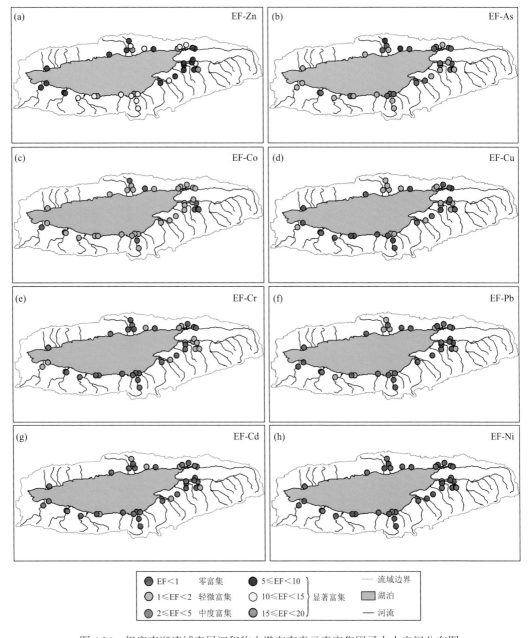

图 4.36 伊塞克湖流域表层沉积物中潜在有毒元素富集因子大小空间分布图

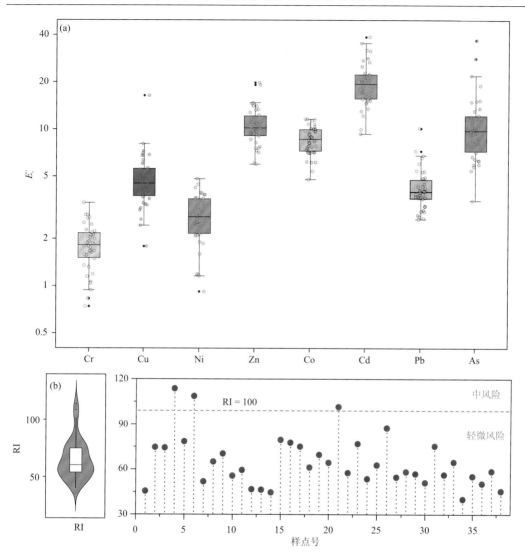

图 4.37　伊塞克湖流域表层沉积物中单一潜在有毒元素 E_r^i 值箱线图(a)和各样点综合生态风险评估 RI 值(b)

富集因子法和潜在生态风险评价法共同揭示了伊塞克湖流域表层沉积物潜在有毒元素污染总体上处于零或轻微富集和生态风险水平。8 种有毒元素中除 Zn 和 As 元素可能受高本底浓度影响外，其余 6 种元素平均 EF 值均小于 2，为零或轻微富集，但 Co 和 Cu 元素存在一些样点，如样点 4、6、15~17、21 等，呈现中度富集水平(EF 为 2~5)。一般认为，自然成土过程中的元素 EF 值一般小于 2，因而当 EF 小于 2 时可认为基本无或轻微污染，当 EF 大于 2 时，判定受到明显的人为污染(Szolnoki et al., 2013)，因此，从造成污染的角度而言，研究区表层沉积物整体上处于无或轻微污染水平，但主要城镇或旅游区域的一些样点表现出明显的人为污染。

(三)表层沉积物元素的来源识别

为了探究伊塞克湖流域表层沉积物中元素的来源,对测得的 19 种元素进行相关性分析和主成分分析。相关性分析结果如图 4.38 所示, Al 与 Fe、Ti、Mn、V 以及 Co 之间呈现出极显著的较强相关关系($r > 0.5$,$p < 0.001$),这一类元素是在地壳中含量丰富的自然元素,它们化学性质较为稳定,迁移能力相对较弱(Taylor, 1964; Zhan et al., 2020)。Ca 与 Mg、K、Sr、Ni、Cu、As、Cd、Pb 之间具有极显著相关性($p < 0.001$)。Na 和 Co、Ni 之间, K 和 P、V 之间, Sr 与 Cd 之间显著相关($p < 0.05$)。Mg 和 Fe 之间、V 和 Co 之间, P 和 Fe、Ti 之间呈现极显著的较强相关关系($r > 0.5$,$p < 0.001$)。Zn 和 Cd 以及 Pb 之间呈现极显著的较强相关关系($r > 0.5$,$p < 0.001$),Cr 与 Co、Ni 以及 Cu 之间呈现极显著的较强相关关系($r > 0.5$,$p < 0.001$),另外, As 与 Cd 之间呈现极显著的强相关关系($r \geq 0.6$,$p < 0.001$),说明这几种元素的来源很相近。Cd 常用于电镀和合金制造等工业,化石燃料燃烧以及石油产品的加工也能产生 Cd(Gunawardena et al., 2014; Zhan et al., 2020)。因此,初步判断这几种元素可能与工业紧密联系。

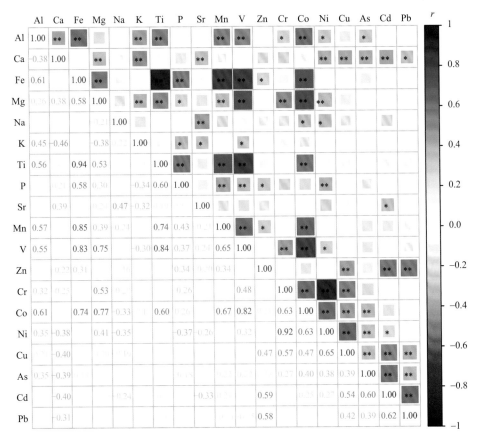

图 4.38　伊塞克湖流域表层沉积物中元素相关性分析

*代表显著性 $p<0.05$;**代表显著性 $p<0.001$

基于前文的相关分析，我们排除与其他元素没有明显相关关系的 Ca、Na、K 和 Sr 元素，对剩下的 15 种元素进行主成分分析。在进行主成分分析前，需要通过 KMO（Kaiser-Meyer-Olkin）和 Bartlett 球形度检验来检查变量之间的相关性和偏相关性。在本书中 KMO 值为 0.61 > 0.5，Bartlett 球形度检验 p 值为 0.000，检验的显著性水平 < 0.01，表明表层沉积物中各元素相关性强，适合进行主成分分析处理，且处理效果较好。主成分分析结果如表 4.7 所示：分析共提取出 4 个主成分，累计方差贡献率为 84.51%，说明这 4 个主成分因子能够较为全面地反映表层沉积物元素数据的大部分信息，具有较好的代表性。其中，主成分 PC1 的方差贡献率为 37.18%，在 Al、Fe、Ti、Mn、V 和 Co 元素的质量分数上具有较高正载荷；主成分 PC2 的方差贡献率为 22.25%，在 Mg、V、Cr、Co、Ni 和 Cu 元素的质量分数上具有较高正载荷；主成分 PC3 的方差贡献率为 17.08%，在 Zn、Cu、Cd 和 Pb 元素的质量分数上具有较高正载荷；主成分 PC4 的方差贡献率为 8.00%，在 As 元素的质量分数上具有较高正载荷，另外 P 元素在这一主成分上也具有相对较高的负载荷。主成分分析结果与相关性分析结果基本一致，说明研究区表层沉积物中的元素可能存在 4 种主要来源。

表 4.7　伊塞克湖流域表层沉积物中元素主成分、特征值及方差的因子载荷

元素	主成分				元素	主成分			
	PC1	PC2	PC3	PC4		PC1	PC2	PC3	PC4
Al	0.70	0.21	−0.02	0.42	Co	0.70	0.64	0.16	0.15
Fe	0.97	0.08	0.08	−0.14	Ni	0.00	0.88	0.14	0.35
Mg	0.49	0.67	−0.11	−0.19	Cu	−0.08	0.59	0.64	0.07
Ti	0.94	0.04	−0.11	−0.23	As	0.20	0.14	0.41	0.75
P	0.47	−0.26	0.28	−0.71	Cd	0.00	0.05	0.84	0.34
Mn	0.91	−0.10	0.10	0.16	Pb	−0.14	0.05	0.81	−0.01
V	0.79	0.51	−0.19	−0.07	EG	5.58	3.34	2.56	1.20
Zn	0.19	−0.13	0.86	−0.13	VA/%	37.18	22.25	17.08	8.00
Cr	0.07	0.95	−0.04	0.13	CM/%	37.18	59.43	76.51	84.51

注：EG 为特征值，VA 为方差贡献率，CM 为累计方差贡献率。

前文的分析结果表明研究区表层沉积物中元素可能存在 4 种主要来源，多源并存的情况给各元素的来源解析带来诸多困难。由于相关性分析和主成分分析只能对元素的来源进行分类，反映的信息存在一定的重叠，且无法直接完整地对某一元素来源的贡献进行定量计算。因此，为了能够更加精准地识别和量化表层沉积物元素的不同来源及其贡献份额，我们借助 PMF 源解析受体模型，对各元素进行分析，以期在源识别的基础上定量计算出各类源的贡献。

在本书中将伊塞克湖流域 38 个采样点的 15 种元素的数据集引入 PMF 5.0 模型中。将因子数分别设为 3、4、5，模型运行次数设置为 20 次，寻找最小的、稳定的 Q 值。当因子数为 4 时，Q_{Robust} 和 Q_{True} 之间的差异最小，大部分残差在−3~3 之间，元素的观测值和预测值之间的拟合系数 r^2 大于 0.6，表明结果是可靠的（Magesh et al., 2021）。

　　通过 PMF 模型共提取出 4 个因子,如图 4.39 所示。因子 1(F1)占总来源贡献的 41.7%,
P(62.36%)、Ti(53.04%)、Fe(50.15%)、Mn(49.59%)、Zn(42.36%)、V(41.25%)、
Al(37.34%)以及 Mg(35.83%)对这一因子有较大贡献。其中 Al、Ti、Fe、Mn、Cr 和 V
元素化学性质都相当稳定不易迁移,而 Mg 元素在土壤中含量丰富,因此判断因子 1 能
代表自然来源对元素的贡献。因子 2 占总来源贡献的 11.5%,其中 Cd(55.20%)、Zn(44.19%)、
Cu(43.64%)、Pb(42.55%)和 As(37.37%)元素贡献较大。Cd 可能来自电镀工业、化石燃
料燃烧以及石油加工等工业活动(Zhan et al., 2020; Jiang et al., 2021),Zn 元素常存在于润
滑油中作为抗氧化剂和洗涤剂,化石燃料的燃烧能产生大量 Pb、Cd 和 As 元素(柴磊等,
2020),而 Cu 则被大量应用于合金制造业(Chai et al., 2021)。因此,推断因子 2 可能为
工业来源。因子 3(F3)占总来源贡献的 21.4%,V、Cr、Ni 和 Co 元素对其贡献较大,分
别为 38.75%、38.52%、34.05%和 33.78%。有研究表明 V 和 Co 常存在于肥料和农药中,
其中 Co 元素最易迁移至土壤中(Eugenia et al., 1996;Chen, 2021)。而另有研究表明,农
业区环境介质中高含量的 Ni 和 Cr 可能来自于化肥和农药的人为来源(Chen et al.,
2019)。因此,判断因子 3 为农业活动来源。因子 4(F4)占总来源贡献的 25.4%,As、Ni
和 Cr 的相对贡献较大,分别为 41.74%、38.14%和 34.79%。有文献报道 Ni 元素大量存
在于汽车尾气之中,可以通过大气沉降及空气粉尘的吸附作用转移和积累,而 As 元素
常存在于煤等化石燃料中,可以通过工业或家庭燃烧以气溶胶的形式进入大气(Pardyjak
et al., 2008),As 元素还可以存在于道路粉尘中,通过再悬浮在气溶胶中富集(Li et al.,
2009)。综合以上分析,判断因子 4 可能代表大气沉降来源。

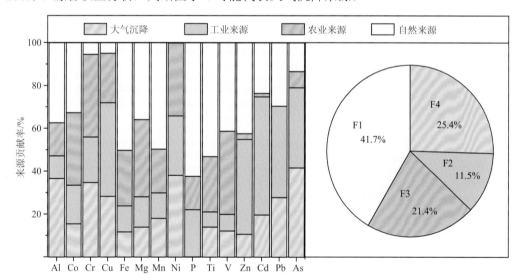

图 4.39　基于 PMF 模型的伊塞克湖流域表层沉积物元素来源贡献组成和平均来源占比

　　综上所述,伊塞克湖流域表层沉积物中 Ca、Mg、Na、K、P、Co、Zn 以及 As 元素
含量的均值均超过其相应的世界土壤背景值,其中 Zn 元素远远超过世界土壤背景值水
平,约为其含量的 10.8 倍。富集因子法和潜在生态风险评价法共同表明伊塞克湖流域表
层沉积物潜在有毒元素污染总体上处于零或轻微富集和生态风险水平,但主要城镇或旅

游区域的一些样点表现出明显的人为污染，如卡拉科尔市附近和伊塞克湖北岸的一些村镇附近。多元统计分析和 PMF 源解析模型结果表明伊塞克湖流域表层沉积物中元素存在 4 种主要来源：①自然来源；②工业来源；③农业来源；④大气沉降来源。这 4 种来源分别占总来源贡献的 41.7%、11.5%、21.4% 和 25.4%，其中 Al、Ti、Fe、Mn、Zn、V、P 以及 Mg 在自然来源中占比较大，Cd、Zn、Cu、Pb 和 As 在工业来源中占比较大，V、Cr、Ni 和 Co 在农业来源中具有较大贡献，大气沉降来源主要由 As、Ni 和 Cr 贡献。

二、表层沉积物中 POPs 污染与生态风险

（一）沉积物 PAHs 含量、来源及风险评估

1. 表层沉积物中 PAHs 含量分布

伊塞克湖流域 POPs 表层沉积物采样点及其编号见图 4.40。伊塞克湖表层沉积物中 16 种优控 PAHs 包括 2 环（包括 Nap）、3 环（包括 Acy、Ace、Flu、Phe、Ant）、4 环（包括 Flt、Pyr、BaA、Chr）、5 环（包括 BbF、BkF、BaP、DahA）和 6 环（包括 BghiP 和 InP）PAHs 皆有检出，Acy、DahA 和 InP 的检出率分别为 93.7%、93.7% 和 87.5%，其他单体化合物的检出率均为 100%（表 4.8）。总体上来说，大部分样品以 HMW PAHs（4~6 环 PAHs）为主，范围为 22.97~8842 ng/g dw，平均值为（1169±2357）ng/g dw，而 LM WPAHs（2~3 环 PAHs）含量相对较低，范围为 21.64~835.8 ng/g dw，平均值为（180.03±238.20）ng/g dw。PAHs 化合物总含量在 51.89~9439 ng/g dw，平均值为（1349±2550）ng/g dw（表 4.8）。

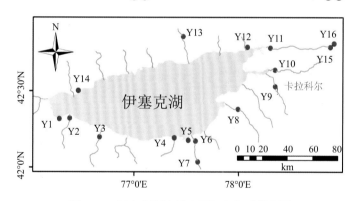

图 4.40　伊塞克湖流域表层沉积物采样点图

表 4.8　伊塞克湖流域表层沉积物 PAHs 化合物含量

化合物	范围/(ng/g dw)	平均值/(ng/g dw)	SD/(ng/g dw)	CV/%	检出率/%
Nap	1.46~55.41	8.42	13.53	161	100
Acy	ND~25.23	6.87	6.89	100	93.7
Ace	0.80~30.77	6.75	8.49	126	100

化合物	范围/(ng/g dw)	平均值/(ng/g dw)	SD/(ng/g dw)	CV/%	检出率/%
Flu	2.05~82.13	17.95	22.00	123	100
Phe	12.12~578.8	123.63	167.60	136	100
Ant	1.30~81.50	16.42	26.75	163	100
Flt	4.57~1471	187.14	385.73	206	100
Pyr	3.35~1282	177.98	351.02	197	100
BaA	5.15~1304	184.23	348.54	189	100
Chr	2.21~870.1	109.05	229.83	211	100
BbF	1.64~1042	136.48	280.47	206	100
BkF	0.95~433.4	54.14	114.82	212	100
BaP	1.05~754.6	94.65	202.83	214	100
DahA	ND~192.6	27.97	53.40	191	93.7
BghiP	1.90~801.0	109.12	216.76	199	100
InP	ND~691.0	87.94	184.44	210	87.5
LMW PAHs	21.64~835.8	180.03	238.20	132	
HMW PAHs	22.97~8842	1169	2357	202	
PAHs	51.89~9439	1349	2550	189	

注：ND 代表未检测出或低于检测限。

空间上来说，PAHs 总含量呈现出明显的东高西低的分布趋势。PAHs 的总含量在伊塞克湖流域东部(Y8~Y10)表层沉积物中最高，范围为 3879~9439 ng/g dw，平均(5911±3067) ng/g dw；而流域西部和南部(Y1~Y6)表层沉积物中 PAHs 的含量最低，范围为 51.9~81.2 ng/g dw，平均(65.3±12.7) ng/g dw。值得注意的是，Y14 虽然位于伊塞克湖的最西端，但是该点位也被检测出具有较高含量的 PAHs(947 ng/g dw)(图 4.41)。就不同环数的 PAHs 化合物而言，伊塞克湖流域西部和南部 LMW PAHs 中 2 环 PAHs 和 3 环 PAHs 的含量分别为 1.46~2.44 ng/g dw[平均(1.89±0.33) ng/g dw]和 19.7~75.9 ng/g dw [平均(34.7±19.0) ng/g dw]；而 HMW PAHs 中 4 环 PAHs 的含量与 3 环 PAHs 含量几乎相当，为 16.1~78.0 ng/g dw[平均 (31.7±21.1) ng/g dw]，但是却高出 5 环和 6 环 PAHs 约 4~5 倍。其中 5 环 PAHs 含量为 4.60~9.25 ng/g dw[平均(7.30 ±2.95) ng/g dw]，而 6 环 PAHs 含量为 1.90~7.26 ng/g dw[平均(5.14±2.35) ng/g dw](图 4.41)。由此可以看出，伊塞克湖流域西部和南部的 PAHs 组分以 3 环和 4 环 PAHs 占主导，两者分别占总 PAHs 的 29.2%~52.7% [平均(43.2±7.32)%]和 30.2%~45.1%[平均(37.7±4.78)%](图 4.41)。然而，伊塞克湖流域东部的 PAHs 组分却截然不同，LMW PAHs 的所占比重较低，尤其是 3 环 PAHs 的比重明显下降，只占东部区域总 PAHs 的 6.22%~44.9%[平均(20.8±12.1)%]。而 HMW PAHs 的比重却显著上升，其中 5 环 PAHs 的占比上升了约 2 倍[11.8%~28.9%，平均(21.9±5.75)%]；而 4 环和 6 环 PAHs 的占比都比伊塞克湖西部和西南部地区的上升了约 6%，分别占东部区域总 PAHs 的 32.2%~52.2%[平均(43.8±6.26)%]和 8.05%~15.8%[平均(13.2±2.50)%]。因此，伊塞克湖流域东部表层沉

积物中的 PAHs 以 4 环和 5 环 PAHs 为主。总的来说，PAHs 的含量和组分在伊塞克湖流域西部和南部区域各点位间的差异不明显（ANOVA 方差分析结果显示 sig = 0.687 > 0.05），但是却与东部地区的 PAHs 组分有显著区别（sig ≈ 0.000），这说明两个区域的 PAHs 在来源上可能存在明显的不同。

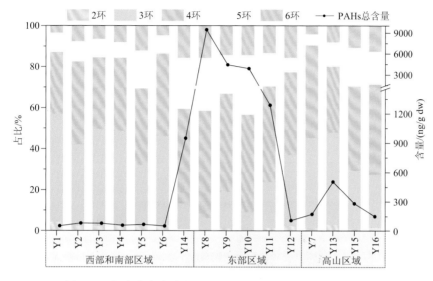

图 4.41 伊塞克湖流域表层沉积物中 PAHs 含量和各环数占比

另外，为了进一步探究西天山山地湖泊流域表层沉积物中 POPs 的环境特征，还对伊塞克湖附近的松克尔湖流域进行了表层沉积物样品的采集。松克尔湖流域 POPs 表层沉积物采样点及其编号见图 4.42，19 个表层沉积物样品位于松克尔湖沿岸（SKC，S1~S19），剩余 9 个样品位于纳伦河谷中（NRV，S20~S28）。16 种优控 PAHs 在松克尔湖流域（SKB）28 个表层沉积物样品中皆有检出（表 4.9），其中 SKC 的 PAHs 总含量介于 80.0~428 ng/g dw［平均（202±107）ng/g dw］，略高于 NRV 的 PAHs 总含量［54.5~305 ng/g dw，平均（114±83.4）ng/g dw］（图 4.43）。SKC 的东部被检测出具有最高含量的 PAHs（S8~S11），而其余点位 PAHs 空间上的含量差异不大（图 4.43）。

表 4.9 松克尔湖流域表层沉积物 PAHs 化合物含量

化合物	范围/(ng/g dw)	平均值/(ng/g dw)	SD/(ng/g dw)	CV/%	检出率/%
Nap	1.41~23.12	5.79	4.91	85	100
Acy	1.08~45.99	8.20	8.78	107	100
Ace	0.62~24.53	3.84	4.44	116	100
Flu	0.74~28.68	10.92	6.72	62	100
Phe	13.56~120.0	48.94	25.37	52	100
Ant	1.58~7.88	3.90	1.86	48	100
Flt	4.86~57.45	18.40	13.97	76	100
Pyr	3.96~64.19	22.22	14.84	67	100

化合物	范围/(ng/g dw)	平均值/(ng/g dw)	SD/(ng/g dw)	CV/%	检出率/%
BaA	4.94~42.97	14.49	9.34	64	100
Chr	0.93~42.37	7.63	9.26	121	100
BbF	1.28~33.03	8.02	9.35	117	100
BkF	0.34~12.79	3.20	3.49	109	100
BaP	0.59~23.46	4.87	5.88	121	100
DahA	0.16~15.30	2.72	3.23	119	100
BghiP	1.17~32.15	7.86	8.72	111	100
InP	1.33~47.00	11.20	11.11	99	100
LMW PAHs	26.62~197.0	81.59	41.92	51	100
HMW PAHs	27.93~294.2	100.59	77.19	77	100
PAHs	54.55~428.1	182.19	103.11	57	100

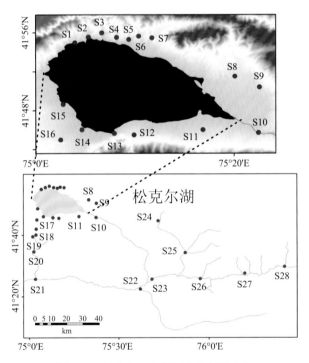

图 4.42　松克尔湖表层沉积物采样点图

就不同环数的 PAHs 化合物而言，LMW PAHs 的含量不论在 SKC 还是 NRV，总体上皆低于 HMW PAHs（图 4.43）。其中 2 环 PAHs 在 SKC 和 NRV 的含量分别为 1.41~23.1 ng/g dw［平均（6.33±5.17）ng/g dw］和 1.50~8.27 ng/g dw［平均（3.37±1.12）ng/g dw］；3 环 PAHs 在 SKC 和 NRV 的含量分别为 38.6~174 ng/g dw［平均（80.9±38.5）ng/g dw］和 25.1~117 ng/g dw［平均（57.8±30.7）ng/g dw］。HMW PAHs 中 4 环 PAHs 含量的相对较高，在 SKC 和 NRV 的含量分别为 26.1~172 ng/g dw［平均（63.3±40.1）ng/g dw］和 17.5~100 ng/g dw

[平均(45.9±26.4) ng/g dw]；5 环和 6 环 PAHs 的含量则相对较低，在 SKC 只有 4.22~70.8 ng/g dw[平均(18.2±12.7)ng/g dw]和 4.07~71.4 ng/g dw[平均(21.0±22.7) ng/g dw]，在 NRV 只有 5.90~34.1 ng/g dw[平均(16.1±21.6) ng/g dw]和 4.58~53.1 ng/g dw[平均(17.5±15.3) ng/g dw]。因此我们可以看出，PAHs 的组分在整个松克尔湖流域都是以 3 环和 4 环化合物占主导，其不同空间点位上的差异并不明显，如在 SKC 区域 3 环和 4 环 PAHs 分别占 21.0%~63.2%(平均 46.1%±10.8%)和 21.0%~44.3%(平均 34.2%±6.59%)，在 NRV 区域 3 环和 4 环 PAHs 分别占 28.9%~48.3%(平均 40.1%±8.70%)和 23.0%~43.7%(平均 33.3%±6.25%)。故而，松克尔湖流域的 PAHs 在整体上具有比较相似的来源。

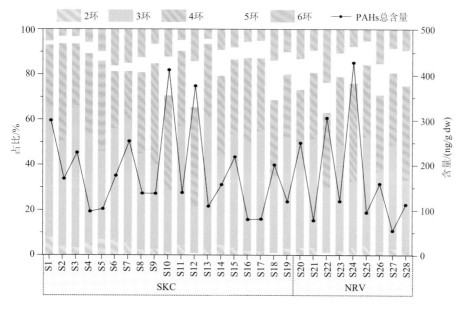

图 4.43 松克尔湖流域表层沉积物中 PAHs 含量和各环数占比

2. 表层沉积物中 PAHs 来源解析

为了更加精准地明确伊塞克湖流域 PAHs 在各点位间的空间关联性以及其可能的差异来源，我们利用 K 均值法对各点位上的 PAHs 组分进行聚类分析。结果显示，伊塞克湖 16 个空间点位被分成了三个组群(图 4.44)：组群 1 包含 Y8~Y10 以及 Y14 共 4 个点位，主要分布在伊塞克湖的大城镇区，如 Y8 靠近一个废弃的铀矿厂，Y9 和 Y10 在伊塞克湖州最大的城市卡拉科尔附近，Y14 则紧邻巴雷克切市，是伊塞克湖流域重要的交通枢纽地；组群 2 包含 Y5、Y11、Y12、Y15、Y16 共 5 个点位，主要分布在伊塞克湖流域湖岸周边的几个乡镇如 Tamga(Y5)、Typu(Y11)和 Kuturga(Y12)等，以及乡镇附近的高山区域；组群 3 则包含剩余的 7 个点位(Y1~Y4、Y6、Y7 和 Y13)基本位于较为原始的生态环境区，地表被荒漠、草甸等大面积覆盖。

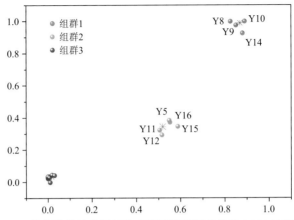

图 4.44　K 均值聚类法分析伊塞克湖流域不同点位的 PAHs 空间关联性

根据伊塞克湖流域表层沉积物中 PAHs 组成的三角百分比图可以看出，三个组群 PAHs 各组分比例存在显著的差异(图 4.45)。其中，组群 1 的样点中 PAHs 以 4~6 环 PAHs 为主，其中 4 环占据总 PAHs 的 45%~55%；5+6 环占据总 PAHs 的 40%~45%；而低环 2+3 环只占总 PAHs 的 5%~15%左右。这些样点均位于伊塞克湖流域东南部的大城市和工厂区，这些地区有较强的工业化活动和较高的城镇化水平。组群 2 的样点中 PAHs 以 4 环和 5 环或者 4 环和 3 环 PAHs 为主，4 环占据总 PAHs 的 35%~50%；5+6 环的比例则有所上升，占总 PAHs 的 20%~30%；相反 2+3 环的比例则相应下降，占据总 PAHs 的 25%~35%。这些样点位于流域东北部乡村及其周边高山区域，这些地区农业活动较为频繁，城镇化水平相对较高。组群 3 的样点中 PAHs 以 3 环和 2 环或者 3 环和 4 环 PAHs 为主，其中 2+3 环占比最高，占总 PAHs 的 40%~70%；4 环比例占总 PAHs 的 25%~55%；而 5+6 环只占总 PAHs 的 10%~20%左右。这些样点基本位于伊塞克湖流域的西南部，人类活动相对较弱。

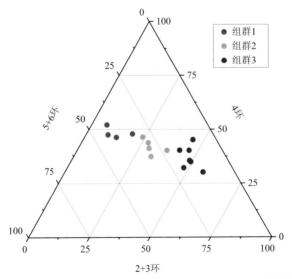

图 4.45　伊塞克湖流域表层沉积物中 PAHs 组成的三角百分比图(单位：%)

根据松克尔湖流域表层沉积物中 PAHs 组成的三角百分比图(图 4.46),流域表层沉积物中 PAHs 大多数样本都以 2+3 环和 4 环化合物为主。2+3 环化合物和 4 环化合物分别占总 PAHs 的 21.84%~66.38%(平均 47.43%)和 21.01%~44.34%(平均 33.89%),而 5+6 环化合物比例仅占总 PAHs 的 6.38%~36.82%(平均 18.68%)。另外,样本 10、12、18、22、24、26 和 28 的 4~6 环 PAHs 的比例较高,含量占总 PAHs 的 62.77%~78.16%,位于三角图中间位置,这些样点主要来自 NRV 和 SKC 的人类活动区,可能受到人为排放的影响。空间上来看,SKC 和 NRV 两个地区样品在三角百分比图中分布区域明显。其中,SKC 表层沉积物中的 PAHs,除少数样点(样点 S10、S12 和 S18)外,均以 2~4 环为主,而 NRV 地区表层沉积物中的 4~6 环 PAHs 含量相对较高(图 4.46)。

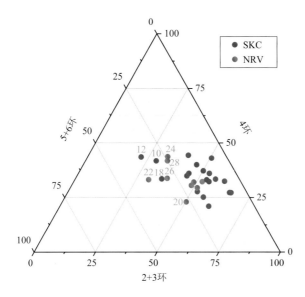

图 4.46 松克尔湖流域表层沉积物中 PAHs 组成的三角百分比图(单位:%)

利用 PAHs 同分异构体比值如 Ant/(Ant+Phe)、Flt/(Flt+Pyr)、InP/(InP+BghiP) 和 BaP/BghiP 可以大致对伊塞克湖流域三个组群的 PAHs 来源进行初步分析。从图 4.47 可以看出,组群 1 的 Ant/(Ant+Phe)值>0.1,Flt/(Flt+Pyr)值为 0.4~0.5,InP/(InP+BghiP)值主要为 0.2~0.5 并且 BaP/BghiP 值大部分> 0.6,这些指标共同说明组群 1 的 PAHs 主要来自于石油的高温燃烧,并且与交通源有很大关联。组群 2 的 Ant/(Ant+Phe)值大部分>0.1,BaP/BghiP 的值也基本>0.6,同时 Flt/(Flt+Pyr)和 InP/(InP+BghiP)的值大于和趋近于 0.5,这说明组群 2 的 PAHs 是石油燃烧以及煤炭木材燃烧的混合源造成的。而组群 3 的 Ant/(Ant+Phe)值基本都<0.1,伴随着 Flt/(Flt+Pyr)和 InP/(InP+BghiP)值部分>0.5,说明群组 3 的 PAHs 主要来自于未被热解的石油源和煤炭/木材燃烧的混合源,并且受交通源的影响较小(BaP/BghiP 大部分< 0.6)。

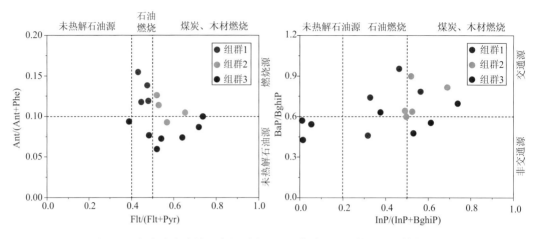

图 4.47　伊塞克湖流域三个组群表层沉积物中 PAHs 的同分异构体比值

由图 4.48 可以看出，松克尔湖流域表层沉积物 Ant/(Ant+Phe) 值基本上都小于 0.1，伴随着大部分样本 Flt/(Flt+Pyr) 小于 0.4 以及 InP/(InP+BghiP) 值大于 0.2，表明松克尔湖流域的 PAHs 主要来自于未热解石油源、石油燃烧以及煤炭/木材燃烧的混合源，并且大部分样点受非交通源污染 (BaP/BghiP < 0.6)。除此之外，SKC 地区的样点 S10 和 S12 的 Flt/(Flt+Pyr) 值为 0.4~0.6，表明主要受到石油、煤炭等燃烧的影响，而 NRV 地区的样点 S20 和 S27 的 Ant/(Ant+Pyr) 值大于 0.10，表明主要来自燃烧源排放的 PAHs 输入。

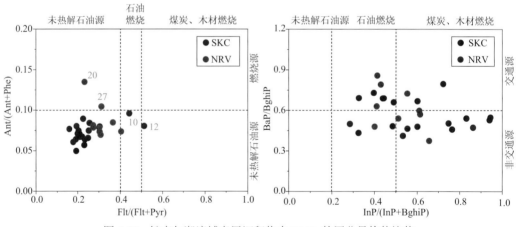

图 4.48　松克尔湖流域表层沉积物中 PAHs 的同分异构体比值

同分异构体比值只能初步定性地分析出每个组群 PAHs 的主要来源，为了进一步明确各组群 PAHs 来源的驱动因子，并且相对定量出每个驱动因子对 PAHs 来源的贡献量，则需要采用 PMF 模型进行深入分析。本书中，将 16×16(16 种 PAHs 和 16 个表层沉积物样品) 数据输入模型 EPA PMF 5.0，其中 15 种 PAHs(除去 Nap) 单体的信噪比均大于 3，因此都定义为 Strong，直接代入模型进行计算。而 Nap 的信噪比为 0.2~3，因此将其定义为 Weak。本书中，对 PMF 模型选取的因子数量定义为 3~7，对输入模型的含量和不确定数据进行 20 次因子迭代运算，在 Robust 模式下运行，结果取 Q_E 收敛拟合的最小值。

选取因子数多，可降低 Q_E 值，故而最终在选取 3~4 个主因子时，不仅可以得到较低的 Q_E 值，而且每个因子都能够被很好地解释。根据特征化合物载荷系数，在 PMF 模型解析下，组群 1 提取出 3 个主因子，组群 2 提取出 4 个主因子，组群 3 也提取出 3 个主因子（图 4.49~图 4.51）。

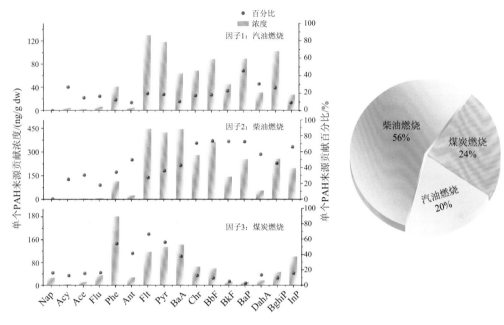

图 4.49　PMF 模型解析组群 1 的 PAHs 来源

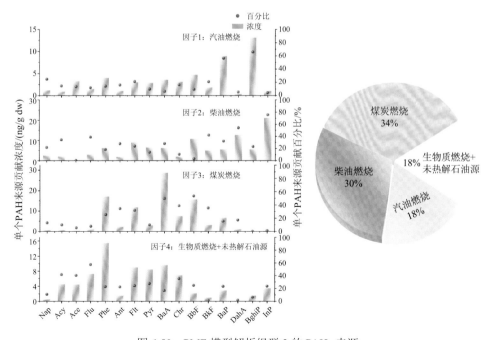

图 4.50　PMF 模型解析组群 2 的 PAHs 来源

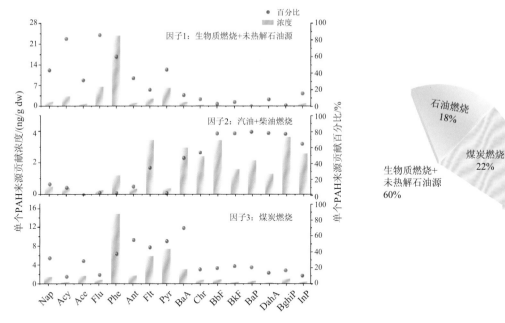

图 4.51　PMF 模型解析组群 3 的 PAHs 来源

组群 1 的因子 1 和因子 2 主要在 BghiP、BaP、BbF、BkF、InP、Flt 和 Pyr 有较重载荷，这些化合物大部分是交通源汽油和柴油燃烧释放的典型物质(图 4.49)。只是相比较于因子 2 而言，BghiP 和 BaP(汽油尾气污染的示踪剂)在因子 1 上的比重较高，故而因子 1 指代的是汽油燃烧释放的 PAHs，而因子 2 则更多地指向柴油燃烧释放带来的 PAHs，因为在因子 2 上较大比重的 BkF 和 BbF 是柴油机排放的废气示踪剂(Ravindra et al.，2006)。此外，因子 3 在 Phe、BaA、Flt、Chr 和 InP 上有较重载荷，它们则是煤炭燃烧释放的典型产物(Kannan et al.，2005)。总的来说，交通源柴油和汽油的燃烧是组群 1 PAHs来源的主要贡献者，占总贡献率的 76%。其中，柴油燃烧释放占到了 56%，汽油燃烧释放占 20%，而煤炭燃烧释放产生的 PAHs 只占贡献率的 24%(图 4.49)。

组群 1 内的卡拉科尔市是伊塞克湖州著名的工业聚集地和旅游目的地，Jenish(2017)曾报道 2011~2015 年在伊塞克湖流域成立的旅游公司数目从 154 个增加到 188 个，增长了 22%，而 73%的公司成立在卡拉科尔市。同时，早期作为捕鱼停泊港的巴雷克切市现在也成为伊塞克湖州重要的交通枢纽中心。其境内的高速公路一方通往卡拉科尔市，另一方则连接吉尔吉斯斯坦的首都比什凯克，并且在 2018 年巴雷克切市还新开通了一条铁路沿线，直接连接吉尔吉斯斯坦、乌兹别克斯坦和哈萨克斯坦等国家(EurasiaNet，2018)。因此，得益于当地改善的道路交通建设和航空发展，伊塞克湖流域往来旅游的人数进入21 世纪以来每年都超过了一百万人(Mikkola，2012)。故而，这种以交通源石油燃烧衍生而来的 PAHs 与组群 1 的社会经济结构和高强度的工业生产活动息息相关。

组群 2 共提取出 4 个主因子(图 4.50)，因子 1 和因子 2 同组群 1 的因子 1 和因子 2相同，被分别辨认为汽油和柴油燃烧的 PAHs 释放源，因为两个因子在 BghiP 上有较重载荷；组群 2 的因子 3 在 BaA、Phe、BbF 和 Chr 上有较重载荷，是煤炭燃烧的结果；

因子 4 则主要是在 LMW PAHs 如 Phe、Flu、Acy、Ace 上有较重载荷，LMW PAHs 主要是未燃烧的石油源产生的，且 Flu 和 Acy 又是木材等不完全燃烧的示踪剂，故而因子 4 指代的是生物质燃烧和未热解的石油源。总的来说，交通源石油燃烧(柴油和汽油)以及煤燃烧是组群 2 PAHs 来源的主贡献者，两者分别提供了 48%和 34%的贡献率，生物质燃烧和未热解的石油污染只占贡献率的 18%。组群 2 主要位于伊塞克湖流域的乡镇区，频繁的农业生产活动、家庭用煤和木材秸秆燃烧的烹煮与供暖与该区域 PAHs 的煤炭和生物质燃烧来源相一致。同时，季节性的旅游活动，也成为其交通源产生的 PAHs 的一大诱因。

组群 3 提取出 3 个主因子(图 4.51)，因子 1 在 LMW PAHs 如 Acy、Flu 和 Phe 等上有重度载荷，与组群 2 的因子 4 一样是生物质燃烧和未热解的石油源产生的 PAHs，但其却是组群 3 的最主要的 PAHs 来源方式，占总贡献量的 60%；因子 2 是交通源的汽油和柴油燃烧带来的 PAHs，在 BghiP、BaP、BbF、BkF 和 DahA 有重度载荷，但只提供了 18%的贡献率；因子 3 则在 3~4 环 PAHs 有重度载荷，如 Phe、Flt、Pyr 和 BaA，它们是煤炭燃烧的典型产物，因此因子 3 是煤炭燃烧的贡献，提供了组群 3 中 22%的 PAHs 来源。故而，伊塞克湖流域组群 3 的 PAHs 主要来自于生物质燃烧和未热解的石油源。此外，鉴于组群 3 主要是位于伊塞克湖流域较为原始的生态环境区，并且以荒漠和干旱草原的植被覆盖为主，人类活动产生的家庭木材燃烧或者森林野外的自然燃烧发生的概率均较低，故而我们推测该区域较高比重的 2~4 环 PAHs 极可能是从更为偏远的区域通过全球大气传输而外源迁移沉降下来的。因为 2~4 环 PAHs(例如 Nap、Acy、Phe 等)具有较高的蒸气压，易于挥发，故而能被有效地蒸馏和长距离传输，再通过高山冷凝作用沉降蓄积下来，成为伊塞克湖流域原始生态环境区 PAHs 的主导来源。

利用 PMF 模型，提取了松克尔湖流域表层沉积物中 PAHs 的三个来源因子(图 4.52)。其中，因子 1 表现为主要在 LMW PAHs 上有重度载荷，如 Nap、Ace 和 Flu，载荷分别为 54.0%、50.2%和 72.1%，是典型生物质燃烧和未热解的石油源产生的化合物质，因此，因子 1 主要代表未热解石油源和生物质燃烧释放的 PAHs，它占总贡献率的 25.2%。因子 2

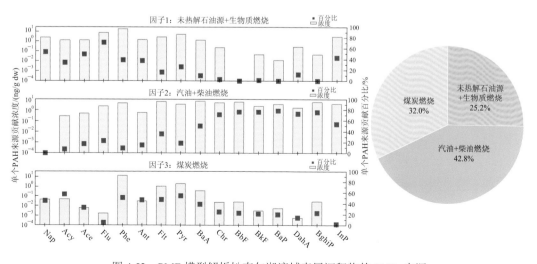

图 4.52　PMF 模型解析松克尔湖流域表层沉积物的 PAHs 来源

表现为主要在 HMW PAHs 上有重度载荷，包括 BaA、Chr、BbF、BkF、BaP、DahA、BghiP 和 InP，它们在因子 2 的载荷分别为 50.6%、71.7%、76.3%、76.6%、79.3%、73.1%、76.3%和 54.3%，这些 HMW PAHs 主要来源于汽油和柴油等石油燃烧，代表汽油和柴油释放的 PAHs，占总贡献率的 42.8%。因子 3 表现为在 3 环、4 环的 PAHs 有重度载荷，如 Acy、Phe、Ant、Flt 和 BaA，是煤炭燃烧的示踪剂，占总贡献量的 32.0%(图 4.52)。

3. 表层沉积物中 PAHs 生态风险评估

西天山山地湖泊流域环境中 PAHs 的含量呈现出明显的西低东高的趋势，且 PAHs 组分在东西空间分布上有显著差异，这种差异变化受流域人类活动强弱的影响：高的 PAHs 含量，以 HMW PAHs 占主导，同时是柴油和汽油的燃烧释放产生的 PAHs，指示出流域人类高强度的工业化活动和较高的城镇化水平，基本位于伊塞克湖流域的东部地区；较高的 PAHs 含量，以 4 环、5 环和 3 环 PAHs 占主导，且是煤炭燃烧和石油(柴油、汽油)燃烧共同产生的 PAHs，指代流域频繁的农业活动，主要位于伊塞克湖流域东北部 Y11~Y12 和南部 Y5 的乡镇区及周边高山区域；而较低的 PAHs 含量，并且生物质燃烧和未热解石油产生的 2~4 环 PAHs 占主导，且是外源传输而来，指示该区域人类活动较弱，其基本对应松克尔湖流域和伊塞克湖流域西部和南部较为原始的环境区。

在西天山地区，表层沉积物中致癌 PAHs(包括 Chr、BbF、BkF、BaP、DahA 和 BghiP)含量占总 PAHs 含量的 3.8%~46.9%(平均值 20.3%)。在伊塞克湖流域，样点 Y8 的致癌风险远高于其他样点，样点 Y9 和 Y10 也有较高的风险，而样点 Y6 的致癌风险最低。而在松克尔湖流域，样点 S12 和 S24 的致癌风险相对最高，其次为样点 S10，样点 S13 的致癌风险最低。致癌 PAHs 同系物的比例较高，与总 PAHs 含量之间存在显著相关性($r = 0.988$，$p < 0.01$)，表明西天山湖泊流域表层沉积物中 PAHs 存在一定的潜在风险。根据 Maliszewska-Kordybach (1996)对土壤中 PAHs 的污染水平分级，西天山湖泊流域表层沉积物中 38.6%样点总 PAHs 含量高于 200 ng/g dw，受到不同程度的污染，其中，伊塞克湖流域的样点 Y14 的总 PAHs 含量在 600~1000 ng/g dw，处于污染等级水平；样点 Y8~Y10 的总 PAHs 含量大于 1000 ng/g dw，处于严重污染等级水平。根据保护居住区环境健康的加拿大土壤指南(CCME，2010)，西天山湖泊流域所有表层沉积物样品中 Nap、Acy、Ace、Flu 和 Ant 含量均低于 CCME 对农业土壤的推荐安全值(100 ng/g dw)，且远低于 CCME 对住宅/公园、商业和工业土壤的推荐安全值(600 ng/g dw)，表明这些化合物的污染水平低。部分样品中的 Phe、BkF 和 DahA 含量范围为 100~600 ng/g dw，超过了农业土壤的推荐安全值，这些样点包括伊塞克湖流域的 Y8~Y11、Y13 和松克尔湖流域的 S1。而 Flt、Pyr、BaA、Chr、BbF、BaP、BghiP 和 InP 含量除了有样点超过农业土壤的推荐安全值，来自伊塞克湖流域的样点 Y8 和 Y9 中上述部分化合物含量还超过了住宅/公园、商业和工业土壤的推荐安全值，表明这两个样点为西天山湖泊流域污染最严重地区。

据 USEPA (1997,1998)确定的有机污染物生态风险效应区间值，如图 4.53 所示，西天山湖泊流域表层沉积物单个 PAHs 化合物中 Flu、Ant、Nap 和 Flt 含量分别有 84.1%、95.5%、97.7%和 88.6%的样点低于其对应的 TEL，且所有样点中上述化合物含量均低于

PEL，表明这些化合物发生生态风险的概率较低。45.4%的样点中 Acy 含量介于 TEL 和 PEL 之间，对研究区内暴露生物偶尔产生不利影响的概率最高，生态风险也相对较高。DahA、Phe、Pyr、BaA、Chr 和 BaP 分别有 81.8%、47.7%、86.4%、77.3%、88.6% 和 88.6% 的样点低于其对应的 TEL，并在个别表层沉积物样品中接近甚至超过了 PEL，表明其会对附近环境内的生物体经常产生负效应，生态风险高，而这些样品全部分布在伊塞克湖流域。

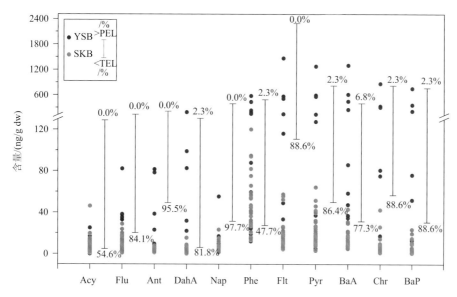

图 4.53 西天山湖泊流域表层沉积物中 PAHs 含量与生态风险区间值比较

如表 4.10 所示，西天山湖泊流域表层沉积物中 Nap、Acy、Flu、Ant 和 Flt 的 TEC HQ 范围分别为 0.04~1.6、0.00~7.8、0.03~3.9、0.03~1.7 和 0.04~13.3，PEC HQ 范围分别为 0.00~0.14、0.00~0.36、0.01~0.57、0.01~0.33 和 0.00~0.62，所有样点处于低生态风险水平；Phe、Pyr、BaA、Chr、BaP 和 DahA 的 TEC HQ 范围分别为 0.29~13.8、0.06~24.2、0.16~41.2、0.02~15.2、0.02~23.7 和 0.00~31.0，PEC HQ 范围分别为 0.02~1.12、0.00~1.47、0.01~3.39、0.00~1.01、0.00~1.00 和 0.00~1.43，部分样点处于中风险水平，达到中风险水平的样点全部来自伊塞克湖流域，包括样点 Y8 和 Y9，表明伊塞克湖流域表层沉积物中 PAHs 的生态风险水平相对较高。

表 4.10 PAHs 在西天山湖泊流域的生态风险评估

化合物	TEC HQ	PEC HQ	<TEL	>PEL
Nap	0.04~1.6	0.00~0.14	97.7%	0.0%
Acy	0.00~7.8	0.00~0.36	54.6%	0.0%
Flu	0.03~3.9	0.01~0.57	84.1%	0.0%
Phe	0.29~13.8	0.02~1.12	47.7%	2.3%

化合物	TEC HQ	PEC HQ	<TEL	>PEL
Ant	0.03~1.7	0.01~0.33	95.5%	0.0%
Flt	0.04~13.3	0.00~0.62	88.6%	0.0%
Pyr	0.06~24.2	0.00~1.47	86.4%	2.3%
BaA	0.16~41.2	0.01~3.39	77.3%	6.8%
Chr	0.02~15.2	0.00~1.01	88.6%	2.3%
BaP	0.02~23.7	0.00~1.00	88.6%	2.3%
DahA	0.00~31.0	0.00~1.43	81.8%	2.3%

此外，高山区湖泊流域海拔高气温低，使得易于挥发的低环 (2~3 环) PAHs 在全球蒸馏的影响下由温暖的低海拔"源"区随盛行风向不断向低温的高山环境内迁移，并冷凝沉降下来 (Blais et al., 1998)。这种外源迁移且沉降富集下来的 2~3 环 PAHs 一般没有明显的点源污染情况，而是片源式污染存在，并且与海拔有明显的正相关性。即在人口密度低人类活动影响较弱的区域，海拔越高，其 2~3 环 PAHs 含量可能越高 (Yuan et al., 2015；Luo et al., 2016)。由于高山湖泊区当地的人类活动强度与经济发达的平原湖泊区相比本就较为薄弱，故而外源带来的 2~3 环 PAHs 含量与本地人类活动产生的 2~3 环 PAHs 无法进行很好的区分，呈片状式分布，含量差别不大。

(二) 沉积物 OCPs 含量、来源及风险评估

1. 表层沉积物中 OCPs 含量分布

伊塞克湖流域 16 个表层沉积物样品 Y1~Y16 中共检测出 18 种 OCPs 化合物，各单体化合物的检出率范围为 18.8%~100%。其中，DDTs 和 HCHs 是最主要的检出化合物，分别占总量的 3.5%~49.9% 和 9.6%~85.2%，其次为 Aldrins，而 Chlors 和 Endos 的检出含量最低，分别占总含量的 0.06%~9.6% 和 0.08%~8.9% (表 4.11)。

表 4.11　伊塞克湖流域表层沉积物中单个 OCPs 化合物含量

化合物	范围/(ng/g dw)	平均值/(ng/g dw)	SD/(ng/g dw)	CV/%	检出率/%
p,p'-DDE	0.29~26.05	2.73	6.47	237	100
p,p'-DDD	ND~6.02	0.79	1.77	224	50.0
p,p'-DDT	ND~308.4	35.31	82.41	233	93.8
α-HCH	0.19~9.61	1.21	2.41	199	100
β-HCH	0.08~56.42	6.90	16.39	237	100
γ-HCH	0.21~5.53	1.10	1.54	140	100
δ-HCH	0.22~5.02	0.72	1.19	165	100
HEPT	ND	—	—	—	0
HEPX	ND~0.07	0.02	0.02	144	56.3
α-Chlor	0.13~0.58	0.22	0.12	53	100
γ-Chlor	ND~0.50	0.09	0.15	170	75.0

续表

化合物	范围/(ng/g dw)	平均值/(ng/g dw)	SD/(ng/g dw)	CV/%	检出率/%
Methoxychlor	0.54~15.37	2.16	3.79	176	100
α-Endo	0.02~0.65	0.11	0.17	153	100
β-Endo	0.02~3.50	0.27	0.86	318	100
Endosulfan sulfate	0.02~3.50	0.27	0.86	318	37.5
Endrin	ND~0.16	0.04	0.05	143	50.0
Endrin aldehyde	ND~0.74	0.08	0.19	257	18.8
Endrin ketone	ND~3.01	0.42	0.85	205	68.8
Aldrin	0.48~5.53	1.42	1.37	97	100

注：ND 代表未检测出或低于检测限。

伊塞克湖流域 16 个表层沉积物样品中检出的 OCPs 总含量为 4.63~414 ng/g dw，各点位间含量差异显著(图 4.54)。OCPs 总含量相对较高的区域位于伊塞克湖流域东部 [15.8~414 ng/g dw，平均(161±160) ng/g dw]，其中 Y8 与 Y9 含量最高，分别为 414 ng/g dw 和 213 ng/g dw，比其他样品高出 1~2 个数量级。而流域内的其他区域 OCPs 总含量皆相对较低，例如流域西部[3.24~4.68 ng/g dw，平均(4.24±0.68) ng/g dw]、南部[3.27~5.68 ng/g dw，平均(4.67±1.25) ng/g dw]和高山区域[3.59~13.2 ng/g dw，平均(6.40±4.57) ng/g dw]。总的来说，OCPs 含量在伊塞克湖流域也呈现出东高西低的空间分布趋势(图 4.54)。

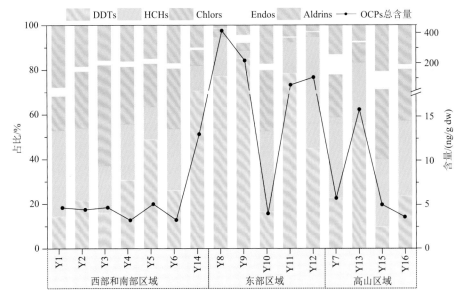

图 4.54　伊塞克湖流域 OCPs 含量空间分布图

19 种 OCPs 在松克尔湖流域的 28 个表层沉积物样品中全部检出，检出率为 3.6%~100%(表 4.12)。SKC 的 OCPs 总含量(不包含样点 S7)为 2.36~24.1 ng/d dw[平均

（7.23±5.21）ng/d dw]，略高于 NRV 的 OCPs 总含量[1.69~7.45 ng/d dw，平均（4.11±1.67）ng/d dw]（图 4.55）。此外，在 SKC 还发现了一个高于该区域 OCPs 总含量平均值 20 倍的异常值样品 S7，其 OCPs 总量为 145 ng/g dw（图 4.55）。故而，我们推测 S7 点位附近可能是 40 年前发生过意外泄漏问题的农药贮存点。总的来说，除去 S7 异常点外，SKC 和 NRV 的 OCPs 总含量均较低且变幅不大。

表 4.12 松克尔湖流域表层沉积物 OCPs 化合物含量

化合物	范围/(ng/g dw)	平均值/(ng/g dw)	SD/(ng/g dw)	CV/%	检出率/%
p,p'-DDE	0.29~9.05	0.88	1.62	185	100
p,p'-DDD	ND~5.90	0.23	1.11	483	17.9
p,p'-DDT	ND~13.38	0.94	2.56	271	53.6
α-HCH	0.17~7.79	0.57	1.42	249	100
β-HCH	ND~10.85	0.96	2.05	214	85.7
γ-HCH	0.15~7.26	0.92	1.43	155	100
δ-HCH	0.18~14.16	1.00	2.60	261	100
HEPT	ND~3.85	0.14	0.73	529	3.6
HEPX	ND~3.30	0.20	0.64	318	75
α-Chlor	0.08~3.13	0.28	0.56	199	100
γ-Chlor	ND~3.76	0.18	0.71	397	67.9
Methoxychlor	0.36~16.55	2.20	3.34	152	100
α-Endo	0.02~3.30	0.17	0.61	361	100
β-Endo	ND~4.92	0.23	0.92	399	82.1
Endosulfan sulfate	ND~10.49	0.52	1.97	381	85.7
Endrin	ND~3.83	0.15	0.72	468	17.9
Endrin aldehyde	ND~17.21	0.90	3.26	362	60.7
Endrin ketone	ND~7.72	0.39	1.46	370	46.4
Aldrin	0.10~3.40	0.73	0.66	90	100

注：ND 代表未检测出或低于检测限。

对于单个 OCPs 化合物来说，HCHs 不论在 SKC 还是 NRV 检出含量皆为最高，其中在 SKC 的平均含量为（2.20±1.31）ng/d dw，在 NRV 的平均含量为（1.88±1.38）ng/d dw（图 4.55）。DDTs 和 Aldrins 也是该区域主要富集的化合物类型，其中 SKC 的 DDTs 和 Aldrins 的平均含量分别为（1.37±1.11）ng/d dw 和（1.24±1.34）ng/d dw，而两类化合物在 NRV 平均含量相对低一些，分别为（0.50±0.16）ng/d dw 和（0.72±0.44）ng/d dw（图 4.55），Endos 和 Chlors 在该研究区的检出量最低（表 4.12）。

从各类化合物的使用途径来看，HCHs、DDTs、Methoxychlor 和 Aldrins 主要是用作保护可储存的谷物、家畜牲畜、木材及木质结构的杀虫剂，可以有效地杀害在牲畜表皮上叮咬的苍蝇、家蝇以及蚊子幼虫等。而 Chlors 和 Endos 作为农作物上的广谱接触性杀虫剂，主要用于保护种植的蔬菜、杂粮、玉米、水果和棉花等。因此，松克尔湖流域表层沉积物里检测出的相对高含量的 HCHs、DDTs、Methoxychlor 和 Aldrins 以及低含量的 Chlors 和 Endos，表明畜牧业是该区域最主要的农业活动形式，而种植业则相对不太发达，这一研究结果也与 SKC 的农业产业结构相一致（Borchardt et al.，2011）。

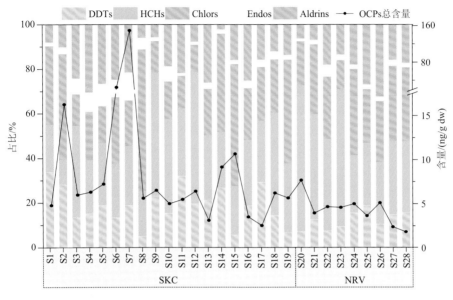

图 4.55　松克尔湖流域表层沉积物中 OCPs 含量图

2. 表层沉积物中 OCPs 来源解析

常温下（25℃），OCPs 的过冷液体蒸气压一般为 0.001~0.1 Pa（Hinckley et al.，1990），该蒸气压范围足以使 OCPs 在一定距离上被传输，故而具有半挥发性的 OCPs 往往会随着大气颗粒物从使用区被迁移到较为偏远的高寒地区冷凝聚集下来。因此，在解析山地湖泊伊塞克湖流域的 OCPs 时，除了需要考虑到本地人为的使用情况（内源）外，还需要考虑从远距离大气传输而来的 OCPs（外源）。

利用主成分分析（principal component analysis，PCA）和相关性分析（correlation analysis，CA）对伊塞克湖 16 个空间点位上 OCPs 的关联性和来源途径进行了初步解析。首先，PCA［KMO 值为 0.672，大于 0.5，p 值（sig. ≈ 0.000）小于 0.05，适合作分析］共提取出了 2 个主成分因子（特征根值>1），累计方差贡献率为 89.2%［图 4.56（a）］。因子 1（PC 1）解释了 46.6%的变化量，在 Y1~Y4、Y6~Y7 和 Y14~Y16 上具有较重载荷（> 0.7）。而因子 2（PC 2）解释了剩余 42.6%的变化量，则在 Y8~Y9 和 Y11~Y12 上有较重载荷。此外，Y5、Y10 和 Y13 在 PC1 和 PC2 上皆具有中度载荷（0.5~0.7）。PCA 结果表明，在 PC1 上重度关联的点位基本位于伊塞克湖流域的西部、南部以及高山区域，这些地方维持了较为原始的生态环境，地表被荒漠、草地和高山草甸等大面积覆盖，村庄和田亩的占地比较少，几乎较少受到当地人为活动的影响。因此，我们推断，这些地区低含量的 OCPs 主要来自于外源的传输，例如从周边发展中国家经过大气长距离迁移而来的，后通过干湿沉降、冰雪融化和地表径流等方式富集在伊塞克湖流域周边的地表层沉积物中。而在

PC2 上重度关联的点位主要位于伊塞克湖流域东部，该区域人口相对密集，分布有伊塞克湖州比较重要的城镇。例如，Y11 和 Y12 位于湖泊东北岸两个大的村庄附近，Tyup 和 Kuturga。当地的村民将原有的草地等自然植被改造成农业用地，用以种植棉花、水果和花卉，其中尤以花卉最为出名（Baetov, 2003）。故而，该区域表层沉积物内相对较高的 OCPs 残留量，可能是与当地农民在耕种过程中为了保证农副产品的高产量从而使用了农药化肥有关。而另外两个采样点（Y8 和 Y9）则位于湖泊的东南岸。Y8 邻近一个废弃的垃圾填埋坑，坑里充斥着废弃的矿渣尾料和生活垃圾。Minh 等（2006）曾报道过残留在垃圾场周边土壤内的 OCPs 可以被放大几个数量级，产生异常高的含量值，这也与本书的结果相一致。Y9 则位于卡拉科尔市内，该区域也被检测出具有高含量的 OCPs 残留量，这说明工业生产和城市生活等高强度的人类活动也会产生较为严重的 OCPs 污染。故而，PC2 所指代的 OCPs 来源主要是由内源的当地人类活动带来的。同时，我们也可以看出，人类活动的强弱变化直接影响到环境中 OCPs 残留水平的高低。

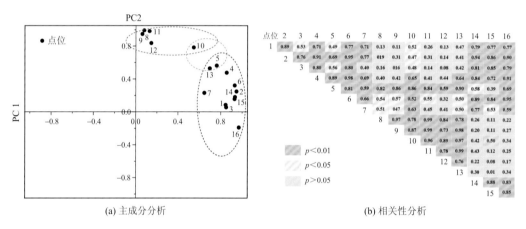

(a) 主成分分析　　　　　　　　(b) 相关性分析

图 4.56　伊塞克湖流域不同点位的 OCPs 空间关联性

$p < 0.01$: 显著相关；$p < 0.05$: 相关；$p > 0.05$: 不相关

　　此外，结合相关性结果分析[图 4.56(b)]，Y5~Y7 和 Y13 虽然相对远离人口稠密的东部地区，但在 OCPs 的来源上又与内源的东部流域区域有显著的相关性。原因可能是伊塞克湖沿岸特别是流域北部（Cholpon-Ata 附近），原始植被草地被用于建造临时的度假屋、休闲营地或食堂等，由当地居民提供给夏季前来旅游的游客（Baetov, 2003; Schmidt, 2011），这就造成了这些地区的季节性 OCPs 内源性输入，再通过半挥发特性以及冷凝作用，从湖岸周边受污染的土壤中有效地迁移至邻近的高山区域（Y7 和 Y13）并富集下来，从而使得夏季的 OCPs 内源输入和其他季节的外源性沉降在这几个点位共同作用，揭示了 OCPs 在这些点位上的混合输入源。

　　伊塞克湖流域表层沉积物中 p,p'-DDT 也是 DDTs 中含量最高的化合物，其平均贡献率为 67%；其次为 p,p'-DDE，它的平均贡献率为 32%；而 p,p'-DDD 平均贡献率仅为 1%。DDTs 的降解产物 p,p'-DDE 所占组分远高于 p,p'-DDD，所有样点的 p,p'-DDD/p,p'-DDE 值均小于 1，范围为 0.00~0.58（表 4.13），说明该区域 p,p'-DDT 的降解环境为好氧条件。

在伊塞克湖流域表层沉积物中观察到的 $(p,p'\text{-}DDD+p,p'\text{-}DDE)/DDTs$ 值范围在 0.03~1.00，平均值为 0.33，除样点 Y15 和 Y16 外，其他样点观察到 $(p,p'\text{-}DDD+p,p'\text{-}DDE)/DDTs$ 值均不大于 0.5，而 $p,p'\text{-}DDT/DDTs$ 的值大部分都高于 0.5（表 4.13），说明伊塞克湖流域表层沉积物中的 $p,p'\text{-}DDT$ 降解缓慢或者该区域存在新的 DDTs 输入。此外，由于伊塞克湖流域的东部是人口稠密的城镇区，当地居民的持续使用 DDTs 类农药可能是造成现代环境新鲜 DDTs 输入的一个重要原因。一种假设是三氯杀螨醇(Dicofol)的使用，这是一种含有 DDTs 的新型现代农药，用以保护棉花、茶叶、水果等种植物。在南亚、南美以及中国等地都曾报道过这种农药，并且已经被证实是现代环境中 DDTs 的新来源(Oliveira et al., 2016; Zhao et al., 2016)。另外，值得特别说明的是，$p,p'\text{-}DDT/DDTs$ 在卡拉科尔市的点位 Y9 的值也高于 0.5，研究表明，在人口密集的城市，DDTs 还被用作传染病控制媒介，这可能成为现代城市环境中 DDTs 的一种潜在来源(Minh et al., 2006)。并且，由于山区温度偏低，土壤微生物活性弱，已产生的 DDTs 降解缓慢，从而导致 $p,p'\text{-}DDT$ 在伊塞克湖流域表层沉积物中所占比重较高。

表 4.13　伊塞克湖流域表层沉积物中典型 OCPs 的特征指数

点位	$(p,p'\text{-}DDD+p,p'\text{-}DDE)$ /DDTs	$p,p'\text{-}DDD/p,p'\text{-}DDE$	$p,p'\text{-}DDT/DDTs$	$\alpha\text{-}HCH/\gamma\text{-}HCH$	$\gamma\text{-}Chlor/\alpha\text{-}Chlor$	$\alpha\text{-}Endo/\beta\text{-}Endo$
Y1	0.50	0.00	0.50	0.30	0.35	0.37
Y2	0.46	0.01	0.54	0.39	0.01	2.24
Y3	0.38	0.00	0.62	0.54	0.18	2.04
Y4	0.35	0.00	0.65	1.01	0.06	1.47
Y5	0.30	0.31	0.70	0.90	0.08	1.66
Y6	0.40	0.00	0.60	0.55	0.00	1.39
Y7	0.40	0.00	0.60	0.91	3.05	5.84
Y8	0.03	0.58	0.97	1.74	0.00	1.93
Y9	0.17	0.23	0.83	0.90	0.86	0.19
Y10	0.43	0.00	0.57	0.61	0.01	0.85
Y11	0.13	0.57	0.87	1.49	0.33	0.17
Y12	0.03	0.14	0.97	0.82	0.62	2.89
Y13	0.07	0.00	0.93	0.66	0.33	1.08
Y14	0.12	0.14	0.88	0.56	0.25	1.60
Y15	1.00	0.00	0.00	0.67	0.00	0.10
Y16	0.56	0.06	0.44	0.89	0.00	0.61

除去内源使用外，受盛行西风和高山冷捕集效应的影响，外源而来的 DDTs 也可能是造成伊塞克湖流域新鲜 DDTs 输入的一个缘由。因为根据 OCPs 的不同化合物特性，一般而言蒸气压越高的 OCPs 越容易挥发和被长距离传输，并在寒冷的极地和高山地区冷凝沉降富集，例如 HCHs，随着海拔/纬度的升高有逐渐富集的趋势(Simonich and Hites, 1995)。DDTs 的挥发性较 HCHs 低，不太易被有效地蒸馏分级，不能像 HCHs 进行远距

离的大气迁移。但 DDTs 也可通过大气进行短距离的传输，只是较为靠近初始使用点。吉尔吉斯斯坦 POPs 报告指出，由于海关管制不善，2002 年吉尔吉斯斯坦进口了数千吨工业级 DDTs。并且当地的一些个体农户因为管理疏漏，不恰当地使用了这些本该废止的农药，使得其含量超过施用标准，导致环境中的 DDTs 含量增高（Hadjamberdiev and Begaliev, 2004）。这种现象在吉尔吉斯斯坦西部地区尤为普遍（Toichuev et al., 2017）。2004~2008 年环境化学和生态毒理学研究中心（RECETOX）开展的中亚环境空气监测显示，吉尔吉斯斯坦上空大气中 DDTs 的平均含量可达 50 ng/filter，个别监测点甚至超过 100 ng/filter（Klánová et al., 2009）。因此，在盛行西风的影响下，吉尔吉斯斯坦上空受 DDTs 污染的大气由西向东不断往高山区伊塞克湖流域输送，再通过冷凝作用或高山冷捕集效应在该区域沉降富集，从而形成了伊塞克湖流域尤其是保持有较为原始环境的西部和西南部地区表层沉积物中 DDTs 的新鲜外源输入。

伊塞克湖流域表层沉积物中 HCHs 的四种同分异构体所占比重分别为：α-HCH 占比 6.70%~27.90%［平均 (18.29±6.4)%］；β-HCH 占比 8.29%~77.46%［平均 (37.64±22.18)%］，γ-HCH 占比 7.60%~43.69%［平均 (25.97±10.98)%］，以及 δ-HCH 占比 1.75%~32.59%［平均 (18.09±8.93)%］，其中以 β-HCH 的组分比重最大。因此，从本书的结果可以看出，伊塞克湖流域的 HCHs 污染主要是历史使用的残留。同时，由于 α-HCH/γ-HCH 的范围为 0.30~1.74，平均值为 (0.81±0.38)（表 4.13），这说明该区域的 HCHs 污染以林丹为主，但是部分地区仍存在新的林丹输入。根据 RECETOX 报告，伊塞克湖流域以西的地方，如吉尔吉斯斯坦境内的西部地区及其周边国家如哈萨克斯坦、乌兹别克斯坦等上空大气中都飘浮着 HCHs；甚至到更为偏远的国家如罗马尼亚，其大气中 HCHs 含量最高，平均约 2 μg/filter（Klánová et al., 2009）。并且 γ-HCH 被发现是 HCHs 在大气环境中最主要的和含量最高的被传输化合物（Shunthirasingham et al., 2010），这可能与林丹在全球范围内的广泛使用有关。因此，在盛行西风和高山冷凝作用的结合下，来自远距离运输的外源性林丹在研究区域不断沉降富集，形成新鲜的 HCHs 来源。

Chlors 和 Endos 的蒸气压较低，相对来说不易挥发，故而不太能被有效地运输到高海拔/纬度地区，因此它们的环境含量则更多地反映伊塞克湖流域当地的使用情况（Simonich and Hites, 1995）。伊塞克湖流域表层沉积物中除 Y3、Y5、Y7、Y10~Y15 外，其他样点均未检测出 HEPX，在所有样点中均未检测出 HEPT，表明该流域表层沉积物中 HEPT 有足够的时间发生降解生成 HEPX，主要来源于历史使用的残留。另外，在伊塞克湖流域表层沉积物中的 γ-Chlor/α-Chlor 范围为 0.00~3.05，除样点 Y7 外，该比值均小于 1.2，表明该区域的 Chlors 主要是历史使用的残留且没有新的输入（表 4.13）。伊塞克湖流域表层沉积物中的 α-Endo/β-Endo 范围为 0.10~5.84，除样点 Y7 和 Y12 外，比值皆低于 2.33，表明该流域的硫丹类也主要是历史使用的残留，这两个样点位于东部地区和高山区域，除了受区域人类活动输入外，可能还与外源大气沉降有关（表 4.13）。由此可以看出，伊塞克湖流域表层沉积物中 Endos 和 Chlors 主要为历史使用的残留，较少有新的输入。一方面是由于伊塞克湖流域这两类农药的使用率本就不高，这点从 Endos 和 Chlors 的总体残留量在该区域偏低并且各点位之间也没有明显的含量差可以看出，这也与伊塞克湖的农业产业结构相吻合；另一方面，由于 Endos 和 Chlors 不易被迁移传输，故而外源的新鲜输入也很少。

总体上来说，伊塞克湖流域表层沉积物中大部分 OCPs 如 Chlors、Endos 和 HCHs 基本都是历史使用的残留，但 DDTs 有新鲜的本地内源使用的痕迹；此外 γ-HCH 以及 p,p'-DDE 等易挥发的化合物还存在外源大气迁移输入的情况。外源输入的 OCPs 在伊塞克湖流域较为原始的生态环境如西部和南部以及高山地区占主导，总体含量较低；而内源使用的 OCPs 残留水平则较高，主要集中于伊塞克湖流域东部人口密集的地方，尤其是人类活动剧烈的城镇以及废弃的矿坑附近。总的来说，OCPs 在伊塞克湖流域表层沉积物中的差异赋存与来源受到空间上流域不同人类活动强弱的影响，同时也反映出 OCPs 是一个可以很好地衡量山地湖泊流域人类活动强弱的指标：即当 OCPs 含量较高且以内源为主时，则指示山地湖泊流域人类活动较强，反之则代表流域人类活动比较弱，对环境的影响较小。

此外，为了进一步阐明松克尔湖流域 OCPs 的空间分布情况和空间点位关联性，本书根据 28 个样品的 OCPs 组分，对其做 PCA 分析，KMO 值为 0.725，大于 0.5，p 值（sig. $\approx$ 0.000）小于 0.05，适合做 PCA。结果表明，该区域 28 个样品共提取出 4 个主因子，累计方差贡献率为 96.8%，各点位的载荷矩阵值详见表 4.14。因子 1 在 S11~S19 上有重度载荷（> 0.7），在 S3、S4、S9、S10 上有中度载荷（0.5~0.7），这些点位基本都位于 SKC 的南岸和东岸。同时，NRV 上游点位 S24~S28 也在因子 1 上有中度载荷，表明这两个区域可能具有相似的 OCPs 来源。因为 NRV 上游位于 SKC 的东南部，地处盛行西风的下风向，故而富集在河谷上游 S24~S28 的 OCPs 在盛行风的作用下会受来自上风向 SKC 的 OCPs 影响。此外，因子 3 在 S20~S28 上有中、重度载荷（> 0.5），而这些点位皆位于 NRV 中，说明富集在河谷上游 S24~S28 的 OCPs 同样受到来自河谷下游 S20~S23 的 OCPs 影响，但是河谷下游的 OCPs 却与 SKC 南岸的 OCPs 没有空间关联性，表明两者之间的 OCPs 来源不同。因子 2 在 SKC 西北岸 S1、S2 上有重度载荷，在 S8、S9 上有中度载荷；而因子 4 在 SKC 北岸 S5~S7 上有重度载荷，尤其是在 S7 上载荷值达到 0.947，说明 S5~S7 有相似的 OCPs 来源，也说明 OCPs 最高点 S7 对其邻近点位 S5~S6 的 OCPs 来源产生极大影响，并对西北岸 S1~S4 的 OCPs 施加影响，但是对富集在 SKC 和 NRV 其他空间区域上的 OCPs 没有影响力，说明其来源可能不同。

除此之外，我们还分别对 SKC 和 NRV 两个区域间的单个 OCPs 化合物进行多元方差分析，结果显示个别化合物如 HEPT（sig. $\approx$ 0.000）、α-HCH（sig. = 0.007）、α-Endo（sig. = 0.023）以及 p,p'-DDT（sig. = 0.037）在 SKC 和 NRV 两个区域之间存在着显著的差异，然而剩余的化合物却没有表现出明显的不同，这说明单个化合物 HEPT、α-HCH、α-Endo 和 p,p'-DDT 在 SKC 和 NRV 两地的来源上可能不同，这为后期进一步分析污染物源解析提供了一定的线索。

表 4.14　松克尔湖流域采样点位主成分分析结果

	PC1	PC2	PC3	PC4
特征根值	16.9	3.41	1.78	1.05
方差贡献率/%	32.7%	30.0%	20.8%	13.3%
采样点				
S1	0.367	0.762	0.127	0.321
S2	0.226	0.777	0.049	0.430
S3	0.622	0.082	0.488	0.379
S4	0.683	0.380	0.143	0.415
S5	0.144	0.156	0.179	0.724
S6	0.271	0.506	0.100	0.849
S7	0.071	0.326	0.218	0.947
S8	0.229	0.554	0.124	0.112
S9	0.537	0.564	0.038	0.188
S10	0.690	0.199	0.078	0.113
S11	0.741	0.026	0.392	0.296
S12	0.965	0.051	0.088	0.143
S13	0.815	0.346	0.180	0.375
S14	0.713	0.284	0.103	0.320
S15	0.910	0.314	0.081	0.173
S16	0.865	0.329	0.033	0.043
S17	0.754	0.380	0.069	0.230
S18	0.780	0.379	0.294	0.042
S19	0.848	0.378	0.220	0.066
S20	0.409	0.208	0.886	0.017
S21	0.342	0.112	0.554	0.335
S22	0.365	0.360	0.503	−0.022
S23	0.305	0.033	0.935	−0.017
S24	0.553	0.390	0.797	−0.132
S25	0.638	0.199	0.643	0.054
S26	0.595	0.056	0.719	0.101
S27	0.570	0.368	0.862	−0.008
S28	0.599	0.243	0.744	0.055

　　由于 SKC 采样点的平均海拔在 3030 m，而自东向西流经山谷的 NRV 区域的采样点平均海拔在 2060 m，两个区域之间存在着约 1000 m 的高度差，从而产生了 6℃左右的气温差。温差的存在会驱使蒸气压不同的外源 OCPs 化合物在海拔上形成蒸馏，并沿盛行风的风向排布。同时，温差的存在也会在两个区域之间塑造不同的生物群落，从而会影响到 OCPs 的降解情况（Manz et al., 2001; Oliveira et al., 2016）。总的来说，在解析松克尔湖流域 OCPs 来源时，要综合考虑当地的环境因素包括温度、风向、生物活动等，同

时结合 OCPs 的理化性质或同分异构体比值，才能较为准确地识别松克尔湖流域 OCPs 的使用过程和传输途径。

本书中，SKC 区域 p,p'-DDT/DDTs 值的范围为 0.00~0.79，平均值为 (0.42 ± 0.25)，这表明 SKC 的 DDTs 降解相对缓慢，但总体上该区域已经鲜少有新的 p,p'-DDT 输入（图 4.57）。p,p'-DDT/DDTs 值的最高点 (>0.5) 发生在 S1 和 S2 点附近，这里是 SKC 有名的夏季牧场，次高值 $(0.2\sim0.5)$ 发生在松克尔湖湖周地区，由西北向东南逐渐递减。受夏季湖滨旅游业的影响，原富集在土壤中的 p,p'-DDT 被再次排放，形成局部的二次污染，从而使得松克尔湖湖周部分区域表层沉积物中 p,p'-DDT 的比例升高。NRV 区域，p,p'-DDT/DDTs 的值几乎接近于零（图 4.57），且降解产物 p,p'-DDE 占绝对优势，说明 NRV 区域的 p,p'-DDT 基本在好氧环境中被完全降解为 p,p'-DDE，抑或者该区由于人类活动弱，几乎没有 p,p'-DDT 的新输入。除去内源污染外，根据吉尔吉斯斯坦 POPs 报告和 RECETOX 收集的大气监测数据可以看出（Shakirov and Bekkoenov, 2002；Hadjamberdiev and Begaliev, 2004），吉尔吉斯斯坦上空受 DDTs 污染的大气，在盛行西风的影响下由西向东不断往高山区松克尔湖流域输送，再通过冷凝作用或高山冷捕集效应在该区域沉降富集，形成一个新鲜的外源 DDTs 输入。鉴于 NRV 区域基本上维持了较为原始的生态环境，几乎没有人为活动的干扰，故而在 NRV 中发现的高占比的 p,p'-DDE 即可推断松克尔湖流域外源传输而来的 DDTs 以 p,p'-DDE 为主。

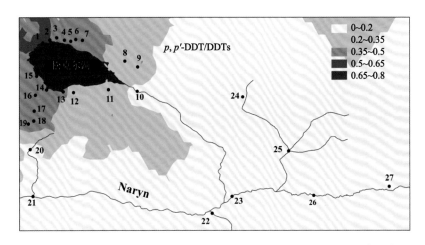

图 4.57　松克尔湖流域 DDTs 母体化合物与代谢产物 p,p'-DDT/DDTs 值克里金插值图

本书中，SKC 的 α-HCH/γ-HCH 值范围为 0.29~2.40（平均 0.87 ± 0.50），NRV 的 α-HCH/γ-HCH 值范围为 0.08~1.05（平均 0.55 ± 0.42）（图 4.58），两者皆表明整个松克尔湖流域主要是受到林丹的污染。然而，与 NRV 地区相比，SKC 更高的 α-HCH/γ-HCH 值则意味着林丹在该区域的降解速度更快，这与 SKC 相对较低的温度和存在点源污染的农药仓库相违背，唯一可行的解释是新鲜输入的林丹量在 SKC 更少。然而，从 β-HCH 的贡献比例（$26\%\pm19\%$）得出其占比在总 HCHs 中最高，说明在 SKC 研究区内的 HCHs 基本为历史使用的残留，鲜有新鲜的本地输入。因此，通过远距离传输而来的外源 HCHs 即成为该区域新鲜 HCHs 的最大贡献者。根据 2004~2008 年 RECETOX 开展的中亚环境空

气监测显示，松克尔湖流域以西的地方，如吉尔吉斯斯坦境内的西部地区，以及其西边国家乌兹别克斯坦，甚至更为偏远的罗马尼亚等上空大气中都飘浮着 HCHs（Klánová et al., 2009；Shunthirasingham et al., 2010），因此，在盛行西风和高山冷凝作用的结合下，来自远距离运输的外源性 HCHs 在研究区域不断沉降富集，形成新鲜的 HCHs 来源，尤其是最易于挥发迁移的两类化合物：α-HCH 和 γ-HCH。

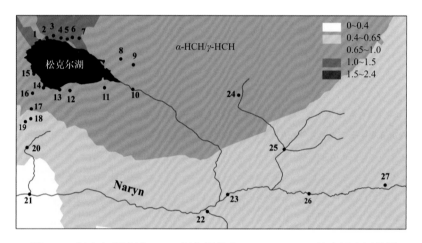

图 4.58　松克尔湖流域 HCHs 同分异构体 α-HCH/γ-HCH 值克里金插值图

然而，α-HCH 相比于 γ-HCH 更容易在高海拔和高纬度的地区富集（Chernyak et al., 1995; Pereira et al., 2006），这与我们的研究结果也相一致。在松克尔湖流域，α-HCH 在 SKC 的平均含量是 NRV 平均含量的 3 倍，而两个区域之间 γ-HCH 的含量则较为接近。相关性分析结果也显示，α-HCH 的含量与海拔呈显著正相关关系（$r = 0.63$，$p < 0.05$，$n = 28$），而 γ-HCH 与海拔则无明显的相关性（$r = 0.23$，$p > 0.05$，$n = 28$）。故而，更高含量的 α-HCH 也有助于增加 SKC 中 α-HCH/γ-HCH 的值，从而解释了 α-HCH/γ-HCH 的值在 SKC 比 NRV 更高的原因。总的来说，本地使用的 HCHs 基本为历史的残留，但外来的 HCHs 会通过长距离大气迁移源源不断地沉降富集在此区域，尤其是新输入的 γ-HCH；而 α-HCH 更易在海拔较高的 SKC 富集。

在松克尔湖流域，除了 S7 外，其余所有点位的 HEPT/ HEPX 皆为 0，因为 HEPT 只在 S7 有所检出，且 HEPT/ HEPX 的值为 1.12 > 1，这说明 HEPT 在 S7 存在降解缓慢或者持续输入的情况。之前，我们曾根据 S7 异于 SKC 平均水平的高含量 OCPs 推断过 S7 附近可能存在农药贮存点。这里我们又发现，持续的 HEPT 输入有且只有 S7 出现。同时在样品检测的过程中，S7 的 OCPs 在 GC-MS 上呈现的气相色谱图谱与标准品 OCPs 的检测图谱非常相似。故而，通过以上种种迹象，我们更加确信 S7 点位附近应该就是松克尔湖流域的农药贮存点。此外，由于 HEPT 在土壤中易被降解成 HEPX，而 HEPX 在松克尔湖流域又呈现出越靠近 S7 附近含量越高的趋势，从而表明该农药贮存点会对周边环境造成点源污染。

工业级 Chlors 中 γ-Chlor/α-Chlor 的值可以示踪工业级 Chlors 的使用情况。在松克尔湖流域，γ-Chlor/α-Chlor 的值无论是在 SKC（0.35 ± 0.49）还是在 NRV（0.12 ± 0.17）均低于

1.2，这意味着该区域内的工业级 Chlors 主要是历史使用的残留，并且可以看出工业级 Chlors 在 NRV 的降解率比 SKC 快(图 4.59)。造成氯丹在两个区域差异降解的原因一是与两地的气候条件差异有关；二是与距离污染源的远近有关。SKC 与 NRV 两地存在约 6℃ 的温度差，温度更低的 SKC 区域增加了土壤对 OCPs 化合物的保留能力。相反地，NRV 相对较高的温度加速了土壤微生物的活动，从而导致 OCPs 在 NRV 地区被更快降解。此外，我们还发现越靠近农药贮存点及其周边区域(S5~S8)，γ-Chlor/α-Chlor 的值就越高，这表明农药贮存点存在向周边区域辐散的点源污染。

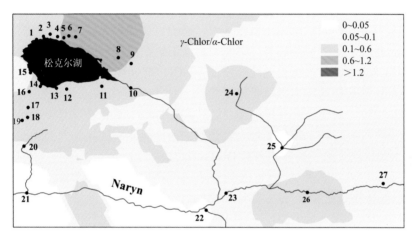

图 4.59　松克尔湖流域 Chlors 同分异构体 γ-Chlor/α-Chlor 值克里金插值图

从图 4.60 可以看出，整个松克尔湖流域的 α-Endo/β-Endo 值基本低于 2.3(只 S8 除外)，说明该区域工业级 Endos 几乎来自于过去使用的残留。值得注意的是，不同于其他化合物的同分异构体比值，α-Endo/β-Endo 的值在农药贮存点附近较低，与 NRV 区域的 α-Endo/β-Endo 值处于同一水平。这可能是因为 SKC 区域以畜牧业发展为主，尤其是在松克尔湖的北岸，夏季牧场繁盛，种植业鲜少开发。而工业 Endos 又是用来保护种植类

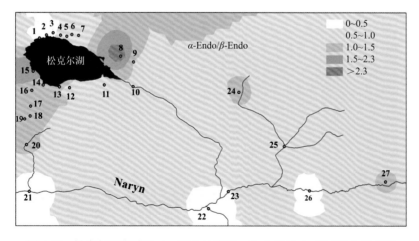

图 4.60　松克尔湖流域 Endos 同分异构体 α-Endo/β-Endo 值克里金插值图

谷物蔬菜的农药，所以它很少会被牧民所使用，从而使得 Endos 的含量在该湖区北岸很低并且造成较低的 α-Endo/β-Endo 值。此外，α-Endo/β-Endo 值在 S8 有一个高值，也是松克尔湖流域唯一比值 > 2.3 的样点，这可能与该点位的农业种植活动有关。因为，S8 附近有一处居民点，用于管理和保护松克尔湖自然保护区 (Terghazaryan and Heinen, 2006)，故而农业种植替代原始被从而导致工业 Endos 的新鲜输入。

HEPT 的残留和新输入只在 S7 号点位被发现，且它的色谱图与 OCPs 标准图谱相似，这证实了 S7 附近确实是松克尔湖流域的农药贮存点，并且对其邻近区域的土壤环境施加影响。如不易挥发的化合物 HEPX 和工业 Chlors，基本都是农药贮存点周边的历史残留，并且富集保存在使用点附近不易被迁移，也没有新的外源输入。而同样不易挥发的工业 Endos，也显示了类似的趋势，只是它的使用点在居民区附近 (S8)，由居民区向外逐渐减弱。相比之下，较易挥发的化合物如 γ-HCH 和 α-HCH，在盛行西风的影响下可通过长距离的大气传输给研究区域带来新的 HCHs 污染，其中以 γ-HCH 为主要传输物质，但 α-HCH 比 γ-HCH 更易在高海拔 (SKC) 地区富集。p,p'-DDE 是松克尔湖流域主要的外源 DDTs 污染物质；同时，SKC 当地尤其是湖泊西岸和北岸的夏季人为活动造成的本土 DDTs 的二次排放也带来了局部的内源 DDTs 新污染。

总的来说，松克尔湖流域的 OCPs 除去农药贮存点外，总体含量偏低，且在整个松克尔湖流域 (包括农药贮存点) 基本都是历史使用的残留，没有新鲜的内源使用情况。而对于较易挥发的化合物如 α-HCH、γ-HCH 和 p,p'-DDE 则在盛行西风的影响下对整个松克尔湖流域都带来外源性的输入迁移，其中以 γ-HCH 为主要传输物质，但 α-HCH 比 γ-HCH 更易在海拔较高 (SKC) 的地区富集。松克尔湖流域 PAHs 总体含量也较低，不论在 SKC 还是 NRV 都是以 3 环和 4 环 PAHs 为主，并且是生物质燃烧和未热解的石油源产生的。由此可以看出，松克尔湖流域的环境特征与伊塞克湖流域西部和南部的较为原始的生态环境特征相类似，人类活动相对较弱，对区域环境的影响小。

3. 表层沉积物中 OCPs 生态风险评估

西天山山地湖泊流域环境中 OCPs 的含量由西向东呈现出明显的升高趋势，其变化受流域人类活动强弱的影响：高的 OCPs 含量指示出较强的人类活动。该区域大部分 OCPs 化合物都是历史使用的残留，但对于目前人口相对密集且人类活动强度大的伊塞克湖流域东部来说，还具有新鲜的内源 p,p'-DDT 的使用情况。同时，受山地冷凝效果影响，易于迁移挥发的 α-HCH、γ-HCH 和 p,p'-DDE 在人类活动较弱的松克尔湖流域和伊塞克湖流域西部和南部地区外源输入比重大，尤其是高海拔的 SKC，是外源 α-HCH 的"汇"区。

西天山山地湖泊伊塞克湖流域和松克尔湖流域现代环境中 OCPs 以 DDTs 和 HCHs 为主，空间上来说，伊塞克湖流域西部和南部地区以及松克尔湖流域的 DDTs 以 p,p'-DDE 占主导，p,p'-DDT 占比 < 50%，HCHs 以 γ-HCH (> 50%) 为主导；伊塞克湖流域东北部为乡镇区，农业生产活动发达，DDTs 以 p,p'-DDT 为主，占比为 50%~70%，β-HCH 和 γ-HCH 在 HCHs 中的占比相当，约为 25%；伊塞克湖流域东部矿坑尾料和大城市区附近以及松克尔湖流域农药贮存点有较强的人类活动，DDTs 和 HCHs 分别以 p,p'-DDT (> 70%) 和

β-HCH(> 50%)占主导。

运用 TEL/PEL 法对西天山湖泊流域表层沉积物中的 OCPs 含量进行生态风险评估。如图 4.61 所示，西天山湖泊流域表层沉积物中 p,p'-DDD、Chlors 和 Endrin 含量分别有 93.2%、97.7% 和 97.7% 的样点低于其对应的 TEL，大多数样点处于其对应的 TEL 之下，且均没有样点高于其对应的 PEL，表明这些化合物发生生态风险的概率较低。DDTs、p,p'-DDE 和 HEPX 含量分别有 84.1%、90.9% 和 95.5% 的样点低于其对应的 TEL，且分别有 4.6%、6.8% 和 2.3% 的样点高于其对应的 PEL，表明上述化合物在西天山湖泊流域表层沉积物中发生风险的概率较高。γ-HCH 有 79.6% 的样点低于其 TEL，而高于其 PEL 的样点为 13.6%，生态风险发生概率最高，可能产生的风险最大，与中亚其他地区包括咸海流域和巴尔喀什湖流域相似，γ-HCH 主要来自于林丹的污染，超过 PEL 的样点也主要来自于伊塞克湖流域，表明该地区表层沉积物中 OCPs 生态风险较高。

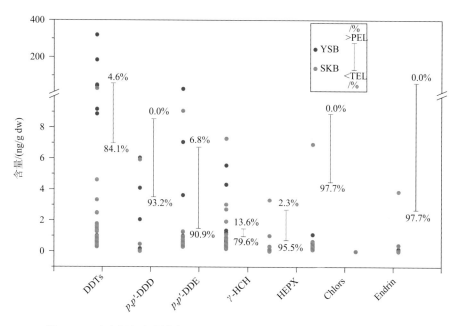

图 4.61 西天山湖泊流域表层沉积物中 OCPs 含量与生态风险区间值比较

如表 4.15 所示，西天山湖泊流域表层沉积物中所有样点均未检测出 Dieldrin，表明该化合物处于无风险生态水平；p,p'-DDD、Chlors 和 Endrin 的 TEC HQ 的范围分别为 0.00~1.70、0.02~1.53 和 0.00~1.42，PEC HQ 范围分别为 0.00~0.71、0.01~0.77 和 0.00~0.06，部分样点处于低风险水平；DDTs、p,p'-DDE、γ-HCH 和 HEPX 的 TEC HQ 的范围分别为 0.04~45.77、0.20~18.35、0.16~7.72 和 0.00~5.49，PEC HQ 范围分别为 0.01~6.18、0.04~3.86、0.11~5.26 和 0.00~1.20，部分样点处于中风险水平。西天山地区主要的 OCPs 化合物为 DDTs 和 γ-HCH，γ-HCH 在伊塞克湖和松克尔湖流域表层沉积物中表现出一定的生态风险水平，对其暴露于环境中的生物体绝大多数情况会偶尔产生负效应，部分区域如松克尔湖流域 S7 农药贮存点附近和伊塞克湖流域东部地区则会经常发生有害生态影响。与 γ-HCH 相比，p,p'-DDT 在研究区内的生态风险则没有那么普遍性存在，中生态风险水平基本出现在伊塞克湖流域表层沉积物中。其中，常发有害生态效应的范围出现在伊塞克湖流域东部地区表层沉积物 Y8 和 Y9 点位上，对应流域强烈人类活动区域。而松克尔湖流域除了 S7 农药贮存点会常发有害生态风险外，其余区域 p,p'-DDT 皆不会产生生态负效应。

表 4.15　OCPs 在西天山湖泊流域的生态风险评估

化合物	TEC HQ	PEC HQ	<TEL	>PEL
DDTs	0.04~45.77	0.01~6.18	84.1%	4.6%
p,p'-DDD	0.00~1.70	0.00~0.71	93.2%	0.0%
p,p'-DDE	0.20~18.35	0.04~3.86	90.9%	6.8%
γ-HCH	0.16~7.72	0.11~5.26	79.6%	13.6%
HEPX	0.00~5.49	0.00~1.20	95.5%	2.3%
Chlors	0.02~1.53	0.01~0.77	97.7%	0.0%
Endrin	0.00~1.42	0.00~0.06	97.7%	0.0%

总体上，西天山松克尔湖流域仍然保持着较好的生态环境，受当地人类活动的改变和影响较弱，主要是承担着外源易挥发的持久性有机化合物的全球大气迁移的"汇"的作用；而伊塞克湖流域东部地区受本地人类活动的影响较强，是本地污染的一个富集区，并且已经对该区域生态环境产生严重影响。

三、伊塞克湖流域表层沉积物正构烷烃组成特征

(一)表层沉积物正构烷烃含量和碳数分布

伊塞克湖流域 16 个表层土壤样品中检测出的正构烷烃碳数分布范围为 n-C_{16}~ n-C_{33}，总正构烷烃含量为 1.02~60.3 μg/g dw，平均为(10.5±16.4) μg/g dw。其中长链正构烷烃(> n-C_{26})的含量最高，为 0.41~58.6 μg/g dw，平均(9.23±16.4) μg/g dw；中链正构烷烃(n-C_{21}~n-C_{25})的含量次之，为 0.23~2.26 μg/g dw，平均(0.90±0.61) μg/g dw；而短链正构烷烃(< n-C_{20})的含量最少，为 0.054~0.89 μg/g dw，平均(0.33±0.26) μg/g dw。在空间分布上，伊塞克湖流域东部 Y12 以及北部高山 Y13 点位上具有最高含量的正构烷烃，其次是伊塞克湖流域东部的其他地区如 Y8~Y10，而流域西部和南部的 Y3、Y5 和 Y6 点位上正构烷烃的含量最低。表土中正构烷烃含量与 TOC 值显著正相关($r = 0.83$，$p < 0.01$)，说明伊塞克湖流域表土中正构烷烃是土壤有机质的主要来源，并且也可以看出，流域东部的有机质含量丰富，土质较为肥沃，而流域西部和南部的土壤相对比较贫瘠，这也与伊塞克湖流域的植被覆盖类型相符，东部湖岸覆盖有大面积的泛滥平原，利于耕作，而荒漠和干旱半干旱草原主要集中在流域的西部和南部，80%用于放牧活动(ADB，2009)。

根据伊塞克湖表土正构烷烃的主碳峰判断，其色谱图基本呈单峰态后峰型，主峰碳为 n-C_{29} 或者 n-C_{31}，峰型分布总体以长链奇碳链占优势，但是存在两种分布特征

（图 4.62）：一是碳数分布范围在 n-C_{16}~n-C_{33} 之间，中短链正构烷烃没有明显的奇偶优势，长链正构烷烃奇偶优势明显，主碳峰在 n-C_{29}，并且伴有明显的 UCM 和 Ph 以及 Pr 的出现［图 4.62（a）］；二是碳数分布范围为 n-C_{20}~n-C_{33}，短链正构烷烃几乎没有，长链正构烷烃奇偶优势明显，主碳峰在 n-C_{31}，并且色谱图上未检出有 UCM、Ph 和 Pr 的存在［图 4.62（b）］。第一种正构烷烃碳数分布特征主要出现在伊塞克湖流域东部及其附近高山区域以及伊塞克湖西端的 Y14 点位上，即对应 PAHs 环境特征分组里的组群 1 和组群 2；而第二种正构烷烃碳数分布特征则出现在伊塞克湖流域的西部和南部较为原始的生态环境区，即组群 3。

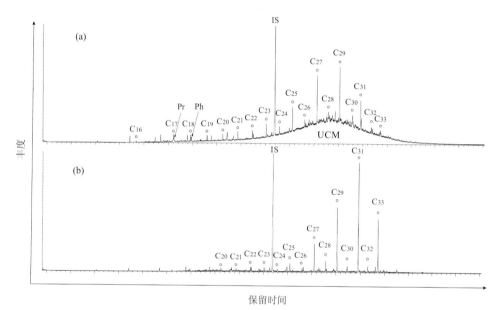

图 4.62　伊塞克湖流域表层土壤中正构烷烃碳数分布气相色谱图

（二）表层沉积物正构烷烃来源识别及环境意义

土壤中正构烷烃的来源复杂难辨，除了常见的生物源如高等植物蜡质的降解或细菌等低等微生物降解来源外，还有来自于石油源的如原油泄漏、汽车尾气排放或者油制品的燃烧等（Yunker et al., 2012）。由于不同来源产生的正构烷烃具有不同的化学组成和碳数分布特征，故而根据这些化学特征可以推断土壤中正构烷烃的来源。分子参数指标如 CPI、UCM 含量以及 Pr/Ph 值等皆可用来辅助识别。如表 4.16 所示，组群 1 的 CPI 1 值范围为 0.94~1.14［平均（1.00±0.12）］，CPI 2 值范围为 6.05~19.3［平均（13.7±6.16）］，UCM 的范围一直从 n-C_{18} 到 n-C_{33}，具有较高含量，为 9.33~187 μg/g dw［平均（76.5±77.1）μg/g dw］，并且 Pr/Ph 值范围为 0.58~1.12［平均（0.73±0.41）］，这些指标皆说明伊塞克湖组群 1 表土中的正构烷烃是混合源，短链产生于人为的石油源如汽车尾气排放或者油制品燃烧，而长链则是来源于高等植物蜡质的降解。组群 2 的正构烷烃来源与组群 1 相似，CPI 1 值为 0.98~1.58［平均（1.14±0.25）］，CPI 2 值为 6.92~20.0［平均（11.7±6.08）］，只是 UCM 的含量相对较低，5.13~92.9 μg/g dw［平均(31.0±38.6) μg/g dw］，Pr/Ph 值范围为 1.21~5.02［平均(3.21±1.72)］，这些指标共同指示组群 2 的短链正构烷烃来源与人为的石油源如汽车尾气排放或者油制品燃烧以及部分煤炭燃烧有关，并且混合着长链的高等植物蜡质降解的生物源。而组群 3 的正构烷烃来源则相对较为单一，没有 UCM、Pr 和 Ph 的存在，CPI 2 值为 10.5~24［平均(14.3±3.52)］，说明组群 3 的正构烷烃基本是生物来源，即来自于高等植物蜡质的降解，没有石油源。

表 4.16　伊塞克湖流域表层沉积物正构烷烃分子指标分析结果

组群	样点	CPI 1	CPI 2	Pr/Ph	Pr/n-C$_{17}$	Ph/n-C$_{18}$	UCM/(μg/g)
组群 1	Y8	0.94	6.05	0.58	0.42	0.63	64.5
	Y9	1.14	11.3	1.01	0.31	0.48	187
	Y10	0.88	18.0	1.12	0.41	0.50	9.33
	Y14	1.05	19.3	0.94	0.42	0.50	45.1
组群 2	Y5	0.98	16.3	5.02	0.50	0.55	5.13
	Y11	1.02	7.15	1.21	0.35	0.46	92.9
	Y12	1.14	20.0	1.52	0.48	0.60	45.0
	Y15	1.58	6.92	4.21	0.52	0.63	4.79
	Y16	0.98	7.93	4.08	0.48	0.62	7.27
组群 3	Y1	2.88	14.1	—	—	—	—
	Y2	2.59	18.6	—	—	—	—
	Y3	4.30	10.5	—	—	—	—
	Y4	1.98	14.2	—	—	—	—
	Y6	2.76	11.6	—	—	—	—
	Y7	1.53	12.1	—	—	—	—
	Y13	2.32	24.0	—	—	—	—

注：CPI 1=$\sum(n$-C$_{15}$~n-C$_{25}$奇碳)$/\sum(n$-C$_{16}$~n-C$_{24}$偶碳)；CPI 2=$\sum(n$-C$_{25}$~n-C$_{33}$奇碳)$/\sum(n$-C$_{24}$~n-C$_{32}$偶碳)；Pr/Ph：姥鲛烷与植烷的比值；Pr/n-C$_{17}$：姥鲛烷与 n-C$_{17}$ 的比值；Ph/n-C$_{18}$：植烷与 n-C$_{18}$ 的比值。

　　伊塞克湖流域表土中正构烷烃指代出流域东部的有机质含量丰富，土质较为肥沃，正构烷烃的主碳峰以 n-C$_{29}$ 为代表的陆生高等木本植物源为主；而流域西部和南部的有机质含量低，土壤相对比较贫瘠，正构烷烃以主碳峰为 n-C$_{31}$ 的草本植物来源为主。与伊塞克湖流域的植被覆盖类型相符，东部湖岸覆盖有大面积的泛滥平原，利于农作物耕作，而荒漠和半干旱草原的流域主要位于流域的西部和南部较为原始的生态环境区。同时，除生物来源外，伊塞克湖流域人类活动较强的城镇和乡村地区表土中的正构烷烃还有一部分是源自人为的石油污染，表现为没有奇偶优势的短链正构烷烃分布，CPI 1 值和 Pr/Ph 值接近于 1，且具有高含量的 UCM；而较为原始的生态环境区表土正构烷烃中则没有发现石油来源。故而，当流域表土正构烷烃中存在明显的人为石油污染如汽车尾气排放或者油制品燃烧时，则指示该区域人类活动较强，尤其是高强度的工业生产活动方式，并且已经对区域环境产生较大影响。

第四节 伊塞克湖沉积岩芯记录的环境及风险评估

伊塞克湖面积约 6284 km²，水量约 1378 km³，平均水深约 278 m（图 4.63）（Abuduwaili et al., 2019）。这个湖泊被 118 条河流和溪流包围，集水面积为 22080 km²，年径流量为 37.2 亿 km³。然而，楚河的分离导致该湖的水文过程发生了明显的变化（Romanovsky, 2002）[图 4.63（b）]。研究表明，楚河在 1860 年以前是这个湖的支流，此后流入沙漠，直至消失（Giralt et al., 2004）。该湖的支流主要依靠冰川融水、降水和地下水补给（Gebhardt et al., 2017; Ma et al., 2018）。与世界上大多数冰川地带类似，随着全球变暖的进展，伊塞克湖流域的冰川正以每年 3~30 m 的速度萎缩，降水也在加强，这增加了洪水灾害的风险（Abuduwaili et al., 2019）。

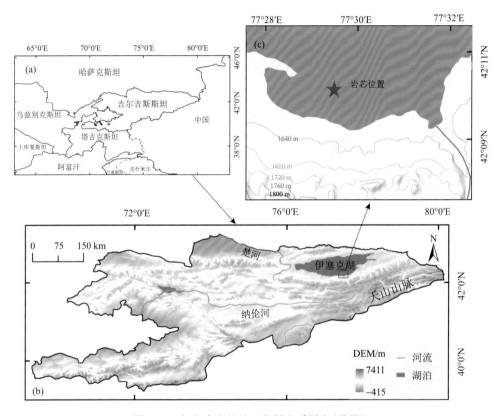

图 4.63 伊塞克湖的地理位置和采样点（星号）

伊塞克湖位于干旱和半干旱气候区，受中纬度西风的影响，研究区的年平均气温为 6℃，7 月的平均气温可达 17℃，1 月的平均气温为 -7℃。然而，周围山区的温度一般比研究区平原地区的温度低约 10℃。湖区的年平均降水量约为 290 mm，蒸发量约为 820 mm。降水主要发生在夏季，但在研究区呈现出由东向西逐渐减少的趋势。西北地区主要是沙漠环境，土壤主要是颗粒状和沙质土壤，植被主要是耐旱、耐盐的灌木和干旱的草甸。干旱草原是最重要的陆地生境,广泛分布在东部地区的山坡底部和海岸边,而针叶林只占该地区植被的 3%(Abuduwaili et al., 2019;Vollmer et al., 2002)。

2013 年 8 月,在伊塞克湖南边水深 19 m 处(42.1752°N, 77.4943°E),使用重力取样器采集了一个长 51 cm 的沉积岩芯(YSK)[图 4.63(c)]。在现场以 0.5 cm 的间隔进行切割,并将获得的 102 个沉积物样品密封在有标签的塑料袋中,立即运到实验室,储存在 −20℃的冷冻室中,然后冷冻干燥,以备分析。此外,我们还在伊塞克湖流域收集了表层沉积物样品(包括河流、农田等)。

一、沉积岩芯年代序列

图 4.64(a)显示了伊塞克湖沉积岩芯(YSK)过剩 ^{210}Pb(^{210}Pb$_{ex}$)和 ^{137}Cs 的垂直变化。^{210}Pb$_{ex}$ 活性随深度呈现近似指数的下降趋势,其活性从表层沉积物的 696.4 Bq/kg 下降到 27 cm 处的 0 Bq/kg,这表明 ^{210}Pb$_{ex}$ 衰减的终点[图 4.64(a)]。使用 CRS 测年模型(Appleby and Oldfield, 1978)计算了 Pb 的年代。大气层核武器试验产生的 ^{137}Cs 的起始点(1954 年)和峰值(1963 年)发生在沉积岩芯的 15.5 cm 和 19.0 cm 处,这与 ^{210}Pb 测年结果一致[图 4.64(a)](Álvarez-Iglesias et al., 2007;Yang et al., 2018)。根据 ^{210}Pb 和 ^{137}Cs 测年结果,YSK 的沉积速率变化范围为 0.04~0.73 cm/a,平均值为 0.30 cm/a。

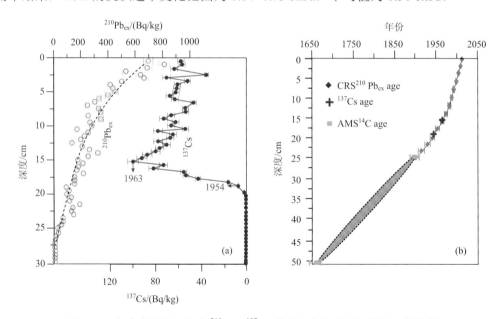

图 4.64　伊塞克湖沉积岩芯 ^{210}Pb、^{137}Cs 的垂直分布以及年代和深度模型

(a)^{210}Pb$_{ex}$ 和 ^{137}Cs 的活性与深度的关系;(b)基于 ^{210}Pb、^{137}Cs 和 AMS^{14}C 定年的年龄深度模型(虚线表示模型的 95%概率区间,实绿线表示 51~24 cm 深度的加权平均年龄)

YSK 沉积岩芯在深度约 51 cm 处 AMS^{14}C 年龄为(275±30)cal. BP,深度 24 cm 处的数值是(117.6±0.3)pMC(现代碳的百分比)。根据国际统一规定,标准样品(现代碳)指的是 1850 年左右的树木碳,当时树木没有受到工业活动的污染,^{14}C 的年龄是基于 100

pMC(Qian and Ma, 2005)。结合 ^{210}Pb、^{137}Cs 和 ^{14}C 测年的结果，在深度约 24 cm，我们确定该层的年龄约为 1900 年。然后，用 Bacon 模型来确定 51~24 cm 的年龄-深度关系[图 4.64(b)]。

二、环境变化历史及潜在生态风险

（一）环境变化阶段特征与事件诊断

伊塞克湖沉积岩芯中粒度、总有机碳(TOC)、总氮(TN)、碳氮比(C/N)和磁化率(MS)的垂直变化特征见图 4.65。粒径 < 4μm 的占 20.1%，4~63 μm 的占 73.8%(特别是粒径 4~16 μm 的，占 45.2%)，但粒径 >63μm 的仅占 6.1%。中值粒径(Md)、TOC、TN、C/N 和 MS 的平均值分别为 15.0 μm、2.3 mg/g、0.3 mg/g、7.9 和 10.2×10^{-8} m^3/kg。

通过约束性增量方差和 broken stick 模型方法对这些指标进行分析，可以将区域环境变化的三个阶段(图 4.65)。在第一阶段(51~28.5 cm 对应 1674~1860 年)，C/N(平均值为 9.19)和 MS 含量(平均值为 11.15×10^{-8} m^3/kg)高于其他时期，但 TOC 和 TN 值相对较低(图 4.65)。在第二阶段(28.5~6 cm 对应 1860~2000 年)，TOC 和 TN 含量增加，C/N 和 MS 值下降。然而，在约 28.5 cm 处(相当于 1860 年)，粗颗粒含量急剧上升(Md 达到 68.8 μm，粒径 > 63 μm 接近 50.9%)。而粒径和其他指标在深度 25.5~24.5 cm(对应 1900~1915 年)呈现明显的下降趋势，这表明了两个不同的环境事件。在第三阶段(6~0 cm 对应 2000~2013 年)，粗颗粒的含量急剧增加，特别是在深度 2 cm、3.5 cm、4.5 cm 和 5.5 cm，Md (平均值为 44.2 μm)、TOC(平均值为 2.8 mg/g)和 TN(平均值为 0.5 mg/g)的平均值也显著上升。

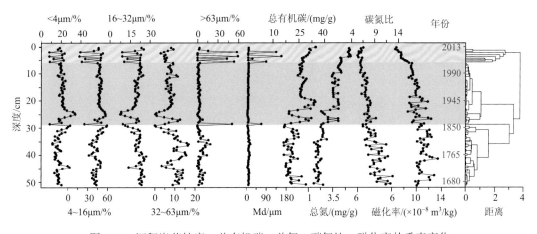

图 4.65　沉积岩芯粒度、总有机碳、总氮、碳氮比、磁化率的垂直变化

伊塞克湖沉积岩芯中元素含量的统计学分析见表 4.17 和图 4.66。整个岩芯中，元素 Sr 的变异系数最大，数值达 41.49%，As、Cu 和 Cd 也有相对高的变异系数，数值超过 20%，而 Mn 的变异系数最小，数值仅 5.71%。Al、Fe、K、Ti、Mn 及 P 的 CV 小于 10%，说明变异较弱，其余元素 CV 值均大于 10%，为中等变异。元素 Al、Ca、Fe、K、Na、Sr、Ti、

Mn、V、Zn、Cr、Co、Ni、Cu、As、Cd、Pb 和 P 的变化范围分别为 51.74~73.36 mg/g、51.95~101.02 mg/g、31.05~41.16 mg/g、17.85~24.79 mg/g、8.83~15.75 mg/g，274.04~1329.27 mg/kg、3154.56~4119.13 mg/kg、382.81~522.98 mg/kg、70.23~111.02 mg/kg、71.66~117.55 mg/kg、38.43~70.64 mg/kg、8.18~18.87 mg/kg、17.35~37.44 mg/kg、10.44~29.92 mg/kg、8.49~27.16 mg/kg、0.25~0.60 mg/kg、19.05~30.21 mg/kg、461.6~651.94 mg/kg，平均值分别为 60.55 mg/g、124.67 mg/g、36.71 mg/g、21.5 mg/g、13.17 mg/g 和 619.41 mg/kg、3718.88 mg/kg、445.36 mg/kg、92.16 mg/kg、89.96 mg/kg、53.03 mg/kg、12.70 mg/kg、25.39 mg/kg、20.93 mg/kg、12.53 mg/kg、0.37 mg/kg、23.41 mg/kg、570.11 mg/kg。

表 4.17　伊塞克湖岩芯沉积物元素含量统计学分析

元素	最小值	最大值	平均值	CV/%	元素	最小值	最大值	平均值	CV/%
Al	51.74	73.36	60.55	7.78	Zn	71.66	117.55	89.96	13.33
Ca	51.95	101.02	124.67	17.01	Cr	38.43	70.64	53.03	16.27
Fe	31.05	41.16	36.71	6.52	Co	8.18	18.87	12.70	14.81
K	17.85	24.79	21.50	6.95	Ni	17.35	37.44	25.39	17.47
Na	8.83	15.75	13.17	10.06	Cu	10.44	29.92	20.93	24.82
Sr	274.04	1329.27	619.41	41.49	As	8.49	27.16	12.53	30.98
Ti	3154.56	4119.13	3718.88	6.49	Cd	0.25	0.60	0.37	22.09
Mn	382.81	522.98	445.36	5.71	Pb	19.05	30.21	23.41	11.98
V	70.23	111.02	92.16	12.26	P	461.60	651.94	570.11	8.58

注：Al、Ca、Fe、K、Na 的单位为 mg/g，其他元素单位为 mg/kg。

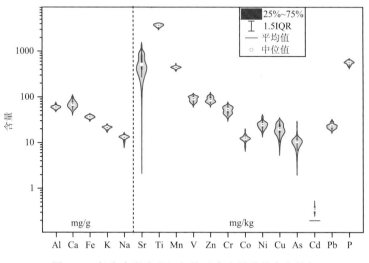

图 4.66　伊塞克湖岩芯沉积物元素含量总体变化特征

图 4.67 显示了伊塞克湖岩芯中元素地球化学的垂直变化特征。稳定元素(Al、Ti)和迁移元素(如 Ca、Na 和 Sr)表现出相反的趋势。沉积岩芯中的平均元素含量按 Ca > Al > Na > Ti > Sr > Mn > Zn > Cr > Pb > Ni > Cu 的顺序下降。为了探索环境变化的主要趋势，

对元素记录进行了 PCA 分析。两个主成分解释了 86.62% 的元素含量变异，PCA1 和 PCA2 分别占总变异的 57.83% 和 28.79%。PCA1 和 PCA2 的变异特征显示出相反的趋势，PCA1 垂直变化趋势类似于稳定元素，而 PCA2 垂直变化趋势类似于迁移元素 (图 4.67)。

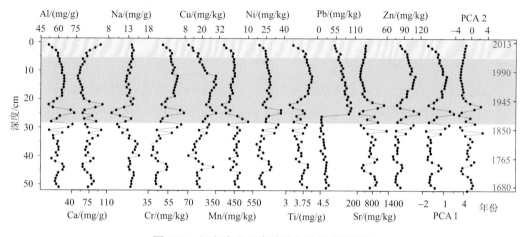

图 4.67 沉积岩芯元素地球化学的垂直变化

根据上述结果，沉积物岩芯也确定了三个变化阶段 (图 4.67)。在第一阶段 (51~28.5 cm 对应约 1674~1860 年)，各元素在相对稳定的条件下波动。在第二阶段 (28.5~6 cm 对应 1860~2000 年)，元素含量变化明显，特别是在深度 28 cm、25 cm 和 22 cm，迁移元素和 PCA2 的变化与粒径变化和 TOC 值一致。有趣的是，在大约 25 cm (约 1910 年)，Pb 的含量发生了明显的变化，其他元素 (除了 Ca、Na 和 Sr) 的含量也有所增加，细颗粒含量明显增加，而 TOC 和 TN 含量急剧下降 (图 4.65)，表明发生突变的环境事件。在第三阶段 (6~0 cm 对应 2000~2013 年)，稳定元素的含量减少，但迁移元素含量和 PCA2 得分急剧增加，这与颗粒大小和 TOC 的变化一致。

以前的研究表明，粒径大小可以较好地指示湖泊系统中的水文条件。在水文封闭的湖泊中，细粒和粗粒沉积物可能分别表示弱和强的水动力条件，这些条件的变化可能与区域降水的变化有关 (Schillereff et al., 2014；Wang et al., 2018；Zhao et al., 2015)。MS 值可以反映自生成分和陆生成分的相对变化，侵蚀效应的增加会导致 MS 值升高 (Dasilva et al., 2009；Støren et al., 2010)。湖泊沉积物中 C/N 可用于识别有机物来源，较高的 C/N 值表明陆生来源的贡献增加 (Ota et al., 2017；Pompeani et al., 2020)。因此，粗颗粒的比例增加，代表了流域径流和降雨的增加以及湖泊水位的提高；C/N 和 MS 含量增加，表明外源性有机物输入占主导地位。此外，元素地球化学也可以反映区域环境和气候变化的过程，例如有机质来源、地质事件、气候和人类活动等变化过程 (Albrecher et al., 2019；Evans et al., 2019；Zhou et al., 2019)。迁移元素含量与中值粒径和 TOC 指标的变化基本一致，具有正相关关系 (图 4.65 和图 4.67)，也就是说，粗颗粒含量、TOC 和迁移元素值的增加是在区域径流增加、湖泊水动力条件加强和降雨量增加的情况下发生的。此外，PCA1 得分的变化趋势与粒径 <4 μm 和稳定元素，如 Al 和 Ti，有很好的一致性，与 PCA2 的变化趋势呈相反趋势，PCA2 代表迁移元素，包括 Ca、Na 和 Sr (图 4.67)。因此，我

们认为 PCA1 的环境意义可以解释为湖泊水位的稳定性，而 PCA2 代表流域径流量的变化。

因此，在第一阶段(约 1674~1860 年)，C/N 和 MS 值较高，元素变化不明显，说明外源性输入占主导地位，湖泊水位高，波动较小。然而，在第二阶段(约 1860~2000 年)，TOC 和 TN 含量增加，MS 值下降，颗粒大小和迁移元素(PCA2)变化明显，表明水位波动频繁。在第三阶段(约 2000~2013 年)，TOC、粗颗粒和 PCA2 得分显著升高，表明区域降雨和径流增加，湖泊水位上升。

以往的研究表明，天山西部的区域树轮宽度(RTRW)指数与区域降水和径流呈正相关(Li et al., 2006b；Zhang et al., 2015b)。北大西洋多年际振荡(AMO)是指北大西洋海面温度异常的多年(65~80 年)振荡现象，它是自然的过程，没有明显的季节性变化(Gray et al., 2004; Kerr, 2000)。当 AMO 指数处于正相位时，对全球气候有明显的调节作用，如对欧亚大陆的温度和降水有增强的作用(图 4.68)(Gao et al., 2019；Kerr, 2000)。值得注意的是，TOC 含量的变化趋势与 RTRW 指数和 AMO 指数一致(图 4.68)，其相关系数分别为 0.79($p < 0.01$)和 0.52($p < 0.01$)。这些结果表明，AMO 的变化可能通过调节区域降雨和径流量来影响沉积岩芯中 TOC 的含量。此外，沉积物 TOC 的含量也可能与流域的植被有关，受流域温暖和潮湿环境条件的影响。

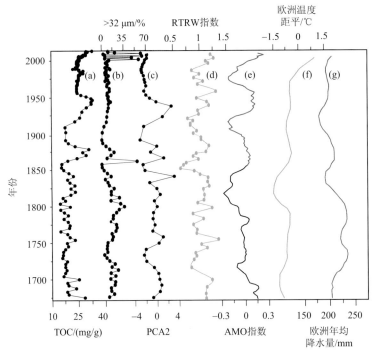

图 4.68　近 300 年来伊塞克湖沉积岩芯环境参数指标变化和其他器测数据对比

(a)~(c)伊塞克湖沉积记录；(d)区域树轮宽度指数(RTRW)(Li et al., 2006b；Zhang et al., 2015b)；(e)北大西洋多年代际振荡(AMO)指数[红线测量数据，黑线重建数据源自 Gray 等(2004)]；(f)、(g)欧洲降水和气温距平(Büntgen et al., 2011)

　　中纬度西风带携带的水汽是中亚地区水分的主要来源之一,它与北大西洋的水温密切相关。当 AMO 指数处于正相位时,正如 RTRW 指数上升所表明的那样,温度升高,流域内降水和径流增强,将增加 TOC 和迁移元素(PCA2)流入湖泊;然而,当 AMO 指数处于负相位时,RTRW 指数下降,流域内降水和径流减弱,颗粒变细,TOC 含量和 PCA2 得分下降。湖泊沉积物记录表明,作为全球气候变化的驱动因素之一,AMO 影响了中亚山区的气候和环境过程。

　　为了对近现代环境变化过程中的事件识别,进行了沉积相划分并结合粒度模式进行诊断。图 4.69(a)显示了确定 YSK 岩芯中沉积相的聚类分析结果。在该岩芯中确定了 4 个主要的沉积相。这 4 个沉积相在沉积岩芯的地层分布见图 4.69(b)。在整个沉积芯中第 I 类的沉积相占主导,而其他 3 类则零星分布。研究表明,粒径分布曲线可以直接显示各粒径的含量,清楚地显示粒径分布的特征,如单峰或多峰分布、粒径范围和比例、众数等,这些信息可以用来识别沉积物的来源或运动模式,以确定沉积环境(Wang et al.,2015;Zhao et al.,2015)。4 个沉积相的粒径分布特征如图 4.69(c)所示。伊塞克湖沉积岩芯的粒径分布曲线呈现出单峰、双峰和三峰 3 种不同的形状。I 类和 II 类呈现单峰分布,其众数分别为 34.6 和 17.3 μm,后者的颗粒更细。III 类显示出双峰分布,其峰值粒径较粗,大小为 34.6 μm 和 138.0 μm。IV 类在深度 2 cm、3.5 cm、4.5 cm、5.5 cm 和 28.5 cm 处表现出三峰分布,并在粒径大小约 34.6 μm、316.2 μm 和 2511.8 μm 处出现峰值。

　　湖泊沉积物中的粗粒径表示高能量的水文条件,粗颗粒可以作为有效的古洪水档案(Chiverrell et al.,2019;Schillereff et al.,2014)。在中亚的山地湖泊中,洪水期的河流径流和流速增加,因此将粗粒沉积物带入湖泊(Arnaud et al.,2016; Stoffel et al.,2016; Zhao et al.,2015)。根据粒径分布曲线[图 4.69(c)],第 III 类和第 IV 类的两峰分布与区域河流沉积物(R1 的众数粒径为 363 μm)、天山地区巴里坤湖流域的两种典型河流表层沉积物(R2 和 R3)(Zhao et al.,2015)的粒径特征相一致。这些结果表明,第 III 类和 IV 类的粒径特征反映了区域洪水的影响,而后者表现出更强的洪水强度。

　　为了进一步辨别沉积岩芯中记录的极端洪水事件,使用了 C-M 图来区分洪水沉积物和其他粗粒沉积物(Wilhelm et al.,2012, 2015; Zhou et al.,2018)。第 IV 组的拟合曲线与 C = M 线平行[图 4.69(d)],这表明这些沉积物是由河流搬运、沉积形成,可以认为是洪水事件的信号(Wilhelm et al.,2012, 2015)。因此,IV 类可以被解释为代表极端的洪水层,这与聚类分析和粒径分布曲线的结果较为一致。

　　此外,沉积物中敏感的粒径成分也能提示环境变化,可作为环境指标(Wang et al.,2015;Schillereff et al.,2014)。根据标准偏差分布曲线[图 4.69(e)],较高的标准偏差值与 17.3 μm、60.2 μm 和 2511.8 μm 的颗粒大小有关,三个颗粒大小分布的边界为 30.2 μm 和 954.9 μm。因此,粒径组成可以分为三个部分,C1(< 30.2 μm)、C2(30.2~954.9 μm)和 C3(>954.9 μm),分别占总数的 57.9%、40.4% 和 1.7%。Chen 等(2006)和 Huang 等(2008)发现,沉积物中较粗的颗粒(>30 μm)对应天山地区博斯腾湖的高径流量,并与花粉记录显示出良好的一致性。Zhou 等(2018)提出,喀纳斯湖中具有突出峰值的粒径范围为 40~100 μm,与阿勒泰山的洪水层有关。根据上述结果和分析,伊塞克湖中 C2

和 C3 组分的粒径特征可能代表了强烈的水动力环境条件, C3 组分可能表明更大的洪水活动。

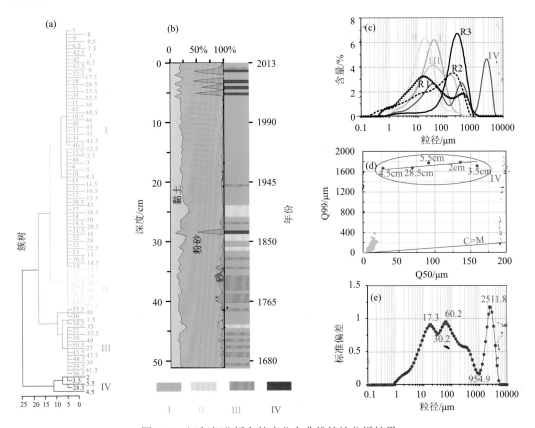

图 4.69　沉积相分析和粒度分布曲线统计分析结果

(a)不同层数聚类分析; (b)四种岩相随深度的变化; (c)四种岩相和伊塞克-库尔湖的支流沉积物 R1, 东天山河流沉积物 R2 和 R3 的粒度分布特征对比, 数据源自 Zhao 等(2015); (d)沉积物 C-M 模式; (e)标准差分布曲线

　　约 1875 年和 1940 年 AMO 指数的正相位时期(图 4.70 中的蓝色虚线), 沉积相表现 III 类, C2 是敏感成分, 粗颗粒增加, TOC 含量和 PCA2 达到峰值, PCA1 降到低值。此外, RTRW 指数的增加和降雨及径流的加强导致了洪水活动, 与湖泊水位上升的记录一致(Podrezov et al., 2020; Romanovsky, 2002)。在约 1695 年、1755 年和 1800 年(图 4.70 中的蓝色虚线), 沉积相类型、颗粒大小、TOC 和 PCA2 得分呈现出与上述相同的变化趋势, 而 RTRW 指数也有所上升。这表明湖泊水动力得到加强, 水位在降雨和径流的类似影响下相对升高, 这与伯尔尼阿尔卑斯山的洪水强度序列相一致(图 4.70)。Li 等(2016)和 Zhou 等(2018)也指出, 在阿尔泰山的铁瓦克湖和喀纳斯湖的沉积物记录中都发现约 1760 年和 1880 年的洪水事件。此外, 约 1860 年、2002 年、2005 年、2008 年和 2010 年(图 4.70 中的红色虚线), 沉积相呈现IV类, 组分 C3 的变化与 Md 一致, 表明 C3 是敏感成分。粗颗粒的显著增加表明, 在全球变暖的背景下, 降雨和径流增强, 极端洪水导致湖泊水位上升。这一结果也与监测数据一致:从 2000 年开始,湖泊水位略有上升(Hmannn et al., 2008；Podrezov et al., 2020）。测量和历史数据显示，在过去 20 年里，中亚的河流洪水总体上变得更强，特别是在 2005 年和 2008 年（Michael, 2011），并与欧洲的 TRW 指数和洪水强度表现出较好的一致性（图 4.70）。近年来，山区的自然环境呈现出整体变暖的趋势，这导致了大雨、更大的径流和频繁的洪水。此外，其他山区，如阿尔卑斯山，在过去几年中也出现了由气候变暖导致的频繁暴雨和洪水现象（图 4.69 和图 4.70）（Arnaud et al., 2016；Schulte et al., 2015；Stoffel et al., 2016；Wilhelm et al., 2015），这与青藏高原和阿尔泰山、天山的冰川记录相一致（Aizen et al., 2006；Yao et al., 2008）。

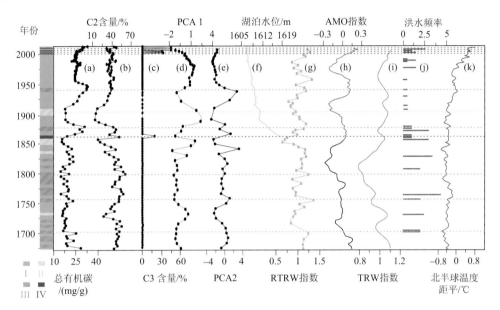

图 4.70　伊塞克湖沉积物记录、水文气象数据与其他地区数据对比

(a)~(e)伊塞克湖沉积记录；(f)伊塞克湖湖泊水位(Podrezov et al., 2020；Romanovsky, 2002)；(g)区域树轮指数(RTRW)(Li et al., 2006b；Zhang et al., 2015b)；(h)北大西洋多年代际振荡(AMO)指数(红线测量数据，黑线重建数据源自 Gray et al., 2004)；(i)英国东盎格鲁树轮指数(TRW)(Cooper et al., 2013)；(j)阿尔卑斯山的洪水强度(Schulte et al., 2015)；(k)北半球温度距平(Moberg et al., 2005)。红色、蓝色和黄色虚线分别表示极端洪水、洪水和地震事件

约 1910 年（图 4.70 中的黄色虚线），沉积记录发生了显著变化：粒度变细，TOC 含量和 PCA2 明显下降，稳定元素增加，特别是 Pb（图 4.67）。地质记录表明，1911 年的一次地震（名为 Kemin，$M = 8.2$）是天山有史以来最强烈的地质事件之一，特别是在伊塞克湖北部，引发了严重的山体滑坡事件（Havenith et al., 2003；Havenith and Bourdeau, 2010；Korjenkov et al., 2006）。这些指标的变化显示与 Kemin 地震事件有很大的关联，导致元素来源的变化和湖泊水位的轻微上升（Michael, 2011；Romanovsky, 2002）。

值得注意的是，在 AMO 的影响下，湖泊水位的变化并没有表现出周期性的波动（图 4.70），这说明除了气候的影响外，湖泊水位还受到了楚河变迁、区域人为干扰和湖盆下沉等的影响（Abuduwaili et al., 2019；Romanovsky, 2002；Rosenwinkel et al., 2017；Salamat et al., 2015）。1860 年之前，C/N 和 MS 含量相对较高（图 4.65），楚河和其他外源河流的补给和排水作用使 TOC 含量只受到轻微影响，湖水水位较高且相对稳定。1860

年后，C/N 和 MS 的值明显下降(图 4.65)，表明外源河流可能迁移，楚河可能已经与伊塞克湖分离，TOC 含量随着湖水水位的大幅下降而明显波动(图 4.69)(Podrezov et al.，2020；Romanovsky，2002；Rosenwinkel et al.，2017)。一些研究表明，由于 150 年前楚河的迁移，伊塞克湖已经成为一个内流湖(Giralt et al.，2004)。小冰期结束后，气候变暖会促进藻类生长，内源有机质增多，导致 C/N 水平下降。流域的植被发育会降低侵蚀强度，从而减少磁性矿物的流入。此外，伊塞克湖流域在 1860 年成为沙俄(俄罗斯)领土，此后，俄罗斯从 19 世纪中后期到 20 世纪中叶移民迁入该地区。流域的人类农业活动导致灌溉土地面积超过 15 万 hm²，流入湖泊的水量每年减少约 6.0 亿 m³(Abuduwaili et al.，2019)。约 1986 年后，湖泊水位相对稳定，但在 2000 年后呈现稍上升趋势，在抵消了蒸发和人类用水后，主要靠降水和河流补给的伊塞克湖仍然呈现水位升高，表明随着气候变暖和变湿，有更多的水流入湖中(Podrezov et al.，2020；Romanovsky，2002)。

通过对伊塞克湖沉积岩芯(YSK)中粒度和地球化学指标的分析，重建了约 350 年来中亚山地湖泊高分辨率的水文过程和环境变化历史及其驱动因素。结果表明，伊塞克湖主要包括 3 个水文和环境变化的过程，1674~1860 年，陆地输入占主导地位，湖水水位相对稳定；1860~2000 年，外源输入减少，水位明显波动；自 2000 年以来，自然环境呈现出整体变暖的趋势，导致暴雨、强径流量和频繁的洪水活动，湖泊水位有所上升。多个纪录的比较分析表明，山区的气候和环境过程受到北大西洋多年际振荡的影响。此外，通过多元统计和对比分析，识别系列突发性的环境事件，包括 1695 年、1755 年、1800 年、1860 年、1875 年、1940 年、2002 年、2005 年、2008 年和 2010 年的十次洪水事件和 1911 年的一次地震事件。气候变化、自然灾害和人类活动推动了这一流域的水文模式变化(如楚河迁移和水位变化)，并导致了极端洪水和其他重大环境事件。伊塞克湖的沉积岩芯为中亚山区的气候和环境变化以及洪水事件提供了可靠的记录。

(二)潜在有毒元素富集水平和污染评价

近 350 年来伊塞克湖沉积岩芯富集系数(EF)和地质累积指数(I_{geo})的变化特征见图 4.71。在 I 阶段(1930 年以前)伊塞克湖沉积物中 As、Cd、Cr、Cu 和 Ni 的平均 EF 数均小于 2，I_{geo} 基本小于 0，评价结果为零-轻度富集和无污染，表明受人类活动的影响较小。在 II 阶段(1930~2000 年)，金属元素的 EF 和 I_{geo} 数值显著上升，但金属元素和 As 的 EF 数值仍然小于 2，表现为零-轻度富集，而 I_{geo}-Cd 和 I_{geo}-Cu 数值位于 0~1，表现为轻度污染，其他金属元素和 As 的 I_{geo} 的数值仍小于 0，评价为无污染。有记录表明，从 19 世纪中后期到 20 世纪 50 年代，苏联陆续在伊塞克湖盆地开展一系列工农业活动，导致元素富集系数和地质累积指数增加(Abuduwaili et al.，2019)。之后约在 1991 年由于苏联解体，人类活动减弱，EF 和 I_{geo} 数值又开始显著下降。在 III 阶段(2000 年以后)，EF-As 和 I_{geo}-As 明显升高，平均数值分别为 1.95 和 0.14，其中表层 2 cm 平均数值分别为 2.91 和 0.72，评价结果达到中度富集和轻度污染；而重金属元素的 EF 和 I_{geo} 进一步降低，评价结果分别为零-轻度富集和无污染，表明重金属与元素 As 的来源不同。

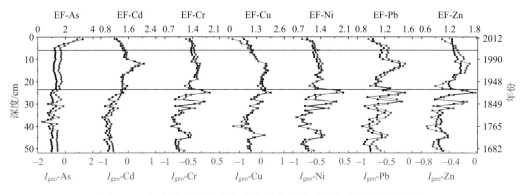

图 4.71　伊塞克湖沉积岩芯富集系数和地质累积指数的垂直变化

　　为分析伊塞克湖沉积中元素的主要来源，揭示污染原因，将元素浓度数据进行标准化处理后，进行相关性和双层次聚类分析。根据伊塞克湖沉积物中元素的垂直变化特征（图 4.67），选择元素 Al、Ti、Sr、Na、Zn、Cr、Ni、Cu、As、Cd 和 Pb 进行相关性矩阵分析，结果表明，元素 Al、Zn、Cr、Cu 和 Pb 呈显著正相关（$p < 0.001$），它们的相关系数 r 值大于 0.60，代表它们的沉积环境或者来源相似。元素 Sr 在 $p < 0.001$ 水平上与 Al、Ti、Zn、Cr、Ni 显著负相关，相关系数绝对值大于 0.55。金属元素 Cd 与 Ti、Zn、Cr、Cu 及 Pb 之间表现出正相关性（$p < 0.001$），相关系数分别为 0.55、0.74、0.68、0.59 及 0.60；而 Cd 与 Al 无明显相关性。此外，As 与其他元素之间均无明显相关性（图 4.72），表明 As 和其他元素的沉积环境或者来源不同。

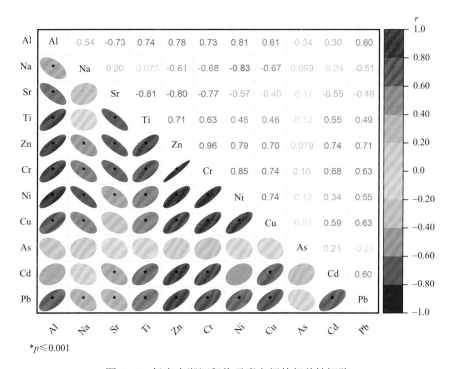

图 4.72　伊塞克湖沉积物元素之间的相关性矩阵

伊塞克湖岩芯层位和沉积物中元素 As、Cd、Cr、Cu、Ni、Pb 及 Zn 的双层次聚类分析结果如图 4.73 所示。对伊塞克湖沉积岩芯样品进行水平树状聚类，主要分为 3 类。第 1 类包括层位 8~19、24~35 和 29~30，主要是金属元素浓度、富集系数、地质累积指数数值较高的样点，而 As 浓度相对较低。依据前面讨论的结果，主要是流域人类活动加强所致。第 2 类包括层位 1~3，表现为 As 浓度最高，而其他元素浓度相对较低。其他样点聚为第 3 类，表现为金属元素浓度相对较低。双层次聚类分析结果将上述元素分成 3 个簇(图 4.73)，聚类的结果与上述相关性分析结果基本一致(图 4.72)。聚类 Ⅰ 包括 Cd 和 Pb，聚类 Ⅱ 包括 Ni、Cr、Zn 和 Cu，而聚类 Ⅲ 仅包括 As。伊塞克湖沉积物中 Cd 和 Pb 的来源与巴尔喀什湖一致，主要来源于工业活动和交通业。研究表明，Cd 和 Pb 的主要污染源是电镀、采矿、冶炼、染料、电池和化学工业等排放的废水和废气(Fu et al., 2014; Zhan et al., 2020)。此外，含 Pb 汽油的燃烧也是 Pb 污染的重要来源(Barsova et al., 2019)。在中亚努尔苏丹和伊塞克湖盆地等西北城市，除工厂工业活动外，汽车尾气排放与 Pb 积累密切相关，这与 Ma 等(2018)的研究结果一致。Ni、Cr、Zn 和 Cu 与 Al 和 Ti 呈显著正相关，表明主要来自自然母质。此外，As 与其他元素之间均无明显相关性，有研究显示有毒元素 As 通常会被带入化肥和农药中(Niu et al., 2020)，伊塞克湖流域的农业活动导致沉积物中 As 浓度升高，与咸海和巴尔喀什湖沉积物中的 As 来源一致。因此，聚类 Ⅰ 和 Ⅱ 可能主要来自流域的化石燃料燃烧以及工农业活动。

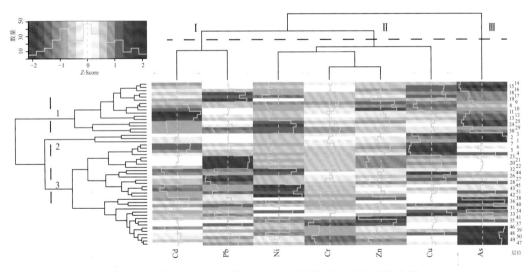

图 4.73　伊塞克湖沉积物元素及岩芯层位的双层次聚类分析

(三)POPs 污染历史与生态风险评估

1. 多环芳烃污染历史与生态风险评估

伊塞克湖沉积岩芯中 16 种优控 PAHs 皆有检出，总 PAHs 的含量范围为 55.13~326.38 ng/g dw，平均为(140.37±56.53) ng/g dw(表 4.18)。2 环 PAHs 的含量变化范围为 0.44~9.51 ng/g dw，平均(3.34±1.95) ng/g dw。3 环 PAHs 中 Phe 的平均含量最高，为

（45.87±12.03）ng/g dw，变化范围为 26.95~77.33 ng/g dw；其次为 Flu，含量变化范围为
2.81~27.53 ng/g dw，平均含量为（12.42±6.11）ng/g dw；Ace 的含量最低，平均含量为
（2.56±1.71）ng/g dw。4 环 PAHs 中以 BaA 和 Pyr 为主，其含量变化范围分别为 0.15~
50.72 ng/g dw 和 1.70~32.15 ng/g dw，平均值分别为（14.95±12.96）ng/g dw 和（12.32±
5.90）ng/g dw。5 环 PAHs 中 BbF 含量相对较高，含量范围为 0.56~15.72 ng/g dw，平均含
量为（4.45±4.29）ng/g dw。6 环 PAHs 中 BghiP 的含量范围为 0.41~11.18 ng/g dw，平均
含量为（2.92±2.72）ng/g dw，InP 的含量范围为 0.00~97.41 ng/g dw，平均含量为
（10.16±14.64）ng/g dw。总的来说，2 环、3 环、4 环、5 环和 6 环 PAHs 占总 PAHs 含
量的比值依次为 0.57%~5.42%（2.34%±1.10%）、22.72%~82.58%（55.43%±15.39%）、
13.21%~42.64%（29.32%±7.81%）、 0.85%~16.00%（5.32%±3.90%） 和 0.50%~33.27%
（7.58%±6.20%）。因此，伊塞克湖沉积岩芯中的 PAHs 以 3~4 环的化合物为主。

表 4.18　伊塞克湖岩芯沉积物 PAHs 化合物含量统计学分析

化合物	最小值/(ng/g dw)	最大值/(ng/g dw)	平均值/(ng/g dw)	SD/(ng/g dw)	CV/%
Nap	0.44	9.51	3.34	1.95	58.25
Acy	0.08	43.05	6.21	6.97	112.17
Ace	0.31	8.12	2.56	1.71	67.05
Flu	2.81	27.53	12.42	6.11	49.18
Phe	26.95	77.33	45.87	12.03	26.22
Ant	2.77	15.35	4.80	2.32	48.31
Flt	0.14	28.37	12.49	7.75	62.03
Pyr	1.70	32.15	12.32	5.90	47.87
BaA	0.15	50.72	14.95	12.96	86.67
Chr	0.81	10.66	3.58	2.55	71.18
BbF	0.56	15.72	4.45	4.29	96.49
BkF	0.15	5.58	1.63	1.53	94.41
BaP	0.17	8.95	2.02	2.06	102.29
DahA	0.00	4.24	0.65	0.91	139.28
BghiP	0.41	11.18	2.92	2.72	93.10
InP	0.00	97.41	10.16	14.64	144.12
PAHs	55.13	326.38	140.37	56.53	40.27
LMW PAHs	34.76	156.40	75.20	21.44	28.51
HMW PAHs	15.74	242.72	65.17	45.97	70.54

　　从伊塞克湖沉积岩芯中 PAHs 含量的垂直变化可以看出（图 4.74），35 cm 以下，总
PAHs 含量相对较低，HMW PAHs 几乎没有，LMW PAHs 占据绝对主导地位，占总 PAHs
的 63.1%~85.4%（平均 75.7%±7.03%），其中以 3 环的 Phe 和 Flu 为主。LMW PAHs 的含
量随深度的上升而呈波动下降，故而 LMW PAHs 的占比也相应波动下降。35~16 cm，总
PAHs、LMW PAHs 和 HMW PAHs 皆呈现出先波动上升后逐渐下降的趋势，在 21 cm 左

右达到高值。此时 LMW PAHs 含量处于整个岩芯变化的最高值，依旧占据总 PAHs 的主导地位[43.3%~61.9%，平均(54.8±5.92)%]。HMW PAHs 的含量在此阶段开始显现，尤以 4~5 环的 Flt、Pyr、BaA、BbF、BkF 的增幅最为明显。16~10 cm，总 PAHs 和 HMW PAHs 的含量皆呈现上升的趋势，尤其是 HMW PAHs 的含量增幅显著，处于整个岩芯变化序列的最高值，但 LMW PAHs 的含量则在逐渐下降。此阶段，HMW PAHs 的比重逐渐占据主导地位，占总 PAHs 的 52.8%~74.4%[平均(62.3±7.66)%]，又以 5~6 环 PAHs 如 BbF、BkF、BaP、DahA 和 BghiP 等的涨幅最为明显，在 10 cm 左右达到峰值。10 cm~表层，总 PAHs、LMW PAHs 和 HMW PAHs 皆呈现快速下降的趋势，只在接近表层 3 cm 时有所回升。此阶段 HMW PAHs 的含量总体上依旧高于 LMW PAHs，但所占比重则逐渐减弱[30.7%~68.7%，平均(54.2±10.5)%]。

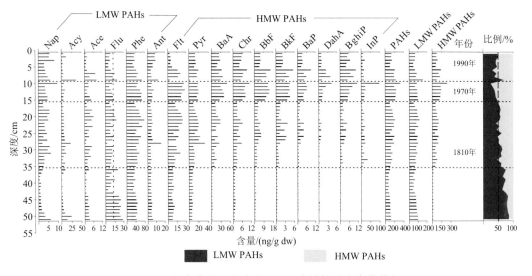

图 4.74　伊塞克湖沉积岩芯 PAHs 含量的垂直变化特征

　　通过对伊塞克湖流域表土中 PAHs 的组分和同分异构体比值的分析，我们推算出其可以揭示不同的 PAHs 来源，而 PAHs 的来源差异又与能源消费结构和社会生产方式息息相关。故而，我们对伊塞克湖沉积岩芯 PAHs 的同分异构体比值以及 PMF 模型计算下的各主因子贡献量变化进行 CONISS 聚类分析，通过分析 PAHs 来源在沉积岩芯中的垂直变化特征，进一步揭示伊塞克湖流域历史时期人类活动方式的变化以及对湖泊环境施加的影响。图 4.75 展示了伊塞克湖沉积岩芯中 PAHs 来源的 4 个主要变化阶段，大致如下。

　　① 1810 年以前，LMW PAHs/HMW PAHs(L/H)的值为 1.7~5.9[平均(3.45±1.28)]，随深度的上升呈现波动下降的趋势。Ant/(Phe+Ant)≈0.1，Flt/(Flt+Pyr)>0.5，Bap/BghiP<0.6 且 InP/(InP+BghiP)=0，从特征根比值上反映出此阶段 PAHs 的主要来源是煤炭和木材等的低温燃烧。同时结合 PMF 模型分析结果，该阶段 PAHs 来源的主因子是生物质燃烧和未热解的石油源，对污染来源贡献量约 80%，而煤炭燃烧只占到 17% 左右(图 4.75)。Flu 和 Phe 作为 1810 年以前的主导 PAHs 化合物，尤其以木材燃烧的代表产物 Flu 的占

比最大，由于易迁移的 LMW PAHs 含量一般较低且呈累积上升的趋势，而本书中伊塞克湖岩芯底部的 LMW PAHs 含量在整个岩芯剖面处于相对高值段且呈逐年递减的趋势（图 4.75），因此，1810 年以前伊塞克湖流域本地 PAHs 来源存在森林火灾燃烧释放的可能性。Giralt 等（2004）对伊塞克湖沉积岩芯的孢粉研究结果得出了类似的结论，其研究指出：1562~1681 年，伊塞克湖流域森林野火的发生率达到最大（此时沉积岩芯中的碳颗粒含量最高），而之后 1681~1833 年，森林火灾的发生率似乎在逐渐下降，森林有所恢复。总的来说，1810 年以前，伊塞克湖流域人为活动产生的 PAHs 非常少，人类活动弱，对湖泊环境的影响力也较弱。Flu 作为木材燃烧释放的典型化合物，也可看成反映早期森林火灾的一种代用指标。

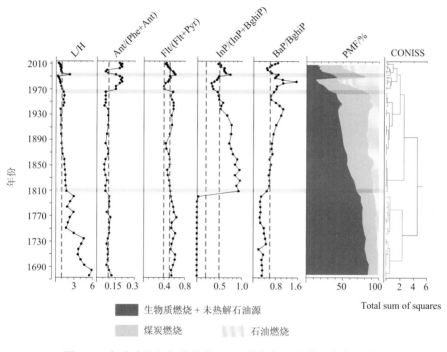

图 4.75　伊塞克湖沉积岩芯中 PAHs 特征根比值的历史变化特征

② 1810~1970 年，L/H 的范围为 0.8~1.6，总体呈下降趋势，开始逐渐小于 1。Ant/（Phe+Ant）趋近于 0.1，Flt/（Flt+Pyr）> 0.4，InP/（InP+BghiP）> 0.5 且 Bap/BghiP 逐渐大于 0.6，这说明此阶段伊塞克湖 PAHs 的主要来源是煤炭、木材的燃烧和石油燃烧的混合产物。结合 PMF 分析结果，该阶段生物质燃烧和未热解的石油源产生的 PAHs 约占总贡献量的 50%，但其贡献比例在逐渐减少；而煤炭燃烧的贡献量却在逐渐上升，平均约占总贡献的 38%，到 20 世纪 30 年代以后开始超过生物质燃烧所产生的 PAHs；同时该阶段石油燃烧释放也带来了一部分的 PAHs，约占 12%（图 4.75）。1810 年是 PAHs 指标发生转变的时期，5~6 环 PAHs 开始显现，Flu 的比重逐渐下降，而煤炭燃烧的代表产物如 4~5 环的 Flt、Pyr、BaA、BbF、BkF 比重则迅速增加，说明此时大量使用煤炭产生的 PAHs 对污染物的贡献量逐渐增大。根据伊塞克湖流域北部高山昆格阿拉套上 Karakol 湖

的孢粉分析结果，19 世纪 10 年代区域人类活动开始慢慢对当地的原始环境施加影响 (Beer and Tinner, 2008)，与我们 PAHs 指标指示的环境变化也相一致。到了 1890~1940 年，Flt/(Flt+Pyr) > 0.4，InP/(InP+BghiP)>0.5，煤炭和石油燃烧的代表产物增幅最为明显，煤炭燃烧的贡献量增长至最高(46%)，对应第二次工业革命及一二战时期，煤炭和石油的大量使用，释放了大量的 PAHs。而这一过程也被青海湖沉积岩芯中的 PAHs 所记录(Wang et al., 2010)。战争结束后 1950~1970 年，吉尔吉斯斯坦等苏维埃社会主义共和国联盟逐渐恢复经济生产，此阶段以农业集成化发展为代表，农业生产水平迅速提高，并对应到 Flt/(Flt+Pyr) 逐渐大于 0.5，Bap/BghiP 趋近于 0.6，说明该时期，PAHs 的来源以煤炭和木材的燃烧为主。

③ 1970~1990 年，L/H 值总体上小于 1(平均 0.82±0.44)，Ant/(Phe+Ant) > 0.1，0.4 < Flt/(Flt+Pyr) < 0.5，0.2 < InP/(InP+BghiP) < 0.5 且 Bap/BghiP > 0.6，很明显此阶段伊塞克湖的 PAHs 以石油的高温燃烧所带来的贡献率最高，占总贡献量的 67%(图 4.75)。1970~1990 年是吉尔吉斯斯坦国内工业快速发展的阶段。人口数量和 GDP 总量增长迅速，其中城市人口迅速扩张，占总人口数的比重越来越多，在 20 世纪 80 年代达到顶峰(为总人口的 38.5%)(ADB，2009)，说明此时吉尔吉斯斯坦的城市化水平高，工业化水平也在快速发展。同样的，伊塞克湖流域的工业化和城市化水平也在迅速提升，尤其是湖岸周边的采矿工厂数量增加显著，如湖泊南岸的 Kadji-Sai(铀矿)、Sary-Djaz 河畔的 Ak-Shyirak(锡和钨矿)以及 Gjyrgalan 河畔的煤矿开采等。这些矿厂在 20 世纪 80 年代末产量达到最高(如铀矿产量在 1989~1991 年为 100000 t/a)，从而带动了沿岸工业和城镇的快速发展(ADB，2009)。故而，1970~1990 年石油的高温燃烧带来的 PAHs 反映出此时伊塞克湖流域人类活动强度大，且以工业生产方式为主。

④ 在 1990 年左右，L/H 的值迅速升到 2.3，Ant/(Phe+Ant) < 0.1，Flt/(Flt+Pyr) 和 InP/(InP+BghiP) 皆大于 0.5，Bap/BghiP 也小于 0.6，这说明此时 PAHs 的主要来源又转变为煤和木材的燃烧，而这一现象直到 2000 年左右才有所恢复；2007 年以后，石油燃烧产生的 PAHs 的贡献率再次占据主导地位。1989~1992 年，由于苏联的解体，吉尔吉斯斯坦的工农业受到重创，在 1991 年吉尔吉斯斯坦独立后的前几年，其经济发生严重的衰退，GDP 从 1990 年的 2.7 亿万美元下降到 2000 年的 1.4 亿万美元(ADB，2009)。许多工业部门被迫关闭或者失去劳动力，年工业废水排放量从 1991 年的 67.4 亿 m^3 下降到 2000 年的 46.6 亿 m^3(下降了 20.8 亿 m^3 或 31%)(Alifujiang et al., 2017)。伊塞克湖流沿岸的采矿、金属和机械工业也面临倒闭和荒废，沿岸的旅游业和运输业也因为失去了苏维埃时期联盟国的支持而逐渐衰落。国有农场被拆除，土地和牲畜变为私有化，因此对当地人民来说，私农和畜牧业再次成为他们维持生计的重要来源，农业的比重开始慢慢上升，工业和制造业的比重逐渐下降，煤炭、木材等固体燃料的排放量也逐渐增大，石油等液体燃料的排放量相应减少(ADB，2009；Borchardt et al., 2011)，也与此阶段的 PAHs 来源相对应。故而，这一时期，伊塞克湖流域人类活动强度相对减弱，又回归到以农业为主的产业结构。1999 年末 2000 初，吉尔吉斯斯坦的经济有所恢复，到 2005 年在“郁金香革命(Tulip Revolution)”政策的扶持下，GDP 增长了 4%。2007 年之后，吉尔吉斯斯坦的经济进入快速增长期，伊塞克湖沿岸的 Kumtor 金矿贡献了很大比例，同

时，旅游业和新兴产业的兴起也带动了吉尔吉斯斯坦工业和城镇化的再次发展，交通运输变得频繁（ADB，2009），石油燃烧带来的 PAHs 再次成为主导来源，流域人类活动强度增大。

　　为了探讨近现代伊塞克湖 PAHs 的污染潜在风险水平，对该湖泊岩芯沉积物中 PAHs 的潜在生态风险危害系数的变化特征进行分析（图 4.76）。整体来说，伊塞克湖岩芯沉积物中的 PAHs 呈现无→低生态风险水平的变化趋势。1810 年以前，伊塞克湖沉积物中所有化合物的 TEC HQ 和 PEC HQ 均小于 1，处于无生态风险等级水平，该时期伊塞克湖流域人为活动产生的 PAHs 非常少，人类活动弱，对湖泊环境的影响也较弱，伊塞克湖岩芯沉积物中的 PAHs 可能主要来源于森林火灾燃烧释放或者外源大气迁移。约1810~1970 年，各类化合物的 HQ 值均呈现升高趋势，表明区域人类活动开始对当地的原始环境产生影响。其中，Acy 和 Phe 的 TEC HQ 变化范围分别为 0.31~3.75 和 0.81~1.85，平均值分别为 1.13 和 1.23，均值大于 1，处于低生态风险等级，而其他化合物的 TEC HQ 和 PEC HQ 均小于 1，处于无生态风险等级，表明伊塞克湖流域存在一定的生态风险，各化合物在 1870 年左右和 1940 年左右出现两次峰值，该时期 PAHs 的来源以煤炭和木材的燃烧为主，农业生产活动方式显著，人类活动较强，对湖泊环境产生了一定的影响。约 1970~1990 年，Phe 和 BaA 的 TEC HQ 变化范围分别为 1.05~1.61 和 0.82~1.60，平均值分别为 1.40 和 1.15，均值大于 1，处于低生态风险等级，其他化合物的 TEC HQ 和 PEC HQ 均小于 1，处于无生态风险等级，该时期是流域工业快速发展的阶段，人口数量和 GDP 总量增长迅速，石油的高温燃烧是 PAHs 的主要来源，此时伊塞克湖流域人类活动强度较大，且以工业生产方式为主。1990 年以来，仅 Acy 的 TEC HQ 均值大于 1，其他化合物的 HQ 值均小于 1，处于无生态风险水平。各类化合物的 HQ 值呈现先下降后缓慢回升的趋势。1989~1992 年，由于苏联的解体，流域的工农业受到重创，经济发生严重的衰退，伊塞克湖流域人类活动强度相对减弱，产业结构又回归到以农业为主。1999年末至 2000 初，吉尔吉斯斯坦的经济才开始慢慢恢复，同时，旅游业和新兴产业也带动了区域的工业和城镇化发展，流域人类活动强度开始增大。

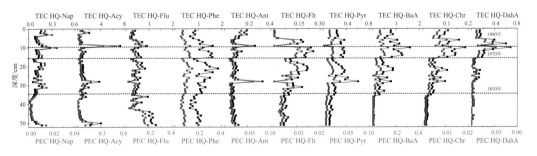

图 4.76　伊塞克湖沉积岩芯 PAHs 化合物的 TEC HQ 和 PEC HQ 的垂直变化

2. 有机氯农药变化污染历史及生态风险评估

　　伊塞克湖沉积岩芯中共检出 18 种 OCPs 化合物，其总含量范围为 7.77~40.54 ng/g dw，平均含量为（15.06±7.61）ng/g dw（表 4.19）。DDTs、HCHs、Chlors、Endos 以及 Aldrins

的含量变化范围分别为 0.42~29.48 ng/g dw、0.91~3.27 ng/g dw、1.56~8.12 ng/g dw、0.40~10.00 ng/g dw 和 1.17~3.98 ng/g dw，平均含量分别为（5.38±6.78）ng/g dw、（2.13±0.52）ng/g dw、（3.13±1.40）ng/g dw、（2.33±2.11）ng/g dw 和（2.09±0.73）ng/g dw。DDTs 类化合物是最主要的检出化合物，占总 OCPs 的 2.49%~72.70%（平均 30.04%），其次为 HCHs 和 Chlors，分别占总 OCPs 的 3.84%~24.63%（平均 16.24%）和 3.91%~46.85%（平均 22.93%）。在 DDTs 类化合物中，p,p'-DDT 为主导化合物，其含量变化范围为 ND~29.04 ng/g dw，平均含量为（4.76±6.84）ng/g dw。在 HCHs 类化合物中，γ-HCH 为主导化合物，其含量变化范围为 0.42~1.71 ng/g dw，平均含量为（0.96±0.31）ng/g dw，而 Chlors 类化合物中以 Methoxychlor 为主，含量变化范围为 0.63~7.25 ng/g dw，平均含量为（2.14±1.29）ng/g dw（表 4.19）。Endos 和 Aldrins 占总 OCPs 的平均比例最低，分别为 3.95%~59.09%（平均 16.00%）和 8.68%~22.33%（平均 14.78%），伊塞克湖沉积岩芯中 OCPs 的化合物组分与其流域表土的 OCPs 组分相一致，都是 DDTs 和 HCHs 所占比重最大，Endos 和 Chlors 的比重最小。

表 4.19　伊塞克湖岩芯沉积物 OCPs 化合物含量

化合物	最小值/(ng/g dw)	最大值/(ng/g dw)	平均值/(ng/g dw)	SD/(ng/g dw)	CV/%
p,p'-DDE	0.23	1.10	0.50	0.19	38.48
p,p'-DDD	ND	0.59	0.12	0.15	129.07
p,p'-DDT	ND	29.04	4.76	6.84	143.68
α-HCH	ND	0.82	0.36	0.19	53.70
β-HCH	ND	0.59	0.20	0.11	56.53
γ-HCH	0.42	1.71	0.96	0.31	32.27
δ-HCH	0.29	0.97	0.61	0.18	28.98
HEPX	0.04	0.22	0.10	0.05	46.46
α-Chlor	0.30	1.24	0.69	0.25	35.60
γ-Chlor	0.01	1.66	0.19	0.31	159.89
Methoxychlor	0.63	7.25	2.14	1.29	60.13
α-Endo	0.09	1.23	0.33	0.29	89.20
β-Endo	0.09	0.92	0.33	0.23	71.59
Endosulfan sulfate	0.11	9.56	1.68	2.13	127.22
Aldrin	0.59	2.37	1.24	0.39	31.77
Endrin	ND	0.51	0.16	0.14	86.90
Endrin aldehyde	ND	1.94	0.61	0.47	77.08
Endrin ketone	ND	0.37	0.07	0.08	118.32
OCPs	7.77	40.54	15.06	7.61	50.54

注：ND 代表未检测出或低于检测限。

　　从伊塞克湖沉积岩芯中 OCPs 含量的垂直变化可以看出（图 4.77），就 OCPs 各类化合物组成来说，伊塞克湖 OCPs 的组成在整个岩芯剖面发生大的变化，总体上以 DDTs 和 HCHs 为主。在深度 35~22 cm，总 OCPs 含量低且相对稳定，变化范围为 8.65~

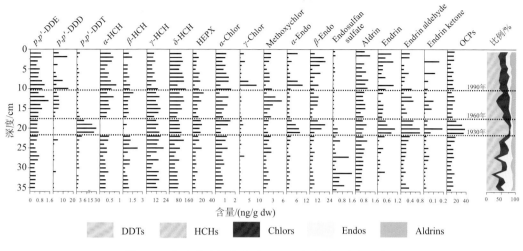

图 4.77　伊塞克湖沉积岩芯 OCPs 含量的垂直变化特征

18.66 ng/g dw，平均含量为（13.06±3.27）ng/g dw。DDTs、HCHs、Chlors、Endos 和 Aldrins 含量也处于最低水平，含量分别为 0.42~7.84 ng/g dw［平均（3.22±1.64）ng/g dw］、0.91~3.27 ng/g dw（平均 2.08±0.63 ng/g dw）、1.56~4.21 ng/g dw［平均（2.60±0.92）ng/g dw］、1.05~10.00 ng/g dw（平均 3.50±2.81 ng/g dw）和 1.17~2.58 ng/g dw［平均（1.65±0.42）ng/g dw］，p,p'-DDD 在大部分层位上未检测出。在深度 22~18 cm，总 OCPs 含量显著增高，达到整个岩芯的最大值，含量变化范围为 20.30~40.54 ng/g dw，平均含量为（33.04±8.94）ng/g dw。各类化合物（除 p,p'-DDD）的含量均在上升，尤其是 p,p'-DDT、α-Endo、β-Endo、Endrin、Endrin aldehyde 和 Endrin ketone 均达到整个岩芯的最高含量水平，DDTs 占比达到整个岩芯的最高值。在深度 18~11 cm，与前阶段相比，总 OCPs 含量较低但呈现缓慢上升趋势，含量变化范围为 9.04~17.34 ng/g dw，平均含量为（12.43±2.91）ng/g dw。DDTs 和 p,p'-DDT 的含量较低且相对稳定，HCHs、Chlors、Endos 和 Aldrins 都有小幅波动上升的趋势，含量分别为 1.51~2.90 ng/g dw［平均（2.17±0.40）ng/g dw］、1.61~4.67 ng/g dw［平均（3.30±1.00）ng/g dw］、0.85~2.29 ng/g dw［平均（1.55±0.53）ng/g dw］和 1.28~3.17 ng/g dw［平均（2.32±0.70）ng/g dw］，HCHs 和 Chlors 占比有明显增加，对应的 DDTs 占比有所下降。在深度 11 cm~表层，各类 OCPs 化合物含量基本呈现波动下降趋势，但在接近表层时有小幅的回升，DDTs、HCHs、Chlors、Endos 和 Aldrins 含量分别为 1.67~4.98 ng/g dw［平均（3.15±0.95）ng/g dw］、1.51~2.90 ng/g dw［平均（2.17±0.40）ng/g dw］、1.61~4.67 ng/g dw［平均（3.30±1.00）ng/g dw］、0.85~2.29 ng/g dw［平均（1.55±0.53）ng/g dw］和 1.28~3.17 ng/g dw［平均（2.32±0.70）ng/g dw］。

对伊塞克湖 1930 年以来沉积岩芯中 OCPs 的含量进行 CONISS 聚类分析，从图 4.78 可以看出 OCPs 化合物在沉积岩芯中随时间的变化大致可分为以下 4 个阶段：

① 1930 年以前，伊塞克湖岩芯沉积物中 OCPs 含量处于稳定且最低水平，对应的各类化合物也均处于低水平，表明该时期伊塞克湖流域 OCPs 对湖泊环境的影响很小，人类活动较弱。

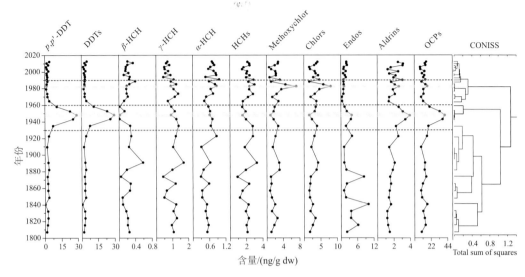

图 4.78　伊塞克湖沉积岩芯中 OCPs 含量和垂直分布特征

② 1930~1960 年，沉积物中总 OCPs、DDTs、p,p'-DDT、Aldrins 和 Endos 等化合物经历了一个先快速上升后迅速下降的急速变化过程。p,p'-DDT 和 DDTs 在 20 世纪 30 年代末开始快速升高，在 1950 年左右出现峰值，之后快速下降。沉积物中总 HCHs 含量较低，但是其组分 γ-HCH 含量在 1970 年以前相对较高，处于岩芯的高值段；α-HCH 含量在 1950 年后开始迅速升高，而最为稳定的 β-HCH 在该阶段沉积岩芯中含量相对较低，总体处于较为平稳的状态，变幅不大。除此以外，沉积物中除了 Methoxychlor 和 Chlors，其余化合物如 Aldrins 和 Endos 都处于岩芯变化的高值。

③ 1960~1990 年，DDTs 和 p,p'-DDT 的含量较低且相对稳定，总 OCPs、HCHs（包括 α-HCH 和 γ-HCH）、Aldrins 和 Endos 都有小幅波动上升的趋势。而 Methoxychlor 和 Chlors 呈快速上升趋势，在 1980 年达到峰值后迅速降低。

④ 1990 年以来，各类 OCPs 化合物含量基本呈现波动下降趋势，但在接近表层时有小幅的回升。

根据伊塞克湖沉积岩芯中 OCPs 的记录可以看出，DDTs 和 HCHs 是伊塞克湖最主要的两大类 OCPs 化合物，尤其是 DDTs，直接主导了 1930~1970 年总 OCPs 的变化趋势；而 1970 年以后，HCHs 的变化趋势又对总 OCPs 的变化幅度产生影响。因此，下面重点分析 DDTs 和 HCHs 在伊塞克湖沉积岩芯中的变化所指示的环境特征。

DDTs 的含量从 1940 年开始迅速升高，在 20 世纪 50 年代逐渐达到顶峰，直到 1970 年其含量迅速降低，表明 1950~1970 年，伊塞克湖流域 DDTs 的使用量非常大，使得沉积物中残存量多。1946 年，DDTs 在前苏维埃社会主义共和国联盟(苏联)开始大规模生产并投入使用，吉尔吉斯斯坦苏维埃社会主义共和国(吉尔吉斯斯坦)在苏联各同盟国中是 DDTs 使用大国(Li et al., 2006a)，且在 1950~1970 年 DDTs 的使用量最多[图 4.79(b)]，与伊塞克湖的沉积记录相一致。1970 年开始，DDTs 由于其持久性和生物毒性等原因被逐渐禁止在吉尔吉斯斯坦使用 (Hadjamberdiev and Begaliev, 2004)，DDTs 的使用量开始逐渐降低，对应到伊塞克湖的沉积记录中 DDTs 含量也在迅速减少。值得一提的是，Methoxychlor 在 DDTs 被禁止后，开始被广泛使用(Pryde, 1971)，使得其使用量在 1970年之后逐渐增加，这也反映在伊塞克湖沉积岩芯中 Methoxychlor 的含量在 1970~1980 年相应增加的趋势。

伊塞克湖沉积岩芯中 HCHs 的总含量没有在 1950 年表现出明显峰值，但是 HCHs 中的 α-HCH 和 γ-HCH 皆在 20 世纪 60 年代出现了小峰值，与 DDTs 在沉积岩芯中的变化相类似。且 α-HCH/γ-HCH 的范围在 0.15~1.8[平均(0.57±0.35)]，说明伊塞克湖流域的 HCHs 主要以林丹(γ-HCH > 99%)的使用为主。从图 4.79(a)可以看出，20 世纪 60 年代是 α-HCH 和 γ-HCH 在苏联使用量最大的时期，尤其是 γ-HCH 在吉尔吉斯斯坦被广泛使用。根据文献记载，20 世纪 60 年代后期，虽然 HCHs 被吉尔吉斯斯坦禁止使用，HCHs 使用量开始降低，但直到 80 年代初期其在农业上的使用依旧较高(Li et al., 2004)，与伊塞克湖 HCHs 的沉积记录相一致。并且由于伊塞克湖是地处高山上的湖泊，而 α-HCH 又是 HCHs 中最易挥发迁移的化合物，故而在 1970 年本地使用量相对减少以后，但在盛行西风的影响下从远距离大气迁移过来的 α-HCH 依旧源源不断地在伊塞克湖流域表土和湖面上沉降蓄积到沉积物内，从而导致湖泊沉积岩芯中 α-HCH 含量在 1970 年以后又波动上升。

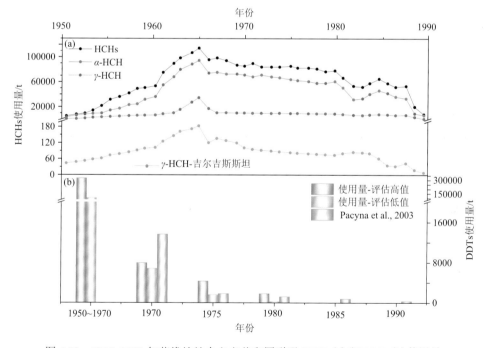

图 4.79　1950~1990 年苏维埃社会主义共和国联盟 HCHs(a)和 DDTs(b)使用量

总的来说，伊塞克湖沉积岩芯中 OCPs 的变化序列与流域农药的使用情况保持了很好的一致性。1940~1970 年，伊塞克湖流域 OCPs 的使用量大，从侧面反映出该阶段流域内的农业生产水平在迅速提高，农业活动剧烈。1936 年，吉尔吉斯斯坦加入苏联，改私农和游牧方式为国有农庄,使得集成化农业活动开始迅速发展(Borchardt et al., 2011),以农业集成化为代表的发展方式,对当时的湖泊环境产生了强烈影响。因此,伊塞克湖沉积岩中OCPs的变化特征很好地揭示了流域人类农业活动的强弱以及其对湖泊沉积环境的影响,也进一步说明伊塞克湖的沉积岩芯有效地记录了湖泊流域环境变化的历史。

为了探讨近现代伊塞克湖OCPs的污染风险变化,选择岩芯沉积物中3类主要OCPs化合物(HCHs、DDTs和Chlors)进行潜在生态风险评价。总体上来说,伊塞克湖沉积岩芯中OCPs处于无–低生态风险水平(图4.80)。1930年以前,伊塞克湖沉积物中Chlors、p,p'-DDE和DDTs的TEC HQ和PEC HQ值都小于1,处于无风险等级水平,而γ-HCH的TEC HQ在1890年之后超过1,存在低生态风险,该时期OCPs没有开始广泛使用。1930~1960年,伊塞克湖沉积物中DDTs和γ-HCH的TEC HQ的平均值超过1,数值变化范围分别为1.61~4.22和0.98~1.35,处于低生态风险等级,DDTs的HQ值在1950年达到最大值,其他化合物的HQ均小于1,处于无生态风险等级,表明该时期DDTs和γ-HCH在伊塞克湖流域存在潜在生态风险,DDTs和HCHs在农业生产活动中广泛大量使用对其暴露于环境中的生物体绝大多数情况会产生负效应,已经产生了有害生态影响。1960~1990年,除γ-HCH外,所有化合物的HQ均未超过1,处于无生态风险水平,虽然20世纪60年代后期HCHs在吉尔吉斯斯坦禁止使用,HCHs使用量开始降低,但直到80年代初期其在农业上的使用依旧较高(Li et al., 2004),对生态环境仍产生了一定的潜在危害。1990年以来,伊塞克湖沉积物中的OCPs的TEC HQ和PEC HQ值均都小于1,表明该时期伊塞克湖流域的OCPs处于无生态风险水平,Chlors、p,p'-DDD和p,p'-DDE的HQ值呈现先上升后下降再缓慢上升的趋势,而γ-HCH的HQ值呈下降趋势,随着DDTs和HCHs的禁用,OCPs对生态环境的危害有所缓和。

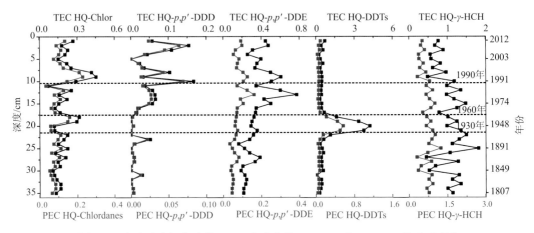

图4.80　伊塞克湖沉积岩芯OCPs化合物的TEC HQ和PEC HQ的垂直变化

参 考 文 献

柴磊, 王新, 马良, 等. 2020. 基于PMF模型的兰州耕地土壤重金属来源解析. 中国环境科学, 40(9): 3919~3929.

高娟琴, 于扬, 王登红, 等. 2021. 新疆阿勒泰地区地表水体氢氧同位素组成及空间分布特征. 岩矿测试, 40(3): 397~407.

韩知明, 贾克力, 孙标, 等. 2018. 呼伦湖流域地表水与地下水离子组成特征及来源分析. 生态环境学报, 27(4): 744~751.

李小飞, 张明军, 李亚举, 等. 2012. 西北干旱区降水中 δ^{18}O 变化特征及其水汽输送. 环境科学, 33(3): 711~719.

李亚举, 张明军, 王圣杰, 等. 2011. 我国大气降水中稳定同位素研究进展. 冰川冻土, 33(3): 624~633.

钱会, 马致远. 2005. 水文地球化学. 北京: 地质出版社.

王建, 韩海东, 赵求东, 等. 2013. 塔里木河流域水化学组成分布特征. 干旱区研究, 30(1): 10~15.

谢江婷, 周忠发, 王翠, 等. 2023. 平寨水库水体氢氧同位素及水化学特征. 长江科学院院报, 40(7): 41~49.

曾海鳌, 吴敬禄, 刘文, 等. 2013. 哈萨克斯坦东部水体氢、氧同位素和水化学特征. 干旱区地理, 36(4): 662~668.

章新平, 姚檀栋. 2012. 青藏高原东北地区现代降水中 δ D 与 δ^{18}O 的关系研究. 冰川冻土, 18(4): 360~365.

中国环境监测总站. 1990. 中国土壤元素背景值. 北京: 中国环境科学出版社.

Abuduwaili J, Issanova G, Saparov G. 2019. Hydrographical and Physical–Geographical Characteristics of the Issyk-Kul Lake Basin and Use of Water Resources of the Basin, and Impact of Climate Change on It. Hydrology and Limnology of Central Asia. Singapore: Springer, 297~357.

ADB Issyk-Kul sustainable development project, Kyrgyz plan. 2009. Available online at: (https: //www. adb. org/sites/default/files/project-document/62284/41548-kgz- dpta -v5-semp. pdf).

Aizen V B, Aizen E, Fujita K, et al. 2005. Stable-isotope time series and precipitation origin fromfirn-cores and snow samples, Altai glaciers, Siberia. J. Glaciol., 51(175): 637~654.

Aizen V B, Aizen E M, Joswiak D R, et al. 2006. Climatic and atmospheric circulation pattern variability from ice-core isotope/geochemistry records (Altai, Tien Shan and Tibet). Annals of Glaciology, 43: 49~60.

Albrecher H, Bladt M, Kortschak D, et al. 2019. Flood occurrence change-point analysis in the paleoflood record from Lake Mondsee. Global and Planetary Change, 178: 65~76.

Alifujiang Y, Abuduwaili J, Groll M, et al. 2021. Changes in intra-annual runoff and its response to climate variability and anthropogenic activity in the Lake Issyk-Kul Basin, Kyrgyzstan. CATENA, 198: 104974.

Alifujiang Y, Abuduwaili J, Ma L, et al. 2017. System dynamics modeling of water level variations of Lake Issyk-Kul, Kyrgyzstan. Water, 9: 989.

Álvarez-Iglesias P, Quintana B, Rubio B, et al. 2007. Sedimentation rates and trace metal input history in intertidal sediments from San Simón Bay (Ría de Vigo, NW Spain) derived from ^{210}Pb and ^{137}Cs chronology. Journal of Environmental Radioactivity, 98(3): 229~250.

Appleby P, Oldfield F. 1978. The calculation of lead-210 dates assuming a constant rate of supply of unsupported ^{210}Pb to the sediment. CATENA, 5(1): 1~8.

Arellano L, Fernández P, Tatosova J, et al. 2011. Long-range transported atmospheric pollutants in snowpacks accumulated at different altitudes in the Tatra Mountains (Slovakia). Environmental Science and Technology, 45(21): 9268~9275.

Arnaud F, Poulenard J, Giguet-Covex C, et al. 2016. Erosion under climate and human pressures: An alpine lake sediment perspective. Quaternary Science Reviews, 152: 1~18.

Asankulov T, Abuduwaili J, Issanova G, et al. 2019. Long-term dynamics and seasonal changes in hydrochemistry of the Issyk-Kul Lake Basin, Kyrgyzstan. Arid Ecosystems, 9: 69~76.

Baetov R. 2003. Management of the Issyk-Kul basin. Mimeo.

Barsova N, Yakimenko O, Tolpeshta I, et al. 2019. Current state and dynamics of heavy metal soil pollution in Russian Federation—A review. Environ. Pollut., 249: 200~207.

Beer R, Tinner W. 2008. Four thousand years of vegetation and fire history in the spruce forests of northern Kyrgyzstan (Kungey Alatau, Central Asia). Vegetation History and Archaeobotany, 17(6): 629~638.

Birks S J, Cho S, Taylor E, et al. 2017. Characterizing the PAHs in surface waters and snow in the Athabasca region: Implications for identifying hydrological pathways of atmospheric deposition. Science of the Total Environment, 603: 570~583.

Blais J M, Schindler D W, Muir D C G, et al. 1998. Accumulation of persistent organochlorine compounds in mountains of western Canada. Nature, 395 (6702): 585~588.

Boral S, Sen I S, Ghosal D, et al. 2019. Stable water isotope modeling reveals spatio-temporal variability of glacier meltwater contributions to Ganges River headwaters. Journal of Hydrology, 577: 123983.

Borchardt P, Schickhoff U, Scheitweiler S, et al. 2011. Mountain pastures and grasslands in the SW Tien Shan, Kyrgyzstan-Floristic patterns, environmental gradients, phytogeography, and grazing impact. Journal of Mountain Science, 8(3): 363~373.

Büntgen U, Tegel W, Nicolussi K, et al. 2011. 2500 years of European climate variability and human susceptibility. Science, 331: 578~582.

Calvelo Pereira R, Camps-Arbestain M, Rodriguez Garrido B, et al. 2006. Behaviour of α-, β-, γ-, and δ-hexachlorocyclohexane in the soil-plant system of a contaminated site. Environmental Pollution, 144(1): 210~217.

Canadian Council of Ministers of the Environment (CCME). 2010. Polycyclic Aromatic Hydrocarbons. Canadian Soil Quality Guidelines for Protection of Environmental and Human Health Canadian Soil Quality Guidelines.

Cánovas C R, Olías M, Nieto J M, et al. 2010. Wash-out processes of evaporitic sulfate salts in the Tinto River: hydrogeochemical evolution and environmental impact. Appl. Geochem., 25(2): 288~301.

Caravanistan. 2023. Train in Uzbekistan. Available online: https://caravanistan.com/transport/.

Chai L, Wang Y H, Wang X, et al. 2021. Pollution characteristics, spatial distributions, and source apportionment of heavy metals in cultivated soil in Lanzhou, China. Ecological Indicators, 125: 107507.

Chen C, Luo J, Shu X, et al. 2022. Spatio-temporal variations and ecological risks of organochlorine pesticides in surface waters of a plateau lake in China. Chemosphere, 303: 135029.

Chen F H, Huang X Z, Zhang J W, et al. 2006. Humid Little Ice Age in arid Central Asia documented by Bosten Lake, Xinjiang. China. Sci. China Earth. Sci., 49(12): 1280~1290.

Chen L, Liu J R, Hu W F, et al. 2021. Vanadium in soil-plant system: source, fate, toxicity, and bioremediation. Journal of hazardous materials, 405: 124200.

Chen R H, Chen H Y, Song L T, et al. 2019. Characterization and source apportionment of heavy metals in the sediments of Lake Tai (China) and its surrounding soils. Science of the Total Environment, 694: 133819.

Chernyak S M, McConnell L L, Riee C P. 1995. Fate of some chlorinated hydrocarbons in Arctic and far eastern ecosystems in the Russian Federation. Science of the Total Environment, 160~161: 75~85.

Chiverrell R C, Sear D A, Warburton J, et al. 2019. Using lake sediment archives to improve understanding of flood magnitude and frequency: Recent extreme flooding in Northwest UK. Earth Surface Processes and Landforms, 44(12): 2366~2376.

Cooper R J, Melvin T M, Tyers I, et al. 2013. A tree-ring reconstruction of East Anglian (UK) hydroclimate variability over the last millennium. Climate Dynamics, 40(3): 1019~1039.

Da Silva A C, Mabille C, Boulvain F. 2009. Influence of sedimentary setting on the use of magnetic susceptibility: Examples from the Devonian of Belgium. Sedimentology, 56: 1292~1306.

Dalai T K, Krishnaswami S, Sarin M M. 2002. Major ion chemistry in the headwaters of the Yamuna River system: chemical weathering, its temperature dependence and CO_2 consumption in the Himalaya. Geochim. Cosmochim. Acta, 66(19): 3397~3416.

Daly G L, Wania F. 2005. Organic contaminants in mountains. Environmental Science and Technology, 39(2): 385~398.

de Batist M, Imbo Y, Vermeesch P, et al. 2002. Bathymetry and sedimentary environments of a large, high-altitude, tectonic lake: Lake Issyk-Kul, Kyrgyz Republic (Central Asia). Springer: Netherlands.

Evans G, Augustinus P, Gadd P, et al. 2019. A multi-proxy μ-XRF inferred lake sediment record of environmental change spanning the last Ca. 2230 years from Lake Kanono, Northland, New Zealand. Quaternary Science Reviews, 225: 106000.

Ferreira M D S, Fontes M P F, Pacheco A A, et al. 2020 Risk assessment of trace elements pollution of Manaus urban rivers. Sci. Total. Environ., 709: 134471.

Fu J, Zhao C, Luo Y, et al. 2014. Heavy metals in surface sediments of the Jialu River, China: Their relations to environmental factors. Journal of Hazardous Materials, 270: 102~109.

Gaillardet J, Dupre' B, Louvat P, et al. 1999. Global silicate weathering and CO_2 consumption rates deduced from the chemistry of large rivers. Chem. Geol., 159 (1~4): 3~30.

Gaillardet J, Viers J, Dupré B. 2003. Trace elements in river waters. Treatise on Geochemistry, 5: 225~272.

Gao M N, Yang J, Gong D Y, et al. 2019. Footprints of Atlantic Multidecadal Oscillation in the low-frequency variation of extreme high temperature in the Northern Hemisphere. Journal of Climate, 32(3): 791~802.

Gebhardt A C, Naudts L, De Mol L, et al. 2017. High-amplitude lake-level changes in tectonically active Lake Issyk-Kul (Kyrgyzstan) revealed by high-resolution seismic reflection data. Climate of the Past, 13(1): 73~92.

Gibson J J, Reid R. 2010. Stable isotope fingerprint of open-water evaporation losses and effective drainage area fluctuations in a subarctic shield watershed. Journal of Hydrology, 381 (1~2): 142~150.

Gimeno-García E, Andreu V, Boluda R. 1996. Heavy metals incidence in the application of inorganic fertilizers and pesticides to rice farming soils. Environmental Pollution, 92 (1): 19~25.

Giralt S, Julià R, Klerkx J, et al. 2004. 1000-Year Environmental History of Lake Issyk-Kul//Nihoul J, Zavialov P, Micklin P. Dying and Dead Seas Climatic Versus Anthropic Causes. Dordrecht: Kluwer Academic Publishers: 253~285.

Gray S T, Graumlich L J, Betancourt J L, et al. 2004. A tree-ring based reconstruction of the Atlantic Multidecadal Oscillation since 1567 AD. Geophysical Research Letters, 31(12): L12205.

Gunawardena J, Ziyath A M, Egodawatta P, et al. 2014. Mathematical relationships for metal build-up on urban road surfaces based on traffic and land use characteristics. Chemosphere, 99: 267~271.

Guzzella L, Salerno F, Freppaz M, et al. 2016. POP and PAH contamination in the southern slopes of Mt. Everest（Himalaya, Nepal）: long-range atmospheric transport, glacier shrinkage, or local impact of tourism? Science of the Total Environment, 544: 382~390.

Hadjamberdiev I, Begaliev S. 2004. Country situations report on POPs in Kyrgyzstan. International POPs Elimination Project.

Han G, Liu C Q. 2004. Water geochemistry controlled by carbonate dissolution: a study of the river waters draining karst-dominated terrain, Guizhou Province, China. Chem. Geol., 204（1~2）: 1~21.

Havenith H B, Bourdeau C. 2010. Earthquake-induced landslide hazards in mountain regions: A review of case histories from Central Asia. Geologica Belgica, 13: 137~152.

Havenith H B, Strom A, Jongmans D, et al. 2003. Seismic triggering of landslides, Part A: Field evidence from the Northern Tien Shan. Natural Hazards and Earth System Sciences, 3: 135~149.

Hinckley D A, Bidleman T F, Foreman W T, et al. 1990. Determination of vapor pressures for nonpolar and semipolar organic compounds from gas chromatographic retention data. J. Chem. Eng. Data., 35（3）: 232~237.

Hirabayashi Y, Mahendran R, Koirala S, et al. 2013. Global flood risk under climate change. Nature Climate Change, 3: 816~821.

Hmannn H, Lorke A, Peeters F. 2008. Temporal scales of water-level fluctuations in lakes and their ecological implications. Hydrobiologia, 613(1): 85~96.

Huang T, Pang Z. 2012. The role of deuterium excess in determining the water salinisation mechanism: A case study of the arid Tarim River Basin, NW China. Appl. Geochem., 27（12）: 2382~2388.

Huang X Z, Chen F H, Xiao S, et al. 2008. Primary study on the environmental significances of grain-size changes of the Lake Bosten sediments. Journal of Lake Science, 20(3): 291~297.

Jenish N. 2017. Overview of the Tourism Sector in Kyrgyzstan. Tourism Sector in Kyrgyzstan: Trends and Challenges. University of Central Asia: Bishkek, Kyrgyz Republic.

Jiang H H, Cai L M, Hu, G C, et al. 2021. An integrated exploration on health risk assessment quantification of potentially hazardous elements in soils from the perspective of sources. Ecotoxicology and Environmental Safety, 208: 111489.

International Energy Agency. 2018. IEA World Energy Statistics and Balances. http: //www. oecd-ilibrary. org/statistics.

Kadyrov V K. 1986. Hydrochemistry of Lake Issyk-Kul and Its Basin. Ilim: Frunze: 212.

Kannan K, Johnson-Restrepo B, Yohn S S, et al. 2005. Spatial and temporal distribution of polycyclic aromatic hydrocarbons in sediments from Michigan inland lakes. Environmental Science & Technology, 39（13）: 4700~4706.

Kerr R A. 2000. A North Atlantic climate pacemaker for the centuries. Science, 288(5473): 1984~1985.

Klánová J, Čupr P, Holoubek I, et al. 2009. Towards the Global Monitoring of POPs. Contribution of the MONET Networks. Masaryk University: Brno.

Klerx J, Imanackunov B, et al. 2002. Lake Issyk-Kul: Its natural environment. Springer Science and Business Media: 13.

Korjenkov A M, Arrowsmith J R, Crosby C, et al. 2006. Seismogenic destruction of the Kamenka medieval fortress, northern Issyk-Kul region, Tien Shan（Kyrgyzstan）. Journal of Seismology, 10(4): 431~442.

Kulenbekov Z, Merkel B J. 2011. Environmental Impact of the Kadji-Sai Uranium Tailing Site, Kyrgyzstan// Merkel B, Schipek M. The New Uranium Mining Boom: Challenge and Lessons learned. Berlin, Heidelberg: Spring, 135-142.

Kulenbekov Z, Merkel B J. 2012. Investigation of the natural uranium content in the Issyk-Kul Lake, Kyrgyzstan. FOG-Freiberg Online Geoscience, 33: 3~45.

Kulenbekov Z, Nair S, Kummer N A, et al. 2012. Assessment of radionuclides and toxic trace elements mobility in uranium tailings by using advanced methods, Kyrgyzstan. FOG-Freiberg Online Geoscience, 33.

Kumar A, Sanyal P, Agrawal S. 2019. Spatial distribution of $\delta^{18}O$ values of water in the Ganga River basin: Insight into the hydrological processes. Journal of Hydrology, 571: 225~234.

Kwon J C, Léopold E N, Jung M C, et al. 2012. Impact assessment of heavy metal pollution in the municipal lake water, Yaounde, Cameroon. Geosci. J., 16（2）: 193~202.

Li J, Zhuang G S, Huang K, et al. 2008. The chemistry of heavy haze over Urumqi, Central Asia. J. Atmos. Chem., 61(1): 57~72.

Li J B, Gou X H, Cook E R, et al. 2006b. Tree-ring based drought reconstruction for the central Tien Shan area in Northwest China. Geophysical Research Letters, 330(7): 408~412.

Li Y F, Zhulidov A V, Robarts R D, et al. 2004. Hexachlorocyclohexane use in the Former Soviet Union. Archives of Environmental Contamination and Toxicology, 48（1）: 10~15.

Li Y F, Zhulidov A V, Robarts R D, et al. 2006a. Dichlorodiphenyltrichloroethane usage in the former Soviet Union. Science of the Total Environment, 357（1~3）: 138~145.

Lin L, Dong L, Wang Z, et al. 2021. Hydrochemical composition, distribution, and sources of typical organic pollutants and metals in Lake Bangong Co, Tibet. Environ. Sci. Pollut., R1~12.

Liu W, Ma L, Li Y, et al. 2020. Heavy metals and related human health risk assessment for river waters in the Issyk-Kul Basin, Kyrgyzstan, Central Asia. Int. J. Environ. Res. Pu., 17（10）: 3506.

Luo W, Gao J, Bi X, et al. 2016. Identification of sources of polycyclic aromatic hydrocarbons based on concentrations in soils from two sides of the Himalayas between China and Nepal. Environmental Pollution, 212: 424~432.

Ma L, Jilili A, Li Y M. 2018. Spatial differentiation in stable isotope compositions of surface waters and its environmental significance in the Issyk-Kul Lake region of Central Asia. Journal of Mountain Science, 15(2): 254~263.

Magesh N S, Tiwari A, Botsa S M, et al. 2021. Hazardous heavy metals in the pristine lacustrine systems of Antarctica: Insights from PMF model and ERA techniques. Journal of Hazardous Materials, 412: 125263.

Malik A, Verma P, Singh A K, et al. 2011. Distribution of polycyclic aromatic hydrocarbons in water and bed sediments of the Gomti River, India. Environ. Monit. Assess, 172(1): 529~545.

Malik S, Drott E, Grisdela P, et al. 2009. A self-assembling self-repairing microbial photoelectrochemical solar cell. Energy & Environmental Science, 2（3）: 292~298.

Maliszewska-Kordybach B, Smreczak B. 1998. Polycyclic aromatic hydrocarbons（PAH）in agricultural soils in Eastern Poland. Toxicological & Environmental Chemistry, 66（1~4）: 53~58.

Mansilha C, Duarte C G, Melo A, et al. 2019. Impact of wildfire on water quality in Caramulo Mountain ridge

(Central Portugal). Sustainable Water Resources Management, 5(1): 319~331.

Manz M, Wenzel K D, Dietze U, et al. 2001. Persistent organic pollutants in agricultural soils of central Germany. Science of the Total Environment, 277(1): 187~198.

Matveev V P. 1935. Hydrologieal studies on Lake Issyk Kul//Berg L S. Lake Issyk Kul: Hydrology, Ichthyology, and Fish Production, Proe. Kirg. Special Expedition of 1932-1933. AN SSSR Press: Moseow-Leningrad.

Meredith K T, Hollins S E, Hughes C E, et al. 2009. Temporal variation in stable isotopes (^{18}O and ^{2}H) and major ion concentrations within the Darling River between Bourke and Wilcannia due to variable flows, saline groundwater influx and evaporation. J. Hydrol., 378 (3~4): 313~324.

Meybeck M, Ragu A. 2012. GEMS-GLORI world river discharge database. Laboratoire de Géologie Appliquée. Université Pierre et Marie Curie: Paris, France.

Meyer T, Lei Y D, Wania F. 2011. Transport of polycyclic aromatic hydrocarbons and pesticides during snowmelt within an urban watershed. Water Research, 45(3): 1147~1156.

Michael T. 2011. Natural disaster risks in central Asia: A synthesis. UN Development Programme. Rep.: 26~28.

Mikkola H. 2012. Implication of Alien Species Introduction to Loss of Fish Biodiversity and Livelihoods on Issyk-Kul Lake in Kyrgyzstan//Lameed G A. Biodiversity Enrichment in a Diverse World. InTech Press: Rijeka, Croatia: 395~419.

Minh N H, Minh T B, Kajiwara N, et al. 2006. Contamination by persistent organic pollutants in dumping sites of Asian developing countries: Implication of emerging pollution sources. Archives of Environmental Contamination and Toxicology, 50(4): 474~481.

Moberg A, Sonechkin D M, Holmgren K, et al. 2005. Highly variable Northern Hemisphere temperatures reconstructed from low- and high-resolution proxy data. Nature, 433: 613~617.

Moeckel C, Monteith D T, Llewellyn N R, et al. 2014. Relationship between the concentrations of dissolved organic matter and polycyclic aromatic hydrocarbons in a typical UK upland stream. Environmental Science and Technology, 48(1): 130~138.

Montuori P, Aurino S, Garzonio F, et al. 2016. Distribution, sources and ecological risk assessment of polycyclic aromatic hydrocarbons in water and sediments from Tiber River and estuary. Italy. Sci. Total Environ., 566: 1254~1267.

Montuori P, De Rosa E, Sarnacchiaro P, et al. 2020. Polychlorinated biphenyls and organochlorine pesticides in water and sediment from Volturno River, Southern Italy: occurrence, distribution and risk assessment. Environmental Sciences Europe, 32(1): 123.

Niu Y, Jiang X, Wang K, et al. 2020. Meta analysis of heavy metal pollution and sources in surface sediments of Lake Taihu, China. Sci. Total Environ., 700: 134509.

Nriagu J O, Bhattacharya P, Mukherjee A B, et al. 2007. Arsenic in soil and groundwater: an overview. Trace Metals and Other Contaminants in the Environment, 9: 3~60.

Oliveira A H, Cavalcante R M, Duaví W C, et al. 2016. The legacy of organochlorine pesticide usage in a tropical semi-arid region (Jaguaribe River, Ceará, Brazil): Implications of the influence of sediment parameters on occurrence, distribution and fate. Science of the Total Environment, 542: 254~263.

Ota Y, Kawahata H B, Sato T, et al. 2017. Flooding history of Lake Nakaumi, western Japan, inferred from sediment records spanning the past 700 years. Journal of Quaternary Science, 32(8): 1063~1074.

Pacyna J M, Breivik K, Münch J, et al. 2003. European atmospheric emissions of selected persistent organic pollutants, 1970-1995. Atmospheric Environment, 37: 119~131.

Pardyjak E R, Speckart S O, Yin F, et al. 2008. Near source deposition of vehicle generated fugitive dust on vegetation and buildings: Model development and theory. Atmospheric Environment, 42（26）: 6442~6452.

Peeters F, Finger D, Hofer M, et al. 2003. Deep-water renewal in Lake Issyk-Kul driven by differential cooling. Limnology and Oceanography, 48(4): 1419~1431.

Podrezov A O, Mäkelä A J, Mischke S. 2020. Lake Issyk-Kul: Its History and Present State//Mischke S. Large Asian Lakes in a Changing World: Natural State and Human Impact. Cham: Springer, 177~206.

Pompeani D P, McLauchlan K K, Chileen B V, et al. 2020. The biogeochemical consequences of late Holocene wildfires in three subalpine lakes from northern Colorado. Quaternary Science Reviews, 236: 106293.

Prasanna M V, Praveena S M, Chidambaram S, et al. 2012. Evaluation of water quality pollution indices for heavy metal contamination monitoring: a case study from Curtin Lake, Miri City, East Malaysia. Environ. Earth Sci., 67（7）: 1987~2001.

Pryde P R. 1971. Soviet pesticides. Environment Science and Policy for Sustainable Development, 13（9）: 16~24.

Ravindra K, Bencs L, Wauters E, et al. 2006. Seasonal and site-specific variation in vapour and aerosol phase PAHs over Flanders（Belgium）and their relation with anthropogenic activities. Atmos. Environ., 40（4）: 771~785.

Ren J, Wang X P, Wang C F, et al. 2017. Atmospheric processes of organic pollutants over a remote lake on the central Tibetan Plateau: implications for regional cycling. Atmospheric Chemistry and Physics, 17（2）: 1401~1415.

Ribeiro A M, Da Rocha C C M, Franco C F J, et al. 2012. Seasonal variation of polycyclic aromatic hydrocarbons concentrations in urban streams at Niterói City, RJ, Brazil. Mar. Pollut. Bull., 64(12): 2834~2838.

Richards L A. 1954. Diagnosis Improvement Saline Alkali Soils. US Department of Agriculture Handbook. No. 60.

Ricketts R D, Johnson T C, Brown E T, et al. 2001. The Holocene paleolimnology of Lake Issyk-Kul, Kyrgyzstan: trace element and stable isotope composition of ostracodes. Palaeogeography, Palaeoclimatology, Palaeoecology, 176（1~4）: 207~227.

Romanovsky V V. 2002. Water Level Variations and Water Balance of Lake Issyk-Kul//Klerkx J, Imanackunov B. Lake Issyk-Kul: Its Natural Environment. Dordrecht: Springer, 45~57.

Rosenwinkel S, Landgraf A, Schwanghart W, et al. 2017. Late Pleistocene outburst floods from Issyk Kul, Kyrgyzstan? Earth Surface Processes and Landforms, 42(10): 1535~1548.

Rudnick R L, Gao S. 2014. Composition of the Continental Crust//Treatise on Geochemistry. Amsterdam: Elsevier: 1-51.

Rzymski P, Klimaszyk P, Niedzielski P, et al. 2019. Pollution with trace elements and rare-earth metals in the lower course of Syr Darya River and Small Aral Sea Kazakhstan. Chemosphere, 234: 81~88.

Salamat A U, Abuduwaili J, Shaidyldaeva N. 2015. Impact of climate change on water level fluctuation of Issyk-Kul Lake. Arabian Journal of Geosciences, 8(8): 5361~5371.

Santana J L, Massone C G, Valdés M, et al. 2015. Occurrence and source appraisal of polycyclic aromatic hydrocarbons（PAHs）in surface waters of the Almendras River, Cuba. Arch. Environ. Contam. Toxicol., 69(2): 143~152.

Sarria-Villa R, Ocampo-Duque W, Páez M, et al. 2016. Presence of PAHs in water and sediments of the Colombian Cauca River during heavy rain episodes, and implications for risk assessment. Sci. Total Environ., 540: 455~465.

Schillereff D N, Chiverrell R C, MacDonald N, et al. 2014. Flood stratigraphies in lake sediments: A review. Earth Science Reviews, 135: 17~37.

Schmidt M. 2011. Central Asia's Blue Pearl: The Issyk Kul Biosphere Reserve in Kyrgyzstan//Austrian MBA Committee. Biosphere Reserves in the Mountains of the World. Excellence in the Clouds? Austrian Academy of Sciences Press: Vienna, Austria: 73~76.

Schulte L, Peña J C, Carvalho F, et al. 2015. A 2600-year history of floods in the Bernese Alps, Switzerland: Frequencies, mechanisms and climate forcing. Hydrology and Earth System Sciences, 19(7): 3047~3072.

Shahpoury P, Hageman K J, Matthaei C D, et al. 2014. Increased concentrations of polycyclic aromatic hydrocarbons in Alpine streams during annual snowmelt: investigating effects of sampling method, site characteristics, and meteorology. Environmental Science and Technology, 48（19）: 11294~11301.

Shaki A A, Adeloye A J. 2006. Evaluation of quantity and quality of irrigation water at Gadowa irrigation project in Murzuq Basin, southwest Libya. Agricultural Water Management, 84（1~2）: 193~201.

Shakirov K, Bekkoesnov M. 2002. Country report from Kyrgyzstan, presented at the 1st technical workshop of UNEP/GEF regionally based assessment of PTS, Central and Northeast Asia region（region Ⅶ）. Tokyo, Japan: 18~20.

Shen B B, Wu J L, Zhan S E, et al. 2021. Residues of organochlorine pesticides（OCPs）and polycyclic aromatic hydrocarbons（PAHs）in waters of the Ili-Balkhash Basin, arid Central Asia: Concentrations and risk assessment. Chemosphere, 273: 129705.

Shen B B, Wu J L, Zhao Z H. 2017. A~150-year record of human impact in the Lake Wuliangsu（China）watershed: evidence from polycyclic aromatic hydrocarbon and organochlorine pesticide distributions in sediments. J. Limnol., 76(1): 129~136.

Shen B B, Wu J L, Zhao Z H. 2018. Residues of organochlorine pesticides and polycyclic aromatic hydrocarbons in surface waters, soils and sediments of the Kaidu River Catchment, Northwest China. Int. J. Environ. Pollut., 63: 104~116.

Shunthirasingham C, Oyiliagu C E, Cao X, et al. 2010. Spatial and temporal pattern of pesticides in the global atmosphere. J. Environ. Monit., 12（9）: 1650~1657.

Siemers A K, Mänz J S, Palm W U, et al. 2015. Development and application of a simultaneous SPE-method for polycyclic aromatic hydrocarbons（PAHs）, alkylated PAHs, heterocyclic PAHs（NSO-HET）and phenols in aqueous samples from German Rivers and the North Sea. Chemosphere, 122: 105~114.

Simonich S L, Hites R A. 1995. Global distribution of persistent organochlorine compounds. Science, 269（5232）: 1851~1854.

Singh U K, Kumar B. 2017. Pathways of heavy metals contamination and associated human health risk in

Ajay River Basin, India. Chemosphere, 174: 183~199.

Smedley P L, Kinniburgh D. 2002. A review of the source, behaviour and distribution of arsenic in natural waters. Appl. Geochem., 17(5): 517~568.

Stewart D K, Cairns K G. 1974. Endosulfan persistence in soil and uptake by potato tubers. Journal of Agricultural and Food Chemistry, 22(6): 984~986.

Stoffel M, Wyżga B, Marston R A. 2016. Floods in mountain environments: A synthesis. Geomorphology: 272: 1~9.

Støren E N, Dahl S O, Nesje A, et al. 2010. Identifying the sedimentary imprint of high frequency Holocene River floods in lake sediments: Development and application of a new method. Quaternary Science Reviews, 29: 3021~3033.

Szolnoki Z, Farsang A, Puskás I. 2013. Cumulative impacts of human activities on urban garden soils: origin and accumulation of metals. Environmental Pollution, 177: 106~115.

Taylor S R. 1964. Abundance of chemical elements in the continental crust: a new table. Geochim. Cosmochim. Acta, 28(8): 1273~1285.

Ter-Ghazaryan D, Heinen J T. 2006. Commentary: reserve management during transition: the case of Issyk-kul biosphere and nature reserves, Kyrgyzstan. Environ. Pract., 8(1): 11~23.

Tobiszewski M, Namieśnik J. 2012. PAH diagnostic ratios for the identification of pollution emission sources. Environmental Pollution, 162: 110~119.

Toichuev R M, Zhilova L V, Makambaeva G B, et al. 2017. Assessment and review of organochlorine pesticide pollution in Kyrgyzstan. Environmental Science and Pollution Research, 25(32): 31836~31847.

Tucca F, Luarte T, Nimptsch J, et al. 2020. Sources and diffusive air-water exchange of polycyclic aromatic hydrocarbons in an oligotrophic North-Patagonian Lake. Science of the Total Environment, 738: 139838.

USEPA. 1986. Quality Criteria for Water 1986. EPA 440/5-86-001. Washington, DC: 20460.

USEPA. 1997. Ecological Risk Assessment Guidance for Superfund: Process for Designing and Conducting Ecological Risk Assessment. Interim Final. USEPA Environmental Response Team. Edison: New Jersey.

USEPA. 1998. Guidelines for Ecological Risk Assessment. Risk Assessment Forum. USEPA: Washington DC.

USEPA. 2018. National Recommended Water Quality Criteria-Aquatic Life Criteria Table. https: //www. epa. gov/wqc/national-recommended-water-quality-criteria-aquatic-life-criteria-table#table.

Vilanova R M, Fernández P, Martínez C, et al. 2001. Polycyclic aromatic hydrocarbons in remote mountain lake waters. Water Research, 35(16): 3916~3926.

Vollmer M K, Weiss R F, Schlosser P, et al. 2002. Deepwater renewal in Lake Issyk-Kul. Geophysical Research Letters, 29(8): 1283.

Wang J Z, Wu J L, Pan B T, et al. 2018. Sediment records of Yellow River channel migration and Holocene environmental evolution of the Hetao Plain, Northern China. Journal of Asian Earth Sciences, 156: 180~188.

Wang J Z, Wu J L, Zeng H A. 2015. Sediment record of abrupt environmental changes in Lake Chenpu, upper reaches of Yellow River Basin, North China. Environmental Earth Science, 73(10): 6355~6363.

Wang J Z, Wu J L, Zhan S E, et al. 2021. Spatial enrichment assessment, source identification and health risks of potentially toxic elements in surface sediments, Central Asian countries. Journal of Soils and Sediments, 21(12): 3906~3916.

Wang S J, Zhang M J, Hughes C E, et al. 2016. Factors controlling stable isotope composition of precipitation in arid conditions: An observation network in the Tianshan Mountains, central Asia. Tellus B, 68(1): 26206.

Wang X P, Yang H D, Gong P, et al. 2010. One century sedimentary records of polycyclic aromatic hydrocarbons, mercury and trace elements in the Qinghai Lake, Tibetan Plateau. Environmental Pollution, 158(10): 3065~3070.

WHO. 1984. Endosulfan, Environmental Health Criteria 40. World Health Organiza- tion: Geneva.

WHO. 2004. Guidelines for Drinking Water Quality: Training Pack. WHO, Geneva.

WHO. 2011. Guidelines for Drinking Water Quality. 4th edn. World Health Organization, Geneva.

WHO. 2017. Guidelines for Drinking Water Quality. Fourth Edition Incorporating the First Addendum. WHO, Geneva.

Wilcox L V. 1955. Classification and Use of Irrigation Waters. USDA. Circ 969, Washington DC.

Wilhelm B, Arnaud F, Enters D, et al. 2012. Does global warming favour the occurrence of extreme floods in European Alps? First evidences from a NW Alps proglacial lake sediment record. Climatic Change, 113(3): 563~581.

Wilhelm B, Sabatier P, Arnaud F. 2015. Is a regional flood signal reproducible from lake sediments? Sedimentology, 62(4): 1103~1117.

Wuana R A, Okieimen F E. 2011. Heavy metals in contaminated soils: a review of sources, chemistry, risks and best available strategies for remediation. Isrn Ecology, 2011: 402647.

Xiao J, Jin Z D, Wang J, et al. 2015. Hydrochemical characteristics, controlling factors and solute sources of groundwater within the Tarim River Basin in the extreme arid region, NW Tibetan Plateau. Quaternary International, 380: 237~246.

Yang Y, Yin X A, Yang Z F, et al. 2018. Detection of regime shifts in a shallow lake ecosystem based on multi-proxy paleolimnological indicators. Ecological Indicators, 92: 312~321.

Yao T, Duan K, Xu B, et al. 2008. Precipitation record since AD 1600 from ice cores on the central Tibetan Plateau. Climate of the Past, 4(3): 175~180.

Yao Y, Meng X Z, Wu C C, et al. 2016. Tracking human footprints in Antarctica through passive sampling of polycyclic aromatic hydrocarbons in inland lakes. Environmental Pollution, 213: 412~419.

Yuan G L, Wu L J, Sun Y, et al. 2015. Polycyclic aromatic hydrocarbons in soils of the central Tibetan Plateau, China: Distribution, sources, transport and contribution in global cycling. Environmental Pollution, 203: 137~144.

Yunker M B, Macdonald R W, Vingarzan R, et al. 2002. PAHs in the Fraser River basin: A critical appraisal of PAH ratios as indicators of PAH source and composition. Org. Geochem., 33(4): 489~515.

Yunker M B, Perreault A, Lowe C J. 2012. Source apportionment of elevated PAH concentrations in sediments near deep marine outfalls in Esquimalt and Victoria, BC, Canada: Is coal from an 1891 shipwreck the source? Org. Geochem., 46: 12~37.

Zavialov P O, Izhitskiy A S, Kirillin G B, et al. 2018. New profiling and mooring records help to assess variability of Lake Issyk-Kul and reveal unknown features of its thermohaline structure. Hydrology and Earth System Sciences, 22(12): 6279~6295.

Zavialov P O, Izhitskiy A S, Kirillin G B, et al. 2020. Features of Thermohaline Structure and Circulation in

Lake Issyk-Kul. Oceanology, 60(3): 297~307.

Zeng H A, Wu J L, Liu W. 2014. Two-century sedimentary record of heavy metal pollution from Lake Sayram: A deep mountain lake in central Tianshan, China. Quaternary International, 321: 125~131.

Zhan S E, Wu J L, Jin M. 2022. Hydrochemical characteristics, trace element sources, and health risk assessment of surface waters in the Amu Darya Basin of Uzbekistan, arid Central Asia. Environmental Science and Pollution Research, 29(4): 5269~5281.

Zhan S E, Wu, J L, Wang J Z, et al. 2020. Distribution characteristics, sources identification and risk assessment of *n*-alkanes and heavymetals in surface sediments, Tajikistan, Central Asia. Science of the Total Environment, 709: 136278.

Zhang T W, Zhang R B, Yuan Y J, et al. 2015b. Reconstructed precipitation on a centennial timescale from tree rings in the western Tien Shan Mountains, Central Asia. Quaternary International, 358: 58~67.

Zhang Z Y, Jlili A, Jiang F Q. 2015a. Heavy metal contamination, sources, and pollution assessment of surface water in the Tianshan Mountains of China. Environ. Monit. Assess., 187(2): 33.

Zhao Y T, An C B, Mao L M, et al. 2015. Vegetation and climate history in arid western China during MIS2: New insights from pollen and grain-size data of the Balikun Lake, eastern Tien Shan. Quaternary Science Reviews, 126: 112~125.

Zhao Z H, Gong X H, Zhang L, et al. 2021. Riverine transport and water-sediment exchange of polycyclic aromatic hydrocarbons (PAHs) along the middle-lower Yangtze River, China. Journal of Hazardous Materials, 403: 123973.

Zhao Z H, Zhang L, Wu J L. 2016. Polycyclic aromatic hydrocarbons (PAHs) and organochlorine pesticides (OCPs) in sediments from lakes along the middle-lower reaches of the Yangtze River and the Huaihe River of China. Limnology and Oceanography, 61(1): 47~60.

Zhao Z P, Tian L, Fischer E, et al. 2008. Study of chemical composition of precipitation at an alpine site and a rural site in the Urumqi River Valley, Eastern Tien Shan, China. Atmos. Environ., 42(39): 8934~8942.

Zhou J C, Wu J L, Ma L, et al. 2019. Late Quaternary Lake-level and climate changes in arid Central Asia inferred from sediments of Ebinur Lake, Xinjiang, northwestern China. Quaternary Research, 92(2): 416~429.

Zhou J C, Wu J L, Zeng H A. 2018. Extreme flood events over the past 300 years inferred from lake sedimentary grain sizes in the Altay Mountains, Northwestern China. Chinese Geographical Science, 28(5): 773~783.

第五章 巴尔喀什湖流域水土环境与风险评估

巴尔喀什湖是一个巨大的内陆湖泊，湖泊平均水位 342.5 m，湖泊面积约 17512 km²。伊犁河对巴尔喀什湖水位和水化学起着至关重要的作用，约占水源补给的 78%，然而 1970 年伊犁河下游建成卡普恰盖水库并开始了长达 10 年的大量蓄水，农业等大规模的水资源利用，再加上气候干旱，导致湖泊水位在 1970~1987 年间持续降低。此外，近年来流域灌溉面积的逐渐增大，对水质和水量产生较大影响，并引发了一系列的生态环境问题。本章对巴尔喀什湖流域的水体和表层沉积物样品进行环境地球化学指标分析，阐述巴尔喀什湖流域水土环境的时空变化特征，通过相关性和主成分分析等多元统计方法剖析流域水土环境的影响因素，借助 PMF 模型定量识别水土污染物的主要来源，并运用各种污染和风险评价模型评估流域水土质量和风险水平，进而揭示巴尔喀什湖水土的现代环境特征、空间差异的原因及其生态风险的水平；在现代过程基础上，以巴尔喀什湖沉积岩芯为研究对象，测定沉积物的粒度、元素及 POPs 指标，在 ²¹⁰Pb、¹³⁷Cs 年代框架下，建立各地球化学指标在沉积岩芯中的时间变化序列，明确各指标所指示的环境意义，通过 CONISS 聚类分析划分湖泊沉积环境的主要阶段，进而恢复近 220 年来巴尔喀什湖环境变化过程及其环境事件，评估生态风险等级及其变化历史，同时结合流域自然和人文资料，探讨在自然和人类活动背景下巴尔喀什湖近 220 年不同时段环境变化的原因。

第一节 巴尔喀什湖水环境特征

一、温度和盐度的垂直变化

关于巴尔喀什湖水体温度、盐度随水深垂直变化的研究较少，这可能与该湖水较浅（平均约为 6 m）有关。图 5.1 为 1993 年 8 月湖泊水体温度和盐度的垂直变化及其相关性变化，表层湖水温度较低，为 19.7~21.2℃，随着水深增加，湖水温度逐渐升高，深度为 4 m 左右时，湖泊水体温度达到最大值，为 23.6℃；其后随着深度增加温度逐渐下降，在深度为 13.6 m 时，湖水温度为 21.8℃（Kawabata et al., 1999）。总体来看，湖泊水体温度随深度变化不明显，混合较均匀。湖水盐度随深度的垂直变化存在两种情形，一是西南部的湖水（B1~B11）盐度随深度增加逐渐减小，其中 0~1.5 m 减小速度较快，1.5 m 以下湖水盐度减小速度较慢；二是中部（B12~B16）湖水的盐度随深度增加先减小后增大，7.5 m 左右的湖水盐度最小，约为 2.519 g/L［图 5.1（b）］。因此，造成湖水温度-盐度的相关性变化也有两种形式，西南部湖水的盐度随温度增加先保持不变后逐渐减小，中部湖水的盐度随温度增加先陡增后逐渐减小［图 5.1（c）］。

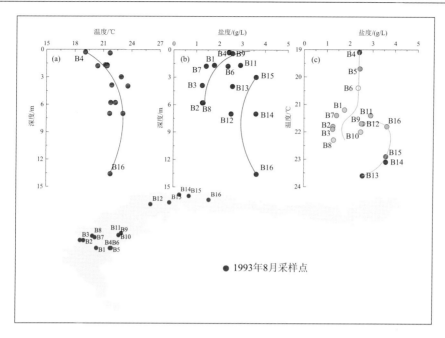

图 5.1　巴尔喀什湖温度和盐度随深度变化及盐度-温度相关性变化

数据引自 Kawabata 等 (1999)

二、盐度时空分布

图 5.2 分别为 1945 年和 2009 年夏季巴尔喀什湖水体盐度的空间分布图，自西向东，巴尔喀什湖湖面依次分为 I~Ⅷ八个湖区。1945 年，湖水盐度的范围为 1.261~5.243 g/L，由西向东湖面的盐度依次为 1.261 g/L、1.261 g/L、1.389 g/L、1.389 g/L、2.843 g/L、2.843 g/L、4.510 g/L 和 5.243 g/L [图 5.2(a)]（Petr, 1992）。2009 年，湖水盐度范围 1.453~5.763 g/L，由西向东，湖水盐度依次为 1.453 g/L、1.466 g/L、2.038 g/L、2.471 g/L、3.615 g/L、3.950 g/L、4.976 g/L 和 5.763 g/L [图 5.2(b)]（Dzhetimov et al., 2013）。由以上可知，巴尔喀什湖湖水盐度自西向东逐渐增加。此外，从时间尺度来看，巴尔喀什湖 2009 年湖水盐度较 1945 年略有升高（Dzhetimov et al., 2013）。

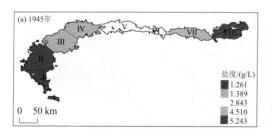

图 5.2　1945 年和 2009 年巴尔喀什湖不同水域的水体盐度分布

1945 年和 2009 年夏季数据分别引自文献 Petr (1992) 和 Dzhetimov 等 (2013)

图 5.3 表明，1993 年，湖泊水体盐度的变化范围为 1.25~4.74 g/L，红黄绿定义的盐度高中低值区空间分布为：红色区位于东部湖面，黄色区位于中部和小范围的最西部，绿色区则分布在伊犁河入河口附近(Kawabata et al., 1999)。2004 年 6/7 月，湖泊水体盐度的变化范围为 0.50~4.00 g/L，西南部湖水盐度为 0.50~1.50 g/L，自西南部向东，湖水盐度分别为 1.50~1.80 g/L、1.80~2.10 g/L、2.10~2.50 g/L、2.50~3.50 g/L 和 4.00 g/L (Krupa, 2017)。2018 年 7 月，湖泊水体盐度为 1.48~4.46 g/L，东湖区湖水盐度的分布和 1993 年 5 月相似，总体偏高；西湖区湖水较 1993 年 5 月偏低。

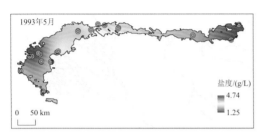 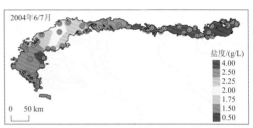

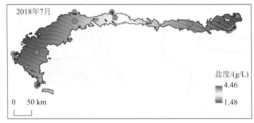

图 5.3 巴尔喀什湖不同时期水体盐度空间分布

1993 年 5 月数据引自文献 Kawabata 等(1999)；2004 年 6/7 月数据来自文献 Krupa(2017)

三、水化学性质

图 5.4 显示了巴尔喀什湖水化学(如碱度、pH、溶解氧、电导率)的垂直变化(Kawabata et al., 1999)。0~15 m 深度内，湖水碱度为 4~8.3 mEq/L，表层湖水碱度为 5.0~6.2 mEq/L，随着深度增加(1.7~5.8 m)，湖水碱度为 4.0~8.1 mEq/L，底部湖水碱度为 8.3 mEq/L (图 5.4)。湖水 pH 为 8.43~9.3，表层湖水 pH 为 8.78~9.12，随着深度增加，中层湖水 pH 为 8.43~8.99，底部湖水 pH 为 8.9。湖水溶解氧为 5.8~ 9.5 mg/L，其中表层湖水溶解氧浓度为 7.4~9.5 mg/L，随着深度增加，中层湖水溶解氧为 5.8~8.45 mg/L，底部湖水溶解氧为 6.7 mg/L。湖水电导率为 1.92~4.97 μS/cm，表层湖水的电导率为 3.44~3.59 μS/cm，较深湖水电导率为 1.92~4.96 μS/cm，底部湖水电导率为 4.97 μS/cm(图 5.4)。

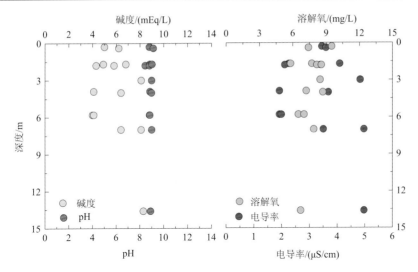

图 5.4　巴尔喀什湖水体碱度、pH、溶解氧和电导率的垂直变化

数据引自 Kawabata 等(1999)

图 5.5 为不同时期巴尔喀什湖水化学类型分布。对于阳离子而言,1945 年湖水 $Na^+ + K^+$ 所占比例为 55%~70%,Mg^{2+} 所占比例为 25%~30%,Ca^{2+} 所占比例在 5%~15%(Petr, 1992);1993 年,湖水中的 $Na^+ + K^+$ 所占比例较大,达到 50% 以上,Mg^{2+} 和 Ca^{2+} 所占比例较小,分别为 10% 和 40%(图 5.5)(Kawabata et al., 1999);2004 年湖水的 $Na^+ + K^+$ 所占比例为 55%~70%,Mg^{2+} 所占比例约为 30%,Ca^{2+} 所占比例约为 10%(图 5.5)(Krupa, 2017);2009 年大部分湖水中的 $Na^+ + K^+$ 所占比例为 50%~70%,Mg^{2+} 所占比例约为 30%,Ca^{2+} 所占比例约为 10%,东部Ⅶ~Ⅷ湖区 $Na^+ + K^+$ 所占比例约为 10%,Mg^{2+} 所占比例高达 80%(图 5.5)(Dzhetimov et al., 2013);2018 年湖水 $Na^+ + K^+$ 所占比例为 55%~70%,Mg^{2+} 所占比例为 25%~30%,Ca^{2+} 所占比例在 5%~15%。因此,巴尔喀什湖阳离子类型主要为钠型。对于阴离子而言,1945 年湖水 Cl^- 所占比例为 30%~50%,SO_4^{2-} 所占比例为 30%~45%,$CO_3^{2-} + HCO_3^-$ 所占比例为 15%~20%(Petr, 1992);1993 年湖水 Cl^- 所占比例为 30%~40%,SO_4^{2-} 所占比例为 40%~50%,$CO_3^{2-} + HCO_3^-$ 所占比例为 10%~30%(Kawabata et al., 1999);2004 年湖水 Cl^- 所占比例为 30%~40%,SO_4^{2-} 所占比例为 50%~60%,$CO_3^{2-} + HCO_3^-$ 所占比例为 10%~20%(Krupa, 2017);2009 年大部分湖水 Cl^- 所占比例为 20%~40%,SO_4^{2-} 所占比例为 45%~55%,$CO_3^{2-} + HCO_3^-$ 所占比例为 20%~30%(Dzhetimov et al., 2013);2018 年大部分湖水 Cl^- 所占比例为 20%~40%,SO_4^{2-} 所占比例为 35%~45%,$CO_3^{2-} + HCO_3^-$ 所占比例为 20%~40%。因此,巴尔喀什湖阴离子类型为无明显类型或硫酸盐类型。由上可得,不同时期巴尔喀什湖水化学类型主要为 Na-Cl 类型。

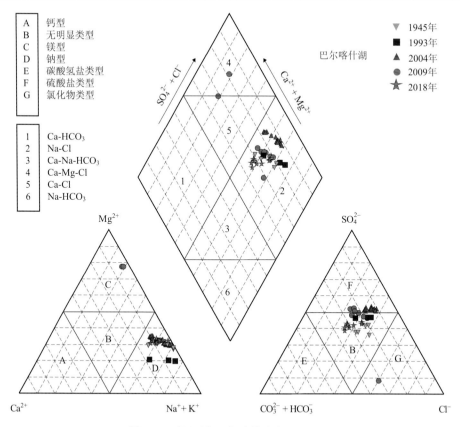

图 5.5　不同时期巴尔喀什湖水化学类型

1945 年、1993 年、2004 年、2009 年数据分别引自文献 Petr（1992）、Kawabata 等（1999）、Krupa（2017）、Dzhetimov 等（2013），
2018 年数据引自本课题组

图 5.6 为不同时期巴尔喀什湖水化学的控制因素。结果显示，1945 年、1993 年、2004 年、2009 年和 2018 年湖水水化学来源主要为蒸发结晶（图 5.6）（Krupa, 2017; Dzhetimov et al., 2013; Kawabata et al., 1999; Petr, 1992）。其中 1945 年、1993 年、2004 年和 2009 年湖水蒸发结晶程度较为相似，2018 年湖水蒸发结晶程度较以往时期有所增强（图 5.6）。

四、水体稳定同位素组成

2018 年 6 月巴尔喀什湖水体稳定氢氧同位素组成（δ^2H 和 $\delta^{18}O$）变化范围分别为 −91.13‰~−18.26‰ 和 −13.96‰~−0.53‰，均值分别为 −30.50‰ 和 −2.69‰（沈贝贝等，2020）。其中，湖泊东部水体 δ^2H 和 $\delta^{18}O$ 平均值分别为 −23.39‰ 和 −1.22‰，湖泊西部水体 δ^2H 和 $\delta^{18}O$ 平均值分别为 −24.07‰ 和 −1.61‰，湖泊东部水体氢氧同位素值高于西部水体，反映了湖泊东西部蒸发强度的差异，与降水量和蒸发量差异有关（沈贝贝等，2020）。

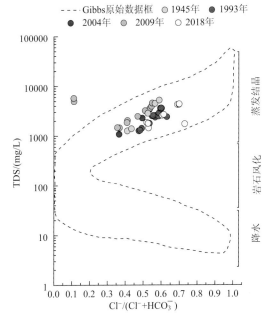

图 5.6　不同时期巴尔喀什湖水化学的控制因素

1945 年、1993 年、2004 年、2009 年数据分别引自文献 Petr(1992)、Kawabata 等 (1999)、Krupa(2017)、Dzhetimov 等 (2013)，2018 年数据引自本课题组

五、水位和盐度关系变化特征

图 5.7 为巴尔喀什湖 1960~2016 年水位和 1985~2018 年盐度的变化。1960~1970 年水位在 342.5 m 上下波动；1971~1987 年湖面逐渐下降了 2 m 左右，水位约为 340.5 m；1988~1991 年，水位上升到约 341 m；1992~1998 年水位在 341 m 上下维持；1999~2004 年，湖面升高了 1.3 m，水位约达到 342.3 m；2005~2013 年，水位维持稳定；2014~2016 年湖面又开始下降，2016 年水位约为 342 m（Sala et al., 2020）。巴尔喀什湖受河流补给的东西差异，造成东西湖水的盐度有所不同，在西巴尔喀什湖，1985 年、1989 年、1995 年、1999 年、2005 年和 2009 年湖水盐度分别为 0.65 g/L、1.97 g/L、1.53 g/L、1.44 g/L、1.56 g/L 和 1.42 g/L，表明 1985~2009 年间巴尔喀什湖西部湖水的盐度先增大后减小；在东巴尔喀什湖，1985 年、1989 年、1995 年、1999 年、2005 年、2009 年、2011 年湖水盐度分别为 2.53 g/L、2.63 g/L、2.77 g/L、3.44 g/L、3.73 g/L、4.17 g/L 和 5.12 g/L，表明 1985~2011 年间巴尔喀什湖东部湖水的盐度逐渐增大 （Dzhetimov et al., 2013）。然而，2018 年，巴尔喀什湖东部湖水盐度下降，西部湖水盐度有所升高。

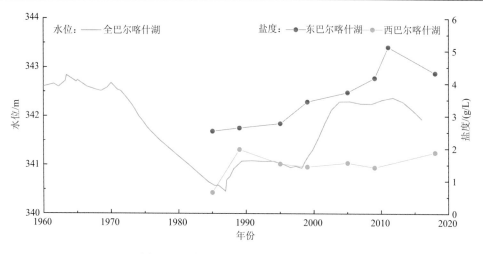

图 5.7　巴尔喀什湖水位和盐度时间变化

水位数据引自 Sala 等(2020)，1985~2011 年盐度数据引自 Dzhetimov 等(2013)，2018 年盐度数据引自本课题组

第二节　巴尔喀什湖流域水环境及风险评估

一、水化学特征

流域河流水体的 pH 为 7.58~8.61，平均值±标准偏差(SD)为(8.22±0.22)；湖泊水体的 pH 变化范围为 8.27~8.82，平均值±标准偏差为(8.58±0.24)，所有样品的 pH 均在WHO(2017)的允许范围内。河流水体电导率(EC)的范围是 143.9~877.3 μS/cm，平均值±标准偏差为(393.3±194.1) μS/cm；湖泊水体 EC 为 2032~5925 μS/cm，平均值±标准差为(4053±1540) μS/cm。湖泊水体的 NH_4^+ 浓度为 1.54~6.69 mg/L[平均值±标准偏差为(3.92±2.04) mg/L]，比河流水体中的 NH_4^+ 浓度高[变化范围为 0.003~0.43 mg/L，平均值±标准偏差为(0.17±0.11) mg/L]，反映了湖泊可能受到了更强的人类影响。

伊犁河水体阴离子浓度平均值从大到小依次为 $HCO_3^- > CO_3^{2-} > SO_4^{2-} > Cl^-$，阳离子浓度从大到小依次为 $Ca^{2+} > Na^+ > Mg^{2+} > K^+$。$HCO_3^-$ 是主要的阴离子，占阴离子总量的 62.0%；Ca^{2+} 是主要的阳离子，占阳离子总量的 43.3%。与全球河流水体离子浓度平均值相比，伊犁河水体离子浓度是全球平均值的 2~7 倍(Meybeck and Ragu, 2012)。伊犁河水体的 TDS 值变化范围为 91.3~608 mg/L(表 5.1)，平均值为 288.8 mg/L，高于全球河流水体的平均值(Meybeck and Ragu, 2012)，可能与干旱的气候环境有关。空间分布上，伊犁河不同区域水体 TDS 浓度总体上呈现从上游(163 mg/L)到下游(364 mg/L)递增的趋势，可能是与沿河独特的水文地质条件及地形地貌特征有关：上游地区的冰雪融水及降水补给较大，稀释了离子浓度，导致水体中各离子浓度较低；中下游地区降水少且蒸发作用强烈，使得水体在一定程度上蒸发、浓缩；再加上地表大面积暴露，当地较强的风化侵蚀作用释放大量盐离子并进入水体，导致水中各主要离子浓度和矿化度升高。

表 5.1　巴尔喀什流域水体化学组成的统计性分析和全球河流水体离子浓度平均值

水体类型		TDS /(mg/L)	Ca²⁺ /(mmol/L)	Mg²⁺ /(mmol/L)	Na⁺ /(mmol/L)	K⁺ /(mmol/L)	CO₃²⁻ /(mmol/L)	HCO₃⁻ /(mmol/L)	Cl⁻ /(mmol/L)	SO₄²⁻ /(mmol/L)
伊犁河 (n = 26)	最小值	91.3	0.7	0.1	0.1	0.0	0.0	1.0	0.0	0.2
	最大值	608.0	2.4	1.1	3.4	0.1	2.6	10.6	2.3	1.6
	平均值	288.8	1.3	0.5	1.1	0.1	0.9	3.6	0.5	0.7
	标准差	132.8	0.4	0.2	0.8	0.0	1.0	2.9	0.5	0.4
其他入 湖河流 (n = 29)	最小值	107.0	0.5	0.1	0.1	0.0	0.0	1.1	0.0	0.1
	最大值	604.0	1.8	1.3	4.3	0.1	3.3	3.8	1.4	1.8
	平均值	263.0	1.1	0.4	1.0	0.1	1.0	2.3	0.2	0.5
	标准差	148.0	0.4	0.3	1.0	0.0	1.3	0.8	0.3	0.5
巴尔喀 什湖 (n = 8)	最小值	1439	0.6	3.8	12.8	0.6	3.1	3.1	6.9	5.5
	最大值	4387	1.8	11.7	45.7	2.2	6.7	6.2	27.5	17.6
	平均值	2917	1.1	7.7	29.2	1.3	4.9	4.8	16.9	11.5
	标准差	1236	0.5	3.4	14.3	0.7	1.5	1.1	9.0	5.1
世界 平均[1]		120	0.4	0.2	0.3	0.05	—	1.0	0.2	0.1

1.引自 Meybeck 和 Ragu (2012)。

其他入湖河流水体 TDS 值变化范围为 107~604 mg/L，平均值为 263 mg/L（表 5.1）；阴离子以 HCO_3^- 和 CO_3^{2-} 为主，占阴离子总量的 80.9%；阳离子以 Ca^{2+} 为主，占阳离子总量的 41.7%。由此可以看出，其他入湖河流水体化学组成与伊犁河水化学组成相似，反映了相似的水文过程。

巴尔喀什湖水体阴离子浓度的高低顺序为 $Cl^- > SO_4^{2-} > CO_3^{2-} > HCO_3^-$，阳离子浓度的高低顺序为 $Na^+ > Mg^{2+} > K^+ > Ca^{2+}$。阴离子以 SO_4^{2-} 和 Cl^- 为主，分别占阴离子总量的 30.3%和 44.4%；阳离子以 Na^+ 为主，占阳离子总量的 74.2%。巴尔喀什湖水体矿化度平均值为 2917 mg/L，最高达 4387 mg/L（表 5.1）；其中湖泊东部水体的矿化度平均值为 3174 mg/L，西部水体矿化度平均值为 1881 mg/L。湖泊水体离子浓度标准偏差较大，反映了较大的空间差异性，东部湖水的离子浓度和 TDS 较西部高，与巴尔喀什湖西部淡水、东部咸水的特征相符。这种现象一方面与伊犁河汇入湖泊西部的稀释作用有关，另一方面可能与东、西部湖区的降水量、蒸发能力差异有关。据估算，巴尔喀什湖东、西部湖区的年均降水量分别为 15.0 × 10⁸ m³ 和 18.7 × 10⁸ m³，年均蒸发量分别为 1018 mm 和 987 mm（龙爱华等，2011）。

（一）离子组成特征以及来源

水化学 Piper 三角图能够体现水体的化学组成特征，进而可以辨别水体的一般化学特征及其控制单元（曾海鳌等，2013；Piper，1944）。图 5.8 为巴尔喀什湖流域不同类型水体主要离子摩尔浓度的相对比例。阳离子三角图显示，大部分河流水体阳离子位于左下角，表明 Ca⁺是主要的阳离子；湖泊水体的化学组成分布较为集中，具有较高比例的 Na⁺和

K^+。阴离子三角图中，大部分河流水体处于左下角，CO_3^{2-} 和 HCO_3^- 比例较高；湖泊水体位于中间，SO_4^{2-} 和 Cl^- 比例较高。中间的 Piper 图反映了水体整体的化学特征，河流水体阳离子中碱土金属(Ca^{2+} 和 Mg^{2+})高于碱金属(Na^+ 和 K^+)，阴离子中的弱酸离子(HCO_3^-)比例高于强酸离子(SO_4^{2-} 和 Cl^-)，水体化学类型为 Ca-HCO$_3$ 型；湖泊水体离子组成与之不同，水体化学类型为 Na-Cl 型。伊犁河-巴尔喀什湖流域水体化学组成与邻近的塔吉克斯坦水体(Wu et al., 2020)相似，反映了干旱环境条件下相似的水化学过程。

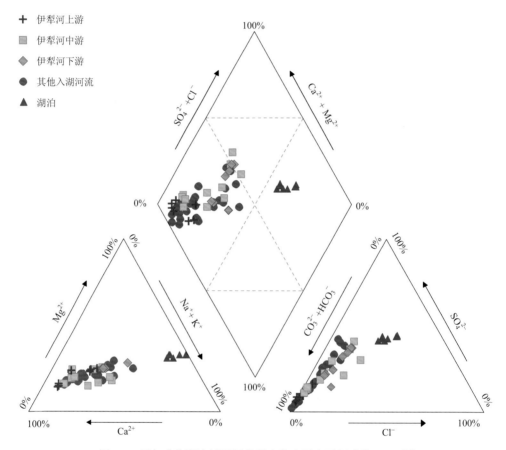

图 5.8　巴尔喀什湖流域不同类型水体主要离子组成的 Piper 图

伊犁河从上游到下游，水样中 HCO_3^- 占阴离子总量的比例从 81% 下降到 31%，Ca^{2+} 占阳离子总量的比例从 60% 下降到 45%，而 SO_4^{2-} 的比例从 9% 升高到 28%，Cl^- 的比例从 2% 升高到 11%，Na^+ 的比例从 16% 升高到 28%，水化学类型逐渐由重碳酸盐型过渡到硫酸化物型、氯化物型，反映了水化学性质的影响因素发生变化。另外，沿伊犁河灌溉渠中的两个采样点水体的 TDS(569.5 mg/L)、Na^+(3.0 mmol/L)、Cl^-(2.0 mmol/L)和 SO_4^{2-}(1.3 mmol/L)浓度较高，化学类型为 Ca·Na-HCO$_3$·Cl，可能与化肥施用、灌溉水蒸发等气候和人类活动有关。Gibbs(1970)通过对世界雨水、河流和湖泊等地表水体的水化学组分分析，将天然水化学成分的来源主要区别为 3 个，即大气降水控制型、岩石风化控制型、蒸发结晶控制型，因而，Gibbs 图可以定性判断水体离子的主要来源。由巴尔喀什湖流域的水体主要离子的 Gibbs 图可知(图 5.9)，大多数河流水体的 $Cl^-/(Cl^-+HCO_3^-)$ 值为 0.003~0.7，$Na^+/(Na^++Ca^{2+})$ 值为 0.1~0.7，TDS 值为 91.3~608 mg/L，主要处在岩石风化与蒸发结晶区之间。伊犁河上游河水的 $Cl^-/(Cl^-+HCO_3^-)$ 均值为 0.02，$Na^+/(Na^++Ca^{2+})$ 均值为 0.3，TDS 均值为 163 mg/L；中游河水的 $Cl^-/(Cl^-+HCO_3^-)$ 均值为 0.25，$Na^+/(Na^++Ca^{2+})$ 均值为 0.42，TDS 均值为 333 mg/L；下游河水的 $Cl^-/(Cl^-+HCO_3^-)$ 均值为 0.28，$Na^+/(Na^++Ca^{2+})$ 均值为 0.55，TDS 均值为 384 mg/L。伊犁河水体主要离子比值（尤其是阴离子比值）和 TDS 值整体上表现为从上游到下游的递增趋势，表明影响水体离子的作用逐渐从岩石风化为主转变为蒸发结晶作用为主，主要与伊犁河不同区域降水、蒸发情况等有关，伊犁河上游河谷地区降水丰富，加之天山冰雪融水，水体离子浓度低；中下游经萨雷耶西克特劳沙漠区后注入巴尔喀什湖，降水少，蒸发强烈，河水经蒸发浓缩，下游灌溉区以及南岸沙漠与盐碱地大面积地表暴露，导致当地较强的风化侵蚀作用，大量盐离子释放进入水体。

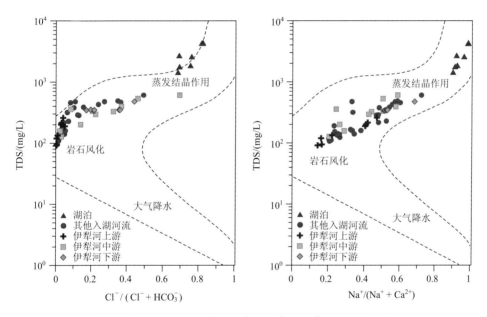

图 5.9　巴尔喀什湖流域不同类型水体主要离子的 Gibbs 图

河流水体中比值较高的 $Na^+/(Na^++Ca^{2+})$ 和 $Cl^-/(Cl^-+HCO_3^-)$ 也可能是方解石 $(CaCO_3)$ 析出沉淀导致水体中 Ca^{2+} 和 HCO_3^- 浓度下降所致。饱和指数(saturation index, SI)能够反映水体和矿物溶解相之间的相互作用程度；如果 SI > 0，溶液过饱和，容易发生矿物沉淀或结晶，而 SI < 0 的水体是不饱和的，矿物可能会保持溶解状态，SI = 0 表示矿物与溶液平衡。巴尔喀什流域水体方解石 SI > 0(平均值为 0.5)，并且方解石 SI 值和 Ca^{2+}/Mg^{2+} 值显著负相关($r = -0.34$，$p < 0.05$，$n = 55$)，表明水体方解石过饱和导致 $CaCO_3$ 结晶析出。

湖泊水体主要离子落在 Gibbs 模型上端的蒸发结晶作用区，具有较高的 TDS 值、

$Cl^-/(Cl^-+HCO_3^-)$（0.7~0.8）和 $Na^+/(Na^++Ca^{2+})$（~1），表明受蒸发结晶作用影响，水体 Na^+、Mg^{2+}、SO_4^{2-} 和 Cl^- 等离子富集。另一方面，湖泊水体中的石膏（SI 值：−1.5~−1.1）、硬石膏（SI 值：−1.4~−1.8）和石盐（SI 值：−5.8~−4.7）不饱和，表明沉积物中的盐溶解可能增加了这些离子的浓度。而湖泊水体中方解石（SI 值：0.5~1.1）、文石（SI 值：0.4~1.0）和白云石（SI 值：1.7~2.8）过饱和，这些碳酸钙类矿物的沉淀导致了水中 HCO_3^- 和 Ca^{2+} 浓度下降，也使得沉积物中方解石和白云石的比例较高（Sala et al.，2020）。湖泊东部水体的 $Cl^-/(Cl^-+HCO_3^-)$ 和 $Na^+/(Na^++Ca^{2+})$ 均值分别为 0.98 和 0.81，TDS 均值为 3890 mg/L；西部水体的 $Cl^-/(Cl^-+HCO_3^-)$ 和 $Na^+/(Na^++Ca^{2+})$ 均值分别为 0.92 和 0.71，TDS 均值为 1944 mg/L，反映了东部水体较西部水体受到的蒸发结晶作用更强。

不同的岩石风化过程产生不同的溶解离子组合，从而影响着当地的水化学特征，因此，通过分析研究区域水体中的离子比值，探索岩石风化产生的主要离子的来源（图 5.10）。河流水样位于碳酸岩、硅酸岩和蒸发岩端元附近 [图 5.10（a）]，表明这三种岩石类型的风化在溶解离子收支中起着重要作用。河流水体中 $(Ca^{2+}+Mg^{2+})/(Na^++K^+)$、$HCO_3^-/(Na^++K^+)$ 的值相对较高 [图 5.10（b）和（c）]，则 $(Na^++K^+)/TZ^+$ 的值较低 [$TZ^+=(Ca^{2+}+Mg^{2+}+Na^++K^+)$]，反映了相较于硅酸岩和蒸发岩风化，碳酸岩风化在当地水文地球化学中起着关键作用。碳酸岩通常比硅酸岩更易溶解，因此在自然条件下更容易风化（Pant et al.，2018）。流经碳酸岩地形的河流化学成分显示出与全球大型河流相似的离子分布（Han and Liu，2004；Liu et al.，2013），并显示出三种末端成分的混合趋势，包括石灰岩、白云石和硅酸岩来源 [图 5.10（d）]。相比之下，湖泊水样靠近蒸发岩和硅酸岩端元，并具有较低的 $(Ca^{2+}+Mg^{2+})/(Na^++K^+)$ 和 $HCO_3^-/(Na^++K^+)$ 值，反映了湖泊水体的化学组成深受蒸发岩溶解的影响，以及硅酸岩风化的作用。

通常情况下，水体中的 Na^+ 和 K^+ 主要来源于蒸发岩和硅酸岩的风化产物（朱秉启和杨小平，2007），当蒸发岩的溶解对水化学组成起主要作用时，水中 Na^++K^+ 与 Cl^- 含量比值应为 1:1。河流水体 Na^+ 含量远大于 Cl^-，因而，Na^+/Cl^- [平均值 3.6，图 5.10（e）] 和 $(Na^++K^+)/Cl^-$（平均值 3.9）值较高，说明 Na^+ 和 K^+ 主要来源于硅酸岩风化，例如钠和钾铝硅酸岩的风化（Dalai et al.，2002；Li et al.，2014）。湖水中 Na^+/Cl^- 的摩尔比接近 1:1 线 [图 5.10（e）]，因此 $(Na^++K^+)/Cl^-$ 值较低（平均 1.9），表明蒸发岩是水体大量 Cl^-、部分 Na^+ 和 K^+ 的来源。河流水体中 SO_4^{2-} 浓度高于 Cl^- [图 5.10（f）]，表明，如果蒸发岩是 SO_4^{2-} 的来源，则其成分主要为石膏或硬石膏，而不是石盐（NaCl，Dalai et al.，2002）。或者，当水体中 $SO_4^{2-} \geq Ca^{2+}$ 时，SO_4^{2-} 主要来源于黄铁矿的氧化（Dalai et al.，2002）。河流水体中 SO_4^{2-}/Ca^{2+} 值较低 [平均值为 0.5，图 5.10（g）]，表明硫酸盐来源于蒸发岩溶解。湖泊水体具有较低的 SO_4^{2-}/Cl^- 值（平均 0.7）和较高的 SO_4^{2-}/Ca^{2+} 比值（平均 15.2）[图 5.10（f）和（g）]，证明 SO_4^{2-} 是由蒸发岩的溶解和黄铁矿的氧化提供，这两种物质都存在于附近的沙漠中。

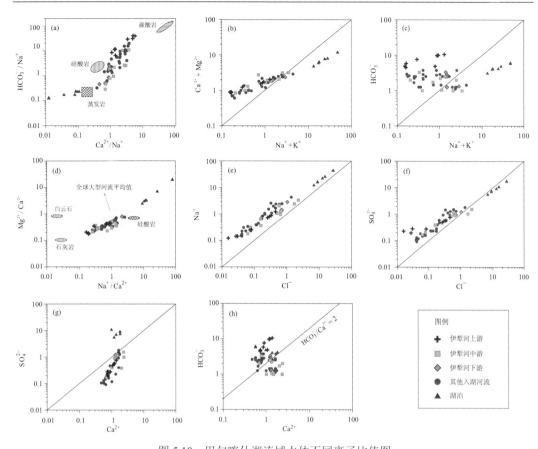

图 5.10 巴尔喀什湖流域水体不同离子比值图

(d)图中全球大型河流水体数据来自于 Han 和 Liu(2004)，碳酸岩、硅酸岩和蒸发岩的三端元模型数据来自于 Gaillardet 等(1999)，数据单位为 mmol/L

伊犁河水体中的离子值显示出较大的空间异质性，即上游样品位于碳酸岩一端，如方解石和白云石[图 5.10(a)和(d)]。另外，$HCO_3^-/(Na^++K^+)$值较高以及 HCO_3^-/Ca^{2+}值接近 2[图 5.10(c)和(h)]，也反映了碳酸岩来源的特征。而大多数下游样品偏向于硅酸岩端元，$(Ca^{2+}+Mg^{2+})/(Na^++K^+)$ 和 $HCO_3^-/(Na^++K^+)$值较低[图 5.10(b)~(d)]，表明硅酸岩风化作用的贡献越来越大。

(二)人类活动影响的定量评估及其空间差异

我们量化了降水、人为输入和多种岩石风化源对河流水化学的贡献。由于流域内蒸发岩较少分布，在原有质量平衡模型的基础上，我们进行了修改，该方程模拟了河水中任何元素"X"的收支(Galy and France-Lanord, 1999; Dalai et al., 2002; Liu et al., 2013; Li et al., 2019)，如下所示：

$$[X]_{riv} = [X]_{atm} + [X]_{carb} + [X]_{sil} + [X]_{anth} \tag{5-1}$$

式中，下标表示大气输入(atm)、碳酸岩风化(carb)、硅酸岩风化(sil)和人为活动(anth)对河流水体主要离子(riv)的贡献。有几个假设可以用于这个公式：① 超过大气来源的

Cl⁻被认为是人为排放，并被 Na⁺平衡；② Ca²⁺和 Mg²⁺等阳离子的人为输入不显著；③ 碳酸岩风化产生的 Na⁺和 K⁺不显著。因此，上述方程式修改如下：

$$[\text{Cl}]_{\text{riv}} = [\text{Cl}]_{\text{atm}} + [\text{Cl}]_{\text{anth}} \tag{5-2}$$

$$[\text{Na}]_{\text{riv}} = [\text{Na}]_{\text{atm}} + [\text{Na}]_{\text{sil}} + [\text{Cl}]_{\text{anth}} \tag{5-3}$$

$$[\text{K}]_{\text{riv}} = [\text{K}]_{\text{atm}} + [\text{K}]_{\text{sil}} + [\text{K}]_{\text{anth}} \tag{5-4}$$

$$[\text{Ca}]_{\text{riv}} = [\text{Ca}]_{\text{atm}} + [\text{Ca}]_{\text{carb}} + [\text{Ca}]_{\text{sil}} \tag{5-5}$$

$$[\text{Mg}]_{\text{riv}} = [\text{Mg}]_{\text{atm}} + [\text{Mg}]_{\text{carb}} + [\text{Mg}]_{\text{sil}} \tag{5-6}$$

大气输入对河流中溶解离子负荷的贡献可根据该地区雨水和冰雪融水的化学成分进行计算（Dalai et al., 2002）。本书中的$[\text{Cl}]_{\text{atm}}$假定为 0.016 mmol/L，这是从没有受到人类活动污染的高海拔山区采集的水体中 TDS 和 Cl⁻浓度获得的。大气输入（$[\text{X}]_{\text{atm}}$）提供的离子浓度通过以下方程式获得：

$$[\text{X}]_{\text{atm}} = [\text{X}/\text{Cl}]_{\text{rain}} \times [\text{Cl}]_{\text{atm}} \tag{5-7}$$

雨水中的 X/Cl 比率，即$[\text{X}/\text{Cl}]_{\text{rain}}$，是使用 2003 年和 2004 年天山山脉降水中的平均离子浓度计算（数据来自 Zhao et al., 2008）。大气输入比例可计算为

$$[\text{X}]_{\text{atm}} = ([\text{Na}]_{\text{atm}} + [\text{K}]_{\text{atm}} + 2 \times [\text{Mg}]_{\text{atm}} + 2 \times [\text{Ca}]_{\text{atm}}) / ([\text{Na}]_{\text{riv}} + [\text{K}]_{\text{riv}}$$
$$+ 2 \times [\text{Ca}]_{\text{riv}} + 2 \times [\text{Mg}]_{\text{riv}}) \times 100\% \tag{5-8}$$

Na⁺、Cl⁻、K⁺和 SO₄²⁻通常与人类活动有关（Kaushal et al., 2017; Li et al., 2019）。然而，本书中 K⁺在总阳离子中的比例很低（约 2.0%），因此，$[\text{K}]_{\text{anth}}$可以忽略不计。$[\text{SO}_4]_{\text{anth}}$通常来自工业污水和酸雨，后者是煤燃烧广泛而剧烈的结果。由于该地区降水量相对较低，且工业化程度不高，因此，通过大气沉降和工业污水向河流输入的人为 SO₄²⁻离子可能微不足道。因为山区没有受到人类活动的污染，来自灌溉渠的两个样本中 Na⁺和 Cl⁻的浓度远高于山区参考点记录的浓度值。因此，Na⁺和 Cl⁻与人为输入有关。

为了估计 Mg²⁺和 Ca²⁺对河流水体硅酸岩风化的相对贡献，我们使用了世界河流硅酸岩风化的平均值：$[\text{Ca}/\text{Na}]_{\text{sil}} = 0.4$ 和 $[\text{Mg}/\text{K}]_{\text{sil}} = 0.5$（Galy and France-Lanord, 1999）。因此，$[\text{Ca}]_{\text{sil}}$和$[\text{Mg}]_{\text{sil}}$可以写成：

$$[\text{Ca}]_{\text{sil}} = [\text{Na}]_{\text{sil}} \times [\text{Ca}/\text{Na}]_{\text{sil}} = 0.4[\text{Na}]_{\text{sil}} \tag{5-9}$$

$$[\text{Mg}]_{\text{sil}} = [\text{K}]_{\text{sil}} \times [\text{Mg}/\text{K}]_{\text{sil}} = 0.5[\text{K}]_{\text{sil}} \tag{5-10}$$

通过硅酸岩/碳酸岩溶解阳离子与硅酸岩和碳酸岩溶解阳离子之和的比值确定硅酸岩/碳酸岩平衡，公式如下：

$$[\text{X}]_{\text{sil}} = \left([\text{Na}]_{\text{sil}} + [\text{K}]_{\text{sil}} + 2 \times [\text{Mg}]_{\text{sil}} + 2 \times [\text{Ca}]_{\text{sil}}\right) /$$
$$\left([\text{Na}]_{\text{riv}} + [\text{K}]_{\text{riv}} + 2 \times [\text{Ca}]_{\text{riv}} + 2 \times [\text{Mg}]_{\text{riv}}\right) \times 100\% \tag{5-11}$$

$$[X]_{carb} = \left(2\times[Mg]_{carb} + 2\times[Ca]_{carb}\right)/ \\ \left([Na]_{riv} + [K]_{riv} + 2\times[Ca]_{riv} + 2\times[Mg]_{riv}\right)\times100\% \tag{5-12}$$

通过式(5-1)~式(5-12)，我们评估了四种来源对河水的离子贡献(图 5.11)。伊犁河大气降水的离子贡献率为 4.0%~21.1%(平均 10.3%)，其他河流为 3.9%~28.5%(平均 13.8%)。伊犁河和其他河流的人为贡献分别为 9.0%和 4.4%。伊犁河和其他河流的 $[X]_{sil}$ 平均值分别为 23.2%(13.5%~44.5%) 和 29.7%(16.1%~54.8%)。伊犁河 $[X]_{carb}$ 为 37.1%~75.4%，平均为 57.9%；其他河流的 $[X]_{carb}$ 为 29.7%~69.1%，平均为 52.6%。总体来说，不同来源对河流水体离子的相对贡献从高到低依次为碳酸岩风化 >硅酸岩风化 >大气输入 >人为输入，反映了碳酸岩和硅酸岩风化的相对重要性。对于伊犁河，碳酸岩风化和大气输入的贡献从上游到下游逐渐减少，而硅酸岩风化和人类活动的贡献则增加。

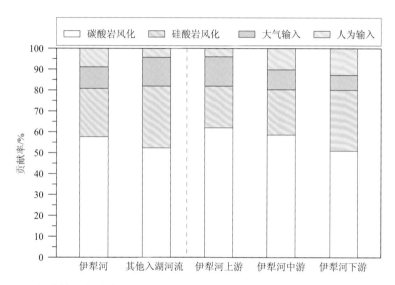

图 5.11　巴尔喀什湖流域碳酸岩风化、硅酸岩风化、大气输入和人为输入对河流水体中
主要离子的相对贡献比例

由以上可知，矿物风化对研究区域河流水体化学特征具有较大的控制作用(图 5.9~图 5.11)，不同岩石风化作用的贡献与主要矿物的空间分布一致(Shen et al., 2021b)，表明河流水体主要离子在很大程度上受当地裸露岩石的矿物学性质控制。此外，径流被认为是影响岩石风化的重要因素。与伊犁河相比，其他河流的年平均径流值较低(Kezer and Matsuyama, 2006; Duan et al., 2020)，可能是其 TDS 浓度稍低的原因(表 5.1)，这反映了与较低径流值相关的较低风化率。这在世界各地的其他河流中也观察到(Gailladet et al., 1999)。但在径流量低的情况下，其他因素，例如土壤覆盖，有时可能也很重要(Oliva et al., 2003)。就伊犁河流域而言，伊犁河上游径流量较大、离子浓度较低，可能是降雨量增加造成的浓度稀释所致(White and Blum, 1995)。

在整个流域内，南部山区的年平均降水量通常大于北部低海拔沙漠地区；年平均温度随海拔和植被覆盖而变化，在高海拔地区，温度通常会降低，而从山区到平原地区植被覆盖率增加(Kezer and Matsuyama, 2006；Duan et al., 2020)。水样中的 TDS 与海拔呈负相关($r = -0.334$, $p < 0.01$, $n = 63$)。流域低地具有高温、低降雨量和径流减少的特点，因而，河流样品中较高的离子浓度(图 5.10)，主要是温度升高引起蒸发的结果。据经验测量值和公式计算，伊犁河流域的潜在蒸散量从上游到下游呈增加趋势(Thevs et al., 2017)。因此，蒸发在下游河水和湖水中的离子浓度浓缩方面起着重要作用。

为确定研究区域人类对水化学影响的空间差异，我们进行了主成分分析，提取了两个 PC，解释了约 85.11% 的总方差(表 5.2)。PC1 约占总方差的 71.70%，Ca^{2+}、Mg^{2+}、Na^+、K^+、Cl^-、SO_4^{2-}、TDS 和 NH_4^+ 具有高载荷，表明水体中的这些离子不仅受自然过程的影响，还受人为输入的影响(Mondal et al., 2010; Yang et al., 2016)。PC2 具有较高载荷的 $CO_3^{2-} + HCO_3^-$，且 NH_4^+ 出现负载荷，指示了自然来源，例如岩石风化。在 PC1 与 PC2 的得分图中(图 5.12)，伊犁河上游样品位于左上角，对应于岩石风化。来自伊犁河中下游和其他河流的样本显示 PC1 的影响普遍增加，但 PC2 负荷较低，这是由于人类对流域中下游(包括伊犁河三角洲)水体离子组成的影响更强，NH_4^+ 增加。

表 5.2　巴尔喀什湖流域水体主要离子的主成分分析因子、特征值和方差的因子载荷

变量	主成分	
	PC1	PC2
TDS	0.98	−0.07
Ca^{2+}	0.90	0.06
Mg^{2+}	0.93	0.12
Na^+	0.95	0.00
K^+	0.69	0.38
Cl^-	0.88	0.01
SO_4^{2-}	0.94	0.04
NH_4^+	0.90	−0.28
$CO_3^{2-} + HCO_3^-$	−0.03	0.98
特征值	6.46	1.20
方差贡献率/%	71.70	13.41
累计方差贡献率/%	71.70	85.11

与河水中 NH_4^+ 的平均值相比，在人口密集定居点或农场附近采集的几个水样中，尤其是拥有较大灌溉面积的 Tashkarasu，观察到了较高的 NH_4^+ 浓度，这与该区水体较高的 TDS 和主要离子(如 Na^+ 和 Cl^-)浓度相一致(图 5.8 和图 5.9)。同时，通过质量平衡模型计算得出，人类对河水中主要离子的贡献增加，在 Tashkarasu 附近达到 20%(图 5.11)。证实了灌溉农业影响硝酸盐和主要离子的输入。阿拉木图州是哈萨克斯坦最大的农业区之一，密集的农业活动(Spitsyna and Spitsyna, 2007; Nurzhanova et al., 2013)直接改变了地表水的化学性质。整体而言，如 PCA 和质量平衡计算所示，伊犁河上游的人类对水化学成分的影响相对较小(图 5.10 和图 5.11)，且上游河段的离子被丰富的降雨量和较大的径

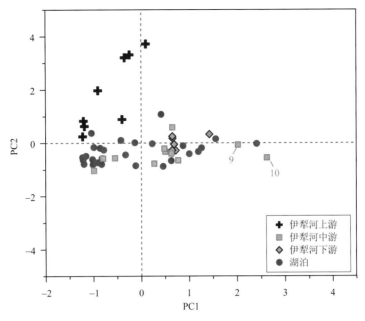

图 5.12 巴尔喀什湖流域水体主要离子的主成分分析

数字 9 和 10 表征灌溉渠中采集的水样

流所稀释。然而，在流域下游地区，农业等大量用水增多、径流量降低，同时，温度升高引起较大的蒸发量，这两者都会导致水体离子富集，并加重人类活动对水文地球化学的影响。此外，草地、灌木丛和贫瘠土地转换为灌溉农田以及水库，也可能会促进蒸发过程(Sterling et al., 2013)，进而影响当地的水文地球化学变化。

二、水体有毒元素浓度及风险评估

(一)地表水中有毒元素浓度与来源

伊犁-巴尔喀什湖流域河流水体中元素的浓度(平均值±标准偏差)：Co 为 (0.04±0.02)μg/L、Pb 为 (0.09±0.06)μg/L、Ni 为 (0.43±0.10)μg/L、Cr 为 (0.72±0.31)μg/L、Cu 为 (1.82±0.81)μg/L、As 为 (2.09±0.89)μg/L、Fe 为 (6.70±4.19)μg/L 和 Zn 为 (10.68±5.43)μg/L，这些元素平均浓度的大小顺序依次为 Zn > Fe > As > Cu > Cr > Ni > Pb > Co。由此可见，河流水体中的锌和铁是含量最丰富的元素，而铬、镍、铅和钴的含量较低。湖泊水体各元素浓度：Co 为 (0.10±0.06)μg/L、Pb 为 (1.10±1.78)μg/L、Ni 为 (0.53±0.26)μg/L、Cr 为 (0.35±0.11)μg/L、Cu 为 (7.04±9.51)μg/L、As 为 (40.27±25.58)μg/L、Fe 为 (16.32±7.22)μg/L 和 Zn 为 (20.11±13.41)μg/L，这些元素平均浓度的大小顺序依次为 As > Zn > Fe > Cu > Pb > Ni > Cr > Co。由此可见，湖泊水体中的 As、Zn 和 Fe 是含量最丰富的元素，而 Co 和 Ni 的含量较低。除 Cr 浓度外，湖泊水样中的有毒元素浓度高于河流中的浓度，反映了作为流域低点，湖泊聚集了来自周围自然源或人为来源的污染物。另外，在低降雨量和高蒸发量的情况下，蒸发浓缩过程可能导致微量元素的相对较高值(Xiao et al., 2019)。

将伊犁-巴尔喀什湖流域水样中检测到的有毒元素浓度与世界其他流域进行了比较（表 5.3），结果表明，与全球河流平均值相比，该流域水体中 Fe、Co 和 Ni 平均浓度较低，Cr、Cu 和 Pb 平均浓度相似，Zn 和 As 平均值较大。除 Co 外(Zhang et al., 2015)，河流中大多数元素的平均浓度均大于天山山脉河流的测定值。然而，该流域的 Zn 和 As 浓度低于世界上其他河流，但高于伊塞克湖流域的河流(Liu et al., 2020)。

表 5.3　巴尔喀什湖流域地表水中有毒元素浓度均值与全球其他水生系统中的浓度对比

	Cr /(μg/L)	Fe /(μg/L)	Co /(μg/L)	Ni /(μg/L)	Cu /(μg/L)	Zn /(μg/L)	As /(μg/L)	Pb /(μg/L)	参考文献
河流 (n = 17)	0.72	6.70	0.04	0.43	1.82	10.68	2.09	0.09	本书
天山河流，中国	0.05		0.09	0.02	0.38	0.36	0.04	0.03	Zhang et al., 2015
锡尔河，哈萨克斯坦	2.3			10.1	4.2		35.8	10.1	Rzymski et al., 2019
伊塞克湖流域河流，吉尔吉斯斯坦	36.0				4.2	9.6	1.3	1.5	Liu et al., 2020
Ajay 河，印度		1770	20	30	60	200		50	Singh et al., 2017
Tinto 河，西班牙	71	574	1380	559	42	48	521	372	Cánovas et al., 2010
Manaus 河，巴西	38			20	40	55			Ferreira et al., 2020
全球河流平均	0.70	66.00	0.15	0.80	1.48	0.60	0.62	0.08	Gaillardet et al., 2003
巴尔喀什湖 (n = 3)	0.35	16.32	0.10	0.53	7.04	20.11	40.27	1.10	本书
班公湖，中国	1.5			0.1	0.5		2.6	1.6	Lin et al., 2021
北咸海，哈萨克斯坦	1.5			13.0	1.9		24.1	1.5	Rzymski et al., 2019
Curtin 湖，马来西亚		1742		1.1	1.5	4.3		1.6	Prasanna et al., 2012
城市湖泊，喀麦隆	17	1620	9	9	10	16		16	Kwon et al., 2012
CMC[a]	16			470	13	120	340	65	USEPA, 2018[b]
CCC[b]	11	1000		52	9	120	150	2.5	
WHO	50	300	400	70	2000	500	10	10	WHO, 2017

　　a: 标准最大浓度（CMC）；b: 标准连续浓度（CCC）。

除 Cu、As 和 Zn 外，巴尔喀什湖有毒元素平均浓度低于喀麦隆城市湖泊(Kwon et al., 2012)和哈萨克斯坦北咸海(Rzymski et al., 2019)。巴尔喀什湖记录的某些元素的浓度相对高于世界各地其他受污染湖泊的浓度。例如，中国西藏班公湖附近的 Ni、Cu 和 As 值较低(Lin et al., 2021)，马来西亚 Curtin 湖的 Cu 和 Zn 浓度较低(Prasanna et al., 2012)。我们得出的结论是，伊犁-巴尔喀什湖流域河流中有毒元素的浓度低于世界上大多数主要河流流域的浓度，而巴尔喀什湖的水体显示出相对较高的金属浓度。

图 5.13 显示了流域水体中 Cu、Zn、Pb、Ni、Fe、Co、As、Cr 和 NH_4^+ 的空间分布模式。总的来说，Cu、Zn、Ni 和 Pb 的分布模式相似，尽管它们的浓度彼此不同，但这些元素可能具有相似的来源。最高的 Cu、Zn、Ni 和 Pb 浓度出现在巴尔喀什市附近的湖泊北部。Fe 和 Co 也观察到相似的空间分布模式，浓度高值出现在邻近伊犁河入湖口和卡拉塔尔河上游。在靠近 Dzungarian Alatau 的卡拉塔尔河上游和伊犁河中游，Cr 浓度较

高。由于湖泊东部水体 As 的浓度最高，其空间分布模式与其他元素的模式不同，但与 NH_4^+ 的分布模式相似。由于人类居住在河流和湖泊附近，这些水体中的有毒元素污染可能是由多种人类活动引起的。

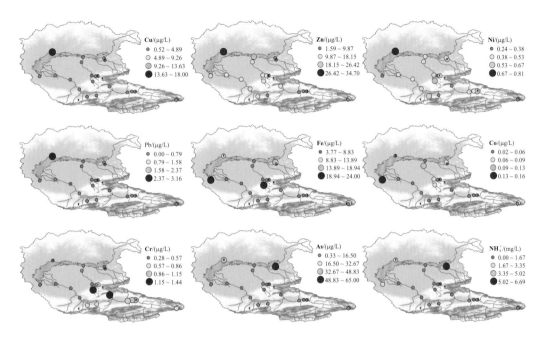

图 5.13　巴尔喀什湖流域地表水中有毒元素和 NH_4^+ 浓度的空间分布图

　　水样中有毒元素浓度之间的关系提供了有关污染物来源和迁移途径的信息。在地表水中，我们发现不同元素间存在显著的正相关关系，例如，Fe 和 Co 之间（$r = 0.80$）；Ni 和 Cu、Pb（$r = 0.62 \sim 0.65$）；Cu 和 As、Zn、Pb（$r = 0.52 \sim 0.97$）；Zn 和 Pb（$r = 0.72$）；Pb 和 As（$r = 0.48$）（图 5.14）。此外，As 与 NH_4^+ 呈显著正相关（$r = 0.97$）（图 5.14），表明来源（地质成因或人为成因）、淋溶和迁移途径相似。然而，Cr 与其他金属之间不存在显著关系则表明，与其他元素相比，Cr 具有不同的来源和/或迁移途径。

　　为了进一步研究这些污染物与其可能来源的关系，本书通过主成分分析（PCA）进行来源分析。本书选择了 4 个特征值超过 1 的 PC，累计方差贡献率为 90.83%（表 5.4）。PC1 解释了 34.57% 的总方差，并且 Ni、Cu、Zn 和 Pb 有很强的正载荷。Pb 和 Ni、Pb 和 Cu、Pb 和 Zn 之间的显著正相关也支持这一点（图 5.14），表明它们存在共同来源。西部湖盆北部的浓度升高可以解释为采样点非常靠近巴尔喀什市，该市是一家名为 Balkhashtsetmet 的有色冶金厂的所在地（Tilekova et al., 2016）。湖岸的工业开采也为水域提供了金属污染来源，例如，位于巴尔喀什市以北 15 km 处的 Konyrat 铜矿，以及位于巴尔喀什市以东 210 km 和巴尔喀什湖以北 30 km 处的 Sayak 多金属矿床（Krupa et al., 2020）。同样，水中 Ni 和 Zn 的高浓度可能与工业废物、密集交通和城市径流有关（Ferreira et al., 2020; Islam et al., 2020）。我们的研究结果表明，地表水中的高金属浓度主要来自与工业活动相关的废水排放，这导致水质下降，并使居民暴露于潜在风险中。

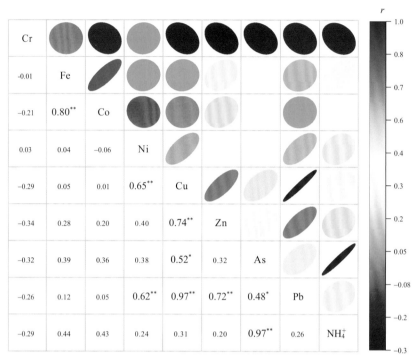

图 5.14　巴尔喀什湖流域水体中有毒元素的相关性分析

*表明相关性在 0.05 水平上显著；**表明相关性在 0.01 水平上显著

表 5.4　巴尔喀什湖流域水体有毒元素的主成分分析结果

	主成分			
	PC1	PC2	PC3	PC4
Ni	0.735	0.290	−0.115	0.362
Cu	0.938	0.227	−0.052	−0.130
Zn	0.821	−0.058	0.282	−0.292
Pb	0.936	0.171	0.014	−0.108
Cr	−0.160	−0.203	−0.016	0.923
As	0.315	0.910	0.205	−0.125
NH_4^+	0.105	0.937	0.274	−0.121
Fe	0.075	0.203	0.933	0.092
Co	−0.028	0.202	0.908	−0.142
特征值	3.11	2.00	1.91	1.16
方差贡献率/%	34.57	22.21	21.21	12.84
累计方差贡献率/%	34.57	56.78	77.99	90.83

　　PC2 占总方差的 22.21%，As 和 NH_4^+ 具有高载荷。As 与 NH_4^+ 显著正相关也支持这一点 (图 5.14)。巴尔喀什湖东部水体的 As 和 NH_4^+ 平均浓度最高 (图 5.13)，这可能是由城市地区人类活动导致的，这些活动可能会在卡拉塔尔河和列普斯河中产生高污染负荷。

就卡拉塔尔河而言，上游塔尔迪库尔干市附近和铁克利市下游 As 浓度较高。根据城市地区土壤地球化学调查的报告(Luo et al., 2012)，居民区高浓度 As 可能来自家庭燃煤。湖水污染的另一个途径是来自列普斯河沿岸的灌溉用地和湖以北的 Sayak 农场(Krupa et al., 2020)，因为施肥可能会增加 As 的浓度(Islam et al., 2020)。因此，PC2 指示了城市污水和农业废水等污染源的特征。

PC3 占总方差的 21.21%，Fe 和 Co 的载荷较高。Fe 在自然土壤中含量丰富，可能主要来源于岩石的自然风化(Habib et al., 2020)。Fe 和 Co 之间的强相关性(图 5.14)表明，这些污染物主要来源于地壳。这些元素可以结合在土壤颗粒中，通过地表径流等途径渗入水中，而这一过程可能会因人类活动而增强，例如农田排水(Kelepertzis, 2014)。西部湖盆西南部水样中的 Fe 和 Co 浓度最高，这可能与伊犁河流量有关。伊犁河下游的水稻种植面积约为 30000 hm^2，1990~2012 年，其回水量为 11236 万~32012 万 m^3(Krupa et al., 2020)。因此，下游河段村庄饮用水中的污染物浓度(如 Fe)显著增加，远高于伊犁河的测量值(Nurtazin et al., 2020)。因此，铁和钴含量最高的地点主要与密集的农业活动有关。

最后，PC4 占数据矩阵方差的 12.84%，Cr 的正载荷较高。在流经 Dzungarian Alatau 南部斜坡及其西部的煤铀矿床区的水体中发现 Cr 浓度最高。先前的研究报告称，煤炭开采活动可能是土壤中 Cr 的主要来源(Pandey et al., 2016)。尽管出于生态考虑，该矿床不具有商业价值，但土壤中的多个矿物相含有 Cr，并可能释放其中的 Cr 进入水体(Kelepertzis, 2014)。因此，Cr 浓度值的变化可能反映了母岩的淋滤。

此外，伊犁河源头地区不受人类活动的直接影响，但水体高浓度的 Zn、Fe、Co 和 Cr(图 5.13)，推测是大气迁移和冰雪融水释放的结果。该流域盛行西风，这些污染物随大气迁移，经干湿沉降冷凝在高山地区的冰川、积雪中，而富集的污染物可以在冰雪融化过程中重新被释放出来。河流源头水样的 δ^2H 和 δ^{18}O 偏负，反映了大气降水、天山冰川/雪融水的水源特征(Shen et al., 2021b)。类似地，具有半挥发性的有机污染物也可能通过大气迁移和沉降到达源头地区(Shen et al., 2021a)。邻近的其他地区的研究也得出了相似的结果，例如，冬季，附近的 Abramov 冰川中 Hg、Cr 和 Zn 的人为贡献越来越大(Kulmatov and Hojamberdiev, 2010)；相邻的青藏高原湖泊沉积物记录了冰川融化导致有毒元素浓度升高(Zhu et al., 2020)。此外，源头地区分布着大量碳酸岩，且降雨量相对较高(Shen et al., 2021b)，这可能会导致 Co、Cr 和 As 随岩石风化(例如碳酸岩风化)和次生盐随降水淋溶进入水体(Xu et al., 2020)。

(二)水质评价与生态风险评价

阿拉木图州是哈萨克斯坦最大的农业区之一，农业灌溉耗水量较大(Thevs et al., 2017；Shen et al., 2021a)；因此，灌溉水的质量关系着粮食生产的优质高产。根据相关规定(Shil and Singh, 2019)，用于灌溉的巴尔喀什湖流域河流水体的 EC 值应低于相关农用灌溉水的标准，而 EC 值高的湖水不适合灌溉农田。此外，结合 EC 值，SAR 被用于评估灌溉用水的水质(Xiao et al., 2019)。河流水体的 SAR 值为 0.09~0.80，平均值为 0.39，湖水中的 SAR 值为 4.69~9.25，平均值为 6.22[图 5.15(a)]。河流水样被归类为 S1-C1 和

S1-C2 类，具有低至中等盐度和低碱度，可用于灌溉，几乎没有危险 [图 5.15(a)]。然而，取自东部湖泊的一个样品属于 S2-C4 类，具有极高盐度危害和中等碱度危害；另外两个取自西部湖泊的水样属于 S1-C4 类，具有极高的盐度危害和低碱度危害；指示了湖泊水质较差，但可用于具有良好渗透性的砂质土壤或有机质含量高的土壤，或用于灌溉耐盐植物（Xiao et al., 2019）。

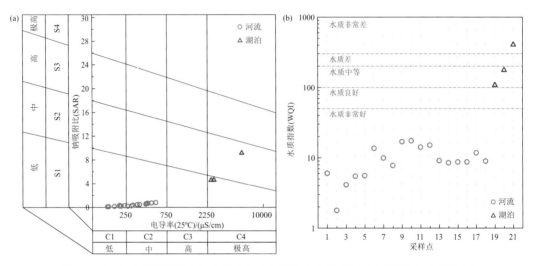

图 5.15　巴尔喀什湖流域水体的盐度危害和钠危害的关系评级 (a) 以及水质指数 (b)

通过与 WHO (2017) 制定的水质指南进行比较，评估饮用水的适宜性（表 5.3）。流域水体几乎所有元素的浓度均在安全范围内，但湖水样品中的 As 浓度范围为 13.83~64.89 μg/L，超出了标准范围，表明湖水中的 As 可能产生有害影响。此外，WQI 用于更全面地了解饮用水水质 [图 5.15(b)]。河水样的 WQI 值为 1.88~20.26，平均值为 10.92；湖水样的 WQI 平均值为 271.6，范围为 129.14~480.21。所有的河水样都被评为水质非常好，而 67% 的湖水样本属于"中等"类，33% 的湖水样属于"水质非常差"类。WQI 值较高的样品出现在湖泊的北部和东北部。如上所述，湖泊北岸的巴尔喀什市附近是主要工业区，排放一些高浓度的有毒元素，如 Pb、Zn、Cu 和 Ni（图 5.13）。因此，水质受到工业废水排放的显著影响。湖泊东北部水体中 As 和 NH_4^+ 浓度较高（图 5.15），表明城市生活污水和农业径流的大量排放导致该地区水质较差。此外，WQI 高的湖水可能是蒸发量大使水体浓缩，导致水体有毒物质浓度升高，特别是东部地区（Shen et al., 2021b）。因此，应更加关注这些水质较差的区域。

将流域水体溶解的有毒元素浓度与 USEPA (2018) 制定的淡水水生生物保护水质指南进行比较（表 5.3）。大多数有毒金属浓度在水生生物保护的标准值内，即标准最大浓度（CMC）和标准连续浓度（CCC）。然而，湖水中 Cu (18.0 μg/L) 和 Pb (3.16 μg/L) 的最大浓度分别超过 CMC 和 CCC 水平。这意味着研究区水生环境中的生物群不会受到大多数有毒元素的负面影响，但湖水中的铜和铅可能会对水生生物造成潜在危害。

根据健康风险评价模型和评价参数，计算了巴尔喀什湖流域水体中有毒元素通过饮水和皮肤接触对儿童和成人产生的致癌和非致癌的健康风险值(图5.16)。总的来说，就非致癌风险而言，儿童的 THI 值为 8.42×10^{-2} ~10.09 变化(平均值 1.30)，成人的 THI 数值为 5.86×10^{-2} ~7.47 变化(平均值 8.93×10^{-1})[图5.16(a)]。其中湖水中的 THI 值较高，儿童的 THI 值为 2.35~10.9，成人为 1.62~7.47，超过了 USEPA 推荐的安全标准(< 1)。两个年龄组通过皮肤接触的风险指数(HI_{dermal})均在安全范围内(成人：3.52×10^{-3} ~4.38×10^{-2}，儿童：4.04×10^{-3} ~5.03×10^{-2})[图5.16(c)]，表明皮肤接触途径对人体健康的影响可以忽略不计。成人通过饮用水的风险指数($HI_{ingestion}$)为 5.51×10^{-2} ~7.43，儿童为 8.02×10^{-2} ~10.8，其中湖水样品风险值较大(成人：1.61~7.43，儿童：2.34~10.8)。因此，如果饮用湖水，其中的污染物将构成潜在的健康危害[图5.16(c)]。就单个元素的 HI 而言，8 种有毒元素显示出不同的值，其中 As 产生的非致癌风险指数值(HI)远高于其他元素，是总非致癌风险的最大贡献者[图5.16(d)]。河水中 As 对成人和儿童产生的 HI 值均在规定标准内，而所有湖泊水样中 As 对成人的 HIs 值均超过安全限值 1，大多数湖泊水样的儿童 HI-As 值高于 1。除 As 外，其余 7 种元素的 HI 值均小于 1，说明其危害性较小。

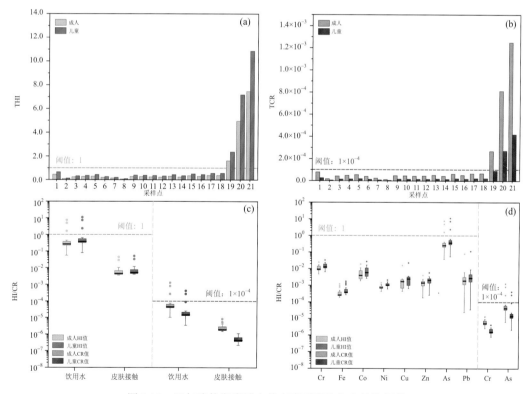

图5.16　巴尔喀什湖流域水体有毒元素的生态风险评估

(a)不同水体采样点的成人和儿童的总危险指数(THI)；(b)总致癌风险值(TCR)；(c)不同暴露途径的危险商(HI)和癌症风险值(CR)；(d)单个元素的 HI 和 CR 值。图(c)和(d)中，方框内的水平线表示中间值，误差线表示 1.5IQR 范围内的数据，单独的点表示离群点。样品 1~18 来自河流，样品 19~21 来自湖泊对于致癌风险，当健康风险值低于 10^{-6}，认为不会对人体产生明显的致癌风险，而高于（10^{-4}），则存在潜在风险。As 和 Cr 是具有致癌风险的有毒元素，因此，计算了 As 和 Cr 的致癌风险值（CR）。成人的总 CR（TCR）值范围为 $1.21 \times 10^{-5} \sim 1.25 \times 10^{-3}$，儿童的 TCR 范围为 $3.95 \times 10^{-6} \sim 4.17 \times 10^{-4}$。除湖水样品可能产生高风险外，大多数水样对于两个年龄段人群的致癌风险都是可以接受的，不会对人体产生明显的致癌风险 [图 5.16（b）]。两个年龄组通过皮肤接触的 CR（CR_{dermal}）均在可接受的致癌风险水平（10^{-4}）内，即通过皮肤接触途径的致癌性风险较小。成人饮用水的 CR（$CR_{ingestion}$）为 $1.03 \times 10^{-5} \sim 1.24 \times 10^{-3}$（平均值=$1.48 \times 10^{-4}$），儿童的 $CR_{ingestion}$ 为 $3.46 \times 10^{-6} \sim 4.17 \times 10^{-4}$（平均值 4.98×10^{-5}）[图 5.16（c）]；不同地区采样点，湖水样的 CR 值较高，超过了可接受的致癌风险水平（10^{-4}）。以上结果说明，通过饮用受污染的湖水可能存在致癌风险。对比 As 和 Cr 产生的致癌风险，As 是总风险的主要贡献者 [图 5.16（d）]。对于所分析的所有样点，河水不会对人体产生明显的致癌风险，但湖水存在较高的致癌风险。

风险评估表明，成人致癌风险高于儿童，儿童更容易受到这些元素的有害影响。健康问题主要是由饮水引起，而皮肤接触产生的健康风险可忽略不计。湖水存在潜在的健康风险，As 是引起致癌风险的主要污染物。考虑到 As 的潜在致癌作用，应特别注意 As 对当地居民的影响，并采取措施维持健康的水生生态系统。

通过多元统计分析伊犁-巴尔喀什流域水质中有毒元素浓度变化表明，河水中有毒元素的平均浓度：Zn > Fe > As > Cu > Cr > Ni > Pb > Co。对于湖水，元素平均浓度：As > Zn > Fe > Cu > Pb > Ni > Cr > Co。在所有分析的样点中，湖水中的污染物浓度均高于河水中的浓度，Cr 除外。湖泊中这些污染物浓度与工业和城市径流有关，它们是主要污染源。湖水中铜、铅和砷的最大浓度超过了水质要求。根据 EC、SAR 和 WQI，河水具有良好的灌溉和饮用质量，而湖水需要进行处理，以降低盐度、钠和有毒元素的浓度。此外，居住在湖边的居民可能会受到污染物的潜在健康威胁，主要与砷污染有关。水域中的污染物浓度因多种自然和人为过程而异，空间分布趋势和多元分析突出了这一点。

三、水体 POPs 浓度与潜在生态风险

（一）OCPs 和 PAHs 浓度以及来源解析

巴尔喀什湖流域的河流水样中，检测到 12 种 OCPs（表 5.5），总 OCPs 浓度变化范围为 4.02~122.8 ng/L，平均值为 23.74 ng/L。不同种类 OCPs 检出含量以 Endos（α-Endo、β-Endo、Endosulfan sulfate）最高，浓度范围为 1.33~104.0 ng/L，占总 OCPs 的 68.4%；其次是 DDTs（1.58~13.54 ng/L）和 HCHs（0.10~6.51 ng/L）。就单个 OCPs 而言，水体中 Endosulfan sulfate（平均值：15.87 ng/L）是主要的污染物，其次是 p, p'-DDT（平均值：5.28 ng/L）。

表 5.5　巴尔喀什湖流域河流水体 OCPs 和 PAHs 含量

OCPs	范围 /(ng/L)	平均值 /(ng/L)	SD /(ng/L)	检出率 /%	PAHs	范围 /(ng/L)	平均值 /(ng/L)	SD /(ng/L)	检出率 /%
α-HCH	ND~1.51	0.09	0.38	6.25	Nap	ND~15.94	5.24	4.64	68.75
β-HCH	ND~4.86	0.69	1.59	68.75	Ace	ND~6.62	2.66	1.92	87.50
γ-HCH	0.10~1.65	0.73	0.61	100	Flu	ND~10.72	3.37	2.61	81.25
p, p'-DDE	ND~1.25	0.30	0.39	93.75	Phe	4.66~18.73	10.16	4.31	100
p, p'-DDT	1.48~12.64	5.28	3.64	100	Ant	ND~2.69	0.82	0.73	87.50
γ-Chlor	ND~0.88	0.14	0.22	75.00	Flt	ND~3.03	1.12	1.02	68.75
α-Chlor	ND~0.16	0.02	0.04	25.00	Pyr	0.20~18.09	6.74	5.05	100
Endrin	ND~0.72	0.25	0.24	93.75	BaA	ND~2.45	0.31	0.61	62.50
α-Endo	ND~1.19	0.32	0.35	93.75	Chr	ND~1.54	0.59	0.50	75.00
β-Endo	ND~0.62	0.04	0.16	6.25	BbF	ND~2.15	1.12	0.71	87.50
Endosulfan sulfate	1.28~103.3	15.87	26.97	100	BkF	ND~0.24	0.09	0.08	68.75
HEPX	ND~0.05	0.01	0.02	56.25	BghiP	ND~0.65	0.07	0.19	12.50

注：ND 代表未检测出或低于检测限。

与河流水体相比，湖泊水体中监测到 10 种 OCPs，包括 β-HCH、γ-HCH、p, p'-DDE、p, p'-DDT、γ-Chlor、α-Chlor、Endrin、HEPX、α-Endo 和 Endosulfan sulfate。湖泊水体中的主要 OCPs 污染物是 p, p'-DDT（3.00 ng/L）和 Endosulfan sulfate（1.14 ng/L）。湖泊水体的总 OCPs 的浓度为 4.50~5.39 ng/L，其中 DDTs（2.71~3.37 ng/L）和 Endos（1.20~1.23 ng/L）浓度较高。

河流水样中检测到 12 种 PAHs（表 5.5），总 PAHs 浓度变化范围为 7.58~70.98 ng/L，平均值为 32.29 ng/L。在检测到的 PAHs 中，Nap、Flu、Phe 和 Pyr 含量丰富，分别占总 PAHs 的 16.2%、10.4%、31.5%和 20.9%。不同环数 PAHs 化合物含量分析显示，2 环 PAHs（Nap）的浓度为 ND~15.94 ng/L，3 环 PAHs（Acy、Ace、Flu、Phe、Ant）的含量为 6.79~41.79 ng/L，4 环 PAHs（Flt、Pyr、BaA、Chr）的含量为 0.20~20.61 ng/L，5 环 PAHs（BbF、BkF、BaP、DahA）的含量为 ND~2.35 ng/L，6 环 PAHs（BghiP、InP）为 ND~0.65 ng/L。

湖泊水体中的总 PAHs 浓度为 31.27~34.12 ng/L，平均值为 32.69 ng/L。与河流水体 PAHs 组成相似，湖泊水体中检测到的主要污染物是 Nap（6.50 ng/L）、Ace（3.79 ng/L）、Phe（5.88 ng/L）和 Pyr（9.36 ng/L）。就不同环数而言，湖水中 2 环 PAHs 的浓度为 6.50 ng/L，3 环多环芳烃的浓度为 15.06 ng/L，4 环 PAHs 的浓度为 11.27 ng/L，5 环 PAHs 浓度为 0.95 ng/L。

巴尔喀什湖流域水体中不同 OCPs 的浓度如图 5.17 所示。总体来看，OCPs 以 Endos 和 DDTs 为主；而水体中 HEPT 的浓度和检测率都很低，不是主要的 OCPs 污染物（表 5.5），所以在此不做深入探讨。Endos 类化合物中 Endosulfan sulfate 普遍存在，且浓度远高于 α-Endo 和 β-Endo 的浓度［图 5.17（a）］。这可能与 Endosulfan sulfate 较强的耐降解性有关。另外，巴尔喀什湖流域水体的氧气充足和碱性条件（pH: 7.78~8.79）可能会促使 Endosulfan 氧化为 Endosulfan sulfate（Weber et al., 2010）。Endos 被广泛用于防治农业害虫和螨虫，特别是在棉田和甜菜田。2003 年，阿拉木图州的棉田占哈萨克斯坦全国棉田总量的近 50%；甜菜种植占全国甜菜种植面积的近 50%，占全国制糖产量的 70%以上（Statistics Agency of the Republic of Kazakhstan，2004）。1958~1991 年，苏联是全世界 Endos 使用量最大的国家之一（Li and Macdonald，2005），其结果可能导致了阿拉木图地区大量的 Endos 残留，其浓度甚至超过了安全阈值（Lozowicka et al.，2015）。因此，过去大量 Endos 施用以及水体中的降解过程是造成这些水体中高浓度硫丹化合物的原因。

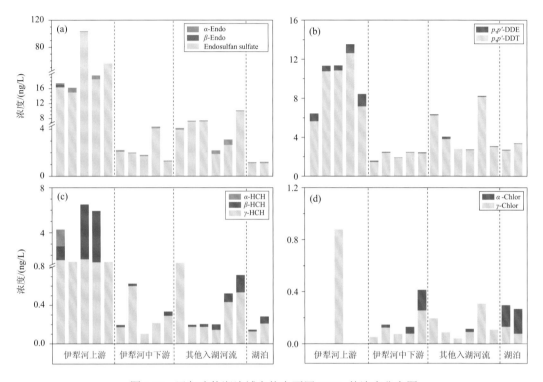

图 5.17　巴尔喀什湖流域水体中不同 OCPs 的浓度分布图

　　环境中的 p, p'-DDT 在好氧和厌氧条件下分别降解为 p, p'-DDE 和 p, p'-DDD；因此，p, p'-DDT 及其降解产物的相对浓度可用于研究这种杀虫剂的施用情况（Ene et al., 2012；Montuori et al., 2014）。巴尔喀什湖流域水样中均检测到了 p, p'-DDT 和 p, p'-DDE，其中 p, p'-DDT 浓度明显高于 p, p'-DDE [图 5.17（b）]，表明环境中存在新的 p, p'-DDT 输入。哈萨克斯坦农药仓库附近收集的土壤样本也发现 p, p'-DDT 是 DDTs 的主要存在形式（Nurzhanova et al., 2013）。1952~1971 年，苏联时期的农业用 DDTs 总使用量位居世界第二（32 万 t，Li and Macdonald, 2005）。因此，较高的 p, p'-DDT 是其过去大量应用和缓慢降解的结果，并且可能存在非法使用和储存设施泄漏的问题。另一种化学物质三氯杀螨醇也是潜在的污染源，三氯杀螨醇以 p, p'-DDT 为生产原料，在棉花生产中被用作杀虫剂/除草剂（Qiu et al., 2005）。

　　该流域水体中 HCHs 浓度较低，占总 OCPs 的 15%以下。通常情况下，环境中 HCHs

的主要来源是工业 HCHs 和林丹的使用，工业 HCHs 含有 60%~70%的 α-HCH，5%~12%的 β-HCH，10%~15%的 γ-HCH，6%~10%的 δ-HCH；林丹几乎为纯的 γ-HCH（99%）（Iwata et al.，1993）。α-HCH/γ-HCH 的值可用作 HCHs 来源的指标，即工业 HCHs 的比值为 4~7，比值接近零表示最近输入了林丹（Iwata et al.，1993）。仅在远离人类干扰的天山地区的一个采样点中检测到了 α-HCH，而在所有水样中都检测到了 γ-HCH［图 5.17（c）］，因此，α-HCH/γ-HCH 的值低于工业 HCHs，反映了 HCHs 主要来源于林丹。在禁止工业 HCHs 之后，林丹在许多国家继续使用（Li and Macdonald，2005）；由于 γ-HCH 具有较高的蒸气压，大气中 HCHs 污染以林丹为主（Shunthirasingham et al.，2010）。本地应用以及远距离传输可能是林丹污染的原因。此外，伊犁河上游两个采样点的 β-HCH 有一定的比例，可能过去曾在这些地区使用过 HCHs，但已降解，因为 β-HCH 是 HCHs 中最稳定的一种异构体，HCHs 在环境中残留越久，该化合物的比例就越高（Malik et al.，2009）。

Chlors 广泛用于玉米作物以及白蚁防治。工业氯丹是 140 多种化合物的混合物，其中 α-Chlor 和 γ-Chlor 是最丰富的成分；γ-Chlor 在环境中比 α-Chlor 更容易降解（Malik et al.，2009；Shen et al.，2017）。湖水中的 α-Chlor 浓度较高［图 5.17（d）］表明，过去 Chlors 类农药的使用；而河水中的 γ-Chlor 浓度较高［图 5.17（d）］表明 Chlors 可能存在新的输入。伊犁三角洲附近分布着灌溉农田，与下游伊犁河水体中 α-Chlor 浓度增加相一致，因此，下游河段携带农田排放的废水入湖，可能是湖泊中的 Chlors 污染物浓度升高的原因。另外，位于湖泊东北部的 Sayak 油田可能是湖泊有毒污染物的潜在来源（Krupa et al.，2020）。

巴尔喀什湖流域水体中的 DDTs、HCHs、Endos 和 Chlors 表现出不同的分布模式（图 5.17），可能与该地区不同类型的人类活动（Ene et al.，2012），以及不同的输入来源有关，例如湿沉积源和干沉积源以及季节性冰川融化。

水样中 PAHs 组成如图 5.18（a）所示。在所有采样点，2 环和 3 环 PAHs（低分子量 PAHs，LMW PAHs）含量相对较高，占总 PAHs 的 70%以上；相反，4 环、5 环和 6 环 PAHs（高分子量 PAHs，HMW PAHs）浓度较低，对总 PAHs 的贡献较小。LMW PAHs 的溶解度很高（LMW PAHs 的 log Kow 为 3~5，HMW PAHs 为 5~7，Moeckel et al.，2014；Sarria-Villa et al.，2016），导致了水体 PAHs 污染以 LMW PAHs 组分为主。

通过分析 LMW PAHs 和 HMW PAHs 的相对丰度，可以区分 PAHs 污染物的来源（Montuori et al.，2016a）。研究区水体中存在大量的 LMW PAHs［图 5.18（a）］，LMW PAHs/HMW PAHs>1，表明其主要来源于原油泄漏和排放；而高浓度的 Phe、Flu 和 Pyr 反映了热解来源，例如生物质和煤燃烧（Bzdusek et al.，2004）。因此，流域水体 PAHs 主要是混合来源。此外，可通过特征分子比值进行源解析（Yunker et al.，2002），流域水体中 Ant/（Ant+Phe）的范围为 0~0.15、Flt/（Flt+Pyr）为 0~0.32、BaA/（BaA+Chr）为 0~0.85［图 5.18（b）］，表明石油泄漏和燃烧过程是大多数样品中 PAHs 的污染源。

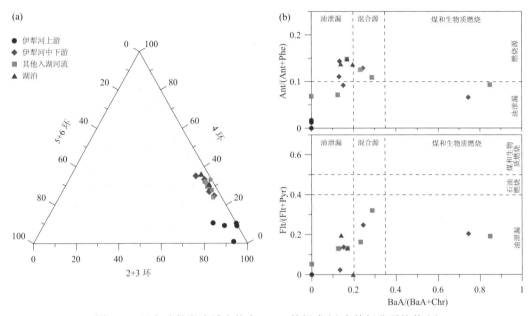

图 5.18　巴尔喀什湖流域水体中 PAHs 的组成(a)和特征分子比值(b)

通过正矩阵分解(PMF)模型，确定了 4 个污染来源，平均贡献率分别为 33.9%、22.6%、29.4%和 14.1%[图 5.19(b)]。因子 1 中 Nap 和 Ace 载荷较高[图 5.19(a)]，说明存在油源，因为高丰度的 Nap 和 Ace 是油源的标志(Deka et al., 2016)。Phe 通常由煤燃烧排放，BbF 与焦炉有关(Bzdusek et al., 2004)，因此，因子 2 代表了煤炭燃烧[图 5.19(a)]。因子 3 的 Pyr 和 Flu 载荷较高，其次是 Nap、BkF、Ace、BbF 和 Chr[图 5.19(a)]。Ace、Flu 和 Pyr 被用作木材燃烧的示踪物，BbF 和 BkF 被确定为农业垃圾燃烧的主要标记物(Bzdusek et al., 2004; Eremina et al., 2016)，因此，因子 3 表示生物质燃烧来源。因子 4 包括了较大载荷的 Ant、Flt、BaA 和 Chr，以及中等载荷的 Flu 和 BkF[图 5.19(a)]。在这些污染物中，Flt、BaA、Chr 和 BkF 被确定为交通标志物(Yunker et al., 2002; Bzdusek et al., 2004; Eremina et al., 2016)，因此，因子 4 表示交通排放源。

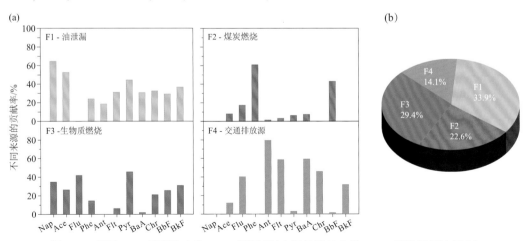

图 5.19　基于 PMF 模型的水体 PAHs 源解析(a)和各源对水体 PAHs 污染贡献比例(b)

(二)OCPs 和 PAHs 的空间分布特征及风险评估

从全球地表水系统来看，本书中的 PAHs 浓度处于较低水平(图 5.20)，低于大型河流或人口稠密城市或工业区的水样中的 PAHs 值，例如，印度的 Gomti 河、俄罗斯的 Moscow 河和意大利的 Tiber 河(Malik et al., 2011; Eremina et al., 2016; Montuori et al., 2016a)。然而，它们高于非城市地区的河流，如英国西北部的 Wyre 河(Moeckel et al., 2014)、德国西北部的 Elbe 河和 Weser 河(Siemers et al., 2015)。在工业/城市地区，较高的 PAHs 排放可能是由汽车尾气、工业和家庭用途的煤炭燃烧所致。

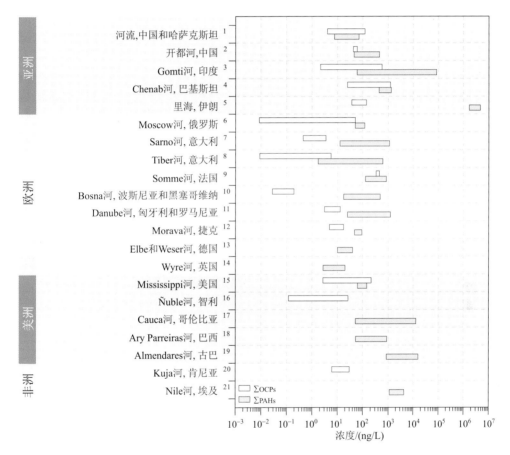

图 5.20　巴尔喀什湖流域和其他地区河流水体中∑OCPs 和∑PAHs

数据来源：1.本书; 2. Shen et al., 2018; 3. Malik et al., 2009, 2011; 4. Farooq et al., 2011, Eqani et al., 2012; 5. Banitaba et al., 2011, Khoshbavar-Rostami, 2012; 6. Eremina et al., 2016; 7. Montuori and Triassi, 2012, Montuori et al., 2014; 8. Montuori et al., 2016a, 2016b; 9. Net et al., 2014; 10. Harman et al., 2013; 11. Miclean et al., 2013, Nagy et al., 2013; 12. Prokeš et al., 2012; 13. Siemers et al., 2015; 14. Moeckel et al., 2014; 15. Zhang et al., 2007, Wang et al., 2012; 16. Montory et al., 2017; 17. Sarria-Villa et al., 2016; 18. Ribeiro et al., 2012; 19. Santana et al., 2015; 20. Nyaundi et al., 2019; 21. Badawy and Embaby, 2010

与全球其他受污染河流相比(图 5.20)，本书中的总 OCPs 值低于流经大片农田的河流中测得的值，例如，印度的 Gomti 河、巴基斯坦的 Chenab 河和法国的 Somme 河(Malik et al., 2009; Eqani et al., 2012; Net et al., 2014)，但略高于中国西北部开都河流域(Shen et al., 2018)。然而，该流域的总 OCPs 浓度远高于城市/工业区附近的河流，如意大利的 Sarno 河和 Tiber 河、波斯尼亚和黑塞哥维那的 Bosna 河(Harman et al., 2013; Montuori et al., 2014; 2016b)。鉴于 OCPs 与农业之间的紧密联系，全球河水中 OCPs 浓度的巨大差异可能主要由农业活动的差异所致(Montory et al., 2017; Shen et al., 2017)。例如，2014 年伊犁河流域(伊犁–巴尔喀什湖流域的一部分)的耕地面积为 194.4 万 hm² (Thevs et al., 2017)，而附近的开都河流域的灌溉面积约为 54.5 万 hm²，这种差异可能导致了伊犁–巴尔喀什湖流域的 OCPs 浓度高于开都河流域。

　　就研究区而言，除伊犁河和卡拉塔尔河上游采样点外，该区水体的 OCPs 和 PAHs 浓度相对较低(图 5.21)，OCPs 和 PAHs 空间变化反映了当地人类活动和区域大气传输的差异。伊宁市附近的河流水体 OCPs 浓度最高(122.8 ng/L)，可能与城市废弃物有关。在其他地区，也观察到了类似的城市地区污染较重的现象(Eqani et al., 2012; Li et al., 2018)。据估计，该市约 30%的生活污水在未经污水处理的情况下排入河流(王珍，2007)。另一方面，农业土壤的有氧环境促使 OCPs 的氧化降解(Zhang et al., 2002; Malik et al., 2009; Weber et al., 2010)，该区水体一些氧化产物浓度较高(如 *p,p′*-DDE、*β*-HCH 和 Endosulfan sulfate)，可能指示了污染物随地表径流进入水体。据统计，伊犁地区农田面积为 132.3 万 hm²(新疆维吾尔自治区统计局，2014)，因此，附近农田的农药施用残留不容忽视。

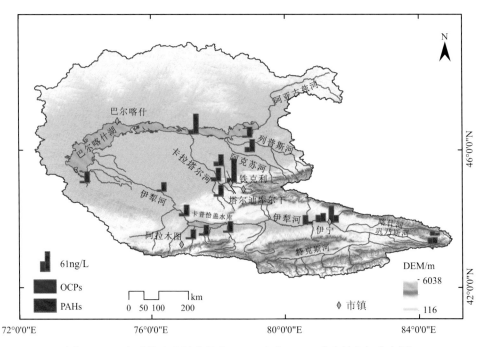

图 5.21　巴尔喀什湖流域水体总 OCPs 和总 PAHs 浓度的空间分布图

　　塔尔迪库尔干市附近水体中的 PAHs 浓度最高(70.98 ng/L)，该市是阿拉木图州首府，位于铁克利市下游，该市有一家铅锌厂，也分布着尾矿倾倒区。因此，人口稠密城市地区的城市废水排放、车辆排放以及工业活动(Krupa et al., 2020)是该地区高温燃烧源

PAHs 的原因。此外，塔尔迪库尔干市周边是哈萨克斯坦最大的水稻产区之一，农用车辆或发电机的化石燃料燃烧以及生物质的露天燃烧也可以产生 PAHs 污染(Ene et al.，2012)。此外，用于烹饪的木材和作物秸秆等的燃烧也是重要的污染源(WHO, 2002)。

在相对未受人类干扰的天山(OCPs：28.56 ng/L，PAHs：7.58 ng/L)和中哈边境附近(OCPs：66.51 ng/L、PAHs：7.68 ng/L)的水体中也检测到了较高浓度的 OCPs 和 PAHs，那里没有直接的污染源(图 5.21)。采样期间，该区盛行西风，POPs 可能随着气流运动从污染源区传输到其他地区。通过大气传输，污染物组分发生变化，较轻的化合物通常更容易以气态形式存在于大气中、随大气传输到更远的地方，并在气温较低的高海拔处冷凝富集，例如 α-HCH 和 LMW PAHs(Iwata et al.，1993; Wania and Mackay, 1996)。此外，冰雪融化期间可能会释放这些污染物，影响生态系统内污染物的浓度和分布(Blais et al.，2001; Meyer and Wania, 2008)。伊犁河主要由山区的积雪和冰川雪融水补给(约占总径流的 60%，Propastin, 2012)。因此，只在没有人口定居和农田分布的山区检测到 α-HCH，以及高比例的 LMW PAHs[图 5.17(c)和图 5.18(a)]，表明污染物组成和污染水平差异受到长距离传输和冰川雪融水来源的影响。邻近的高海拔地区也有相似的研究发现，例如开都河流域的高山地区的水体中检测到相对较高浓度的 OCPs 和 PAHs(Shen et al.，2018)，青藏高原 OCPs 浓度的季节性变化归因于西风和印度季风的大气输送(Wang et al.，2016a)。

由以上可知，巴尔喀什湖流域水体中 OCPs 和 PAHs 浓度普遍较低。但是，由于环境的持久性、生物累积性和毒性，持续接触 POPs，即使污染物浓度很低，也会对动物和人体健康造成不利影响(Kim et al., 2018)。因此，需要评估这些污染物对生态系统的潜在风险。

本书中的 RQ 用于评估水生生物的潜在风险。对于单个 OCPs，除了 p,p'-DDT 的 $RQ_{(CCCs)}$ 值[图 5.22(a)]，RQ 值小于 1，表明所测农药的风险低到中等(Eqani et al., 2012)。对于总 OCPs，$RQ_{(CMCs)}$ 和 $RQ_{(CCCs)}$ 值分别在 0.002~0.02 和 1.48~12.64 范围内[图 5.22(b)]，说明大多数 OCPs 对研究区水环境中的生物几乎没有负面影响。但是，伊犁河上游的三个样本中总 OCPs 的 $RQ_{(CCCs)}$ 显著超过安全阈值(>10)。该流域水体中单个 PAHs 的 $RQ_{(MPCs)}$ 均小于 1[图 5.22(a)]，表明生态系统风险相对较低(Cao et al., 2010)。对于 $RQ_{(NCs)}$，Nap、Flt、Chr 和 BkF 的均小于 1，表明对生态系统几乎没有风险，而 Ace、Flu、Phe、Ant、Pyr、BaA 和 BbF 大于 1，表现为中度风险。除卡拉塔尔河的一个采样点外，几乎所有水样中总 PAHs 的 $RQ_{(MPCs)}$(0.03~1.11)值小于 1、$RQ_{(NCs)}$(3.39~110.9)小于 100[图 5.22(b)]。大多数水域的结果表明，生态系统处于低风险状态，但卡拉塔尔河水体污染物处于中等风险水平。

根据美国环境保护署的规定，通过饮水和皮肤接触(沐浴)两种途径分析水体 POPs 对人类健康存在的风险。所有化合物的 HQ 均<1[图 5.22(c)]，这意味着这些非致癌污染物可能不会对健康产生负面影响(Yang et al., 2014; Sarria-Villa et al., 2016)。研究区内，水体污染物通过饮用和皮肤接触对人体致癌风险值在 10^{-12}~10^{-6} 范围内[图 5.22(d)]，低于 10^{-6} 阈值(Sarria-Villa et al., 2016)。BaA、Chr、BbF 和 BkF 是已知的致癌 PAHs，但它们在所有水样的致癌症风险值也小于 10^{-6}[图 5.22(d)]。通过饮水摄入 OCPs 和 PAHs

的致癌风险是皮肤接触水中污染物的 $10\sim10^3$ 倍，反映出皮肤对污染物的吸收几乎可以忽略不计。以上研究结果表明，研究区的水较安全，适合居住和旅游活动。

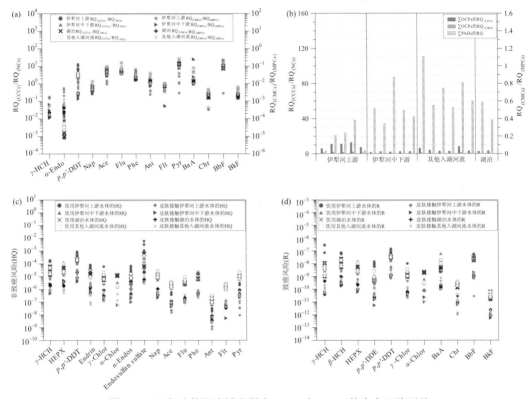

图 5.22　巴尔喀什湖流域水样中 OCPs 和 PAHs 的生态风险评估

(a) 单个污染物的 $RQ_{(CCCs)}/RQ_{(NCs)}$ 和 $RQ_{(CMCs)}/RQ_{(MPCs)}$；(b) 总污染物；(c) 可能的非致癌风险；(d) 致癌风险

　　总体上，与全球其他河流相比，中亚干旱区巴尔喀什湖流域水体中的 OCPs 和 PAHs 浓度处于低至中等水平。Endos 和 DDTs 是水体中的主要 OCPs。一般来说，OCPs 的使用很普遍，尽管已经被禁止，但其中一些化合物仍在使用。DDTs 以 p,p'-DDT 为主，说明可能存在近期施用；Endos 的组成反映了其早期历史残留。高浓度的 LMW PAHs 和 Ant/(Ant+Phe)、Flt/(Flt+Pyr) 和 BaA/(BaA+Chr) 值表明 PAHs 污染源于石油泄漏和燃烧过程。进一步的正矩阵分析(PMF)将污染来源分为 4 个：油泄漏、生物质燃烧、煤炭燃烧和交通废气排放，贡献率分别为 33.9%、29.4%、22.6% 和 14.1%。巴尔喀什湖流域 OCPs 和 PAHs 的空间分布主要反映了农业、工业、城市等人类活动的空间差异性；另外，在距离人类居住地较远的河流水源地，较易挥发的 α-HCH 和 LMW PAHs 相对较高，可能是由远距离大气输送和冷凝效应造成的。生态毒理学评估显示，水体污染物对水生动物的风险处于较低至中等的水平，对该地区居民健康的影响可忽略。

四、水体同位素变化及环境特征

　　Craig（1961）在研究北美大陆大气降水过程中，将氢氧同位素的线性关系（$\delta^2 H$ =

8 δ^{18}O + 10)命名为全球大气降水线(global meteoric water line, GMWL)。GMWL 仅适用于全球范围，由于气候和地理参数的变化，许多区域大气降水线与 GMWL 不同。根据邻近该流域的全球降水同位素观测网(global Network for Isotopes in Precipitation, GNIP)监测站点的同位素数据以及天山地区雨水同位素(Wang et al., 2016b)，计算出当地的大气降水线(local meteoric water line, LMWL)为：δ^2H = 7.1 δ^{18}O + 1.5(Shen et al., 2021b)。河流水体氢和氧同位素值变化范围分别为-99.2‰~-71.4‰和-14.5‰~-10.3‰，均值分别为-84.6‰和-12.4‰。湖泊水体氢和氧同位素值变化范围分别为-29.1‰~-18.3‰和-2.7‰~-0.53‰，均值分别为-24.1‰和-1.5‰。大部分河流水体氢氧同位素的分布位置相近，位于当地大气降水线附近(图 5.23)，表明河流同位素组成受降水影响较大；湖泊和部分河流水体氢氧同位素值偏正，与哈萨克斯坦东部湖水相近(曾海鳌等，2013)，都偏离大气降水线，并靠近塔吉克斯坦区域蒸发线(Mischke et al., 2010)，体现了水体受到较强的蒸发作用。

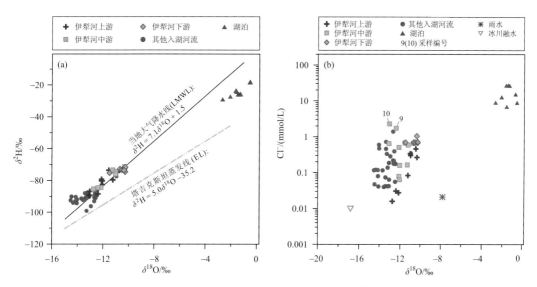

图 5.23　巴尔喀什湖流域水体 δ^2H 和 δ^{18}O 散点图(a)，δ^{18}O 和 Cl⁻散点图(b)

伊犁河上游水体氢和氧同位素均值分别为-77.9‰和-11.4‰，下游水体氢和氧同位素均值分别为-73.5‰和-10.6‰。伊犁河水体的氢和氧同位素值从上游到下游呈现富集趋势，可能是由河流不同区域的水文条件差异引起的。伊犁河上游，特别是水源地，由同位素贫化的冰雪融水和雨水补给，年均径流量较大(143.61 亿 m³)(邓铭江等，2011)，造成上游水体的同位素偏负；而下游河面较宽阔、水流相对缓慢，蒸发作用强烈，水体同位素编正。水体中 δ^{18}O 和 Cl⁻的关系可以证实这一推论。如图 5.23(b)所示，湖泊水体受到高强度蒸发作用影响，水体 Cl⁻浓度较高、同位素值偏正，位于图右上角；天山地区水体的降水和冰川雪融水 δ^{18}O 偏负、Cl⁻浓度低(Aizen et al., 2005；Zhao et al., 2008；Wang et al., 2016b)，位于左下角。伊犁河源头水样的 δ^{18}O 值和 Cl⁻浓度较低，与高山地区雨水和冰雪融水的样品位置相近,体现了伊犁河河水主要来源于大气降水和冰雪融水；

下游水体含有较高的 $\delta^{18}O$ 值和 Cl^- 浓度，分布偏向于湖泊水样，反映了蒸发作用的影响。值得注意的是，伊犁河 Cl^- 浓度的空间差异也可能与岩石风化和人类活动有关，例如灌溉渠中采集的 9 号和 10 号样品中含有较高浓度的 Cl^-。

就全球范围来看，氘盈余 $(d = \delta^2H - 8 \delta^{18}O)$ 值不受季节和纬度等因素的影响，而与形成降水的水汽来源地的大气相对湿度、风速和水体表面温度等相关，由此，可较直观地反映大气降水蒸发、凝结过程的不平衡程度(Meredith et al., 2009；Huang and Pang, 2012)。全球降水的 d 值平均为 10‰；当水体受到蒸发作用影响时，水体溶解盐浓度升高，但 d 值下降，这两个变量呈负相关(Huang and Pang, 2012)。该流域湖泊水体样品的 TDS 浓度较高，d 值较低(-12.3‰，图 5.24)，反映了湖泊水体因蒸发而发生了显著变化。此外，伊犁河中下游的卡普恰盖水库位于阿拉木图境内，阿拉木图农业灌溉、工业和生活用水极大依赖于水库及上游供水，2008 年中下游用水量约 65 亿 m^3(雪克来提·巴斯托夫等, 2012)，耗水量增加导致伊犁河年径流量减少(46.99 亿 m^3)(邓铭江等, 2011)；再加上下游农田回水和城市污水排放等影响，最终导致伊犁河下游水体中重同位素留存比例增大，氢氧同位素值升高。

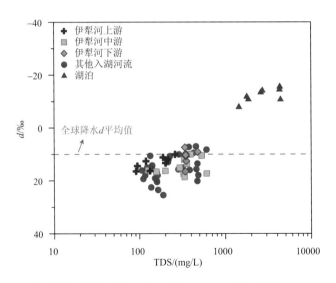

图 5.24　巴尔喀什湖流域水体氘盈余(d)与 TDS 之间的关系(Dansgaard, 1964)

虚线是 d 的全球平均值

第三节　流域表层沉积物环境及其风险评估

一、表层沉积物元素特征及污染风险

(一)表层沉积物元素浓度及空间分布特征

巴尔喀什湖流域表层沉积物采样点及其编号见图 5.25,沉积物中 19 种元素含量的描述性统计见表 5.6。通过与相应元素的世界土壤背景值（BMV）（中国环境监测总站，1990）比较，我们发现 Ca[（44.50± 22.23）mg/g]、Mg[（15.87± 9.36）mg/g]、Na[（16.81± 3.71）mg/g]、K[（21.46± 3.06）mg/g]、Sr[（280.01± 160.94）mg/kg]、P[（932.17± 189.88）mg/kg]、Co[（8.52± 2.68）mg/kg]、Zn[（79.55± 37.51）mg/kg]、Cu[（31.87± 55.35）mg/kg]以及 As[（12.12± 8.30）mg/kg]元素含量的均值均超过 BMV，而 Al[（64.06± 8.34）mg/g]、Fe[（28.91± 5.72）mg/g]、Ti[（3.55± 0.53）mg/g]、Cd[（0.35± 0.74）mg/kg]、Pb[（32.10± 67.56）mg/kg]、Ni[（26.14± 10.58）mg/kg]、Cr[（59.43± 14.67）mg/kg]、V[（78.32± 17.46）mg/kg]和 Mn[（646.50± 135.68）mg/kg]元素含量的均值在相应的 BMV 之内。与上部大陆地壳（UCC）中元素含量（Rudnick and Gao，2014）相比，巴尔喀什湖流域表层沉积物中 Ca、Mg、Zn、Cd、Pb 以及 Cu 元素均值高于相应的 UCC 水平，其余元素含量则低于 UCC 水平。与中亚国家（CAC）表层沉积物中元素含量（Wang et al.，2021）相比，Ca、Sr、Co、Cd、Pb、Ni 以及 Cr 元素均值低于 CAC 水平，其中除 Pd 以外，其余元素仅略低于 CAC 水平，Mg、Na、K、P、Al、Fe、Ti、Zn、Cu、V、As 以及 Mn 元素高于 CAC 水平。Pd 元素主要与煤、石油等化石燃料燃烧有关，而哈萨克斯坦西北部具有丰富的煤和石油资源，化石燃料的开采和使用导致该地区表层沉积物中具有较高的 Pd 含量（Wang et al.，2021），巴尔喀什湖流域表层沉积物中的 Pd 平均含量低于 CAC 水平，说明整体而言煤、石油等化石燃料的使用较少。另外，Cu 元素含量高于 CAC 水平，为其 1.27 倍，哈萨克斯坦拥有世界第一的铜矿储量和产量（Pomfret，2011），研究区内的巴尔喀什市以及 Aktogay 镇均以铜的开采和加工闻名，因此 Cu 含量高于 CAC 平均水平可能与研究区内的铜矿开采和加工有关。

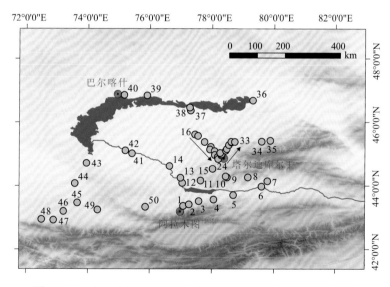

图 5.25　巴尔喀什湖流域 POPs 表层沉积物采样点的空间分布图

表 5.6　巴尔喀什湖流域表层沉积物样品中元素含量的统计学分析

元素	最大值	最小值	均值	标准差	CV/%	BMV[a]	UCC[b]	CAC[c]
Ca	146.48	11.82	44.50	22.23	49.97	15	25.64*	48.99
Mg	73.53	9.98	15.87	9.36	59.01	5	14.96*	13.77
Na	31.18	6.88	16.81	3.71	22.05	5	24.22*	14.72
K	26.01	9.69	21.46	3.06	14.26	14	23.23*	18.47
Sr	1067.04	159.86	280.01	160.94	57.48	250	320	292.71
P	1519.96	555.05	932.17	189.88	20.37	800		886.61
Al	79.32	30.30	64.06	8.34	13.03	71	81.52*	55.19
Fe	45.78	12.59	28.91	5.72	19.79	40	39.38*	27.87
Ti	4.42	1.75	3.55	0.53	14.81	5	3.86*	3.25
Co	14.97	1.78	8.52	2.68	31.49	8	17.3	10.32
Cd	5.16	0.12	0.35	0.74	211.00	0.35	0.09	0.50
Pb	471.91	10.48	32.10	67.56	210.48	35	17	63.75
Zn	286.26	33.96	79.55	37.51	47.15	9	67	76.68
Cu	386.69	9.67	31.87	55.35	173.69	30	28	25.02
Ni	76.20	7.77	26.14	10.58	40.48	50	47	28.50
Cr	113.33	28.04	59.43	14.67	24.69	70	92	66.01
V	138.47	29.28	78.32	17.46	22.30	90	97	78.15
As	52.38	2.69	12.12	8.30	68.44	6	17.5	
Mn	1065.62	373.96	646.50	135.68	20.99	1000	774.45*	629.93

注：Ca、Mg、Na、K、Al、Fe、Ti 单位为 mg/g，其他元素含量单位为 mg/kg；

*代表由氧化物重量百分比数据转换而来；

数据来源：a.（中国环境监测总站，1990）；b.（Rudnick and Gao, 2014）；c.（Wang et al., 2021）。

根据表 5.6 中数据，在巴尔喀什湖流域表层沉积物各元素中共有 9 种元素的 CV 值超过 36%，属于强变异（管孝艳等，2012），从大到小分别是 Cd（211.00%）、Pb（210.48%）、Cu（173.69%）、As（68.44%）、Mg（59.01%）、Sr（57.48%）、Ca（49.97%）、Zn（47.15%）、和 Ni（40.48%），其中 Ca、Mg、Sr 三种属于易迁移元素，其较高的 CV 值可能指示了流域内不同物源区风化程度的差异，而 Cd、Pd、Cu、As、Zn 以及 Ni 的高变异系数可能与流域内人类活动如采矿业以及农业有关。

元素归一化处理能够消除粒度和矿物组成对元素含量的影响，更好地揭示样品中元素地球化学特征，判识人为输入影响（Zeng et al., 2014）。Al 是细颗粒沉积物主要化学成分之一的惰性元素，迁移能力小，因此被广泛用于沉积物中元素归一化的参考元素。为了进一步研究巴尔喀什湖流域表层沉积物中元素含量水平以及空间分布特征，对各元素进行归一化处理并以空间分布图的形式展示相关数据。各元素中通过 Al 归一化后的数据空间分布见图 5.26。由图可知，Na 和 Mg 归一化后的最高值出现在卡拉塔尔河入湖口附近样点 37，这两种元素性质较为活泼，容易发生絮凝并在河湖口处富集（Prabakaran et al., 2019）；Ca 元素最高值出现在样点 8；Sr 元素出现在样点 8 和 37；Fe 和 Co 归一化后的高值出现的样点相似，在样点 1~4、8~10 有较高值；Ti 元素和 K 元素归一化后的高值分

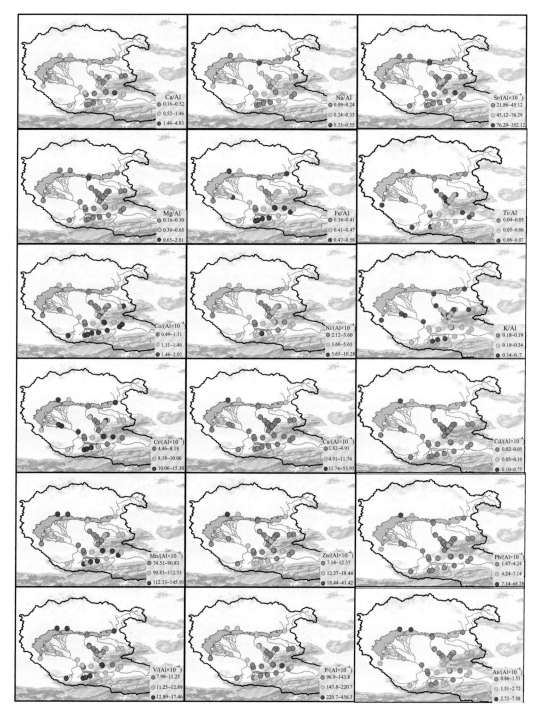

图 5.26　巴尔喀什湖流域表层沉积物元素归一化值空间分布图

布较为广泛；Ni 元素的最高值出现在样点 3；Cr 元素的高值出现在样点 1~3、8、9、14、40~42；Cu 元素的最高值出现在样点 40，靠近 Balkhash 市；Zn、Cd、Pb 以及 As 元素的最高值均在样点 40，可能与当地的人类活动相关 (Krupa et al., 2019)；Mn 元素的高值出现在样点 1、3、4、6、8、10 以及 39 和 40；V 的高值出现在样点 1~3、9、10、36、39 以及 40；P 元素的最高值出现在样点 8。

(二)沉积物污染和风险评价

利用富集因子(EF)评估巴尔喀什湖流域表层沉积物中 8 种潜在有毒元素的富集程度，结果如图 5.27 所示。各元素按富集程度从大到小依次是 Zn、As、Co、Cu、Cd、Pb、Cr 和 Ni，其中 Zn 元素平均 EF 值为 9.72，所有样品均达到或超过显著富集程度，最高 EF 值为 32.66，达到强烈富集。As 元素平均 EF 值为 2.21，约 52% 的样品为轻微富集，另外有 43% 和 5% 的样品分别达到中度富集和显著富集。Co、Cu 以及 Cd 元素整体富集程度相似，平均 EF 值分别为 1.16、1.14 和 1.10，其中 Co 元素有 30% 显示零富集，另外 70% 的样品达到轻微富集；Cu 元素 82% 的样点呈现零富集，14% 为轻微富集，另存在个别样点达到中度富集和显著富集；Cd 元素约 96% 的样品为零或轻微富集，仅 1 个点达到中度富集。Pb 元素平均 EF 值为 0.99，仅存在一个样点为显著富集，其余皆为零或轻微富集。Cr 和 Ni 元素整体富集程度低，平均 EF 值分别为 0.94 和 0.57，其中 Ni 元素除了一个样点为轻微富集外，其余所有样点显示零富集；Cr 元素 66% 的样点为零富集，34% 的样点呈现轻微富集。总体上来说，巴尔喀什湖流域表层沉积物中除 Zn 元素达显著富集以及 As、Cu 和 Cd 元素部分样点为中度富集外，其余 6 种潜在有毒元素整体富集程度较小，仅达到零或轻微富集的程度，但存在个别样点呈现较高的富集程度。

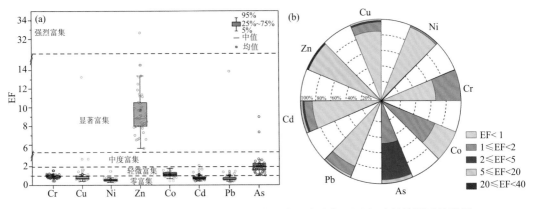

图 5.27　巴尔喀什湖流域表层沉积物潜在有毒元素富集因子(EF)箱线图及统计图

从空间分布来看，Cr 元素富集程度较高的区域主要出现在：①伊犁河中下游的灌溉区，如 CI (Chilik River/Trans Ili Alatau)(样点 1~3)和 AK (Akdala)(样点 14)；②城镇附近，如 TaldyKurgan 市(样点 29、32)、Balkhash 市(样点 40)以及阿亚古兹河入湖口附近(样点 26)[图 5.28(a)]。Cu 元素富集程度较高区域出现在 CI 灌溉区(样点 1 和 3)、伊犁河三角洲(样点 41)以及阿亚古兹河入湖口附近(样点 36)，Balkhash 市附近(样点 39 和 40)呈现更高的富集程度，尤其是样点 40，达到了显著富集的水平[图 5.28(b)]。在 8 种潜在有毒元素中 Ni 元素富集程度最低，除样点 3 为轻微富集外，其余样点皆为零富集水平[图 5.28(c)]。Zn 元素在 8 种潜在有毒元素中富集程度最高，值得注意的是，其在所有

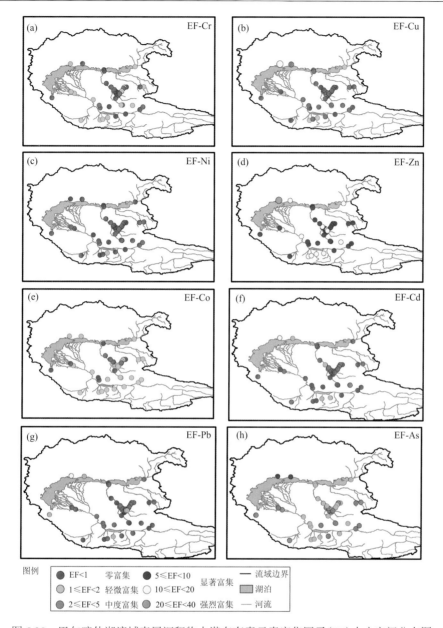

图 5.28　巴尔喀什湖流域表层沉积物中潜在有毒元素富集因子(EF)大小空间分布图

样品中均达到或超过显著富集水平。前人研究表明在整个中亚地区 Zn 元素的本底浓度很高，达 76.68 mg/kg(Wang et al., 2021)，因此，Zn 元素相较于其他潜在有毒元素的高富集程度可以归因于区域较高的本底浓度。从空间上看，Zn 元素富集程度最高出现在 Balkhash 市附近(样点 40)，其余较高值主要出现在 CI 灌溉区、AK 灌溉区、KT(Karatal) 灌溉区以及 TaldyKurgan 市附近[图 5.28(d)]。Co 元素富集程度略高于 Ni，大部分样点 EF 值均为 1~2，呈现零或轻微富集水平，最高值出现在 CI 灌溉区(样点 3)[图 5.28(e)]。Cd 元素除样点 8 和 40 分别达到中度富集和显著富集外，其余皆为零或轻微富集水平

［图 5.28(f)］。同样，Pb 元素除样点 40 达到显著富集外，其余皆为零或轻微富集水平［图 5.28(g)］。As 元素整体富集程度仅次于 Zn 元素，43% 的样点达中度富集水平且分布较为广泛，达到显著富集程度的为样点 39 和 40［图 5.28(h)］。表层沉积物中的 As 元素可能来源于农业活动(如含砷农药的使用)、工业活动(如合金的制造)以及含砷基岩的风化(Nriagu et al., 2007)。前人研究发现伊犁河上游的天山地区基岩中含砷较高，导致地下水 As 含量达 40~750 µg/L(Smedley and Kinniburgh, 2002)，因此，本书中 As 元素中度富集水平可能是由基岩中含砷较高造成的，但 Balkhash 市附近的样点 39 和 40 显著富集的 As 元素则可能反映了该区域的工业污染。综上所述，巴尔喀什湖流域表层沉积物潜在有毒元素富集程度较高区域主要为：① 重要的工业城镇附近，如 Balkhash 市、Aktogay 镇以及 TaldyKurgan 市。②主要的农业灌溉区，如伊犁河中下游的 CI 灌溉区、AK 灌溉区以及卡拉塔尔河的 KT 灌溉区。Balkhash 市是一座以铜矿开采和冶炼为中心的工业城市，建设有巴尔喀什矿冶联合公司等重要工业设施；Aktogay 镇是东哈萨克斯坦州阿亚戈兹县的一个镇，该镇拥有大型露天铜钼矿床，建设有金属铜冶炼厂；而 TaldyKurgan 市以及邻近的 Tekeli 镇则是卡拉塔尔河中上游重要的工业区，开采多种金属矿产，建设有铅锌矿联合企业。这些工业城镇的金属冶炼产业及其配套设施成了潜在的污染源(Krupa et al., 2019)。农业灌溉区中农药、化肥的使用也可能是造成研究区表层沉积物潜在有毒元素富集的重要因素，但相较而言，农业活动虽可造成潜在有毒元素一定程度的富集，却明显弱于金属矿开采、冶炼等活动。

本书对巴尔喀什湖流域表层土壤中 Cd、Pb、As、Cr、Ni、Cu、Zn 和 Co 这 8 种潜在有毒元素的生态风险进行了评估，各元素单项潜在生态风险和综合生态风险评估结果如图 5.29 所示。整体上来看，8 种潜在有毒元素单项生态风险水平(按平均值)由高到低依次是 Cd(29.98)、As(10.10)、Zn(8.84)、Co(5.32)、Cu(5.31)、Pb(4.59)、Ni(2.61) 以及 Cr(1.70)，皆小于 40，表明研究区整体上处于轻微风险水平，但仍存在两个样点单项潜在生态风险处于较高水平：样点 40 的 E_r^i-Cu、E_r^i-Pb、E_r^i-As 值大于 40，处于中风险水平，E_r^i-Cd 值大于 320，处于极强风险水平；样点 17 的 E_r^i-Cd 值大于 40，处于中风险水平［图 5.29(a)］。综合生态风险评估的 RI 值范围为 22.77~662.34，平均值为 68.45，除样点 39 和样点 40 分别达到中风险和很强风险水平外，其余样点都处于轻微生态风险水平［图 5.29(b)］。总的来说，研究区整体上处于轻微风险水平，但 Balkhash 市附近的样点 39 和 40 具有较高生态风险。重金属潜在生态风险评价的结果与前文的富集因子法评价结果一致。

富集因子法和潜在生态风险评价法共同揭示了研究区表层土壤潜在有毒元素污染总体上处于无或轻微污染水平。8 种有毒元素中除 Zn 和 As 元素受高本底浓度影响外，其余 6 种元素平均 EF 值均小于 2，富集程度为零或轻微富集，但存在个别样点如样点 41、42 的 Cu、Cd 和 Pb 元素呈现中度或显著富集。一般认为，自然成土过程中的元素 EF 值一般小于 2，因而当 EF 小于 2 时可认为基本无或轻微污染，当 EF 大于 2 时，判定受到明显的人为污染(Szolnoki et al., 2013)，因此，从造成污染的角度而言，研究区表层土壤整体上处于无或轻微污染水平，个别样点如 41、42 表现出明显的人为污染。与富集因子评价法相一致，潜在生态风险评价法的结果表明除样点 41、42 分别处于中风险和很强风险水平外，研究区的其他区域均处于轻微风险水平，而 Balkhash 市可认为是整个流域内潜在有毒元素污染最严重的地区。

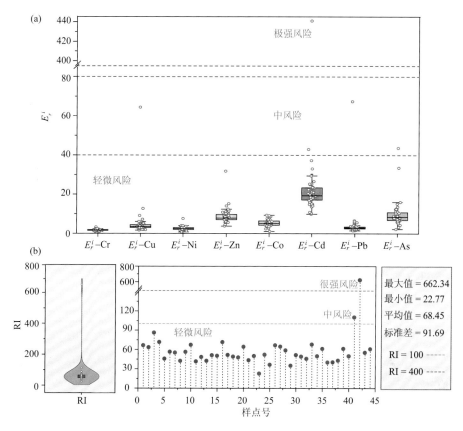

图 5.29　巴尔喀什湖流域表层土壤中单一潜在有毒元素 E_r^i 值和综合生态风险评估 RI 值箱线图

为了探究研究区表层沉积物中元素的来源，对测得的 19 种元素进行相关性分析和主成分分析。相关性分析结果如图 5.30 所示，Al 元素与 Co、Fe、Mn、K、Ti 以及 V 元素之间呈现出极显著的强相关($r > 0.6$，$p < 0.01$)，这一类元素是在地壳中含量丰富的自然元素，它们化学性质较为稳定，迁移能力相对较弱(Taylor, 1964; Zhan et al., 2020)。Sr 元素与 Mg 以及 Ca 元素之间存在极显著的相关性($r = 0.58$ 和 0.76，$p < 0.01$)，此外，Ca 元素还与 P 元素之间存在极显著的中等强度相关($r = 0.40$，$p < 0.01$)，表明这几种元素具有相似或相近的来源，这类元素化学性质较为活跃，属于易迁移元素，可以在风化的初始阶段从硅酸岩晶格中释放出来(Yang et al., 2021; Zhang et al., 2021)。同时，Al 元素与 Ca、Mg 以及 Sr 元素($r = -0.74$、-0.56 和 -0.75，$p < 0.01$)、Ca 元素与 Ti 元素($r = -0.77$，$p < 0.01$)以及 Sr 元素与 Ti 元素($r = -0.75$，$p < 0.01$)之间均呈现出极显著的强负相关关系，这进一步验证了上述结论。Cr 元素与 Ni 呈现出极显著的强相关($r = 0.95$，$p < 0.01$)，说明这两种元素的来源很相近，同时 Cr 还与 Co、Fe、Mn 元素存在极显著的强相关，r

分别为 0.67、0.65 和 0.70。Cu、Zn、Cd、Pb 以及 As 元素之间均呈现出极显著的强相关 ($r>0.6$, $p < 0.01$)，说明这几种元素具有相近的来源。Cd 元素常用于电镀和合金制造，化石燃料燃烧以及石油产品的加工也能产生 Cd(Gunawardena et al., 2014; Zhan et al., 2020)。一般在汽车尾气中含有较丰富的 Zn、Cd、Pb 元素，它们可以通过空气颗粒物和粉尘带到附近的土壤中(Gunawardena et al., 2014; Chai, 2021)。另外，前文中也提到研究区存在铅锌矿和铜矿的开采和加工，因此这几种元素初步判断可能与冶金工业和交通运输业紧密联系。

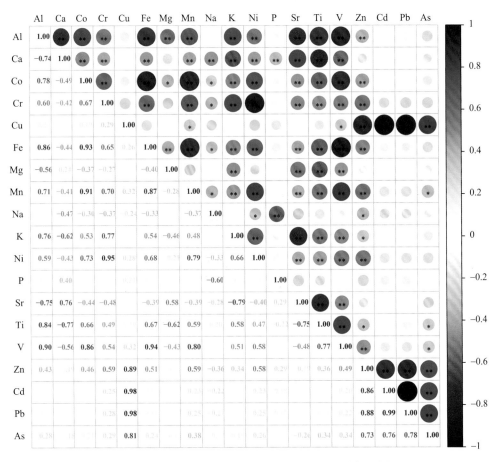

图 5.30　巴尔喀什湖流域表层沉积物中元素相关性分析

在进行主成分分析前，需要通过 KMO (Kaiser-Meyer-Olkin) 和 Bartlett 球形度检验来检查变量之间的相关性和偏相关性。在本书中 KMO 值为 0.64 > 0.5，Bartlett 球形度检验 P 值为 0.000，检验的显著性水平< 0.01，表明表层沉积物中各元素相关性强，适合进行主成分分析处理，且处理效果较好。主成分分析结果如表 5.7 所示：分析共提取出 4 个主成分，累积方差贡献率为 85.49%，说明这 4 个主成分因子能够较为全面地反映表层沉积物元素数据的大部分信息，具有较好的代表性。其中，主成分 PC1 的方差贡献率为 45.78%，在 Al、Ti、Fe、Co、Mn 和 V 元素的质量分数上具有较高正载荷；主成分 PC2

的方差贡献率为 21.70%，在 Cu、Zn、Cd、Pb 以及 As 元素的质量分数上具有较高正载荷；主成分 PC3 的方差贡献率为 12.25%，在 Cr、Co、Mn、Ni 和 K 元素的质量分数上具有较高正载荷；主成分 PC4 的方差贡献率为 5.76%，在 Ca、P 以及 Sr 元素的质量分数上具有较高正载荷。主成分分析结果与相关性分析结果基本一致，说明研究区表层沉积物中的元素可能存在 4 种主要来源：即 PC1 代表土壤母质来源，PC2 代表冶金工业和交通运输业来源，PC3 代表农业来源，而 PC4 则与基岩风化有关。

表 5.7 巴尔喀什湖流域表层沉积物中元素主成分、特征值及方差的因子载荷

元素	主成分				元素	主成分			
	PC1	PC2	PC3	PC4		PC1	PC2	PC3	PC4
Al	0.84	0.11	0.40	−0.25	Ni	0.33	0.18	0.88	0.10
Ca	−0.49	−0.02	−0.38	0.68	P	0.07	0.12	0.03	0.78
Ti	0.81	0.16	0.22	−0.41	Sr	−0.52	−0.06	−0.38	0.62
Fe	0.83	0.12	0.43	0.21	V	0.88	0.20	0.28	0.02
Mg	−0.68	0.02	0.02	0.13	Zn	0.26	0.85	0.37	0.17
Na	−0.04	−0.14	−0.32	−0.82	Cd	−0.01	0.98	0.06	0.09
K	0.39	0.06	0.73	−0.34	Pb	0.01	0.98	0.08	0.05
Cr	0.30	0.20	0.90	0.05	As	0.19	0.85	0.07	−0.10
Cu	0.09	0.98	0.07	0.12	EG	8.70	4.12	2.33	1.10
Co	0.78	0.07	0.50	0.18	VA /%	45.78	21.70	12.25	5.76
Mn	0.66	0.22	0.55	0.21	CM /%	45.78	67.48	79.73	85.49

注：EG 为特征值 (eigenvalues)，VA 方差贡献率，CM 为累计方差贡献率。

为了能够更加精准识别和量化表层沉积物元素的不同来源及其贡献份额，我们借助 PMF 源解析受体模型，对各元素进行分析，以期在源识别的基础上定量计算出各类源的贡献。在本书中将巴尔喀什湖流域 44 个采样点的 19 种元素的数据集引入 PMF 5.0 模型中。将因子数分别设为 3、4、5，模型运行次数设置为 20 次，寻找最小的、稳定的 Q 值。当因子数为 4 时，Q_{Robust} 和 Q_{True} 之间的差异最小，大部分残差在−3~3 之间，元素的观测值和预测值之间的拟合系数 r^2 大于 0.6，表明结果是可靠的 (Magesh et al., 2021)。

通过 PMF 模型共提取出 4 个因子，如图 5.31 所示。因子 1(F1) 中 Ni、Cr、Pb、Cu、Cd、Zn 和 As 的相对贡献较大，分别为 58.13%、51.24%、51.08%、48.22%、42.01%、40.57% 和 35.63%，占总来源贡献的 22.5%。有文献报道 Ni、Cd 和 Zn 元素大量存在于汽车尾气之中，可以通过大气沉降及空气粉尘的吸附作用在土壤中积累 (Pardyjak et al., 2008)。Cr 元素及其化合物通常用于合金制造和织物染色等轻重工业 (Chai et al., 2021)。巴尔喀什湖流域几大重要的工业城市均以铜和铅锌矿产的开采、冶炼和加工为特色，因而 Pb、Cu 和 Zn 元素极有可能来源于这类工业活动。另外，化石燃料的燃烧也能产生大量 Pb、Cd 和 As 元素 (柴磊等，2020)。综合以上分析，判断因子 1 可能代表工业和交通运输业来源。因子 2 占总来源贡献的 17.3%，其中 Co(55.84%)、V(39.78%)、Mn(38.74%)、Fe(37.87%)、Zn(30.90%) 和 Cu(30.00%) 元素贡献较大。有研究表明肥料和农药中含量

较高的重金属元素是 Fe、Mn、Zn、Co 元素，Co、Mn 和 Zn 元素迁移至土壤中最为显著(Gimeno-García et al., 1996)，另外 V 元素也存在于肥料和农药之中(Chen et al., 2021)。Cu 元素及其化合物通常出现在农业杀虫剂和杀菌剂中(Luo et al., 2009)。因此判断因子 2 为农业活动来源。因子 3(F3)占总来源贡献的 30.7%，Ca、Sr、P 和 Mg 元素对其贡献较大，分别为 93.22%、61.16%、40.54%和 39.13%。前人研究表明，碳酸岩岩含丰富的 Ca、Sr 和 Mg 元素，P 元素主要以硅酸岩矿物的形式存在于自然界(Quade et al., 2003；Reinhard et al., 2017)。这几种元素化学性质较为活泼，可以通过风化作用从基岩中释放出来(Yang et al., 2021)，而碳酸岩和硅酸岩在巴尔喀什湖流域广泛分布(Shen et al., 2021a)，因此，因子 3 可能代表岩石风化对表层沉积物元素的贡献。因子 4(F4)占总来源贡献的 29.5%，Na(68.22%)、As(45.08%)、K(44.28%)、Ti(41.27%)、Al(39.49%)、Cr(30.68%)以及 V(30.00%)对这一因子有较大贡献。Al、Ti、Cr 和 V 元素化学性质都相当稳定不易迁移，而 Na 和 K 元素在土壤中含量丰富，因此判断因子 4 能代表土壤母质对元素的贡献。

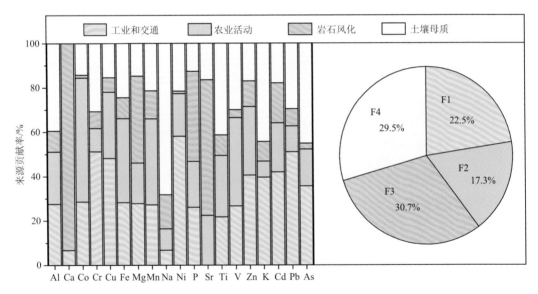

图 5.31 基于 PMF 模型的巴尔喀什湖流域表层沉积物元素各来源贡献组成和平均来源占比

二、表层沉积物中 POPs 污染特征

(一)表层沉积物中 PAHs 含量、来源及风险评估

1. 表层沉积物中 PAHs 含量分布

巴尔喀什湖流域 POPs 表层沉积物采样点及其编号见图 5.25。16 种优控 PAHs 在巴尔喀什湖流域 50 个表层沉积物样品中均有检出(检出率 18.4%~100%)，PAHs 数值范围 7.40~148.2 ng/g dw，平均值 31.90 ng/g dw，变异系数(CV)为 90%(表 5.8)。PAHs 化合

物的平均含量顺序为 BkF < Ace < BaP < DahA < Flu < Chr < BaA < Nap < Pyr < Ant < Bghip < BbF < Flt < InP < Acy < Phe。其中 PAHs 化合物中以 Phe、Acy、Inp 以及 Flt 为主，其数值范围为 0.70~62.54 ng/g dw、1.38~9.07 ng/g dw、ND~40.46 ng/g dw、0.22~27.29 ng/g dw，平均含量分别为 7.04 ng/g dw、5.70 ng/g dw、5.02 ng/g dw、4.47 ng/g dw。就不同分子量的 PAHs 化合物而言，巴尔喀什湖流域 HMW PAHs 的含量（平均值 17.15 ng/g dw）稍高于 LMW PAHs 的含量（平均值 14.76 ng/g dw）。

表 5.8　巴尔喀什湖流域表层沉积物 PAH 化合物含量

化合物	范围/(ng/g dw)	平均值/(ng/g dw)	SD/(ng/g dw)	CV/%	检出率/%
Nap	ND~6.20	0.56	1.34	237	32.7
Acy	1.38~9.07	5.70	1.41	25	100
Ace	ND~1.06	0.10	0.22	226	22.4
Flu	ND~2.13	0.17	0.34	207	61.2
Phe	0.70~62.54	7.04	9.16	130	100
Ant	ND~21.27	1.19	3.03	255	95.9
Flt	0.22~27.29	4.47	5.11	114	100
Pyr	ND~7.55	1.17	1.46	126	95.9
BaA	ND~3.32	0.31	0.65	206	42.9
Chr	ND~2.57	0.24	0.49	202	49.0
BbF	ND~23.81	3.87	4.96	128	98
BkF	ND~0.90	0.06	0.19	308	18.4
BaP	ND~1.49	0.12	0.30	258	30.6
DahA	ND~1.06	0.13	0.27	212	34.7
BghiP	0.26~10.96	1.76	2.06	117	100
InP	ND~40.46	5.02	9.00	179	40.8
LMW PAHs	4.14~92.87	14.76	13.02	88	
HMW PAHs	0.49~117.9	17.15	23.70	138	
PAHs	7.40~148.2	31.90	28.85	90	

注：ND 代表未检测出或低于检测限。

由图 5.32 可知，PAHs 的组分在整个巴尔喀什湖流域以 3 环化合物占主导，LMW PAHs 中 2 环 PAHs 的含量为 0~6.20 ng/g dw，平均（0.56±1.34）ng/g dw，在整个 PAHs 中占比最低，仅占 0~22.52%；3 环 PAHs 的含量为 4.14~92.87 ng/g dw，平均（14.19±12.84）ng/g dw，在整个 PAHs 中占比最高，达 7.89%~94.46%（图 5.32）。在 HMW PAHs 中 4 环的含量为 0.23~39.67 ng/g dw，平均（6.19±7.62）ng/g dw；5 环和 6 环 PAHs 的含量分别为 0.01~26.84 ng/g dw［平均（4.18±5.62）ng/g dw］和 0.26~51.42 ng/g dw［平均（6.78±10.99）ng/g dw］，两者占比分别为 0.05%~27.68% 和 1.25%~54.53%（图 5.32）。

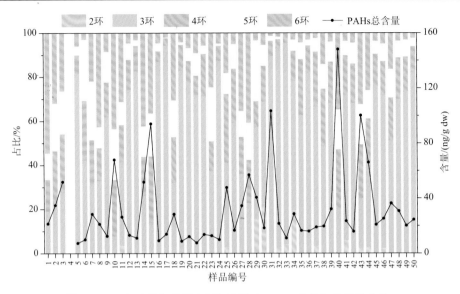

图 5.32　巴尔喀什湖流域表层沉积物中 PAHs 含量和各环数占比

　　巴尔喀什湖流域表层土壤中 PAHs 总含量从上游向下游呈现递增趋势，与中游剧烈的人类活动有关，总体反映了流域分布的有机污染物浓度与人类活动强度相关性。巴尔喀什湖深度较浅，水质变化受外界影响较大，在人类活动的影响下，入湖水量减少，存在农业回归水直接入湖等问题。有研究表明，对巴尔喀什湖水质影响较为严重的是从城市和工业企业排出的废水，尤其是位于北岸的巴尔喀什矿山冶金及中央电站等企业，本书中北岸表层沉积物中 PAHs 总含量也相对较高。另外，PAHs 总含量较高的点位主要集中在塔尔迪库尔干地区周边，塔尔迪库尔干是阿拉木图州首府，人口密集，交通尾气排放、工业活动以及周边地区的农业活动等都是高浓度 PAHs 的潜在污染源。

2. 表层沉积物中 PAHs 来源解析

　　根据巴尔喀什湖流域表层沉积物中 PAHs 组成的三角百分比图（图 5.33），研究区表层沉积物中 PAHs 大多数样点以 2+3 环化合物为主，少数样点以 5+6 环化合物为主。2+3 环化合物和 5+6 环化合物分别占总 PAHs 的比例为 7.89%~95.54%（平均 57.85%）和 2.29%~66.62%（平均 25.47%），而 4 环化合物比例占到总 PAHs 的 2.11%~31.15%（平均 16.68%）（图 5.33）。空间上，样点 3、10、14、15、25、28、31、40、43、44 的 PAHs 的含量较高，数值分别为 51.92 ng/g dw、67.93 ng/g dw、51.86 ng/g dw、94.16 ng/g dw、47.82 ng/g dw、56.95 ng/g dw、103.49 ng/g dw、148.20 ng/g dw、100.20 ng/g dw、66.0 ng/g dw，其中，样点 10、14、15、28、40 和 43 以 HMW PAHs 占主导，5+6 环 PAH 化合物比例范围为 50.62%~66.62%，样点 31 则以 LMW PAHs 占主导，2+3 环 PAHs 占总 PAHs 含量的 89.74%，而样点 3、25 和 44 LMW PAHs 和 HMW PAHs 占比相当，位于三角图较中间位置（图 5.33）。

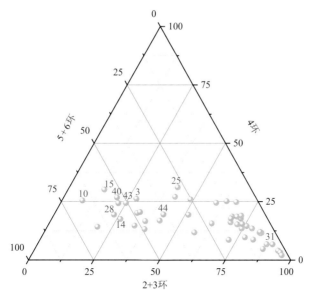

图 5.33　巴尔喀什湖流域表层沉积物中 PAHs 组成的三角百分比图(单位：%)

利用 PAHs 同分异构体比值对巴尔喀什湖流域表层沉积物中的 PAHs 来源进行初步分析。从图 5.34 可以看出，巴尔喀什湖流域表层沉积物样品 PAHs 的 Ant/(Ant+Phe) 值变化范围为 0~0.35，Flt/(Flt+Pyr) 值变化范围为 0.06~0.88，InP/(InP+BghiP) 值变化范围为 0~0.89，而 BaP/BghiP 变化范围为 0~0.24，说明研究区 PAHs 来源复杂，主要来自未热解石油源、石油燃烧以及煤炭、木材燃烧的混合源。其中，上述 PAHs 总量高的样本(包括样本 3、10、14、15、25、28、40、43 和 44)大部分 Ant/(Ant+Phe) 值基本都 > 0.1，Flt/(Flt+Pyr) 数值大部分 > 0.4，且 InP/(InP+BghiP) 值 > 0.6，说明它们的 PAHs 主要来自于煤炭、木材的燃烧；而样本 31 的 Flt/(Flt+Pyr) < 0.4 且 InP/(InP+BghiP) < 0.6，说明该样本的 PAHs 主要来自于未热解石油源。

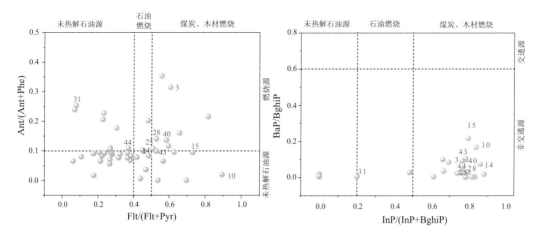

图 5.34　巴尔喀什湖流域表层沉积物中 PAHs 的同分异构体比值

利用 PMF 模型，提取了巴尔喀什湖流域表层沉积物中 PAHs 的 3 个来源因子（图 5.35）。其中，因子 1 表现为主要在 HMW PAHs 上有重度载荷，包括 BaA、Chr、BbF、BkF、BaP、DahA、BghiP 和 InP，它们在因子 1 的载荷分别为 92.3%、91.6%、61.6%、69.0%、84.0%、87.8%、53.8%和95.9%（图 5.35）。前人研究表明，这些 HMW PAHs 主要来源于汽油和柴油等石油燃烧，BghiP 和 BaP 指示汽油尾气来源的 PAHs，而 BkF 和 BbF 则指示柴油机排放来源的 PAHs（Ravindra et al., 2006），因此，因子 1 代表汽油和柴油释放的 PAHs，占总贡献率的 46.6%。因子 2 表现为在 LMW PAHs 上有重度载荷，包括 Nap、Acy、Ace 和 Flu，载荷分别为 93.1%、85.8%、93.8%和86.6%，环境介质中的 Nap 主要来源于原油，Acy、Ace 和 Flu 则主要来源于木柴等生物质燃烧，因此，因子 2 主要代表未热解石油源和生物质燃烧释放的 PAHs，它占总贡献率的 30.7%。因子 3 则主要在 3~4 环 PAHs 有重度载荷，包括 Phe、Ant、Flt 和 Pyr，它们是煤炭燃烧的主要产物，主要代表了煤炭燃烧释放的 PAHs，占总贡献率的 22.7%（图 5.35）。

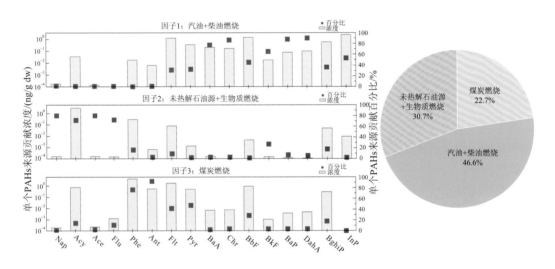

图 5.35　PMF 模型解析巴尔喀什湖流域表层沉积物的 PAHs 来源

3. 表层沉积物中 PAHs 生态风险评估

致癌 PAHs（包括 Chr、BbF、BkF、BaP、DahA 和 BghiP）占巴尔喀什湖流域表层沉积物中总 PAHs 的 0.26%~40.4%（平均值 6.1%）。样点 40 的致癌风险最高，其次为样点 10、15 和 43，而样点 17 和 33 的致癌风险最低。致癌 PAHs 同系物的比例较低，表明巴尔喀什湖流域表层沉积物中 PAHs 存在较低的潜在风险。根据 Maliszewska-Kordybach（1996）对土壤中 PAHs 的污染水平分级，巴尔喀什湖流域表层沉积物中所有样点的总 PAHs 含量均低于 200 ng/g dw，表明该流域表层沉积物中 PAHs 基本上未达到污染等级。根据保护居住区环境健康的加拿大土壤指南（CCME，2010），巴尔喀什湖流域表层沉积物中所有单个 PAHs 化合物的含量均低于 CCME 对农业土壤的推荐安全值（100 ng/g dw），且远低于 CCME 对住宅/公园、商业和工业土壤的推荐安全值（600 ng/g dw），表明该流域表层沉积物中 PAHs 的污染水平低。

根据 USEPA(1997,1998)确定的有机污染物生态风险效应区间值，巴尔喀什湖所有的表层沉积物中除个别样点的 Phe 外，Flu、Ant、DahA、Nap、Flt、Pyr、BaA、Chr 和 BaP 含量均低于其对应的 TEL，表明这些化合物发生生态风险的概率低，而50%的表层沉积物样品中 Acy 含量高于其对应的 TEL，表明研究区该化合物发生生态风险的概率相对较高。所有表层沉积物样品中的单个化合物含量均低于 PEL，表明巴尔喀什湖流域表层沉积物中 PAHs 的生态风险发生概率低，对生物体产生的负效应小，产生的风险也较小(图 5.36)。

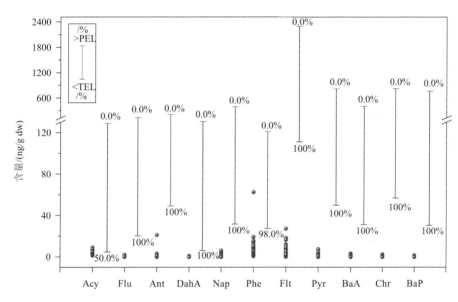

图 5.36　巴尔喀什湖流域表层沉积物中 PAHs 含量与生态风险区间值比较

如表 5.9 所示，巴尔喀什湖流域表层沉积物中 Nap、Acy、Flu、Phe、Ant、Flt、Pyr、BaA、Chr、BaP 和 DahA 的 TEC HQ 范围分别为 0.00~0.18、0.00~1.55、0.00~0.10、0.00~1.49、0.00~0.45、0.00~0.25、0.00~0.14、0.00~0.10、0.00~0.04、0.00~0.05 和 0.00~0.17，PEC HQ 范围分别为 0.00~0.02、0.00~0.07、0.00~0.01、0.00~0.12、0.00~0.09、0.00~0.01、0.00~0.01、0.00~0.01、0.00~0.01、0.00~0.00、0.00~0.00 和 0.00~0.01，所有样点均处于低生态风险水平，表明巴尔喀什湖表层沉积物中 PAHs 的生态风险水平低。

表 5.9　PAHs 在巴尔喀什湖流域的生态风险评估

化合物	TEC HQ	PEC HQ	<TEL	>PEL
Nap	0.00~0.18	0.00~0.02	100%	0.0%
Acy	0.00~1.55	0.00~0.07	50.0%	0.9%
Flu	0.00~0.10	0.00~0.01	100%	0.0%
Phe	0.00~1.49	0.00~0.12	98.0%	0.0%

续表

化合物	TEC HQ	PEC HQ	<TEL	>PEL
Ant	0.00~0.45	0.00~0.09	100%	0.0%
Flt	0.00~0.25	0.00~0.01	100%	0.0%
Pyr	0.00~0.14	0.00~0.01	100%	0.0%
BaA	0.00~0.10	0.00~0.01	100%	0.0%
Chr	0.00~0.04	0.00~0.00	100%	0.0%
BaP	0.00~0.05	0.00~0.00	100%	0.0%
DahA	0.00~0.17	0.00~0.01	100%	0.0%

(二) 表层沉积物中 OCPs 含量、来源及风险评估

1. 表层沉积物中 OCPs 含量分布

巴尔喀什湖流域 50 个表层沉积物样品中共检测出 14 种 OCPs 化合物, 各单体化合物的检出率范围为 2%~100%, 其中 β-HCH、γ-HCH、α-Endo 以及 p,p'-DDE 检测率达 98% 以上 (表 5.10)。巴尔喀什湖流域表层沉积物中 OCPs 数值范围 4.29~180.2 ng/g dw, 平均值 16.80 ng/g dw, 变异系数 (CV) 达 168%, 各点位间含量差异较为显著 (表 5.10)。所检测出的单体化合物 p,p'-DDE、p,p'-DDD、p,p'-DDT、α-HCH、β-HCH、γ-HCH、α-Chlor、Methoxychlor、α-Endo、β-Endo、Endosulfan sulfate、Endrin aldehyde、Endrin ketone、Aldrin 的平均值分别为 0.77 ng/g dw、0.47 ng/g dw、5.97 ng/g dw、0.30 ng/g dw、2.75 ng/g dw、2.10 ng/g dw、0.42 ng/g dw、0.12 ng/g dw、2.56 ng/g dw、0.04 ng/g dw、0.77 ng/g dw、0.42 ng/g dw、0.06 ng/g dw、0.04 ng/g dw。

表 5.10　巴尔喀什湖流域表层沉积物 OCPs 化合物含量

化合物	范围/(ng/g dw)	平均值/(ng/g dw)	SD/(ng/g dw)	CV/%	检出率/%
p,p'-DDE	ND~7.46	0.77	1.06	137	98
p,p'-DDD	ND~6.03	0.47	1.01	214	14
p,p'-DDT	ND~115.7	5.97	18.68	313	14
α-HCH	ND~14.84	0.30	2.10	707	2
β-HCH	0.36~41.44	2.75	5.77	210	100
γ-HCH	1.38~3.60	2.10	0.60	29	100
δ-HCH	ND	—	—	—	0
HEPT	ND	—	—	—	0
HEPX	ND	—	—	—	0
α-Chlor	ND~1.82	0.42	0.44	105	34
γ-Chlor	ND	—	—	—	0
Methoxychlor	ND~6.15	0.12	0.87	707	2
α-Endo	0.45~47.75	2.56	6.83	267	100
β-Endo	ND~2.10	0.04	0.30	707	2

续表

化合物	范围/(ng/g dw)	平均值/(ng/g dw)	SD/(ng/g dw)	CV/%	检出率/%
Endosulfan sulfate	ND~8.95	0.77	1.43	186	18
Endrin	ND	—	—	—	0
Dieldrin	ND	—	—	—	0
Endrin aldehyde	ND~0.94	0.42	0.24	58	86
Endrin ketone	ND~1.05	0.06	0.22	350	8
Aldrin	ND~1.04	0.04	0.18	502	4
OCPs	4.29~180.2	16.80	28.17	168	100

注：ND 代表未检测出或低于检测限。

对于五类 OCPs 化合物来说，DDTs 和 HCHs 是该区域主要富集的化合物类，平均含量分别为 (7.22 ± 19.64) ng/g dw 和 (5.15 ± 8.14) ng/g dw，前者主要由 p,p'-DDT 贡献，平均含量达 5.97 ng/g dw，后者主要由 β-HCH 和 γ-HCH 贡献，平均含量分别为 2.75 ng/g dw 和 2.10 ng/g dw，两类化合物占 OCPs 化合物总含量的比例分别为 0~89.70%（平均 24.85%）和 1.37%~79.60%（平均 44.16%）；其次为 Endos 类化合物，平均含量为 (3.37 ± 7.37) ng/g dw，主要由 α-Endo 贡献，平均含量为 2.56 ng/g dw，该类化合物占 OCPs 总含量的 2.50%~61.15%；Chlors 和 Aldrin 类化合物在该流域的含量最低，平均含量分别为 (0.55 ± 0.92) ng/g dw 和 (0.51 ± 0.35) ng/g dw，占 OCPs 总含量的比例分别为 4.40% 和 5.55%（表 5.10；图 5.37）。空间上，样点 15、18、20、23、27、40、44 的 OCPs 化合物总含量较高，数值分别为 19.51 ng/g dw、180.23 ng/g dw、25.89 ng/g dw、30.35 ng/g dw、58.54 ng/g dw、70.21 ng/g dw、75.28 ng/g dw，这些样点主要为农田耕作土壤（图 5.37）。

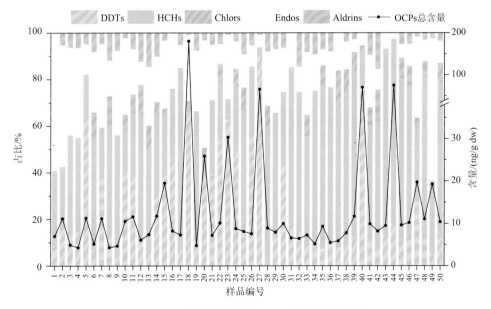

图 5.37　巴尔喀什湖流域 OCPs 含量空间分布图

与 PAHs 含量分布一致，巴尔喀什湖流域表层沉积物中 OCPs 也相对较低，其空间分布如图 5.37 所示，OCPs 从上游至下游表现为含量递增趋势，受中游剧烈的人类活动影响，含量较高的点位也主要集中在塔尔迪库尔干地区周边，该地区处于哈萨克斯坦较大的水稻种植区，OCPs 主要来自于当地的农业应用。土壤表层中 POPs 的空间分布与流域水体中 POPs 的浓度分布相似，表明水体中的污染可能通过径流、淋溶等方式进入土壤环境。

2. 表层沉积物中 OCPs 来源解析

利用主成分分析对巴尔喀什湖流域表层沉积物 50 个空间点位上 OCPs 的关联性和来源途径进行了初步分析。PCA[KMO 值为 0.566，大于 0.5，p 值(sig. ≈ 0.000)小于 0.05，适合作分析]共提取出了 3 个主成分因子(特征根值 >1)，累计方差贡献率为 86.2%(表 5.11)。

表 5.11　巴尔喀什湖流域表层沉积物 OCPs 主成分分析结果

点位	组分			点位	组分		
	PC1	PC2	PC3		PC1	PC2	PC3
1	0.364	0.119	0.894	26	−0.202	0.927	0.019
2	0.311	0.008	0.893	27	−0.541	0.803	−0.082
3	0.615	0.145	0.771	28	0.877	0.161	−0.185
4	0.543	0.097	0.271	29	0.84	0.133	−0.215
5	−0.423	0.877	−0.088	30	−0.092	0.973	−0.126
6	0.83	0.084	0.099	31	0.894	0.243	0.109
7	−0.316	0.838	0.059	32	0.912	0.128	0.032
8	0.767	0.021	0.308	33	0.766	0.068	−0.224
9	0.765	0.235	0.269	34	0.909	0.252	0.135
10	−0.354	0.877	0.183	35	0.85	0.129	−0.334
11	−0.144	0.911	−0.266	36	0.931	0.234	0.131
12	0.927	0.077	−0.049	37	0.929	0.209	0.092
13	0.761	0.089	−0.184	38	0.935	0.161	−0.158
14	0.044	0.913	−0.315	39	0.91	0.166	−0.292
15	−0.171	0.942	0.065	40	−0.426	0.837	−0.142
16	−0.149	0.978	−0.01	41	0.908	0.038	−0.266
17	0.893	0.221	−0.213	42	0.944	0.122	−0.131
18	−0.482	0.804	0.235	43	0.909	0.233	−0.23
19	0.789	0.174	0.539	44	0.598	0.357	−0.46
20	−0.515	0.58	−0.012	45	0.927	0.157	−0.279
21	−0.121	0.96	−0.047	46	0.958	0.162	−0.147
22	−0.263	0.899	−0.032	47	0.29	0.574	0.615
23	−0.528	0.822	0.143	48	0.94	0.173	−0.192
24	−0.171	0.919	0.072	49	0.808	0.106	0.378
25	0.951	−0.004	0.132	50	0.95	0.174	−0.175

因子 1(PC1)解释了 47.4%的变化量,点位 6、8、9、12、13、17、19、25、28、29、31~39、41~43、45、46、48~50 具有较重载荷(>0.7),点位主要包括湖泊、河流沉积物以及流域的西部地区,OCPs 含量中 β-HCH、γ-HCH 以及 p,p'-DDE 贡献较高,指示有机氯农药 HCHs 和 DDTs 类为主要来源。因子 2(PC2)解释了 28.5%的变化量,在点位 5、7、10、11、14~16、18、21~24、26、27、30 以及 40 上有较重载荷。这些点位主要位于农田地中,在 3 个组分中具有最高含量的 OCPs 残留量,其中 p,p'-DDD、p,p'-DDT 和 α-Endo 含量贡献较高,表明主要来源于混合源 DDTs 和 Endos 类。因子 3(PC3)解释了 10.3%的变化量,在流域东部农田区的位点 1~3 上有较重载荷,在 19 和 47 上有中度载荷,Endosulfan sulfate 含量相对较高,表明主要来源于有机氯农药 Endos 类。

前面内容已经讲过,根据 DDTs 各组分之间的比例关系,可以判别沉积物中 DDTs 的输入来源和降解条件。与咸海流域一样,巴尔喀什湖流域表层沉积物中 p,p'-DDT 也是 DDTs 中含量最高的化合物,其平均贡献率为 51.72%,其次为 p,p'-DDE,它的平均贡献率为 32.88%,而 p,p'-DDD 平均贡献率仅为 15.40%。在巴尔喀什湖流域表层沉积物中观察到的 $(p,p'$-DDD+ p,p'-DDE)/DDTs 值的范围在 0.00~1.00,平均值为 0.67,大部分样点观察到 $(p,p'$-DDD+ p,p'-DDE)/DDTs 值等于 1,p,p'-DDT 未检测出,表明这些区域周围的 DDTs 长期风化,没有新的输入。部分位于城市包括塔尔迪库尔干(如点位 14~16、18、20~24 和 26~27)、巴尔喀什(如点位 40)以及伊犁河岸附近(如点位 5、7、10 和 11)点位的 $(p,p'$-DDD+ p,p'-DDE)/DDTs 值低于 0.5,表明这些地区有新鲜的外源 DDTs 输入(图 5.38)。巴尔喀什湖流域表层沉积物中 p,p'-DDD/p,p'-DDE 值范围为 0.00~10.10,除样点 3、7、8、18、20、22~24 和 26 外,其他样点该比值均低于 1,且在大部分样品中未

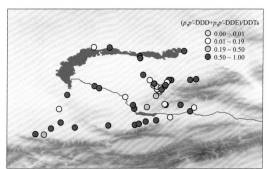

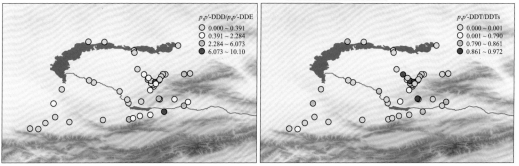

图 5.38　巴尔喀什湖流域表层沉积物中 $(p,p'$-DDD+ p,p'-DDE)/DDTs、p,p'-DDD/p,p'-DDE 和 p,p'-DDT/DDTs 值

检测出 p,p'-DDD，表明该流域表层沉积物中 DDTs 主要在好氧条件下发生的缓慢降解。另外，巴尔喀什湖表层沉积物中 p,p'-DDT/DDTs 值范围为 0.00~0.972，平均值为 0.33，大部分样点 p,p'-DDT/DDTs 值小于 0.5，表明这些地区的 DDTs 降解相对缓慢，且较少有新的 p,p'-DDT 输入，而塔尔迪库尔干、巴尔喀什以及伊犁河岸附近部分样点的 p,p'-DDT/DDTs 值大于 0.5，说明这些地区 DDTs 降解速度较快，且有新的 p,p'-DDT 输入（图 5.38）。DDTs 的各部分之间的比值结果表明，巴尔喀什流域的 DDTs 降解速度和输入存在一定的空间异质性，城市以及伊犁河岸附近区域降解速度较快且有新的输入，其他地区降解速度相对缓慢，DDTs 长期风化且较少有新的输入。

在本书中，巴尔喀什湖流域表层沉积物中 HCHs 四种同分异构体中 β-HCH 和 γ-HCH 两种异构体含量较丰富，分别占总 HCHs 的 20.42%~69.49%（平均值 43.88%±12.97%）和 6.02%~79.58%（平均值 55.62%±14.36%），而 α-HCH 仅在样点 44 检测出，其他点位均未检测到，δ-HCH 在该流域表层沉积物中均未检测出。前面讲过，根据土壤或沉积物中 α-HCH/γ-HCH 的值可以判别环境中 HCHs 的来源，当值为 4~7 时，说明 HCHs 主要来自于周围环境中工业级 HCHs 的输入，而当该值接近于 0 时，则说明有新的林丹输入。在巴尔喀什湖流域，表层沉积物中 α-HCH/γ-HCH 值范围为 0.00~4.12，除样点 44 外，其他样点 α-HCH/γ-HCH 值均为 0，表明该流域表层沉积物中观察到的 HCHs 主要来源于新的林丹输入，而样点 44 的 HCHs 可能主要来自于附近工厂的输入。由此看出，巴尔喀什湖流域主要受到林丹的污染。根据 γ-HCH 含量的空间分布图可以看出，γ-HCH 含量较高的点位主要位于城市巴尔喀什附近以及流域的西部地区，表明这些地区受到的林丹污染更严重（图 5.39）。除此之外，β-HCH 在巴尔喀什湖流域表层沉积物的 HCHs 中也占有高贡献，与其他 HCHs 异构体相比，β-HCH 的积累速度高于其他异构体，但降解速率最低，表明该流域表层沉积物中的 HCHs 除了来自于林丹的新鲜输入外，还来自于历史使用的残留。

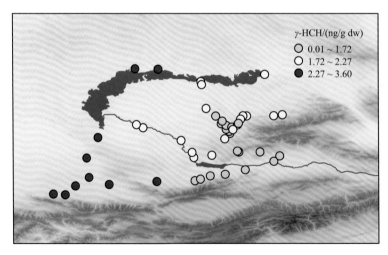

图 5.39　巴尔喀什湖流域 γ-HCH 含量的分布图

氯丹类通常用作杀虫剂和除草剂使用，在巴尔喀什湖流域，表层沉积物中的氯丹类含量较低，含量比较丰富的几种成分中，仅在部分点位中检测出反式氯丹（α-Chlor），而顺式氯丹（γ-Chlor）、七氯（HEPT）和环氧七氯（HEPX）在所有点位中均未检测出。HEPT和HEPX在沉积物中的含量不足表明巴尔喀什湖流域地区没有或存在很少的母体化合物HEPT使用。根据γ-Chlor和α-Chlor的含量可以看出，巴尔喀什湖流域表层沉积物中仅检测出不易降解的α-Chlor，对于易降解成分γ-Chlor则未检测出，γ-Chlor/α-Chlor值等于0，表明该区域的Chlors主要来源于历史使用的残留，而较少有新的输入。从空间上来看，α-Chlor含量最高的点位（点位44）位于巴尔喀什市，另外，在塔尔迪库尔干市、伊犁河岸边以及流域西部地区也存在α-Chlor含量较高的样点（图5.40）。据记载，样点44位于大型工厂附近，高含量的α-Chlor可能来源于该工厂的有毒物质排放。总体上来看，巴尔喀什湖流域表层沉积物中氯丹类含量较低，主要来源于历史使用的残留。

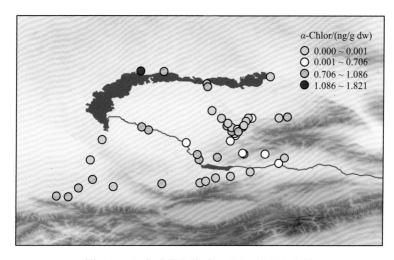

图5.40　巴尔喀什湖流域α-Chlor含量分布图

在本书中，与咸海流域硫丹类各组分含量组成不一致，巴尔喀什湖流域表层沉积物中硫丹类中含量最高的成分是α-Endo，其含量范围为0.45~47.75 ng/g dw，占硫丹类总量的75.7%，其次为Endosulfan sulfate，含量范围为ND~8.95 ng/g dw，占硫丹类总量的24.2%，而β-Endo仅占硫丹类总量的0.1%，且仅在位于塔尔迪库尔干市附近的样点18检测出，该样点α-Endo/β-Endo的值为22.8，大于2.3，在其他样点均未检测出β-Endo。Endosulfan sulfate、α-Endo和β-Endo在沉积物中的降解速度的不同，α-Endo的降解速度比β-Endo快，在环境中更易被降解，硫丹类中α-Endo在表层沉积物中的高贡献，表明巴尔喀什湖表层沉积物中的硫丹类主要为新的输入，较少为历史使用的残留。从α-Endo含量的空间分布图可以看出，α-Endo含量较高的样点主要位于城市附近，包括阿拉木图（如点位1和2）、塔尔迪库尔干（如点位18）、巴尔喀什（如点位40），以及流域西部的草原地区（图5.41），表明这些地区硫丹类的新鲜输入较多。

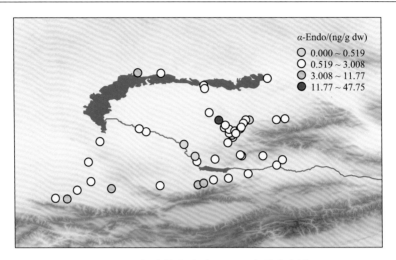

图 5.41　巴尔喀什湖流域 α-Endo 含量分布图

3. 表层沉积物中 OCPs 生态风险评估

运用 TEL/PEL 法对巴尔喀什湖流域表层沉积物中的 OCPs 含量进行生态风险评估。如图 5.42 所示，巴尔喀什湖流域所有表层沉积物样品中 Chlors 含量低于其对应的 TEL，且远低于其对应的 PEL，表明 Chlors 化合物发生生态风险的概率较低。DDTs、p,p'-DDD 和 p,p'-DDE 含量分别有 84.0%、98.0% 和 92.0% 的样点低于其对应的 TEL，DDTs 和 p,p'-DDE 分别有 6.0% 和 2.0% 的样点高于其对应的 PEL，表明 DDTs 在巴尔喀什湖流域表层沉积物中发生风险的概率相对较高。所有样点的 γ-HCH 含量均高于 TEL，且所有样点的

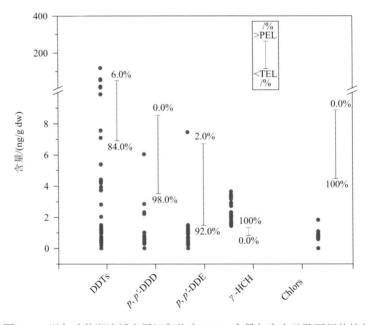

图 5.42　巴尔喀什湖流域表层沉积物中 OCPs 含量与生态风险区间值比较

γ-HCH 含量也高于 PEL，表明该化合物的生态风险发生概率最高，可能产生的风险最大，与咸海流域相似，巴尔喀什湖也受到林丹的污染，因此，为了居民健康，当地环境管理部门应严格控制林丹的输入。

如表 5.12 所示，巴尔喀什湖流域表层沉积物中所有点位中 Chlors 的 TEC HQ 和 PEC HQ 值均小于 1，表明处于无风险生态水平；p,p'-DDD 的 TEC HQ 和 PEC HQ 范围分别为 0.00~1.70 和 0.00~0.71，处于低风险水平；DDTs 和 p,p'-DDE 的 TEC HQ 范围分别为 0.00~17.06 和 0.00~5.25，PEC HQ 范围分别为 0.00~2.30 和 0.00~1.10，部分点位处于中风险生态水平，而 γ-HCH 的 TEC HQ 和 PEC HQ 范围为 1.47~3.83 和 1.00~2.61，所有点位均处于中风险水平，表明巴尔喀什湖流域表层沉积物中 DDTs 和 γ-HCH 的生态风险水平较高。

表 5.12　OCPs 在巴尔喀什湖流域的生态风险评估

化合物	TEC HQ	PEC HQ	<TEL	>PEL
DDTs	0.00~17.06	0.00~2.30	84.0%	6.0%
p,p'-DDD	0.00~1.70	0.00~0.71	98.0%	0.0%
p,p'-DDE	0.00~5.25	0.00~1.10	92.0%	2.0%
γ-HCH	1.47~3.83	1.00~2.61	0.0%	100%
Chlors	0.00~0.40	0.00~0.20	100%	0.0%

第四节　巴尔喀什湖沉积岩芯记录的环境与风险评估

一、沉积岩芯年代序列

巴尔喀什湖沉积岩芯的 $^{210}Pb_{ex}$ 和 ^{137}Cs 强度随深度的垂直分布变化见图 5.43（a）。以 ^{210}Pb 和 ^{137}Cs 放射性核素测定为基础，建立了湖泊岩芯年龄深度模型。^{137}Cs 活性首次记录在 22 cm 处，与 1954 年开始的大气核武器试验相对应，将 17 cm 处的 ^{137}Cs 峰值解释为 1964 年 GTWT 峰值（全球大气热核武器试验）的记录，而 8 cm 处的 ^{137}Cs 峰值解释为切尔诺贝利事件（1986 年）的潜在记录［图 5.43（a）］。BEK 岩芯的 $^{210}Pb_{ex}$ 活性范围为 47 cm 处的 0.9 Bq/kg 至顶部附近的 162.8 Bq/kg，并随深度呈指数下降趋势［图 5.43（a）］。CRS 恒定补给模式计算巴尔喀什湖岩芯的年代，并以采样年（2017 年）和 ^{137}Cs 峰值（1964 年）进行分隔（Appleby, 2001; Bruel and Sabatier, 2020）。根据 CRS 恒定补给模型，47~1 cm 的沉积物岩芯约覆盖 146 年（即 1872~2017 年）［图 5.43（b）］，22 cm 对应于 1954 年，这与 ^{137}Cs 出现的时间标记一致。47 cm 以下沉积物的年代由 22~47 cm 的平均沉积速率（0.30 cm/a）推断。沉积岩芯的底部（71 cm）被认为是 1800 年左右［图 5.43（b）］。

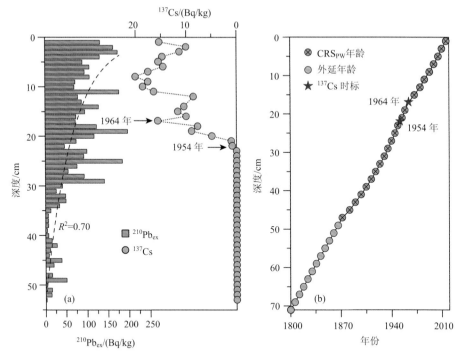

图 5.43　巴尔喀什湖沉积岩芯 $^{210}Pb_{ex}$ 和 ^{137}Cs 的垂直分布以及年代和深度模型

二、沉积记录生态环境变化过程与阶段特征

巴尔喀什湖沉积物粒度分析表明，整个岩芯粒度组成以粉砂（4~63 μm）为主，含量占 69.49%，其中粉砂又以粒径为 4~16 μm 的细粉砂为主，约占 34.87%；其次为黏土（< 4 μm），含量占 18.18%；而砂（> 63 μm）含量约占 12.33%（图 5.44）。约 1800 年以来，黏土和细粉砂变化趋势基本一致，与粗粉砂（32~63 μm）和砂（> 63 μm）的变化趋势相反。

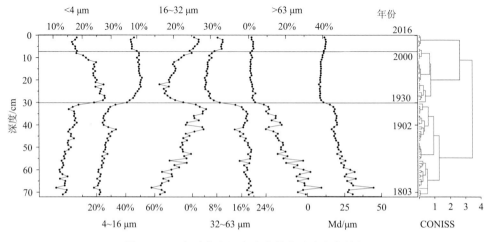

图 5.44　巴尔喀什湖沉积岩芯粒度垂直变化特征

约 1800~1930 年,粒径< 32 μm 含量呈现在波动中逐渐上升的趋势,尤其是粒径 16~32 μm 上升显著,相反,粒径> 32 μm 含量呈现在波动中逐渐降低趋势,尤其是粒径>63 μm 变化显著,中值粒径(Md)较大,平均值为 23.02 μm。约 1930~2000 年,粒径<4 μm 含量呈现逐渐降低趋势,而粒径 16~32 μm 呈现相反趋势,表现为逐渐上升趋势,其他粒径组分变化不明显,Md 平均大小为 9.30 μm。约 2000~2016 年,粒径 16~32 μm 和 32~63 μm 含量进一步升高,粒径>63 μm 变化不明显,岩芯的 Md 数值总体变大,平均值为 12.34 μm。

　　巴尔喀什湖沉积岩芯中元素含量的统计学分析见表 5.13 和图 5.45。整个岩芯中,元素 As、Pb 和 Cd 的变异系数均超过 30%,数值分别为 33.94%、33.02%和 31.61%,Fe、Na、Sr、Mn、Zn、Co、Ni 和 Cu 也有相对高的变异系数,数值超过 20%,呈现中等变异;P 的变异系数最小,数值为 4.89%。除 Al、Ca、K、Ti 及 P 的 CV 值小于 10%(变异较弱),其余元素的 CV 值均大于 10%,呈现中等变异。元素 Al、Ca、Fe、K、Na 和 Sr、

表 5.13　巴尔喀什湖岩芯沉积物元素含量统计学分析

元素	最小值	最大值	平均值	CV/%	元素	最小值	最大值	平均值	CV/%
Al	45.88	59.67	50.45	8.24	Zn	38.82	79.53	58.99	22.86
Ca	111.65	141.94	124.67	6.62	Cr	36.46	65.41	50.98	19.16
Fe	18.69	34.82	26.23	20.51	Co	5.50	11.26	8.42	21.07
K	15.33	20.25	16.88	9.10	Ni	11.68	28.87	20.32	24.50
Na	7.84	14.44	10.45	20.84	Cu	14.42	37.56	27.24	29.58
Sr	343.2	805.8	547.1	26.67	As	7.70	24.80	13.53	33.94
Ti	2121	2945	2558	9.74	Cd	0.10	0.28	0.18	31.61
Mn	412.03	743.9	575.9	21.30	Pb	11.20	29.43	19.65	33.02
V	48.84	91.42	68.53	19.66	P	555.3	664.2	601.2	4.89

注:Al、Ca、Fe、K、Na 的单位为 mg/g,其他元素为 mg/kg。

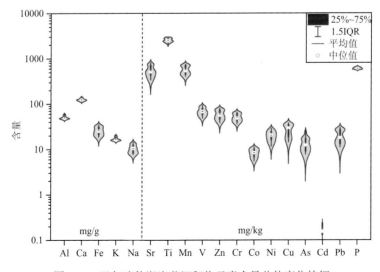

图 5.45　巴尔喀什湖岩芯沉积物元素含量总体变化特征

Ti、Mn、V、Zn、Cr、Co、Ni、Cu、As、Cd、Pb、P 的变化范围分别为 45.88~59.67 mg/g、111.65~141.94 mg/g、18.69~34.82 mg/g、15.33~20.25 mg/g、7.84~14.44 mg/g 和 343.2~805.8 mg/kg、2121~2945 mg/kg、412.03~743.9 mg/kg、48.84~91.42 mg/kg、38.82~79.53 mg/kg、36.46~65.41 mg/kg、5.50~11.26 mg/kg、11.68~28.87 mg/kg、14.42~37.56 mg/kg、7.70~24.80 mg/kg、0.10~0.28 mg/kg、11.2~29.43 mg/kg、555.3~664.2 mg/kg，平均值分别为 50.45 mg/g、124.67 mg/g、26.23 mg/g、16.88 mg/g、10.45 mg/g 和 547.1 mg/kg、2558 mg/kg、575.9 mg/kg、68.53 mg/kg、58.99 mg/kg、50.98 mg/kg、8.42 mg/kg、20.32 mg/kg、27.24 mg/kg、13.53 mg/kg、0.18 mg/kg、19.65 mg/kg、601.2 mg/kg。

　　巴尔喀什湖沉积岩芯元素深度-年代的垂直变化特征见图 5.46。总体来看，元素 Sr、Na 和 Ca 呈现先降低后增加的趋势，而稳定元素如 Al、Ti 及重金属如 Zn、Cr、Cu 等呈现相反的趋势。通过 CONISS 聚类分析，将历史时期巴尔喀什湖的沉积环境主要划分为三个时段：① 约 1800~1930 年，岩芯深度为 71~31 cm；② 约 1930~2000 年，岩芯深度为 31~7 cm；③ 约 2000~2016 年，顶端约 7 cm。约 1800~1930 年，大部分元素含量较低，而易迁移元素 Sr 和 Na 含量较高，表明此时段主要受自然环境作用为主。约 1930~2000 年元素发生显著变化，重金属元素 Cd、Cr、Cu、Ni、Pb 及 Zn 含量显著升高，平均值分别为 0.22 mg/kg、61.93 mg/kg、35.44 mg/kg、25.6 mg/kg、26.61 mg/kg 及 74.06 mg/kg。有记录表明约 20 世纪 20 年代末，哈萨克斯坦境内伊犁河流域开始大范围发展农业，人类活动增强(付颖昕和杨恕，2009)。约 2000~2016 年，大部分元素含量下降，表明人类活动有所减弱，但重金属中 Cd 含量继续升高，顶层含量达到最大值，含量为 0.28 mg/kg。此外，元素 Sr 含量也逐渐增大，平均含量为 509.28 mg/kg。

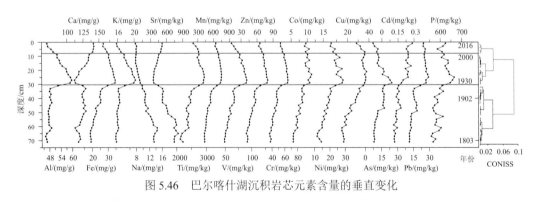

图 5.46　巴尔喀什湖沉积岩芯元素含量的垂直变化

三、沉积岩芯记录的有毒元素污染历史

　　巴尔喀什湖沉积物中 As、Cd、Cr、Cu、Ni、Pb 和 Zn 沉积通量的垂直变化特征与浓度变化基本一致(图 5.47)，整个岩芯沉积通量的变化范围分别为 0.58~1.87 μg/(cm²·a)、0.01~0.02 μg/(cm²·a)、1.64~6.16 μg/(cm²·a)、0.81~3.66 μg/(cm²·a)、0.70~2.55 μg/(cm²·a)、0.65~2.63 μg/(cm²·a)、1.85~7.46 μg/(cm²·a)，均值为 0.93 μg/(cm²·a)、0.01 μg/(cm²·a)、3.55 μg/(cm²·a)、1.89 μg/(cm²·a)、1.41 μg/(cm²·a)、1.36 μg/(cm²·a)、4.11 μg/(cm²·a)。

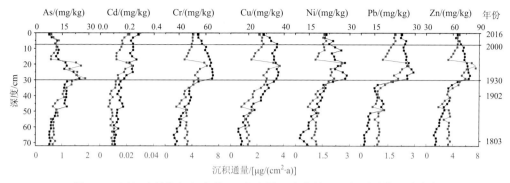

图 5.47　巴尔喀什湖沉积岩芯 As 和金属元素含量及沉积通量的垂直变化

约 1800~1930 年 As、Cd、Cr、Cu、Ni、Pb 及 Zn 沉积通量的数值相对较低，平均值分别为 0.85 μg/(cm²·a)、0.01 μg/(cm²·a)、3.04 μg/(cm²·a)、1.51 μg/(cm²·a)、1.17 μg/(cm²·a)、1.0 μg/(cm²·a) 及 3.40 μg/(cm²·a)，指示它们实际累积量较小。1930~2000 年 As 和金属元素的沉积通量呈现先上升后下降再上升的趋势。研究表明，1927 年苏维埃政权在伊犁-巴尔喀什地区发展畜牧业的同时，大力垦荒灌溉，并且建立了众多灌区，伊犁河-巴尔喀什流域总灌溉面积逐年扩大(付颖昕和杨恕，2009)。约 2000~2016 年，As 的沉积通量下降，平均值为 0.70 μg/(cm²·a)，Cr、Cu、Ni、Pb 及 Zn 的沉积通量变化不明显，平均含量分别为 4.05 μg/(cm²·a)、2.27 μg/(cm²·a)、1.61 μg/(cm²·a)、1.87 μg/(cm²·a) 及 4.80 μg/(cm²·a)，而 Cd 的含量和沉积通量[数值 0.02 μg/(cm²·a)]进一步上升，说明 Cd 与其他重金属的沉积环境或者来源不同。自 21 世纪以来，随着人类对环境保护意识的提高及相关政策和法规的实施，湖泊生态环境有所好转，湖泊沉积物中重金属含量和沉积通量显著降低(吉力力·阿布都外力等，2012)。

1800 年以来沉积岩芯富集系数(EF)和地质累积指数(I_{geo})的变化特征见图 5.48。约 1800~1930 年，巴尔喀什湖沉积物中 As、Cd、Cr、Cu、Ni、Pb 及 Zn 的 EF 和 I_{geo} 呈现缓慢的上升趋势，数值分别为 1.40 和-0.18、1.12 和-0.45、1.04 和-0.56、1.32 和-0.25、1.19 和-0.38、1.32 和-0.36 及 1.15 和-0.42，As 和重金属的 EF 值均小于 2，且 I_{geo} 数值均小于 0，评价结果为零-轻度富集和无污染，表明该阶段受人类活动的影响很小。

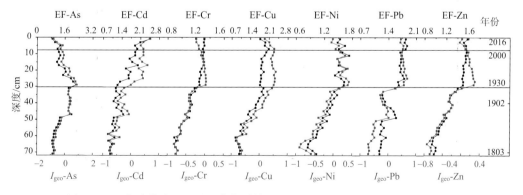

图 5.48　巴尔喀什湖沉积岩芯富集系数(EF)和地质累积指数(I_{geo})的垂直变化

约 1930~2000 年，巴尔喀什湖除 Cd 外潜在有毒元素的 EF 和 I_{geo} 呈现显著升高后又在波动中呈现下降的趋势，Cd 的 EF 和 I_{geo} 数值呈现逐渐上升的趋势。As、Cd、Cr、Cu、Ni、Pb 及 Zn 的 EF 和 I_{geo} 数值分别为 1.54 和 0.18、1.70 和 0.35、1.29 和–0.04、1.86 和 0.49、1.56 和 0.24、1.72 和 0.56 及 1.52 和 0.20，As 和重金属的 EF 值仍然小于 2，且 I_{geo} 数值除 Cr 外均为 0~1，评价结果为零–轻度富集和轻度污染。巴尔喀什矿冶联合公司于 1930 年在湖泊的北部地区成立，将未经处理的含铜、镉和铅等重金属的工业废水直接排入湖中，从而导致巴尔喀什湖沉积物中潜在有毒元素含量及评价指数的增加（Petr，1992）。1991 年苏联解体后，工农业活动减弱，沉积物中有毒元素含量及评价指数降低。自 2001 年以后，巴尔喀什湖沉积物中除 Cd 外，其他潜在有毒元素的 EF 和 I_{geo} 呈下降趋势，EF 平均值均小于 2，As 和 Cr 的 I_{geo} 值小于 0，其他元素 I_{geo} 数值均为 0~1，评价结果为零–轻度富集和轻度污染。近年来无废生产技术的引入，降低了工业废水中重金属的含量，再加上区域相关管理部门的介入，使得工业废水直接排放湖泊的量大大减少（Bakytzhanova et al.，2016），从而使得 21 世纪以来沉积岩芯重金属的富集系数和地质累积指数显著下降。但 Cd 的 EF 和 I_{geo} 呈现进一步升高的趋势，平均值分别为 2.14 和 0.47，评价为中度富集和轻度污染。

为分析巴尔喀什湖沉积中元素污染的原因，将元素浓度数据进行标准化处理后，进行相关性和双层次聚类分析。根据湖泊沉积物中元素的垂直变化特征（图 5.49），选择元素 Al、Fe、Ti、Sr、Na、Mn、V、P、Zn、Cr、Ni、Cu、As、Cd 和 Pb 进行相关性矩阵分析，结果表明，元素 Al、Fe、Ti、Mn、V、Zn、Cr、Ni、Cu 及 P 之间在 $p < 0.001$ 水

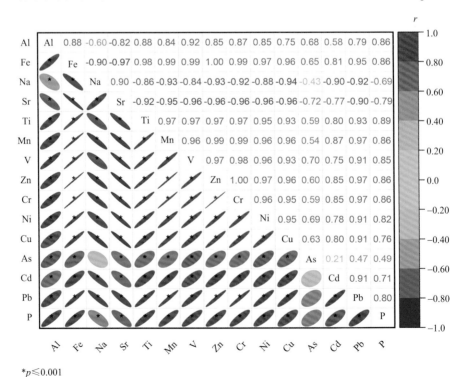

*$p \leqslant 0.001$

图 5.49　巴尔喀什湖沉积物元素之间的相关性矩阵

平上呈显著相关性，r 值大于 0.75，表明它们的沉积环境或者来源相似。易迁移元素 Sr 和 Na 在 $p < 0.001$ 水平上呈正相关，相关系数 r 数值为 0.90，它们与其他元素基本呈现显著负相关性($p < 0.001$)。此外，元素 As 和除 Na、Sr、Pb、P 及 Cd 外的元素也呈现正相关性($p < 0.001$)，相关系数 r 值相对较低，变化范围为 0.47~0.70，同样 Cd 与除 Na、Sr 及 As 外的其他元素之间也呈现正相关性($p < 0.001$)，r 变化范围为 0.58~0.91，值得注意的是 As 与 Cd 之间在 $p < 0.001$ 水平上基本无明显相关性，r 值仅 0.21，表明 As 和 Cd 两者的沉积环境或者来源不同。

巴尔喀什湖岩芯层位和沉积物中元素 Ti、As、Cd、Cr、Cu、Ni、Pb 及 Zn 的双层次聚类分析结果如图 5.50 所示。对巴尔喀什湖沉积岩芯样品进行水平树状聚类，主要可分为三类。第 1 类包括层位 9 和 19~29，主要是元素浓度、富集系数及地质累积指数含量较高的样点；第 2 类包括层位 1~7、11~17 和 43，表现为元素 As 浓度较高，而金属元素浓度相对较低；第 3 类主要包括 31 cm 以下的样品，表现为元素浓度较低，人类活动影响较小的层位。DHCA 将上述元素分成三个簇(图 5.50)，聚类的结果与上述相关性分析结果基本一致(图 5.49)。聚类 I 仅包括 As，聚类 II 包括 Pb 和 Cd，聚类III包括 Ni、Ti、Cr、Zn 和 Cu。有研究显示元素 As 经常存在于化肥和农药中，特别是在农业区的生产和活动过程中，化肥和杀虫剂等过度使用后，沉积物中的 As 含量较高(Niu et al., 2020; Li et al., 2021)，因此聚类 I 主要来源于区域的农业生产。研究证实，Pb 和 Cd 与煤、石油和其他化石燃料的燃烧密切相关，包括汽车用含铅汽油(Duzgoren-Aydin, 2007；Barsova et al., 2019)。石油和煤炭资源的开发和燃烧可能导致沉积物和环境中 Pb 和 Cd 含量的显著增加(Zhan et al., 2020)。Cd 还是冶炼、化工、印刷、皮革等工业活动的重要产物之一(Fu et al., 2014)。因此，聚类 II 主要来源于工业活动。相关性结果表明，Al、Fe、Ti、Mn、V、Zn、Cr、Ni、Cu 及 P 之间在 $p < 0.001$ 水平上呈显著相关性，$r > 0.75$，说明有共同的来源。前期的研究证明 Al 和 Ti 为丰富的惰性天然元素，化学性质稳定，主要来源于母质材料(Taylor, 1964; Lin et al., 2016)，与咸海沉积物聚类 II 中的元素来源较为一致，因此聚类III主要来源于自然。

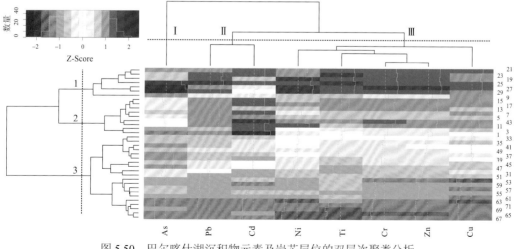

图 5.50　巴尔喀什湖沉积物元素及岩芯层位的双层次聚类分析

四、沉积记录的 POPs 污染历史与潜在生态风险

(一)PAHs 污染历史与生态风险

巴尔喀什湖沉积岩芯中 16 种优控 PAHs 皆有检出，总 PAHs 的含量范围为 18.60~292.75 ng/g dw，平均含量为(109.42±66.21) ng/g dw(表 5.14)。2 环 PAHs(Nap) 的含量变化范围为 0.09~20.55 ng/g dw，平均(3.60±4.79) ng/g dw。3 环 PAHs 中 Phe 的平均含量最高，为(38.28±27.37) ng/g dw，变化范围为 3.70~126.72 ng/g dw，其次为 Flu 和 Ant，含量变化范围分别为 2.53~43.46 ng/g dw 和 2.93~102.53 ng/g dw，平均含量分别为(22.47±11.87) ng/g dw 和(24.50±24.66) ng/g dw，Acy 和 Ace 的含量最低；4 环 PAHs 以 Pyr 为主，其含量变化范围分别为 0.92~14.87 ng/g dw，平均含量为(5.92±3.76) ng/g dw；5 环 PAHs 以 BbF 为主，含量范围为 0.16~4.49 ng/g dw，平均含量为(1.35±1.30) ng/g dw；6 环 PAHs 中 BghiP 的含量范围为 ND~4.47 ng/g dw，平均含量为(1.02±1.22) ng/g dw，InP 的含量范围为 ND~5.52 ng/g dw，平均含量为(1.18±1.43) ng/g dw。总的来说，2 环、3 环、4 环、5 环和 6 环 PAHs 占总 PAHs 含量的比值依次为 0.10%~17.94%(3.49%± 4.08%)、67.23%~94.54%(81.38%±6.30%)、4.50%~21.44%(10.85%±3.83%)、0.23%~ 6.41%(2.21%±1.41%)和 0.08%~5.83%(2.07%±1.52%)，巴尔喀什湖沉积岩芯中的 PAHs 以 3 环化合物为主导。

表 5.14　巴尔喀什湖岩芯沉积物 PAHs 化合物含量统计学分析

化合物	最小值/(ng/g dw)	最大值/(ng/g dw)	平均值/(ng/g dw)	SD/(ng/g dw)	CV/%
Nap	0.09	20.55	3.60	4.79	132.95
Acy	0.18	7.93	2.32	1.81	78.05
Ace	0.31	5.77	2.69	1.36	50.65
Flu	2.53	43.46	22.47	11.87	52.82
Phe	3.70	126.72	38.28	27.37	71.49
Ant	2.93	102.53	24.50	24.66	100.62
Flt	0.03	2.31	0.37	0.49	134.13
Pyr	0.92	14.87	5.92	3.76	63.58
BaA	0.43	7.71	2.04	1.65	81.00
Chr	0.49	8.53	2.77	1.88	67.93
BbF	0.16	4.49	1.35	1.30	96.65
BkF	0.00	0.40	0.12	0.11	91.75
BaP	0.01	2.25	0.65	0.63	95.64
DahA	0.05	0.31	0.15	0.07	49.10
BghiP	ND	4.47	1.02	1.22	119.73
InP	ND	5.52	1.18	1.43	121.86
PAHs	18.60	292.75	109.42	66.21	60.51
LMW PAHs	15.43	276.18	93.86	60.10	64.03
HMW PAHs	3.18	36.86	15.56	9.95	63.92

注：ND 代表未检测出或低于检测限。

从巴尔喀什湖沉积岩芯中 PAHs 含量的垂直变化可以看出(图 5.51)，在深度 71~66 cm(约 1800~1810 年)，总 PAHs 含量变化范围为 20.71~180.98 ng/g dw，平均含量为(102.36±80.18)ng/g dw，LMW PAHs 占据绝对主导地位，占总 PAHs 的 83.07%~94.81%(平均 90.68%±6.60%)，其中以 3 环的 Flu(平均含量 20.72 ng/g dw)、Phe(平均含量 18.46 ng/g dw)和 Ant(平均含量 53.28 ng/g dw)为主；HMW PAHs 含量很低，其数值范围为 3.51~10.57 ng/g dw，平均值为 6.52 ng/g dw，仅占总 PAHs 的 5.04%~16.20%(平均 9.00%)，以 4 环的 Flt(平均含量 1.14 ng/g dw)、Pyr(平均含量 3.03 ng/g dw)和 Chr(平均含量 1.16 ng/g dw)为主，5 环化合物含量(平均 0.38 ng/g dw)很低，6 环 BghiP 和 InP 均未检测出。总 PAHs、LMW PAHs 和 HMW PAHs 有逐渐上升的趋势。在深度 66~56 cm(约 1810~1840 年)，总 PAHs 含量相对稳定且处于低值，含量变化范围为 23.09~55.38 ng/g dw，平均含量为(38.17±15.83) ng/g dw，LMW PAHs 和 HMW PAHs 也处于整个岩芯变化的最低值，含量变化范围分别为 18.34~49.67 ng/g dw 和 3.31~6.55 ng/g dw，平均含量分别为 33.34 ng/g dw 和 4.83 ng/g dw，仍然以 LMW PAHs 占主导，占总 PAHs 的 79.84%~89.95%(平均 86.78%)，6 环 InP 仍未检测，而 BghiP 逐渐出现。在深度 56~18 cm(约 1840~1960 年)，总 PAHs 呈现先增加后下降再增加的趋势，含量变化范围为 18.60~292.75 ng/g dw，平均含量为(116.25±68.19) ng/g dw，在层位 55 cm(约 1848 年)达到整个岩芯的最大值后显著下降，在层位 39 cm 开始(约 1905 年)逐渐上升；LMW PAHs 仍以 Flu、Phe 和 Ant 为主，含量变化范围为 15.43~276.18 ng/g dw，平均含量为 99.36 ng/g dw，与总 PAHs 一致，在层位 55 cm 达到最大值，对应的 Flu、Phe 和 Ant 在该层位出现峰值，而 Acy 和 Ace 出现高值。LMW PAHs 占总 PAHs 的 77.36%~94.38%(平均 84.67%)，比例有所下降。HMW PAHs 主要由 4 环 Pyr、BaA 和 Chr、5 环 BbF 和 6 环 BghiP 贡献，含量变化范围为 3.18~35.94 ng/g dw，平均含量为 16.89 ng/g dw，占总 PAHs 的 5.62%~22.64%(平均 15.33%)，各化合物含量均呈现增加趋势，其中 BaA、Chr、BbF、BaP、DahA 和 BghiP 在层位 45 cm(约 1880 年)开始出现峰值，InP 在层位 43 cm(约 1890 年)以后开始检测出，各 HMW PAHs 也明显快速增加。在深度 18~8 cm(约 1960~1990 年)，总 PAHs 含量仍处

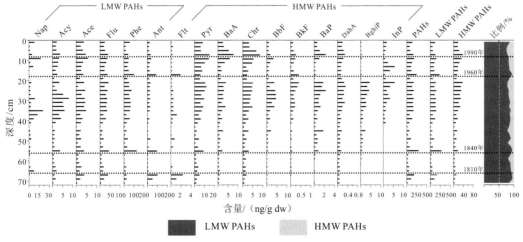

图 5.51　巴尔喀什湖沉积岩芯 PAHs 含量的垂直变化特征

于较高值,含量变化范围分别为 103.77~244.90 ng/g dw,平均含量为 154.77 ng/g dw,LMW PAHs 含量明显下降而 HMW PAHs 含量维持在较高值,尤其是 6 环 InP,LMW PAHs 和 HMW PAHs 含量变化范围分别为 86.90~231.26 ng/g dw 和 13.64~31.57 ng/g dw,平均含量分别为 134.26 ng/g dw 和 20.52 ng/g dw。8 cm~表层(约 1990 年以来),总 PAHs 和 LMW PAHs 的含量呈现下降后又缓慢上升的趋势,而 HMW PAHs 含量则维持在高值,变化范围为 16.06~36.86 ng/g dw,平均值为 23.23 ng/g dw,占总 PAHs 的 13.03%~25.62%,平均 20.88%,为整个岩芯最高。

　　为了对多环芳烃的污染历史进行分析,我们对巴尔喀什湖沉积岩芯中 PAHs 的同分异构体比值以及 PMF 模型计算下的各主因子贡献量变化进行 CONISS 聚类分析,通过分析 PAHs 来源在沉积岩芯中的垂直变化特征,进一步揭示巴尔喀什湖流域历史时期人类活动方式的变化以及对湖泊环境施加的影响。图 5.52 展示了巴尔喀什湖沉积岩芯中 PAHs 来源的五个主要变化阶段,大致如下:

　　① 约 1800~1810 年,巴尔喀什湖沉积物中 LMW PAHs 占据绝对主导地位,HMW PAHs 含量低。LMW PAHs/HMW PAHs 的值为 4.91~18.26[平均(13.10±7.17)],为整个岩芯最高平均值。Ant/(Phe+Ant)变化范围为 0.48~0.81,远大于 0.1,Flt/(Flt+Pyr) > 0.5,由于 BghiP 和 InP 在该阶段未检测出,Bap 仅在最底层检测出,未检测出的化合物含量根据检测限的 1/2 计算,因此,Bap/BghiP 和 InP/(InP+BghiP) 值在本阶段不做讨论。Ant/(Phe+Ant)和 Flt/(Flt+Pyr)值的变化均表明,此阶段 PAHs 的主要来源是煤炭和木材等的低温燃烧。结合 PMF 模型分析结果也可以看出,该阶段 PAHs 来源的主因子是煤炭燃烧,对 PAHs 污染的贡献量约为 86.35%;其次为生物质燃烧和未热解的石油源,贡献量约 11.92%;而石油燃烧仅占 PAHs 贡献量的约 1.73%(图 5.52)。Flu、Phe 和 Ant 作为该阶段的主导 PAHs 化合物,以煤炭燃烧和生物质燃烧的代表产物 Ant 的占比最大(图 5.52),由此看出,1810 年以前巴尔喀什湖的 LMW PAHs 来源主要是煤炭燃烧以及木材等生物质的燃烧。

　　② 约 1810~1840 年,总 PAHs 含量相对稳定且处于低值,LMW PAHs 和 HMW PAHs 也处于整个岩芯变化的最低值。LMW PAHs/HMW PAHs 的值在 3.86~8.70[平均(6.80±1.78)],总体呈下降趋势;Ant/(Phe+Ant) 波动明显,值在 0.20~0.61,均大于 0.1;Flt/(Flt+Pyr)值在 0.02~0.07,小于 0.5;大部分样点的 Bap/BghiP < 0.6,InP/(InP+BghiP) > 0.2。PAHs 的同分异构体比值结果表明,该时间段巴尔喀什湖 PAHs 主要来自于煤炭、木材的燃烧和石油燃烧的混合来源。结合 PMF 分析结果,该阶段煤炭燃烧产生的 PAHs 约占总贡献量的 62.87%,随着比例逐渐下降,而石油燃烧对 PAHs 污染的贡献量有所升高,约为 16.29%。

　　③ 约 1840~1960 年,总 PAHs 呈现先增加后下降再增加的趋势,LMW PAHs 比例有所下降。LMW PAHs/HMW PAHs 的值在 3.42~16.66,平均(6.24±3.02),在 1850 年出现一个峰值后开始下降;Ant/(Phe+Ant) 也表现出下降趋势,达到整个岩芯的最低值,值在 0.12~0.44,个别样点接近于 0.1;Flt/(Flt+Pyr)值在 0.00~0.21,小于 0.4;InP 在约 1900 年后开始检测出,Bap/BghiP 在 1890 年以前大于 0.6,在 1890 年以后小于 0.6,1890 年以前 InP/(InP+BghiP) <0.2,1890 年后,大部分样点 0.2< InP/(InP+BghiP) < 0.5

（图 5.52）。各 PAHs 的同分异构体比值发生结果表明，该时间段巴尔喀什湖 PAHs 主要来自于是石油燃烧和煤炭燃烧。PMF 分析结果表明，该阶段煤炭燃烧产生的 PAHs 约占 33.65%，其比例呈下降趋势，生物质燃烧和未热解的石油源以及石油燃烧的贡献量分别为 28.05% 和 38.30%，石油燃烧释放的 PAHs 所占的比例明显升高，尤其在 1880~1890 年和 1940~1950 年左右，对应第二次工业革命和第二次世界大战两个历史时期，这两个时期煤炭和石油的大量使用，释放了大量的 PAHs，对湖泊环境产生了明显的影响。

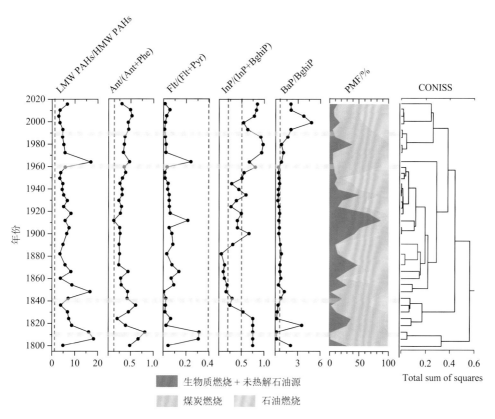

图 5.52　巴尔喀什湖沉积岩芯中 PAHs 特征根比值的历史变化特征

④ 约 1960~1990 年，总 PAHs 含量处于较高值，LMW PAHs 含量明显下降而 HMW PAHs 含量维持在较高值。LMW PAHs/HMW PAHs 值在 4.60~16.95，呈下降趋势；Ant/(Phe+Ant) 明显升高且 >0.1；0.01<Flt/(Flt+Pyr)<0.24，小于 0.4；InP/(InP+BghiP)>0.5，Bap/BghiP >0.6，表明此阶段的 PAHs 以煤炭燃烧为主要来源，对 PAHs 污染的贡献量为 70.57%（图 5.52），其次为石油的高温燃烧释放的 PAHs，对 PAHs 污染的贡献量为 16.39%，而生物质燃烧和未热解的石油源仅贡献 13.04%。该时期也是中亚各国经济发展较为快速的阶段，此时巴尔喀什湖流域人类活动强度大，且以工业生产方式为主。

⑤ 约 1990 年以来，总 PAHs 和 LMW PAHs 的含量呈现下降后又缓慢上升的趋势，而 HMW PAHs 含量则维持在高值。LMW PAHs/HMW PAHs 值在 2.90~6.67，比值为整个岩芯的最低值；Ant/(Phe+Ant) 也呈现下降趋势，但比值仍大于 0.1；Flt/(Flt+Pyr) < 0.4；

InP/(InP+BghiP) >0.5，Bap/BghiP > 0.9，表明此阶段的 PAHs 以煤炭燃烧和石油燃烧为主要来源，PMF 分析结果显示，二者对 PAHs 污染的贡献量分别为 48.02% 和 40.67%（图 5.52），而生物质燃烧和未热解的石油源仅贡献 11.31%。1991 年苏联解体，失去苏联体制的哈萨克斯坦经济面临难以为继的状态，到 1999 年，哈萨克斯坦的经济才开始回升。2000~2010 年，哈萨克斯坦的年经济增长率为 8%，与中国和印度并称为世界上发展最快的三大经济体。哈萨克斯坦是重要的石油生产国，经济的发展很大程度上依赖于石油产业，因此石油燃烧释放的 PAHs 成为新时期巴尔喀什湖流域 PAHs 的主要来源。

从整体看，整个岩芯 PAHs 均以 2~3 环为主，哈萨克斯坦地广人稀，从人口规模、产业结构和发展方面来看，区域间存在较大差异。总体上，位于东部地区的阿拉木图州属于农业生产区，而位于北部、东部的行政区则是哈萨克斯坦重要的工业发达地区。结合 PAHs 同位素比值（图 5.52），岩芯记录的 PAHs 百年历史主要来自生物质和煤炭的不完全燃烧，虽在浓度上有阶段性波动，但整体构成未发生明显变化。20 世纪 20 年代，哈萨克斯坦加入苏联后，开展了农业合作与集体农庄运动，开荒土地，粮食生产大幅增长，但在 20 世纪 80 年代随着苏联政治经济危机，哈萨克斯坦也出现同样状况；1990 年全国工业、煤炭、石油等产值均有所下降，种植业也一度面临耕地面积减少状况，进入 21 世纪后经济才逐渐好转，岩芯记录的含量变化也能很好地验证巴尔喀什湖流域环境变化。

为了明确 PAHs 不同时期的潜在风险水平，进行了近 1800 年以来 PAHs 的潜在生态风险危害系数（TEC HQ 和 PEC HQ）的变化分析（图 5.53）。整体来说，巴尔喀什湖处于低生态风险水平。约 1800~1810 年，巴尔喀什湖沉积物中 Flu 和 Ant 的 TEC HQ 变化范围分别为 0.18~1.84 和 0.13~2.19，平均值均大于 1，PEC HQ 平均值小于 1，处于为低生态风险等级，其他化合物的 TEC HQ 和 PEC HQ 均小于 1，处于无生态风险等级，表明该时期巴尔喀什流域的生态风险较低，主要来源于煤炭燃烧。约 1810~1840 年，所有化合物的 TEC HQ 和 PEC HQ 均小于 1，沉积物中 LMW PAHs 包括 Nap、Acy、Flu、Phe 和 Ant 的 HQ 值表现出下降趋势，而 HMW PAHs 包括 BaA、Chr 和 DahA 的 HQ 值呈现出上升趋势，总体来说，该阶段的生态风险水平最低。约 1840~1960 年，各 PAHs 单体的危险系数均呈现上升趋势，尤其是 1890 年以后，Flu 和 Phe 的 TEC HQ 值变化范围分别为 0.12~2.05 和 0.21~3.02，平均值均大于 1，个别层位 Acy、Nap 和 Ant 的 TEC HQ 也大于 1，处于低生态风险水平。约 1960~1990 年，处于低生态风险水平，LMW PAHs 的 HQ 呈下降趋势，而 HMW PAHs 的 HQ 呈现升高趋势，该时期是巴尔喀什湖工农业活动频繁，经济较快发展的阶段。约 1990 年以来，各化合物的 PEC HQ 的平均值也小于 1，处于低生态风险水平，各化合物的 HQ 均表现出先下降后缓慢上升的趋势，苏联解体影响了区域的经济发展，人类活动排放的 PAHs 降低，随着经济的恢复，释放到环境中的 PAHs 又开始增加，对湖泊生态环境产生的风险水平也升高。

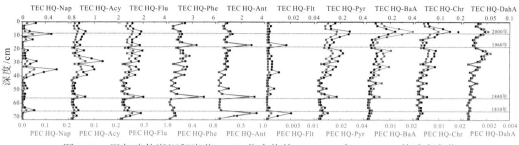

图 5.53　巴尔喀什湖沉积岩芯 PAHs 化合物的 TEC HQ 和 PEC HQ 的垂直变化

(二)有机氯农药污染历史与生态风险评估

巴尔喀什湖沉积岩芯中共检出 11 种 OCPs 化合物,其总含量范围为 1.91~16.52 ng/g dw,平均含量为(5.85±3.15) ng/g dw(表 5.15)。DDTs、HCHs、Chlors、Endos 以及 Aldrins 的含量变化范围分别为: 0.11~0.92 ng/g dw、1.50~6.54 ng/g dw、0.01~11.76 ng/g dw、ND~0.79 ng/g dw 和 0.17~1.21 ng/g dw,平均含量分别为(0.33±0.18) ng/g dw、(3.42±1.36) ng/g dw、(1.65±2.14) ng/g dw、(0.04±0.15) ng/g dw 和(0.40±0.20) ng/g dw。HCHs 类化合物是最主要的检出化合物,占总 OCPs 的 24.32%~83.16%(平均 62.85%);其次为 Chlors, 占总 OCPs 的 0.13%~71.19%(平均 22.87%);DDTs 和 Aldrins 相对较低,分别占总 OCPs 的 2.29%~12.68%(平均 5.88%)和 2.20%~15.47%(平均 7.71%);而 Endos 在五类 OCP 化合物中含量最低,且在大部分层位中未检测出。在 DDTs 类化合物中,p,p'-DDE 为主导化合物,其含量变化范围为 0.11~0.92 ng/g dw,平均含量为(0.31±0.18) ng/g dw;在 HCHs 类化合物中,β-HCH 为主导化合物,其含量变化范围为 0.47~2.88 ng/g dw,平均含量为(1.13±0.59) ng/g dw;而 Chlors 类化合物中, 以 Methoxychlor 为主要化合物,变化范围为 ND~11.42 ng/g dw,平均含量为(1.54±2.04) ng/g dw(表 5.15)。巴尔喀什湖流域 OCPs 的使用历史与现代环境中的残存较为一致,远低于咸海流域。

表 5.15　巴尔喀什湖岩芯沉积物 OCPs 化合物含量

化合物	最小值/(ng/g dw)	最大值/(ng/g dw)	平均值/(ng/g dw)	SD/(ng/g dw)	CV/%
p,p'-DDE	0.11	0.92	0.31	0.18	56.30
p,p'-DDT	ND	0.20	0.01	0.04	303.41
α-HCH	ND	1.31	0.24	0.33	135.06
β-HCH	0.47	2.88	1.13	0.59	52.25
γ-HCH	0.50	2.27	1.04	0.38	36.96
δ-HCH	ND	2.27	1.01	0.41	41.02
HEPX	ND	0.96	0.03	0.16	600.00
α-Chlor	ND	0.81	0.08	0.20	244.05
Methoxychlor	ND	11.42	1.54	2.04	132.41
Endosulfan sulfate	ND	0.79	0.04	0.15	336.21
Dieldrin	0.17	1.21	0.40	0.20	48.90
OCPs	1.91	16.52	5.85	3.15	53.87

注: ND 代表未检测出或低于检测限。

从巴尔喀什湖沉积岩芯中 OCPs 含量的垂直变化可以看出(图 5.54)，总体上来说，巴尔喀什湖 OCPs 的检出种类和数量较低，Endos 类仅在部分层位检测出 Endosulfan sulfate，而 Aldrins 仅检测出 Dieldrin，就 OCPs 化合物组成来说，在整个岩芯剖面均以 HCHs 含量占主导，其次为 Chlors。在深度 71~42 cm，总 OCPs 含量很低且相对稳定，变化范围为 1.91~1.50 ng/g dw，平均含量为 (3.36±0.76) ng/g dw。DDTs、HCHs、Chlors 和 Dieldrin 含量也处于最低含量水平，含量分别为 0.11~0.37 ng/g dw[平均(0.21±0.08) ng/g dw]、1.50~3.65 ng/g dw[平均(2.32±0.60) ng/g dw]、0.0~1.93 ng/g dw[平均(0.53±0.54) ng/g dw] 和 0.17~0.59 ng/g dw[平均(0.31±0.13) ng/g dw]，而 Endosulfan sulfate 没有检测出。其中，DDTs 类化合物中仅检测出 p,p'-DDE；HCHs 类化合物中仅检测出 β-HCH、γ-HCH 和 δ-HCH，含量分别为 0.49~1.76 ng/g dw[平均(0.84±0.36) ng/g dw]、0.50~1.11 ng/g dw[平均(0.76±0.20) ng/g dw] 和 0.0~0.37 ng/g dw[平均(0.20±0.08) ng/g dw]，以 β-HCH 和 γ-HCH 为主，而 α-HCH 没有检测出；仅在部分样点检测出含量极低的 Methoxychlor。在深度 42~24 cm，总 OCPs 含量逐渐升高，含量变化范围为 3.75~8.83 ng/g dw，平均含量为 (6.05±1.68) ng/g dw，p,p'-DDE、β-HCH、γ-HCH、δ-HCH、Methoxychlor 和 Dieldrin 的含量均呈现逐渐上升的趋势，含量分别为 0.17~0.72 ng/g dw[平均(0.32±0.16) ng/g dw]、0.47~1.75 ng/g dw[平均(1.07±0.37) ng/g dw]、0.62~1.24 ng/g dw[平均(0.98±0.21) ng/g dw]、0.59~1.27 ng/g dw[平均(0.95±0.24) ng/g dw]、0.63~4.04 ng/g dw[平均(1.65±1.18) ng/g dw] 和 0.20~0.63 ng/g dw[平均(0.40±0.15) ng/g dw]，α-HCH 在该深度区间的所有层位中被检测出，含量为 0.33~0.60 ng/g dw[平均(0.46±0.08) ng/g dw]，p,p'-DDT、α-Chlor 和 Endosulfan sulfate 也在部分层位中检测出；在层位 29 cm p,p'-DDE 和 β-HCH 出现明显高值。在深度 24~8 cm，总 OCPs 含量进一步升高，含量变化范围为 5.91~12.86 ng/g dw，平均含量为 (8.43±2.57) ng/g dw，在层位 23 cm 和 11 cm 出现明显高值。DDTs、HCHs、Chlors 和 Dieldrin 含量也进一步升高，含量分别为 0.33~0.92 ng/g dw[平均(0.50±0.21) ng/g dw]、3.71~6.54 ng/g dw[平均(5.25±1.02) ng/g dw]、0.51~5.44 ng/g dw[平均(2.12±1.71) ng/g dw] 和 0.39~1.21 ng/g dw[平均(0.55±0.28) ng/g dw]，HEPX 在层位 23 cm 检测出，而 Endosulfan sulfate 在所有层位未检出。β-HCH 和 α-Chlor 在层位 23 cm 处出现峰值，Methoxychlor 在 23 cm 处出现高值，p,p'-DDE 在 21 cm 和 11 cm 处分别出现高值和峰值，α-HCH 在 23 cm 和 17 cm 处分别出现高值和峰值，γ-HCH 和 Dieldrin 在 9 cm 处出现明显峰值。在深度 8 cm~表层，总 OCPs 含量先下降后缓慢回升，含量变化范围为 6.23~16.52 ng/g dw，平均含量为 (9.93±4.80) ng/g dw，在层位 7 cm 含量为整个岩芯最高值，主要由 Methoxychlor 贡献。DDTs、HCHs 和 Dieldrin 含量也呈现先下降后缓慢回升趋势，含量分别为 0.32~0.47 ng/g dw[平均(0.37±0.07) ng/g dw]、3.36~4.49 ng/g dw[平均(3.81±0.55) ng/g dw] 和 0.35~0.74 ng/g dw[平均(0.46±0.19) ng/g dw]，α-HCH 和 HEPX 未检出，α-Chlor 仅在个别层位检测出低含量。

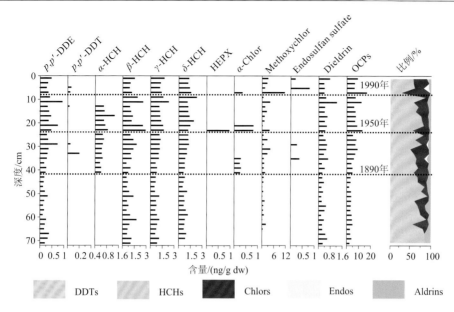

图 5.54　巴尔喀什湖沉积岩芯 OCPs 含量的垂直变化特征

为了分析 OCPs 的污染历史，对 1800 年以来的巴尔喀什湖沉积岩芯中 OCPs 的含量进行 CONISS 聚类分析见图 5.55，结合 OCPs 在中亚国家的使用历史，将 OCPs 化合物在沉积岩芯中的垂直变化大致分为三个阶段：

① 约 1800~1890 年，巴尔喀什湖岩芯沉积物中 OCPs 含量处于稳定且最低水平，对应的各类化合物也均处于最低水平，且没有检测出硫丹类化合物，表明该时期巴尔喀什湖流域 OCPs 对湖泊环境的影响很小，此时，中亚国家的农业活动主要以传统农业方式为主，人类活动较弱。

② 约 1890~1990 年，岩芯沉积物中总 OCPs 以及大部分单体均呈现波动性上升的变化趋势。该时间段共出现 OCPs 使用的三个明显高值，1930 年出现第一个高值，p,p'-DDE、DDTs、β-HCH、HCHs 和 Aldrins 含量明显升高，该时期正是苏联集成化农业活动开始迅速发展的时期（Borchardt et al.，2011），也是 OCPs 在中亚国家广泛应用的时期，OCPs 的普遍应用对区域湖泊环境产生了一定的影响；第二个高值出现在 1950~1960 年，除了上述化合物含量明显升高外，γ-HCH、δ-HCH、Chlors 和总 OCPs 含量也出现了大幅度增加，该时期是苏联 DDTs 和 HCHs 使用量最大的时期（Li et al.，2004；2006），也是工农业经济发展较快的时期，为满足人口对粮食的需求，传统农业上引入农药以提高粮食产量，人类活动对湖泊环境产生了明显的影响。第三个高值出现在 1990 年，p,p'-DDE 和 DDTs 的含量达到整个岩芯的最大值，尽管苏联政府在 1970 年左右正式禁止 DDTs，但 DDTs 的使用一直持续到 20 世纪 90 年代初期。总的来说，该时期各类 OCPs 的含量明显升高，表明区域强烈的人类活动对湖泊环境产生了明显的影响。

③ 约 1990 年以来，大部分 OCPs 化合物均呈现先下降后升高的趋势。随着苏联的解体，中亚国家的经济受到了严重的影响，农业活动也受到了严重的影响，同时部分有机氯农药的禁用，使得环境中的 OCPs 含量有所下降，但随着区域经济的慢慢恢复，以

及新型替代农药的出现，OCPs 农药的使用量又有所增加。

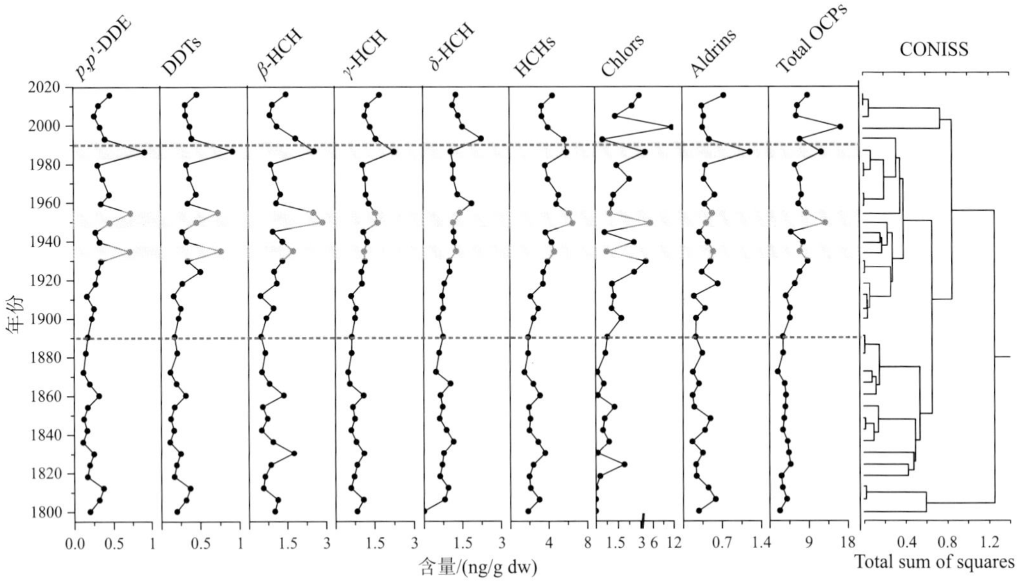

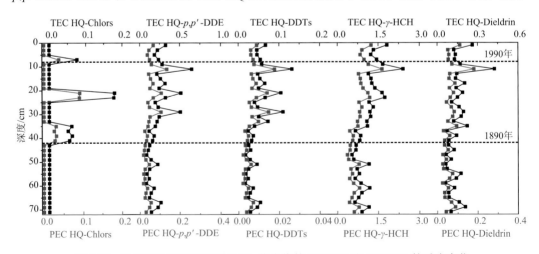

图 5.55　巴尔喀什湖沉积岩芯 OCPs 含量进行的 CONISS 聚类分析

为了解不同演化阶段 OCPs 的潜在生态风险，对 1800 年以来巴尔喀什湖岩芯沉积物中三类主要 OCPs 化合物（包括 HCHs、DDTs、Dieldrin 和 Chlors）进行了生态风险评价，巴尔喀什湖沉积岩芯 OCPs 的 HQ 值的变化特征见图 5.56。总体上来说，巴尔喀什湖沉积岩芯中 OCPs 处于无-低生态风险水平。约 1800~1890 年，巴尔喀什湖沉积物中 Chlors 没有检测出，p,p'-DDE、DDTs 和 γ-HCH 的 TEC HQ 和 PEC HQ 值的平均值均小于 1，处于无风险等级水平。约 1890~1990 年，沉积物中各 OCPs 化合物 HQ 值明显增加，Chlors、p,p'-DDE、DDTs 和 Dieldrin 的 TEC HQ 变化范围分别为 0~0.18、0.12~0.65、0.02~0.14

图 5.56　巴尔喀什湖沉积岩芯 OCPs 化合物的 TEC HQ 和 PEC HQ 的垂直变化

和 0.07~0.43，平均值分别为 0.03、0.29、0.06 和 0.17，所有化合物的 PEC HQ 值的平均值也小于 1，处于无生态风险等级，而 γ-HCH 的 TEC HQ 值范围为 0.66~2.41，平均值为 1.29，PEC HQ 值为 0.45~1.64（平均值 0.88），处于低生态风险等级。在 20 世纪 50 年代和 80 年代左右，各化合物的 HQ 值出现明显峰值，表明 OCPs 在当时农业生产活动中已经开始广泛大量使用。约 1990 年以来，巴尔喀什湖沉积物中 p,p'-DDE、DDTs、γ-HCH 和 Dieldrin 的 HQ 呈现先下降后又开始升高的趋势，TEC HQ 变化范围分别为 0.19~0.33、0.05~0.07、1.23~1.82 和 0.12~0.26，仅 γ-HCH 的 TEC HQ 平均值均大于 1，PEC HQ 值小于 1，处于低生态风险等级。

参 考 文 献

柴磊, 王新, 马良, 等. 2020. 基于 PMF 模型的兰州耕地土壤重金属来源解析. 中国环境科学, 40(9): 3919~3929.

邓铭江, 王志杰, 王姣妍. 2011. 巴尔喀什湖生态水位演变分析及调控对策. 水利学报, 42(4): 403~413.

付颖昕, 杨恕, 2009. 苏联时期哈萨克斯坦伊犁-巴尔喀什湖流域开发述评. 兰州大学学报(社会科学版), 37(4): 16~24.

管孝艳, 王少丽, 高占义, 等. 2012. 盐渍化灌区土壤盐分的时空变异特征及其与地下水埋深的关系. 生态学报, 32(4): 198~206.

吉力力·阿不都外力. 2012. 干旱区湖泊与盐尘暴. 北京: 中国环境科学出版社, 95~108.

龙爱华, 邓铭江, 谢蕾, 等. 2011. 巴尔喀什湖水量平衡研究. 冰川冻土, 33(6): 1341~1352.

沈贝贝, 吴敬禄, 吉力力·阿不都外力, 等. 2020. 巴尔喀什湖流域水化学和同位素空间分布及环境特征. 环境科学, 41(1): 173~182.

王珍. 2007. 伊犁河流域水资源开发利用问题研究. 伊犁师范学院学报(社会科学版), 26(3): 48~51.

新疆维吾尔自治区统计局. 2014. 2014 年新疆统计年鉴. 北京: 中国统计出版社.

雪克来提·巴斯托夫, 龙爱华, 邓铭江, 等. 2012. 基于 Google Earth 的巴尔喀什湖流域中下游水资源开发利用研究. 干旱区地理, 35(3): 388~398.

曾海鳌, 吴敬禄, 刘文, 等. 2013. 哈萨克斯坦东部水体氢、氧同位素和水化学特征. 干旱区地理, 36(4): 662~668.

朱秉启, 杨小平. 2007. 塔克拉玛干沙漠天然水体的化学特征及其成因. 科学通报, 52(13): 1561~1566.

中国环境监测总站. 1990. 中国土壤元素背景值. 北京: 中国环境科学出版社.

Aizen V B, Aizen E, Fujita K, et al. 2005. Stable-isotope time series and precipitation origin from firn-cores and snow samples, Altai glaciers, Siberia. J. Glaciol., 51(175): 637~654.

Appleby P G. 2001. Chronostratigraphic Techniques in Recent Sediments//Last W M, Smol J P. Tracking Environmental Change Using Lake Sediments Volume1: Basin Analysis, Coring, and Chronological Techniques. Dordrecht: Kluwer Academic Publishers, 171~203.

Badawy M I, Embaby M A. 2010. Distribution of polycyclic aromatic hydrocarbons in drinking water in Egypt. Desalination, 251: 34~40.

Bakytzhanova B N, Kopylov I S, Dal L I, et al. 2016. Geoecology of Kazakhstan: zoning, environmental status and measures for environment protection. European Journal of Natural History, (4): 17~21.

Banitaba M H, Mohammadi A A, Davarani S S H, et al. 2011. Preparation and evaluation of a novel solid-phase microextraction fiber based on poly（3, 4-ethylenedioxythiophene）for the analysis of OCPs in water. Anal. Methods, 3(9): 2061~2067.

Barsova N, Yakimenko O, Tolpeshta I, et al. 2019. Current state and dynamics of heavy metal soil pollution in Russian Federation—A review. Environ. Pollut., 249: 200~207.

Blais J M, Schindler D W, Muir D C G, et al. 2001. Melting glaciers: A major source of persistent organochlorines to subalpine Bow Lake in Banff National Park, Canada. Ambio, 30(7): 410~415.

Bruel R, Sabatier P. 2020. serac: an R package for ShortlivEd RAdionuclide chronology of recent sediment cores. Journal of Environmental Radioactivity, 225: 106449.

Bzdusek P A, Christensen E R, Li A, et al. 2004. Source apportionment of sediment PAHs in Lake Calumet, Chicago: application of factor analysis with nonnegative constraints. Environ. Sci. Technol., 38(1): 97~103.

Canadian Council of Ministers of the Environment（CCME）. 2010. Polycyclic Aromatic Hydrocarbons. Canadian Soil Quality Guidelines for Protection of Environmental and Human Health Canadian Soil Quality Guidelines [online] http://ceqg-rcqe.ccme.ca/.

Cánovas C R, Olías M, Nieto J M, et al. 2010. Wash-out processes of evaporitic sulfate salts in the Tinto River: Hydrogeochemical evolution and environmental impact. Appl. Geochem., 25(2): 288~301.

Cao Z G, Liu J L, Luan Y, et al. 2010. Distribution and ecosystem risk assessment of polycyclic aromatic hydrocarbons in the Luan River, China. Ecotoxicology, 19(5): 827~837.

Chai L, Wang Y H, Wang X, et al. 2021. Pollution characteristics, spatial distributions, and source apportionment of heavy metals in cultivated soil in Lanzhou, China. Ecological Indicators, 125: 107507.

Chen L, Liu J R, Hu W F, et al. 2021. Vanadium in soil-plant system: Source, fate, toxicity and bioremediation. June J. Hazard. Mater., 405: 124200.

Craig H. 1961. Isotopic variations in meteoric waters. Science, 133(3465): 1702~1703.

Dalai T K, Krishnaswami S, Sarin M M. 2002. Major ion chemistry in the headwaters of the Yamuna River system: Chemical weathering, its temperature dependence and CO_2 consumption in the Himalaya. Geochim. Cosmochim. Acta, 66(19): 3397~3416.

Dansgaard W. 1964. Stable isotopes in precipitation. Tellus, 16(4): 436~468.

Deka J, Sarma K P, Hoque R R. 2016. Source contributions of Polycyclic Aromatic Hydrocarbons in soils around oilfield in the Brahmaputra Valley. Ecotox. Environ. Safe., 133: 281~289.

Duan W L, Zou S, Chen Y N, et al. 2020. Sustainable water management for cross-border resources: the Balkhash Lake Basin of Central Asia, 1931–2015. J. Clean. Prod., 263: 121614.

Duzgoren-Aydin N S. 2007. Sources and characteristics of lead pollution in the urban environment of Guangzhou. Sci. Total Environ., 385: 182~195.

Dzhetimov M, Andasbayev E, Esengabylov I, et al. 2013. Physical and chemical research of processes of salt formation in the water of Balkhash Lake. CBU International Conference Proceedings, 1: 400~411.

Ene A, Bogdevich O, Sion A. 2012. Levels and distribution of organochlorine pesticides（OCPs）and polycyclic aromatic hydrocarbons（PAHs）in topsoils from SE Romania. Sci. Total Environ., 439: 76~86.

Eqani S A M A S, Malik R N, Katsoyiannis A, et al. 2012. Distribution and risk assessment of organochlorine contaminants in surface water from River Chenab, Pakistan. J. Environ. Monit., 14(6): 1645~1654.

Eremina N, Paschke A, Mazlova E A, et al. 2016. Distribution of polychlorinated biphenyls, phthalic acid esters, polycyclic aromatic hydrocarbons and organochlorine substances in the Moscow River, Russia. Environ. Pollut., 210: 409~418.

Farooq S, Ali-Musstjab-Alcber-Shah Eqani S, Malik R N, et al. 2011. Occurrence, finger printing and ecological risk assessment of polycyclic aromatic hydrocarbons（PAHs）in the Chenab River, Pakistan. J. Environ. Monit., 13(11): 3207~3215.

Ferreira M D S, Fontes M P F, Pacheco A A, et al. 2020. Risk assessment of trace elements pollution of Manaus urban rivers. Sci. Total Environ., 709: 134471.

Fu J, Zhao C P, Luo Y P, et al. 2014. Heavy metals in surface sediments of the Jialu River, China: Their relations to environmental factors. Journal of Hazardous Materials, 270: 102~109.

Gaillardet J, Dupr´e B, Louvat P, et al. 1999. Global silicate weathering and CO_2 consumption rates deduced from the chemistry of large rivers. Chem. Geol., 159（1~4）: 3~30.

Gaillardet J, Viers J, Dupré B. 2003. Trace Elements in River Waters//Holland H D, Turekian K K. Treatise on Geochemistry Amsterdam: Elsevier, 5: 225~272.

Galy A, France-Lanord C. 1999. Weathering processes in the Ganges-Brahmaputra Basin and the riverine alkalinity budget. Chem. Geol, 159（1~4）: 31~60.

Gibbs R J. 1970. Mechanisms controlling world water chemistry. Science, 170（3962）: 1088~1090.

Gimeno-García E, Andreu V, Boluda R. 1996. Heavy metals incidence in the application of inorganic fertilizers and pesticides to rice farming soils. Environmental Pollution, 92（1）:19~25.

Gunawardena J, Ziyath A M, Egodawatta P, et al. 2014. Mathematical relationships for metal build-up on urban road surfaces based on traffic and land use characteristics. Chemosphere, 99: 267~271.

Habib M A, Islam A R M T, Bodrud-Doza M, et al. 2020. Simultaneous appraisals of pathway and probable health risk associated with trace metals contamination in groundwater from Barapukuria coal basin. Bangladesh Chemosphere, 242: 125183.

Han G L, Liu C Q. 2004. Water geochemistry controlled by carbonate dissolution: a study of the river waters draining Karst-dominated terrain, Guizhou Province, China. Chem. Geol., 204（1~2）: 1~21.

Harman C, Grung M, Djedjibegovic J, et al. 2013. Screening for Stockholm Convention persistent organic pollutants in the Bosna River（Bosnia and Herzogovina）. Environ. Monit. Assess., 185: 1671~1683.

Huang T M, Pang Z H. 2012. The role of deuterium excess in determining the water salinisation mechanism: a case study of the arid Tarim River Basin, NW China. Appl. Geochem., 27（12）: 2382~2388.

Islam A R M T, Islam H M T, Mia M U, et al. 2020. Co-distribution, possible origins, status and potential health risk of trace elements in surface water sources from six major river basins. Bangladesh Chemosphere, 249: 126180.

Iwata H, Tanabe S, Tatsukawa R. 1993. A new view on the divergence of HCH isomer compositions in oceanic air. Mar. Pollut. Bull., 26(6): 302~305.

Kaushal S S, Duan S, Doody T R, et al. 2017. Human-accelerated weathering increases salinization, major ions, and alkalinization in fresh water across land use. Appl. Geochem., 83: 121~135.

Kawabata Y, Tsukatani T, Katayama Y. 1999. A demineralization mechanism for Lake Balkhash. International Journal of Salt Lake Research, 8(2): 99-112.

Kelepertzis E. 2014. Accumulation of heavy metals in agricultural soils of Mediterranean: Insights from

Argolida basin, Peloponnese, Greece. Geoderma, 221: 82~90.

Kezer K, Matsuyama H. 2006. Decrease of river runoff in the Lake Balkhash Basin in Central Asia. Hydrol. Process., 20(6): 1407~1423.

Khoshbavar-Rostamī H A, Soltani M, Yelighi S, et al. 2012. Determination of polycyclic aromatic hydrocarbons (PAHs) in water, sediment and tissue of five sturgeon species in the southern Caspian Sea coastal regions. Caspian. J. Environ. Sci., 10: 135~144.

Kim S A, Lee Y M, Choi J Y, et al. 2018. Evolutionarily adapted hormesis-inducing stressors can be a practical solution to mitigate harmful effects of chronic exposure to low dose chemical mixtures. Environ. Pollut., 233: 725~734.

Krupa E. 2017. Spatial analysis of hydrochemical and toxicological variables of the Balkhash Lake, Kazakhstan. Research Journal of Pharmaceutical, Biological and Chemical Sciences, 8(3): 1827~1839.

Krupa E, Barinova S, Aubakirova M. 2020. Tracking pollution and its sources in the catchment-lake system of major waterbodies in Kazakhstan. Lakes and Reservoirs: Research and Management, 25(1): 18~30.

Krupa E, Barinova S, Romanova S. 2019. The role of natural and anthropogenic factors in the distribution of heavy metals in the water bodies of Kazakhstan. Turkish Journal of Fisheries and Aquatic Sciences, 19(8): 707~718.

Kulmatov R, Hojamberdiev M. 2010. Distribution of heavy metals in atmospheric air of the arid zones in Central Asia. Air Qual. Atmos. Health, 3(4): 183~194.

Kwon J C, Léopold E N, Jung M C, et al. 2012. Impact assessment of heavy metal pollution in the municipal lake water, Yaounde, Cameroon. Geosci. J., 16(2): 193~202.

Li Y F, Zhulidov A V, Robarts R D, et al. 2004. Hexachlorocyclohexane use in the Former Soviet Union. Archives of Environmental Contamination & Toxicology, 48(1): 10~15.

Li Y F, Zhulidov A V, Robarts R D, et al. 2006. Dichlorodiphenyltrichloroethane usage in the former Soviet Union. Science of the Total Environment, 357(1~3): 138~145.

Li Q Y, Wu J L, Zhao Z H, et al. 2018. Organochlorine pesticides in soils from the Issyk- Kul region in the western Tian Shan Mountains, Kyrgyzstan: implication for spatial distribution, source apportionment and ecological risk assessment. J. Mt. Sci., 15(7): 1520~1531.

Li S Y, Lu X X, Bush R T. 2014. Chemical weathering and CO_2 consumption in the Lower Mekong River. Sci. Total Environ., 472: 162~177.

Li X Q, Han G L, Liu M, et al. 2019. Hydro-geochemistry of the river water in the Jiulongjiang River basin, Southeast China: Implications of anthropogenic inputs and chemical weathering. Int. J. Environ. Res. Pub. He., 16(3): 440.

Li Y F, MacDonald R W. 2005. Sources and pathways of selected organochlorine pesticides to the Arctic and the effect of pathway divergence on HCH trends in biota: a review. Sci. Total Environ., 342:87~106.

Li Y Y, Zhou H D, Gao B, et al. 2021. Improved enrichment factor model for correcting and predicting the evaluation of heavy metals in sediments. Science of the Total Environment, 755: 142437.

Lin L, Dong L, Wang Z, et al. 2021. Hydrochemical composition, distribution, and sources of typical organic pollutants and metals in Lake Bangong Co, Tibet. Environ. Sci. Pollut., 28: 9877~9888.

Lin Q, Liu E F, Zhang E L, et al. 2016. Spatial distribution, contamination and ecological risk assessment of heavy metals in surface sediments of Erhai Lake, a large eutrophic plateau lake in southwest China.

CATENA, 145:193~203.

Liu B J, Liu C Q, Zhang G, et al. 2013. Chemical weathering under mid- to cool temperate and monsoon-controlled climate: A study on water geochemistry of the Songhuajiang River system, Northeast China. Appl. Geochem., 31: 265~278.

Liu W, Ma L, Li Y M, et al. 2020. Heavy metals and related human health risk assessment for river waters in the Issyk-Kul Basin, Kyrgyzstan, Central Asia. Int. J. Environ. Res. Pu., 17(10): 3506.

Lozowicka B, Abzeitova E, Sagitov A, et al. 2015. Studies of pesticide residues in tomatoes and cucumbers from Kazakhstan and the associated health risks. Environ. Monit. Assess., 187(10): 609.

Luo L, Ma Y B, Zhang S Z, et al. 2009. An inventory of trace element inputs to agricultural soils in China. Journal of Environmental Management, 90(8): 2524~2530.

Luo X S, Yu S, Zhu Y G, et al. 2012. Trace metal contamination in urban soils of China. Sci. Total Environ., 421~422: 17~30.

Magesh N S, Tiwari A, Botsa S M, et al. 2021. Hazardous heavy metals in the pristine lacustrine systems of Antarctica: Insights from PMF model and ERA techniques. Journal of Hazardous Materials, 412: 125263.

Malik A, Ojha P, Singh K P. 2009. Levels and distribution of persistent organochlorine pesticide residues in water and sediments of Gomti River (India)-a tributary of the Ganges River. Environ. Monit. Assess., 148(1): 421~435.

Malik A, Verma P, Singh A K. et al. 2011. Distribution of polycyclic aromatic hydrocarbons in water and bed sediments of the Gomti River, India. Environ. Monit. Assess., 172(1): 529~545.

Maliszewska-Kordybach B, Smreczak B. 1998. Polycyclic aromatic hydrocarbons (PAH) in agricultural soils in Eastern Poland. Toxicological & Environmental Chemistry, 66(1~4): 53~58.

Meredith K T, Hollins S E, Hughes C E, et al. 2009. Temporal variation in stable isotopes (^{18}O and ^{2}H) and major ion concentrations within the Darling River between Bourke and Wilcannia due to variable flows, saline groundwater influx and evaporation. J. Hydrol., 378 (3~4): 313~324.

Meybeck M, Ragu A. 2012. GEMS-GLORI world river discharge database. Laboratoire de G´eologie Appliqu´ee. Paris, France: Universit´e Pierre et Marie Curie.

Meyer T, Wania F. 2008. Organic contaminant amplification during snowmelt. Water Res., 42: 1847~1865.

Miclean M, Tanaselia C, Roman M, et al. 2013. Organochlorine pesticides and metals in Danube water environment, Calafat-Turnu Magurele sector, Romania. Int. Multi. Sci. GeoCo., 261~268.

Mischke S, Rajabov I, Mustaeva N, et al. 2010. Modern hydrology and late Holocene history of Lake Karakul, eastern Pamirs (Tajikistan): A reconnaissance study. Palaeogeography, Palaeoclimatology, Palaeoecology, 289(1~4): 10~24.

Moeckel C, Monteith D T, Llewellyn N R, et al. 2014. Relationship between the concentrations of dissolved organic matter and polycyclic aromatic hydrocarbons in a typical UK upland stream. Environ. Sci. Technol., 48(1): 130~138.

Mondal N C, Singh V P, Singh V S, et al. 2010. Determining the interaction between groundwater and saline water through groundwater major ions chemistry. J. Hydrol., 388(1~2): 100~111.

Montory M, Ferrer J, Rivera D, et al. 2017. First report on organochlorine pesticides in water in a highly productive agro-industrial basin of the Central Valley, Chile. Chemosphere, 174: 148~156.

Montuori P, Aurino S, Garzonio F, et al. 2016a. Distribution, sources and ecological risk assessment of polycyclic aromatic hydrocarbons in water and sediments from Tiber River and estuary, Italy. Sci. Total Environ., 566: 1254~1267.

Montuori P, Aurino S, Garzonio F, et al. 2016b. Polychlorinated biphenyls and organochlorine pesticides in Tiber River and Estuary: occurrence, distribution and ecological risk. Sci. Total Environ., 571: 1001~1016.

Montuori P, Cirillo T, Fasano E, et al. 2014. Spatial distribution and partitioning of polychlorinated biphenyl and organochlorine pesticide in water and sediment from Sarno River and Estuary, Southern Italy. Environ. Sci. Pollut. Res., 21(7): 5023~5035.

Montuori P, Triassi M. 2012. Polycyclic aromatic hydrocarbons loads into the Mediterranean Sea: Estimate of Sarno River inputs. Mar. Pollut. Bull., 64(3): 512~520.

Nagy A S, Simon G, Szabó J, et al. 2013. Polycyclic aromatic hydrocarbons in surface water and bed sediments of the Hungarian upper section of the Danube River. Environ. Monit. Assess., 185(6): 4619~4631.

Net S, Dumoulin D, El-Osmani R, et al. 2014. Case study of PAHs, Me-PAHs, PCBs, phthalates and pesticides contamination in the Somme River water, France. Int. J. Environ. Res., 8:1159~1170.

Niu Y, Jiang X, Wang K, et al. 2020. Meta analysis of heavy metal pollution and sources in surface sediments of Lake Taihu, China. Sci. Total Environ., 700:134509.

Nriagu J O, Bhattacharya P, Mukherjee A, et al. 2007. Arsenic in soil and groundwater: an overview. Trace Metals and Other Contaminants in the Environment, 9:3~60.

Nurtazin S, Pueppke S, Ospan T, et al. 2020. Quality of drinking water in the Balkhash District of Kazakhstan's Almaty region. Water, 12(2): 392.

Nurzhanova A, Kalugin S, Zhambakin K. 2013. Obsolete pesticides and application of colonizing plant species for remediation of contaminated soil in Kazakhstan. Environ. Sci. Pollut. R., 20(4): 2054~2063.

Nyaundi J K, Getabu A M, Kengara F, et al. 2019. Assessment of organochlorine pesticides(OCPs) contamination in relation to physico-chemical parameters in the Upper River Kuja Catchment, Kenya (east africa). International Journal of Fisheries and Aquatic Studies, 7: 172~179.

Oliva P, Viers J, Dupré B. 2003. Chemical weathering in granitic environments. Chem. Geol., 202 (3~4): 225~256.

Pandey B, Agrawal M, Singh S. 2016. Ecological risk assessment of soil contamination by trace elements around coal mining area. J. Soil Sediment, 16(1): 159~168.

Pant R R, Zhang F, Rehman F U, et al. 2018. Spatiotemporal variations of hydrogeochemistry and its controlling factors in the Gandaki River Basin. Central Himalaya Nepal. Sci. Total Environ., 622: 770~782.

Pardyjak E R, Speckart S O, Yin F, et al. 2008. Near source deposition of vehicle generated fugitive dust on vegetation and buildings: Model development and theory. Atmospheric Environment, 42(26): 6442~6452.

Petr T. 1992. Lake Balkhash, Kazakhstan. International Journal of Salt Lake Research, 1(1): 21~46.

Piper A M. 1944. A graphic procedure in the geochemical interpretation of water-analyses. Eos, Transactions American Geophysical Union, 25(6): 914~928.

Pomfret R. 2011. Exploiting energy and mineral resources in Central Asia, Azerbaijan and Mongolia. Comp.

Econ. Stud., 53（1）: 5~33.

Prabakaran K, Nagarajan R, Eswaramoorthi S, et al. 2019. Environmental significance and geochemical speciation of trace elements in Lower Baram River sediments. Chemosphere, 219: 933~953.

Prasanna M V, Praveena S M, Chidambaram S, et al. 2012. Evaluation of water quality pollution indices for heavy metal contamination monitoring: a case study from Curtin Lake, Miri City, East Malaysia. Environ. Earth Sci., 67（7）:1987~2001.

Prokeš R, Vrana B, Klánová J. 2012. Levels and distribution of dissolved hydrophobic organic contaminants in the Morava River in Zlín district, Czech Republic as derived from their accumulation in silicone rubber passive samplers. Environ. Pollut., 166: 157~166.

Propastin P. 2012. Problems of Water Resources Management in the Drainage Basin of Lake Balkhash with Respect to Political Development//Leal Filho W. Climate Change and the Sustainable Use of Water Resources. Berlin, Heidelberg: Springer.

Qiu X H, Zhu T, Yao B, et al. 2005. Contribution of dicofol to the current DDT pollution in China. Environ. Sci. Technol., 39（12）: 4385~4390.

Quade J, English N, DeCelles P G. 2003. Silicate versus carbonate weathering in the Himalaya: a comparison of the Arun and Seti River watersheds. Chem. Geol., 202: 275~296.

Ravindra K, Bencs L, Wauters E, et al. 2006. Seasonal and site-specific variation in vapour and aerosol phase PAHs over Flanders（Belgium）and their relation with anthropogenic activities. Atmos. Environ., 40（4）: 771~785.

Reinhard C T, Planavsky N J, Gill B C, et al. 2017. Evolution of the global phosphorus cycle. Nature, 541: 386~389.

Ribeiro A M, da Rocha C C M, Franco C F J, et al. 2012. Seasonal variation of polycyclic aromatic hydrocarbons concentrations in urban streams at Niterói City, RJ, Brazil. Mar. Pollut. Bull., 64（12）: 2834~2838.

Rudnick R L, Gao S. 2014. Composition of the Continental Crust. Treatise Geochem, 3: 1~64.

Rzymski P, Klimaszyk P, Niedzielski P, et al. 2019. Pollution with trace elements and rare-earth metals in the lower course of Syr Darya River and Small Aral Sea, Kazakhstan. Chemosphere, 234: 81~88.

Sala R, Deom J M, Aladin N V, et al. 2020. Geological History and Present Conditions of Lake Balkhash// Mischke S. Large Asian Lakes in a Changing World: Natural State and Human Impact. Cham: Springer, 143~175.

Santana J L, Massone C G, Valdes M, et al. 2015. Occurrence and source appraisal of polycyclic aromatic hydrocarbons（PAHs）in surface waters of the Almendares River, Cuba. Arch. Environ. Contam. Toxicol., 69: 143~152.

Sarria-Villa R, Ocampo-Duque W, Páez M, et al. 2016. Presence of PAHs in water and sediments of the Colombian Cauca River during heavy rain episodes, and implications for risk assessment. Sci. Total Environ., 540: 455~465.

Shen B B, Wu J L, Zhan S E, et al. 2021a. Residues of organochlorine pesticides（OCPs）and polycyclic aromatic hydrocarbons（PAHs）in waters of the Ili-Balkhash Basin, arid Central Asia: concentrations and risk assessment. Chemosphere, 273: 129705.

Shen B B, Wu J L, Zhan S E, et al. 2021b. Spatial variations and controls on the hydrochemistry of surface waters across the Ili-Balkhash Basin, arid Central Asia. J. Hydrol., 600: 126565.

Shen B B, Wu J L, Zhao Z H. 2017. A~150-year record of human impact in the Lake Wuliangsu (China) watershed: evidence from polycyclic aromatic hydrocarbon and organochlorine pesticide distributions in sediments. J. Limnol., 76 (1) : 129~136.

Shen B B, Wu J L, Zhao Z H. 2018. Residues of organochlorine pesticides and polycyclic aromatic hydrocarbons in surface waters, soils and sediments of the Kaidu River catchment, northwest China. Int. J. Environ. Pollut., 63: 104~116.

Shil S, Singh U K. 2019. Health risk assessment and spatial variations of dissolved heavy metals and metalloids in a tropical river basin system. Ecol. Indic., 106:105455.

Shunthirasingham C, Oyiliagu C E, Cao X S, et al. 2010. Spatial and temporal pattern of pesticides in the global atmosphere. J. Environ. Monit., 12 (9) : 1650~1657.

Siemers A K., Maenz J S, Palm W U, et al. 2015. Development and application of a simultaneous SPE-method for polycyclic aromatic hydrocarbons (PAHs), alkylated PAHs, heterocyclic PAHs (NSO-HET) and phenols in aqueous samples from German Rivers and the North Sea. Chemosphere, 122: 105~114.

Singh U K, Kumar B. 2017. Pathways of heavy metals contamination and associated human health risk in Ajay River Basin, India. Chemosphere, 174: 183~199.

Smedley P L, Kinniburgh D G. 2002. A review of the source, behaviour and distribution of arsenic in natural waters. Appl. Geochem., 17 (5) : 517~568.

Spitsyna A, Spitsyna T. 2007. Preliminary Sustainability Assessment of water resources management in the Ili-Balkhash Basin of Central Asia (Dissertation). http://urn.kb. se/resolve?urn=urn: nbn:se: kth: diva-32765.

Statistics Agency of the Republic of Kazakhstan. 2004. Statistical Yearbook. Agriculture, Forestry and Fisheries in the Republic of Kazakhstan (Astana).

Sterling S M, Ducharne A, Polcher J. 2013. The impact of global land-cover change on the terrestrial water cycle. Nat. Clim. Change, 3 (4) : 385~390.

Szolnoki Z, Farsang A, Puskás I. 2013. Cumulative impacts of human activities on urban garden soils:origin and accumulation of metals. Environmental Pollution, 177: 106~115.

Taylor S R. 1964. Abundance of chemical elements in the continental crust: a new table. Geochim. Cosmochim. Acta, 28 (8) : 1273~1285.

Thevs N, Nurtazin S, Beckmann V, et al. 2017. Water consumption of agriculture and natural ecosystems along the Ili River in China and Kazakhstan. Water, 9 (3) : 207.

Tilekova Z T, Oshakbaev M T, Khaustov A P. 2016. Assessing the geoecological state of ecosystems in the Balkhash region. Geogr. Nat. Resour., 37 (1) :79~86.

USEPA. 1997. Ecological Risk Assessment Guidance for Superfund: Process for Designing and Conducting Ecological Risk Assessment. Interim Final. USEPA Environmental Response Team. Edison: New Jersey.

USEPA. 1998. Guidelines for Ecological Risk Assessment. Risk Assessment Forum. USEPA: Washington DC.

USEPA. 2018. National Recommended Water Quality Criteria-Aquatic Life Criteria Table.https://www.epa. gov/wqc/national-recommended-water-quality-criteria-aqua-tic -life-criteria-table#table.

Wang J Z, Wu J L, Zhan S E, et al. 2021. Spatial enrichment assessment, source identification and health risks of potentially toxic elements in surface sediments, Central Asian countries. Journal of Soils and

Sediments, 21（12）：3906-3916.

Wang S J, Zhang M J, Hughes C E, et al. 2016a. Factors controlling stable isotope composition of precipitation in arid conditions: An observation network in the Tianshan Mountains, central Asia. Tellus. B, 68（1）：26206.

Wang W, Delgado-Moreno L, Conkle J L, et al. 2012. Characterization of sediment contamination patterns by hydrophobic pesticides to preserve ecosystem functions of drainage lakes. J. Soils Sediments, 12（9）：1407~1418.

Wang X P, Gong P, Wang C F, et al. 2016b. A review of current knowledge and future prospects regarding persistent organic pollutants over the Tibetan Plateau. Sci. Total Environ., 573: 139~154.

Wang Z. 2007. Preliminary study on water resources development and utilization problem in Yili River Basin. Journal of Yili Normal University（Social Science Edition）, 3: 48~51.

Wania F, MacKay D. 1996. Peer reviewed: Tracking the distribution of persistent organic pollutants. Environ. Sci. Technol., 30（9）：390A~396A.

Weber J, Halsall C J, Muir D, et al. 2010. Endosulfan a global pesticide: A review of its fate in the environment and occurrence in the Artic. Sci. Total Environ., 408（15）：2966~2984.

White A F, Blum A E. 1995. Effects of climate on chemical_weathering in watersheds. Geochim. Cosmochim. Acta, 59（9）：1729~1747.

WHO. 2002. World Health Report 2002: Reducing Risks, Promoting Life.

WHO. 2017. Guidelines for Drinking Water Quality, 4th edn. World Health Organization: Geneva, Switzerland.

Wu H, Wu J, Li J, et al. 2020. Spatial variations of hydrochemistry and stable isotopes in mountainous river water from the Central Asian headwaters of the Tajikistan Pamirs. CATENA, 193: 104639.

Xiao J, Wang L Q, Deng L, et al. 2019. Characteristics, sources, water quality and health risk assessment of trace elements in river water and well water in the Chinese Loess Plateau. Sci. Total Environ., 650: 2004~2012.

Xu S, Lang Y C, Zhong J, et al. 2020. Coupled controls of climate, lithology and land use on dissolved trace elements in a Karst River system. J. Hydrol., 591:125328.

Yang Q, Yang Z F, Filippelli G M, et al. 2021. Distribution and secondary enrichment of heavy metal elements in karstic soils with high geochemical background in Guangxi, China. Chemical Geology, 567: 120081.

Yang Q C, Wang L C, Ma H Y, et al. 2016. Hydrochemical characterization and pollution sources identification of groundwater in Salawusu aquifer system of Ordos Basin, China. Environ. Pollut., 216: 340~349.

Yang Y Y, Yun X Y, Liu M X, et al. 2014. Concentrations, distributions, sources, and risk assessment of organochlorine pesticides in surface water of the East Lake, China. Environ. Sci. Pollut. Res., 21（4）：3041~3050.

Yunker M B, MacDonald R W, Vingarzan R, et al. 2002. PAHs in the Fraser River basin: A critical appraisal of PAH ratios as indicators of PAH source and composition. Org. Geochem., 33（4）：489~515.

Zeng H A, Wu J L, Liu W. 2014. Two-century sedimentary record of heavy metal pollution from Lake Sayram: A deep mountain lake in central Tianshan, China. Quaternary International, 321: 125~131.

Zhan S E, Wu J L, Jin M. 2022. Hydrochemical characteristics, trace element sources, and health risk assessment of surface waters in the Amu Darya Basin of Uzbekistan, arid Central Asia. Environmental Science and Pollution Research, 29(4): 5269~5281.

Zhan S E, Wu J L, Wang J Z, et al. 2020. Distribution characteristics, sources identification and risk assessment of *n*-alkanes and heavy metals in surface sediments, Tajikistan, Central Asia. Science of the Total Environment, 709: 136278.

Zhang G, Parker A, House A, et al. 2002. Sedimentary records of DDT and HCH in the Pearl River Delta, South China. Environ. Sci. Technol., 36(17): 3671~3677.

Zhang S Y, Zhang Q, Darisaw S, et al. 2007. Simultaneous quantification of polycyclic aromatic hydrocarbons (PAHs), polychlorinated biphenyls (PCBs), and pharmaceuticals and personal care products (PPCPs) in Mississippi River water, in New Orleans, Louisiana, USA. Chemosphere, 66(6): 1057~1069.

Zhang W F., Wu J L, Zhan S E, et al. 2021. Environmental geochemical characteristics and the provenance of sediments in the catchment of lower reach of Yarlung Tsangpo River, southeast Tibetan Plateau. CATENA, 200.

Zhang Z Y, Abuduwaili J, Jiang F Q. 2015. Heavy metal contamination, sources, and pollution assessment of surface water in the Tianshan Mountains of China. Environ Monit Assess, 187(2):33.

Zhao Z P, Tian L D, Fischer E, et al. 2008. Study of chemical composition of precipitation at an alpine site and a rural site in the Urumqi River Valley, Eastern Tien Shan, China. Atmos. Environ., 42 (39): 8934~8942.

Zhu T T, Wang X P, Lin H, et al. 2020. Accumulation of pollutants in proglacial lake sediments: impacts of glacial meltwater and anthropogenic activities. Environ. Sci. Tech., 54(13): 7901~7910.

第六章　大湖流域近现代环境变化与风险评估

本章主要对三大湖泊流域水土环境变化进行综合比较，阐述湖泊流域水土环境时空变化特征及区域差异。利用不同流域水体同位素空间变化比较，揭示流域水体环境变化的原因，结合水化学、水质分析，剖析三大湖泊流域水环境响应气候和人类活动的区域特征；在系统比较各流域表层沉积物以及岩芯沉积物元素和 POPs 等指标的基础上，结合流域气候和人文资料，应用多种数理方法，解析污染物来源并进行生态风险评估，揭示中亚国家大湖流域近现代环境变化的规律及其原因。

第一节　三大湖泊水环境时空变化及区域差异

近几十年来，三大湖泊面积出现了不同程度的变化，引起湖泊水环境的相应变化。三大湖泊中咸海出现了最大规模的萎缩，自 1960 年来主要经历了两个阶段，1960~1986 年为第一阶段，咸海水面积逐渐减少，至 1987 年分为北咸海和南咸海两部分；尔后，南、北咸海之间的水文联系减弱致使各自分别主要靠阿姆河和锡尔河补给。第二阶段，1987~2006 年南咸海面积进一步缩减，至 2007 年再分裂为南咸海西湖区和南咸海东湖区；随后，南咸海水域面积继续缩减，2014 年夏季其东部湖区出现干涸，而北咸海经过整治保护水域有所扩张 [图 6.1(a)] (Kosarev and Kostianoy, 2010; Wang et al., 2020)。相比咸海的大幅度变化，巴尔喀什湖面积变化相对较少。在 1975~2014 年间，巴尔喀什湖水域面积减少约为 2.78%，平均每年减少约 15.41 km^2，面积变化主要在乌泽那拉尔水道南

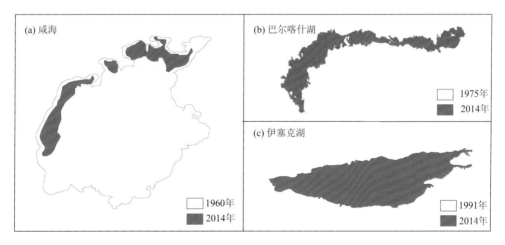

图 6.1　不同时期咸海（a）、巴尔喀什湖（b）和伊塞克湖（c）水域范围变化

图(a)据 Wang 等(2020)改绘，图(b)据臧菁菁等(2016)改绘，图(c)据 Zavialov 等(2020)、闫政新和郭万钦(2018)改绘

部和三角洲附近。其中，1975~1990 年，巴尔喀什湖水体面积大幅减少，平均每年减少 48.37 km² [图 6.1 (b)] (臧菁菁等，2016)。高山湖泊的伊塞克湖几十年来变化不大，其中 1991~2014 年，伊塞克湖呈现逐步扩张的趋势，水域面积增加了 2.2 km² [图 6.1 (b)] (Zavialov et al., 2020; 闫政新和郭万钦，2018)。

湖泊水域面积的收缩和扩张可能会对水体离子造成浓缩和稀释的影响，进而导致湖泊水质的变化。1960~2015 年，伊塞克湖水体盐度为 5.8~6.2 g/L (Abuduwaili et al., 2019; Asankulov et al., 2019; Podrezov et al., 2020)；巴尔喀什湖水体盐度由 1.5 g/L 增大到 5.0 g/L，而咸海湖水盐度由 10 g/L 大幅增大到 200 g/L 左右 (Aladin et al., 2019)。由此可以看出，伴随着湖泊面积的变化，1960~2015 年咸海、巴尔喀什湖和伊塞克湖水化学也出现明显的变化，但是不同湖泊的变化存在差异，咸海急剧盐化，巴尔喀什湖小幅度变化，而伊塞克湖处于较稳定状态。图 6.2 为巴尔喀什湖、伊塞克湖和咸海水化学类型。其中，巴尔喀什湖在 1945 年、1993 年、2004 年、2009 年和 2018 年湖水中的阳离子属于钠型，1945 年、1993 年和 2018 年湖水的阴离子无明显类型变化，2004 年和 2009 年湖水阴离子属于硫酸盐类型，所有年份湖水水化学属于 Na-Cl 型。伊塞克湖在 1998~2000 年和 2018 年湖水阳离子属于钠型，1998~2000 年湖水阴离子属于硫酸盐类型、氯化物类型和无明显类型三种，2018 年湖水阴离子属于无明显类型，两个时期伊塞克湖湖水水化学属于 Na-Cl 型。咸海在 1947 年、2002 年、2002~2008 年和 2019 年阴阳离子分别属于氯化物类型和钠型，所有时期湖水水化学属于 Na-Cl 型。对比三大湖泊，湖水阳离子中 Na⁺ 均占主导地位，阴离子从巴尔喀什湖的硫酸盐-无主要类型向伊塞克湖的硫酸盐-氯化物类型和咸海的氯化物类型变化，整体而言三湖湖水的水化学均属于 Na-Cl 型，从巴尔喀什湖到伊塞克湖和咸海，氯离子和钠离子的比例逐渐增加。

图 6.3 为巴尔喀什湖、伊塞克湖和咸海水化学控制因素的 Gibbs 图。巴尔喀什湖在 1945 年、1993 年、2004 年、2009 年和 2018 年湖水水化学主要受蒸发结晶作用控制，2018 年尤其强烈。伊塞克湖在 1998~2000 年和 2018 年湖水水化学主要受蒸发结晶影响，其中 2018 年的蒸发作用较强。咸海在 1947 年、2002 年以及 2002~2008 年北咸海的湖水水化学主要受蒸发结晶影响，2002~2008 年和 2019 年南咸海湖水的水化学来源已远远超过蒸发结晶的影响。由此可以看出，近年来三大湖泊水体受到强烈的蒸发结晶作用影响。比较巴尔喀什湖、伊塞克湖和咸海水体 TDS 和主要阴离子的比值发现，三个湖泊的水化学均受蒸发结晶控制，从巴尔喀什湖、伊塞克湖到咸海，蒸发结晶作用出现明显增强趋势，而咸海水体主要离子受到蒸发结晶作用的强度超出了理论范围。

三大湖泊水体 δ^2H 和 δ^{18}O 关系变化如图 6.4，图中咸海位于右上方，巴尔喀什湖位于左下方，伊塞克湖介于咸海和巴尔喀什湖之间。三大湖泊水体 δ^2H 和 δ^{18}O 值的大小排序依次为咸海 > 伊塞克湖 > 巴尔喀什湖。其中，咸海水体 δ^2H 和 δ^{18}O 值偏正可能与湖水经历强烈的蒸发结晶有关，巴尔喀什湖水体 δ^2H 和 δ^{18}O 值较低可能与其处于低纬度地区并且西区湖水受同位素贫化的河流补给影响有关。咸海、伊塞克湖和巴尔喀什湖湖水蒸发线的斜率依次为 5.8、5.58 和 5.28（图 6.4）（Ma et al., 2018; Oberhänsli et al., 2009; 沈贝贝等, 2020），综合以上结果表明，咸海水体经历了更强烈的蒸发过程，而伊塞克湖由于海拔较高，受到一定程度的蒸发结晶作用影响，这与湖水水化学来源分析结果一致。

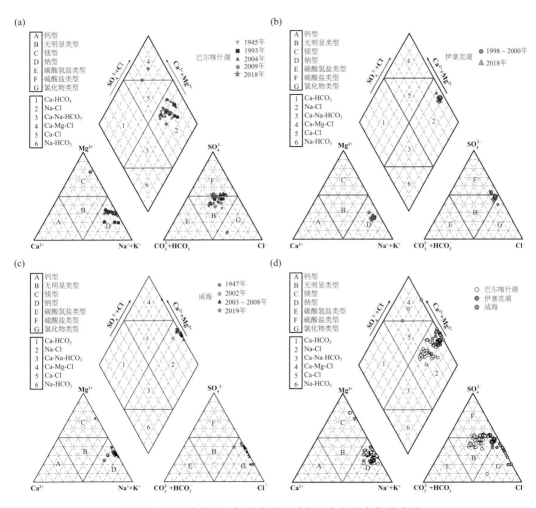

图 6.2 巴尔喀什湖、伊塞克湖、咸海三大湖泊水化学类型

巴尔喀什湖 1945 年、1993 年、2004 年、2009 年和 2018 年数据分别引自文献 Petr（1992）、Kawabata 等（1999）、Krupa 等（2017）、Dzhetimov 等（2013）和本课题组；伊塞克湖 1998~2000 年和 2018 年数据分别引自 Klerx 和 Imanackunov（2002）及本课题组；咸海 1947 年、2002 年、2002~2008 年和 2019 年数据分别引自 Blinov（1961）、Friedrich 和 Oberhänsli（2004）、Zavialov 和 Ni（2010）及本课题组

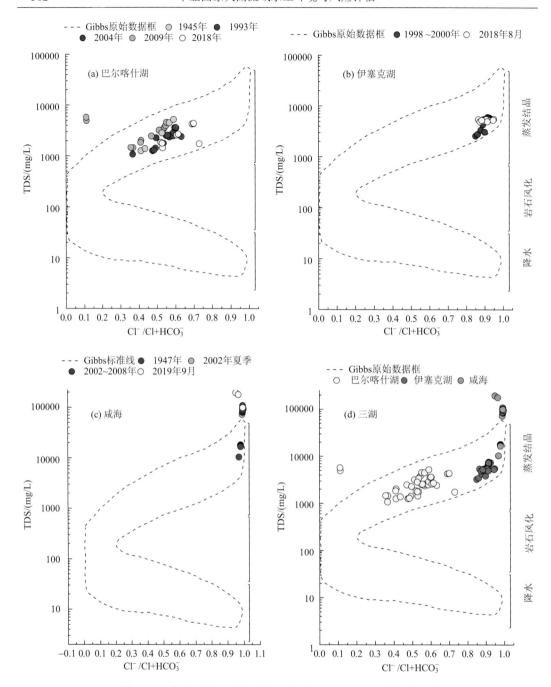

图 6.3　巴尔喀什湖、伊塞克湖、咸海三大湖泊水化学控制因素

巴尔喀什湖 1945 年、1993 年、2004 年、2009 年和 2018 年数据分别引自文献 Petr（1992）、Kawabata 等（1999）、Krupa 等（2017）、Dzhetimov 等（2013）和本课题组；伊塞克湖 1998~2000 年和 2018 年数据分别引自 Klerx 和 Imanackunov（2002）及本课题组；咸海 1947 年、2002 年、2002~2008 年和 2019 年数据分别引自 Blinov（1961）、Friedrich 和 Oberhänsli（2004）、Zavialov 和 Ni（2010）及本课题组

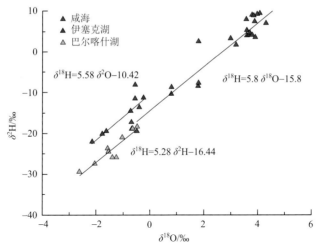

图 6.4　咸海、伊塞克湖和巴尔喀什湖水体氢氧稳定同位素分布

咸海数据引自 Oberhänsli 等（2009），伊塞克湖数据引自 Ma 等（2018），巴尔喀什湖数据引自沈贝贝等（2020）

第二节　三大湖泊流域水环境空间分布与原因

一、流域水环境空间特征

（一）水化学和同位素

　　三大湖泊流域中湖泊水体阳离子 Ca^{2+}、Mg^{2+}、Na^+ 和 K^+ 含量变化范围分别为 22.65~867.2 mg/L、76.85~12495 mg/L、293.6~34590 mg/L 和 17.68~2336.5 mg/L，平均值分别为 146.7 mg/L、1234 mg/L、3765 mg/L 和 242.1 mg/L；阴离子 CO_3^{2-} + HCO_3^-、Cl^- 和 SO_4^{2-}含量变化范围分别为 34.17~813.3 mg/L、246.1~67655 mg/L 和 531.6~26450 mg/L，平均值分别为 350.2 mg/L、5870 mg/L 和 3197 mg/L；TDS 变化范围为 1439~134089 mg/L，平均值为 15244 mg/L（图 6.5）。由此可见，湖泊水体中优势阳离子和优势阴离子分别为 Na^+ 和 Cl^-、SO_4^{2-}。湖泊水体 δ^2H 和 $\delta^{18}O$ 变化范围分别为 -48.87‰~7.00‰和 -7.17‰~ 3.77‰，平均值分别为 -20.85‰和 -2.03‰，d 值变化范围为 -23.16‰~11.78‰，平均值为 -4.59‰（图 6.5）。

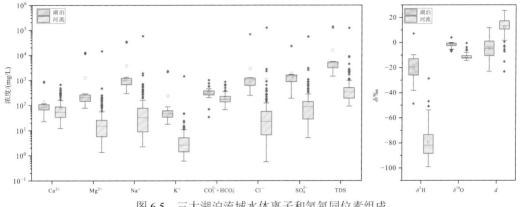

图 6.5　三大湖泊流域水体离子和氢氧同位素组成

河流水体阳离子 Ca^{2+}、Mg^{2+}、Na^+ 和 K^+ 含量变化范围分别为 12.13~663.5 mg/L、1.33~14303 mg/L、2.26~56949 mg/L 和 0.60~1440 mg/L，平均值分别为 83.22 mg/L、144.4 mg/L、541.1 mg/L 和 15.62 mg/L；阴离子 $CO_3^{2-}+HCO_3^-$、Cl^- 和 SO_4^{2-} 含量变化范围分别为 67.05~871.7 mg/L、0.56~71314 mg/L 和 5.10~54268 mg/L，平均值分别为 196.5 mg/L、819.2 mg/L 和 590.2 mg/L；TDS 变化范围为 91.26~119827 mg/L，平均值为 1571 mg/L（图 6.5）。由此可见，河流水体中优势阳离子和优势阴离子分别为 Ca^{2+}、Na^+ 和 $CO_3^{2-}+HCO_3^-$。河流水体 δ^2H 和 $\delta^{18}O$ 变化范围分别为 −99.17‰~−28.74‰ 和 −14.52‰~−0.68‰，平均值分别为 −79.40‰和−11.48‰，d 值变化范围为−23.27‰~25.48‰，平均值为 12.47‰（图 6.5）。

与世界其他地区水系相比（表 6.1），三大流域河流水体 TDS 值是全球河流平均值的 13 倍，是全球干旱、半干旱区河流平均值［分别为 440 mg/L 和 370 mg/L（吴丽娜等，2017）］的约 4 倍；河流水体阳离子 Ca^{2+}、Mg^{2+}、Na^+ 和 K^+ 的浓度分别是全球河流平均值的约 6 倍、35 倍、86 倍和 7 倍，阴离子 $CO_3^{2-}+HCO_3^-$、Cl^- 和 SO_4^{2-} 分别是全球河流平均值的约 3 倍、105 倍和 53 倍（Gaillardet et al., 1999; Meybeck, 2003），研究区水体高浓度离子可能与该区半干旱气候环境有关。与邻近的同处干旱半干旱地区的河流相比，三大湖泊流域河流水体离子浓度均较高。与埃及 Qarun 湖、海水离子浓度（Khadka and Ramanathan, 2013; Rasmy and Estefan, 1983; Abdel Wahed et al., 2014）相比，除 $CO_3^{2-}+HCO_3^-$ 外，三大湖泊流域湖泊水体多数离子浓度较低。与少有游客的尼泊尔 Begnas 湖相比，三大湖泊流域湖泊水体离子浓度均较高，可能反映了研究区水体受到人类活动的影响。

表 6.1　三大湖泊流域水体离子浓度与其他地区水系的对比　　　　（单位：mg/L）

水系	Ca^{2+}	Mg^{2+}	Na^+	K^+	$CO_3^{2-}+HCO_3^-$	SO_4^{2-}	Cl^-	TDS	参考文献
湖泊	146.7	1234	3765	242.1	350.2	3197	5870	15244	本书
Qarun 湖，埃及	443.8	1124	10119	319.1	171.3	11800	12054	36032	Abdel Wahed et al., 2014
Begnas 湖，尼泊尔	17.5	2.17	3.08	1.2	40.4	9.77	2.77	102.3	Khadka and Ramanathan, 2013
海水	413	1294	10760	387	142	2712	19353	35136	Rasmy and Estefan, 1983
河流	83.22	144.4	541.1	15.62	196.5	590.2	819.2	1571	本书
长江源头，中国	53.4	22.9	157.7	5.5	188.5	114.9	233.7	778	Jiang et al., 2015
怒江，中国	24	7	3	1	66	31	5	141	Huang et al., 2009
Katalmark 冰川	7.09	0.56	3.01	2.54	23.88	3.49	3.6		Yan, 2018
Gandakl 河，尼泊尔	39.7	13.9	12.4	3.5	130.2	49.4	16	269	Pant et al., 2018
亚马孙河，南美洲	19.1	2.3	6.4	1.1	68	7	6.5	122	Stallard and Edmond, 1983
新疆北部河流，中国	29.1	27.4	105.3	8.5	116.7	205.0	74.5	579.8	Zhu et al., 2013
中天山内陆河流域，中国	46.43	6.23	7.89	1.47	68.06	32.32	9.69	190.4	吴丽娜等，2017
全球河流	15	4.1	6.3	2.3	58.4	11.2	7.8	120	Gaillardet et al., 1999; Meybeck, 2003

对比大湖流域水体离子组成（图 6.6），结果显示，伊塞克湖水体阳离子 Na^+、K^+、Mg^{2+} 和 Ca^{2+} 所占的比例分别为 75%、3%、15% 和 7%，巴尔喀什湖水体阳离子 Na^+、K^+、

Mg^{2+}和Ca^{2+}所占的比例分别为74%、3%、20%和3%，咸海水体阳离子Na^+、K^+、Mg^{2+}和Ca^{2+}所占的比例分别为68%、5%、25%和2%。伊塞克湖水体阴离子$CO_3^{2-}+HCO_3^-$、Cl^-和SO_4^{2-}所占的比例分别为10%、39%和51%，巴尔喀什湖水体阴离子$CO_3^{2-}+HCO_3^-$、Cl^-和SO_4^{2-}所占的比例分别为26%、44%和30%，咸海水体阴离子$CO_3^{2-}+HCO_3^-$、Cl^-和SO_4^{2-}所占的比例分别为1%、74%和25%。由此可见，不同湖泊水体均含有较高浓度的碱元素(Na^++K^+)，伊塞克湖和巴尔喀什湖水体阴离子以Cl^-和SO_4^{2-}为主，咸海水体阴离子以Cl^-为主，因此，伊塞克湖和巴尔喀什湖水体化学类型相似，为Na-Cl·SO_4型，而咸海水体化学类型为Na-Cl型[图6.6(a)]，可能与不同湖泊水体受到的蒸发强度差异有关。

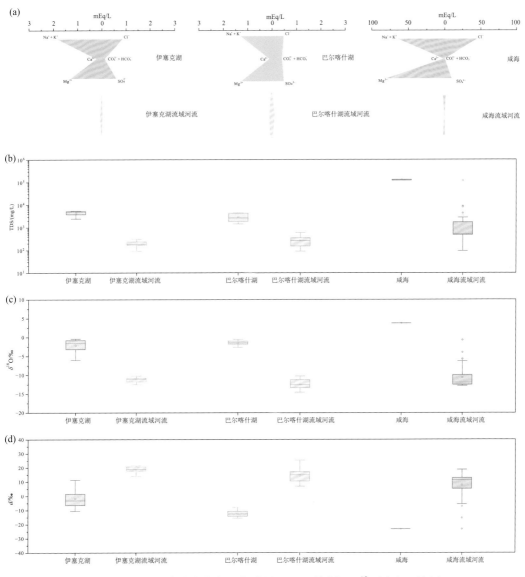

图6.6 三大湖泊流域水体离子类型(a)、TDS值(b)、$\delta^{18}O$(c)和d值(d)

对于不同地区河流而言，伊塞克湖流域河流水体阳离子 Na^+、K^+、Mg^{2+} 和 Ca^{2+} 所占的比例分别为 21%、3%、12% 和 64%，阴离子 CO_3^{2-} + HCO_3^-、Cl^- 和 SO_4^{2-} 所占的比例分别为 75%、7% 和 18%；巴尔喀什湖流域河流水体阳离子 Na^+、K^+、Mg^{2+} 和 Ca^{2+} 所占的比例分别为 29%、2%、14% 和 55%，阴离子 CO_3^{2-} + HCO_3^-、Cl^- 和 SO_4^{2-} 所占的比例分别为 76%、5% 和 19%；咸海河流水体阳离子 Na^+、K^+、Mg^{2+} 和 Ca^{2+} 所占的比例分别为 71%、2%、19% 和 8%，阴离子 CO_3^{2-} + HCO_3^-、Cl^- 和 SO_4^{2-} 所占的比例分别为 5%、56% 和 39%。巴尔喀什湖流域和伊塞克湖流域河流水体优势阴离子和阳离子相同，即弱酸离子（HCO_3^-）和碱土金属（Ca^{2+}）为主，水体离子类型为 $Ca\text{-}HCO_3$ 型，而咸海流域河流水体离子则含有较多的 Na^+、Ca^{2+} 和 Cl^-、SO_4^{2-}，水体离子类型为硫酸化物和氯化物型 [图 6.6(a)]。另外，巴尔喀什湖流域三角洲地区和伊犁河中游邻近农业灌溉区的水体表现出硫酸化物型和氯化物型，咸海流域阿姆河三角洲地区水体演变为以氯化物为主。由于近年来农业引水灌溉、修建水库等活动，一方面农田回水量升高，其所携带的 Cl^- 等物质 (图 5.23) 随之增加，加重了三角洲湿地对污染物"消解的任务"，使其聚集在三角洲地区；另一方面河流径流量减少，挟沙能力减少，大量泥沙沉积于三角洲堵塞河道，河流过水能力减弱，导致三角洲水体蒸发量增大；这些都使得水体盐度增大，Na^+、Cl^-、SO_4^{2-} 等离子富集。

从水体矿化度来看，巴尔喀什湖水体矿化度（平均值为 2917 mg/L）最低，其次是伊塞克湖（平均值为 4620 mg/L），咸海水体矿化度最高（平均值为 129567 mg/L）；相似地，巴尔喀什湖流域河流（平均值为 275.2 mg/L）和伊塞克湖流域河流（平均值为 226.9 mg/L）水体 TDS 浓度相近，都远低于咸海流域河流（平均值为 3378 mg/L）[图 6.6(b)]。高浓度的 TDS 值通常与干旱少雨的气候条件、强烈的蒸发作用以及周边人类活动有关。结合以上水体离子类型的结果表明，咸海流域水体受到的蒸发作用和人类干扰强度高于另外两个地区。

伊塞克湖水体 δ^2H 和 $\delta^{18}O$ 均值分别为 -20.70‰ 和 -2.44‰，巴尔喀什湖水体 δ^2H 和 $\delta^{18}O$ 均值分别为 -24.1‰ 和 -1.5‰，咸海水体 δ^2H 和 $\delta^{18}O$ 值偏正，平均值分别为 7.0‰ 和 3.77‰ [图 6.6(c)]。伊塞克湖、巴尔喀什湖和咸海水体的 d 均值分别为 -1.18‰、-12.3‰ 和 -23.16‰ [图 6.6(d)]。伊塞克湖流域河流水体 δ^2H 和 $\delta^{18}O$ 均值分别为 -71.15‰ 和 -11.25‰，巴尔喀什湖流域河流水体 δ^2H 和 $\delta^{18}O$ 均值分别为 -84.6‰ 和 -12.4‰，咸海流域河流水体 δ^2H 和 $\delta^{18}O$ 平均值分别为 -77.67‰ 和 -10.69‰ [图 6.6(c)]。伊塞克湖流域、巴尔喀什湖流域和咸海流域河流水体 d 均值分别为 18.85‰、14.56‰ 和 7.88‰ [图 6.6(d)]。伊塞克湖流域河流水体同位素值变化范围较小，体现出该区域水体相似的高山冰川雪融水来源的特征。

（二）水体重金属污染

三大湖泊水体中检测到的 10 种重金属总浓度为 10.37~323.13 μg/L，平均值为 75.35 μg/L，这 10 种重金属的浓度和组成情况见图 6.7。其中 Zn、Fe 和 As 含量最丰富，变化范围分别为 5.71~285.7 μg/L、1.00~38.41 μg/L 和 0.33~64.89 μg/L，平均值分别为

29.50 μg/L、20.34 μg/L 和 13.70 μg/L，分别占重金属总浓度的 39%、27% 和 18%；其次是 Cr、Cu、Pb 和 Mn，浓度范围分别为 0.28~3.89 μg/L、0.51~23.24 μg/L、0.01~10.75 μg/L 和 0.17~50.70 μg/L，平均值分别为 1.09 μg/L、3.91 μg/L、1.51 μg/L 和 3.91 μg/L，分别占重金属总浓度的 1%、5%、2% 和 5%；Co、Ni 和 Cd 浓度较低，浓度变化范围分别为 0.05~7.52 μg/L、0.17~4.68 μg/L 和 0.002~0.46 μg/L，平均值分别为 0.37 μg/L、0.95 μg/L 和 0.08 μg/L。

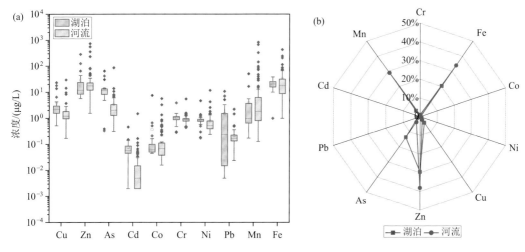

图 6.7　三大湖泊流域水体重金属组成 (a) 及其占重金属总浓度的百分比 (b)

三大流域河流水体中 10 种重金属总浓度为 11.31~1120.7 μg/L，平均值为 108.7 μg/L。其中的 Zn、Fe 和 Mn 是含量最丰富的元素，变化范围分别为 1.59~748.1 μg/L、1.00~437.41 μg/L 和 0.13~839.5 μg/L，平均值分别为 38.06 μg/L、33.96 μg/L 和 28.98 μg/L，分别占重金属总浓度的 35%、31% 和 27%；其次是 Cu 和 As，浓度范围分别为 0.17~29.82 μg/L 和 0.31~87.18 μg/L，平均值分别为 1.96 μg/L 和 3.50 μg/L，分别占重金属总浓度的 2% 和 3%；Cr、Co、Ni、Pb 和 Cd 浓度较低，浓度变化范围分别为 0.44~5.54 μg/L、0.02~5.72 μg/L、0.24~11.81 μg/L、0.02~2.25 μg/L 和 0.002~1.5 μg/L，平均值分别为 0.96 μg/L、0.22 μg/L、0.80 μg/L、0.21 μg/L 和 0.03 μg/L (图 6.7)。

与其他地区水系相比 (表 6.2)，三大湖泊水体中有毒元素平均浓度低于喀麦隆首都的城市湖泊 (Kwon et al.，2012)。但湖泊水体某些元素的浓度相对高于世界其他地区的湖泊，例如，中国西藏班公湖水体的 Cu、Ni 和 As 值较低，马来西亚 Curtin 湖水体的 Cu 和 Zn 浓度较低，以及 2018 年北咸海的 Cu 浓度较低 (Lin et al.，2021; Prasanna et al.，2012; Rzymski et al.，2019)。与全球河流平均值相比，三大流域河流水体中 Cr 和 Ni 平均浓度相似，Fe 的平均浓度较低，其他元素平均浓度均较高。与其他地区河流相比，研究区河流中大多数元素的平均浓度均高于天山地区河流的测定值 (Zhang et al.，2015)；低于之前研究的伊塞克湖流域河流 (Liu et al.，2020b) 以及邻近的锡尔河 (Rzymski et al.，2019)，同时，远低于印度 Ajay 河、西班牙 Tinto 河和巴西 Manaus 河 (Cánovas et al.，2010; Ferreira et al.，2020; Singh et al.，2017)。总体而言，研究区水体有毒元素的浓度较低。

表 6.2 三大湖泊流域中水体有毒元素浓度与其他地区水系的对比 (单位：μg/L)

	Cr	Fe	Co	Ni	Cu	Zn	As	Pb	Cd	Mn	
湖泊	1.09	20.34	0.37	0.95	3.91	29.50	13.70	1.51	0.08	3.91	本书
班公湖，中国	1.5			0.1	0.5		2.6	1.6			Lin et al., 2021
北咸海，哈萨克斯坦	1.5			13.0	1.9		24.1	1.5			Rzymski et al., 2019
Curtin 湖，马来西亚		1742		1.1	1.5	4.3		1.6			Prasanna et al., 2012
喀麦隆首都的城市湖泊	17	1620	9	9	10	16		16			Kwon et al., 2012
河流	0.96	33.96	0.22	0.80	1.96	38.06	3.50	0.21	0.03	28.98	本书
天山地区河流，中国	0.05		0.09	0.02	0.38	0.36	0.04	0.03			Zhang et al., 2015
锡尔河，哈萨克斯坦	2.3			10.1	4.2		35.8	10.1			Rzymski et al., 2019
伊塞克湖流域河流，吉尔吉斯斯坦	36.0				4.2	9.6	1.3	1.5			Liu et al., 2020b
Ajay 河，印度		1770	20	30	60	200		50			Singh et al., 2017
Tinto 河，西班牙	71	574	1380	559	42	48	521	372			Cánovas et al., 2010
Manaus 河，巴西	38			20	40	55					Ferreira et al., 2020
全球河流均值	0.70	66.00	0.15	0.80	1.48	0.60	0.62	0.08			Gaillardet et al., 2003

对比三大湖泊流域水体重金属组成(图 6.8)，伊塞克湖流域湖泊水体中 Zn、As 和 Fe 浓度较高，浓度均值分别为 33.15 μg/L、10.66 μg/L 和 22.84 μg/L，分别占重金属总浓度的 44%、14%和 30%；其次是 Cu、Mn、Cr 和 Pb，浓度均值分别为 2.95 μg/L、2.61 μg/L、1.09 μg/L 和 1.64 μg/L，分别占重金属总浓度的 4%、3%、1%和 2%；其他重金属(Co、Ni 和 Cd)的浓度均值都低于 1 μg/L。河流水体中 Zn 和 Fe 浓度较高，浓度均值分别为 101.5 μg/L 和 37.73 μg/L，分别占重金属总浓度的 69%和 26%；其次是 Cu 和 Mn，浓度均值分别为 2.67 μg/L 和 3.16 μg/L，分别占重金属总浓度的 2%和 2%；其他重金属(Cr、Co、Ni、Pb、As 和 Cd)的浓度均值都低于 1 μg/L。

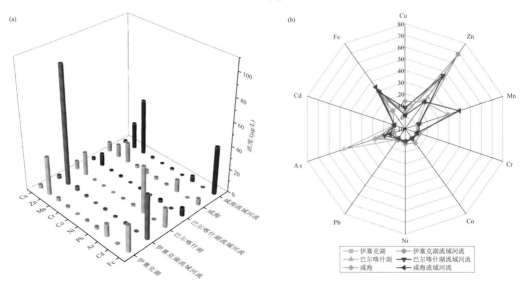

图 6.8 三大湖泊流域水体重金属浓度(a)及其占重金属总浓度的百分比(b)

巴尔喀什湖流域湖泊水体中 Zn、As 和 Fe 浓度较高,浓度均值分别为 20.11 μg/L、40.27 μg/L 和 16.32 μg/L,分别占重金属总浓度的 23%、47% 和 19%;其次是 Cu 和 Pb,浓度均值分别为 7.04 μg/L 和 1.10 μg/L,分别占重金属总浓度的 8% 和 1%;其他重金属(Mn、Cr、Co、Ni 和 Cd)的浓度均值都低于 1 μg/L。河流水体中 Zn 和 Fe 浓度较高,浓度均值分别为 10.68 μg/L 和 6.70 μg/L,分别占重金属总浓度的 46% 和 29%;其次是 Cu 和 As,浓度均值分别为 1.82 μg/L 和 2.09 μg/L,分别占重金属总浓度的 8% 和 9%;其他重金属(Mn、Cr、Co、Ni、Pb 和 Cd)的浓度均值都低于 1 μg/L(图 6.8)。

咸海流域湖泊水体中 Cu、Zn、Mn、As 和 Fe 浓度较高,浓度均值分别为 8.11 μg/L、10.86 μg/L、17.30 μg/L、10.47 μg/L 和 5.21 μg/L,分别占重金属总浓度的 14%、18%、29%、18% 和 9%;其次是 Cr、Co 和 Ni,浓度均值分别为 1.87 μg/L、2.90 μg/L 和 1.68 μg/L,分别占重金属总浓度的 3%、5% 和 3%;其他重金属(Pb 和 Cd)的浓度均值都低于 1 μg/L。河流水体中 Zn、Mn 和 Fe 浓度较高,浓度均值分别为 22.79 μg/L、48.15 μg/L 和 41.44 μg/L,分别占重金属总浓度的 19%、40% 和 34%;其次是 Cu、Cr 和 As,浓度均值分别为 1.73 μg/L、1.05 μg/L 和 4.98 μg/L,分别占重金属总浓度的 1%、1% 和 4%;其他重金属(Co、Ni、Pb 和 Cd)的浓度均值都低于 1 μg/L(图 6.8)。由以上可知,三大流域水体重金属组成相似,即 Zn、As、Fe 浓度较高,反映了相似的潜在污染源。

(三)水体 POPs 污染

三大湖泊水体中的 PAHs 总浓度为 11.72~67.61 ng/L,平均值为 40.13 ng/L。在检测到的 PAHs 中,Nap、Acy 和 Phe 含量较高,变化范围分别为 0.42~24.70 ng/L(平均值为 8.65 ng/L)、ND~35.41 ng/L(平均值为 11.62 ng/L)和 4.44~18.84 ng/L(平均值为 7.59 ng/L),分别占 PAHs 总量的 21%、28% 和 18%;其他 PAHs 浓度范围为 ND~9.82 ng/L,其中,Ace、Flu、Flt 和 Pyr 的含量较高,平均含量分别为 2.10 ng/L、4.01 ng/L、1.62 ng/L 和 2.37 ng/L,占 PAHs 总量的 25%,其余 PAHs 的平均含量较低(< 1.00 ng/L)[图 6.9(a)和(b)]。湖泊水体中最常见的是 3 环化合物,变化范围为 3.78~47.55 ng/L(平均值为 24.84 ng/L),占 PAHs 总量的 62%;其次是 2 环和 4 环,变化范围分别为 0.42~24.70 ng/L(平均值为 8.74 ng/L)和 2.15~12.85 ng/L(平均值为 4.98 ng/L),分别占 PAHs 总量的 22% 和 12%;5 环和 6 环 PAHs 浓度最低,均值分别为 1.26 ng/L(变化范围为 0.31~11.71 ng/L)和 0.40 ng/L(变化范围为 ND~8.82 ng/L),二者一起共占 PAHs 总量的 4%[图 6.9(c)和(d)]。

三大湖泊流域河流水体中 PAHs 的总浓度为 7.58~779.5 ng/L,平均值为 74.76 ng/L。河流水体中 Acy、BbF、BghiP 和 InP 的含量较高,变化范围分别为 ND~333.2 ng/L、ND~193.83 ng/L、ND~132.5 ng/L 和 ND~154.3 ng/L,平均含量分别为 10.08 ng/L、9.65 ng/L、6.82 ng/L 和 6.88 ng/L,分别占总 PAHs 的 14%、13%、9% 和 9%;其次是 Nap、Ace、Flu、Phe、Flt、Pyr、BaA、Chr、BkF、BaP 和 DahA,变化范围分别为 ND~20.27 ng/L、ND~6.62 ng/L、ND~10.72 ng/L、ND~18.73 ng/L、ND~77.40 ng/L、0.20~48.12 ng/L、ND~64.03 ng/L、ND~68.50 ng/L、ND~70.87 ng/L、ND~73.26 ng/L 和 ND~17.70 ng/L,平均含量分别为 5.20 ng/L、1.73 ng/L、3.10 ng/L、5.31 ng/L、3.37 ng/L、4.35 ng/L、4.01 ng/L、4.23 ng/L、3.91 ng/L、4.13 ng/L 和 1.38 ng/L,分别占总 PAHs 的 7%、2%、4%、7%、5%、

6%、5%、6%、5%、6%和2%；而 Ant 浓度最低，平均含量为 0.69 ng/L（变化范围为
ND~3.38 ng/L）[图 6.9(a)和(b)]。与湖水中检测到的 PAHs 环数组成情况不同，河流水体中
3 环、4 环和 5 环化合物浓度较高，变化范围分别为 1.35~340.8 ng/L（平均值为 21.22 ng/L）、
0.20~144.7 ng/L（平均值为 15.96 ng/L）和 ND~349.3 ng/L（平均值为 19.07 ng/L），分别占
PAHs 总量的 28%、21%和 26%；其次是 6 环 PAHs，变化范围为 ND~286.8 ng/L（平均值
为 13.62 ng/L），占 PAHs 总量的 18%；2 环 PAHs 浓度最低，均值为 5.20 ng/L（变化范围
为 ND~26.60 ng/L），占 PAHs 总量的 7%[图 6.9(c)和(d)]。

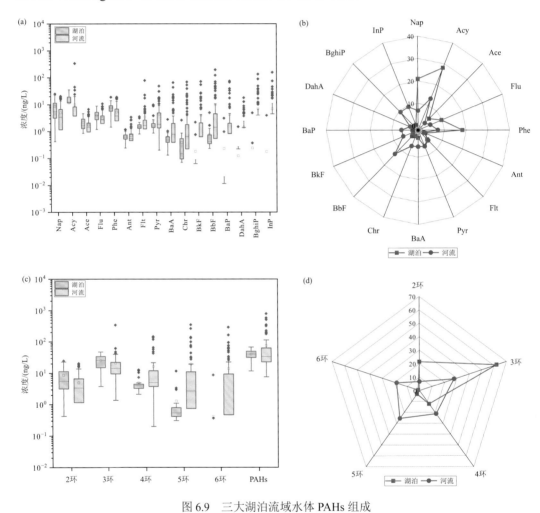

图 6.9　三大湖泊流域水体 PAHs 组成

PAHs 单体组成(a)及其占总 PAHs 百分比(b)，不同环数 PAHs 组成(c)及其占总 PAHs 百分比(d)

　　与全球湖泊生态系统对比（表 6.3），三大湖泊水体 PAHs 浓度高于偏远山区湖泊
（Fernández et al., 2005; Vilanova et al., 2001）、喜马拉雅地区（Guzzella et al., 2011）和青藏
高原湖泊（Ren et al., 2017）；但远低于邻近工业区和繁忙交通地区的湖泊
（Khoshbavar-Rostami et al., 2012; Yao et al., 2016）。与湖泊污染水平相似，与全球不同地
区的河流相比，三大流域中河流水体 PAHs 的浓度低于人口稠密城市或工业区河流

（Eremina et al., 2016; Farooq et al., 2011; Harman et al., 2013; Malik et al., 2011; Montuori et al., 2012, 2016a; Nagy et al., 2013; Net et al., 2014; Ribeiro et al., 2012; Santana et al., 2015; Sarria-Villa et al., 2016）、大面积农田包围的农村地区河流（Shen et al., 2018）；但高于高山河流（Mansilha et al., 2019; Zhang, 2007）和非城市地区河流（Moeckel et al., 2014; Siemers et al., 2015）。上述全球范围的比较表明，由于地理特征和人为影响的差异，不同地区水体中的 PAHs 浓度有所不同。

表6.3　三大湖泊流域水体 PAHs 与其他地区水系的对比

湖泊/河流	浓度范围（均值）/(ng/L)	特征	参考文献
湖泊	11.72~67.61（40.13）		本书
喜马拉雅地区湖泊，尼泊尔	（1.96）		Guzzella et al., 2011
青藏高原湖泊，中国	6.92~86.64（28.62）		Ren et al., 2017
Redo 湖，欧洲	（0.70）		
Gossenkolle 湖，欧洲	（0.86）		Vilanova et al., 2001
Ladove 湖，欧洲	（1.10）	偏远高山地区	
Ontario 湖，美国和加拿大	（5.50）		
Erie 湖，美国和加拿大	（4.80）		Venier et al., 2014
Superior 湖，美国和加拿大	（1.10）		
Redon 和 Ladove 湖，欧洲	（2.00）		Fernández et al., 2005
Caspian Sea，伊朗	1710000~4620000（3110000）	邻近繁忙交通区或工业区	Khoshbavar-Rostami et al., 2012
山内陆湖，东南极洲	14.00~360.0（130.0）		Yao et al., 2016
河流	7.58~779.5（74.76）		本书
高山河流，葡萄牙	34~138	高山地区	Mansilha et al., 2019
Wyre 河，英国	2.7~20	非城市地区	Moeckel et al., 2014
Elbe 和 Weser 河，德国	10~40	大面积农田包围的农村地区	Siemers et al., 2015
开都河，中国	45.44~454.3（116.5）		Shen et al., 2018
Gomti 河，印度	60~84210（10330）	大型河流	Malik et al., 2011
Nile 河，埃及	1113~4351（1878）		Badawy et al., 2010
Tiber 河，意大利	1.75~607.5（90.5）		Montuori et al., 2016a
Sarno 河，意大利	12.4~1105（502.4）		Montuori et al., 2012
Somme 河，法国	129~831（284）		Net et al., 2014
Moscow 河，俄国	50.6~120.1（75.83）		Eremina et al., 2016
Cauca 河，哥伦比亚	52.1~12888（2345）		Sarria-Villa et al., 2016
Chenab 河，巴基斯坦	437~1290（750）	人口稠密城市或工业区	Farooq et al., 2011
Mississippi 河，美国	62.9~144.7		Zhang, 2007
Ary Parreiras 河，巴西	53~870		Ribeiro et al., 2012
Almendares 河，古巴	836~15811（2512）		Santana et al., 2015
Bosna 河，波斯尼亚和黑塞哥维那	17.46~480.4（124.0）		Harman et al., 2013
Danube 河，匈牙利	25~1208（122.6）		Nagy et al., 2013

湖泊水样中检测到 19 种 OCPs，总浓度变化范围为 2.91~36.54 ng/L，平均值为 14.43 ng/L；其中主要的污染物是 α-HCH、β-HCH、γ-HCH、δ-HCH，变化范围分别为 ND~24.26 ng/L、0.02~4.51 ng/L、ND~3.31 ng/L 和 ND~4.04 ng/L，平均值分别为 1.85 ng/L、2.15 ng/L、1.28 ng/L 和 1.17 ng/L，分别占总 OCPs 的 13%、15%、9%和 6%；其他 OCPs 浓度均值低于 1 ng/L[图 6.10(a) 和(b)]。就不同种类污染物而言，HCHs 类化合物检出浓度最高，为 0.15~28.32 ng/L，平均值为 6.45 ng/L，占总 OCPs 的 45%；其次是 DDTs 和 Chlors，浓度范围分别为 0.52~3.37 ng/L 和 0.27~3.89 ng/L，平均值分别为 1.59 ng/L 和 1.17 ng/L，分别占总 OCPs 的 11%和 8%；Endos 类化合物浓度较低，均值为 0.54 ng/L（浓度范围为 ND~1.45 ng/L），占总 OCPs 的 4%[图 6.10(c) 和(d)]。

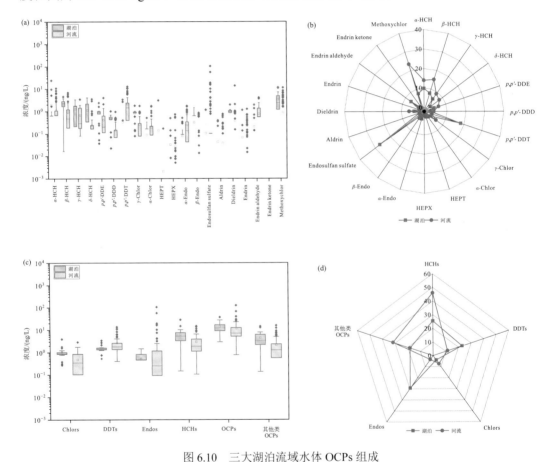

图 6.10　三大湖泊流域水体 OCPs 组成

水体 OCPs 单体组成(a)及其占总 OCPs 的百分比(b)，不同类 OCPs 组成(c)及其占总 OCPs 的百分比(d)

河流水体中 OCPs 总浓度变化范围为 0.76~122.8 ng/L，平均值为 11.64 ng/L。与湖泊水样相似，河流水体中也检测到了 19 种 OCPs，其中 α-HCH、p,p′-DDT 和 Endosulfan sulfate 是主要的污染物，变化范围分别为 ND~10.66 ng/L、ND~12.64 ng/L 和 ND~103.3 ng/L，平均值分别为 1.13 ng/L、2.09 ng/L 和 3.12 ng/L，分别占总 OCPs 的 10%、18%和 27%；其他 OCPs（β-HCH、γ-HCH、δ-HCH、p,p′-DDE、p,p′-DDD、γ-Chlor、α-Chlor、HEPT、

HEPX、α-Endo、β-Endo、Aldrin、Dieldrin、Endrin Endrin aldehyde、Methoxychlor)浓度均低于 1 ng/L[图 6.10(a)和(b)]。不同种类污染物中,Endos 类化合物检出浓度最高,变化范围为 ND~104.0 ng/L,平均值为 3.39 ng/L,占总 OCPs 的 29%;其次是 HCHs 和DDTs,浓度范围分别为 0.10~14.72 ng/L 和 0.39~13.54 ng/L,平均值分别为 2.99 ng/L 和2.65 ng/L,分别占总 OCPs 的 26%和 23%;Chlors 类化合物浓度较低,均值为 0.47 ng/L(浓度范围为 ND~2.87 ng/L),占总 OCPs 的 4%[图 6.10(c)和(d)]。

与全球湖泊生态系统对比(表 6.4),本书中湖泊水体 OCPs 浓度远低于受当地污染源影响的高海拔地区湖泊(Chen et al., 2022)以及城市或工业区的湖泊(Banitaba et al., 2011;Wang et al., 2012)。与全球不同地区的河流相比,本书中河流水体 OCPs 的浓度低于流经大片农田的河流中测得的值,例如,印度的 Gomti 河、巴基斯坦的 Chenab 河和法国的Somme 河(Malik et al., 2009;Eqani et al., 2012;Net et al., 2014)。但远高于城市或工业区附近的河流,如意大利的 Sarno 河和 Tiber 河、波斯尼亚和黑塞哥维那的 Bosna 河(Harman et al., 2013;Montuori et al., 2014;2016b),但低于上海市内河流(Chen et al., 2020)。

表 6.4 三大湖泊流域水体 OCPs 与其他地区水系的对比

湖泊/河流	浓度范围(均值)/(ng/L)	特征	参考文献
湖泊	2.91~36.54 (14.43)		本书
杞麓湖,中国	(232.96)	邻近污染源的高山地区	Chen et al., 2022
Pontchartrain 湖,美国	ND~146.6 (85.00)	邻近城市或工业区	Wang et al., 2012
Caspian Sea,伊朗	36.69~140.4 (88.47)		Banitaba et al., 2011
河流	0.76~122.8 (11.64)		本书
Sarno 河,意大利	0.45~3.52 (1.8)		Montuori et al., 2014
Tiber 河,意大利	0.009~5.53 (0.91)		Montuori et al., 2016b
Moscow 河,俄国	0~51.1 (12.78)		Eremina et al., 2016
Ñuble 河,智利	0.12~26.28 (21.18)		Montory et al., 2017
Kuja 河,肯尼亚	6~30	工业区或	Nyaundi et al., 2019
Bosna 河,波斯尼亚和黑塞哥维那	0.03~0.2 (0.1)	城市地区	Harman et al., 2013
Danube 河,罗马尼亚	3.1~12.8		Miclean et al., 2013
Morava 河,捷克	4.82~17.42 (8.6)		Prokeš et al., 2012
Mississippi 河,美国	2.68~214.3 (123.5)		Wang et al., 2012
上海市内河流,中国	43.90~342.74 (181.34)		Chen et al., 2020
Kaidu 河,中国	42.47~60.46 (48.49)		Shen et al., 2018
Giomti 河,印度	2.16~567.5	流经农田地区	Malik et al., 2009
Chenab 河,巴基斯坦	24.8~1200 (320)		Eqani et al., 2012
Somme 河,法国	334~450 (141.9)		Net et al., 2014

对比三大流域水体 PAHs 组成(图 6.11),伊塞克湖流域湖泊水体中总 PAHs 均值为43.91 ng/L,检测到的 PAHs 中 Nap、Acy 和 Phe 浓度较高,浓度均值分别为 10.23 ng/L、

12.91 ng/L 和 9.08 ng/L，分别占总 PAHs 的 23%、29%和 21%；其次是 Ace、Flu、Flt 和 Pyr，浓度均值分别为 2.09 ng/L、4.50 ng/L、1.58 ng/L 和 1.61 ng/L，分别占总 PAHs 的 5%、10%、4%和 4%，其他 PAHs（Ant、BaA、Chr、BbF、BkF、DahA 和 BghiP）的浓度均值都低于 1 ng/L。河流水体中总 PAHs 均值为 40.27 ng/L，检测到的 PAHs 中 Nap、Acy 和 Phe 浓度较高，浓度均值分别为 8.85 ng/L、14.03 ng/L 和 7.37 ng/L，分别占总 PAHs 的 22%、35%和 18%；其次是 Ace、Flu、Flt 和 Pyr，浓度均值分别为 1.72 ng/L、3.68 ng/L、1.54 ng/L 和 1.56 ng/L，分别占总 PAHs 的 4%、9%、4%和 4%，其他 PAHs（Ant、BaA、Chr、BbF、BkF、DahA 和 BghiP）的浓度均值都低于 1 ng/L。

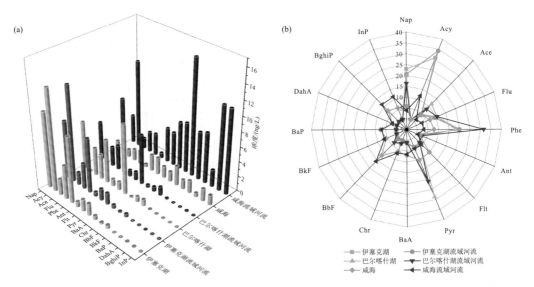

图 6.11　三大湖泊流域水体 PAHs 单体浓度（a）及其占总 PAHs 的百分比（b）

巴尔喀什湖流域湖泊水体中总 PAHs 均值为 32.69 ng/L，检测到的 PAHs 中 Nap、Phe 和 Pyr 浓度较高，浓度均值分别为 6.50 ng/L、5.88 ng/L 和 9.36 ng/L，分别占总 PAHs 的 20%、18%和 29%；其次是 Ace、Flu 和 Flt，浓度均值分别为 3.79 ng/L、3.37 ng/L 和 1.08 ng/L，分别占总 PAHs 的 12%、10%和 3%，其他 PAHs（Ant、BaA、Chr、BbF、BkF 和 BghiP）的浓度均值都低于 1 ng/L。河流水体中总 PAHs 均值为 32.29 ng/L，检测到的 PAHs 中 Nap、Phe 和 Pyr 浓度较高，浓度均值分别为 5.24 ng/L、10.16 ng/L 和 6.74 ng/L，分别占总 PAHs 的 16.2%、31.5% 和 20.9%；其次是 Ace、Flu、Flt 和 BbF，浓度均值分别为 2.66 ng/L、3.37 ng/L、1.12 ng/L 和 1.12 ng/L，分别占总 PAHs 的 8%、10%、3%和 3%，其他 PAHs（Ant、BaA、Chr、BkF 和 BghiP）的浓度均值都低于 1 ng/L（图 6.11）。

咸海流域湖泊水体中总 PAHs 均值为 22.36 ng/L，除 Acy 外，其他 15 种 PAHs 均检测到，其中 Flt、Pyr 和 BbF 浓度较高，均值分别为 2.21 ng/L、2.30 ng/L 和 2.65 ng/L，分别占总 PAHs 的 10%、10%和 12%，其次是 Nap、Ace、Flu、Phe、BaA、Chr、BkF、BaP、BghiP 和 InP 浓度均值分别为 1.33 ng/L、1.03 ng/L、1.52 ng/L、1.75 ng/L、1.56 ng/L、1.33 ng/L、1.23 ng/L、1.67 ng/L、1.63ng/L 和 1.31 ng/L，分别占总 PAHs 的 6%、5%、7%、

8%、7%、6%、5%、7%、7%和6%；而Ant（0.36 ng/L）和DahA（0.49 ng/L）浓度均值最低。咸海流域河流水体中总PAHs均值为100.77 ng/L，16种PAHs均检测到，其中Acy、BbF、BghiP和InP浓度较高，浓度均值分别为11.89 ng/L、15.72 ng/L、11.44 ng/L和11.41 ng/L，分别占总PAHs的12%、16%、11%和11%；其次是Nap、Ace、Flu、Phe、Flt、Pyr、BaA、Chr、BkF、BaP和DahA，浓度均值分别为3.88 ng/L、1.44 ng/L、2.80 ng/L、3.02 ng/L、4.75 ng/L、4.59 ng/L、6.48 ng/L、6.87 ng/L、6.54 ng/L、6.94 ng/L和2.30 ng/L，分别占总PAHs的4%、1%、3%、3%、5%、5%、6%、7%、6%、7%和2%，而Ant浓度均值最低（0.78 ng/L）（图6.11）。由上可知，咸海流域水体PAHs组成与另外两个流域明显不同。

从PAHs不同环数来看（图6.12），伊塞克湖流域湖泊水体中2环、3环、4环、5环和6环PAHs浓度均值分别为10.23 ng/L、29.29 ng/L、3.87 ng/L、0.50 ng/L和0.02 ng/L，分别占总PAHs的23%、67%、9%、1%和~0%；河流水体中6环PAHs未检测到，2环、3环、4环和5环PAHs浓度均值分别为7.80 ng/L、26.00 ng/L、3.62 ng/L和0.42 ng/L，分别占总PAHs的21%、69%、10%和~0%。巴尔喀什湖流域湖泊水体中未检测到6环化合物，2环、3环、4环和5环PAHs浓度均值分别为6.50 ng/L、13.98 ng/L、11.27 ng/L和0.95 ng/L，分别占总PAHs的20%、43%、34%和3%；河流水体中2环、3环、4环、5环和6环PAHs浓度均值分别为5.24 ng/L、17.01 ng/L、8.76 ng/L、1.21 ng/L和0.07 ng/L，分别占总PAHs的16%、53%、27%、4%和~0%。咸海流域湖泊水体中2环、3环、4环、5环和6环PAHs浓度均值分别为1.33 ng/L、4.66 ng/L、7.40 ng/L、6.04 ng/L和2.94 ng/L，分别占总PAHs的6%、21%、33%、27%和13%；河流水体中2环、3环、4环、5环和6环PAHs浓度均值分别为3.88 ng/L、19.84 ng/L、22.69 ng/L、31.50 ng/L和22.85 ng/L，分别占总PAHs的4%、20%、22%、31%和23%。因此，伊塞克湖流域水体PAHs以3环为主，其次是2环；巴尔喀什湖流域水体PAHs以3环、4环为主；咸海流域水体PAHs中4环、5环和6环为主。

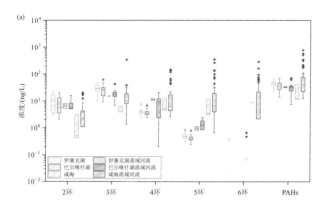
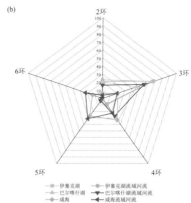

图6.12　三大湖泊流域水体PAHs不同环数组成（a）及其占总PAHs的百分比（b）

对比三大流域水体OCPs组成（图6.13），伊塞克湖流域湖泊水体中总OCPs均值为16.95 ng/L，检测到的OCPs中Methoxychlor浓度最高（均值为4.44 ng/L），占总OCPs的26%；其次是α-HCH、β-HCH、γ-HCH、δ-HCH、p,p'-DDE和Dieldrin，浓度均值分

别为 2.19 ng/L、2.67 ng/L、1.48 ng/L、1.45 ng/L、1.03 ng/L 和 1.07 ng/L，分别占总 OCPs 的 14%、16%、9%、8%、6%和 6%；其他 OCPs（HEPT、γ-Chlor、α-Chlor、α-Endo、β-Endo、*p,p'*-DDD 和 Endrin aldehyde）的浓度均值都低于 1 ng/L。河流水体中总 OCPs 均值为 12.66 ng/L，检测到的 OCPs 中 Methoxychlor 浓度最高（均值为 4.17 ng/L），占总 OCPs 的 33%；其次是 *β*-HCH、*γ*-HCH 和 Dieldrin，浓度均值分别为 1.88 ng/L、1.79 ng/L 和 1.02 ng/L，分别占总 OCPs 的 15%、14%和 8%；其他 OCPs（α-HCH、δ-HCH、HEPX、γ-Chlor、α-Chlor、α-Endo、*p,p'*-DDE、β-Endo、*p,p'*-DDD 和 *p,p'*-DDT）的浓度均值都低于 1 ng/L。

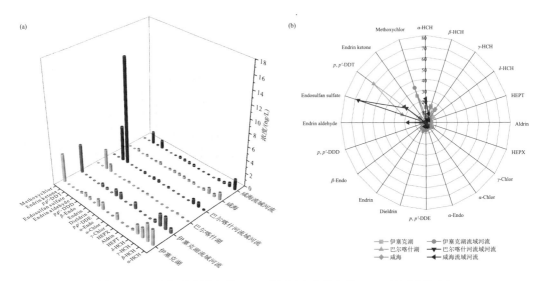

图 6.13　三大湖泊流域水体 OCPs 组成（a）及其占总 OCPs 的百分比（b）

　　巴尔喀什湖流域湖泊水体中总 OCPs 均值为 4.94 ng/L，检测到的 OCPs 中 Endosulfan sulfate 和 *p,p'*-DDT 浓度较高，浓度均值分别为 1.14 ng/L 和 3.00 ng/L，分别占总 OCPs 的 23%和 61%；其他 OCPs（*β*-HCH、*γ*-HCH、γ-Chlor、α-Chlor、α-Endo、*p,p'*-DDE 和 Endrin）的浓度均值都低于 1 ng/L。河流水体中总 OCPs 均值为 23.74 ng/L，检测到的 OCPs 中 Endosulfan sulfate 和 *p,p'*-DDT 浓度较高，浓度均值分别为 15.87 ng/L 和 5.28 ng/L，分别占总 OCPs 的 67%和 22%；其他 OCPs（α-HCH、*β*-HCH、*γ*-HCH、HEPX、γ-Chlor、α-Chlor、α-Endo、*p,p'*-DDE、Endrin 和 β-Endo）的浓度均值都低于 1 ng/L（图 6.13）。

　　咸海流域湖泊水体中总 OCPs 均值为 5.67 ng/L，检测到的 OCPs 中 α-HCH 浓度最高（均值为 1.10 ng/L），占总 OCPs 的 19%；其他 OCPs（*β*-HCH、*γ*-HCH、δ-HCH、Aldrin、HEPX、γ-Chlor、α-Chlor、α-Endo、β-Endo、*p,p'*-DDE、Endrin、*p,p'*-DDD、Endrin aldehyde 和 *p,p'*-DDT）的浓度均值都低于 1 ng/L。河流水体中总 OCPs 均值为 7.40 ng/L，检测到的 OCPs 中 α-HCH、Endrin aldehyde 和 *p,p'*-DDT 浓度较高，均值分别为 1.63 ng/L、1.24 ng/L 和 1.82 ng/L，分别占总 OCPs 的 22%、17%和 25%；其他 OCPs（δ-HCH、*γ*-HCH、δ-HCH、Aldrin、HEPX、γ-Chlor、α-Chlor、α-Endo、*p,p'*-DDE、Dieldrin、Endrin、β-Endo、*p,p'*-DDD 和 Endosulfan sulfate）的浓度均值都低于 1 ng/L（图 6.13）。

　　从不同类 OCPs 来看（图 6.14），伊塞克湖流域湖泊水体中 HCHs、DDTs、Chlors 和

Endos 类浓度均值分别为 7.78 ng/L、1.58 ng/L、1.32 ng/L 和 0.48 ng/L，分别占总 OCPs 的 46%、9%、8%和 3%；河流水体中 HCHs、DDTs、Chlors 和 Endos 类浓度均值分别为 4.76 ng/L、1.43 ng/L、0.98 ng/L 和 0.29 ng/L，分别占总 OCPs 的 38%、11%、8%和 2%。巴尔喀什湖流域湖泊水体中 HCHs、DDTs、Chlors 和 Endos 类浓度均值分别为 0.21 ng/L、3.04 ng/L、0.29 ng/L 和 1.22 ng/L，分别占总 OCPs 的 4%、62%、6%和 25%；河流水体中 HCHs、DDTs、Chlors 和 Endos 类浓度均值分别为 1.52 ng/L、5.58 ng/L、0.17 ng/L 和 16.22 ng/L，分别占总 OCPs 的 6%、23%、1%和 68%。咸海流域湖泊水体中 HCHs、DDTs、Chlors 和 Endos 类浓度均值分别为 2.66 ng/L、0.67 ng/L、0.90 ng/L 和 0.47 ng/L，分别占总 OCPs 的 47%、12%、16%和 8%；河流水体中 HCHs、DDTs、Chlors 和 Endos 类浓度均值分别为 2.82 ng/L、2.16 ng/L、0.39 ng/L 和 0.40 ng/L，分别占总 OCPs 的 38%、29%、5%和 5%。因此，伊塞克湖流域水体 HCHs 类化合物浓度较高，巴尔喀什湖流域水体 OCPs 中 DDTs、Endos 类浓度较高，咸海流域水体 OCPs 中 HCHs、DDTs 浓度较高。

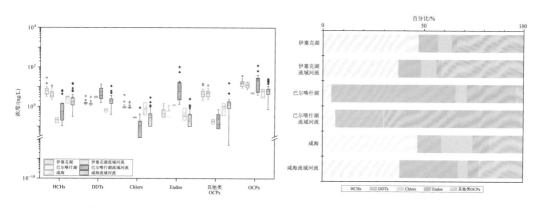

图 6.14 三大湖泊流域水体不同类 OCPs 的浓度及其占总 OCPs 的百分比

二、流域水环境变化的原因

(一)自然因素对水环境的影响

为了解三大流域自然环境因素对水环境空间差异性的影响，将水体 TDS、$\delta^{18}O$ 和 d 值与采样点经度、纬度和海拔进行相关性分析，结果见图 6.15。湖泊水体的 TDS 与采样点纬度之间存在极显著的负相关性，相关系数 r 为–0.66，但与采样点经度、海拔之间无显著相关性。湖泊水体的 $\delta^{18}O$ 与采样点纬度和海拔之间显著负相关，相关系数 r 分别为 –0.56（$p<0.01$）和–0.43（$p<0.05$），与采样点经度之间无显著相关性。湖泊水体的 d 值与采样点纬度和海拔分别在 $p<0.05$ 和 $p<0.01$ 水平上呈显著的正相关性，相关系数 r 分别为 0.38 和 0.79；另外，湖泊水体的 d 值与采样点经度极显著负相关，相关系数为–0.75。河流水体 TDS、$\delta^{18}O$ 和 d 值变化与采样点纬度均具有显著相关性，相关系数 r 分别为 –0.67、–0.37 和 0.52。此外，河流水体 TDS 与海拔呈极显著负相关，相关系数 r 为–0.53；d 值与海拔显著正相关，相关系数 r 为 0.43；$\delta^{18}O$ 与经度显著负相关，相关系数 r 为–0.30。

纬度方向上的温度、降水影响了不同地区水体 TDS 和同位素。经度方向上，随着与海洋距离的增大，河流水体同位素富集，表明了大陆效应对河流水体同位素的影响。随着海拔的升高，湖泊水体同位素值下降、d 值升高，河流水体 TDS 值下降、d 值升高，反映了高海拔地区较大的降水量和同位素贫化的冰川雪融水以及低海拔地区高强度蒸发作用的影响。

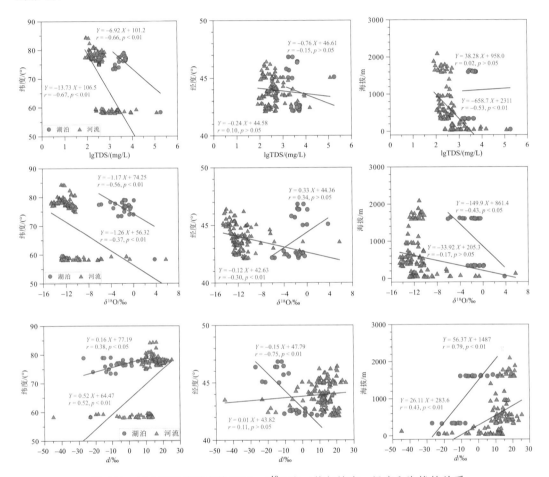

图 6.15　三大湖泊流域水体 TDS、$\delta^{18}O$ 和 d 值与纬度、经度和海拔的关系

　　三大湖泊流域水体重金属与水化学参数、采样点经度、纬度和海拔进行相关性分析，结果见图 6.16。其中湖泊水体重金属与 pH 无显著相关性；采样点纬度与 Cr 和 Ni 存在显著正相关性，相关系数 r 分别为 0.78 和 0.53，与 As 和 Cd 显著负相关，相关系数 r 分别为–0.78 和–0.40；湖泊水体 As 和 Cd 与采样点经度之间显著正相关，相关系数 r 分别为 0.82 和 0.40，Cr 和 Ni 与采样点经度之间显著负相关，相关系数 r 分别为–0.79 和–0.52；湖泊水体采样点海拔与 Cr 和 Ni 呈现显著正相关，相关系数 r 分别为 0.80 和 0.52，而与 As 和 Cd 显著负相关，相关系数 r 分别为–0.78 和–0.41；湖泊水体 Cr 与 TDS 之间显著正相关，相关系数 r 为 0.49；Mn 与湖泊水体 $\delta^{18}O$ 呈现显著负相关，相关系数为–0.60；湖泊水体 d 值与 Mn、Cr 之间呈现显著正相关，相关系数 r 分别为 0.57 和 0.39，与 As

显著负相关，相关系数为-0.56[图 6.16(a)]。由此可见，湖泊水体中 Mn、Cr、Ni、As 和 Cd 污染受自然因素影响较大。

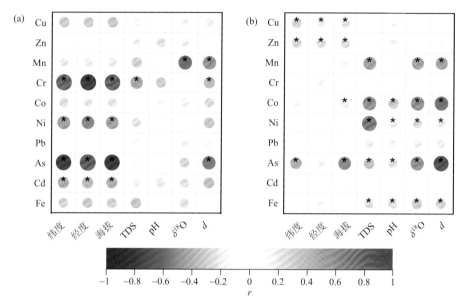

图 6.16 三大湖泊流域湖泊(a)和河流(b)水体重金属与经纬度、海拔、TDS、pH、同位素 以及离子来源贡献量的相关性

河流水体重金属中 Cu 和 Zn 与采样点纬度之间存在显著正相关性，相关系数 r 分别 为 0.30 和 0.30，As 与采样点纬度显著负相关，相关系数 r 为-0.42；水体 Cu 和 Zn 与采 样点经度之间显著负相关，相关系数 r 分别为-0.21 和-0.28；采样点海拔与重金属 Cu 和 Zn 显著正相关的，相关系数 r 分别为 0.24 和 0.26，而与 As 和 Co 显著负相关，相关系 数 r 分别为-0.52 和-0.22；Mn、Co、Ni、As、Fe 与 TDS 之间显著正相关，相关系数 r 分别为 0.51、0.57、0.69、0.37 和 0.25；水体 pH 与 Co、Ni、As、Fe 显著负相关性，相 关系数 r 分别为-0.34、-0.22、-0.26 和-0.28；Mn、Co、Ni、As、Fe 与水体 $\delta^{18}O$ 显著正 相关，相关系数 r 分别为 0.48、0.58、0.27、0.58 和 0.33，但与 d 之间显著负相关，相关 系数 r 分别为-0.48、-0.61、-0.23、-0.73 和-0.32[图 6.16(b)]。

PAHs 与水化学参数、采样点经度、纬度和海拔进行相关性分析结果见图 6.17。其 中湖泊水体采样点纬度与 Flu、Phe 以及总 PAHs、2+3 环 PAHs 之间存在显著正相关性， 相关系数 r 分别为 0.45、0.51、0.52 和 0.54，与 BbF、BkF、BaP、5+6 环 PAHs 呈显著 负相关，相关系数分别为-0.64、-0.95、-0.97 和-0.89；湖泊水体采样点经度与 Pyr、Chr、 BbF、BkF 以及 4 环 PAHs、5+6 环 PAHs 之间呈显著正相关，相关系数 r 分别为 0.84、 0.71、0.66、0.46、0.82 和 0.54，与 2+3 环 PAHs 呈显著负相关，相关系数为-0.51；湖泊 水体采样点海拔与 Phe 以及总 PAHs 和 2+3 环 PAHs 之间呈显著正相关，相关系数 r 分 别为 0.48、0.51 和 0.62，而与 Pyr、Chr、BbF、BkF、BaP 以及 4 环 PAHs、5+6 环 PAHs 呈显著负相关，相关系数 r 分别为-0.71、-0.74、-0.81、-0.73、-0.63、-0.69 和-0.76；

湖泊水体 TDS 与 BaA、BbF、BkF 和 BaP 以及 5+6 环 PAHs 之间呈显著正相关，相关系数 r 分别为 0.45、0.65、0.98、1 和 0.92，与总 PAHs 和 2+3 环 PAHs 呈显著负相关，相关系数 r 分别为-0.49 和-0.50；湖泊水体 pH 与 BbF、BkF、BaP 以及 5+6 环 PAHs 呈显著负相关，相关系数 r 分别为-0.62、-0.79、-0.78 和-0.75；湖泊水体 $\delta^{18}O$ 与 BkF、BaP 以及 5+6 环 PAHs 呈显著正相关，相关系数 r 分别为 0.58、0.63 和 0.54，而与 Phe 呈显著负相关，相关系数 r 为-0.56；湖泊水体 d 与 Phe 之间呈显著正相关，相关系数 r 为 0.61，与 BkF、BaP 以及 5+6 环 PAHs 呈显著负相关，相关系数 r 分别为-0.59、-0.58 和-0.58 ［图 6.17(a)］。

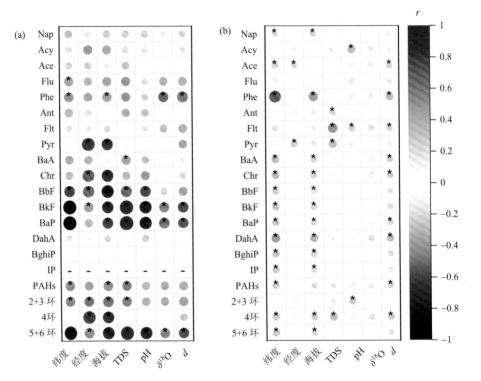

图 6.17　三大湖泊流域湖泊(a)和河流(b)水体 PAHs 与经纬度、海拔、TDS、pH 和同位素的相关性

　　河流水样纬度与 Nap、Ace 和 Phe 呈显著正相关，相关系数 r 分别为 0.22、0.25 和 0.71，与 BaA、Chr、BbF、BkF、BaP、DahA、BghiP、InP 以及总 PAHs、4 环 PAHs 和 5+6 环 PAHs 呈显著负相关，相关系数 r 分别为-0.32、-0.31、-0.26、-0.29、-0.28、-0.40、-0.28、-0.26、-0.25、-0.28 和-0.28；与河流水体采样点经度之间呈现显著正相关的 PAHs 包括 Ace 和 Pyr，相关系数 r 分别为 0.24 和 0.26；河流水体采样点海拔与 Nap 和 Phe 呈现显著正相关，相关系数 r 分别为 0.23 和 0.47，而与 BaA、Chr、BbF、BkF、BaP、DahA、BghiP、InP 以及 4 环 PAHs 和 5+6 环 PAHs 显著负相关，相关系数 r 分别为-0.25、-0.26、-0.22、-0.24、-0.23、-0.32、-0.24、-0.22、-0.25 和-0.23；与河流水体 TDS 呈现显著正相关的 PAHs 包括 Ant、Flt、Pyr 以及 4 环 PAHs，相关系数 r 分别为 0.22、0.48、0.35 和 0.32；与河流水体 pH 呈现显著负相关的 PAHs 包括 Acy、Flt 以及 2+3 环 PAHs，相关

系数 r 分别为-0.33、-0.25 和-0.27；河流水体 d 与 Ace 和 Phe 呈显著正相关，相关系数 r 分别为 0.22 和 0.34，与 Flt、BaA、Chr、BaP、DahA 以及总 PAHs、4 环 PAHs 呈显著负相关，相关系数 r 分别为-0.23、-0.25、-0.25、-0.22、-0.31、-0.23 和-0.27；河流水体 $\delta^{18}O$ 与 PAHs 无显著相关性[图 6.17(b)]。

以上结果表明，河流水体采样点的自然环境要素对 POPs 污染的影响较大，可能与降水、温度和风向等要素的空间异质性有关。通常情况下，枯水期水量下降、循环不畅等可能导致水体 PAHs 浓度和组成发生变化，即促使挥发性较强的化合物(如 Phe)向大气迁移。而水体中高分子量 PAHs 浓度增加(Han et al., 2019)，其原因一方面可能是水体蒸发作用增强导致 PAHs 从沉积物和悬浮颗粒物上解析作用加大(王乙震等, 2017)；另一方面丰水期由于降水集中，雨量及地表径流量增加，促使工农业活动、城市交通等来源的污染物随地表径流以及灌渠等途径进入水环境(Wang et al., 2018)。有研究指出，随着温度升高，水体 PAHs 吸附在颗粒物表面的能力下降(Hiller et al., 2008)。盐度增加会使 PAHs(如 Phe 和 BaP)在沉积物表面的吸附能力升高，从而导致水体中 PAHs 浓度下降 (Brunk et al., 1996; Hegeman et al., 1995; Sun et al., 2009)。相较于河流，湖泊水体循环较慢、水体蒸发作用较强，对 PAHs 浓度和组成变化影响较大。整体而言，伊塞克湖流域海拔较高，降水量丰富、温度相对较低，夏季冰雪融水较多，盐较低的水源稀释了地表水的盐度，最终导致了水体中含有较高浓度的污染物以及高比例的挥发性较强化合物。相反地，咸海流域海拔相对较低，在夏季降水较多的影响下，土壤中盐分淋溶进入地表水，再加上较强的蒸发作用，该地区水体盐度相对较高，使得水体中 PAHs 浓度较低。

三大湖泊流域水体 OCPs 与水化学参数、采样点经度、纬度和海拔的关系见图 6.18。其中湖泊水体采样点纬度与 p,p'-DDD 和 Dieldrin 之间存在显著正相关，相关系数 r 分别为 0.46 和 0.51，与 Aldrin、α-Chlor、HEPX、α-Endo 和 Endrin 呈显著负相关，相关系数 r 分别为-0.97、-0.75、-0.97、-0.78 和-0.97；湖泊水体采样点经度与 α-Chlor、Endrin、Endosulfan sulfate、p,p'-DDT 以及 Endos 之间呈现显著正相关，相关系数 r 分别为 0.51、0.53、0.88、0.88 和 0.50，与 β-HCH、γ-Chlor、p,p'-DDE、Dieldrin、p,p'-DDD、Methoxychlor 以及总 OCPs、HCHs、其他 OCPs 呈显著负相关，相关系数 r 分别为-0.77、-0.79、-0.71、-0.85、-0.83、-0.47、-0.55、-0.47 和-0.49；湖泊水体采样点海拔与 β-HCH、γ-Chlor、p,p'-DDE、Dieldrin、p,p'-DDD、Methoxychlor 以及总 OCPs 和其他 OCPs 呈现显著正相关，相关系数 r 分别为 0.77、0.72、0.67、0.87、0.83、0.48、0.48 和 0.48，而与 Aldrin、HEPX、α-Chlor、α-Endo、Endrin、Endosulfan sulfate、p,p'-DDT 以及 Endos 显著负相关，相关系数 r 分别为-0.64、-0.64、-0.69、-0.55、-0.79、-0.72、-0.78 和-0.49；湖泊水体 TDS 与 Aldrin、HEPX、α-Chlor、α-Endo 和 Endrin 呈显著正相关，相关系数 r 分别为 1.00、1.00、0.71、0.76 和 0.96，与 Dieldrin 呈显著负相关，相关系数 r 为-0.46；湖泊水体 pH 与 Aldrin、HEPX、α-Chlor、α-Endo 和 Endrin 呈现显著负相关，相关系数 r 分别为-0.79、-0.78、-0.59、-0.61 和-0.80；湖泊水体 $\delta^{18}O$ 与 α-Chlor、HEPX、α-Endo、Aldrin 和 Endrin 呈显著正相关，相关系数 r 分别为 0.60、0.63、0.60、0.63 和 0.64，而与 α-HCH、p,p'-DDD、Dieldrin 以及总 OCPs、HCHs 呈显著负相关，相关系数 r 分别为-0.57、-0.46、-0.47、-0.66 和-0.67；湖泊水体 d 与 α-HCH、β-HCH、p,p'-DDE、p,p'-DDD、γ-Chlor、Dieldrin、

Methoxychlor 以及总 OCPs、HCHs、其他 OCPs 呈显著正相关，相关系数 r 分别为 0.50、0.64、0.65、0.70、0.55、0.74、0.55、0.76、0.69 和 0.53，与 p,p'-DDT、α-Chlor、HEPX、α-Endo、Aldrin 和 Endrin 显著负相关，相关系数 r 分别为–0.47、–0.69、–0.58、–0.61、–0.58 和–0.66［图 6.18（a）］。

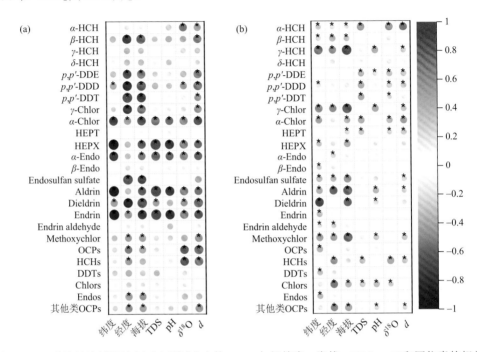

图 6.18　三大湖泊流域湖泊（a）和河流（b）水体 OCPs 与经纬度、海拔、TDS、pH 和同位素的相关性

河流水体采样点纬度与 β-HCH、γ-HCH、γ-Chlor、HEPX、β-Endo、Endosulfan sulfate、Aldrin、Endrin、Endrin aldehyde、Methoxychlor 以及总 OCPs、DDTs、Endos 之间存在显著正相关，相关系数 r 分别为 0.26、0.71、0.59、0.31、0.25、0.37、0.42、0.34、0.22、0.48、0.40、0.32 和 0.35，与 α-HCH、p,p'-DDD、α-Chlor 和 Dieldrin 显著负相关，相关系数 r 分别为–0.31、–0.23、–0.42 和–0.70；河流水体采样点经度与 α-HCH、β-HCH、γ-HCH、γ-Chlor、α-Endo、Endosulfan sulfate、Aldrin、Methoxychlor 以及 HCHs、Chlors、其他 OCPs 呈现显著负相关，相关系数 r 分别为–0.24、–0.39、–0.51、–0.51、–0.26、–0.36、–0.61、–0.44、–0.48、–0.55 和–0.51，与 Endrin aldehyde 呈显著正相关，相关系数 r 为 0.27；河流水体采样点海拔与 β-HCH、γ-HCH、γ-Chlor、HEPX、Endosulfan sulfate、Aldrin、Methoxychlor 以及 Chlors 和其他 OCPs 呈现显著正相关，相关系数 r 分别为 0.33、0.86、0.81、0.43、0.55、0.74、0.76、0.40 和 0.47，而与 α-HCH、α-Chlor、HEPT 和 Dieldrin 显著负相关，相关系数 r 分别为–0.23、–0.38、–0.25 和–0.62；河流水体 TDS 与 α-HCH、p,p'-DDE、p,p'-DDD、p,p'-DDT、α-Chlor、HEPT 以及 HCHs、Chlors 之间呈现显著正相关，相关系数 r 分别为 0.54、0.38、0.42、0.44、0.43、0.32、0.35 和 0.32；河流水体 pH 与 γ-HCH、γ-Chlor、Aldrin、Methoxychlor 以及 Chlors 和其他 OCPs 呈现显著正相关，相关系数 r 分别为 0.43、0.45、0.38、0.32、0.36 和 0.25，与 p,p'-DDE 和 Dieldrin 显著负

相关，相关系数 r 分别为–0.25 和–0.26；与河流水体 $\delta^{18}O$ 呈现显著正相关的 OCPs 包括 α-HCH、p,p'-DDE、p,p'-DDD、p,p'-DDT、α-Chlor、HEPT 以及 HCHs、Chlors，相关系数 r 分别为 0.55、0.34、0.29、0.23、0.37、0.25、0.47 和 0.29；河流水体 d 与 γ-HCH、γ-Chlor、Endosulfan sulfate、Aldrin、Methoxychlor 以及其他 OCPs 之间呈现显著正相关，相关系数 r 分别为 0.29、0.33、0.25、0.25、0.32 和 0.24，与 α-HCH、p,p'-DDE、p,p'-DDD、α-Chlor、HEPT、HCHs 显著负相关，相关系数 r 分别为–0.56、–0.34、–0.33、–0.45、–0.33 和–0.32 [图 6.18（b）]。与 PAHs 的影响因素相似，不同地区气候等自然因素对水体 OCPs 含量和组成造成影响。

　　根据修改的质量平衡模型计算，得到了三大湖泊流域的碳酸岩风化、硅酸岩风化、大气输入和人为输入对河流水体主要离子的贡献量（图 6.19）。其中大气输入对水体主要离子的贡献量为 0.01%~61.27%，平均值为 11.00%，硅酸岩风化和碳酸岩风化对水体离子的贡献量分别为 1.56%~66.87% 和 20.71%~75.16%，平均值分别为 27.14% 和 48.26%，而人为输入对水体主要离子的贡献量为 0~73.73%，平均值为 13.60%。由此可以看出，相较于人为因素，自然环境条件对水体溶解性离子的影响较大。另外，与全球代表性河湖水体重金属、OCPs、PAHs 比较，三大湖流域水体污染物浓度较小，也反映了相对较弱的人为活动影响。

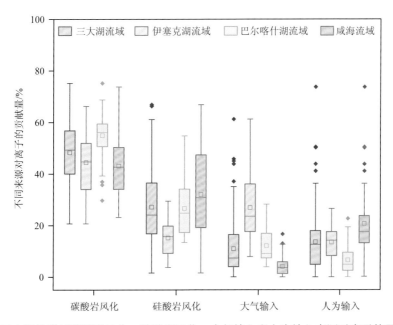

图 6.19　三大湖泊流域碳酸岩风化、硅酸岩风化、大气输入和人为输入来源对离子的贡献量差异

　　该地区的大气环流主要由北半球的西风带控制，西风带和极地水汽被认为是有限降水的主要来源（Araguás-Araguás et al., 1998; Tian et al., 2007）。受西伯利亚反气旋的西南分支环流和来自西部的气旋活动相互作用以及天山地形效应的影响，中亚干旱区的平均温度呈现出自西北向东南逐渐降低的梯度变化，年均降水量则呈现出高山地区高于低洼盆地和平原地区（图 6.20）。另外，该区蒸发强烈，年均蒸发量达 900~1500 mm（白洁等，

2011)。三大湖泊流域水体离子浓度高于其他地区河湖以及全球河流平均值，并且水样氢氧同位素值在全球降水线和塔吉克斯坦蒸发线之间，与当地干旱缺水、蒸发剧烈等的影响有关。

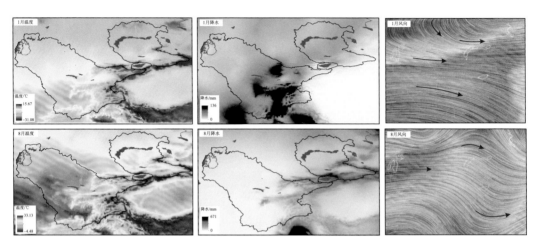

图 6.20　三大湖泊流域 1 月和 8 月温度、降水和风向的空间分布图

数据来源：https://www.worldclim.org, https://earth.nullschool.net/

　　就不同区域水体离子来源而言(图 6.19)，伊塞克湖流域碳酸岩风化、硅酸岩风化、大气输入和人为输入对水体离子贡献量的变化范围分别为 20.71%~66.27%(均值为 44.43%)、3.72%~29.44%(均值为 15.19%)、7.93%~61.27%(均值为 26.87%)和 0.00%~26.50%(均值为 13.51%)；巴尔喀什湖流域碳酸岩风化、硅酸岩风化、大气输入和人为输入对水体离子贡献量的变化范围分别为 29.66%~75.16%(均值为 54.83%)、13.40%~54.73%(均值为 26.55%)、3.91%~28.20%(均值为 12.08%)和 0.00%~22.64%(均值为 6.54%)；咸海流域碳酸岩风化、硅酸岩风化、大气输入和人为输入对水体离子贡献量的变化范围分别为 23.20%~73.82%(均值为 43.09%)、1.56%~66.87%(均值为 32.07%)、0.01%~16.70%(均值为 4.15%)和 0.30%~73.73%(均值为 20.69%)。由此可以看出，人为输入贡献量的顺序为咸海流域 > 伊塞克湖流域 > 巴尔喀什湖流域，碳酸岩风化对水体离子贡献量的顺序为巴尔喀什湖流域 > 伊塞克湖流域 > 咸海流域，硅酸岩风化贡献量的顺序为咸海流域 > 巴尔喀什湖流域 > 伊塞克湖流域，大气输入贡献量的顺序为伊塞克湖流域 > 巴尔喀什湖流域 > 咸海流域。

　　伊塞克湖虽然地处中纬度干旱半干旱气候区，但该湖对周边气候环境具有一定的调节作用，并且周围的山脉在一定程度上抵挡了来自于北部西伯利亚的冷空气与来自南部和东部的中亚沙漠热空气，使得伊塞克湖沿岸带呈现出偏湿润的海洋性气候特征(Salamat et al., 2015)；流域年均气温为 6~10℃，年均降水量为 115~600 mm (Mamatkanov et al., 2006)。巴尔喀什湖盆地从西北向东南逐渐抬升，受纬度和地形影响，温度和降水具有明显的垂直地带性分布特征，例如，东南部的天山地区降水丰富(降水量约为

500~1000 mm），是整个盆地水资源的形成区，西部、北部丘陵区降水少，为水分耗散区，巴尔喀什湖周围降水最少（年均降水量约为 160 mm）（郝建盛等，2017；龙爱华等，2012；夏含峰等，2018）；总体而言，该区年均降水量为 461.56 mm（张潇等，2016），年平均气温为 17.5℃（Duan et al., 2020）。咸海流域的年均温度范围为 1 月 0~4℃和 7 月为 28~32℃，沙漠地区的温度更高；年均降水量为 250.8 mm（王浩轩等，2022），属于典型的大陆性干旱气候。山区海拔较高，降水量较大，温度较低，因此，伊塞克湖流域大气输入对水体离子组成影响较大。平原区降水量较小，温度较高，蒸发剧烈。例如，伊塞克湖年均蒸发量约 820 mm，巴尔喀什湖年均蒸发量为 999 mm（龙爱华等，2012），咸海流域年均蒸发量变化范围为 1100~1300 mm（昝婵娟等，2021），这就造成了咸海流域水体离子浓度高、氯化物型水质类型和较强的蒸发作用。

（二）人类活动对水环境的影响

除了气候等自然因素的空间差异对流域水环境影响外，不同区域人类活动的方式和强度的差异也造成了水环境的空间分异。人类活动对水环境最直观的影响是通过兴建水库、灌溉用水等方式使得水量变化，但在此过程中，释放的污染物也将导致水质恶化；另一方面，通过改变土地利用类型间接影响水量和水质的变化。中亚地区是农业大区（图 6.21），农业生产中高耗水型作物（棉花、水稻等）占主导地位，并且灌溉面积逐年增加，使得农业成为最大的耗水部门，同时也是水污染的重要因素。例如，研究区不同流域水体重金属均以 Zn 和 Fe 占优势，反映了相似的农业等污染源；而下游灌溉区水体 OCPs 污染较严重，同时，频繁的农业活动促进了地表侵蚀，使得水体有毒元素和可溶性盐浓度增加（如 TDS、Na^+和 Cl^-）。从 PAHs 来源可以看出，三个地区均存在煤炭生物质燃烧源。研究区是重要的农业生产区，燃烧秸秆一方面是解决"农业废弃物"的较常见方法，另一方面，满足了当地居民的烹饪和供暖能源需求（International Energy Agency, 2018），尤其高山地区的伊塞克湖流域；喜马拉雅山和青藏高原等其他高海拔地区也存在类似的问题（Guzzella et al., 2011; Ren et al., 2017）。然而，生物质燃烧过程是 PAHs 的主要来源，尤其是大量的 2 环和 3 环化合物（Yunker et al., 2002; Guzzella et al., 2011; Tobiszewski and Namieśnik, 2012）。随着"一带一路"建设的开展，充满神秘与古老魅力的中亚地区吸引着众多的海外投资，并迎来了新的旅游增长。资料显示，访问吉尔吉斯斯坦的游客数量呈增长趋势，首都比什凯克和伊塞克湖地区的游客量最高（Jenish, 2017）。因此，旅游业繁荣、城市活动频繁的地区，PAHs 浓度较高，且其来源主要与车辆排放的尾气以及石油燃烧有关。另外，中亚地区各种矿藏丰富，煤、铁等金属以及石油和天然气资源储量在世界占有重要地位，这就造就了较发达的采矿业、冶金业。但由于条件有限，没有污水处理设备或者污水处理不够充分等，都导致了水环境中 PAHs（尤其是 BbF 和 InP 等高环化合物）和重金属（尤其是 Pb、Mn、Cu 等）浓度升高。

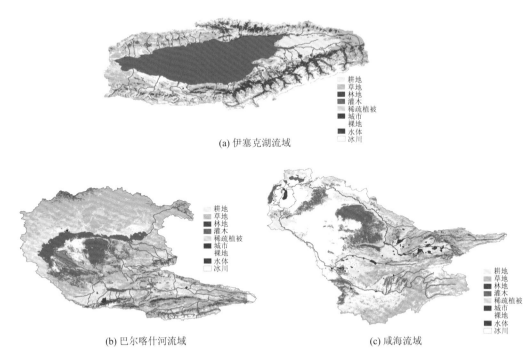

(a) 伊塞克湖流域

(b) 巴尔喀什河流域　　　　　　　　　　(c) 咸海流域

图 6.21　三大湖泊流域土地覆盖类型图

　　不同地区水体中重金属、OCPs 和 PAHs 的浓度和组成不同,可能与该地区不同类型的人类活动(如农业)以及不同的输入途径有关。伊塞克湖流域水体 OCPs 污染物浓度最高,以 HCHs 类农药为主;其次是巴尔喀什湖流域,OCPs 以 DDTs 类和 Endos 类为主;咸海流域水体 OCPs 浓度最低,以 HCHs 类和 DDTs 类为主。咸海流域水体 PAHs 浓度最高,以 4 环和 5 环为主,主要来源于高温燃烧,包括汽油、柴油和原油的燃烧以及机动车尾气排放;其次是伊塞克湖流域,该区 PAHs 以 3 环为主,其次是 2 环,主要来源于生物质燃烧以及煤和石油燃烧;巴尔喀什湖流域水体 PAHs 浓度最低,以 3 环和 4 环为主,主要来源于石油泄漏和生物质燃烧。OCPs 通常与地区农田大量使用以及较长的半衰期有关,然而,受制于地形等环境条件,虽然伊塞克湖流域南部和西南部的山麓丘陵和山前平地地带分布着泛滥平原,农业活动是最主要的生产方式,但其中 80%用于放牧,灌溉农田面积比较有限。伊塞克湖流域水体高浓度的 OCPs 和较高浓度的 PAHs 可能与高山富集效应有关:伊塞克湖四周高山环绕,补给水源主要来自山区的冰雪融水和降水,相比平原区湖泊来说,高山湖泊受人类活动影响较小,但由于高海拔地区温度较低,降水形式以降雪为主,这些独特的气候条件促使大气迁移的污染物沉降、富集在高山地区(Daly and Wania, 2005; Arellano et al., 2011)。在全球变暖背景下,部分污染物长距离传输能力增强(Lamon et al., 2009),同时,大量冰雪融化(Sorg et al., 2012),释放其中的污染物,再加上研究区盛行西风(图 6.20),最终导致了伊塞克湖流域地表水中的 OCPs 和 PAHs 等污染物浓度升高。伊塞克湖流域水体中较高比例的 HCHs 类和 LMW PAHs 组分,也验证了大气输送来源，因为这些化合物较轻，易于以气态形式存在于大气中、随大气传输到更远的地方，并在气温较低的高海拔处富集。

反观平原地区咸海流域，人类活动较频繁，该区农业生产较发达，其中阿姆河流域和锡尔河流域是乌兹别克斯坦重要的农作物种植区，据统计阿姆河下游河段地区农业产值占乌兹别克斯坦国内生产总值的 25%~30%，棉花是该区域农业的主要种植作物(Zhang et al., 2019; 金苗等, 2022)。1940 年，咸海流域灌溉面积 385 万 hm^2；1990 年苏联解体前，咸海流域的灌溉面积接近 734 万 hm^2。咸海地区 PAHs 浓度较高，尤其是 HMW PAHs 组分，HMW PAHs 通常沉积在源附近，反映了较强的人类活动。从不同地区离子来源来看，咸海流域人为贡献量最高，与 PAHs 浓度趋势较为一致。受干旱气候条件影响，该区可能对城镇、农业等人类活动影响更敏感；再加上该区气温较高，水体蒸发量较大，促使了水体 LMW PAHs 向大气迁移、水体离子富集，进而加重了人类活动对水体环境的影响。该区水体 OCPs 中 DDTs 比例较高，DDTs 挥发性较弱，易于沉降在源区附近，反映了较强的人类活动影响。另外，咸海水位下降和水域面积萎缩使得原有的湖床大面积干涸，易形成沙尘暴；该区高比例的易挥发性 HCHs 可能与局部沉积物曾蓄积大量农药等污染物，这些污染物随沙尘扩散和沉降至周边水体有关。

对于巴尔喀什湖流域，该区具有明显的垂直气候带及不同的人类活动强度和方式，造成了中至低等水平的污染。

三、流域水体同位素变化及环境示踪

(一)流域河水和湖水氢氧同位素变化特征

哈萨克斯坦咸海、巴尔喀什湖及其邻近流域河水和湖水同位素组成具有明显的时空变化特征(图 6.22)，河水 $\delta^{18}O$ 值的波动范围为 -16.1‰~-7.1‰，算术平均值为 -11.8‰；河水 δ^2H 值的波动范围为 -123.5‰~-56.8‰，算术平均值为 -88.2‰(表 6.6)。哈萨克斯坦东部地区河水 $\delta^{18}O$ 和 δ^2H 值最低($\delta^{18}O = -9.7$‰，$\delta^2H = -69.8$‰)，最高值在南部地区，整体上，河水 $\delta^{18}O$ 值呈现自西向东逐渐减小的趋势。因为在东部地区河水主要受来自天山山脉的冰川和雪融水补给影响为主，而冰川融水 $\delta^{18}O$ 平均值为 -16‰和 d 为 23‰(Aizen et al., 2005; Kreutz et al., 2003)。

哈萨克斯坦河水 d 值呈现出较大变化幅度和空间异质性。河水 d 变化范围为 -9.8‰~19.9‰，算术平均值为 5.9‰(表 6.5)。尽管在受天山山脉影响下的东部地区和南部地区大多数河水 d 值都大于 5‰，但有些河水 d 值 <0‰(图 6.22)。

咸海阿姆河上游地区塔吉克斯坦河水 δ^2H 和 $\delta^{18}O$ 值同样表征出明显的空间变化(图 6.22)，河水 $\delta^{18}O$ 值变化范围为 -17.1‰~-9.3‰，算术平均值为 -12.8‰，而河水 δ^2H 值波动范围为 -127.2‰~-66.1‰，算术平均值为 -89.7‰(表 6.5)。东部地区河水 $\delta^{18}O$ 值明显要低于其他地区，来自于瓦赫什河、卡夫尼干河及锡尔河支流等河水 δ^2H 和 $\delta^{18}O$ 值显著不同于喷赤河、贡特河和巴尔坦格河(表 6.5)。河水 d 值变化范围为 2.8‰~21.5‰，平均值为 13.1‰，河水 d 值自西向东呈逐渐升高的趋势，且在瓦赫什河中河水 d 普遍高于其他河流。

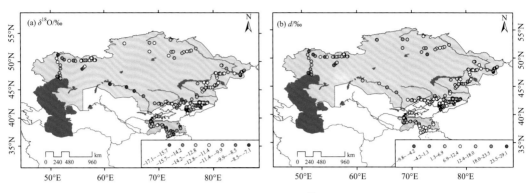

图 6.22　中亚大湖地区河水 $\delta^{18}O$ 和 d 变化

表 6.5　中亚大湖地区河水 $\delta^{18}O$、δ^2H 和 d 变化范围

地区	$\delta^{18}O$/‰		δ^2H/‰		d/‰	
	变化范围	平均值	变化范围	平均值	变化范围	平均值
哈萨克斯坦	$-16.1\sim-7.1$	-11.8	$-123.5\sim-56.8$	-88.2	$-9.8\sim19.9$	5.9
塔吉克斯坦	$-17.1\sim-9.3$	-12.8	$-127.2\sim-66.1$	-89.7	$2.8\sim21.5$	13.1
吉尔吉斯斯坦	$-14.7\sim-6.2$	-11.1	$-104.8\sim-45.8$	-74.2	$2.5\sim32.7$	13.9

咸海锡尔河上游地区吉尔吉斯斯坦纳伦河等河水 δ^2H 和 $\delta^{18}O$ 在空间和时间上的变化特征明显(图 6.23),河水 $\delta^{18}O$ 值的波动范围为-14.7‰~-6.2‰,算术平均值为-11.1‰;河水 δ^2H 值的波动范围为-104.8‰~-45.8‰,算术平均值为-74.2‰(表 6.5)。但不同流域间河水和降水 δ^2H 和 $\delta^{18}O$ 值具有显著差异($p < 0.05$,图 6.23),伊塞克湖流域河水 δ^2H 和 $\delta^{18}O$ 值最大($\delta^{18}O = -10.3$‰和 $\delta^2H = -67.6$‰),而锡尔河源头湖泊松克尔湖流域 δ^2H 和 $\delta^{18}O$ 值最小($\delta^{18}O = -12.1$‰和 $\delta^2H = -83.6$‰)。

不同时期,吉尔吉斯斯坦境内的伊塞克湖流域河水 δ^2H 和 $\delta^{18}O$ 变化特征不同于锡尔河源头纳伦河和松克尔湖流域($p < 0.05$),春季和秋季,不同流域河水 δ^2H 和 $\delta^{18}O$ 值未呈现显著差异($p > 0.05$);相较于春季和秋季,夏季伊塞克湖流域河水 δ^2H 和 $\delta^{18}O$ 值最大,而在春季纳伦河流域河水 δ^2H 和 $\delta^{18}O$ 值最小。

吉尔吉斯斯坦河水 d 值波动范围为 2.5‰~32.7‰,平均值为 13.9‰,约 87%河水 d 值大于全球大气降水 d 值(10‰)。与其他季节相比,春季松克尔湖流域和塔拉斯河水体 d 值最小,在空间上不同流域间河水 d 值并没有显著的空间差异性,其平均值均低于该地区降水 d 平均值(16.9‰,图 6.23)。

中亚大湖地区不同流域湖水 δ^2H 和 $\delta^{18}O$ 值显著大于河水氢氧同位素值,湖水同位素值呈现明显的空间异质性,最高 $\delta^{18}O$ 值主要分布在西部地区,最低 $\delta^{18}O$ 值位于东部地区,这主要与两个地区下垫面和补给水源密切有关,西部地区地势较低,主要分布着湿地,水流较为缓慢,湖泊水交换较弱,蒸发富集作用强烈。然而,东部地区湖水同位素值较低主要是由于该地区湖水依靠冰川融水补给为主,加上海拔较高,温度较低,蒸发作用较弱,因此湖水同位素值明显低于其他地区。

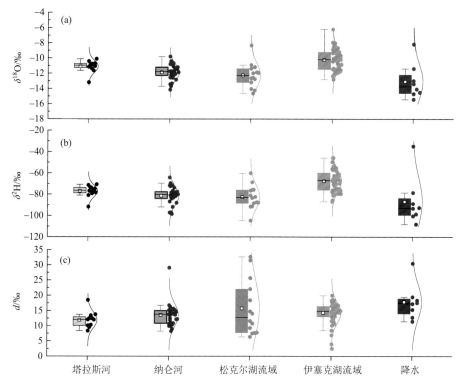

图 6.23 吉尔吉斯斯坦不同流域河水和降水中 $\delta^{18}O$、δ^2H 和 d 变化

中亚大湖流域湖水 d 值波动变化范围为-38.6‰~2.7‰，算术平均值为-13.6‰。图 6.24 可以看出，除了东部地区一个采样点湖水 d 值为 2.7‰，绝大多数(约 98.7%)湖水 d 值<0‰。在空间上湖水 d 值呈现东部地区最大，西部地区最小。

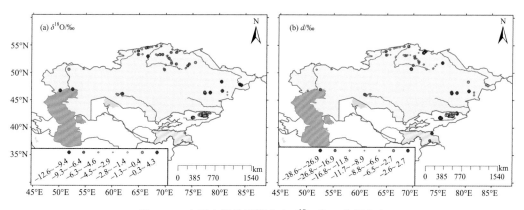

图 6.24 中亚大湖地区湖水中 $\delta^{18}O$ 和 d 空间分布

(二)河水和湖水 δ^2H 和 $\delta^{18}O$ 关系

Craig 把大气降水中 δ^2H 和 $\delta^{18}O$ 之间的关系称为大气降水线(MWL)，它对于研究水循环过程中稳定同位素变化具有重要意义。在全球尺度下，全球大气降水线(GMWL)为

$\delta^2H = 8\ \delta^{18}O + 10$。在此，通过对哈萨克斯坦地区河水和湖水氢氧同位素值（δ^2H 和 $\delta^{18}O$）进行线性相关分析，发现河水线为 $\delta^2H = 6.08\ \delta^{18}O - 16.7(r = 0.915, n = 114, p < 0.001)$，湖水线为 $\delta^2H = 6.23\ \delta^{18}O - 22.1(r = 0.961, n = 78, p < 0.001)$。哈萨克斯坦河水线和湖水线的斜率和截距较为接近 [图 6.25(a)]。

　　不同水体 δ^2H-$\delta^{18}O$ 线性关系的斜率和截距存在一定的差异，这说明在不同地区的地下水及地表水的来源和经历的循环过程存在一定的差异，由于地表水和地下水的氢氧同位素组成在空间上存在一定的关系，在一定程度上反映了地表水和地下水之间的水力联系。湖水氢氧稳定同位素组成主要分布在全球大气降水线的右下方，而大多数河水同位素沿着全球大气降水线分布，这主要与哈萨克斯坦不同地区河湖水的来源和蒸发强弱不同有关。

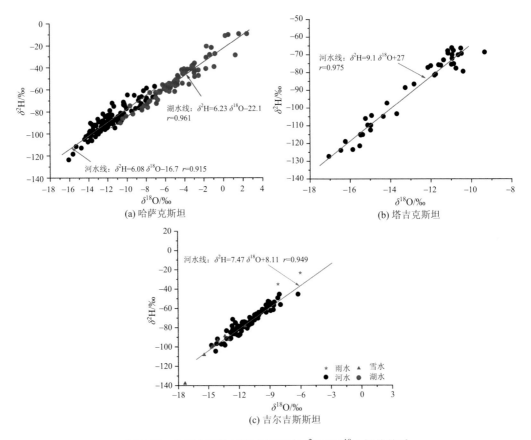

图 6.25　中亚大湖地区湖水和河水 δ^2H 和 $\delta^{18}O$ 相关关系

　　通过对塔吉克斯坦河水中 δ^2H 和 $\delta^{18}O$ 的线性相关关系进行分析，发现塔吉克斯坦河水线为 $\delta^2H = 9.1\ \delta^{18}O + 27[r = 0.975$，图 6.25(b)]，河水线的斜率和截距明显大于大气降水线斜率和斜率。东部地区河水线为 $\delta^2H = 7.9\ \delta^{18}O + 14.6(r = 0.945, n = 28, p < 0.001)$ 和西部地区河水线为 $\delta^2H = 7.7\ \delta^{18}O + 3.8(r = 0.941, n = 11, p < 0.001)$，高海拔地区河水 δ^2H 和 $\delta^{18}O$ 值明显低于低海拔地区河水同位素值。

基于吉尔吉斯斯坦不同流域河水 δ^2H 与 $\delta^{18}O$ 的相关线性相关分析，河水线为 $\delta^2H =$ 7.47 $\delta^{18}O$ + 8.11 (r = 0.949)，可以看出河水线斜率明显要小于大气降水线[图 6.25(c)]，河水 δ^2H 与 $\delta^{18}O$ 主要沿着全球大气降水线分布。河水线的斜率和截距具有明显的季节性变化，在春天最大(8.19、15.5)，在秋季最小(6.86、1.75，表 6.6)，这可能与河水补给源和气候条件的季节性差异密切相关。另外，融雪同位素值主要分布在全球大气降水线的左下方，且采样点分布在高海拔地区；同样，雨水样品主要分布在全球大气降水线的右上方，主要分布在低海拔地区。

表 6.6　吉尔吉斯斯坦河水同位素组成变化

季节	$\delta^{18}O$ /‰	δ^2H/‰	d/‰	斜率 a	截距 b	相关系数 r
秋季	−11.3 (0.24)	−75.9 (1.84)	14.7 (0.93)	6.86	1.75	0.766
夏季	−10.1 (0.22)	−67.3 (1.76)	13.7 (0.59)	7.64	9.99	0.887
春季	−11.5 (0.16)	−78.2 (1.42)	13.4 (0.43)	8.19	15.5	0.907

(三)河水 $\delta^{18}O$ 的高程效应

中亚地区河水 $\delta^{18}O$ 值变化除了与气候条件有关，还与采样点的海拔密切相关，均呈现显著高程效应。图 6.26(a)显示哈萨克斯坦河水 $\delta^{18}O$ 值与高程(r = −0.421, p < 0.001)呈现显著的负相关关系。高海拔地区河水 $\delta^{18}O$ 值显著低于低海拔地区，同位素与海拔间的递减率为 0.3 ‰/ 100m，该递减率与全球同位素递减率较为相似(0.28 ‰/ 100m)，因此东部地区河水 $\delta^{18}O$ 值普遍低于西部地区河水。

塔吉克斯坦境内海拔落差较大，地表河水中 $\delta^{18}O$ 的高程效应显著。河水中 $\delta^{18}O$ 表现出明显的西高东低的空间变化特征。图 6.26(b)对塔吉克斯坦地表水样品与海拔相关性分析表明，河水中 $\delta^{18}O$ 与海拔具有显著的负相关性，垂直递减率为 0.17‰/ 100m，明显高于 Liu 等(2015)在塔吉克斯坦地区分析的同位素垂直递减率(0.09‰~ 0.13 ‰/100m)，但明显低于全球平均值。这是由该地区的地形特征以及冰雪分布特征导致的。虽然采样点的海拔有较大差异，但作为河水主要补给源——冰雪带的高度分布相对集中，从而导致观测到的河水中 $\delta^{18}O$ 的垂直递减率偏低。从图 6.26(b)中可以看出，随着海拔的上升，降水中 d 值会降低，青藏高原与南极地区的研究结果也是如此，但塔吉克斯坦河水中 d 值的变化与海拔的关系相反，总体上西部低海拔地区 d 值高，而位于东部高海拔地区 d 值低。

吉尔吉斯斯坦河水 $\delta^{18}O$ 变化同样具有显著的高程效应[图 6.26(c)]，河水 $\delta^{18}O$ 的垂直递减率为 0.13‰/100m，这与塔吉克斯坦及青藏高原地区的河水同位素递减率十分相似，这些地区河水同位素垂直递减率变化范围为 0.08‰~0.17 ‰/100m，显著低于全球河水同位素垂直递减率(0.28‰/100m)，这些较小的垂直递减率可能与不同流域河水来源有关。河水高 d 值主要分布在 3000m 以上区域[图 6.26(c)]，河水主要来源于天山山脉的冰川或积雪融水为主，天山复杂地形特征增加了河水 d 值空间变化的异质性，如在迎风坡区域受暖湿水汽影响明显，因此气候条件较为湿润，同位素值较低、d 值较高；而在背风坡区域受干热气团影响，河水常常具有较高的同位素值和低 d 值。

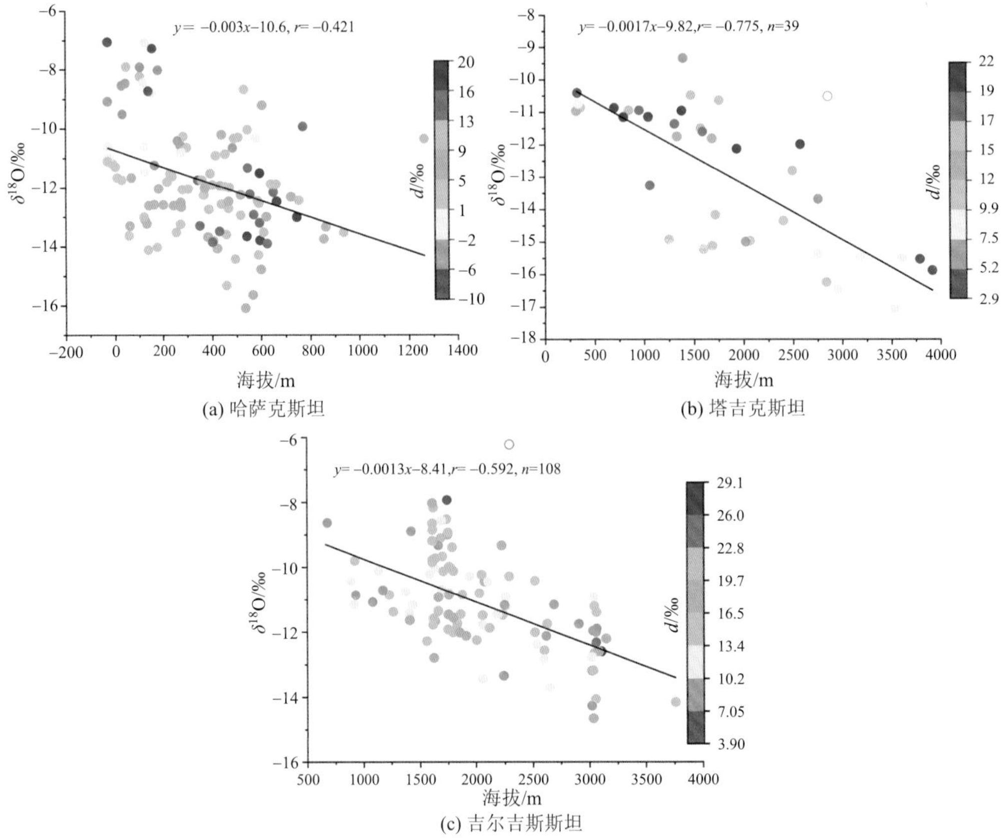

图 6.26　中亚地区河水 $\delta^{18}O$ 与海拔间关系

　　总体上，中亚地区河水和湖水稳定氢氧同位素值的时空变化反映了区域地形地貌特征、水文过程(如蒸发作用)和水文特征(水源类型)等。具体而言，受来自天山山脉冰川融水影响，该区东部和南部地区的河水和湖水同位素值低于其他地区；北部地区和西部地区濒临咸海和里海，气候环境较为干旱，湖水经历了强烈的蒸发作用，以及受该区较强烈的人类活动影响(如农业灌溉)，都导致了地表水体同位素的富集。中亚大湖地区河水 $\delta^{18}O$ 值变化除了与气候条件有关，还与海拔呈现显著的负相关关系，均呈现显著高程效应，同位素垂直递减率变化范围为 0.13 ‰/100m~0.3 ‰/100m，这些较小的垂直递减率与不同流域河水来源可能有关。相比较，湖水同位素 δ^2H 与 $\delta^{18}O$ 值普遍高于河水，且大部分湖水 d 为负值，主要是由于湖水具有较长的滞留时间和较为强烈的蒸发作用。

第三节　三大湖泊流域表层沉积物元素含量空间变化及风险评估

　　根据流域地形地貌的特点，中亚国家大湖流域被划分为五个地区(图 6.27)，包括里海-乌拉尔河地区(R1)、伊希姆河地区(R2)、咸海-阿姆河-锡尔河地区(R3)、伊塞克湖地区(R4)、巴尔喀什湖-伊犁河地区(R5)。这些地区人类活动的主要特点是：R1 和 R2 地区的农业、工业和采矿活动(如石油、天然气和煤矿开采)发达，R3 地区的农业和采矿活动(如铬、铜和锌矿开采)发达，R4 地区的旅游和采矿活动发达，R5 地区的农业活动发达(Lal, 2007；Pomfret, 2011；陈善峰等, 2017)。

按照《多目标区域地球化学调查规范(1∶250 000)》(DZ/T 0258-2014)，在上述中亚地区进行了从西北平原到东南山地的多次野外调查，并在 2013 年、2015 年和 2019 年收集了 254 个不同沉积环境类型的表层沉积物(0~5 cm 深)(图 6.27)。样品类型包括来自河流或湖泊的河湖沉积物[由 Van Veen 底部采样器(丹麦)收集]，以及流域的土壤[由土壤采样器(TC-300A，中国)收集]。

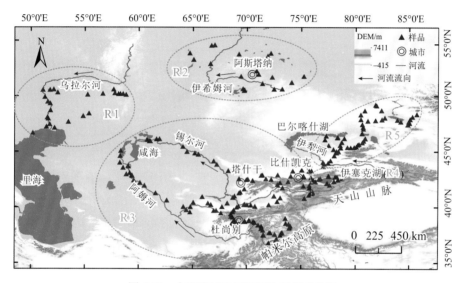

图 6.27　大湖流域表层沉积物采样点位置

一、表层沉积物元素含量变化、来源及环境风险

(一)表层沉积物元素含量变化特征

图 6.28 描述了在整个中亚地区表层沉积物样品元素浓度的变化特征。主要元素的平均浓度按 Ti < Mg < Na < Fe < K < Ca < Al 的顺序增加，微量元素的浓度按 Cd < Co < Cu < Ni < Pb < Cr < Zn < V < Sr < Ba < Mn < P 的顺序增加。Cd、Co、Cr、Cu、Ni、Pb 和 Zn 的浓度范围分别为 0.04~1.81 mg/kg、1.59~20.28 mg/kg、7.20~299.41 mg/kg、2.7~120.78 mg/kg、2.0~99.91 mg/kg、2.63~786.19 mg/kg 和 8.68~374.32 mg/kg，其平均值分别为 0.43 mg/kg、10.52 mg/kg、58.97 mg/kg、22.87 mg/kg、23.42 mg/kg、19.84 mg/kg 和 67.40 mg/kg，这些元素平均数值分别比世界元素的背景水平高 1.21、1.31、0.84、0.76、0.93、0.57 和 7.49 倍(中国环境监测总站, 1990)。

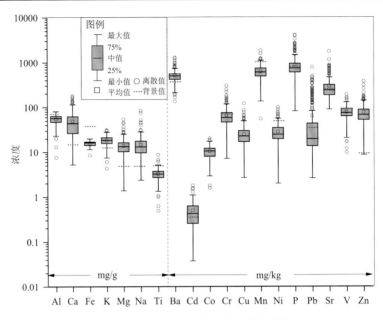

图 6.28　中亚表层沉积物元素含量变化特征

　　标准差与平均值的比值称为变异系数(CV)，它可以消除单位和平均值差异的影响 (Yu et al., 2021)。研究区这些元素的 CV 都超过了 15%(图 6.29)，表明在整个中亚地区 收集的表层沉积物存在变异。有趣的是，Pb 的 CV 值达到 159.9%(> 100%)，表现出显 著的空间异质性。其他元素的 CV 值都为 15%~100%，特别是 Ca、Cd、Cr、Cu、Mg、 Na、Ni、P、Sr 和 Zn 的 CV 值为 50%~100%，达到中等程度的变异(图 6.29)。

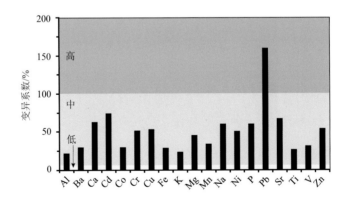

图 6.29　中亚地区表层沉积物元素变异系数的变化特征

　　图 6.30 是金属元素的富集系数(EF)的直方图。根据 EF 分级标准(Sutherland, 2000)， 中亚地区表层沉积物中金属元素 Zn 的 EF 最高，样品在显著富集水平比例为 93.1%，在 强烈富集水平上为 4.8%。Pb 的 EF 值次之，样品在零-轻微富集水平上比例为 76.6%， 在中度富集水平上为 6.5%，在显著富集水平上为 14.9%，在强烈富集水平上为 1.2%，而 在极强富集水平上为 0.8%。此外，表层沉积物样品中 Cr 和 Cu 分别达到 0.8%和 0.4%的

显著富集水平(图6.30)。

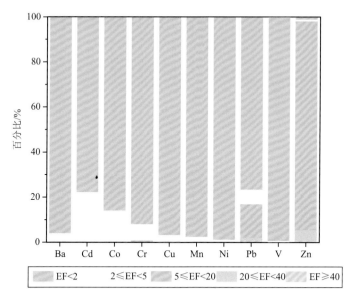

图6.30　金属元素富集因子直方图

　　根据以上金属元素变化特征,我们选择中亚地区部分金属元素进行空间分析。图6.31显示了Cr、Cu、Ni、Pb和Zn的EF在整个中亚的不同区域的空间分布特征,其中Cu和Ni的EF呈现零-轻微富集(EF<2),而Zn呈现显著富集。在里海-乌拉尔河(R1),Cr的EF(平均值2.5)呈现中度富集。EF-Pb存在显著空间差异,在里海-乌拉尔河(R1)(平均值10.1)和伊希姆河地区河(R2)(平均值10.3)呈现显著富集,在伊塞克湖地区(R4)(平均值3.5)中度富集,但在咸海-阿姆河-锡尔河地区(R3)(平均值0.9)和巴尔喀什湖-伊犁河(R5)(平均值0.5)的呈现零-轻微富集。此外,在西北平原和东南台地之间的区域,沉积物样品中的Cr、Cu、Ni和Zn没有明显的富集差异,而Pb表现明显的差异(图6.31)。Pb的高EF值主要出现在西北平原地区(平均值6.3),Zn分布在整个研究区,但东南山地(平均~11.4)的数值高于西北平原(平均值为10.5)。Zn和Pb被确定为中亚地区表层沉积物中污染最明显的污染物。

　　需要指出的是,在整个中亚地区,Zn基本上被确定为明显的富集状态,这不仅与工农业活动有关,也与该地区的Zn的高背景值有关。在此,我们将中亚多个湖泊底部沉积岩芯金属元素的平均值作为当地区域的背景参考(Lin et al., 2016; Wurtsbaugh et al., 2020; Yu et al., 2021),Zn的平均浓度高达51.3 mg/kg(表6.7),远超过了世界沉积物的背景水平(9 mg/kg)(表6.7)。此外,研究表明,山区河流中的Zn含量也相对较高(Groll et al., 2015; Zhang et al., 2020)。这样一来,在山区风化等因素的影响下,活性元素Zn很容易被带入河流、湖泊和沉积物中,这可能导致整个研究区的Zn背景浓度较高。因此,中亚地区Zn的背景值也是一个不可忽视的影响因素。

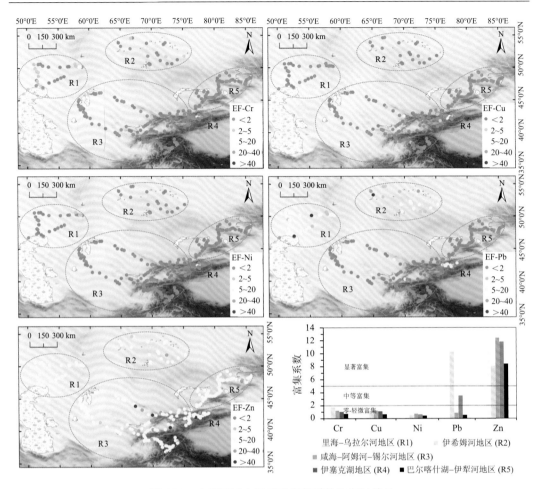

图 6.31 大湖流域金属元素富集系数的空间差异

表 6.7 中亚不同地区和世界金属元素的背景值 （单位：mg/kg）

地区	湖泊	Cd	Co	Cr	Cu	Ni	Pb	Zn
R1	里海	—	11.5	53.0	14.3	27.4	11.8	41.6
R2	—	—	—	—	—	—	—	—
R3	咸海	0.05	3.2	21.5	8.1	10.2	6.5	23.9
R4	伊塞克湖	0.29	13.0	44.7	17.5	22.6	23.7	79.3
R5	巴尔喀什湖	0.16	8.7	44.2	32.8	22.2	17.3	60.5
平均值		0.17	9.1	40.9	18.2	20.6	14.8	51.3
世界平均		0.35	8.0	70.0	30.0	50.0	35.0	9.0

使用系统聚类分析对所研究样品中的主要元素和微量元素进行分析，并对其进行分类（Fu et al., 2014；Zhao et al., 2020）。聚类分析结果表明，元素主要可分为两类（图 6.32）。第Ⅰ类包括 Ca、Mg、Sr 和 Na，这一类主要包含碱土金属，表现出较为活跃的化学行为。第Ⅱ类包括 Al、Co、Cr、Cu、Fe、K、Mn、Ni、P、Pb、Ti、V 和 Zn。这一组不仅涉及

Al 和 Ti 等自然来源的金属元素，可能源于自然的地球化学相互作用，而且还包括可被视为人为产生的主要金属污染物，如 Cu、Pb 等。

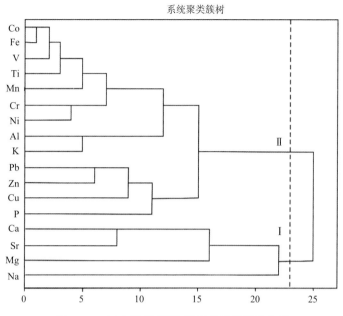

图 6.32　中亚表层沉积物元素的系统聚类分析

为了进一步分析第 II 类元素之间的联系，对其进行了相关性分析，如图 6.33 所示。沉积物中 Al、Co、Cr、Cu、Fe、Mn、Ni、Ti、V 和 Zn 的浓度之间存在正相关（$p < 0.05$），Al、Fe 和 Ti 的相关系数均大于 0.75。P 与 Cu 和 Zn 在 $p < 0.01$ 的水平上显著相关，相关系数分别为 0.365 和 0.471，表明这些元素可能有相同的来源。有趣的是，Pb 和其他元素之间无明显的相关性，指示 Pb 的来源与其他元素不同。

根据上述结果，中亚表层沉积物中的元素主要受自然、工业、矿业以及农业等影响。应用 PMF 模型来确定这些元素的来源，定量识别第二组金属元素和 P 的来源和贡献，分析结果与上述聚类分析和相关性分析的结果一致。PMF 结果确定了 4 个影响因子，它们分别解释了总变异的 40.42%、9.48%、22.68% 和 27.42%［图 6.34（b）］。

因子 1（F1）主要包括 Al、Co、Fe、Mn、Ti 和 V（每种元素对 F1 载荷的贡献都超过 50%）［图 6.34（a）］，并且为自然来源。研究表明，Al、Fe 和 Ti 是惰性的、丰富的天然元素，具有稳定的化学性质，它们主要来自天然岩石，在地壳物质中的浓度相当稳定（Lin et al., 2016；Bing et al., 2019）。此外，Co、Mn 和 V 也有可能来自自然环境，并广泛存在于地壳母岩中（Luo et al., 2015；Chen et al., 2019）。

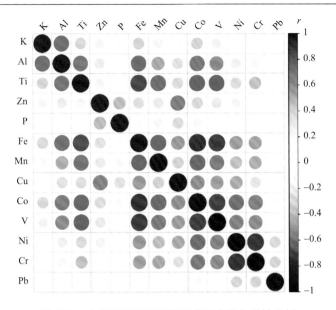

图 6.33　中亚表层沉积物第 II 类元素的相关性分析

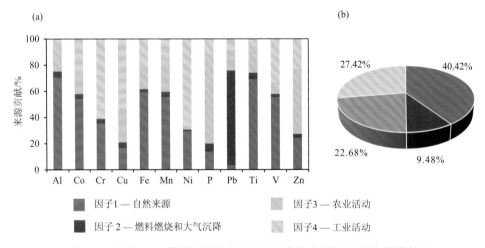

图 6.34　运用 PMF 模型计算四个因子对元素的来源（a）和平均贡献率（b）

因子 2（F2）以 Pb 为主，占 F2 负荷的 72.5%［图 6.34（a）］。研究证实，Pb 与煤炭、石油和其他化石燃料的燃烧密切相关，包括汽车用的含铅汽油（Duzgoren-Aydin，2007；Barsova et al.，2019）。哈萨克斯坦西北部有丰富的石油和煤炭资源（Pomfret，2011），例如里海地区的石油储量约占世界的 1.5%，Turgai 煤田的面积达 3.3 万 km^2。石油和煤炭资源的开采和燃烧可能导致沉积物和环境中的 Pb 含量大幅增加。此外，汽车尾气排放与 Nur Sultan 等西北部城市的 Pb 积累密切相关，这与 Ma 等（2018）的结果一致。此外，大气颗粒的沉积可能是另一个重要的 Pb 来源（Lin et al.，2016；Gao et al.，2018），有数据显示中亚地区 1990 年大气铅排放总量约为 6078.5 t，1995 年为 2823.0 t，1997 年为 3111.1 t，其中哈萨克斯坦约占 30%（Kakareka et al.，2004）。含有金属元素的污染颗粒比空气颗粒更重，在大气流动过程中，污染颗粒很容易迁移到低纬度地区（Kulmatov and

Hojamberdiev, 2010)。低纬度地区大气中含 Pb 颗粒的富集程度明显高于高纬度地区。从地貌空间分布的角度来看(图 6.31)，表层沉积物中的 Pb 主要集中在西北平原的低海拔地区，大气沉降也是导致 Pb 在中亚低海拔地区积累的一个不可忽视的因素。因此，F2 可能与化石燃料的燃烧和大气沉降有关。

因子 3(F3)对 P(~68.7%)和 Zn(~49.7%)有较高的因子负荷，对 Cu(~26.8%)有中等负荷，主要归因于农业来源[图 6.34(a)]。在苏联解体之前，农业是中亚五个国家的主要经济来源，提供了其国内生产总值的 10%~45%(Qushimov et al., 2007)。在农业集中化背景下，化肥和农药被密集和过度地使用(Sharov et al., 2016；Barron et al., 2017)。例如，在苏联解体前，塔吉克斯坦使用了许多化肥(每年 150000~200000 t)，其远远超过了世界的平均水平(Niu et al., 2013)。迄今为止，农业仍然是一个至关重要的部门，仍然是中亚国家的经济支柱，分别占塔吉克斯坦、吉尔吉斯斯坦、乌兹别克斯坦和哈萨克斯坦国内生产总值的 23.3%、20.8%、18.5% 和 5.2%。由于这个原因，这些国家的化肥和农药也被过度使用(Bobojonov and Aw-Hassan, 2014；Hamidov et al., 2016)。因此，P 可能是由农业活动提供的。研究还表明，在原料获取和生产过程中，一些金属元素(如 Zn 和 Cu)或有毒物质可能被带入肥料和农药，其过度使用可能在环境中释放这些金属，特别是在农业地区的沉积物中(Pathak et al., 2015；Chen et al., 2019)。此外，在伊塞克湖流域，Zn 含量也受到化肥和灌溉用水的影响(Ma et al., 2018)。

因子 4(F4)涉及 Ni、Cr、Cu 和 Zn，它们分别占 F4 负荷的 66.4%、60.6%、52.4% 和 23.1%[图 6.34(a)]。以前的研究表明，工业活动(包括电镀、造纸、印刷、金属冶炼等)是金属元素的一个重要的潜在来源(Zhan et al., 2020；Yu et al., 2021)。此外，中亚地区矿藏丰富，采矿业提高了沉积物中金属元素的浓度，特别是 Cr、Cu、Ni 和 Zn。研究地区的铬矿和铜矿储量丰富，铬是中亚地区最具优势的矿产之一(Pomfret, 2011；陈善峰等，2017)。哈萨克斯坦有 20 多个铬矿，储量超过 40 亿 t，占全球储量的 1/3，矿区主要分布在西北部地区。铜矿主要分布在哈萨克斯坦、吉尔吉斯斯坦和乌兹别克斯坦，位居世界十大高产矿山之列，其中哈萨克斯坦的铜矿储量居世界第五位。此外，哈萨克斯坦的锌矿储量约为 4.0 亿 t(陈善峰等，2017)。根据 EF-Zn 的空间分布(图 6.31)，Zn 在中亚地区显著富集，进一步表明采矿活动可能是表层沉积物中 Zn 富集的主要原因之一。因此，F4 可以被解释为工业来源。

(二)表层沉积物健康风险评估

为了研究大湖流域表层沉积物中重金属暴露条件下人群的健康风险，采用了美国环保署(USEPA)推荐的健康风险模型，计算重金属对儿童和成人的非致癌风险(USEPA, 2004；Chen et al., 2019)。表 6.8 从总因素(TF)中总结了 4 种确定的金属来源对两类人群造成的非致癌风险。Cr 和 Pb 在中亚表层沉积物中呈现相对较大的非致癌风险。Cr 和 Pb 的非致癌性风险指数(HI)分别约占成人和儿童整个 HI 的 55.5% 和 39.5%，这主要是由于 Cr 和 Pb 的 RfD 值较低(Li et al., 2020a)。金属从总因子(TF)来看，各元素 HI 从高到低为 Cr > Pb > Ni > Cu > Zn；对于 Cr 的 HI，F4(工业活动)约占 TF 的 60.6%，对于 Pb 的 HI，F2(燃料燃烧和大气沉降)达到 TF 的约 72.8%(表 6.8)。此外，这些金属显示出

表6.8 总因素(TF)和四个来源(F1、F2、F3和F4)对中亚五个不同流域的两个人群(成人和儿童)的非致癌危险指数

流域	元素	成人					儿童				
		TF	F1	F2	F3	F4	TF	F1	F2	F3	F4
R1 (n=25)	Cr	1.27×10^{-1}	4.45×10^{-2}	4.60×10^{-3}	6.84×10^{-4}	7.70×10^{-2}	5.68×10^{-1}	1.99×10^{-1}	2.06×10^{-2}	3.07×10^{-3}	3.45×10^{-1}
	Cu	1.47×10^{-3}	2.44×10^{-4}	6.21×10^{-5}	3.94×10^{-4}	7.69×10^{-4}	6.83×10^{-3}	1.14×10^{-3}	2.89×10^{-4}	1.83×10^{-3}	3.58×10^{-3}
	Ni	6.93×10^{-3}	2.03×10^{-3}	8.60×10^{-5}	2.08×10^{-4}	4.60×10^{-3}	3.22×10^{-2}	9.46×10^{-3}	4.00×10^{-4}	9.66×10^{-4}	2.14×10^{-2}
	Pb	1.62×10^{-1}	5.18×10^{-3}	1.18×10^{-1}	2.60×10^{-2}	1.35×10^{-2}	7.53×10^{-1}	2.40×10^{-2}	5.46×10^{-1}	1.20×10^{-1}	6.25×10^{-2}
	Zn	5.90×10^{-4}	1.42×10^{-4}	1.88×10^{-5}	2.93×10^{-4}	1.36×10^{-4}	2.74×10^{-3}	6.60×10^{-4}	8.74×10^{-5}	1.36×10^{-3}	6.33×10^{-4}
R2 (n=20)	Cr	1.02×10^{-1}	3.58×10^{-2}	3.70×10^{-3}	5.46×10^{-4}	6.19×10^{-2}	4.57×10^{-1}	1.60×10^{-1}	1.66×10^{-2}	2.45×10^{-3}	2.77×10^{-1}
	Cu	1.95×10^{-3}	3.24×10^{-4}	8.22×10^{-5}	5.21×10^{-4}	1.02×10^{-3}	9.05×10^{-3}	1.51×10^{-3}	3.82×10^{-4}	2.42×10^{-3}	4.74×10^{-3}
	Ni	2.77×10^{-3}	8.14×10^{-4}	3.44×10^{-5}	8.32×10^{-5}	1.84×10^{-3}	1.29×10^{-2}	3.79×10^{-3}	1.60×10^{-4}	3.87×10^{-4}	8.54×10^{-3}
	Pb	1.99×10^{-1}	6.36×10^{-3}	1.45×10^{-1}	3.19×10^{-2}	1.65×10^{-2}	8.20×10^{-1}	2.61×10^{-2}	5.94×10^{-1}	1.31×10^{-1}	6.80×10^{-2}
	Zn	5.38×10^{-4}	1.29×10^{-4}	1.71×10^{-5}	2.67×10^{-4}	1.24×10^{-4}	2.50×10^{-3}	6.04×10^{-4}	7.94×10^{-5}	1.24×10^{-3}	5.76×10^{-4}
R3 (n=138)	Cr	6.49×10^{-2}	2.28×10^{-2}	2.36×10^{-3}	3.48×10^{-4}	3.94×10^{-2}	2.91×10^{-1}	1.02×10^{-1}	1.06×10^{-2}	1.56×10^{-3}	1.77×10^{-1}
	Cu	1.81×10^{-3}	3.00×10^{-4}	7.63×10^{-5}	4.84×10^{-4}	9.45×10^{-4}	8.40×10^{-3}	3.55×10^{-4}	2.25×10^{-3}	4.40×10^{-3}	3.95×10^{-3}
	Ni	3.95×10^{-3}	1.16×10^{-3}	4.90×10^{-5}	1.19×10^{-4}	2.62×10^{-3}	1.84×10^{-2}	5.39×10^{-3}	2.28×10^{-4}	5.51×10^{-4}	1.22×10^{-2}
	Pb	1.83×10^{-2}	5.85×10^{-4}	1.33×10^{-2}	2.93×10^{-3}	1.52×10^{-3}	8.50×10^{-2}	2.71×10^{-3}	6.17×10^{-2}	1.36×10^{-2}	7.05×10^{-3}
	Zn	7.65×10^{-4}	1.84×10^{-4}	2.44×10^{-5}	3.80×10^{-4}	1.77×10^{-4}	3.55×10^{-3}	8.55×10^{-4}	1.13×10^{-4}	1.77×10^{-3}	8.20×10^{-4}
R4 (n=18)	Cr	7.02×10^{-2}	2.47×10^{-2}	2.55×10^{-3}	3.76×10^{-4}	4.27×10^{-2}	5.15×10^{-1}	1.10×10^{-1}	1.14×10^{-2}	1.69×10^{-3}	1.91×10^{-1}
	Cu	2.07×10^{-3}	3.44×10^{-4}	8.73×10^{-5}	5.53×10^{-4}	1.08×10^{-3}	9.61×10^{-3}	1.60×10^{-3}	4.06×10^{-4}	2.57×10^{-3}	5.03×10^{-3}
	Ni	3.93×10^{-3}	1.15×10^{-3}	4.87×10^{-5}	1.18×10^{-4}	2.61×10^{-3}	1.83×10^{-2}	5.36×10^{-3}	2.27×10^{-4}	5.48×10^{-4}	1.21×10^{-2}
	Pb	9.76×10^{-2}	3.11×10^{-3}	7.08×10^{-2}	1.56×10^{-2}	8.09×10^{-3}	4.53×10^{-1}	1.44×10^{-2}	3.28×10^{-1}	7.23×10^{-2}	3.75×10^{-2}
	Zn	8.80×10^{-4}	2.12×10^{-4}	2.81×10^{-5}	4.37×10^{-4}	2.03×10^{-4}	4.09×10^{-3}	9.83×10^{-4}	1.30×10^{-4}	2.03×10^{-3}	9.43×10^{-4}

续表

流域	元素	成人					儿童				
		TF	F1	F2	F3	F4	TF	F1	F2	F3	F4
R5 ($n=53$)	Cr	5.34×10^{-2}	1.88×10^{-2}	1.94×10^{-3}	2.86×10^{-4}	3.24×10^{-2}	2.39×10^{-1}	8.40×10^{-2}	8.70×10^{-3}	1.28×10^{-3}	1.45×10^{-1}
	Cu	1.49×10^{-3}	2.47×10^{-4}	6.28×10^{-5}	3.98×10^{-4}	7.78×10^{-4}	6.92×10^{-3}	1.15×10^{-3}	2.92×10^{-4}	1.85×10^{-3}	3.62×10^{-3}
	Ni	3.04×10^{-3}	8.91×10^{-4}	3.77×10^{-5}	9.11×10^{-5}	2.20×10^{-3}	1.41×10^{-2}	4.14×10^{-3}	1.75×10^{-4}	4.23×10^{-4}	9.37×10^{-3}
	Pb	1.24×10^{-2}	3.95×10^{-4}	8.98×10^{-3}	1.98×10^{-3}	1.03×10^{-3}	5.74×10^{-2}	1.83×10^{-3}	4.16×10^{-2}	9.17×10^{-3}	4.76×10^{-3}
	Zn	6.46×10^{-4}	1.56×10^{-4}	2.06×10^{-5}	3.21×10^{-4}	1.49×10^{-4}	3.00×10^{-3}	7.22×10^{-4}	9.57×10^{-5}	1.49×10^{-3}	6.93×10^{-4}
总和 ($n=254$)	Cr	7.19×10^{-2}	2.52×10^{-2}	2.61×10^{-3}	3.85×10^{-4}	4.36×10^{-2}	3.22×10^{-1}	1.13×10^{-1}	1.17×10^{-2}	1.73×10^{-3}	1.96×10^{-1}
	Cu	1.74×10^{-3}	2.89×10^{-4}	7.33×10^{-5}	4.65×10^{-4}	9.08×10^{-4}	8.07×10^{-3}	1.34×10^{-4}	3.41×10^{-4}	2.16×10^{-3}	4.23×10^{-3}
	Ni	3.96×10^{-3}	1.16×10^{-3}	4.91×10^{-5}	1.19×10^{-4}	2.63×10^{-3}	1.84×10^{-2}	5.41×10^{-3}	2.28×10^{-4}	5.52×10^{-4}	1.22×10^{-2}
	Pb	5.11×10^{-2}	1.63×10^{-3}	3.71×10^{-2}	8.18×10^{-3}	4.24×10^{-3}	2.37×10^{-1}	7.57×10^{-3}	1.72×10^{-1}	3.79×10^{-2}	1.97×10^{-2}
	Zn	7.13×10^{-4}	1.72×10^{-4}	2.27×10^{-5}	3.54×10^{-4}	1.65×10^{-4}	3.31×10^{-3}	7.97×10^{-4}	1.06×10^{-5}	1.65×10^{-3}	7.64×10^{-4}

明显的区域差异。例如，R1 和 R2 地区这两类人群的 HI-Cr 分别约为整个地区的 1.8 和 1.4 倍，R1、R2 和 R4 地区的 Pb 的 HI 值分别约为整个地区的 3.2、3.9 和 1.9 倍，但仅在 R1 地区，Ni 的 HI 值约为整个区域的 1.7 倍。研究表明，随着全球工业、农业和城市化的发展，金属污染和健康风险增加（Dendievel et al., 2020；Chen et al., 2021）。在中国，尤其是经济较发达的南方省份，沉积物中金属（Cd、Hg、Pb、Cr 和 Ni）的高浓度富集对公众构成了较高的健康风险，尤其是儿童和女性等脆弱人群（Chen et al., 2015）。在阿根廷的 Matanza-Riachuelo 流域，特别是在城市/工业地区的下游，Cr 和 Pb 对人类（特别是儿童）构成了潜在的健康风险（Magni et al., 2021）。同样，在波兰北部的城市溪流中，Cr 也表现出最高的健康风险（Wojciechowska et al., 2019）。

　　图 6.35 显示了成人和儿童的 HI 的累积百分比。据美国环境保护署（2004 年）标准，HI＝1 是非致癌效应的分界线，而 HI 高于 1 则表明有健康危害。整体来说，中亚地区的金属对成人的 HI 值都小于 1，表明这些金属对成人群体的非致癌风险很低[图 6.35（a）]。然而，对于儿童的 HI，83.9%样本的 HI 值为 0.1~0.5，但 5.5%的样本显示的数值大于 1.0，这表明可能存在健康风险（USEPA, 2014）。此外，对儿童而言，在 R1 地区，TF 中 Cr 的 HI 高达 0.568，R1 和 R2 地区 Pb 的 HI 分别达到 0.753 和 0.82，但其他金属的 HI 在研究地区都表现出小于 0.5，这表明 Cr 和 Pb 的健康危害水平应该得到更多的关注，尤其是 R1 和 R2 地区（表 6.8）。由于生理特性和接触时间的不同，儿童的非致癌风险大大高于成人（Chen et al., 2015；2019）。相对而言，燃料燃烧与大气沉降（F2）和工业活动（F4）对儿童的非致癌风险贡献高于其他来源，在 HI＞0.5 的条件下，TF、自然来源、燃料燃烧和大气沉降、农业活动和工业活动对沉积物的比例分别为 32.3%、0%、12.9%、0%和 3.6%[图 6.35（b）]。

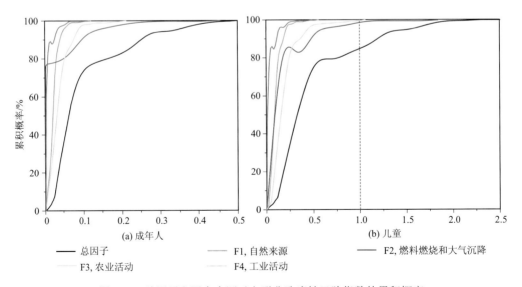

图 6.35　总因子和四个来源对人群非致癌性风险指数的累积概率

这项研究旨在分析中亚地区表层沉积物中潜在有毒元素的含量、空间变化、富集水平及其主要来源，在此基础上分析健康风险及区域差异。根据富集因子(EF)，Zn 和 Pb 是最值得关注的污染物。然而，Pb 的高 EF 值主要分布在西北平原，但 Zn 的 EF 高值分布在整个中亚地区。多变量统计分析表明，自然、工业、农业、燃料燃烧和大气沉降是该地区沉积物中元素的潜在主要来源，它们分别占 40.42%、27.42%、22.68%和 9.48%。在所研究的元素中，Pb 主要来源于燃料燃烧和大气沉降，而 Zn 则与工业活动、农业活动和自然来源有关。在健康风险评估方面，总体上，中亚地区表层沉积物中金属对公众的非致癌风险较低，但 Cr 和 Pb 应予以关注，特别是在里海-乌拉尔河和伊希姆河的地区。结合污染源和风险评估结果表明，燃料燃烧和大气沉降以及工业活动对中亚地区的非致癌风险的贡献较大。

二、表层沉积物 POPs 含量变化、来源及潜在生态风险

(一)大湖流域表层沉积物 POPs 含量的变化特征

按照《多目标区域地球化学调查规范 1∶250 000》(DZ/T 0258—2014)，对研究区进行多次野外调查，并收集了 201 个不同类型的表层沉积物，深度 0~5 cm(图 6.36)。样品类型包括来自河流或湖泊的河流沉积物[由 Van Veen 底部采样器(丹麦)收集]，以及流域的土壤[由土壤采样器(TC-300A，中国)收集]。

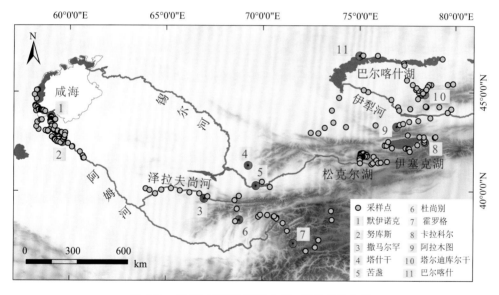

图 6.36　研究区表层沉积物 POPs 采样点分布图

中亚表层沉积物 PAHs 化合物的含量变化特征见图 6.37。PAHs 总含量的变化范围为 7.4~15235.15 ng/g dw，平均值 337.72 ng/g dw。PAHs 化合物中以 Flt、Pyr 以及 Phe 为主，其平均含量超过 40 ng/g dw，PAHs 化合物的平均含量顺序为 Ace < Acy < DahA < Ant < Flu< Nap < InP < BkF < BaP< BghiP < Chr < BaA < BbF < Phe < Pyr < Flt，其含量范围分别

为 0~30.77 ng/g dw、0~45.99 ng/g dw、0~192.61 ng/g dw、0~327.68 ng/g dw、0~82.13 ng/g dw、
0~90.36 ng/g dw、0~691.02 ng/g dw、0~837.24 ng/g dw、0~1481.05 ng/g dw、0~1036.16 ng/g dw、
0~1701.63 ng/g dw、0~1408.48 ng/g dw、0~2009.59 ng/g dw、0.7~1275.86 ng/g dw、
0~2433.11 ng/g dw 和 0.22~3820.14 ng/g dw，平均值分别为 1.68 ng/g dw、4.12 ng/g dw、
4.83 ng/g dw、5.42 ng/g dw、7.13 ng/g dw、10.32 ng/g dw、11.31 ng/g dw、13.85 ng/g dw、
23.69 ng/g dw、23.75 ng/g dw、26.01 ng/g dw、31.98 ng/g dw、32.48 ng/g dw、40.93 ng/g dw、
44.61 ng/g dw 和 55.61 ng/g dw。

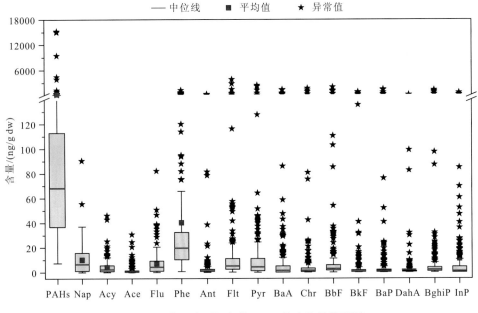

图 6.37　中亚表层沉积物 PAHs 化合物的箱形图

　　中亚表层沉积物 OCPs 化合物的含量变化特征见图 6.38。OCPs 总含量的变化范围为
1.83~413.9 ng/g dw，平均值 39.42 ng/g dw。OCPs 化合物中以 β-HCH 和 γ-HCH 为主，其
平均含量分别为 8.52 ng/g dw 和 6.15 ng/g dw，OCPs 化合物的平均含量顺序为 Dieldrin <
γ-Chlor<Endrin<β-Endo<α-Chlor<Endrin aldehyde<p,p'-DDD<Endrin ketone<α-Endo<α- HCH<
Endosulfan sulfate<δ-HCH<HEPX<HEPT<Methoxychlor<p,p'-DDT<Aldrin< γ-HCH< β-HCH，
其含量范围分别为 0~1.40 ng/g dw、0~3.76 ng/g dw、0~13.29 ng/g dw、0~18.12 ng/g dw、
0~3.13 ng/g dw、0~17.21 ng/g dw、0~7.76 ng/g dw、0~16.17 ng/g dw、0~47.75 ng/g dw、
0~21.99 ng/g dw、0~22.88 ng/g dw、0~14.11 ng/g dw、0~34.69 ng/g dw、0~107.21 ng/g dw、
0 ~54.71 ng/g dw、0~308.38 ng/g dw、0~104.35 ng/g dw、0~62.05 ng/g dw 和 0 ~102.94 ng/g dw，
平均值分别为 0.03 ng/g dw、0.09 ng/g dw、0.17 ng/g dw、0.24 ng/g dw、0.35 ng/g dw、
0.40 ng/g dw、0.59 ng/g dw、0.74 ng/g dw、0.76 ng/g dw、0.90 ng/g dw、0.92 ng/g dw、
1.10 ng/g dw、1.11 ng/g dw、1.87 ng/g dw、2.75 ng/g dw、5.07 ng/g dw、5.23 ng/g dw、
6.15 ng/g dw 和 8.52 ng/g dw。

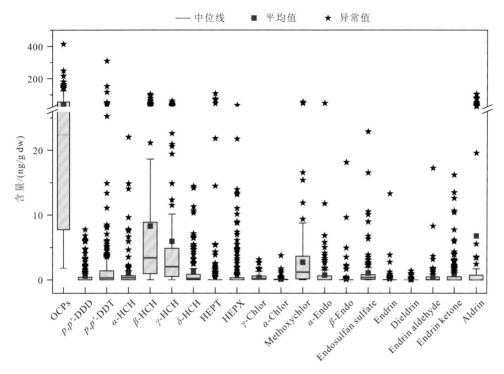

图 6.38　中亚表层沉积物 OCPs 的箱形图

　　中亚表层沉积物 PAHs 含量的空间变化特征见图 6.39。总体上咸海流域包括乌兹别克斯坦阿姆河下游三角洲地区以及泽拉夫尚河表层沉积物 PAHs 含量较高，其中 2+3 环 PAH 化合物占优势，平均超过 60%；伊塞克湖东部地区表层沉积物中 PAHs 及其各环数总含量均相对较高，而巴尔喀什湖-伊犁河地区则相对较低。此外，中亚高海拔地区的松克尔湖流域北部 2+3 环和 4 环多环芳烃化合物含量（平均数值分别为 160.21 ng/g dw 和 174.34 ng/g dw）显著高于 5+6 环多环芳烃化合物（平均数值为 46.19 ng/g dw）。

　　OCPs 主要包括五大类：DDTs（包括 p,p'-DDE、p,p'-DDD 和 p,p'-DDT）、HCHs（包括 α-HCH、β-HCH、γ-HCH 和 δ-HCH）、Chlors（包括 HEPT、HEPX、γ-Chlor、α-Chlor 和 Methoxychlor）、Endos（包括 α-Endo、β-Endo、Endosulfan sulfate）以及 Aldrins（包括 Endrin、Dieldrin、Endrin aldehyde、Endrin ketone 和 Aldrin）。中亚表层沉积物 OCPs 含量的空间变化特征见图 6.40。就整个研究区而言，咸海-阿姆河地区 OCPs 含量显著高于其他地区，其中该流域的上游（山地）Endos 和 Aldrins 两类化合物较高，而下游地区（平原）HCHs 化合物含量相对较高，表明咸海流域上下游使用农药的种类不同。伊塞克湖东部地区两个点位 OCPs 含量也较高，数值超过 150.3 ng/g dw，五类化合物中 DDTs 贡献最大。相对以上两个地区而言，巴尔喀什湖地区虽然 OCPs 含量较低，但五类化合物中 Endos 含量显著偏高，个别点位（村庄附近的农田地）数值达到研究区的最高水平（51.2 ng/g dw）。

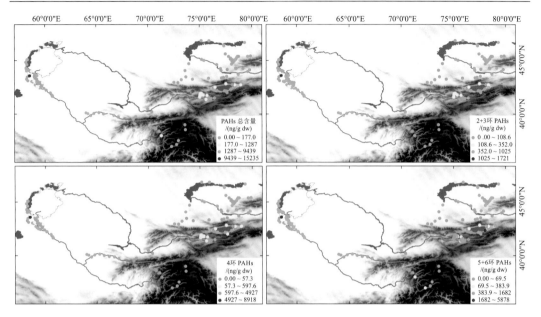

图 6.39　研究区表层沉积物 PAHs 空间分布图

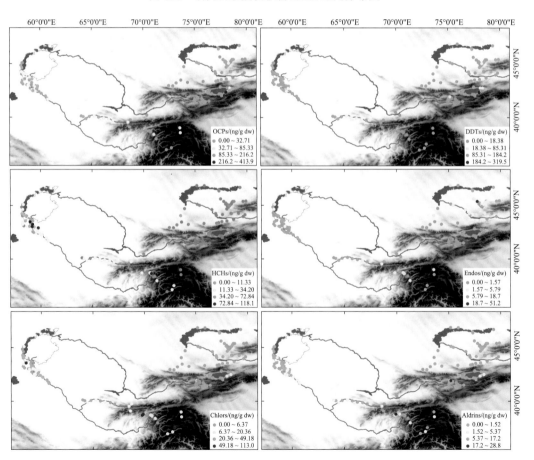

图 6.40　研究区表层沉积物 OCPs 空间分布图

通过中亚表层沉积物中有机污染物 PAHs 和 OCPs 的含量变化和空间分布特征可知，咸海流域 PAHs 和 OCPs 总含量均表现出高值，其中主要是 2+3 环和 HCHs 含量较高。伊塞克湖东部地区 PAHs 和 OCPs 总含量也呈现高值，其中所有环数 PAHs 和 DDTs 含量较高，而巴尔喀什湖流域的 PAHs 和 OCPs 浓度均较低。由此可知，整个中亚地区 PAHs 和 OCPs 不同类别的含量大小呈现显著差异，而这些空间变化特征与农业灌溉、城市分布等人类活动强度及方式密切相关，一定程度上，也受到了地形和气候等自然因素的影响。

（二）大湖流域表层沉积物 POPs 空间特征、来源和生态风险

根据中亚地形地貌的特点和采样点的位置，按照湖泊海拔从低到高可分为 4 个不同的流域（图 6.41），包括咸海流域（Aral Sea Basin, ASB）、巴尔喀什湖流域（Lake Balkhash Basin, BHB）、西天山湖泊流域（XTB），西天山湖泊流域又包括伊塞克湖流域（Issyk-Kul Basin, YSB）和松克尔湖流域（Son-Kul Basin, SKB）。

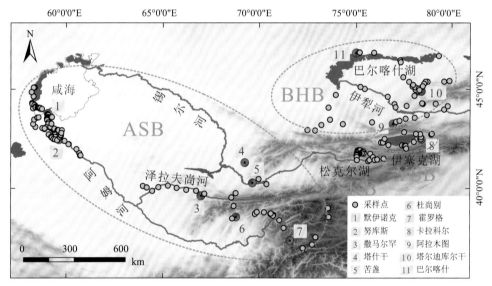

图 6.41　中亚不同湖泊流域地理位置及表层沉积物采样点分布

依据中亚湖泊流域表层沉积物中 PAHs 组成的三角百分比图（图 6.42）和全球不同区域 PAHs 含量及主导环数的变化特征（表 6.10），通过对比将研究区主要划分为三个等级。等级 1 中 PAHs 总含量变化范围为 7.40~299.44（59.08±47.60）ng/g dw，以 2~3 环为主，占比最高，为总 PAHs 的 62% 以上；4 环比例占总 PAHs 的 1.7%~27.2%（平均值为 14.4%）；而 5~6 环仅占总 PAHs 的 1.8%~31.1%（平均值为 10.7%）（图 6.42）。全球区域内较原始环境的山区表层沉积物中 PAHs 的优势环数，基本皆是以 2~3 环或 3~4 环 PAHs 为主（占总 PAHs 的 80% 以上），与本书结果基本一致。同时，相比较全球区域同类等级山区表层沉积物中 PAHs 含量对当地环境的污染水平，本研究区等级 1 内的 PAHs 含量低于喜马拉雅山上南坡（Devi et al., 2016）和中国西南山区（Shi et al., 2014）表层沉积物中 PAHs 含量，与加拿大西部山区（Choi et al., 2009）、中国长白山（Zhao et al., 2015）和喜马拉雅北坡山脉（Luo et al., 2016）表层沉物中 PAHs 含量变化范围相当，与青藏高原区（Li et al.,

2017) PAHs 平均含量相当，但远高于阿尔卑斯山（Tremolada et al., 2009）（表 6.9）。由此可推断等级 1 代表中亚湖泊流域较为原始的生态环境区，人类活动相对较弱。此外，依据荷兰学者 Maliszewska-Kordybach（1996）提出的土壤中 PAHs 污染水平分类标准，本研究区等级 1 内表层沉积物中 PAHs 的污染总体处于低度污染水平（< 200 ng/g dw）。

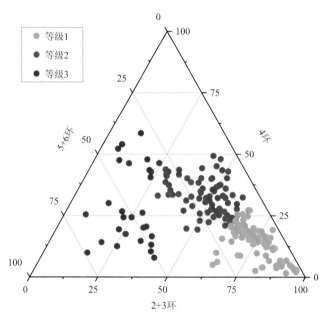

图 6.42　中亚大湖流域表层沉积物中 PAHs 组成的三角百分比图（单位：%）

表 6.9　总 PAHs 含量和主导环数全球不同区域间对比　　　（单位：ng/g dw）

类型	地理位置	∑16 PAHs 浓度范围（均值）/(ng/g dw)	主导环数	参考文献
	等级 1	7.40~299.44（59.08±47.60）	2~3 环	本书
	喜马拉雅山上北坡	2.30~327（126）	2~3 环	Luo et al., 2016
	喜马拉雅山南坡	15.3~4762（458）	3~4 环	Devi et al., 2016
	中国西南山区	93.9~802（252）	2~3 环	Shi et al., 2014
原始生态环境区	长白山，中国	38.5~443	3~4 环	Zhao et al., 2015
	青藏高原，中国	（52.34±22.58）	3~4 环	Li et al., 2017
	孔斯峡湾，挪威	12~2315（139）	3~4 环	Szczybelski et al., 2016
	比利牛斯山，西班牙	420±100	-	Quiroz et al., 2011
	加拿大西部山区	2.00~789（167）	2~3 环	Choi et al., 2009
	阿尔卑斯山，意大利	6.00~80.0（20.0）	3~4 环	Tremolada et al., 2009
	等级 2	10.01~505.35（118.06±94.65）	3~4 环	本书
	上海周边乡镇，中国	223~8214（1552）	3~4 环	Tong et al., 2018
乡镇区	南京周边乡镇，中国	24.3~9310（1680）	4~5 环	Wang et al., 2015
	蔚山周边乡镇，韩国	92~450（220）	3~4 环	Kwon and Choi, 2014
	德里周边乡镇，印度	（1550±1070）	4~5 环	Singh et al., 2012

续表

类型	地理位置	∑16 PAHs 浓度范围 (均值)/(ng/g dw)	主导环数	参考文献
大城市和工业区	等级 3	12.79~15235 (1874±4242)	4~6 环	本书
	上海城区，中国	153~15221 (2372±1839)	4~6 环	Wu et al., 2018
	加德满都和博卡拉，尼泊尔	17~6219 (1172)	—	Pokhrel et al., 2018
	科贾埃利市，土耳其	49~10512 (992±1323)	4~6 环	Cetin et al., 2017
	阿尔贝拉市，伊拉克	24.3~6129.14 (2296)	4~5 环	Amjadian et al., 2016
	兰州市，中国	391~10900 (2240)	4~5 环	Jiang et al., 2016
	丹巴德，印度	1019~10856 (3488)	4~6 环	Suman et al., 2016
	北捷克工业区	153~336169 (8022±33988)	-	Vácha et al., 2015
	伦敦，英国	4000~67000 (18000)	4~6 环	Vane et al., 2014
	拉瓦尔品第，巴基斯坦	2700~4443 (3672±592)	4~5 环	Saba et al., 2012
	德里，印度	(11460±8390)	4~5 环	Singh et al., 2012
	底特律，美国	7843	4~6 环	Wang et al., 2008
	波士顿，美国	19000	4~6 环	Wang et al., 2004

等级 2 中 PAHs 总含量变化范围为 10.01~505.35 (118.06±94.65) ng/g dw，PAHs 以 3~4 环 PAHs 为主，4 环占据总 PAHs 的 11.8%~49.3% (平均值为 32.4%)；5~6 环的比例则有所上升，占总 PAHs 的 6.4%~36.8% (平均值为 19.8%)；2~3 环的比例则相应下降，占据总 PAHs 的 27.5%~61.4% (平均值为 47.8%)，主要分布在中亚湖泊流域的农田及乡镇地区 (图 6.42)。比较全球类似区域，例如韩国蔚山周边乡镇，以 3~4 环为主，总 PAHs 平均数值为 220 ng/g dw (Kwon and Choi, 2014)，以及中国上海市周边乡镇区域表层沉积物中的 PAHs 的组分结构是 3~4 环化合物占主导 (4 环 PAHs 占总 PAHs 的 40%，3 环 PAHs 占总 PAHs 的 31%，Tong et al., 2018)，与本书结果较为一致，也间接佐证了城镇化水平相对较高的乡镇地区其 PAHs 组分结构是以等级 2 的类型为主。因此，等级 2 代表着较为频繁的农业活动及相对较高的城镇化水平。就污染水平而言，本研究区等级 2 内流域表层沉积物中 PAHs 的含量低于中国和印度大城市周边的同等级区域，详见表 6.9，污染水平处于中度污染 (200~600 ng/g dw)。

等级 3 中 PAHs 总含量变化范围为 12.79~15235 (1874±4242) ng/g dw，PAHs 以 4~6 环 PAHs 为主，其中 4 环占据总 PAHs 的 7.9%~58.5% (平均值为 29.1%)；5~6 环占总 PAHs 的 29.6%~73.9% (平均值为 48.2%)，而低环 2~3 环只占总 PAHs 的 6.3%~41.4% (平均值为 22.7%) (图 6.42)。同理验证全球区域内现代化和工业城市表层沉积物中 PAHs 基本皆是以 4~6 环的 PAHs 为主 (占总 PAHs 的 80%左右) (表 6.9)。同时，相比较全球区域同类等级城市表层沉积物中 PAHs 含量对当地环境的污染水平，本研究区等级 3 的 PAHs 总含量高于尼泊尔加德满都和博卡拉 (Pokhrel et al., 2018) 以及土耳其科贾埃利市 (Cetin et al., 2017) 表层沉积物中总 PAHs 含量；略低于中国上海市 (Wu et al., 2018) 和兰州市 (Jiang et al., 2016)、伊拉克阿尔贝拉市区 (Amjadian et al., 2016)、印度丹巴德市 (Suman et al., 2016)、巴基斯坦拉瓦尔品第市 (Saba et al., 2012) 表层沉积物的总 PAHs 含量；但远远低于英国首都伦敦市 (Vane et al., 2014)、美国波士顿 (Wang et al., 2004)、印度德里市(Singh et al.,2012)以及北捷克工业区(Vácha et al., 2015)表层沉积物中总 PAHs 的含量(图 6.42)。因此，等级 3 为大城市和工厂区，代表着高强度的工业化活动和较高的城镇化水平，经空间对比发现等级 3 的位点也多数位于中亚主要城市化地区(图 6.36 和图 6.42)，总体上处于重度污染水平(>1000 ng/g dw)。

根据 PAHs 单个化合物潜在生态风险效应阈值，计算其危害系数(HQ)，进而评价单个化合物的生态风险等级，中亚湖泊流域表层沉积物中的 PAHs 化合物生态风险等级的评价的结果见图 6.43。空间上，3 环单体化合物 Acy、Flu、Phe 及 Ant 生态风险等级的

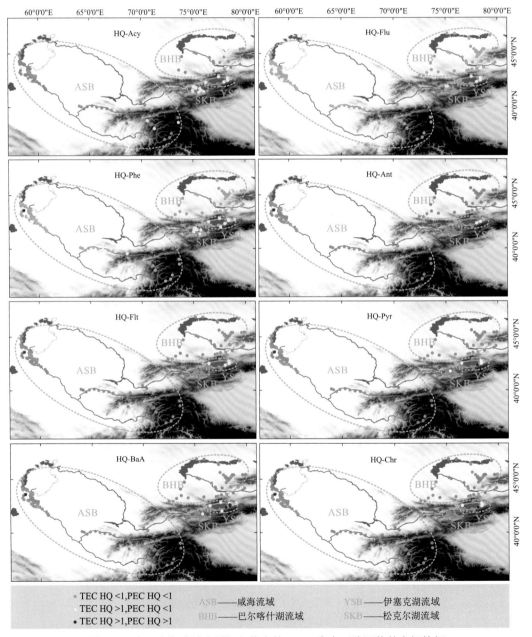

图 6.43 中亚大湖流域表层沉积物中的 PAHs 生态风险评价的空间特征

空间差异较大，而 4 环 Flt、Pyr、BaA 及 Chr 差异相对较小。对于咸海流域(ASB)，Acy 的生态风险主要发生在上游塔吉克斯坦东部地区和下游阿姆河三角洲；Phe 的生态风险主要发生在上游塔吉克斯坦首都杜尚别附近以及阿姆河-咸海中下游地区；而其他化合物的生态风险均主要发生在阿姆河三角洲；此外，需要注意的是，咸海三角洲有 2 个点位(样点 U20 和 U21，咸海周边渔船附近)其所有单体化合物的 TEC HQ > 1 且 PEC HQ > 1，表明该点位周围有害影响可能时常发生，对环境暴露生物体产生毒害效应，前期研究中发现，该地区受到原油的严重污染(Zhan et al., 2022a)。巴尔喀什湖流域(BHB)整体上单体化合物 HQ 均较低，TEC HQ < 1 且 PEC HQ < 1，但 Acy 在除伊犁河周边以外的点位 HQ 呈现 TEC HQ > 1 而 PEC HQ < 1，表明对生态环境可能存在有害的影响。伊塞克湖(YSB)除东部地区外，HQ 值较低(TEC HQ < 1 且 PEC HQ < 1)，对生态环境基本没有有害影响；但东部地区单体化合物的 HQ 数值相对较高，Acy、Flu、Ant 及 Flt 表现为 TEC HQ > 1 而 PEC HQ < 1，而 Phe、Pyr、BaA 及 Chr 的 HQ 数值均大于 1(TEC HQ > 1 且 PEC HQ > 1)。松克尔湖流域(SKB)的 HQ 相对较低，但 HQ-Acy 在整个地区以及 HQ-Phe 在北部地区相对较高，呈现 TEC HQ > 1 而 PEC HQ < 1，表明对生态环境可能存在有害的影响。

　　Khairy 等(2012)根据 USEPA (1997, 1998)确定的 OCPs 单个化合物潜在生态风险效应阈值，计算其危害系数(HQ)，评价单个化合物的生态风险等级。中亚大湖流域表层沉积物中的 OCPs 化合物生态风险等级的评价结果见图 6.44。不同类别 OCPs 化合物的 HQ 值呈现空间差异性，表明不同地区受 OCPs 影响的种类不同。HCHs 类对区域的环境影响最大，尤其是 γ-HCH，几乎所有阿姆河-咸海中下游地区、巴尔喀什湖流域、伊塞克湖东部地区以及松克尔湖流域西部地区样点的 HQ 均大于 1(TEC HQ > 1 且 PEC HQ > 1)，表明 HCHs 类农药残留会对生态系统造成潜在危害，而塔吉克斯坦咸海流域 TEC HQ < 1 且 PEC HQ < 1，γ-HCH 对区域环境影响较小。其次为 DDTs 类，TEC HQ > 1 且 PEC HQ > 1 的样点在咸海流域、巴尔喀什湖流域、伊塞克湖流域均有分布，其中阿姆河上游支流泽拉夫尚河发生毒害效应的样点主要分布在城市及乡镇周边的农田；TEC HQ > 1 但 PEC HQ < 1 的样点主要分布在咸海三角洲以及伊塞克湖北部。Chlors 类中 HEPX 的 TEC HQ > 1 且 PEC HQ > 1 的样点主要分布在塔吉克斯坦咸海流域，咸海三角洲地区零星分布；TEC HQ > 1 但 PEC HQ < 1 的样点分布在阿姆河-咸海中下游地区，其他地区 TEC HQ < 1 且 PEC HQ < 1。Aldrins 类中的 Dieldrin 和 Endrin 对中亚整个湖泊流域的环境几乎没有毒害效应(TEC HQ < 1 且 PEC HQ < 1)。

(三)大湖流域表层沉积物元素和 POPs 空间变化规律及原因

1. 人类活动对湖泊流域环境变化的影响

(1)咸海流域人类活动的影响

苏联成立后不久，其领导人提出了"白金计划"，主要是大兴水渠，从阿姆河和锡尔河引流灌溉农田，以此扩大棉花种植面积和提高棉花产量；斯大林的五年计划也明确要

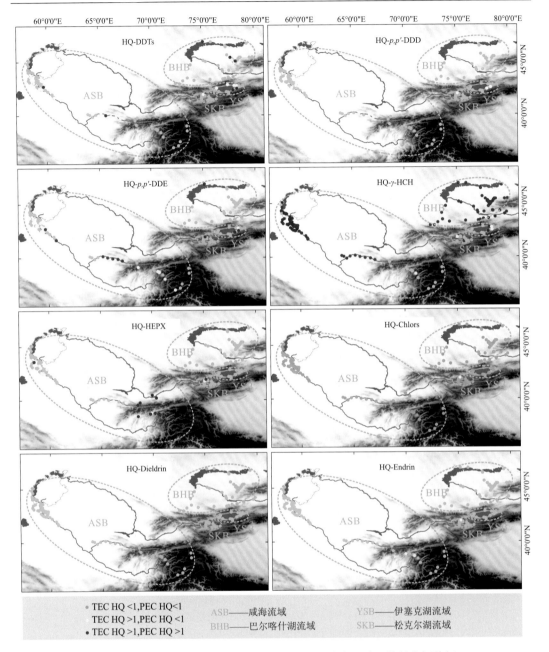

图 6.44　中亚大湖流域表层沉积物中的 OCPs 生态风险评价的空间特征

求苏联在棉花方面实现自给自足，并实现产量不断增加的目标；这就导致了 20 世纪 50 年代开始在咸海流域开展大规模灌溉建设工程，大面积单一种植棉花和开垦其他农业用地。与此同时，苏联政府增加了水稻自给自足的目标，使得灌溉用水需求进一步增加 (Glantz, 1999)。相关数据显示，约在 1960 年以后，灌溉面积和用水量显著上升，其中棉花种植面积从 1960 年的 190 万 hm² 增加到了 1988 年的 310 万 hm²，棉花产量也从略低于 430 万 t 增加到 870 万 t(Pomfret, 2002)。目前，棉花仍然是周边地区(尤其是乌兹别克斯坦、土库曼斯坦和塔吉克斯坦等国家)的重要产业支柱，增加了国家的出口收入，也为当地人带来了就业机会，提高了收入(Aldaya et al., 2010)。随着社会经济的发展，1950 年以来的咸海流域人口数量逐渐增多，从 1424.4 万增加到了 2016 年的 5233.1 万，年均增加率约为 23.5‰，且以农村人口为主(刘爽等, 2021)；自 1960 年以来，乌兹别克斯坦人口增加速度为中亚国家最快，从开始的约 850 万到 2021 年约 3500 万，约占整个咸海流域国家人口的 70%。

过去，两条主要河流(阿姆河和锡尔河)大约有一半的水量流入咸海，到 20 世纪 80 年代，在干旱年份，几乎没有河水流入咸海。20 世纪 60 年代咸海水位平均下降约 0.21 m/a，70 年代平均下降约 0.6 m/a，80 年代平均下降约 0.8 m/a；1960~1995 年，咸海水域面积缩小了一半，水位下降了 19 m，在一些地方，湖泊的边缘距离以前的湖岸超过 100 km (Hinrichsen, 1995)。21 世纪初咸海已经失去了 80% 的水域，暴露出 360 万 hm² 的湖床 (Stone, 2001)。裸露的湖床主要由被杀虫剂污染的盐壳沙组成，每年可能发生十次大型沙尘暴，冲刷湖床、并将数千万吨的沙尘倾倒在周边地区(Glantz, 1999; Hinrichsen, 1995)。由于盛行北风，和乌兹别克斯坦的卡拉卡尔帕克斯坦共和国受到的影响尤其严重；该区南部的颗粒物沉积率很高，平均约 23% 的颗粒直径小于 10 μm (pm10)，这种灰尘容易受到磷酮等农药的高度污染(O'Hara et al., 2000)。咸海水量减少、水体盐度升高，鱼类大量死亡，咸海及其周边地区生态环境不断恶化，导致了成千上万工作岗位的消失，特别是与渔业相关的岗位。同时，失去了苏联的支持，当地经济被彻底摧毁，当地人的健康状况也急剧下降(Ataniyazova et al., 2001)。

由于过去农业上大量施用 DDTs 和 HCHs 等 OCPs，该区环境甚至是人体都能检测到农药污染(Galiulin and Bashkin, 1996; Hooper et al.,1997; Mazhitova et al., 1998; Ataniyazova et al., 2001; Rosen et al., 2018)。有研究指出，在棉花生长期间，该区农民施用五次 HCHs；同时，HCHs 也会作为沐浴液，在绵羊养殖业中使用(Ferriman, 2000)。虽然 DDTs 和 HCHs 可通过微生物分解降解(Sharom et al., 1980)，但这些农药具有持久性和耐降解性，这就导致了它们在施用很长时间后仍能在世界各地的水体、土壤和大气等环境介质中被发现。DDTs 在土壤中的半衰期为 2 ~ 20 年(Manz et al., 2001)；相比之下，HCHs 的半衰期较短(在表土中的平均半衰期为 2 个月)，但是，α-HCH 的挥发性较高，容易随大气迁移、造成大范围的污染(Jesen et al., 1997)，β-HCH 具有较高稳定性，能较长时间存在于环境介质中(Ataniyazova et al., 2001)。OCPs 亲脂性较高，通常倾向于蓄积在土壤和河湖沉积物中(Zweig et al., 1999; Hill and McCarty, 1967)。Rosen 等(2018)也在阿姆河下游地区水体和表层沉积物样本中检测到了 DDTs 和 HCHs 的存在。另外，该区人体血液和乳汁中也检测了 OCPs(Hooper et al.,1997; Mazhitova et al., 1998; Ataniyazova et al., 2001)，这些农药残留通过食物链富集、污染水源、湖床产生的沙尘暴等途径，随食物摄入、皮肤接触、呼吸等过程进入人体，危害人体健康。

(2)巴尔喀什湖流域人类活动的影响

巴尔喀什湖流域中国部分对应的是伊犁哈萨克自治州，拥有 462 万人口；哈萨克斯坦部分对应于阿拉木图州和阿拉木图市(哈萨克斯坦的前首都)，拥有 330 万人口 (Thevs et al., 2017)。该地区居住分布的特点是分散的农村居住点和少数城市，如伊宁、阿拉木图、塔尔迪库尔干(阿拉木图州首府)和巴尔喀什。流域内的农业灌溉用水在国民经济各领域用水量中所占比例最大,灌溉农田主要分布在伊犁三角洲、跨伊犁阿拉托北坡和准加里阿拉托南坡延伸的较小山谷 (Thevs et al., 2017; Qi et al., 2019; 邓铭江等, 2011)。1915 年前,哈萨克斯坦境内巴尔喀什湖流域灌溉面积仅 2900 km^2;20 世纪 20 年代末开始了对水资源的较大范围开发,例如,1927 年以来大力垦荒、开发电力、水运和渔业,建立了一系列的灌溉水利工程,其中三角洲地区的水田面积从 20 世纪 70 年代的 360 km^2 增加至 2000 年的 570 km^2,使得流域成为重要的工农业生产基地(付颖昕和杨恕, 2009; Mischke, 2020)。另外,1970 年卡普恰盖水库建成,水位可达 480.0 m,1970~1980 年水库持续蓄水水位达到 478.5 m,直接导致入湖水量减少 297.7 亿 m^3,进而引起了湖水位下降约 1.51 m。20 世纪 70 年代以来,卡普恰盖水库的长期蓄水和灌溉农业加强引起的农业耗水量升高,再加上沼泽耗水增加,导致入湖径流量的下降,并引起了湖泊水位显著下降,浮游植物和大型底栖动物多样性和丰度下降,盐度升高 (Aladin and Plotnikov, 1993; Krupa et al., 2013)。除了对湖泊水文环境的影响,卡普恰盖水库也造成了下游河道洪水过程消失,洪水期滩地得不到洪水泛滥时水源补给,两岸湿地面积变小,再加上三角洲地区原有几十条入湖分汊河道消失,只剩 3 条主要河道,且只有库加雷河常年有水,造成了三角洲地区的生态条件恶化(邓铭江等, 2011)。

(3)西天山湖泊流域人类活动的影响

1913 年,伊塞克湖流域人口数量不超过 25 万,随着社会经济发展,该区人口增加到 2010 年的 44.13 万和 2014 年的 45.85 万,大部分集中在流域的东部地区,人口也相对密集,平均人口密度达到 130 人/km^2(而吉尔吉斯斯坦的平均人口密度约为 30 人/km^2)。湖泊流域农业灌溉、工业用水和城市生活用水是消耗水的主要因素,但与工业和城市生活相比,农业是用水量最大的生产部门,农业灌溉需水量甚至影响到了湖泊水位的变化。1998 年农业用水占总用水量的 43%,而今的农业用水量占比增加至 70%以上 (Gavshin et al., 2004)。随着 1989~1992 年苏联的解体,该区农业用水量有所减少 (Alymkulova et al., 2016)。然而,随着湖泊流域人口的增长,对水的需求量也随之增加,入湖水量减少,导致伊塞克湖水位下降。伊塞克湖区域最大的城市卡拉科尔位于湖岸的东部,是伊塞克湖重要的工业集中地和旅游目的地(Abuduwaili et al., 2019)。综合西天山两个湖区流域的 PAHs 和 OCPs 分布特征可知,伊塞克湖流域东部 Y8 和 Y9 地区表层沉积物中污染物含量较高,人类活动剧烈,污染源以本地源为主。类似于拉萨地区在青藏高原的本地源作用 (Yuan et al., 2015),Y8 和 Y9 地区人为活动释放的 PAHs 和 OCPs 也可能成为伊塞克湖流域的本地源,这些污染物一旦释放进入环境中,能够在整个伊塞克湖流域内部进行迁移,并对区域环境造成影响。为了验证该推测,以 PAHs 为例,按照低环(2~3 环)、中环(4 环)和高环(5~6 环)三个组分,以伊塞克湖流域卡拉科尔市(Y9)作为源点,计算所有采样点位与该市的距离,并建立两者之间的线性关系(图 6.45)。

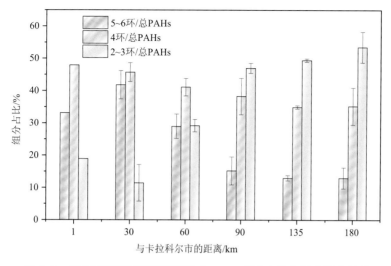

图 6.45　伊塞克湖流域表层沉积物中 PAHs 组分占比与城市距离关系

通常情况下，PAHs 在环境中的含量会随着与源区距离的增加而下降（Wania and Westgate, 2008）。如图 6.45 所示，伊塞克湖流域表层沉积物中 5~6 环 PAHs/总 PAHs 值随着与卡拉科尔市距离的增加而大幅降低；4 环 PAHs/总 PAHs 值也会随着与卡拉科尔市距离的增加而降低，但下降程度没有 5~6 环 PAHs 高。相反地，2~3 环 PAHs/总 PAHs 的值却随着与卡拉科尔市距离的增加而增加，呈现完全相反的趋势。这些结果表明，由于 5~6 环 PAHs 比其他组分 PAHs 更容易沉降到土壤中（Sharma and Tripathi, 2009），故而伊塞克湖流域表层沉积物中 5~6 环 PAHs 分布主要受卡拉科尔市附近释放源的控制，随着与卡拉科尔市的距离增加而呈对数递减（$y = -4.005\ \ln x + 38.98$，$r = -0.62$），$T$ 检验也显示，随着距离的增加，5~6 环 PAHs 的比例呈显著性下降，同时也表明卡拉科尔市附近是该流域内 5~6 环 PAHs 的主要释放源头。与随后分析的 2~4 环 PAHs 不同，5~6 环 PAHs 的来源与分布不受海拔和气象要素等条件的制约，直接由本地的内源产生。

2. 海拔对湖泊流域环境差异的影响

中亚不同湖泊流域采样点海拔与 PAHs 及各环数含量的关系变化特征见图 6.46。咸海流域总 PAHs 及 2~6 环 PAHs 的含量与海拔呈显著的负相关，相关系数 r 分别为 −0.54、−0.73、−0.48、−0.62、−0.34 和 −0.74（$p < 0.01$）；巴尔喀什湖流域总 PAHs 及其各环的含量与海拔基本无明显相关性；而西天山湖泊流域总 PAHs 及中高环（4~6 环）的含量与海拔无明显相关性，但值得注意的是 2 环和 3 环 PAHs 与海拔分别在 $p < 0.05$ 和 $p < 0.01$ 水平上呈现显著正相关，相关性系数 r 分别为 0.40 和 0.50。

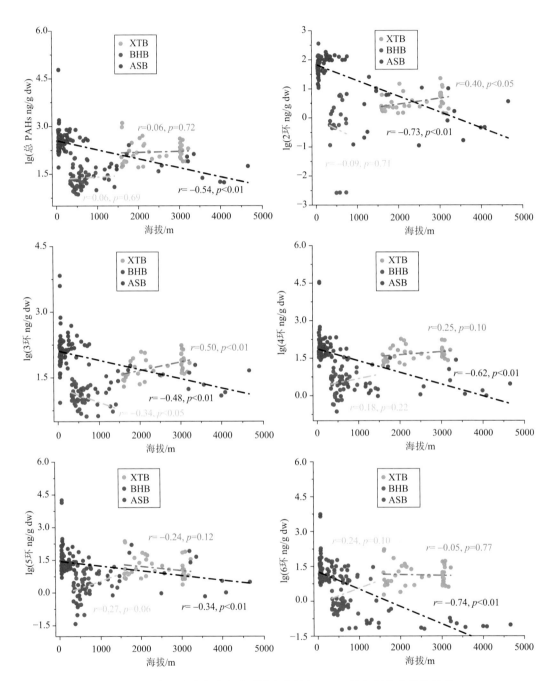

图 6.46 中亚不同湖泊流域采样点海拔与 PAHs 及各环数含量的关系

XTB：西天山流域，包括伊塞克湖和松克尔湖流域；BHB：巴尔喀什湖流域；ASB：咸海流域中亚不同湖泊流域海拔与 OCPs 含量的关系变化特征见图 6.47。咸海流域、巴尔喀什湖流域和西天山流域的 OCPs 含量变化与海拔均无显著相关性，而 OCPs 的主要五种

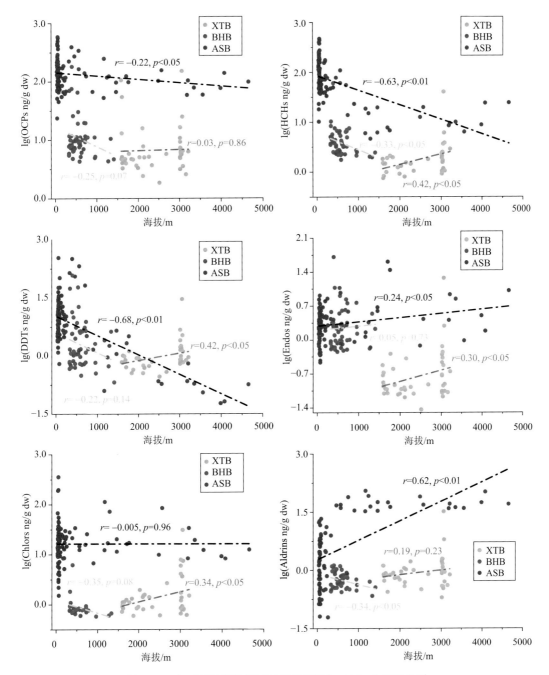

图 6.47 中亚不同湖泊流域采样点海拔与 OCPs 含量的关系

XTB：西天山流域，包括伊塞克湖和松克尔湖泊流域；BHB：巴尔喀什湖流域；ASB：咸海流域

类别(包括 HCHs、DDTs、Endos、Chlors 以及 Aldrins)在三个流域中与海拔的相关性呈现差异性。咸海流域 HCHs 和 DDTs 与海拔呈显著负相关,相关系数 r 分别为–0.63 和 –0.68($p < 0.01$);而 Endos 和 Aldrins 与海拔分别在 $p < 0.01$ 和 $p < 0.05$ 水平上呈显著正相关,相关系数 r 分别为 0.24 和 0.62;Chlors 含量变化与海拔在 $p < 0.05$ 水平上无显著相关性。巴尔喀什湖流域 HCHs 和 Aldrins 含量与海拔在 $p < 0.05$ 水平上呈显著负相关,相关系数 r 分别为–0.33 和–0.34;其他三种类 OCP 化合物与海拔无明显相关性。西天山湖泊流域总 HCHs、DDTs、Endos 和 Chlors 含量与海拔在 $p < 0.05$ 水平上呈现显著正相关,相关性系数 r 分别为 0.42、0.42、0.30 和 0.34。

咸海流域由于人类活动强烈,尤其是咸海三角洲平原地区,PAHs 和 OCPs 含量显著升高;而流域上游高海拔地区农业等人类活动强度相对较弱,PAHs 和 OCPs 含量相对较低,因而咸海流域有机污染物含量与海拔呈显著的负相关。巴尔喀什湖流域哈萨克斯坦地区 PAHs 和 OCPs 含量与海拔基本无明显相关性,或者相关性较弱,可能是由于流域 PAHs 和 OCPs 含量整体较低,大多数点位仅在城镇附近呈现土壤有机污染物含量升高的现象,没有形成像咸海流域大面积农业活动污染的情况。相对于咸海流域和巴尔喀什湖流域,西天山湖泊流域人类活动相对较弱,而西天山地区 PAHs 化合物中较易挥发的 2 环和 3 环以及 HCHs、DDTs、Endos 和 Chlors 与海拔呈现显著正相关。在没有直接人类活动干扰的高海拔地区土壤中,化合物的特性和气候等自然条件可能是影响 PAHs 和 OCPs 含量和分布的重要原因。Daly 和 Wania 指出相对于挥发性较低的污染物,挥发性较高的污染物似乎更能在高海拔地区富集(Daly and Wania, 2005; Zhao et al., 2013)。通过比较发现西天山地区 HCHs 和 DDTs 相关性较高,表明二者具有相似的来源和(或)迁移途径。可能与二者较高的挥发性有关,多项研究指出,它们在水、沉积物、空气和动物等全球范围内的环境介质中都有检测到,特别是温度较低的极地和高海拔地区(Simonich and Hites, 1995; Daly and Wania, 2005)。因此,西天山流域 PAHs 和 OCPs 的富集可能与高海拔引起的高山冷凝效应密切相关。

全球蒸馏效应是指一些有机化合物通过大气传输可以从相对温暖的"源"区向更寒冷的高纬度的极地地区迁移,并最终冷凝沉降在其环境内的植被、土壤和水体介质上(Blais et al., 1998)。与研究较多的全球蒸馏效应相似,通常来说饱和蒸气压越高的有机化合物越易被挥发迁移,而海拔越高、气温越低的区域也越容易冷凝富集这类有机化合物(Daly and Wania, 2005)。为了排除强烈人为活动对自然要素的干扰,根据前期空间含量变化和评价分析结果,这里仅分析研究区内人类活动较弱并维持较好原始环境的松克尔湖流域以及伊塞克湖流域西部和南部表层沉积物中 PAHs 和 OCPs。结果显示,α-HCH、γ-HCH 和 p,p'-DDE 以及 2~4 环 PAHs 的含量与海拔呈显著正相关($r = 0.51 \sim 0.72, p < 0.05,$ $n = 35$),而与年均温呈显著负相关关系($r = -0.69 \sim -0.52, p < 0.05, n = 35$)。5~6 环 PAHs 与海拔和年均温均无显著相关性(与海拔:$r = -0.14 \sim 0.37, p > 0.05, n = 35$;与气温:$r = -0.13 \sim 0.21, p > 0.05, n = 35$)[图 6.48(a)],这表明 2~4 环 PAHs、α-HCH、γ-HCH 和 p,p'-DDE 比其余种类 OCPs 和 5~6 环 PAHs 更易在低温的高海拔地区富集。这是因为 2~4 环 PAHs(例如 Nap、Acy、Phe)以及 α-HCH、γ-HCH 和 p,p'-DDE 具有较高的蒸气压,易于挥发并且能被有效地蒸馏和大气输移,而 5~6 环 PAHs 则倾向于保留在源区附近。Miguel

等(2004)和 Luo 等(2016)在克莱蒙特山和青藏高原也都发现了类似的情况。此外，松克尔湖流域以及伊塞克湖流域西部和南部表层沉积物中 2~4 环 PAHs 与 5~6 环 PAHs 之间也显示出弱相关性，故而我们推断两者可能是源自不同地区[图 6.48(a)]。图 6.48(b)所示，伊塞克湖流域西部和南部表层沉积物中 5~6 环 PAHs 和 p, p'-DDT 与该流域东部区表层沉积物中 5~6 环 PAHs 和 p, p'-DDT 皆呈负相关(5~6 环 PAHs：$r = -0.79 \sim -0.43, p < 0.05$，$n = 16$；$p, p'$-DDT：$r = -0.68, p < 0.05, n = 16$)，也反过来佐证了上文卡拉科尔市本地源会对整个伊塞克湖流域进行 5~6 环 PAHs 和 p, p'-DDT 的输移，只是这种受大气影响的局部运输能力很小。而伊塞克湖流域西部和南部表层沉积物中 2~4 环 PAHs 以及 α-HCH、γ-HCH 和 p, p'-DDE 与东部区表层沉积物中 2~4 环 PAHs 以及 α-HCH、γ-HCH 和 p, p'-DDE 之间没有相关性($r = -0.38 \sim 0.35, p > 0.05, n = 16$)[图 6.48(b)]，证明了研究区域较原始环境中的 2~4 环 PAHs 和 α-HCH、γ-HCH 以及 p, p'-DDE 一般不受本地源影响，主要是来自全球蒸馏效应和盛行西风影响下相对偏远地区的长距离大气迁移而来。

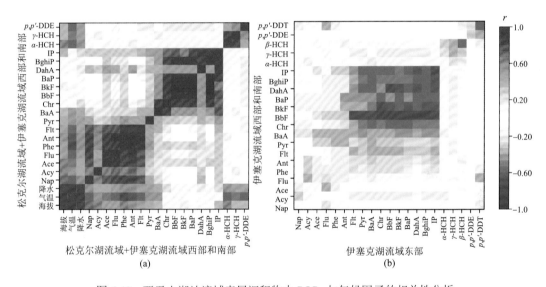

图 6.48　西天山湖泊流域表层沉积物中 POPs 与气候因子的相关性分析

综上所述，西天山山地湖泊伊塞克湖流域和松克尔湖流域 PAHs 和 OCPs 的含量、来源以及空间分布都呈现出显著的差异性，其原因是本地人为源和全球蒸馏作用下外源的综合影响，具体如图 6.49 所示。在伊塞克湖流域的东部地区，本地人为源影响较重，内源造成的 PAHs 和 OCPs 含量高，且不易挥发迁移的 5~6 环 PAHs 和 p, p'-DDT 占主导地位，这与当地快速发展的旅游业和城镇化水平相关，指示区域强烈的人类活动。同时结合表层沉积物正构烷烃在伊塞克湖流域东部的人为石油来源特征，说明伊塞克湖流域东部地区高强度的人类活动对当地的生态环境已经产生明显影响(Li et al., 2020b)。

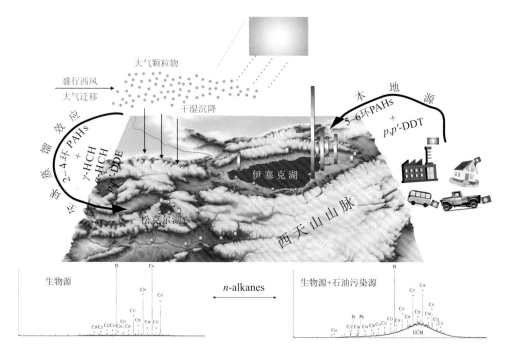

图 6.49　西天山山地湖泊流域表层沉积物中 PAHs、OCPs 和正构烷烃的空间差异性

　　而整个松克尔湖流域以及伊塞克湖流域的西部和南部地区表层沉积物中 PAHs 和 OCPs 的含量总体偏低，且以较易挥发迁移的 2~4 环 PAHs 以及 α-HCH、γ-HCH 和 p,p'-DDE 的外源输入为主，是大气迁移影响的结果。并且该区域表层沉积物中正构烷烃的来源是生物源，没有受到本地石油污染源，表明松克尔湖流域以及伊塞克湖流域的西部和南部地区人类活动影响弱，对流域现代生态环境的改变较小(Li et al., 2020b)。同时，根据我们的观察，2~4 环 PAHs 在松克尔湖流域表层沉积物中的含量要相对高于伊塞克湖流域西部和南部的含量，呈现由西向东小幅下降的趋势(图 6.49)。由于 2~4 环 PAHs 存在海拔/气温富集效果，而松克尔湖流域平均 3010 m 的高海拔，形成了更低的环境温度，比伊塞克湖流域年均气温低约 10℃（Mamatkanov et al., 2006；Mathis et al., 2014），从而致使易挥发的 2~4 环 PAHs 在盛行西风的迁移下容易在松克尔湖流域冷凝聚集下来。此外，前期研究结果表明，α-HCH 也更易在高海拔的松克尔湖流域富集。故而，西天山松克尔湖流域对于易挥发的有机化合物来说，在其全球范围内的迁移传输过程中可能充当了一个重要的"汇"区。

第四节　大湖流域近现代环境变化及原因

一、近现代环境变化及其时空差异特征

（一）有毒元素污染特征及区域差异

　　通过与中亚及天山地区其他多个湖泊沉积岩芯中元素浓度的对比分析(表 6.10)，平

原湖泊咸海沉积岩芯中 Cd、Cr 和 Ni 的浓度最高，平均值分别达 0.66 mg/kg、62.33 mg/kg、34.79 mg/kg，这主要是咸海流域大规模的工农业活动导致(Cretaux et al., 2013; Hamidov et al., 2016)。巴尔喀什湖沉积物中 As 和 Cu 平均浓度最高，分别为 13.53 mg/kg 和 27.24 mg/kg，其次为咸海，数值分别为 12.47 mg/kg 和 27.17 mg/kg；而伊塞克湖 Pb 和 Zn 平均浓度最高，数值为 23.41 mg/kg 和 89.96 mg/kg，可能与本地源有关(Wang et al., 2021b)。

表 6.10　三大湖泊沉积物中 As 和金属元素的浓度与中亚及天山地区其他湖泊的比较

湖泊	年份	平均浓度/(mg/kg)							数据来源
		As	Cd	Cr	Cu	Ni	Pb	Zn	
咸海	1900~2018	12.47	0.66	62.33	27.17	34.79	12.75	64.71	本书
伊塞克湖	1674~2013	12.43	0.37	53.03	20.93	25.39	23.41	89.96	本书
巴尔喀什湖	1800~2017	13.53	0.18	50.98	27.24	20.32	19.65	58.99	本书
松克尔湖	1622~2013	9.80	0.15	40.44	16.89	20.80	14.85	43.32	Zhan et al., 2022b
艾比湖	1860~2011	—	—	46.99	26.54	27.99	20.53	80.34	Ma et al., 2016
博斯腾湖	1868~2016	6.73	0.18	28.35	15.92	16.26	11.62	41.39	Liu et al., 2019
赛里木湖	1800~2010	9.4	0.25	39.0	21.4	—	19.7	65.2	Zeng et al., 2014

为了同时比较三个湖泊的污染水平，绘制了近 120 年来中亚三大湖泊的富集因子(EF)箱形图(图 6.50)。咸海沉积物中 EF-Pb 的变化范围为 1.43~1.95，平均为 1.67，为零-轻微富集。As、Cd、Cr、Cu、Ni 和 Zn 的 EF 分别为 1.13~3.68、3.55~8.56、2.1~2.65、2.36~3.80、2.48~3.34 和 2.15~2.59，平均分别为 2.20、5.66、2.49、2.88、2.93 和 2.39，基于 EF 分级标准，As、Cr、Cu、Ni 和 Zn 评价为中度富集水平，Cd 表现出中度至显著富集的水平。与咸海不同，其他两个湖泊的潜在有毒元素的富集系数较低。巴尔喀什湖沉积物中 As、Cd、Cr、Cu、Ni、Pb 和 Zn 的 EF 分别为 0.88~2.26、1.09~2.46、1.12~1.32、1.61~2.08、1.33~1.73、1.24~1.86 和 1.26~1.57，平均分别为 1.57、1.62、1.25、1.84、1.52、1.62 和 1.46。该湖泊潜在有毒元素的平均 EF 值均小于 2，表明巴尔喀什湖元素呈现零-轻微富集。但约 20 世纪 30 年代，有 2 个点位的 EF-As 数值大于 2，此外该湖泊沉积物中顶端 2 个点位的 EF-Cd 数值也大于 2，评价结果为中度富集(图 6.50)。山地湖泊伊塞克湖沉积物中 As、Cd、Cr、Cu、Ni、Pb 和 Zn 的 EF 分别为 1.08~3.25、1.26~2.05、1.31~1.66、0.71~1.84、1.05~1.88、1.03~1.42 和 1.19~1.49，平均分别为 1.43、1.53、1.43、1.40、1.30、1.18 和 1.33。该湖泊潜在有毒元素的平均 EF 值均小于 2，表明伊塞克湖沉积物为零-轻微富集，只有表层 2 cm 的 EF-As 和 EF-Cd 大于 2，达到中度富集水平。

从三大湖泊沉积物整体来看，咸海沉积物中 As 和金属元素的 EF 值均显著高于其他两个湖泊。巴尔喀什湖沉积物中 EF-As、EF-Cd、EF-Cu、EF-Ni、EF-Pb 和 EF-Zn 的平均值高于伊塞克湖，而 EF-Cr 的平均值低于伊塞克湖，但两者沉积物中潜在有毒元素的评价结果均为零-轻微富集。研究表明咸海是一个典型的人为生态破坏的案例(Spoor, 1998; Micklin, 2007; Liu et al., 2020a)。苏联成立之后，为了维持大规模的农业种植(尤其是棉花)，建立了一系列不可持续的灌溉设施，许多农业化学品(化肥、除草剂、农药等)

被引入湖中，导致了咸海流域的生态退化，并显著增加了咸海沉积物中金属元素等有毒有害物质的水平(Ma et al., 2019; Rzymski et al., 2019)。而巴尔喀什湖和伊塞克湖虽然存在工农业等生产活动的影响，但两个湖泊的平均富集水平处于零-轻微富集。

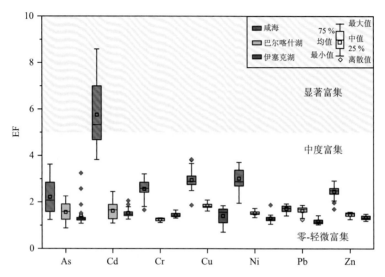

图6.50　1900年以来三大湖泊沉积岩芯中各元素平均EF值的箱形图

　　1900年以来三大湖泊沉积物芯中As和金属元素的EF值的垂直变化见图6.51，1900~1930年，咸海沉积物中As、Cd、Cr、Cu、Ni的EF值均大于2，甚至EF-Cd大于5，表明该湖泊受到人类活动的影响。在19世纪，中亚平原的农业种植，特别是咸海盆地的棉花种植被记录在案，到第一次世界大战开始时(1914年)，俄罗斯帝国已经成为世界上主要的棉花生产国之一(Whish-Wilson, 2002; Berdimbetov et al., 2020)。相比之下，其他两个湖泊主要受自然作用的影响，其元素含量和EF值(<2)相对较低(图6.51)。

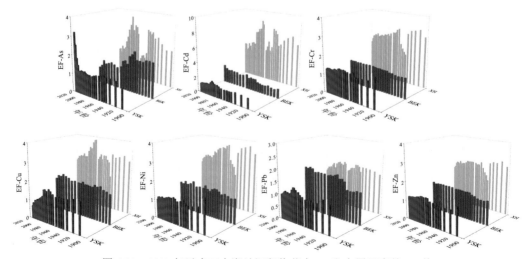

图6.51　1900年以来三大湖泊沉积物芯中As和金属元素的EF值

XH：咸海；BEK：巴尔喀什湖；YSK：伊塞克湖

1930~2000 年，咸海流域工农业活动显著增加，沉积物中 As 和金属元素的 EF 值呈现先下降后上升的趋势，而巴尔喀什湖和伊塞克湖则开始上升(图 6.51)。20 世纪 30 年代，苏联成立后，咸海盆地引入集中农业，并建立了一系列水利工程和扩张性灌溉项目(Spoor, 1998; Su et al., 2021)。前期研究表明在 1935~1955 年期间风沙活动强烈，沉积物中粒径以砂为主，导致这一时期金属元素值偏低。20 世纪 60 年代以后，在阿姆河流域建设了若干水利工程，并大规模种植棉花，过度使用农用化学品导致咸海沉积物中元素的显著富集(Wang et al., 2020; Yang et al., 2020)。由于人类活动和干燥气候的影响，1960~1987 年咸海水位和面积分别下降了近 13 m 和约 40%(Micklin, 2007)。对于巴尔喀什湖流域，1927 年苏维埃政权在伊犁-巴尔喀什地区发展畜牧业的同时，大力推进垦荒工作，总灌溉面积逐年增大(付颖昕和杨恕，2009)。对于伊塞克湖流域，19 世纪中后期至 20 世纪 50 年代，苏联持续在伊塞克湖盆地开展一系列工农业活动，导致元素含量和富集系数开始增加(Abuduwaili et al., 2019)。1991 年苏联解体后，三个湖泊沉积物的 EF 值开始下降。

2000 年以后，咸海沉积物有毒元素的含量、沉积通量和 EF 值呈下降趋势(图 6.51)。近年来，阿姆河流入咸海内的水流减少甚至不再流入咸海，从而带入咸海的外源污染物减少(Conrad et al., 2016; Leng et al., 2021)。此外，由于近二十年来温度的持续升高和蒸发作用的加强，咸海的水位和面积明显下降，部分元素如 Na、Sr 和 Ca 显著富集，区域生态环境遭到破坏，生存环境恶化，人口减少，人类活动减少(Izhitskiy et al., 2021; Yang et al., 2021)。巴尔喀什湖沉积物中 EF-Cd、EF-Ni、EF-Pb、EF-Zn 升高，其他潜在有毒元素的 EF 呈下降趋势，近年来引用无废生产技术以及管理部门的重视，工农业污染物的直接排放量显著降低(Bakytzhanova et al., 2016)，但元素 Cd 仍需关注。山地湖泊伊塞克湖与咸海和巴尔喀什湖环境变化不同，表现为沉积物中 EF-As 显著升高，均值为 1.95，而重金属元素的 EF 值降低，由前期分析 As 来源结果，说明区域农业活动的影响增加。

(二)POPs 污染评估及区域差异

为探讨百年尺度上中亚地区不同气候和环境背景下湖泊的响应差异，对咸海、巴尔喀什湖及伊塞克湖沉积岩芯中的总 OCPs 和 PAHs 含量进行分析(图 6.52)。总体上来说，三个岩芯沉积物中的 OCPs 和 PAHs 含量具有明显的差异，与表层沉积物和调查数据的结果相似。就 PAHs 来说，山地湖泊伊塞克湖沉积物中总 PAHs 平均含量最高(平均值为 177.60 ng/g dw)，1970 年左右以后，含量开始明显升高；其次为平原湖泊咸海(平均值为 159.53 ng/g dw)，含量整体处于较高水平；巴尔喀什湖平均含量最低(平均值为 135.26 ng/g dw)。PAHs 总含量与湖泊海拔没有明显线性关系。就 OCPs 来说，咸海沉积物中的总 OCPs 含量表现出最高值(平均值为 69.69 ng/g dw)，其次为伊塞克湖(平均值为 16.18 ng/g dw)，巴尔喀什湖的总 OCPs 含量最低(平均值为 7.67 ng/g dw)。并且就检出种类来说，巴尔喀什湖岩芯沉积物和流域表层沉积物中检出的种类也远远少于其他湖泊及其流域沉积物，说明 OCPs 在巴尔喀什湖的历史使用量较小，结合表层沉积物中 POPs 的来源分析发现，伊塞克湖岩芯及其流域表层沉积物中的 PAHs 和 OCPs 除了本底来源外，外源的大气传输沉降也是一个重要来源，而咸海的 POPs 则主要来源于区域人类活动的排放。

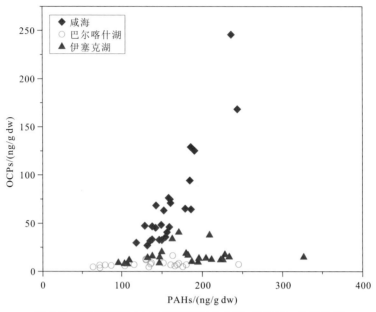

图 6.52　近百年来三大湖泊沉积物中 OCPs 和 PAHs 含量分布

　　鉴于 PAHs 组成中 LMW PAHs 和 HMW PAHs 来源及其指示的环境意义不同，对咸海、巴尔喀什湖及伊塞克湖沉积岩芯中的 LMW PAHs 和 HMW PAHs 含量进行进一步的分析(图 6.53)，结果与上述沉积物中 OCPs 和 PAHs 总含量分布结果有所不同。表现出咸海沉积物中 LMW PAHs 含量最高，平均值为 122.14 ng/g dw，而伊塞克湖沉积记

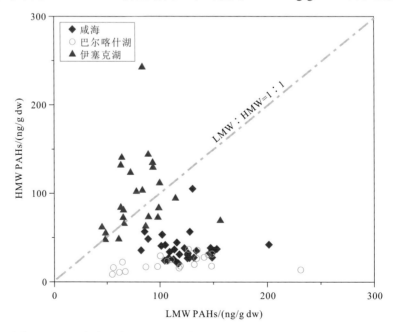

图 6.53　近百年来三大湖泊沉积物中 HMW PAHs 和 LMW PAHs 含量分布

录的 LMW PAHs 含量最低，平均数值为 80.35 ng/g dw。伊塞克湖记录的 HMW PAHs
含量最高，平均数值为 97.25 ng/g dw，巴尔喀什湖沉积物中 HMW PAHs 含量最低，平
均数值为 21.66 ng/g dw。不同组分 PAHs 分布变化主要反映了区域人类活动方式和强度
的差异，咸海和巴尔喀什湖的 PAHs 都表现出整个岩芯均以 LMW PAHs 为主的组成分布，
而伊塞克湖岩芯沉积物中的 PAHs 表现出从以 LMW PAHs 为主向以 HMW PAHs 为主的
组成分布变化。咸海和巴尔喀什湖岩芯沉积物中 LMW PAHs 为主的组成分布，表明区域
未热解的石油源对 PAHs 来源的重要影响。

　　进一步利用三角图对近百年来沉积物中 PAHs 组成变化进行分析（图 6.54），不同组
成类型的三角图大致可以将中亚三大湖泊分为三类，与上述分析的结果一致。咸海沉积
物中的 PAHs 主要以 2~4 环为主，其中 3 环的占比最大；巴尔喀什湖沉积物中的 PAHs
以 3 环为绝对主导；而伊塞克湖沉积物中的 PAHs 组成相对分散，部分样点以 3~4 环
为主，而部分样点 4~6 环的比重较大。

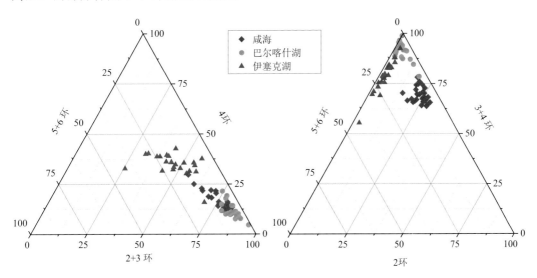

图 6.54　近百年来三大湖泊沉积物中 PAHs 组成的三角图

　　研究表明，2 环、3 环 PAHs 主要来自未热解的石油源和木柴等生物质的低温燃烧，
与人类的日常生活和农业生产等活动更为相关；4~6 环 PAHs 主要来自化石燃料燃烧、
尾气排放、工业用煤等高温燃烧，主要是工业化和现代交通运输活动所产生。因此，沉
积岩芯中 PAHs 组成的时间变化可以反演历史时期区域社会经济发展水平和能源结构
的变化，进而可以进一步揭示不同的人类活动强度和方式（Devi et al., 2016; Shen et al.,
2017; Li et al., 2020b）。据此，对三大湖泊沉积岩芯中不同阶段 PAHs 组成变化特征进行
分析（图 6.55）。总体来看，咸海、巴尔喀什湖和伊塞克湖沉积物的 PAHs 呈现由低环向
高环的变化趋势，但具体到单个湖泊，PAHs 组成不同阶段变化的时间仍有差异。近百
年来咸海沉积物 PAHs 组成变化存在 1930 年和 2000 年两个转换时期，1930 年以前以
2~3 环为主，随后 3 环占绝对主导，而 2 环比重有所下降，2000 年后，3 环比重有所下
降，而 4 环化合物比重有所增加。巴尔喀什湖的 PAHs 组成在 1930 年左右也存在转换期，

而山地湖泊伊塞克湖的 PAHs 组成在 1930 年没有表现出明显的变化。1930 年以前，巴尔喀什湖 PAHs 组成中 3 环比重最高，随后 3 环比重有所下降，相应的 4~6 环比重有所增加。根据第五章图 5.51 分析发现，巴尔喀什湖 PAHs 组成在 1960 年和 1990 年发生了明显的转变，1960~1990 年，3 环比重再次升高，1990 年以后，4 环比例明显上升，5~6 环比重也有所升高，相应的 3 环比例下降（图 5.51，图 6.55）。根据第四章图 4.74 分析，约在 1970 年，伊塞克湖 PAHs 组成才开始转换，表现为 3 环比例下降，而 4~6 环所占比例开始升高，1990 年以后，PAHs 组成以 4~6 环为主（图 4.74，图 6.55）。因此，巴尔喀什湖和伊塞克湖 PAHs 组成均在 1990 年左右发生了转换，而咸海的最后一个转换期相对较晚，发生在 2000 年左右。总之，不同类型的湖泊沉积物 PAHs 变化存在较明显的时间差异，平原湖泊转换时间更早，而山地湖泊的转换时间较晚，反映了湖泊环境变化对不同区域人类活动影响的差异性响应。

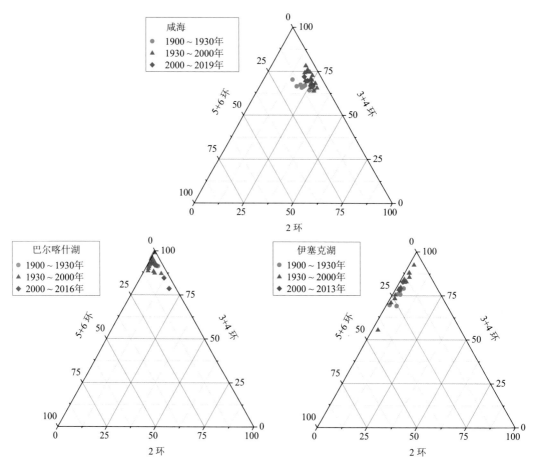

图 6.55　近 120 年来湖泊沉积物不同阶段 PAHs 组成变化（单位：%）

　　PAHs 排放量估算和 OCPs 使用量调查显示，中国 PAHs 排放量和农药使用量呈现东高西低的空间格局（Wang et al., 2005; Xu et al., 2006）。全国范围的湖泊表层沉积物 OCPs 和 PAHs 含量分布相应的也呈现东部平原地区 > 云贵高原 > 东北地区 > 青藏

高原 > 蒙新高原(Li et al., 2017),表现出明显的区域差异,反映了区域人类活动的差异性。通过对多个湖泊沉积物中 PAHs 比较分析(表 6.11),对于总 PAHs 而言,数值由高到低的顺序为网湖 > 赛里木湖 > 松克尔湖 > 咸海 > 伊塞克湖 > 巴尔喀什湖 > 博斯腾湖。从湖泊流域所处的气候区来对比 PAHs 浓度,湿润区的网湖沉积物污染水平高于干旱区的湖泊,湿润区的湖泊流域的人类活动强度要高于干旱半干旱区,与我国的湖泊表层沉积物 PAHs 含量分布情况类似。对比干旱区的湖泊,整体而言,高海拔的赛里木湖和松克尔湖 PAHs 污染水平较高,可能与"高山冷凝效应"有关;平原区的咸海沉积物 PAHs 高于伊塞克湖,反映了干旱少雨的气候特征加重了人类活动对环境的影响,而处于具有垂直地带性地区的巴尔喀什湖和博斯腾湖 PAHs 污染水平最低。对干旱区湖泊的 PAHs 组成差异进行分析,这几个湖泊沉积物中的 2~3 环 PAHs 浓度均较高,反映了相似的污染来源,即生物质和煤炭燃烧源;咸海沉积物中不同环数的 PAHs 浓度均高于其他干旱区湖泊,伊塞克湖和松克尔湖沉积物的 2 环 PAHs 浓度较低,伊塞克湖和博斯腾湖沉积物的 3 环 PAHs 浓度较低,博斯腾湖和赛里木湖沉积物的 4~6 环 PAHs 浓度较低;反映了人为干扰和自然因素综合作用。

表 6.11 三大湖泊沉积物中 PAHs 含量与其他湖泊的比较

湖泊	年份	PAHs/(ng/g dw)						数据来源
		总 PAHs	2 环	3 环	4 环	5 环	6 环	
咸海	1900~2019	159.53	36.72	85.42	24.99	7.70	4.70	本书
伊塞克湖	1674~2013	140.37	3.34	71.9	43.3	8.74	13.1	本书
巴尔喀什湖	1800~2017	109.42	3.60	90.26	11.10	2.27	2.20	本书
松克尔湖	1930~2013	269	5.48	168	69.0	8.80	16.3	郦倩玉,2020
博斯腾湖	1922~2014	92.1	27.3	57.3	6.5	0.2	0.8	沈贝贝,2017
赛里木湖	1800~2010	334.6	15.6	298.0	16.7	1.0	3.3	沈贝贝,2017
网湖	1926~2014	519.1	27.8	279.5	60.5	29.8	43.2	沈贝贝,2017

通过对多个湖泊沉积物中 OCPs 比较分析(表 6.12),对于总 OCPs 而言,数值由高到低的顺序为咸海 > 伊塞克湖 > 网湖 > 博斯腾湖 > 松克尔湖 > 巴尔喀什湖 > 赛里木湖。与 PAHs 浓度差异相似,咸海沉积物中总 OCPs、DDTs 和 HCHs 浓度均最高。

表 6.12 三大湖泊沉积物中 OCPs 含量与其他湖泊的比较

湖泊	年份	OCPs/(ng/g dw)			数据来源
		总 OCPs	DDTs	HCHs	
咸海	1900~2019	69.69	5.74	52.90	本书
伊塞克湖	1674~2013	15.06	5.38	2.13	本书
巴尔喀什湖	1800~2017	5.85	0.33	3.42	本书
松克尔湖	1930~2013	8.58	0.76	3.73	郦倩玉,2020
博斯腾湖	1922~2014	8.8	4.7	2.0	沈贝贝,2017
赛里木湖	1865~2010	3.9	0.1	2.1	沈贝贝,2017
网湖	1926~2014	13.8	4.4	4.2	沈贝贝,2017

巴尔喀什湖沉积物中总 OCPs 和 DDTs 含量相对较低，但 HCHs 含量处于居中水平，高于新疆湖泊，几乎是博斯腾湖和赛里木湖 1.5 倍。山地湖泊伊塞克湖沉积物中总 OCPs 和 DDTs 含量仅低于咸海，但其 HCHs 含量相对较低，接近于中国新疆湖泊，低于网湖、巴尔喀什湖和松克尔湖。

为了同时比较 POPs 对三个湖泊产生的潜在生态风险水平，分析了近 120 年来中亚三大湖泊岩芯中 POPs 的 TEC HQ 值(图 6.56)。咸海沉积物中 Nap、Flu、Phe 和 γ-HCH 的 TEC HQ 值平均值都大于 1，其中 γ-HCH 的 PEC HQ 也超过 1，基于 TEC HQ 值的评价标准，Nap、Flu、Phe 处于低生态风险，而 γ-HCH 为低-中生态风险等级水平，部分样点处于高生态风险水平。Acy、Ant、Pyr、BaA、Chr、DahA、Chlors 和 DDTs 的 TEC HQ 平均数值均小于 1，处于无生态风险水平。与咸海评价结果不同，巴尔喀什湖和伊塞克湖的 POPs 的 TEC HQ 值均表现出相对较低水平。其中，巴尔喀什湖沉积物中 Flu、Phe 和 γ-HCH 的 TEC HQ 值范围分别为 0.40~1.95、0~2.38 和 0.66~2.41，平均值分别为 1.26、1.04 和 1.32，处于低生态风险水平，而其他 POPs 的平均 TEC HQ 值均小于 1，呈现无生态风险水平。山地湖泊伊塞克湖沉积物中 Phe 的 TEC HQ 值范围为 0.65~1.85，平均值为 1.21，呈现低生态风险水平，而其他 POPs 的平均 TEC HQ 值均小于 1，处于无生态风险水平，但部分样品的 Acy、BaA、DDTs 以及 γ-HCH 的数值大于 1，为低生态风险水平。

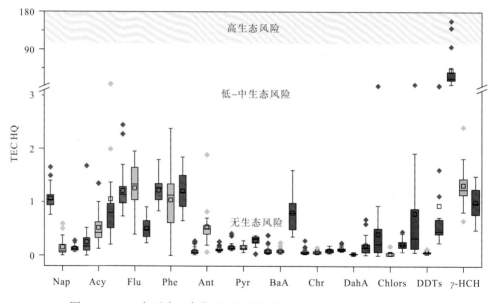

图 6.56　1900 年以来三个湖泊沉积岩芯中 POPs 的 TEC HQ 值的箱形图

红色：咸海；绿色：巴尔喀什湖；蓝色：伊塞克湖

从三个湖泊沉积物整体来看，咸海沉积物中除 Acy、Ant、Pyr 和 BaA 外，其他 POPs 的 TEC HQ 值均高于其他两个湖泊，尤其是 γ-HCH，平均值分别是其他两个湖泊的 12 和 16 倍。巴尔喀什湖沉积物中 Flu、Ant 和 γ-HCH 的 HQ 的平均值高于伊塞克湖，而 Nap、Acy、Phe、BaA、Pyr、Chr、DahA、Chlors 和 DDTs 的 HQ 平均值低于伊塞克湖。在苏联成立后，为了维持大规模的棉花等农业生产，咸海地区建立了多个灌溉工程，许多农业化学品(包括化肥、除草剂、农药等)被引入湖中，导致了咸海流域的生态退化，并显著增加了咸海沉积物中金属元素和 POPs 等有毒有害物质水平(Ma et al., 2019; Rzymski et al., 2019)。受苏联经济政策的影响，巴尔喀什湖流域在该时期的经济也得到了较快的发展，工农业活动频繁，对湖泊环境也产生了一定的影响。而山地湖泊伊塞克湖流域虽然存在工农业等生产活动的影响，该湖泊沉积物中除 Phe 存在一定的生态风险外，其他 POPs 均为无生态风险，与金属元素相似，均处于零-轻微污染。

1900 年以来三个湖泊沉积物芯中 POPs 的 TEC HQ 值的垂直变化见图 6.57。在 1930 年以前，咸海沉积物中 Nap、Flu 和 Phe 的 TEC HQ 的平均值均大于 1，处于低生态风险水平(图 6.57)，根据前面分析发现，该时期 PAHs 的主要来源是煤炭和木材等的低温燃烧以及未热解的石油源，该时期咸海的湖泊环境已经受到人类活动的影响，主要以农业活动为主，尤其是棉花种植业(Whish-Wilson, 2002; Berdimbetov et al., 2020)。1930 年以前，巴尔喀什湖沉积物中 Flu 的平均值大于 1，Phe 接近 1，处于低生态风险水平，其中 Acy 和 Ant 的含量为三个湖泊最高，表明该时期巴尔喀什湖流域频繁的人类活动引起了一定的生态风险，PAHs 主要来源于生物质燃烧和煤炭燃烧，该时期也是第二次工业革命及一战和二战时期，煤炭和石油的大量使用，释放了大量的 PAHs。相比之下，伊塞克湖岩芯沉积物中仅 Phe 的 HQ 超过阈值，潜在生态风险最低。

1930~2000 年，三个湖泊 POPs 的 HQ 值皆呈现在波动中逐渐上升的趋势。咸海沉积物中各 PAHs 单体的 HQ 值均呈现上升趋势，其中，Nap、Flu 和 Phe 的 TEC HQ 的平均值均大于 1，部分层位 Acy 的 TEC HQ 和 Flu 的 PEC HQ 也大于 1，处于低-中生态风险等级水平。沉积物中各 OCPs 化合物危 HQ 值也显著增加(图 6.57)，其中，γ-HCH 的 TEC HQ 平均值为 44.07，达到中生态风险水平。在 1960 年左右，DDTs 和 γ-HCH 的 HQ 值出现了峰值，DDTs 和 HCHs 在当时农业生产活动中已经开始广泛大量使用；1990 年左右，γ-HCH 的危害系数进一步升高，Chlors 的 HQ 值也显著增加，Chlors 类化合物也在咸海流域开始广泛使用，同时，PAHs 的各类化合物的 HQ 也表现出明显峰值，表明该时期咸海地区强烈人类活动产生的污染物严重威胁了湖泊的生态安全。据文献报道，苏联在 20 世纪 50~60 年代大量使用 DDTs，尽管苏联政府在 1969/1970 年正式禁止 DDTs，但 DDTs 的使用一直持续到 90 年代初，1946~1990 年，苏联的 DDTs 使用总量估计范围在 25 万~52 万 t；HCHs 的使用在 1965 年左右也达到高峰，1950~1990 年苏联的农业用途的 HCHs 总使用量估计为 1710t，工业用途的 HCHs 和林丹的使用量分别为 196 万 t 和 4 万 t(Li et al., 2004; 2006)。为了发展农业，20 世纪 60 年代以后，阿姆河流域建设了多个水利工程(Spoor, 1998)，工农业的迅速发展对区域湖泊环境产生了负效应。对于巴尔喀什湖来说，各 POPs 单体的 HQ 值也呈现波动性上升趋势，Flu、Phe 和 γ-HCH 的 TEC HQ 平均值均大于 1，处于低生态风险水平，其中，在 1960 年左右，Acy、Flu、Phe 和 Ant 出现明显峰值，在 20 世纪 50 年代和 90 年代左右，各 OCPs 化合物的 HQ 值也出现明显峰值，OCPs 在当时农业生产活动中已经开始大量使用，其对湖泊生态环境产生影响，苏联时期，在伊犁-巴尔喀什地区大力发展畜牧业和大力垦荒灌溉(付颖昕和杨恕，2009)。对于伊塞克湖来说，各 POPs 单体的 HQ 值也呈现波动性上升趋势，Acy 和 Phe 的 TEC HQ 平均值均大于 1，处于低生态风险水平，其中，PAHs 的 HQ 在 1945 年左右

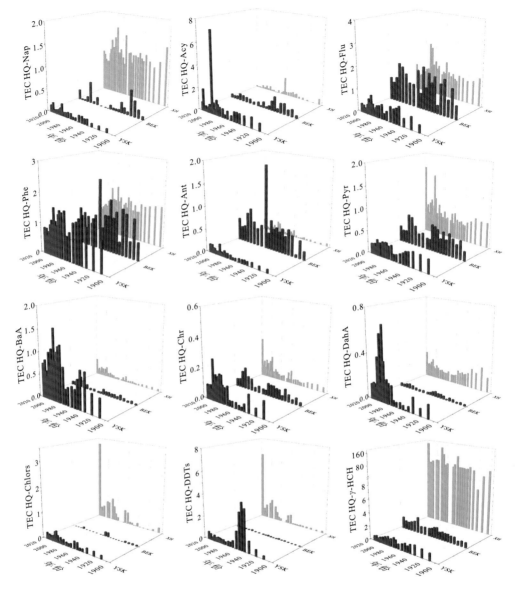

图 6.57　1900 年以来三个湖泊沉积物芯中 POPs 的 TEC HQ 值

XH：咸海；BEK：巴尔喀什湖；YSK：伊塞克湖

开始出现峰值，而 DDTs 的 HQ 值在 20 世纪 50 年代达到最大值，表明该时期 DDTs 在伊塞克湖流域表现出一定量的生态风险水平，此时的伊塞克湖流域以农业生产为主，人类活动较强。该时期是苏联 DDTs 和 HCHs 使用量最大的时期(Li et al., 2004, 2006)，也是工农业经济发展较快的时期，人为源污染物一定程度上威胁了湖泊生态安全。

2000 年以后，三个湖泊中的 POPs 大致呈现先下降后缓慢上升的趋势。三个湖泊沉积物中所有化合物的 PEC HQ 均小于 1，总体上均处于低生态风险水平(图 6.57)。苏联解体影响了中亚区域的工农业发展，人类活动排放进入环境中的污染物降低，随着经济的恢复，释放到环境中的污染物又开始增加。同时，DDTs 和 HCHs 的使用持续到 20 世纪 90 年代初，之后 OCPs 含量急剧下降，随着新型替代农药的出现，环境中的 OCPs 又升高。这些污染物浓度变化很大程度上也反映了它们对湖泊生态的潜在风险水平。

二、近现代环境变化的原因

历史时期，在自然条件和不同程度的人类活动的影响下，不同海拔的三个湖泊沉积物中的元素变化趋势具有明显的响应差异(图 6.58)。1900~1930 年，平原地区的咸海已经被人类活动所主导，并以元素的高含量和污染为特征；然而，巴尔喀什湖和山地湖泊伊塞克湖的元素变化主要受自然环境的影响(图 6.58)。

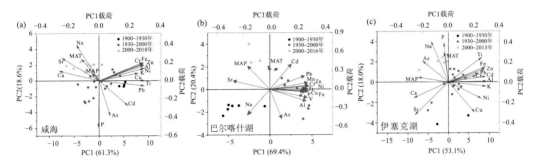

图 6.58 三个湖泊沉积样品、元素、年平均温度(MAT)和年平均降水量(MAP)的主成分分析

1930~2000 年，咸海在早期受到农业开垦的影响小，金属含量降低(图 6.58)。然而，20 世纪 60 年代以后，金属元素的浓度显著增加，咸海流域的耕地面积明显扩大，导致灌溉引水量逐渐超过补给水量，湖泊水位开始下降，人类活动明显增强，特别是在 20 世纪 70 年代和 80 年代，水位下降最明显，湖水的盐度增加(Shibuo et al., 2007; Leng et al., 2021)。研究表明，1960 年咸海流域的灌溉面积约为 4.51 万 km^2，1960~1980 年，灌溉面积增长速度最快，增加了 2.41 万 km^2，总灌溉面积达到 6.92 万 km^2(Hamidov et al., 2016; Yang et al., 2020)。此外，几个大型水库和水利设施将阿姆河和锡尔河的径流引向平原灌溉区，导致阿姆河径流从 1983 年的 3.5 km^3 减少到 1996 年的 1.0 km^3，下降了 71.43%(白洁等，2011)。1991 年苏联解体后，地区工农业生产下降，河流带入咸海的有毒元素负荷下降，元素浓度和沉积通量也下降(图 6.58)。然而，当咸海沉积物中的有毒元素处于高水平时，巴尔喀什湖和伊塞克湖的金属浓度开始表现出升高趋势。研究表明，1927 年苏维埃政权在伊犁-巴尔喀什地区发展畜牧业的同时，大力推进垦荒工作，并且建立了众多灌区，伊犁河-巴尔喀什流域总灌溉面积逐年扩大(付颖昕和杨恕，2009; 陈宣华等，2010); 1930 年巴尔喀什矿冶联合公司在湖泊的北部地区成立，潜在有毒元素直接排入湖中(Petr, 1992)。大约从 19 世纪中后期到 20 世纪 50 年代，俄罗斯移民到伊塞克湖流域，工业和农业活动水平不断提高，用水量大幅升高，导致入湖水量减小，湖泊水位明显下降(Wang et al., 2021a)。据记录，1930 年的灌溉面积约为 500 km^2，从 20 世纪 50 年代到 80 年代中期增加到 1540 km^2(王国亚等，2010)。此外，山地湖泊伊塞克湖在 1986 年还记录了由苏联核泄漏引起的大气沉降，中亚山地湖泊松克尔湖也有同样的记录(Zhan et al., 2022b)。

21 世纪后，阿姆河长期不再流入咸海，由于水的补给率低，西咸海形成了一个封闭的湖泊（Berdimbetov et al., 2020；Izhitskiy et al., 2021）。近几十年来，咸海主要受温度的影响（Lioubimtseva，2014），以自然蒸发为特征，表现为元素 Na 和 Sr 富集（图 6.58），Na、Sr 与年均温度呈显著正相关，相关系数 r 分别为 0.606（$p < 0.01$, $n = 31$）和 0.459（$p < 0.05$, $n = 31$），水位明显下降，盐度增加（Yang et al., 2020）。与咸海演化不同，巴尔喀什湖和伊塞克湖的沉积物中 Sr 与区域年均降水量呈显著正相关，巴尔喀什湖的相关系数 r 分别为 0.822（$p < 0.01$，$n = 21$）和 0.728（$p < 0.05$，$n = 21$），伊塞克湖的相关系数 r 分别为 0.516（$p < 0.01$，$n = 24$）和 0.459（$p < 0.05$，$n = 24$）。巴尔喀什湖自 2000 年以来，由于无废生产技术的引入和相关环境管理部门的介入，减少了污染物的排放，湖泊中元素含量显著降低（Bakytzhanova et al., 2016）。伊塞克湖自 2000 年以来受农业活动影响，其特点是元素 As 和 P 含量明显增加（图 6.58），这与农田灌溉用水量的增加相一致（Abuduwaili et al., 2019）。然而，自 2000 年以来，灌溉用水量增加，而湖面却呈现上升趋势（Podrezov et al., 2020），可能是由于随着气候变暖和降水增加（平均 550.34 mm），冰川融水和地下水对湖泊的补给超过了蒸发和人类消耗之和，更多的水进入了伊塞克湖（Salamat et al., 2015）。

参 考 文 献

白洁, 陈曦, 李均力, 等. 2011. 1975—2007 年中亚干旱区内陆湖泊面积变化遥感分析. 湖泊科学, 23(1): 80~88.

陈喜峰, 施俊法, 陈秀法, 等, 2017. "一带一路" 沿线重要固体矿产资源分布特征与潜力分析. 中国矿业, 26(11): 32~41.

陈宣华, 王志宏, 杨农, 等, 2010. 中亚巴尔喀什成矿带萨亚克大型铜矿田矿床地质特征与成矿模式. 地质力学学报, 16(2): 189~202.

邓铭江, 王志杰, 王姣妍. 2011. 巴尔喀什湖生态水位演变分析及调控对策. 水利学报, 42(4): 403~413.

付颖昕, 杨恕. 2009. 苏联时期哈萨克斯坦伊犁-巴尔喀什湖流域开发述评. 兰州大学学报(社会科学版), 37(4): 16~24.

高彦华, 王洪亮, 周旭, 等. 2016. 巴尔喀什湖近 30 余年动态变化遥感监测与分析. 环境与可持续发展, 41(1): 102~106.

郝建盛, 张飞云, 赵鑫, 等. 2017. 基于 GRACE 监测数据的伊犁-巴尔喀什湖盆地水储量变化特征及影响因素. 遥感技术与应用, 32(5): 883~892.

金苗, 吴敬禄, 占水娥, 等. 2022. 乌兹别克斯坦阿姆河流域水体中多环芳烃的分布、来源及风险评估. 湖泊科学, 34(3): 855~867.

郦倩玉. 2020. 中亚吉尔吉斯斯坦西天山典型湖泊流域有机地球化学记录的近现代环境变化及机理. 南京: 中国科学院南京地理与湖泊研究所.

刘爽, 白洁, 罗格平, 等. 2021. 咸海流域社会经济用水分析与预测. 地理学报, 76(5): 1257~1273.

龙爱华, 邓铭江, 谢蕾, 等. 2012. 气候变化下新疆及咸海流域河川径流演变及适应性对策分析. 干旱区地理, 35(3): 377~387.

沈贝贝. 2017. 不同气候区湖泊地球化学记录的近现代环境演化过程及机理. 南京: 中国科学院大学.

沈贝贝, 吴敬禄, 吉力力·阿不都外力, 等. 2020. 巴尔喀什湖流域水化学及同位素空间分布及环境特征. 环境科学, 41(1): 173~182.

王浩轩, 黄峰, 郭利丹, 等. 2022. 咸海流域降水时空特征及趋势分析. 干旱区研究, 39(2): 359~367.

王国亚, 沈永平, 王宁练, 等. 2010. 气候变化和人类活动对伊塞克湖水位变化的影响及其演化趋势. 冰川冻土, 32(6): 1097~1105.

王乙震, 张世禄, 孔凡青, 等. 2017. 滦河干流水体多环芳烃与有机氯农药季节性分布、组成及源解析. 环境科学, 38(10):4194~4211.

王宙. 2012. 巴尔喀什湖流域径流变化特征分析. 水利科技与经济, 18(5): 53~58.

吴丽娜, 孙从建, 贺强, 等. 2017. 中天山典型内陆河流域水化学时空特征分析. 水土保持研究, 24(5): 149~156.

夏含峰, 谢洪波, 刘浩, 等. 2018. 新疆伊犁河谷植被与地形地貌及地下水关系. 长江科学院院报, 35(9): 54~57.

闫政新, 郭万钦. 2018. 1991-2014 年中亚伊塞克湖湖泊面积变化遥感监测. 测绘与空间地理信息, 41(2):142~146.

杨川德. 1993. 巴尔喀什湖水位变化及其原因. 干旱区地理, 16(1): 36~42.

昝婵娟, 黄粤, 李均力, 等. 2021. 1990-2019 年咸海水量平衡及其影响因素分析. 湖泊科学. 33(4): 1265-1275.

臧菁菁, 李国柱, 宋开山, 等. 2016. 1975~2014 年巴尔喀什湖水体面积的变化. 湿地科学, 14(3): 368~375.

中国环境监测总站. 1990. 中国土壤元素背景值. 北京: 中国环境科学出版社.

Abdel Wahed M S M, Mohamed E A, El-Sayed M I, et al. 2014. Geochemical modeling of evaporation process in Lake Qarun, Egypt. Journal of African Earth Sciences, 97: 322~330.

Abuduwaili J, Issanova G, Saparov G. 2019. Hydrology and limnology of Central Asia. Singapore: Springer Singapore, 297~357.

Aizen V B, Aizen E, Fujita K, et al. 2005. Stable-isotope time series and precipitation origin from firn-core and snow samples, Altai glaciers, Siberia. J. Glaciol., 51(175): 637~654.

Aladin N V, Gontar V I, Zhakova L V, et al. 2019. The zoocenosis of the Aral Sea: Six decades of fast-paced change. Environmental Science and Pollution Research, 26(3): 2228~2237.

Aladin N V, Plotnikov I S. 1993. Large saline lakes of former USSR: A summary review. In Saline Lakes V: Proceedings of the Vth International Symposium on Inland Saline Lakes, held in Bolivia. Hydrobiologia, 267: 1~12.

Aldaya M M, Munoz G, Hoekstra A Y. 2010. Water footprint of cotton, wheat, and rice production in Central Asia. Value of water research report series No. 41. UNESCO-IHE Institute for Water Education: Delft.

Alymkulova B, Abuduwaili J, Issanova G, et al. 2016. Consideration of water uses for its sustainable management, the case of Issyk-Kul Lake, Kyrgyzstan. Water, 8(7): 298.

Amjadian K, Sacchi E, Mehr M R 2016. Heavy metals (HMs) and polycyclic aromatic hydrocarbons (PAHs) in soils of different land uses in Erbil metropolis, Kurdistan Region, Iraq. Environmental Monitoring and Assessment, 605: 1~16.

Araguás-Araguás L, Froehlich K, Rozanski K. 1998. Stable isotope composition of precipitation over Southeast Asia. Journal of Geophysical Research: Atmospheres, 103(D22): 28721~28742.

Arellano L, Fernández P, Tatosova J, et al. 2011. Long-range transported atmospheric pollutants in snowpacks accumulated at different altitudes in the Tatra Mountains (Slovakia). Environmental Science & Technology, 45 (21): 9268~9275.

Asankulov T, Abuduwaili J, Issanova G, et al. 2019. Long-term dynamics and seasonal changes in hydrochemistry of the Issyk-Kul Lake Basin, Kyrgyzstan. Arid Ecosystems, 9: 69~76.

Asian Development Bank (ADB). 2009. Issyk-Kul sustainable development project, Kyrgyz plan. Available online: https://www.adb.org/sites/default/files/project-document/62284/41548-kgz-dpta-v5-semp.pdf.

Ataniyazova O A, Baumann R A, Liem A K. 2001. Levels of certain metals, organochlorine pesticides and dioxins in cord blood, maternal blood, human milk and some commonly used nutrients in the surroundings of the Aral Sea (Karakalpakstan, Republic of Uzbekistan). Acta Paediatrica, 90 (7): 801~808.

Badawy M I, Embaby M A. 2010. Distribution of polycyclic aromatic hydrocarbons in drinking water in Egypt. Desalination, 251 (1~3): 34~40.

Bakytzhanova B N, Kopylov I S, Dal L I, et al. 2016. Geoecology of Kazakhstan: zoning, environmental status and measures for environment protection. European Journal of Natural History, (4): 17~21.

Banitaba M H, Mohammadi A A, Davarani S S H, et al. 2011. Preparation and evaluation of a novel solid-phase microextraction fiber based on poly (3, 4-ethylenedioxythiophene) for the analysis of OCPs in water. Analytical Methods, 3 (9): 2061~2067.

Barnett T P, Adam J C, Lettenmaier D P. 2005. Potential impacts of a warming climate on water availability in snow-dominated regions. Nature, 438 (7066): 303~309.

Barron M G, Ashurova Z J, Kukaniev M A, et al. 2017. Residues of organochlorine pesticides in surface soil and raw foods from rural areas of the Republic of Tajikistan. Environmental Pollution, 224: 494~502.

Barsova N, Yakimenko O, Tolpeshta I, et al. 2019. Current state and dynamics of heavy metal soil pollution in Russian Federation—A review. Environmental Pollution, 249: 200~207.

Berdimbetov T T, Ma Z G, Liang C, et al. 2020. Impact of climate factors and human activities on water resources in the Aral Sea basin. Hydrology, 7: 1~14.

Bing H J, Wu Y H, Zhou J, et al. 2019. Spatial variation of heavy metal contamination in the riparian sediments after two-year flow regulation in the Three Gorges Reservoir, China. Science of the Total Environment, 649: 1004~1016.

Blais J M, Schindler D W, Muir D C G, et al. 1998. Accumulation of persistent organochlorine compounds in mountains of western Canada. Nature, 395 (6702): 585~588.

Blinov L K. 1961. The salt balance of the Aral Sea. International Geology Review, 3 (1): 26~41.

Bobojonov I, Aw-Hassan A. 2014. Impacts of climate change on farm income security in Central Asia: an integrated modeling approach. Agric. Ecosyst. Environ., 188: 245~255.

Brunk B K, Jirka G H, Lion L W. 1996. Effects of salinity changes and the formation of dissolved organic matter coatings on the sorption of phenanthrene: Implications for pollutant trapping in estuaries. Environmental Science and Technology, 31 (1): 119~125.

Cánovas C R, Olías M, Nieto J M, et al. 2010. Wash-out processes of evaporitic sulfate salts in the Tinto River: Hydrogeochemical evolution and environmental impact. Appl. Geochem., 25 (2): 288~301.

Cetin B, Yurdakul S, Keles M, et al. 2017. Atmospheric concentrations, distributions and air-soil exchange tendencies of PAHs and PCBs in a heavily industrialized area in Kocaeli, Turkey. Chemosphere, 183:

69~79.

Chen C, Luo J H, Shu X Q, et al. 2022. Spatio-temporal variations and ecological risks of organochlorine pesticides in surface waters of a plateau lake in China. Chemosphere, 303: 135029.

Chen C, Zou W B, Chen S S, et al. 2020. Ecological and health risk assessment of organochlorine pesticides in an urbanized river network of Shanghai, China. Environmental Sciences Europe, 32(1): 42.

Chen F H, Huang W, Jin L Y, et al. 2011. Spatiotemporal precipitation variations in the arid Central Asia in the context of global warming. Science China Earth Sciences, 54(12): 1812~1821.

Chen H Y, Teng Y G, Lu S J, et al. 2015. Contamination features and health risk of soil heavy metals in China. Sci. Total. Environ., 512~513:143~153.

Chen R H, Chen H Y, Song L T, et al. 2019. Characterization and source apportionment of heavy metals in the sediments of Lake Tai (China) and its surrounding soils. Science of the Total Environment, 694: 133819.

Chen Z, Huang S H, Chen L, et al. 2021. Distribution, source, and ecological risk assessment of potentially toxic elements in surface sediments from Qingfeng River, Hunan, China. J. Soils Sediments, 21(7):2686~2698.

Choi S D, Shunthirasingham C, Daly G L, et al. 2009. Levels of polycyclic aromatic hydrocarbons in Canadian Mountain air and soil are controlled by proximity to roads. Environmental Pollution, 157(12): 3199~3206.

Conrad C, Schoenbrodt-Stitt S, Loew F, et al. 2016. Cropping intensity in the Aral Sea Basin and its dependency from the runoff formation 2000-2012. Remote Sensing, 8: 630.

Cretaux J F, Letolle R, Bergé-Nguyen M. 2013. History of Aral Sea level variability and current scientific debates. Global and Planetary Change, 110: 99~113.

Daly G L, Wania F. 2005. Organic contaminants in mountains. Environmental Science & Technology, 39(2): 385~398.

Dendievel A M, Mourier B, Dabrin A, et al. 2020. Metal pollution trajectories and mixture risk assessed by combining dated cores and subsurface sediments along a major European River (Rhône River, France). Environ. Int., 144: 106032.

Der Beek T A, Voß F, Flörke M. 2011. Modelling the impact of global change on the hydrological system of the Aral Sea basin. Physics and Chemistry of the Earth, 36(13): 684~695.

Devi N L, Yadav I C, Qi S H, et al. 2016. Environmental carcinogenic polycyclic aromatic hydrocarbons in soil from Himalayas, India: Implications for spatial distribution, sources apportionment and risk assessment. Chemosphere, 144(2): 493~502.

Duan W L, Zou S, Chen Y N, et al. 2020. Sustainable water management for cross-border resources: The Balkhash Lake Basin of Central Asia, 1931–2015. Journal of Cleaner Production, 263: 121614.

Duzgoren-Aydin N S. 2007. Sources and characteristics of lead pollution in the urban environment of Guangzhou. Sci. Total Environ., 385: 182~195.

Dynamics of General Indicators of the Aral Sea Basin States. 2015. http://www. cawater-info.net/analysis/water/asb_dynamics_en.pdf.

Eqani S A M A S, Malik R N, Katsoyiannis A, et al. 2012. Distribution and risk assessment of organochlorine contaminants in surface water from River Chenab, Pakistan. J. Environ. Monitor, 14(6): 1645~1654.

Eremina N, Paschke A, Mazlova E A, et al. 2016. Distribution of polychlorinated biphenyls, phthalic acid esters, polycyclic aromatic hydrocarbons and organochlorine substances in the Moscow River, Russia. Environmental Pollution, 210: 409~418.

Farooq S, Ali-Musstjab-Akber-Shah Eqani S, Malik R N, et al. 2011. Occurrence, finger printing and ecological risk assessment of polycyclic aromatic hydrocarbons (PAHs) in the Chenab River, Pakistan. J. Environ. Monitor, 13 (11): 3207~3215.

Fernández P, Carrera G, Grimalt J O. 2005. Persistent organic pollutants in remote freshwater ecosystems. Aquatic Sciences, 67 (3): 263~273.

Ferreira M D S, Fontes M P F, Pacheco A A, et al. 2020. Risk assessment of trace elements pollution of Manaus urban rivers. Sci. Total Environ, 709:134471.

Ferriman A. 2000. Charity calls for help for people of Aral Sea area. British Medical Journal, 320: 734.

Friedrich J, Oberhänsli H. 2004. Hydrochemical properties of the Aral Sea water in summer 2002. Journal of Marine Systems, 47 (1~4): 77~88.

Fu J, Zhao C, Luo Y, et al. 2014. Heavy metals in surface sediments of the Jialu River, China: Their relations to environmental factors. Journal of Hazardous Materials, 270: 102~109.

Gaillardet J, Dupré B, Louvat P, et al. 1999. Global silicate weathering and CO_2 consumption rates deduced from the chemistry of large rivers. Chem. Geol., 159 (1~4): 3~30.

Gaillardet J, Viers J, Dupré B. 2003.Trace Elements in River Waters//Treatise on Geochemistry. Am Sterdam: Elsevier, 225~272.

Galiulin R V, Bashkin V N. 1996. Organochlorinated compounds (PCBs and insecticides) in irrigated agrolandscapes of Russia and Uzbekistan. Water Air & Soil Pollution, 89 (3): 247~266.

Gao L, Han L F, Peng W Q, et al. 2018. Identification of anthropogenic inputs of trace metals in lake sediments using geochemical baseline and Pb isotopic composition. Ecotox. Environ. Safe., 164: 226~233.

Gavshin V M, Sukhorukov F V, Bobrov V A, et al. 2004. Chemical composition of the uranium tail storages at Kadji-Sai (southern shore of Issyk-Kul Lake, Kyrgyzstan). Water, Air & Soil Pollution, 154: 71~83.

Glantz M. 1999. Creeping Environmental Problems and Sustainable Development in the Aral Sea Basin. Cambridge University Press.

Groll M, Opp C, Kulmatov R, et al. 2015. Water quality, potential conflicts and solutions—an upstream—downstream analysis of the transnational Zarafshan River (Tajikistan, Uzbekistan). Environ. Earth Sci., 73 (2):743~763.

Guzzella L, Poma G, De Paolis A, et al. 2011. Organic persistent toxic substances in soils, waters and sediments along an altitudinal gradient at Mt. Sagarmatha, Himalayas, Nepal. Environmental Pollution, 159 (10): 2552~2564.

Hamidov A, Helming K, Balla D. 2016. Impact of agricultural land use in Central Asia: a review. Agronomy for Sustainable Development, 36 (1): 6.

Han J, Liang Y S, Zhao B, et al. 2019. Polycyclic aromatic hydrocarbon (PAHs) geographical distribution in China and their source, risk assessment analysis. Environmental Pollution, 251: 312~327.

Harman C, Grung M, Djedjibegovic J, et al. 2013. Screening for Stockholm Convention persistent organic pollutants in the Bosna River (Bosnia and Herzogovina). Environ. Monit. Assess., 185 (2): 1671~1683.

Hegeman W J M, Van Der Weijden C H, Gustav Loch J P. 1995. Sorption of benzo[a]pyrene and phenanthrene on suspended harbor sediment as a function of suspended sediment concentration and salinity: a laboratory study using the cosolvent partition coefficient. Environmental Science and Technology, 29(2): 363~371.

Huang X, Sillanpää M, Gjessing E T, et al. 2009. Water quality in the Tibetan Plateau: Major ions and trace elements in the headwaters of four major Asian Rivers. Sci. Total Environ., 407(24): 6242~6254.

Hill D W, McCarty P L. 1967. Anaerobic degradation of selected chlorinated hydrocarbon pesticides. Journal (Water Pollution Control Federation), 39(8): 1259~1277.

Hiller E, Jurkovič Ľ, Bartaľ M. 2008. Effect of temperature on the distribution of polycyclic aromatic hydrocarbons in soil and sediment. Soil and Water Research, 3(4): 231~240.

Hinrichsen D. 1995. Requiem for a dying sea. People & the Planet, 4(2): 10~13.

Hooper K, Hopper K, Petreas M X, et al. 1997. Analysis of breast milk to assess exposure to chlorinated contaminants in Kazakstan: PCBs and organochlorine pesticides in southern Kazakstan. Environmental Health Perspectives, 105(11): 1250~1254.

International Energy Agency. 2018. IEA World Energy Statistics and Balances. http://www.oecd-ilibrary.org/ statistics.

IPCC. Climate change 2014: Impacts, Adaptation, and Vulnerability Part A: Global and Sectoral Aspects. Cambridge University Press.

Izhitskiy A S, Kirillin G B, Goncharenko I V, et al. 2021. The world's largest heliothermal lake newly formed in the Aral Sea Basin. Environ. Res. Lett., 16(11): 115009.

Jenish N. 2017. Overview of the Tourism Sector in Kyrgyzstan. Tourism Sector in Kyrgyzstan: Trends and Challenges. University of Central Asia, Bishkek, Kyrgyz Republic.

Jensen S, Mazhitova Z, Zetterström R. 1997. Environmental pollution and child health in the Aral Sea region in Kazakhstan. The Science of the Total Environment, 206(2~3): 187~193.

Jiang L G, Yao Z J, Liu Z F, et al. 2015. Hydrochemistry and its controlling factors of rivers in the source region of the Yangtze River on the Tibetan Plateau. J. Geochem. Explor., 155: 76~83.

Jiang Y F, Yves U J, Sun H, et al.2016. Distribution, compositional pattern and sources of polycyclic aromatic hydrocarbons in urban soils of an industrial city, Lanzhou, China. Ecotoxicology and Environmental Safety, 126: 154~162.

Kakareka S, Gromov S, Pacyna J, et al. 2004. Estimation of heavy metal emission fluxes on the territory of the NIS. Atmos. Environ., 38(40):7101~7109.

Kawabata Y, Tsukatani T, Katayama Y. 1999. A demineralization mechanism for Lake Balkhash. International Journal of Salt Lake Research, 8(2): 99~112.

Khadka U R, Ramanathan A L. 2013. Major ion composition and seasonal variation in the Lesser Himalayan Lake: case of Begnas Lake of the Pokhara Valley, Nepal. Arabian Journal of Geosciences, 6(11): 4191~4206.

Khairy M A E H, Kolb M, Mostafa A R, et al. 2012. Risk posed by chlorinated organic compounds in Abu Qir Bay, East Alexandria, Egypt. Environmental Science and Pollution Research, 19(3): 794~811.

Khoshbavar-Rostami H A, Soltani M, Yelghi S, et al. 2012. Determination of polycyclic aromatic hydrocarbons (PAHs) in water, sediment and tissues of five sturgeon species in the southern Caspian Sea coastal regions. Caspian Journal of Environmental Sciences, 10(2): 135~144.

Klerx J, Imanackunov B, et al. 2002. Lake Issyk-Kul: Its natural environment. Springer Science & Business Media.

Kosarev A N, Kostianoy A G. 2010. The Aral Sea Under Natural Conditions (till 1960)//Kostianoy A, Kosarev A N. The Handbook of Environmental Chemistry. Berlin: Springer, 45~63.

Kreutz K J, Wake C P, Aizen V B, et al. 2003. Seasonal deuteriumexcess in a Tien Shan ice core: influence ofmoisture transport and recycling in Central Asia. Geophys. Res. Lett., 30 (18).

Krupa E G, Barinova S S, Tsoy V N, et al. 2017. Spatial Analysis of Hydro-chemical And Toxicological Variables of the Balkhash Lake, Kazakhstan. Research Journal of Pharmaceutical Biological and Chemical Sciences, 8 (3): 1827~1839.

Krupa E G, Tsoy V N, Lopareva T Y, et al. 2013. Long-term dynamics of hydrobionts in Lake Balkhash and its connection with the environmental factors (Mnogoletnya dinamika gidrobiontov ozera Balhash iee svyazs faktorami sredi). Bulletin of ASTU. Fish Industry Series: 2: 85~95.

Kulmatov R, Hojamberdiev M. 2010. Distribution of heavy metals in atmospheric air of the arid zones in Central Asia. Air Qual. Atmos. Hlth., 3 (4):183~194.

Kwon H O, Choi S D. 2014. Polycyclic aromatic hydrocarbons (PAHs) in soils from a multi-industrial city, South Korea. Science of the Total Environment, 470: 1494~1501.

Kwon J C, Léopold E N, Jung M C, et al. 2012. Impact assessment of heavy metal pollution in the municipal lake water, Yaounde, Cameroon. Geosci. J., 16 (2):193~202.

Lal R. 2007. Soil and Environmental Degradation in Central Asia//Suleimenov M, Stewart B A, Hansen D O, et. Climate Change and Terrestrial Carbon Sequestration in Central Asia. Taylor and Francis: New York: 127~136.

Lamon L, von Waldow H, MacLeod M, et al. 2009. Modeling the global levels and distribution of polychlorinated biphenyls in air under a climate change scenario. Environmental Science and Technology, 43 (15): 5818~5824.

Leng P F, Zhang Q Y, Li F D, et al. 2021. Agricultural impacts drive longitudinal variations of riverine water quality of the Aral Sea Basin (Amu Darya and Syr Darya Rivers), Central Asia. Environ. Pollut., 284: 117405.

Li J, Yuan G L, Li P, et al. 2017. The emerging source of polycyclic aromatic hydrocarbons from mining in the Tibetan Plateau: Distributions and contributions in background soils. Science of the Total Environment, 584~585: 64~71.

Li Q Y, Wu J L, Zhou J C, et al. 2020a. Occurrence of polycyclic aromatic hydrocarbon (PAH) in soils around two typical lakes in the western Tian Shan Mountains (Kyrgyzstan, Central Asia): Local burden or global distillation? Ecological Indicators, 108: 105749.

Li Y, Qiang M R, Zhang J W, et al. 2017. Hydroclimatic changes over the past 900 years documented by the sediments of Tiewaike Lake, Altai Mountains, Northwestern China. Quatern. Int., 452: 91~101.

Li Y F, Zhulidov A V, Robarts R D, et al. 2004. Hexachlorocyclohexane use in the Former Soviet Union. Archives of Environmental Contamination and Toxicology, 48 (1): 10~15.

Li Y F, Zhulidov A V, Robarts R D, et al. 2006. Dichlorodiphenyltrichloroethane usage in the former Soviet Union. Science of the Total Environment, 357 (1~3): 138~145.

Li Y Z, Chen H Y, Teng Y G. 2020b. Source apportionment and source-oriented risk assessment of heavy metals in the sediments of an urban river-lake system. Sci. Total Environ., 737:140310.

Lin L, Dong L, Wang Z, et al. 2021. Hydrochemical composition, distribution, and sources of typical organic pollutants and metals in Lake Bangong Co, Tibet. Environ. Sci Pollut., 28(8): 9877~9888.

Lin Q, Liu E F, Zhang E L, et al. 2016. Spatial distribution, contamination and ecological risk assessment of heavy metals in surface sediments of Erhai Lake, a large eutrophic plateau lake in southwest China. CATENA, 145: 193~203.

Lioubimtseva E. 2014. Impact of Climate Change on the Aral Sea and Its Basin//Micklin P, Aladin N, Plotnikov I. The Aral Sea. Berlin, Heidelberg: Springer, 405~427.

Liu Q, Tian L D, Wang J L, et al. 2015. A study of longitudinal and altitudinal variations in surface water stable isotopes in West Pamir, Tajikistan. Atmospheric Research, 153(0): 10~18.

Liu W, Abuduwaili J, Ma L. 2019. Geochemistry of major and trace elements and their environmental significances in core sediments from Bosten Lake, arid northwestern China. Journal of Limnology, 78: 201~209.

Liu W, Ma L, Abuduwaili J. 2020a. Historical change and ecological risk of potentially toxic elements in the lake sediments from North Aral Sea, Central Asia. Appl. Sci., 10(16): 5623.

Liu W, Ma L, Li Y, et al. 2020b. Heavy metals and related human health risk assessment for river waters in the Issyk-Kul Basin, Kyrgyzstan, Central Asia. Int. J. Environ. Res. Pu., 17(10):3506.

Luo W, Gao J J, Bi X, et al. 2016. Identification of sources of polycyclic aromatic hydrocarbons based on concentrations in soils from two sides of the Himalayas between China and Nepal. Environmental Pollution, 212: 424~432.

Luo X S, Xue Y, Wang Y L, et al. 2015. Source identification and apportionment of heavy metals in urban soil profiles. Chemosphere, 127:152~157.

Ma L, Abuduwaili J, Li Y M. 2018. Spatial differentiation in stable isotope compositions of surface waters and its environmental significance in the Issyk-Kul Lake region of Central Asia. J. Mt. Sci., 15(2): 254~263.

Ma L, Abuduwaili J, Smanov Z, et al. 2019. Spatial and vertical variations and heavy metal enrichments in irrigated soils of the Syr Darya River watershed, Aral Sea basin, Kazakhstan. Int. J. Environ. Res. Public Health, 16(22): 4398.

Ma L, Wu J L, Abuduwaili J, et al. 2016. Geochemical responses to anthropogenic and natural influences in Ebinur Lake sediments of arid Northwest China. PLoS One, 11: e0155819.

Magni L F, Castro L N, Rendina A E. 2021. Evaluation of heavy metal contamination levels in river sediments and their risk to human health in urban areas: A case study in the Matanza-Riachuelo Basin, Argentina. Environmental Research, 197:110979.

Malik A, Ojha P, Singh K P. 2009. Levels and distribution of persistent organochlorine pesticide residues in water and sediments of Gomti River (India): A tributary of the Ganges River. Environ. Monit. Assess., 148(1): 421~435.

Malik A, Verma P, Singh A K, et al. 2011. Distribution of polycyclic aromatic hydrocarbons in water and bed sediments of the Gomti River, India. Environ. Monit. Assess., 172(1): 529~545.

Maliszewska-Kordybach B. 1996. Polycyclic aromatic hydrocarbons in agricultural soils in Poland: Preliminary proposals for criteria to evaluate the level of soil contamination. Applied Geochemistry, 11(1~2): 121~127.

Mamatkanov D M, Bajanova L V, Romanovskiy V V. 2006. Water Resources of Kyrgyzstan in Modern Days. Ilim: Bishkek, Kyrgyz Republic.

Mansilha C, Duarte C G, Melo A, et al. 2019. Impact of wildfire on water quality in Caramulo Mountain ridge (Central Portugal). Sustainable Water Resources Management, 5(1): 319~331.

Manz M, Wenzel K D, Dietze U, et al. 2001. Persistent organic pollutants in agricultural soils of central Germany. Science of the Total Environment, 277: 187~198.

Mathis M, Sorrel P, Klotz S, et al. 2014. Regional vegetation patterns at Lake Son Kul reveal Holocene climatic variability in central Tien Shan (Kyrgyzstan, Central Asia). Quaternary Science Reviews, 89: 169~185.

Mazhitova Z, Jensen S, Ritzén M, et al. 1998. Chlorinated contaminants, growth and thyroid function in schoolchildren from the Aral Sea region in Kazakhstan. Acta Paediatrica, 87(9): 991~995.

Mendikulova G M, Atanbaeva B Z. 2008. Istoriia migratsii mezhdu Kazakhstanom i Kitaem v 1860-1960-e gg. Almaty, Izd-vo SaGa.

Meybeck M. 2003. Global Occurrence of Major Elements in Rivers//Holland H D, Turekian K K. Treatise on Geochemistry. Pergamon, Oxford: Elsevier, 207~223.

Meyer T, Wania F. 2008. Organic contaminant amplification during snowmelt. Water Research, 42(8~9): 1847~1865.

Micklin P. 2007. The Aral Sea disaster, Annual Review of Earth and Planetary Sciences. Annual Reviews: Palo Alto, 35: 47~72.

Miclean M, Tanaselia C, Roman M, et al., 2013. Organochlorine pesticides and metals in Danube water environment, Calafat-Turnu Magurele sector, Romania. Int. Multi. Sci. GeoCo., 261~268.

Miguel A H, Eiguren-Fernandez A, Jaques P A, et al. 2004. Seasonal variation of the particle size distribution of polycyclic aromatic hydrocarbons and of major aerosol species in Claremont, California. Atmos. Environ., 38(20): 3241~3251.

Mischke S. 2020. Large Asian Lakes in a Changing World: Natural State and Human Impact//Sala R, Deom J M, Nikolai. Geological History and Present Conditions of Lake Balkhash. Switzerland: Springer, 143.

Moeckel C, Monteith D T, Llewellyn N R, et al. 2014. Relationship between the concentrations of dissolved organic matter and polycyclic aromatic hydrocarbons in a typical UK upland stream. Environmental Science and Technology, 48(1): 130~138.

Montory M, Ferrer J, Rivera D, et al., 2017. First report on organochlorine pesticides in water in a highly productive agro-industrial basin of the Central Valley, Chile. Chemosphere, 174: 148~156.

Montuori P, Aurino S, Garzonio F, et al. 2016a. Distribution, sources and ecological risk assessment of polycyclic aromatic hydrocarbons in water and sediments from Tiber River and estuary, Italy. Sci. Total. Environ., 566: 1254~1267.

Montuori P, Aurino S, Garzonio F, et al. 2016b. Polychlorinated biphenyls and organochlorine pesticides in Tiber River and Estuary: Occurrence, distribution and ecological risk. Sci. Total. Environ., 571: 1001~1016.

Montuori P, Cirillo T, Fasano E, et al. 2014. Spatial distribution and partitioning of polychlorinated biphenyl and organochlorine pesticide in water and sediment from Sarno River and Estuary, Southern Italy. Environ. Sci. Pollut. R., 21(7): 5023~5035.

Montuori P, Triassi M. 2012. Polycyclic aromatic hydrocarbons loads into the Mediterranean Sea: estimate of Sarno River inputs. Mar. Pollut. Bull., 64(3): 512~520.

Myrzabay D, Yerlan A, Ilyas Y, et al. 2014. Ecoanalytical assessment of the condition of Lake Balkhash. Australian Journal of Basic and Applied Sciences, 8(18): 1~7.

Nagy A S, Simon G, Szabó J, et al. 2013. Polycyclic aromatic hydrocarbons in surface water and bed sediments of the Hungarian upper section of the Danube River. Environmental Monitoring and Assessment, 185(6): 4619~4631.

Net S, Dumoulin D, El-Osmani R, et al. 2014. Case study of PAHs, Me-PAHs, PCBs, phthalates and pesticides contamination in the Somme River water, France. Int. J. Environ. Res., 8: 1159~1170.

Nezlin N P, Kostianoy A G, Lebedev S A. 2004. Interannual variations of the discharge of Amu Darya and Syr Darya estimated from global atmospheric precipitation. J. Mar. Syst., 47(1~4): 67~75.

Niu H S, Kerumu M, Xu W X, et al. 2013. Analysis of agricultural resources and agricultural development in Tajikistan. World Agric, 4:119~123.

Nyaundi J K, Getabu A M, Kengara F, et al. 2019. Assessment of organochlorine pesticides（OCPs）contamination in relation to physico-chemical parameters in the Upper River Kuja Catchment, Kenya（East Africa）. International Journal of Fisheries and Aquatic Studies, 7(1): 172~179.

O'Hara S L, Wiggs G F S, Mamedov B. 2000. Exposure to airborne dust contaminated with pesticide in the Aral Sea region. The Lancet, 355(9204): 627~628.

Oberhänsli H, Weise S M, Stanichny S. 2009. Oxygen and hydrogen isotopic water characteristics of the Aral Sea, Central Asia. Journal of Marine Systems, 76(3): 310~321.

Pant R R, Zhang F, Rehman F U, et al. 2018. Spatiotemporal variations of hydrogeochemistry and its controlling factors in the Gandaki River Basin, Central Himalaya Nepal. Science of the Total Environment, 622: 770~782.

Pathak A K, Kumar R, Kumar P, et al. 2015. Sources apportionment and spatio-temporal changes in metal pollution in surface and sub-surface soils of a mixed type industrial area in India. J. Geochem. Explor., 159: 169~177.

Petr T. 1992. Lake Balkhash, Kazakhstan. International Journal of Salt Lake Research, 1(1): 21~46.

Piao S L, Ciais P, Huang Y, et al. 2010. The impacts of climate change on water resources and agriculture in China. Nature, 467(7311): 43~51.

Podrezov A O, Mäkelä A J, Mischke S. 2020. Lake Issyk-Kul: Its History and Present State// Mischke S. Large Asian Lakes in a Changing World. Springer Water. Cham: Springer.

Pokhrel B, Gong P, Wang X P, et al. 2018. Atmospheric organochlorine pesticides and polychlorinated biphenyls in urban areas of Nepal: Spatial variation, sources, temporal trends, and long-range transport potential. Atmospheric Chemistry and Physics, 18(2): 1325~1336.

Pomfret R. 2002. State-directed diffusion of technology: The mechanization of cotton harvesting in Soviet Central Asia. The Journal of Economic History, 62: 170~188.

Pomfret R. 2011.Exploiting energy and mineral resources in Central Asia, Azerbaijan and Mongolia. Comp. Econ. Stud., 53(1): 5~33.

Prasanna M V, Praveena S M, Chidambaram S, et al. 2012. Evaluation of water quality pollution indices for heavy metal contamination monitoring: A case study from Curtin Lake, Miri City, East Malaysia.

Environ. Earth. Sci., 67(7): 1987~2001.

Prokeš R, Vrana B, Klánová J. 2012. Levels and distribution of dissolved hydrophobic organic contaminants in the Morava River in Zlín district, Czech Republic as derived from their accumulation in silicone rubber passive samplers. Environ. Pollut., 166: 157~166.

Propastin P. 2013. Assessment of Climate and Human Induced Disaster Risk over Shared Water Resources in the Balkhash Lake Drainage Basin//Filho W L. Climate Change and Disaster Risk Management. Berlin, Heidelberg: Springer, 41~54.

Qi J G, Tao S Q, Pueppke S G, et al. 2019. Changes in land use/land cover and net primary productivity in the transboundary Ili-Balkhash Basin of Central Asia, 1995–2015. Environmental Research Communications, 2(1): 011006.

Quiroz R, Grimalt J O, Fernandez P, et al. 2011. Polycyclic aromatic hydrocarbons in soils from European high mountain areas. Water, Air & Soil Pollution, 215(1): 655~666.

Qushimov B, Ganiev I M, Rustamova I, et al. 2007. Land Degradation by Agricultural Activities in Central Asia//Lal R, Suleimenov M, Stewart B A, et al. Climate Change and Terrestrial Carbon Sequestration in Central Asia. New York: Taylor and Francis, 137~146.

Rasmy M, Estefan S F. 1983. Geochemistry of saline minerals separated from Lake Qarun brine. Chemical Geology, 40(3~4): 269~277.

Ren J, Wang X P, Wang C F, et al. 2017. Atmospheric processes of organic pollutants over a remote lake on the central Tibetan Plateau: implications for regional cycling. Atmospheric Chemistry and Physics, 17(2): 1401~1415.

Ribeiro A M, da Rocha C C M, Franco C F J, et al. 2012. Seasonal variation of polycyclic aromatic hydrocarbons concentrations in urban streams at Niterói City, RJ, Brazil. Mar. Pollut. Bull., 64(12): 2834~2838.

Rosen M R, Crootof A, Reidy L, et al. 2018. The origin of shallow lakes in the Khorezm Province, Uzbekistan, and the history of pesticide use around these lakes. Journal of Paleolimnology, 59(2): 201~219.

Rzymski P, Klimaszyk P, Niedzielski P, et al. 2019. Pollution with trace elements and rare-earth metals in the lower course of Syr Darya River and Small Aral Sea, Kazakhstan. Chemosphere, 234: 81~88.

Saba B, Hashmi I, Awan MA, et al. 2012. Distribution, toxicity level and concentration of polycyclic aromatic hydrocarbons (PAHs) in surface soil and groundwater of Rawalpindi, Pakistan. Desalination and Water Treatment, 49 (1~3): 240~247.

Salamat A U, Abuduwaili J, Shaidyldaeva N. 2015. Impact of climate change on water level fluctuation of Issyk-Kul Lake. Arab. J. Geosci., 8(8): 5361~5371.

Santana J L, Massone C G, Valdés M, et al. 2015. Occurrence and source appraisal of polycyclic aromatic hydrocarbons (PAHs) in surface waters of the Almendares River, Cuba. Arch. Environ. Con. Tox., 69(2): 143~152.

Sarria-Villa R, Ocampo-Duque W, Páez M, et al. 2016. Presence of PAHs in water and sediments of the Colombian Cauca River during heavy rain episodes, and implications for risk assessment. Sci. Total. Environ., 540: 455~465.

Shahpoury P, Hageman K J, Matthaei C D, et al. 2014. Increased concentrations of polycyclic aromatic hydrocarbons in Alpine streams during annual snowmelt: investigating effects of sampling method, site characteristics, and meteorology. Environmental Science & Technology, 48(19): 11294~11301.

Sharma A P, Tripathi B D. 2009. Assessment of atmospheric PAHs profile through Calotropis gigantea R. Br. leaves in the vicinity of an Indian coal-fired power plant. Environmental Monitoring and Assessment, 149: 477~482.

Sharom M S, Miles J R W, Harris C R, et al. 1980. Persistence of 12 insecticides in water. Water Research, 14(8): 1089~1093.

Sharov P, Dowling R, Gogishvili M, et al. 2016. The prevalence of toxic hotspots in former Soviet countries. Environ. Pollut., 211: 346~353.

Shen B B, Wu J L, Zhao Z H. 2017. Organochlorine pesticides and polycyclic aromatic hydrocarbons in water and sediment of the Bosten Lake, Northwest China. Journal of Arid Land, 9(2): 287~298.

Shen B B, Wu J L, Zhao Z H. 2018. Residues of organochlorine pesticides and polycyclic aromatic hydrocarbons in surface waters, soils and sediments of the Kaidu River catchment, northwest China. Int. J. Environ. Pollut., 63: 104~116.

Shi B F, Wu Q L, Ouyang H X, et al. 2014. Distribution and source apportionment of polycyclic aromatic hydrocarbons in soils and leaves from high altitude mountains in Southwestern China. Journal of Environment Quality, 43(6): 1942~1952.

Shibuo Y, Jarsjö J, Destouni G. 2007. Hydrological responses to climate change and irrigation in the Aral Sea drainage basin. Geophys. Res. Lett., 34(21): L21406.

Siemers A K, Mänz J S, Palm W U, et al. 2015. Development and application of a simultaneous SPE-method for polycyclic aromatic hydrocarbons (PAHs), alkylated PAHs, heterocyclic PAHs (NSO-HET) and phenols in aqueous samples from German Rivers and the North Sea. Chemosphere, 122: 105~114.

Simonich S L, Hites R A. 1995. Global distribution of persistent organochlorine compounds. Science, 269(5232): 1851~1854.

Singh D P, Gadi R, Mandal T K. 2012. Levels, sources, and toxic potential of polycyclic aromatic hydrocarbons in urban soil of Delhi. India. Human and Ecological Risk Assessment: An International Journal, 18(2): 393~411.

Singh U K, Kumar B. 2017. Pathways of heavy metals contamination and associated human health risk in Ajay River Basin, India. Chemosphere, 174: 183~199.

Sorg A, Bolch T, Stoffel M, et al. 2012. Climate change impacts on glaciers and runoff in Tien Shan (Central Asia). Nature Climate Change, 2(10): 725~731.

Spoor M. 1998. The Aral Sea Basin crisis: Transition and environment in former Soviet Central Asia. Development and Change, 29(3): 409~435.

Stallard R F, Edmond J M. 1983. Geochemistry of the Amazon: 2. The influence of geology and weathering environment on the dissolved load. J. Geophys. Res. Oceans, 88(C14): 9671~9688.

Stone R. 2001. How it happens: The Aral Sea. UNESCO, http://www.unesco.org/.

Su Y N, Li X, Feng M, et al. 2021. High agricultural water consumption led to the continued shrinkage of the Aral Sea during 1992-2015. Science of the Total Environment, 777: 145993.

Suman S, Sinha A, Tarafdar A. 2016. Polycyclic aromatic hydrocarbons (PAHs) concentration levels, pattern, source identification and soil toxicity assessment in urban traffic soil of Dhanbad, India. Science of the

Total Environment, 545~546（68）: 353~360.

Sun H W, Wu W L, Wang L. 2009. Phenanthrene partitioning in sediment–surfactant–fresh/saline water systems. Environmental Pollution, 157（8~9）: 2520~2528.

Sutherland R A. 2000. Bed sediment-associated trace metals in an urban stream, Oahu, Hawaii. Environmental Geology, 39（6）: 611~627.

Szczybelski A S, van den Heuvel-Greve M J, Kampen T, et al. 2016. Bioaccumulation of polycyclic aromatic hydrocarbons, polychlorinated biphenyls and hexachlorobenzene by three Arctic benthic species from Kongsfjorden（Svalbard, Norway）. Marine Pollution Bulletin, 112（1~2）: 65-74.

Thevs N, Nurtazin S, Beckmann V, et al. 2017. Water consumption of agriculture and natural ecosystems along the Ili River in China and Kazakhstan. Water, 9（3）: 207.

Tian L D, Yao T D, MacClune K, et al. 2007. Stable isotopic variations in west China: A consideration of moisture sources. Journal of Geophysical Research: Atmospheres, 112: D10112.

Tobiszewski M, Namieśnik J. 2012. PAH diagnostic ratios for the identification of pollution emission sources. Environmental Pollution, 162: 110~119.

Tong R P, Yang X Y, Su H R, et al. 2018. Levels, sources and probabilistic health risks of polycyclic aromatic hydrocarbons in the agricultural soils from sites neighboring suburban industries in Shanghai. Science of the Total Environment, 616: 1365~1373.

Tremolada P, Parolini M, Binelli A, et al. 2009. Preferential retention of POPs on the northern aspect of mountains. Environmental Pollution, 157（12）: 3298~3307.

USEPA. 1997. Ecological Risk Assessment Guidance for Superfund: Process for Designing and Conducting Ecological Risk Assessment. Interim Final. USEPA Environmental Response Team. Edison: New Jersey.

USEPA. 1998. Guidelines for Ecological Risk Assessment. Risk Assessment Forum. USEPA: Washington DC.

USEPA. 2004. Risk Assessment Guidance for Superfund Volume I: Human Health Evaluation Manual（part E, Supplemental Guidance for Dermal Risk Assessment）final.

USEPA. 2014. EPA Positive Matrix Factorization（PMF）5.0 Fundamentals and User Guide. EPA/600/R-14/108.

Ustaoğlu F, Islam M S. 2020. Potential toxic elements in sediment of some rivers at Giresun, Northeast Turkey: a preliminary assessment for ecotoxicological status and health risk. Ecol. Indic., 113:106237.

Vácha R, Skála J, Čechmánková J, et al. 2015. Toxic elements and persistent organic pollutants derived from industrial emissions in agricultural soils of the Northern Czech Republic. Journal of Soils and Sediments, 15（8）: 1813~1824.

Vane C H, Kim A W, Beriro D J, et al. 2014. Polycyclic aromatic hydrocarbons（PAH）and polychlorinated biphenyls（PCB）in urban soils of Greater London, UK. Applied Geochemistry, 51: 303~314.

Venier L A, Thompson I D, Fleming R, et al. 2014. Effects of natural resource development on the terrestrial biodiversity of Canadian boreal forests. Environmental Reviews, 22（4）: 457~490.

Vilanova R M, Fernández P, Martínez C, et al. 2001. Polycyclic aromatic hydrocarbons in remote mountain lake waters. Water Research, 35（16）: 3916~3926.

Vollmer M K, Weiss R F, Schlosser P, et al. 2002. Deep-water renewal in Lake Issyk-Kul. Geophysical Research Letters, 29（8）: 1283.

Wang D, Wang Y K, Singh V P, et al. 2018. Ecological and health risk assessment of PAHs, OCPs, and PCBs in Taihu Lake Basin. Ecological Indicators, 92: 171~180.

Wang G D, Ma P, Zhang Q, et al. 2012. Endocrine disrupting chemicals in New Orleans surface waters and Mississippi Sound sediments. Journal of Environmental Monitoring: JEM, 14(5): 1353~1364.

Wang G D, Mielke H W, Quach V A N, et al. 2004. Determination of polycyclic aromatic hydrocarbons and trace metals in New Orleans soils and sediments. Soil and Sediment Contamination, 13(3): 313~327.

Wang G D, Zhang Q, Ma P, et al. 2008. Sources and distribution of polycyclic aromatic hydrocarbons in urban soils: case studies of Detroit and New Orleans. Soil & Sediment Contamination, 17(6): 547~563.

Wang J Z, Wu J L, Zeng H A. 2015. Sediment record of abrupt environmental changes in Lake Chenpu, upper reaches of Yellow River Basin, North China. Environmental Earth Sciences, 73(10): 6355~6363.

Wang J Z, Wu J L, Zhan S E, et al. 2021a. Spatial enrichment assessment, source identification and health risks of potentially toxic elements in surface sediments, Central Asian countries. J. Soils and Sediment, 21(12): 3906~3916.

Wang J Z, Wu J L, Zhan S E, et al. 2021b. Records of hydrological change and environmental disasters in sediments from deep Lake Issyk-Kul. Hydrol. Process, 35: 14136.

Wang T Y, Lu Y L, Zhang H, et al. 2005. Contamination of persistent organic pollutants (POPs) and relevant management in China. Environment International, 31(6): 813~821.

Wang W, Delgado-Moreno L, Conkle J L, et al. 2012. Characterization of sediment contamination patterns by hydrophobic pesticides to preserve ecosystem functions of drainage lakes. Journal of Soils and Sediments, 12(9): 1407~1418.

Wang X X, Chen Y N, Li Z, et al. 2020. The impact of climate change and human activities on the Aral Sea Basin over the past 50 years. Atmospheric Research, 245: 105125.

Wania F, Westgate J N. 2008. On the mechanism of mountain cold trapping of organic chemicals. Environmental Science and Technology, 42(24): 9092~9098.

Whish-Wilson P. 2002. The Aral Sea environmental health crisis. Journal of Rural and Remote Environmental Health, 1: 29~34.

Wojciechowska E, Nawrot N, Walkusz-Miotk J, et al.2019. Heavy metals in sediments of urban streams: contamination and health risk assessment of influencing factors. Sustainability, 11(3):563.

Wu S X, Liu X R, Liu M, et al. 2018. Sources, influencing factors and environmental indications of PAH pollution in urban soil columns of Shanghai, China. Ecological Indicators, 85: 1170~1180.

Wurtsbaugh W A, Leavitt P R, Moser K A. 2020. Effects of a century of mining and industrial production on metal contamination of a model saline ecosystem, Great Salt Lake, Utah. Environ. Pollut., 266:115072.

Xu S S, Liu W X, Tao S. 2006. Emission of polycyclic aromatic hydrocarbons in China. Environmental Science & Technology, 40(3): 702~708.

Yan C. 2018. The water chemical characteristics of the glacier runoff in the Muztag area. MS Dissertation, University of Chinese Academy of Sciences.

Yang X W, Wang N L, Chen A A, et al. 2020. Changes in area and water volume of the Aral Sea in the arid Central Asia over the period of 1960–2018 and their causes. CATENA, 191: 104566.

Yang X W, Wang N L, Liang Q, et al. 2021. Impacts of human activities on the variations in terrestrial water storage of the Aral Sea Basin. Remote.Sens., 13: 2923.

Yao J Q, Chen Y N. 2015. Trend analysis of temperature and precipitation in the Syr Darya Basin in Central

Asia. Theoretical and Applied Climatology, 120(3): 521~531.

Yao Y, Meng X Z, Wu C C, et al. 2016. Tracking human footprints in Antarctica through passive sampling of polycyclic aromatic hydrocarbons in inland lakes. Environmental Pollution, 213: 412~419.

Yu Z Z, Liu E F, Lin Q, et al. 2021. Comprehensive assessment of heavy metal pollution and ecological risk in lake sediment by combining total concentration and chemical partitioning. Environmental Pollution, 269:116212.

Yuan G L, Wu L J, Sun Y, et al. 2015. Polycyclic aromatic hydrocarbons in soils of the central Tibetan Plateau, China: Distribution, sources, transport and contribution in global cycling. Environmental Pollution, 203: 137~144.

Yunker M B, MacDonald R W, Vingarzan R, et al. 2002. PAHs in the Fraser River Basin: A critical appraisal of PAH ratios as indicators of PAH source and composition. Organic Geochemistry, 33(4): 489~515.

Zavialov I, Osadchiev A, Sedakov R, et al. 2020. Water exchange between the Sea of Azov and the Black Sea through the Kerch Strait. Ocean Science, 16(1): 15~30.

Zavialov P O, Ni A A. 2010. Chemistry of the Large Aral Sea//Kostianoy A G, Kosarev A N. The Aral Sea Environment, Berlin, Heidelberg: Springer, 219~233.

Zeng H A, Wu J L, Liu W. 2014. Two-century sedimentary record of heavy metal pollution from Lake Sayram: A deep mountain lake in central Tianshan, China. Quaternary International, 321: 125~131.

Zhan S E, Wu J L, Wang J Z, et al. 2020. Distribution characteristics, sources identification and risk assessment of n-alkanes and heavy metals in surface sediments, Tajikistan, Central Asia. Science of the Total Environment, 709: 136278.

Zhan S E, Wu J L, Wang J Z, et al. 2022b. Comparisons of pollution level and environmental changes from the elemental geochemical records of three lake sediments at different elevations, Central Asia. Journal of Asian Earth Sciences, 237: 105348.

Zhan S E, Wu J L, Zhang H L, et al.2022a. Occurrence, sources and spatial distribution of n-alkanes in surface soils from the Amu Darya Delta, Uzbekistan, arid Central Asia. Environmental Research, 214: 114063.

Zhang S Y, Zhang Q, Darisaw S, et al. 2007. Simultaneous quantification of polycyclic aromatic hydrocarbons (PAHs), polychlorinated biphenyls (PCBs), and pharmaceuticals and personal care products (PPCPs) in Mississippi River water, in New Orleans, Louisiana, USA. Chemosphere, 66(6): 1057~1069.

Zhang W Y, Ma L, Abuduwaili J, et al. 2019. Hydrochemical characteristics and irrigation suitability of surface water in the Syr Darya River, Kazakhstan. Environmental Monitoring and Assessment, 191(9): 572.

Zhang W Y, Ma L, Abuduwaili J, et al. 2020. Distribution characteristics and assessment of heavy metals in the surface water of the Syr Darya River, Kazakhstan. Pol. J. Environ. Stud., 29: 979~988.

Zhang Z Y, Abuduwaili J, Jiang F Q. 2015. Heavy metal contamination, sources, and pollution assessment of surface water in the Tianshan Mountains of China. Environ Monit. Assess., 187(2):33.

Zhao K L, Zhang L Y, Dong J Q, et al. 2020. Risk assessment, spatial patterns and source apportionment of soil heavy metals in a typical Chinese hickory plantation region of southeastern China. Geoderma, 360:114011.

Zhao X G, Kim S K, Zhu W H, et al. 2015. Long-range atmospheric transport and the distribution of polycyclic aromatic hydrocarbons in Changbai Mountain. Chemosphere, 119: 289~294.

Zhao Z H, Zeng H A, Wu J L, et al.2013. Organochlorine pesticide（OCP）residues in mountain soils from Tajikistan. Environmental Science: Processes & Impacts, 15（3）: 608~616.

Zhu B Q, Yu J J, Qin X G, et al. 2013.The significance of mid-latitude rivers for weathering rates and chemical fluxes: evidence from northern Xinjiang rivers. Journal of Hydrology, 486: 151~174.

Zweig R D, Morton J D, Stewart M. 1999. Source Water Quality for Aquaculture: A Guide for Assessment//The World Bank, Washington, D.C. https://www.extension.org/mediawiki/files/e/ed/Source_Water_Quality_for_Aquaculture_A_Guide_for_Assessment.pdf.